中国传统民居首次全面调查成果

中国传统民居类型全集

（中册）

TYPOLOGICAL COLLECTION OF TRADITIONAL CHINESE DWELLINGS II

中华人民共和国住房和城乡建设部 编

Ministry of Housing and Urban-Rural
Development of the People's Republic of China

CHINA ARCHITECTURE & BUILDING PRESS

中国传统民居类型全集调查与编写委员会

领导小组

顾　　问：姜伟新　仇保兴
主　　任：陈政高
副 主 任：王　宁
成　　员：赵　晖　卢英方　赵宏彦　白正盛　赵英杰　王旭东（天津）　吴　铁　翟顺河　揭新民
　　　　　张殿纯　袁忠凯　杨占报　倪　蓉　周　岚　谈月明　侯淅珉　王胜熙　陈　平　耿庆海
　　　　　陈华平　赵　俊　袁湘江　蔡　瀛　吴伟权　陈孝京　张其悦　孟　辉　杨跃光　赵志勇
　　　　　陈　锦　张文亮　刘永堂　白宗科　马占林　海拉提·巴拉提　张兴野

调查与编写组

发起与策划：赵　晖
秘 书 长：林岚岚　　　　　　协　调：王旭东（住房和城乡建设部）
中心工作组：罗德胤　穆　钧　李　严　李春青　薛林平　王新征　徐怡芳　赵海翔　吴　艳　郭华瞻
　　　　　　潘　曦　杨绪波　周铁钢　解　丹　朱　玮　王　鑫　李君洁　李　唐　方　明　顾宇新
　　　　　　陈　伟　鞠宇平　褚苗苗
专家顾问：陆元鼎　冯骥才　崔　愷　孙大章　朱光亚　罗德启　陈震东　黄汉民　黄　浩　朱良文
　　　　　陆　琦　张玉坤　李晓峰　戴志坚　王　军　陈同滨　何培斌　王维仁　沈元勤

各地区组织人员：

北　京：刘小军　秦仁泽　李　珂				湖　北：万应荣　付建国　王志勇					
天　津：杨瑞凡　王俊河　张晓萌　连　洁				湖　南：黄　立　吴立玖　曾华俊					
河　北：封　刚　朱忠帅　刘秋祺　苗润涛　马　锐				广　东：黄祖璜　苏智云　廖志坚					
山　西：郭　创　张　斌　赵俊伟				广　西：彭新塘　宋献生　刘　哲					
内蒙古：温骏骅　杨宝峰　崔　茂				海　南：许　毅　韩献光　许　虹　胡杰卫					
辽　宁：解　宇　胡成泽　孙辉东　于钟深				重　庆：刘建民　冯　赵　揭付军					
吉　林：安　宏　肖楚宇　孙　启　陈清华				四　川：文技军　李南希　张　立　候川红　颜　乔					
黑龙江：赵延飞　王海明				贵　州：张乾飞　余咏梅　张　剑　王　文					
上　海：王　青　高宏宇　舒晟岚　陈　卓				云　南：汪　巡　杨建林　王　瑞					
江　苏：刘大威　赵庆红　李正仑　俞　锋				西　藏：易湘辉　李新昌　苏占斌					
浙　江：沈　敏　江胜利　王纳新　何青峰				陕　西：胡汉利　苗少锋　李　君　朱剑龙					
安　徽：宋直刚　邹桂武　郭佑芹　吴胜亮				甘　肃：贺建强　慕　剑　张晓虎					
福　建：苏友佺　金纯真　许为一				青　海：衣　敏　丁彩霞　马黎光　蒲正鹏					
江　西：李道鹏　齐　红　熊春华　丁宜华				宁　夏：李志国　杨文平　刘海泉　王　栋					
山　东：杨建武　陈贞华　张　林　李　晓　宫晓芳				新　疆：高　峰　邓　旭　归玉东					
河　南：马耀辉　李桂亭　杨　雁　马运超									

各地区指导专家：

北　京：范霄鹏　杨　威　张大玉　刘　辉
　　　　薛林平
天　津：张玉坤　罗澍伟　刘鸿尧　路　红
　　　　全　雷
河　北：舒　平　曹胜昔　郭卫兵　李国庆
　　　　杨彩虹
山　西：薛林平　王金平　韩卫成　徐　强
　　　　霍耀中
内蒙古：张鹏举　贺　龙　韩　瑛　齐卓彦
　　　　额尔德木图
辽　宁：周静海　朴玉顺　汝军红　彭晓烈
　　　　王　飒
吉　林：张成龙　王　亮　李天骄　李之吉
　　　　莫　畏　张俊峰
黑龙江：周立军　李同予　董健菲　殷　青
　　　　孙世钧
上　海：伍　江　李　谍　张　松　吴爱民
江　苏：朱光亚　龚　恺　汪永平　雍振华
　　　　常　江
浙　江：丁俊清　沈　黎　黄　斌　姚　欣
　　　　陈安华　何情达
安　徽：单德启　程继腾　洪祖根　汪兴毅
　　　　方　巍
福　建：黄汉民　郑国珍　戴志坚　关瑞明
　　　　张　鹰
江　西：黄　浩　姚　糖　许飞进　万幼楠
　　　　肖发标　张建荣
山　东：刘德龙　潘鲁生　刘　甦　张润武
　　　　姜　波

河　南：许继清　张义忠　金　韬　安　杰
湖　北：祝建华　王风竹　李晓峰　王　晓
湖　南：柳　肃　吴　越　伍国正　余翰武
　　　　冯　博
广　东：陆元鼎　魏彦钧　陆　琦　朱雪梅
　　　　潘　莹
广　西：徐　兵　谢小英　全峰梅　孙永萍
海　南：李建飞　韩　盛　付海涛　袁　红
　　　　阎根齐
重　庆：龙　彬　何智亚　吴　涛　黄　耘
　　　　覃　琳
四　川：季富政　陈　颖　李　路　周　密
　　　　庄裕光
贵　州：罗德启　谭晓冬　董　明　余压芳
　　　　王建国　余　军
云　南：杨大禹　傅中见　朱良文　毛志睿
西　藏：马骁利　格桑顿珠　赵　辉　单彦名
陕　西：王　军　穆　钧　李立敏　李军环
甘　肃：章海峰　刘奔腾　窦觉勇　安玉源
　　　　孟祥武
青　海：李　群　晁元良　王　军　李　钰
　　　　崔文河
宁　夏：蔡宁峰　王　军　燕宁娜　李　钰
新　疆：陈震东　李军环　艾斯卡尔·模拉克
香　港：王维仁　徐怡芳　何培斌　龙炳颐
　　　　刘秀成　吴志华
澳　门：王维仁　徐怡芳　马若龙　吴卫鸣
　　　　张鹊桥
台　湾：李乾朗

秘　　书：张蒙蒙　冯崇方

主编单位：住房和城乡建设部村镇建设司

前　言

　　传统民居是民族的写照，是民族的生存智慧、建造技艺、社会伦理和审美意识等文明成果最丰富、最集中的载体。我国传统民居因地理气候、自然资源、民族文化等诸多方面的差异，形成了丰富多样的民居类型和异彩纷呈的建筑形式，蕴含着中华文明的基因，是世界上独特的建筑体系，是民间精粹、国之瑰宝，是难以再生的、珍贵的文化遗产。

　　2013 年 12 月，住房和城乡建设部启动了传统民居调查，历时 9 个月，经过全国住房城乡建设系统广大干部和 1200 余位专家学者、技术人员的倾情努力，完成了传统民居类型、代表建筑和传统建筑工匠的逐县调查，取得了令人瞩目的成果。本次调查覆盖 31 个省、自治区、直辖市，调查成果包括 1692 种民居、3118 栋代表建筑、1109 名传统建筑工匠，经反复探讨、科学梳理，归纳出 564 种民居类型。此外，香港、澳门特别行政区、台湾地区也调查归纳出 35 种民居类型。全国共归纳 599 种民居类型，全部纳入《中国传统民居类型全集》（以下简称《全集》）。

　　这是一次对我国传统民居的大调查、大整理、大弘扬、大传承，具有以下重要的现实意义和历史意义：

　　一、首次国家层面的传统民居全面调查

　　有关学者和机构很早就已经开始了对我国传统民居的研究，取得了很有价值的丰富成果，但都有一定的地区局限性和分类的片面性。这是第一次从国家层面组织的全国范围的大调查，通过这次调查，一些传统民居研究基础较薄弱的地区填补了空白，如西藏、内蒙古、海南、山东等；一些具有一定研究基础的地区全面扩展了调查范围，如北京、江苏、湖北、湖南等；一些研究基础较好的地区深化了研究成果，如云南、广东、福建、香港、澳门等。这次调查全面掌握了我国传统民居的分布现状。

　　二、第一部体系完善的中国传统民居分类全集

　　这次对全国传统民居的体系研究，以地域性和民族性作为主要分类依据，破解了长久以来我国传统民居分类难题，梳理出多达 599 种民居类型，挖掘和发现

了一批新的传统民居类型。这套全集展示了中国传统民居的全貌，丰富了对传统民居的认识。第一次以统一的体例和格式进行梳理和编纂，推进了民居的比较研究。

三、弘扬我国传统建筑文化的新阶段

这次调查既是中国的，也是世界的。这部全集向国人和全世界展示了我国各地区、各民族传统民居的类型和代表建筑，展现了中华民族的生存智慧、建造思想、社会伦理和审美意识，丰富了世界文化遗产记录的文献宝库，彰显了中华民族的文化自觉和文化自信。这次调查充分挖掘的各地区传统建筑要素，是当地特色建筑文化传承的重要依据，也是建筑设计创作的重要源泉，对延续历史文脉、指导当代城乡建设具有重要的现实意义。这次调查极大地提高了社会各界保护传统民居的积极性，凝聚了力量，培养和锻炼了一批新的骨干队伍，推动了传统建筑文化的普及和教育。

四、我国传统建筑文化世代传承的宝典

习近平总书记指出："中华传统文化博大精深"，"要本着对历史负责、对人民负责的精神，传承历史文脉"。这次调查涵盖了全国现存传统民居几乎全部类型，这部《全集》是传统民居的辞海，是我国传统民居研究的里程碑，必将成为对后人有重要参考价值的建筑历史文献和传世宝典。

本书共分三卷，以省为单位进行章节划分，各省按照行政区划顺序排列。每个传统民居类型按照分布、形制、建造、装饰、代表建筑、成因和比较/演变的顺序进行编写。

这部《全集》是中国传统民居调查的第一步成果，下一阶段还将进行传统民居建造技术等调查和编纂。由于时间紧、任务重，本书还留有很多遗憾和不足，欢迎专家学者以及社会各界积极参与，提供补充资料，使之更加完善。

希望这套《中国传统民居类型全集》能为大家所喜爱。希望社会各界共同推动传统民居保护工作，保护好中华民族的文化基因载体，增强中华民族的建筑文化自信。

总目录

上册

中 册

下 册

3. 藏族碉楼

4. 藏族帐篷

5. 蒙古包

宁夏民居

1. 银川平原民居

2. 西海固地区民居

新疆民居

1. 维吾尔族民居

2. 满族民居

3. 汉族民居

4. 哈萨克族民居

5. 回族民居

6. 柯尔克孜族民居

7. 蒙古族民居

8. 塔吉克族民居

9. 锡伯族民居

10. 乌孜别克族民居

11. 俄罗斯族民居

12. 塔塔尔族民居

13. 达翰尔族民居

香港民居

1. 中式合院民居

2. 宗族组合式民居

3. 折中式民居

4. 店铺式民居

澳门民居

1. 中式合院民居

2. 围里式民居

3. 折中式民居

4. 店铺式民居

台湾民居

1. 本岛民居

2. 离岛民居

中 册
目 录

福建民居

FUJIAN MINJU

闽东民居·柴板厝

图1　福州上下杭中平路旧柴板厝

柴板厝，是福州地区常见的一种沿街木屋，下店上宅，商住结合。它是古城福州三坊七巷、朱紫坊、上下杭等历史街区中主要的建筑类型之一。柴板厝在福州方言读音中为"柴栏厝"或"柴厝"，"柴"即是"木"，"厝"即是"屋"。它的底层店面由小门、固定的铺柜（或矮墙）以及铺柜上方活动的"店门板"组成，楼层墙面是用"蓑衣板"铺设，起到排水防水的作用。

1. 分布

柴板厝分布于福州地区大街小巷的沿街面。其用地节约，面宽通常只有一个开间。墙体和楼板的主要材料都是木板，自重轻。称为"蓑衣板"的木板墙上一片压着下一片，排水防水好。它是古城福州三坊七巷、朱紫坊、上下杭等历史街区中主要的建筑类型之一，在福州城区的茶亭街、台江路和南后街等繁华街区也比较常见。

2. 形制

柴板厝是一种适应性较强，施工较简单，造价比较低的商住建筑。平面形状多为矩形，面阔一个开间，3～5m，进深因地制宜长短不一，通高2～3层。底层作为店铺略高3.3～3.8m，2～3层作为储藏或住宿层高仅2.2～2.6m。柴板厝通常沿街以一开间为一个单元联排建造。

柴板厝墙体和楼板的主要建筑材料是木材，屋顶为传统的坡屋顶，木构架为穿斗式，屋面用蝴蝶青瓦。内部空间简单，分割灵活。楼层之间用木楼梯或木爬梯联系。

3. 建造

柴板厝面阔通常一个开间，3～5m。屋顶为穿斗式双坡木构架，木构架在楼层的位置用杉木作横梁把柱子串成完整的"一榀"。两榀之间在楼层位置用杉木作纵梁联系起来，上面铺设木板作为楼板，在屋顶位置用杉木作顶梁联系起来，上面铺设檩条，檩条上再铺冷摊瓦。

墙体部分是构造墙，通常用木板。联排的柴板厝，山墙是公共墙，用木板隔开。位于端头的柴板厝，山墙是外墙，结合穿斗的梁柱，分格设框嵌入"蓑衣板"。后墙的底层部分结合开门、开窗需要，使用木板墙拼接，楼层仍然使用"蓑衣板"。在"蓑衣板"墙上直接开窗，窗户的花样较为丰富。

柴板厝铺面按面宽留出小门的位置，其余部分做固定的矮墙（铺柜），矮墙的上方做活动的店门板。矮墙上及其上方均设有凹槽，晚上关门时将店门板顺着凹槽竖向装上，早上开门时将店门板顺着凹槽取出（图3）。店门板和小门的上方设一长条木格栅，具有采光通风的概念，后期用玻璃窗取而代之。在木格栅的上方根据需要设置匾额或招牌。

4. 装饰

柴板厝作为低收入平民的简易用房，除了就地取材使用较为便宜的杉木板外，用户一般不做过多的装饰。多数情况下，木板的平整度，拼接的精细度反映出材料固有的肌理。相比之下，底层的店铺是"门面"，做工相对细致一点，店面的上方放匾额或招牌的地方稍作一点装饰。除此之外，楼层的窗户除了常见的矩形外，有时会出现拱形、圆形和八角形等，算是有点装饰的想法。

柴板厝的特点就在于建筑的主要材料是杉木板。有的在木板上不上油漆，或上一层清漆；有的在木板上上一点装饰性油漆，一般楼层的蓑衣板上采用暗红色，底层店面上粉绿色。由于柴板厝

图2　福州三坊七巷南后街米家船

图3　活动嵌板与凹槽

图4　福州三坊七巷南后街青莲阁

图5　上下杭中平路116号

图6　福州三坊七巷南后街新式柴板厝

图7　福州上下杭中平路改造后柴板厝

的朴实和低微，许多民居研究者常常忽视它的存在。

5.信仰习俗

由于柴板厝底层空间的主要功能是店铺或手工作坊，所以，这些商人或手工业者。除了宗教信仰之外，手工业者信仰行业神，大多数商人信仰财神爷赵公明，与莆仙和闽南地区信仰关公截然不同。此外，信仰关公、妈祖、临水夫人和齐天大圣等华夏诸神也十分常见。

6.代表建筑

1）福州市上下杭中平路116号柴板厝

位于福州台江区的上杭路和下杭路，俗称"双杭"或"上下杭"。这里早年是福州的商业中心和航运码头。中平路位于上下杭的南侧，明清直至中华民国时期，这里是商业繁荣之地，曾被称为福州的"十里洋场"，高级的旅社、饭馆、酒肆、照相馆等，一应俱全。

与之相伴沿街建成的柴板厝（图1）以116号为例（图5），沿街面宽约4m，左侧开一小门可通往楼层，紧挨着是另一小门直接进入店铺。右侧是铺柜，高约1m，上面是活动的窗扇，可以随时拆装，门和窗的顶部是一条玻璃的采光带。二、三层外墙全部采用"蓑衣板"，在外墙上每层直接开设两个窗。柴板厝底层部分上粉绿色油漆，楼层部分上粉暗红色油漆。

2）福州三坊七巷新式柴板厝

三坊七巷是福州市著名的历史街区，南北走向的南后街将其分成东西两个部分，西侧三坊依次是衣锦坊、文儒坊和光禄坊，东侧七巷依次是杨桥巷、郎官巷、安民巷、黄巷、塔巷、宫巷和

吉庇巷。三坊七巷是全国历史文化名街，被誉为"明清建筑博物馆"和"城市里坊制度的活化石"。

南后街经改造后，沿街商铺基本上选择了新式柴板厝（图6），少量穿插中华民国时期风格的青砖建筑。这些新式柴板厝大致上再现了传统柴板厝的特点，而且沿街立面更加丰富，如"米家船"店铺的楼层开窗采用了拱形窗（图2），"青莲阁"窗户的格子多了一点花样（图4）。

底层店面的做法：左侧是进入店铺的小门，右侧是柴板矮墙，铺柜的高度约1m，柴板墙上是活动的店门板。其中"米家船"的店门板可拆卸（图3），"青莲阁"的店门板做成平开窗样式。新式柴板厝的侧墙做得比较考究，蓑衣板嵌在穿斗墙的梁柱之间，穿斗式结构清晰，形成较好的肌理和构图。

新式柴板厝的墙面仍然沿用蓑衣板样式，但也少量采用其他的形式，不拘一格。在色彩的使用上，凸显柴板的本质，只在柴板上罩一层清漆，以有别于传统的柴板厝，色调更加古朴统一。店铺的匾额多数采用常见的黑底金字，也有采用柴板本色与红字。

成因

柴板厝的主要使用者是城市中低收入阶层的商贩或手工业者，由于沿街面的商业利用率高，因此，以一个开间为单元的沿街商住结合的"街屋"成为一种最为常见的建筑类型。柴板厝的主要特征还在于整个建筑的主要材料是木板，福州方言称之为"柴板"。柴板取材方便、造价低廉、易于加工。加上福州的气候条件对墙体的保温隔热要求不高，柴板厝基本能够满足百姓的个体经商和居住要求。

柴板厝的最大缺点是防火性能差，经常发生"一家着火，四邻遭殃"的火灾现象，一烧就是一大片。因此，渐渐地有些柴板厝就被改造为砖石结构（图7）。

比较 / 演变

柴板厝以一个开间为单元的沿街商住结合的"街屋"，在其他地区也可以发现类似的建筑类型，如泉州地区的手巾寮，漳州地区的竹竿厝等。手巾寮和竹竿厝经演变成为闽南骑楼，但柴板厝并没有演变成福州骑楼。

由于柴板厝的建造随意性较大，有些建造质量相当简陋，导致这种量大面广的建筑类型渐渐退出人们的视野，被其他类型的建筑如"火墙包"所取代。幸而，在修复的三坊七巷南后街中，柴板厝以新的形式得以延续。

闽东民居·火墙包

"火墙包"是福州地区当地居民对于砖、石、木混合结构房屋的俗称，由当地方言翻译而成，本义泛指外墙为砖石结构，内部为木结构的建筑，因砖石墙体防火性能较好，故称"火墙包"。在福州的三坊七巷、朱紫坊等历史街区比较常见，是中华民国时期取代"柴板厝"的一种建筑类型。在上下杭历史街区和隆平路一带，受到西洋建筑的影响，在建筑外观上出现了一些中西结合的"西洋"元素。

1. 分布

火墙包建筑分布于福州地区各县市城镇街区的大街小巷。在福州古城区闽江北岸的上下杭历史街区、隆平路一带比较集中，还有安泰河两岸的三坊七巷、朱紫坊等历史街区也有它的身影。它是一种"前店后宅"商住结合的沿街建筑，它的沿街部分是商业功能，有洋行、钱庄、批发商行、店铺、货栈、会馆、商会等，进入内院是居住功能，深宅大院隐藏其中。

2. 形制

火墙包内院部分的平面布局为福州传统的院落式民居，沿街部分为各式各样的商铺或手工作坊。沿街空间商业价值高，因此，火墙包的形制是面宽窄，进深大，纵深方向一般都拥有多进的院落，多者可达五至六进，形成"前店后宅"的基本布局。一般情况下，第一进

是用于商业经营的店面；第二进是储存货物的仓库；第三进及以后则是内部的居住空间；最后一进靠近后门，是伙计（职员）的宿舍，建筑通高为两至三层（图3）。

火墙包的两侧是山墙，是砖石结构的封火墙，单元内各个院落之间按照功能分区也用高大厚重的风火墙和木门隔开。因此，传统的木结构的建筑被四周的风火墙所包围，每个火墙包都是一个闭合的防火系统，形成了一个个相对独立的防火单元。

3. 建造

火墙包民居采用砖石与传统木构架混合的体系。内部的穿斗式木构架是承重结构，外围的风火墙采用砖石材料，主要是围护结构，但也具备一定的承重能力。屋面为双坡顶，采用蝴蝶瓦。火墙包的建造包括三个部分：首先按照传

图1 恒盛布行

统民居的建造方法建好内部的穿斗式木构架；其次使用砖石结构建好外围的风火墙；最后按照传统民居的建造方法建好坡屋顶，同时完成坡屋顶与风火墙之间的衔接。

火墙包的主要建筑材料有青砖或石材，用于砌筑风火墙；木材用于铺设楼面的木梁和木地板，屋顶的木梁和檩条；"斗底砖"用于铺设地面。此外，中华民国时期，受西洋建筑影响和水泥（当时称"洋灰"）的引进，水泥代替白灰用于勾缝，并出现许多与水泥相关的西洋样式的装饰。

4. 装饰

火墙包的建造包括砖石、木材和水

图2 咸康药行

图3 火墙包建筑立面

图4 火墙包檐口的砖砌线脚

图 5　火墙包砖雕及抹灰细部

图 6　火墙包石雕细部

图 8　火墙包木雕细部

图 7　火墙包内部梁架体系

泥等多种材料，与之对应的装饰也丰富多彩。传统的三雕（木雕、砖雕和石雕）被广泛用于建筑中，还有中国传统的彩绘也是随处可见。此外，受新材料和西洋元素影响，砖的叠涩砌法形成装饰线脚，拱形的门洞窗洞以及四周的装饰线脚等等，还有西式的铁艺也得到了普遍的应用（图 4～图 8）。

5. 代表建筑

1）咸康药行

咸康药行位于福州古城下杭路与隆平路的交叉处，为中华民国时期张桂荣、张桂丹兄弟开办的大药铺。该建筑占地面积约 2800m²，规模宏大。建筑坐北朝南，前部设营业大厅，后面配有药材仓库，再后面是住宅。整个平面呈"前店后宅"布局。利用天井组织内部空间，通过廊道联系内部空间。

咸康药行入口立面采用石材砌筑，造型为西式风格。立面三开间，中轴线上设主入口大门，用西洋柱式装饰，次间设对称的西式拱形窗。大门上方采用

西式拱形窗洞，窗洞内为西式铁艺呈莲花图案。门面两边为粗放的方石砌筑通高的方扶壁，既限定了空间，又突出了门面（图 2）。

2）恒盛布行

恒盛布行位于台江上杭路，为当时的布匹商人黄占鳌所建。该建筑平面布局沿袭"前店后宅"布局方式，前部设营业大厅，后面配有仓库，再后面是住宅。并利用天井、廊道等组织内部空间。建筑通高原为二层，第三层为后期加建。

恒盛布行入口立面采用西式造型风格，以青砖砌筑，立面抹水泥砂浆模仿石材质感和分隔，整个建筑给人以厚重之感。建筑面阔三开间，强调立面凹凸感，光影效果强烈。入口大门设于中央，两侧巨大的方形门柱向外突出，内凹的门洞采用哥特式尖券。门洞之上二层处设巨大的圆形窗户，有哥特建筑玫瑰窗的痕迹，圆窗两旁各设一对爱奥尼式双柱，突出中央开间的中心效果。次间设对称的西式方窗，并于二层两侧设置西式小阳台（图 1）。

成因

福州地区早期的沿街商铺多为"柴板厝"，防火性能差，在木构的建筑外围增加一圈用砖石砌筑的封火墙就成了"火墙包"。因此，"防火"是主要成因。其次，砖石材料相对昂贵，因此，火墙包的建造工艺也相对考究。第三，福州作为开埠城市，西洋文化大量渗入，沿街而设的火墙包出现了模仿西洋样式的"洋面孔"，但内核仍然是传统的院落式空间，形成了洋式火墙包风格。

比较／演变

可以认为火墙包是由柴板厝演变而成的一种店宅结合的新类型。与柴板厝相比，第一，火墙包的防火性能提高了，盖因建筑外围一圈的封火墙；第二，火墙包的建造要比柴板厝考究，投资较大，耐久性也提高了，甚至面宽也加大了；第三，受西洋文化的影响，火墙包的立面出现了"洋面孔"；第四，火墙包的内核空间较大，提供了可以照搬当地传统合院式民居形式的可能。

综上所述，在福州原有柴板厝基础上，继而演变出火墙包，先是砖石结构的火墙包，虽有一点叠涩和拱形的西洋元素，但还是中国式的清水砖风格。后来，石材的使用和水泥仿石的装饰，在外观上模仿西洋样式更加直截了当。

闽东民居·院落式大厝

院落式大厝是福州地区最为常见的一种民居类型，大量分布于福州市辖区内的五区八县。其中最具代表性的是福州古城内三坊七巷和朱紫坊等历史街区中的大厝。三坊七巷中的26处名人故居，包括3位"帝师"的故居，都是这种院落式大厝，且其山墙是马鞍形的封火墙，当地俗称"观音兜"或"马鞍墙"。

图1 院落式大厝主入口、马鞍墙与墀头

1. 分布

院落式大厝是福州地区最为常见的一种民居类型，大量分布于福州市辖区内的五区八县。在福州故城今古城的历史街区内，以三坊七巷和朱紫坊历史街区保留较多且完整，明清时期，尤其是清代中叶发展到了鼎盛（图2）。

2. 形制

福州地区院落式大厝的基本单元是正座建筑为三开间（或五开间）、左右两侧由山墙和廊庑、正前方由院墙和廊庑围合中心院落而构成，左右均齐、中轴对称。按屋顶的围合来看，也是"四水归明堂"，很像"四合院"，可是，左右和正前方只有廊庑没有房间，又不同于"四合院"。

从基本单元扩展到多进式大厝的每个阶段都保持了平面和形体的完整与统一，其基本方法是以院落为中心，沿纵向扩展形成多进式大厝，沿横向扩展形成多座联排式大厝。福州院落式大厝，其屋顶是硬山式，山墙是马鞍形的封火墙。当地俗称"观音兜"或"马鞍墙"（图1）。

3. 建造

福州院落式大厝，其建造基本上是因地制宜、就地取材。建造材料上，土木与砖石样样皆取。外墙以石料做墙基和墙裙，墙体用夯土，山墙顶部用青砖砌成马鞍形封火墙，墙体表面或用白灰作饰面，或粉刷成深灰色的"黑墙"，极具福州传统民居特色。主体结构是穿斗式与抬梁式结合的木构架。

4. 装饰

福州院落式大厝，其外墙装饰主要在封火墙马鞍形造型和墙体端部墀头的泥塑。内部装饰以木雕为主，具有高超

图3 院落式大厝各种木构件上的雕饰

图4 沈葆桢故居入口

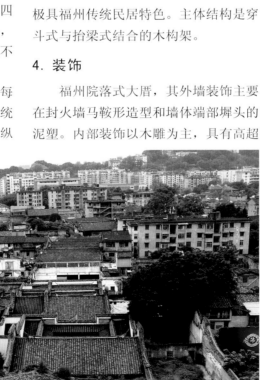

图2 福州三坊七巷的院落式大厝鸟瞰

图5 陈承裘故居入口

图6　院落是大厝的核心：厅井空间

图8　沈葆桢故居内景

的工艺水平，如窗花、隔扇、插拱、雀替和吊柱，以及廊轩卷棚的雕花、托架、斗棋和额枋等，是整座建筑装饰的重点。石雕常见与于青石柱础上，题材丰富，雕刻生动，构图活泼，极富审美价值（图3、图9）。

5. 信仰习俗

院落式大厝的厅井空间是民居的核心，井是指院落，是天人感应的场所，厅既是日常起居的空间，也是祭祀先祖和婚丧喜庆的仪式空间。福州当地人以儒家思想为主体，传承耕读文化，信奉华夏诸神，尤其是地方神灵如妈祖、临水夫人等，经商者多信奉财神赵公明和齐天大圣（图6）。

6. 代表建筑

1）沈葆桢故居

沈葆桢故居位于三坊七巷宫巷西段北侧26号。始建于明天启年间，数次易主。清同治年间，沈葆桢购置后修葺居住，建筑坐北朝南，规模宏大，布局严谨，雕饰富丽，集明清两代建筑风格

于一体，是明清时期福州典型的豪门宅第，历代均有修葺改建，是福州院落式大厝的典型实例（图4、图8）。

大厝由中轴对称的正座与西侧一宽一窄的两个跨院花厅组成，从而形成了多条纵向平行的轴线，主从分明，层次明确。在这个建筑组群中，用开敞、华丽的厅堂与封闭、俭朴的居室结合；以严整对称的主体建筑与高低错落的亭台楼阁结合；以严谨的厅井与灵巧的庭院结合，使民居的"宅院组合"丰富而有序。

2）陈承裘故居

陈承裘故居位于三坊七巷文儒坊内，始建于清朝中叶，建筑坐南朝北，共有三进，整个建筑由正座与东侧的跨院构成。正座为福州典型的多进式院落式大厝，平面沿纵深轴线串联布置的格局，面阔三间。东侧的跨院是花厅，取名为"梅舫"。梅舫的平面布局按顺序为：门头房、天井小院、庭院、书房和后院，对称轴明显严谨。

陈承裘故居的正座是完整的多进大厝，跨院是自由灵活的花厅，"宅院组

合"，采取的是"并置"的布局，功能分区左右分明。主体建筑的结构采用穿斗式木构架体系，内部空间的通透宽敞，主要的敞厅采用减柱法来获得大空间。宅第的主入口朝向文儒坊，木质的门面，上一层暗红色油漆，比较朴素。宅第内部的装饰以木雕为主，工艺精细，展示木质本色（图5、图7）。

成因

福州地处我国东南沿海，四面环山，是典型的河口盆地地貌，属暖湿的亚热带季风气候，夏长冬短，夏季炎热潮湿。因此，民居尤其需要重视遮阳和通风：由院落和敞厅组成"厅井空间"，住宅民居房间进深大，出檐深，敞廊多，且院落尺度较小，有利于遮阳。多进式院落纵深布置，是多个"厅井空间"的叠加，前后用敞廊连通，有利于通风和排湿，住宅内部环境冬暖夏凉，适宜人居。

受到封建礼制、宗法观念和伦理道德等的影响，福州院落式大厝具有以下显见得特征：以三开间、五开间为常见，等级比较严谨。纵向拓展是多个"厅井空间"的叠加，横向拓展也是多个三开间、五开间的简单并置，保持原有的等级。

比较/演变

福州院落式大厝在平面布局上虽然也是四面围合，但不是典型的"四合院"。规模拓展纵向模式与其他地区做法相似，横向发展则不采用"护厝"模式两侧对称加宽，而是按等级简单并置，在一侧增加一座相似、略小的单体。灰砖院落式民居在徽州、江浙和福建北部等地，平面布局大同小异，"马头墙"是它们共同的形式特征，然而，福州院落式大厝的形式特征是马鞍形的封火墙——马鞍墙，俗称"观音兜"。

图7　陈承裘故居内景

图9　墀头泥塑

闽东民居·闽东排屋

图1　闽东排屋外立面

闽东排屋是闽东山区结合其山地地形发展出的一种联排屋，地域适应性强，也是闽东合院式民居发展的基础形态。

1. 分布

闽东排屋主要分布于宁德各市县的山区或县镇用地比较紧张的地方，其中福鼎是这种形式分布比较集中的地区。该地区为山地丘陵地貌，气候炎热多雨。

2. 形制

闽东排屋一般2～3层，为一明六暗（七开间）或一明八暗（九开间）的民居背靠背组合而成的形式，四面出廊。明间为厅堂，以太师壁隔成前后堂，为祭祀、婚丧等公共活动空间；两侧对称的房间自成相对独立的数个小单元，进深方向分成前后间，底层前间为小厅，后间为厨房，前后间都直接对外开门，二层为卧室。每个单元都设独立的楼梯，位于前后间当中（图2）。一幢排屋通常是同宗兄弟合建，中厅共用，卧房平分。有些排屋还在前面围出一个矮院墙，或者外间沿进深方向向后延伸，逐渐向三合院布局发展。

3. 建造

闽东排屋一般以木构架承重，以木板与毛竹夹板结合的板壁围合，封闭感弱。木构以穿斗式构架为主，楼层间以密集的楼板梁支撑的木板分隔，梁下槛间做锯花装饰。厅堂地板以素土或三合土铺地，一层卧室木板架空铺地。

悬山大屋顶坡度缓和，出檐深远；椽条上直接铺设小青瓦，正脊平缓起翘。

4. 装饰

闽东排屋多设悬山大屋顶，出檐深远；层与层之间设腰檐，层次感强。外立面以青、白、褐相间的颜色示人，素静清新，与周边的青山绿水融为一体（图1）。

大部分排屋内檐装饰较简洁，个别讲究的排屋木雕精美，主要应用在大厅卷棚梁架、穿枋、牛腿等部位，以民间

图3　闽东排屋牛腿木雕

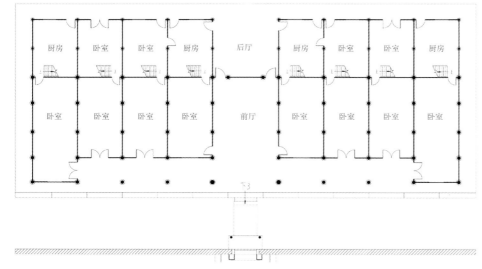

图2　麟阁古厝一层平面图

图4　闽东排屋彩画装饰

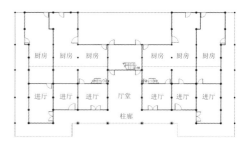

图5　陶厝下一层平面图

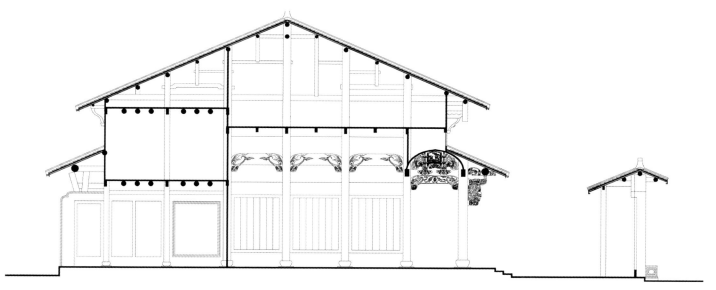

图 6　麟阁古厝明间横剖面图

喜闻乐见的花草、瑞禽等为题材，手法以浮雕见长（图3、图4）。

5. 代表建筑

1）福鼎西昆村麟阁古厝

建于清中后期，为一明八暗的二层排屋，建筑四周出廊，上覆披檐。明间厅堂为公共活动空间，其他暗间各自独立，前厅后厨，二层为卧室。空间既隔又连，既相对独立又连为一体。

古厝外观朴素。内部以穿斗式木构架承重，毛竹夹板壁围合（图6）。大厅穿枋做成月梁状，两端阴雕曲线；

前廊做卷棚轩顶，以琴面穿梁、斗拱承托。斗拱、牛腿与挑檐枋木雕草龙、人物典故、花草等题材，运用了圆雕、浮雕、透雕等手法，细密精致，工艺精湛（图7）。

2）福鼎西昆村陶厝下

该厝建于清末，为一明六暗的二层排屋，不同之处在于，该厝梢间与尽间沿进深方向向后延伸，形成一个向后半包围的开放的三合院空间（图5）。

该宅屋顶为歇山顶，体量庞大。宅内采用穿斗式构架，梁架简洁，基本不施雕刻，体现木材的材质与肌理。

成因

闽东排屋是最基础的"一明两暗"式民居的横向扩展型。由于山地丘陵地带，建筑进深方向的用地受限制，适宜发展大面阔、小进深的建筑。组成排屋的小单元体积小，结构简单，连排处理节约用地，造价低，又兼备了公共空间，易为百姓接受。

比较／演变

福建其他地区的排屋，比如闽南"一条龙"等，各单元基本独立，仅通过前廊相连。闽东排屋在各单元相对独立的基础上，加强了各自的空间联系，尤其是二层的空间全部连通；还设计了中厅的公共空间，加强了居民的凝聚力。这种中轴对称、主次分明、经济实用的居住形式成为闽东合院式住宅发展的基本元素。

图 7　前廊卷棚梁架木雕

11

闽东民居·三合院楼居

三合院楼居是闽东传统民居中典型的小型民居，主体建筑大进深、宽面阔、多夹层大空间，天井较小，是闽东地区普通居民常用的一种基本居住单元，有较广泛的适用性。

图1 三合院楼居屋顶鸟瞰

1. 分布

三合院楼居的形式在宁德各市县均有分布。该地区属于亚热带气候区，温暖少寒、多雨潮湿；地形以山地丘陵为主，间杂山间盆地与滨海堆积平原。

2. 形制

闽东三合院楼居因地形不同，大致有两种形制。沿海三合院以天井为中心，天井呈矩形，较宽敞；山地三合院以厅堂为中心，前后设狭长天井。主体建筑面阔3～5间不等，进深12～15架；明间为厅堂，广设外廊，遮阳；中设太师壁，前厅待客、祭祖、敬神，后堂女眷活动。两侧设通廊连接前后空间。主体建筑2～4层（夹层）不等，一层居住，二层以上晾谷、储物，屏南、古田等县还兼居住（图3、图4）。

闽东三合院多为悬山大屋顶，出檐深远；山墙面层层设披檐，鳞次栉比，充满虚实、形体、光影、颜色和材质的对比。天井前后山设"屏风墙"，造型丰富，有一字形、马鞍形、弧形、跌落形等（图5）。

3. 建造

三合院楼居一般以木构架承重，墙体只起围合作用。木构以穿斗式为主。内、外墙一律用木板与毛竹夹板结合的板壁，有些会在板壁之外加建夯土墙，加强防御，正面或沿街一面使用青砖空斗墙，彰显财力。厅堂有两种做法，一种使用重栋，即在大屋顶下加做一个屋顶，细节处理讲究（图2）；另一种直接使用木楼板，以密集的楼板梁支撑，仅在槛间设锯花。厅堂地板以三合土铺地，一层卧室木板架空铺地。

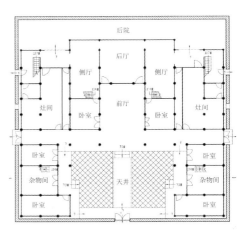

图3 张厝下一层平面图

4. 装饰

闽东三合院楼居外立面比较简洁朴素，一般以迭落的屋顶与多变的屏风墙线条营造丰富的立面形象。讲究一些的民居做迭落的门楼或以一对垛头夹门上小批檐，檐下有匾额、对联、灰塑、彩画；垛头造型美观，饰以灰塑、彩绘，文化气息浓郁（图1、图9）。

内檐装饰以木雕见长，主要应用在卷棚梁架、穿枋、雀替、窗扇等部位，题材是民间喜闻乐见的，比如拐子龙、

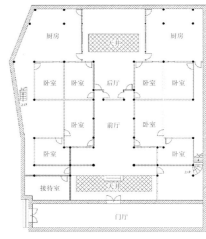

图4 坦洋下街45号一层平面图

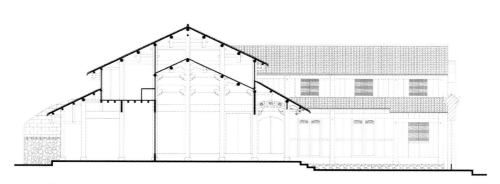

图2 张厝下剖面图

图5 三合院楼居屏风墙

图 6　隔扇绦环板木雕 1

图 9　三合院楼居门头

图 7　隔扇绦环板木雕 2

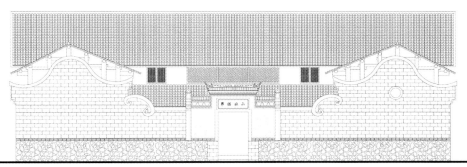

图 8　张厝下立面

成因

　　闽东三合院楼居的形式是在闽东排屋的基础上，受北方三合院布局的影响，结合南方山地气候、地形等自然条件发展而出的建筑形式，兼顾了居住、生产、礼仪与审美的需求，极具地方特色。

比较 / 演变

　　闽东三合院与其他地区的三合院相比，由单层发展为带有多层夹层的大空间建筑；强调主厅堂的中心地位，天井较小，建筑的封闭围合感相对较弱。

暗八仙、琴棋书画、四季花卉、福禄寿喜、人物典故等；手法则以浮雕、透雕、镂雕为主，比较精美，极具地方特色。石雕、砖雕少用（图 6、图 7）。

5. 代表建筑

1）福鼎西昆村张厝下（山城拱翠）

　　建于清中期，典型的沿海三合院楼居。厅堂面阔五间，二层，一层居住，二层储物兼居住；施重栋屋顶，太师壁两侧甬门上设神龛，左祭祖右敬神。特别之处在于，次间与梢间之间加设通廊，连接前后空间，体现儒家主次有序、内外有别的规矩。

大门砖构三山迭落门楼，圆弧形屏风墙线条优美；（图 8）穿斗式构架，穿枋月梁状，两端阴雕曲线；卷棚下的月梁、斗拱、穿枋浮雕精美。

2）福安坦洋下街 45 号

　　建于清末，典型的山地三合院楼居。以面阔五间的厅堂为中心，前后小天井狭长。厅堂大体量，局部三层夹层，梢间与围墙间设通廊，梢间当心间设为偏厅，面向通廊；前厅二层。楼板处理。该宅曾经作为坦洋的茶行，一楼居住，二楼是重要的制茶与储藏的空间。正面屏风墙线条起伏优美。穿斗构架简洁，窗扇木雕精美。

闽东民居·四合院楼居

四合院楼居是闽东传统民居中最典型的中型民居，更为方正、规矩，空间序列感更强，深受儒家传统的耕读文化影响。

图1 四合院楼居屋顶

1. 分布

四合院楼居在宁德市各县分布广泛，适应炎热多雨、地狭人多的山地地貌与人居需求，深受各阶层居民的喜爱。

2. 形制

以天井为中心，前设门厅，后为厅堂，两侧1～2层的厢房。天井宽敞，门厅一层，进深小，中设屏门；厅堂面阔3～7间不等，进深12～15架，广设外廊，层高2～4个夹层。厅堂功能分区、建筑造型与三合院楼居的厅堂相似，不同的是，面阔更宽，一般民居在两尽端设通廊，联通全宅；大户人家则将梢间当心间设为偏厅，前设小天井，天井两侧设附屋，成为一个小三合院；厅堂后设天井，形成"一大四小"四厅（或四天井）背向夹前后堂而立的格局，

采光通风良好，又兼顾了仪礼与隐私空间，居住舒适（图2、图3）。

3. 建造

闽东四合院楼居的构造做法与三合院楼居并无二致，只是在用料上更大气讲究，沿海的大户人家外墙全用造价较高的青砖空斗墙围合，美观大方；山区的则多用夯土墙与毛竹夹板板壁围合。有的厅堂为了获取更大的使用空间，在厅堂明间使用抬梁穿斗混合的构架，减柱造。

4. 装饰

层层叠叠的屋顶，丰富多变的屏风墙，饰以灰塑、彩画的门头、墀头、天井，雕刻精美的梁架、窗扇、神橱、穿枋、雀替等，都具有较高的文化艺术价值（图1、图4）。

5. 代表建筑

1）福安市楼下村瑞气云集（刘圣宝宅）

建于清晚期，是福安大户人家四合院楼居的典型代表，占地面积约1400m²，建筑面积约1900m²。中轴建筑由大门、小天井、门厅、大天井、厅堂（3层）与后天井组成，空间序列感较强。厅堂面阔5开间，两侧与后部设天井与附屋，典型的四厅背向而设的格局（图5）。

厅堂前堂施"重栋"，猫伏状穿枋、人字拱加一斗三升的隔架科、槛间繁密细碎的"对树花"雕刻、木雕精细的窗扇与神橱，都具有浓郁的地方特色。天井照墙上的灰塑、彩画、对联清新雅致（图8、图6）。

2）福鼎西昆下新厝

为孔子后裔孔兴圭于清乾隆年间所

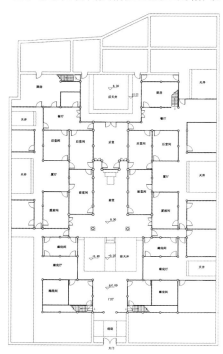

图2 瑞气云集一层平面图

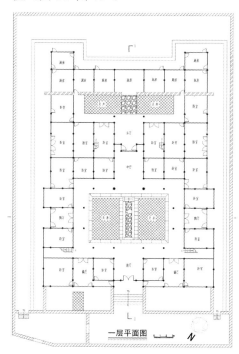

图3 下新厝一层平面图

图4 四合院楼居窗扇木雕

图 5　瑞气云集厅堂回望天井、门厅

图 8　瑞气云集神橱

建，坐东南朝西北，占地面积 5000m²，建筑面积 1635m²。砖木结构，硬山顶。该建筑沿山而建，以三道门楼作为引导空间，门额书"走必循墙"、"迪惟前光"、"世笃二南"等，彰显了门第世家。建筑三进五开间两廊庑，主天井四周四厅相向，天井中设走道直通大厅，规整大气；围墙边设一圈通廊，联系全宅，既便于日常起居，又体现了儒家主次有序、内外有别的思想。

大厅二层，前厅施重栋，前廊卷棚轩顶的穿梁、斗栱、坐斗与牛腿木雕大象、狮子、人物典故、花草等题材，十分精美（图7）。

图 6　瑞气云集后天井灰塑、彩画、对联

成因

闽东四合院楼居在延续中正规矩的北方四合院的基础上，结合闽东夏季气候与山区地形的要求，由单层发展为多层，主体部分大进深、宽面阔、高楼层、宽外廊，次体部分小进深、低楼层，功能多样，既满足当地居民日常生活的需求，又体现了儒家耕读文化在民居中的深刻影响。

比较／演变

闽东四合院与其他地区四合院民居相比，特点显著：强调厅堂的中心地位，大体量、多夹层、四厅背向或通廊围合的做法，既有利于遮阳、采光、通风，又拓展了建筑使用空间；鳞次栉比的建筑，夸张的天际线，带来了丰富的审美体验；精巧的木雕与朴实无华的石构、砖构，也彰显了地域特色。

图 7　下新厝卷棚梁架雕

闽东民居·闽东大厝

闽东大厝是对宁德地区多进多落大厝的俗称，多是富甲一方的地主商人所建，是闽东地区建筑技术、艺术与文化的集大成者，很有代表性。

图1 闽东大厝灰塑

1. 分布

闽东大厝主要分布于宁德市各县古代经济比较发达的地区，以福鼎市最为集中。

2. 形制

闽东大厝以纵向串联、横向并联的三合院与四合院组合而成，其规模一般在三落三进以上，主体二层以上。大厝中轴对称，纵横交错布局，复杂而有秩序。天井宽敞明亮，各落每进厅堂连为一体，面阔达9间以上，共同覆盖在一个大屋顶之下，通过前廊小门贯通；（图2）三个一字排开的天井中间隔以双面覆廊，空间既隔又连。主落二进主厅为主要的待客、祭祀、婚丧等仪礼空间与公共活动空间，边落与第三进后楼为起居空间。

大厝屋顶为两坡悬山与硬山顶相结合的形式，楼层间与山花下广设腰檐与披檐，层次感强。

3. 建造

闽东大厝多以木构承重，外墙以青砖空斗墙围合，内墙以毛竹夹板木板壁围合。主厅明间使用五架或七架抬梁、穿斗混合式构架，梁架用料硕大，做工讲究（图3）。一层厅堂三合土铺地，天井石板铺设，卧室木板架空铺设。主厅设"重栋"，屋顶铺小青瓦。

4. 装饰

闽东大厝装饰讲究。大门设随墙小门楼，三山跌落，门额灰塑、彩画装饰（图1）。内檐梁、枋、斗栱、驼峰、牛腿、窗、门皆饰以木雕图案，或人物，或花卉，或祥禽，或瑞兽，栩栩如生（图5）。

5. 代表建筑

1）福鼎白琳洋里大厝

位于福鼎市白琳镇翠郊村洋里自然村，始建于清乾隆十年（1745年），总占地面积为13980m²，建筑面积约5000m²。建筑依山傍水，三落三进，二层；每落面阔三间，共围出24个天井、6个大厅、12个小厅，四周以规整串联的廊庑连成一个封闭的整体。布局方正规矩，脉络分明，带有官式建筑凌人的气势。内部空间则虚实结合，开放通透，四通八达，有江南民宅的灵秀之处（图7）。

大厝为吴氏祖先因经营白茶生意致富而耗巨资建造起来的。八字三山跌落门楼气势恢宏，厝内梁架、门窗木雕精美绝伦（图6），三合土铺地还留下了精彩的传说。被誉为"中国古建筑瑰宝"。

2）福鼎西昆旗杆里正厅

为孔子后裔建于清乾隆年间，坐南朝北，占地面积5000m²，建筑面积约

图2 闽东大厝内贯通各落的外廊

图3 抬梁穿斗混合式构架

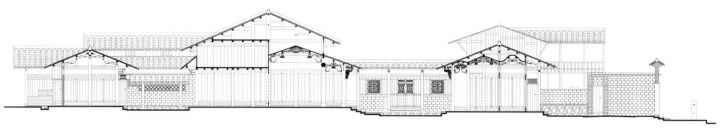

图 4　旗杆里正厅明间横剖面图

1500m²。建筑三落三进，主落面阔三间，宽敞大气，为主要的仪礼空间；边落面阔二间加一通廊，比较狭窄，为起居空间。既有官式建筑般的规整恢宏，又有山区建筑的灵活自由（图8）。

主落二进大厅前厅二层，施重栋屋顶，使用抬梁、穿斗混合式构架，三间通敞（图4）。广设外廊，出檐深远。梁架木雕题材丰富，精巧细腻。波浪起伏的风火墙与简洁的人字形硬山墙相映成趣，墀头灰塑精美。

图 5　洋里大厝外窗

图 6　洋里大厝牛腿木雕

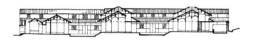

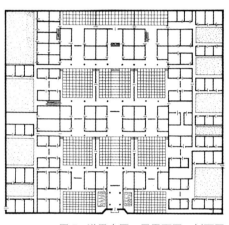

图 7　洋里大厝一层平面图、剖面图

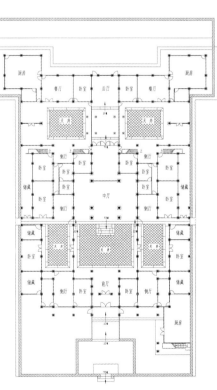

图 8　旗杆里正厅平面图

成因

闽东大厝是闽东地主富商在山区三合院与四合院的基础上，有机结合了北方封闭的多进多落四合院与南方开放式庭院的结果。九间的面阔巧妙地借助双面覆廊与三个天井隔成三落，形成"明三暗九"的平面布局，避免了"逾矩"之嫌，又彰显了主人的身份地位与财富。

比较／演变

闽东大厝既不同于北方与江南民居各落间借由走马道或箭道连系的做法，也不同于福建其他地区民居通过侧天井联系主厝与护厝的内向围合的做法，各落借助半开放的廊道从多进大面阔的建筑中分隔而出，内部实际上是密不可分的一个整体，空间联系更加密切。闽东大厝较当地三合院或四合院楼居而言，布局更加方正规矩，对外封闭性更强，更符合儒家的礼制要求，是传统社会耕读文化深刻影响下的产物。

闽北民居·合院

"合院式民居"主要是由小型民居往中、大型民居规模发展所形成。其民居布局以天井（内院）为中心，以前后两进房与两侧的厢房围合形成合院。按照其围合建筑方式的不同，又可以分为三合院和四合院。

图1 武夷山城村高高的夯土墙

1. 分布

"合院式民居"是福建较为常见的民居形式之一，闽北民居主要分布在南平市所属县市（区）和三明市的将乐、泰宁两个县。东片为南浦溪流域的建瓯市、松溪县、政和县、延平区和顺昌县；中片为崇阳溪流域的建阳市、武夷山市和浦城县南部；西片为金溪和富屯溪流域的邵武市、光泽县、泰宁县、将乐县。

2. 形制

闽北民居多为土木、砖木结构瓦房，中有天井，两侧为两间或四间正房，天井两旁设二、三步台阶，中有大厅堂，两旁各有两间正房，后阁两边为厨房。住宅的天井都比较小，大约4m宽，1.5m深，这与当地的湿热气候是相适应的，因为小天井可尽量减少日晒，减少户外炎热空气的对流，又使屋内不至于太过憋闷。在三合院式的建筑中，民间忌两厢"伸手长"，所以庭院不宜做得太深，在四合院式的建筑中，庭院一般宜方整，这是受到民间的"明堂"之说的影响。

3. 建造

由于地处山区，闽北民居多建在较陡的山坡上，为省土石方，常用垂直等高线等办法布置，建筑依山就势，进进升高（有步步高升之意），山墙和屋面则层层叠落。闽北盛产木材，尤多杉木，故民居至今多沿用木材作穿斗木结构，大厅堂多用抬梁减柱造，木材表面不施油漆，显得朴实、简洁、轻巧、实用；外墙是用黏土夯筑成约0.6m甚至更厚的生土夯墙，仅起围护作用（图1）；墙体多与内木构架结构分离，有"墙倒屋不塌"之誉；内部多采用木板、竹片或芦苇秆编织成片，外抹草泥，作为内分隔墙。

4. 装饰

闽北民居在各厅堂的山墙处常做成硬山的"马头墙"（封火墙），"马头墙"有平行阶梯形、云形、马鞍形等（暗合"金、木、水、火、土"）形式；闽北建筑优美的砖雕艺术令人惊叹不已，民居中的砖雕主要用在入口和分隔庭院空间的檐墙上，作为装饰，成组地镌刻着回纹、卷草、鸟兽、花卉，或镂刻雀替、垂花等，有的还用磨砖拼成斗栱、漏花砖窗和各种线脚（图2）；木构梁架、榫卯连接处等多有镂空雕花饰样，柱

图2 武夷山下梅村砖雕

图3 横街11号屋顶

图 4 横街 11 号大门上雕花

头跳出二支（也有三支的）斗栱，斗栱镌刻有花鸟饰案；窗户上的木雕也是栩栩如生。

5. 代表建筑

1）武夷山城村横街 11 号

该建筑位于城村三条主要街巷（形成"工"形）之一的横街上，建于明清时期，总建筑面积约 289m²。以卵石作基础，平面上呈一进五开间，结构上以抬梁式为主的抬梁穿斗混合式，外墙空斗砖包土，内墙竹筋抹灰墙，装饰上有雀替、窗花、斗栱等镂空雕刻。现有 3 户人共同居住，损毁较严重，铺地已全改为水泥（图 3～图 6）。

2）观前二弄 3 号饶加年宅

该民居位于浦城观前村，坐西北朝东南，此宅为两进式院落，有上、中、下三堂，占地面积约 640m²。大门位于下堂的左侧，朝向东北，门外有面积约为 3.5m² 的门斗。前院天井内有水井，两侧厢房的隔扇门保存完整且质量较好。东北侧角落有仓库和厕所，并有小门通往户外（图 7～图 9）。

图 6 横街 11 号山墙墀头

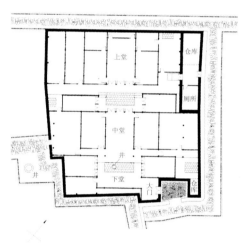

图 7 饶加年宅平面

图 9 饶加年宅大门

成因

不同时期的汉人迁移入闽，带来了中原不同时期的建筑形式和风格，土坯土墙住宅就是中原汉族人带进福建的，三合院、四合院等也属于中原的传统建筑形式。

比较 / 演变

由于地域、文化、气候的不同，南北建筑差异较大，北方是"围"出的庭院，南方是"挖"出的天井。闽北建筑是以厅堂为中心来组织院落。

图 5 横街 11 号大门

图 8 饶加年宅天井

闽北民居·三进九栋

　　"三进九栋"是闽北地区典型的民居形式之一，为砖木结构"九宫格"式三进院落的合院式民居；以中轴线为基线，大小天井为格局布置，含有北方传统府第式、南方大型院落式、客家建筑、官式建筑元素，同时融合了闽北当地元素于一体的大型砖木结构民居。

图 1　泰宁尚书第三进九栋形式

1. 分布

　　"三进九栋"主要分布在闽北城镇一带，这些地区古时多为人文荟萃、古驿商道之所在，包括一区（延平区），四市（邵武、武夷山、建瓯、建阳）和五县（顺昌、光泽、浦城、松溪、政和），其中以泰宁县（杉城镇片区、大田乡片区、大龙乡片区、上青乡片区、梅口乡片区等）与南平市（五夫镇、峡阳镇、下梅村等）两个片区较为集中。

2. 形制

　　"三进九栋"也称"三厅九栋"，三进院落府第形式，包括三大栋、土库。平面布局注重与自然环境、城镇以及建筑间的协调关系，以"九宫格"官样府第式建筑排列，中轴与风水轴线结合（图 1）。

　　第一重天井通常是整个民居建筑中最大的院落空间，由门厅、正厅（堂）和两侧的厢房围合而成。第二重天井位于后厅（堂）前，尺度一般要小于第一重天井，因居家生活的私密性要求，尺度亲切、亲和。第三进大厅上方正中设神龛，堂、房、厅之间以内隔墙、便门贯通，清晚期、中华民国时期扩改建者

有设二楼（女脊楼）。屋面多为前后双坡、加两侧跌落式封火墙。

3. 建造

　　建造结构一般为砖木结构，空斗砖墙围院、厅堂抬梁减柱造与主体穿斗式混合结构（图 4），属于府第、祠堂、民居结合，具一定防御功能的建筑；有一定深度的门坪，呈内嵌式（直角八字开）（图 5），通体是大台阶，砖砌隔心墙，石雕门柱、普柏枋上置栌斗、如意斗栱组合承托屋架与屋面。天井、走廊、檐阶一般为石板。正门多用石条和砖砌成，饰以精美砖雕，构筑大方气派，表现闽北民居的艺术特色。每栋四周用陶瓷或泥土筑造封火墙，屋脊的正脊多以宋代官帽脊饰，中间用瓦立有官印堆塑，两边用瓦和灰泥堆塑成花叶翘角瓦垄密集厚实，檐口悬挂瓦缸胎水枧以排水。

图 4　穿斗抬梁混合的建筑构架

图 5　泰宁世德堂门楼

4. 装饰

　　装修装饰舒朗淡雅，文人气息强烈。内嵌式门楼上的砖雕装饰简约干练，悬垫柱础的门柱、特制的门额、门簪点饰，显得别具一格；槛墙上的槛挞衣窗扇、堂内祁门顶的大型堂号匾、天井内石雕

图 6　赤色砂岩打制的八棱形柱础

图 2　泰宁尚书第鸟瞰

图 3　将军街 46 号—石板坪土库内天井

图 7　象鼻栱

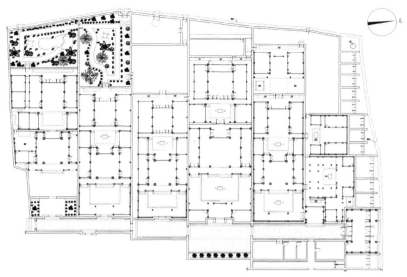

图 8　尚书第平面图

花卉形态的水缸花柱，黑、朱相间的漆饰，外檐下的花卉墨绘显现出闽北建筑特殊风韵（图6、图7）。

5. 代表建筑

1）泰宁尚书第

"尚书第"，俗称"五福堂"，是明代兵部尚书李春烨住宅，占地达5220多平方米南北长87m，东西宽60m，坐西向东，主体五幢，一字排列，连铺房共120余间每幢都是三进厅堂，各幢以斗砖封火墙相隔。同时幢与幢之间又有廊门相通，保持其间的相互联系。建筑均为砖、木、石结构，砖墙以斗砖和眠砖组合砌制，眠砖的形制接近城墙砖，石作基本上用当地的赤色砂岩，木作以老大杉木为主要梁架（图2、图8）。

2）闽北峡阳传统民居——土库

土库位于延平区峡阳镇德胜街的"大园土库"修建于清嘉庆年间，建筑造型呈长、正方形不等，占地4800多平方米，土库除四周的围墙，全是木质材料的建筑，它的建筑结构与北京的四合院相似，结构取"八门图"即前厅左中右、正厅左中右各三个。厅、东西各一厅，共八个大厅；有大小房屋百余间，居住六十一户人家。在"大园"内正厅前是一大空坪极为宽敞。坪中是砖砌的走道，走道两边种植花草，一年四季花香馥郁，锦鳞游动，堪称小巧别致的花园（图3、图9）。

成因

明清时不少告老还乡或在外发财的大户回闽北修建"三进九栋"式大型瓦房，聚落中规中矩的布局来自于礼制社会重秩序、重伦理的思想。封闭的外墙，多重的院落形成多层次封闭独立的空间，空间使用功能上体现居者的尊卑长幼、主次的秩序观，以不同方位用房的分配使用来表现家庭或家族成员的身份、地位，通过过渡空间的设置增加私密性。

比较／演变

"三进九栋"并不是徽派建筑体系，也不是江西、浙江建筑一派，而是含有徽派、江西、客家建筑风格、建筑语言、建筑符号的闽北古建风格的建筑体系，其主要集中在城镇之中，集府邸建筑、书院建筑、特色民居、祠堂建筑元素为一体，为独具地方特色的大型、中大型民居。

它始建于北宋，南宋初具规模，现存的多为明清时期。当代由于生活方式的改变，新建的房屋样式不再有这种形式，原有的"三进九栋"或作为博物馆、展览馆使用，或仍保留原有的居住功能。

图 9　将军街46号石板坪土库入口

闽北民居·吊脚楼

吊脚楼也叫"吊楼",是我国南方干栏式建筑一种独特的类型,即"半干栏"建筑。该类建筑通常建在两级台地或斜坡上,地板一部分使用架空地板,一部分直接利用地面;通常由落地建造的座子屋与架空的横屋组成。

图1 建宁吊脚楼

1. 分布

福建省内吊脚楼建筑主要分布于闽北山区。明清至近代南平等地沿剑溪流域,曾有密密匝匝依江而建的吊脚楼,考古学者在闽北武夷山城村汉城遗址中曾发现低干栏式建筑,泰宁、建宁及其他闽北县市也存留有干栏式的吊脚楼建筑(图1)。

2. 形制

吊脚楼、高脚厝等干栏式建筑建于闽北一些依山傍溪的村落,多为二层木楼。下层以若干杉木柱为支架,形如高脚,既可防洪,又可避虫蛇,下层往往用竹篱圈围。也有的整座楼只用一根木柱,四面围墙视木柱高度,可建一至二层。楼上楼下隔若干间。

3. 建造

吊脚楼的建造主要是就地取材,由于闽北盛产木材尤其是杉木,所以民居至今沿用木作穿斗木结构,闽北吊脚楼民居至今仍沿用木结构。

吊脚楼屋架主体是以中国传统穿斗式构架为基础或原型,大多采用上下串通的整体框架体系,即将干栏式建筑的下部支撑结构和上部庇护结构上下串通形成整体结构形式。大多数吊脚楼的柱、梁都呈细长状,但又十分牢固。穿插较为简单,甚至没有大过梁,免去了梁柱榫接的很难处理,但受力性能良好,屋架的整体抗震性也很好。

4. 装饰

闽北干栏式民居一般装饰经济实用、朴实大方。木构件不施油漆,外观朴实,让杉木暴露在空气中"自由呼吸",受潮后容易自然风干,防潮防腐的功能更强于包上油漆的构建。闽北古建筑,在柱和石础间,柱和磉墩间,多用柏木支撑的木檩或者全用木头雕制的木础。门窗花格、屋梁、挑枋等,常雕饰有各种精美图案,表现出建筑的审美与个性。邵武民居的地板和地面间有的还留有约20cm左右的间隙,四周砌上镂空花砖,既美观又有防潮透气的功能。

5. 代表建筑

1) 泰宁老虎际民居

老虎际位于福建省泰宁县金湖下游以西景区的大龙乡境内,村庄始建于宋朝,距今已有600多年历史。整个村寨

图2 泰宁老虎际民居

图3 泰宁老虎际民居

图4 桂峰茶坊入口

图7 桂峰茶坊悬空部

图8 桂峰茶坊梁坊装饰

贴崖而建，一面依山、一面悬空，悬空部分都是用二至五根直木撑起，就是不依山而建的房屋，也是择高而盖，底下仍是用木头作的撑脚。这种吊脚楼一共五排，住着五十来户村民。村里主屋都为杉木房，且只建一层，为四室一厅。偏房多为居民住宿的木板房，用石块砌护坡建造，多为两层，一层为杂物间，二层用来作卧室。建筑冬暖夏凉，还防蚊蝇（图2、图3）。

2）尤溪县桂峰村桂峰茶坊

　　桂峰茶坊，位于洋中镇桂峰村东南约750m，清代木构架店铺。桂峰茶坊坐东南朝西北，平面呈长方形，面阔23m，进深20m，占地面积约460m²。中轴线上由西北向东南依次建有：台阶、

围墙、门楼、排水沟、店面等。主体建筑紧靠山涧，为穿斗式结构，单檐悬山顶。建筑特点：二层木构建筑，二层底层部分悬空，即平常说的吊脚楼式建筑，有民居相通的石铺路从茶楼底下通过，建筑与当地民居略有区别，落差大。为研究闽中地区的茶文化提供了实物资料（图4～图8）。

图5 桂峰茶坊北面透视

图6 桂峰茶坊南立面

成因

　　闽北山区气候潮湿多雾，在一些海拔较高的地方，甚至一年四季都是云遮雾绕。因此，注意解决防潮问题，构成了闽北历代建筑的重要特征之一。干栏建筑既便于生活，又可防潮，并且闽北为山地丘陵地貌，修建吊脚楼可以有效利用地形，节约土地，特别在部分峡谷、山崖处，吊脚楼往往是与地形契合度最高的建筑形式，因此自新石器时代、商周时代和秦汉时代，闽北民居就普遍建成干栏式、半干栏式。

比较／演变

　　由于生活方式的改变及吊脚楼多为民居建筑，随着城市更新原有的吊脚楼建筑或被拆除或被废弃，只有少数形制保存较好的仍有人居住使用。

莆仙民居·四目房

"莆仙"是莆田和仙游两个县邑的合称，今属莆田市。在莆仙地区传统民居中，三间张是一种"原型"，简单的形式是三开间的"一明两暗"。这种形式随后发展成为拥有前后房间的"四目房"，其平面布局是三开间的明间为"前厅后堂"，两侧次间为"前房后间"。"四目"是指次间位置上的四个房间，四目房是莆仙方言的直译，是三间张在莆仙地区最常见且最具特色的一种民居类型。

图1 黄氏民居

1. 分布

四目房广泛分布于莆田市的城厢区、荔城区、涵江区、秀屿区和仙游县。

四目房是独栋的民居建筑。建筑的正前方一般设一个等宽的门庭称之为"埕"，有时后面还会设一个等宽的"一明两暗"作为辅助性用房。四目房的屋顶形式多为悬山坡屋顶，位于山区的四目房多为夯土墙和木构架的平房；位于富庶的沿海侨乡地区，多为砖石墙体和木构架的楼房，并出现洋灰和绿斗等材料和构件。

2. 形制

三间张是三开间民居的统称，最简单的三间张就是"一明两暗"，三个房间一字铺开。四目房也是三开间，但明间被隔成前厅后堂两间，次间被隔成前房后间各两间。四目房前面三间是一厅两房，厅居中；后面三间是一堂两间，堂居中。在厅与房的前面有一个等宽的门口廊，立柱子形成"一筵"（一张八仙桌的位置）进深的柱廊。楼层的平面布局基本相同，只是楼梯设在后堂的位置，从大厅逆时针上楼。

3. 建造

四目房的建造在沿海和山区有所不同，在明清和近代也有所不同。在山区保留早期的土木结构四目房，在沿海逐渐被砖石结构所取代，并大量出现楼房形式。土木结构的四目房其墙体为夯土墙，纵向夯土墙（山墙）直接作为承重墙，屋顶采用双坡的悬山，木质屋梁直接放在山墙上。夯土墙的做法：在夯筑土墙时，一般使用卵石或枕石作为墙基和墙裙，造价提高一点的做法是墙基采用条石，墙裙采用"八八方"（泉州地区俗称"方仔石"，经精凿的规整花岗岩条石）（图3）。

沿海地区土木结构的四目房大致相同，其夯土墙的外侧增加了一层"三合土"（蛎壳灰与细砂、黏土的混合物），更加坚固。屋顶做法也基本相同，为了防台风袭击，在屋面瓦片上加压小石块或考究一点加压砖头。近代出现的砖石结构主要是以清水砖墙取代夯土墙。具体做法是墙基采用条石，墙裙采用"八八方"，八八方以上就是用红砖清水砌筑的墙体。砖墙以顺砌为主，水平方向每隔七块砖、垂直方向每隔七皮砖增加一块花岗岩丁砌，石材立面尺寸与红砖相同或两倍，厚度与墙体相同。清水砖墙在分层的位置增加了叠涩做法，此外，沿海地区属于侨乡，洋灰（进口的水泥当时俗称"洋灰"或"红毛灰"）作为一种新型材料被广泛应用建造中。

4. 装饰

夯土结构的四目房，墙体较少装饰，显得朴素。出于对墙体的保护，有的山墙外使用方形的平瓦满铺加钉作为

图2 沿海侨乡四目房楼房

图3　红砖顺砌与花岗岩丁砌

图4　山墙面装饰：满堂锦

饰面，整个墙面犹如鳞甲披身，俗称"满堂锦"（图4）。屋顶作双坡悬山顶带燕尾脊，屋脊两端翘起，尾部开双叉或三叉，称为"武脊"；中华民国以后改为平头的"生巾脊"，形状略似古代书生的头巾，称为"文脊"或"贡银头"。

砖石结构的四目房，用白色的花岗岩（有的偏冷色，有的偏暖色）和红砖混砌（详见上文）。清水砖墙在楼层的分层位置增加了叠涩做法，门窗也出现拱形的做法，用水泥在窗框、墙头和墀头等位置做出各种洋样式的装饰，此外，沿海地区属于侨乡，从南洋进口的绿色葫芦斗（当地俗称"绿斗"）作为二层阳台的栏杆是当时非常时尚的一种做法（图5）。

四目房的木构件主要包括楼层梁、屋顶梁、中堂屏风、六扇门、神龛和窗户等，常以木雕和彩绘，题材多是吉祥如意、荣华富贵、礼仁达义、忠恕节孝等。主立面勒脚和柱础多用花岗岩和青草石雕刻精细，图案有莲花、瓜瓣和花草、小动物等。门窗两侧均有挂对联的习俗，有的是每年春节前夕张贴纸质的红联，有的直接在木质框上刷油漆红底黑字写好固定的对联，或者在石质框上雕刻永久性对联。

5. 代表建筑

1）黄氏民居

黄氏民居位于鲤南镇，为两层土木结构，建筑比较低矮。民居外墙勒脚砌筑石基，上部为夯土墙，屋顶为双坡悬山，燕尾脊为屋脊。主立面不设门口廊，只在明间位置内凹一个小门廊，颇似泉州民居的"塌岫"。外观更像"一明

两暗"布局。建筑的正前方是一个与建筑等宽的砖埕（红砖铺设的门庭），可用做晒场，也可用以开展婚丧喜庆活动（图1）。

2）张氏民居

张氏民居位于鲤南镇霞苑岸内组，墙体为两层砖石混合结构，屋顶为木结构双坡悬山，属明清风格。建筑比较低矮，民居的一层采用石砌，门口廊只在两端立两根石砌柱子，二层采用砖砌，门口廊采用木柱子。二层栏杆采用水泥花格，属近代风格，形成了一种"混搭"的效果。建筑正前方是一个与建筑等宽的石埕（石头铺设的门庭），可用做晒场，也可用以开展婚丧喜庆活动（图6）。

图5　主立面墙体装饰：石板材拼花

图6　张氏民居

成因

四目房的平面布局正面为三开间，是中国民居中最常见的一种。大厅居中，房间分设四维位置，形成"一主四从"的图式。从方位上看，"五行"是土居中，金木水火"四方拱卫"，而四目房的四个房间不在四方而在四维位置，应该说"一主四从"是"四方拱卫"的一种变通和改进。莆仙人多数是早期中原汉人，南迁聚族而居的莆仙人深受儒家伦理观念和耕读文化的影响。建筑正前方是一个与建筑等宽的门庭，可用做晒场，是农渔事务很常用的露天空间，莆仙人不但崇信祖先，而且信佛、信华夏诸神，尤其是武财神关公和护航神妈祖，因此，门庭也可用以开展婚丧喜庆和信仰活动。

比较 / 演变

四目房是三间张在莆仙地区的一种特色类型，可以认为是早期三间张"一明两暗"加大进深后的一种更完善的三间张。早期的四目房是平房，随后因人口增长和生活水平提高，逐渐演变成二层的楼房。

四目房是莆仙民居的基本类型，由它向两侧发展，可以演变成两侧带"山房"的五间张或者"十字厅"（莆仙地区的一种五开间民居）；向纵深发展可以演变成为院落式民居；平房向上空发展变成了楼房；古代向近代发展，夯土墙结构演变成砖石结构；或者"传统样式"也向"南洋样式"演变。

莆仙人一方面好古，很多过时的款式被沿用；同时又常领风气之先，许多"舶来"的元素被吸收而进行"合璧"或者"混搭"。莆仙地区的四目房与泉州地区的"四房看厅"也有相似之处。

莆仙民居·五间张

五间张是莆仙地区最为常见的一种传统民居类型，它的平面开间五间，进深分前厅后堂和前房后间两进。以五间张为基本，在前方厢房位置伸出横屋称为"伸手"，两侧都增加伸手的五间张称为"五间张带二伸手"。在伸手房的前方用墙体围合并设垂花门，形成围合的"五间张三合院"。

图1 五间张的主座、里埕与两侧的伸手屋

1. 分布

五间张及其演变形式分布在莆田市城厢区、荔城区、涵江区、秀屿区和仙游县的城市与乡村。在山区以土木结构为主，在沿海地区由土木结构逐渐演变为砖石结构。五间张及其演变形式在明清时期以平房为主，近代演变成二至三层的楼房。

2. 形制

莆仙民居单体建筑主要有三间张和五间张等多种类型。五间张是在三间张的基础上在两侧增加开间，由三间变成五间。因此，它是莆仙民居向"大厝"发展的基础单位。

五间张：明间为前厅后堂，次间为前房后间，尽间俗称"山房"（山墙端头的房间）。一种形式是中间的三开间是"四目房"布局，两端增加的山房成为套间，这是早期的做法。后期的形式有所变动：为了顺利从大厅通向山房，在前房后间之间设置内廊，使前厅后堂与两侧内廊形成一个十字形的公共空间，这种布局称之为"十字厅"，与泉州的官式大厝颇为相似。门口厅一般只占明间和次间三个开间，明间作为厅堂前面设大门，两侧山房各设一个边门。

图2 江春霖故居的外埕与院门

五间张的前方有一个与建筑等宽度的"埕头"，根据材料直呼"石埕"或"砖埕"。

五间张带双伸手：在五间张的前方两侧的厢房位置伸出横屋，称为"伸手屋"，整栋民居从长方形变成曲尺形，把埕头包围在中间，伸手屋通常二至三开间。伸手屋与五间张之间留出约一米宽的通道（图1）。

五间张三合院：在"五间张带双伸手"的前方，顺着伸手屋的外沿，设围墙把开敞的埕头变成完全围合的"里埕"，并在围墙的正中央设垂花门。垂花门外再设一个埕头，称为"外埕"（图2）。

3. 建造

莆仙传统的五间张建筑以土木与砖石等材料为主，其中，基础与墙裙是石材，墙体是夯土或砖石，屋架和梁柱是木材，门窗或用木材，或用石材，尤其是采用红砖、红瓦，更显莆仙民居的地域特色。

地面：室外地面"埕头"的铺设，有的采用方仔石，有的采用红砖，分别叫做"石埕"和"砖埕"。也有的采用三合土，现存比较少见。室内地面通常在高差处用方仔石收边，然后铺砖。其中大厅45°斜铺大块的斗底砖，房间错缝正铺小块的斗底砖，后堂和厨房则铺设六角砖。

外墙：早期的外墙为了防潮，基础使用石料，墙裙使用石材，墙体改用夯土，在墙裙和夯土之间会砌一皮红砖找平。夯土墙或用白灰（蛎壳灰）作为保护层，或者在夯筑时直接做一层三合土的保护层。有的往墙上贴红色饰面砖，

图3 林天顺宅院门上的凉亭

用一块块正方形红色的薄砖粘贴在外墙面上，并通过钻孔钉把饰面砖固定，俗称之"满堂锦"。后期在沿海地区，夯土墙变成外侧砖墙，内侧土墙的复合墙，砖墙顺砌，为了加强墙体的整体性，相间地加入"石丁"，呈现独具莆仙特色的外墙面效果。

屋顶：屋顶造型大多作双坡面悬山顶，屋面弯曲，屋脊两端起翘，或做燕尾脊，称为武脊，或做生巾脊，称为文脊。屋顶上铺设红色蝴蝶瓦，出檐的瓦多片重叠，整齐的一边朝外对齐并用石灰粘住，压在滴水上。瓦片上都用砖头或石头压住，以防台风刮走瓦片。

4. 装饰

五间张三合院民居的装饰，除了与当地建筑材料密切相关的砌筑以外，比较有特色的主要有：

满堂锦：在夯土墙上贴红色饰面砖，用一块块正方形红色的薄砖粘贴在外墙面上，并通过钻孔钉把饰面砖固定，俗称之"满堂锦"（图8）。

出丁：在夯土墙的外侧砖墙，顺砌红砖形成复合墙，为了加强砖墙与夯土

图4　林天顺宅的伸手屋

图5　林天顺宅的主座与门口廊

图6　鳌堂别墅里埕、院门与伸手屋

图7　鳌堂别墅外埕与院门

墙的整体性，按一定的距离相间地加入"石丁"，形成独特的墙面效果。"出丁"寓意"添丁"，"顺砌"寓意"风调雨顺"。

燕尾脊、生巾脊：五间张的屋脊两端起翘，或做燕尾脊，称为武脊，有的双叉，有的三叉。后期在沿海地区出现生巾脊，"生巾"是指书生的头巾，称为文脊，更显温文尔雅。

此外，还有舶来的"锦砖"（水泥砖上釉），"绿斗"（花瓶式瓷质栏杆）等，木雕石雕和泥塑彩绘也出现丰富多彩的图案和题材，琳琅满目，美不胜收（图9）。

5. 代表建筑

1）涵江区涵东街道林天顺宅

林天顺宅位于涵江区涵东街道，又名"马兰顺宅"，建于1933～1938年，为中西合璧的钢筋水泥砖木混合结构建筑。环廊双层，坐东南朝西北，为单进的五间张三合院。中轴线上依次为外埕、院门、里埕和主座。

其整体布局：主座为五间张，厢房位置为伸手屋，西北面院墙围合成三合院。主座和伸手屋均为二层楼房，院门上方增设戏台，俗称"凉亭"，中华民国时期的莆仙侨乡风格。（图3、图4、图5）

2）涵江区鳌堂别墅

鳌堂别墅位于涵江区，为双进的五间张三合院。中轴线上依次为外埕墙（带照壁）、外埕、院门、里埕和主座。

其整体布局：主座为五间张，厢房位置为伸手屋，南面院墙围合成三合院。主座和伸手屋均为一层的平房，晚清时期风格（图6、图7）。

图9　左：木格窗装饰；右：木雕梁

成因

莆仙地区的传统民居，选择合院式带有整个福建省的普遍性。历史上的福清、莆田、仙游三县合称"福莆仙"，曾经建制为"兴化府"。兴化府又是从泉州府析出，所以，莆仙与泉州的地缘关系十分密切，一是兴化方言属于闽南语系；二是福建省的红砖建筑只出现在泉州和兴化两地；三是兴化和泉州都是侨乡，泉州人和兴化人在南洋侨居地交往密切，文化与习俗交融，两地的民居非常相似，又略有差别，同出一源，又各自发展。

比较 / 演变

五间张三合院是莆仙民居中最为常见的形式之一。自身的演变是：主座是五间张的"原型"；加上两侧厢房就成了"五间张带二伸手"；把伸手屋的外侧用院墙围起，就成了"五间张三合院"。

与泉州的官式大厝相比，相同点在于：都是红砖建筑；主座（主厝）都是五间张；弯曲的屋顶，起翘的屋脊和燕尾脊等。合院的大门都设在中轴线上，房子的前方都有埕头。不同点在于：泉州的是四合院，莆仙的是三合院；泉州的门口厅宽为五间，莆仙的门口厅宽为三间；泉州的角头间与主厝相连，莆仙的主座与伸手屋留出一个通道；泉州的墙面是"红砖封壁"和"出砖入石"，莆仙的墙面是"满堂锦"和"出丁"，等等。

图8　左：满堂锦；右：铺地与石柱础

莆仙民居·华侨大厝

华侨大厝是莆仙民居中较有特色的一种类型。清末时期，大量莆仙人赴南洋谋生，踪迹遍布马来西亚、新加坡、印尼、文莱等东南亚国家。莆仙华侨在外艰苦奋斗，事业有成后回乡建设。把南洋的建筑元素与莆仙传统五间张三合院进行"跨地域融合"，形成了土洋结合，独具特色的莆仙华侨大厝。莆仙地区的华侨大厝，或称"侨乡住宅"，或称"洋厝"、"番仔厝"等。

图1 九开间的林振美宅

1. 分布

莆仙地区的华侨大厝主要分布于莆田市涵江区，其中尤以华侨较为集中的江口镇为多。华侨大厝由华侨投资建造，样式受到侨居国的洋楼影响，与莆仙本土的五间张三合院结合，外来的元素在装饰上的表现尤为突出。华侨大厝在建筑材料的使用上，有些是舶来品，带来了用传统材料无法达到的效果。

2. 形制

莆仙地区的华侨大厝的外部装饰有较多的外来元素，内部空间布局大多数情况下是莆仙传统民居的固有形式，以五间张为原型。华侨大厝依其侨居国建筑元素融入的程度，可以分为三个类型：

1）华侨厝：以五间张三合院为主，将平房升高为楼房，增设凉亭是最具特征的做法，通常还加入绿斗、洋灰和锦砖等小品和元素，但屋顶保持传统风格（图2）。

2）番仔厝：整个外观选择洋楼的造型，主要包括洋式的四坡顶和拱券形柱廊，但内核空间保持传统风格（图5）。

3）大丢厝：不受等级约束，严重超标的大房子，七开间、九开间、十一开间都有（图1、图4）。

总的来说，洋装饰在外表，内核是传统的五间张。

3. 建造

华侨大厝主体结构分为两个部分：墙体是砖石结构，可以承重；屋顶与楼板是木结构。从地基起厝（建房俗称"起厝"）以条石砌一圈墙裙，接着将承重墙用红砖砌至各层高度，紧密排布的圆木梁搭出楼板层，多层的各层做法相同、重复，砖墙继续砌筑至屋檐高度，盖上木结构的大屋顶。洋灰（水泥）多用于外走廊的现浇，门口廊的柱子有的使用整根的石柱，也有的使用混凝土水磨石柱子。

华侨厝选择传统的大屋顶形式，以悬山为主，偶尔见到侧面披檐较小的歇山顶，做法有别于寺庙和衙门的官式歇山顶（图3）。为了展示建筑的精美装饰，大屋顶的檐口仍然保持木质斗拱的做法，加上木雕与彩绘，题材以传统的礼仁达义、忠恕节孝等为主，夹杂一些新事物、新题材。

番仔厝洋式屋顶做法，反而比较简单，四坡屋面既不弯曲，屋脊也不起翘，屋顶上没有多余的装饰（图7）。

4. 装饰

华侨大厝的装饰包括几个部位，首先在墙面上，红砖清水墙上点缀着石丁，虽说是最常见的做法，但把建筑妆点的十分喜庆。华侨厝的装饰重点一是生动的传统大屋顶，二是华丽的斗拱与画梁雕栋。番仔厝的四坡顶比较简单，装饰的重点在于墙面的叠涩、窗楣、扶壁和拱券上。共性之处是一些舶来构件的使用，如釉面的锦砖作为主立面墙面的装饰、绿色葫芦斗（俗称"绿斗"）作为楼层阳台的栏杆，凸显华侨大厝的特色元素（图6）。

5. 信仰习俗

莆仙地区是民间信仰最发达的地区之一，行船的人信仰妈祖，所有经商的人都信仰关公。妈祖的故乡在莆田的秀屿区湄洲岛，关公入闽后裔的最大集聚地在莆田的涵江区江口镇。在耕读文化的影响下，莆田古有"文献名邦"之称，今有"教授县"之称。中国的多数地区重儒轻商，他们认为商人"趋利于市"。莆仙的各县区情况有所不同，比如城厢区人读书意识强，涵江区人经商意识强，江口人留洋的人多。所以，侨乡的人和经商的人强调经商取义，商儒并重。因此，信仰以忠肝义胆的武财神关公。

6. 代表建筑

1）佘氏六合别墅

图2 华侨厝外观与荷塘

图3 林振美宅的庑殿顶与东入口

图4 十一开间的大丢厝及其庑殿顶角楼

图 5　国欢镇林伯欣宅西南侧

位于莆田江口镇港后村，是华侨大厝的一个典例。佘宅的形制是标准的侨乡住宅形制——五间张三合院，主座二层带阁楼，两侧伸手屋与主座相连，一层留出一条通道，并有一个台阶的高差；二层则有三个台阶的高差。前面用院墙围合成一个五间张三合院。院门上设凉亭，这是华侨厝的标志性部位（图8、图9）。

院墙内是里埕，院墙外是外埕，外埕的正前方是一个荷塘，外埕临水处建一座水榭，荷塘和水榭为六合别墅增色许多。同时展现出建筑的形体美和环境美，堪称"美轮美奂"（图10）。

2）国欢镇林伯欣宅

位于涵江区国欢镇，是一座三层洋楼。墙体为砖石结构，屋顶为木结构。这种番仔厝在莆仙目前仅发现一座，比较珍稀。建筑表皮是一个洋式的六跨不等距的连续拱廊，仔细观察，除了最左边的一跨外，其余五跨实际上对称的，左边像五间张，右边像三间张。屋顶为洋式的四坡顶。该建筑紧挨城市主干道，年久失修，屋顶与建筑内部破损严重。

3）江口镇林振美宅

位于涵江区江口镇，是一座三层的大丢厝（莆仙方言称大房子为"大丢厝"）。大丢厝出现在中华民国以后，城乡建造房屋已不受等级约束，严重超标的随处可见，林宅的主座也是五开间，但是，它在五开间的两侧又各增加二开间，变成了九开间。

该建筑的变通之处，首先在于五间张的门口廊占满五个开间；其次是屋顶采用了庑殿顶，为了突出中间的五间张，两侧各增加的二开间屋顶稍微降低一点，以示区别。

图 6　林伯欣宅立面细部

图 7　国欢镇林伯欣宅东南侧

图 8　佘氏六合别墅的里埕、戏台与伸手屋

图 9　佘氏六合别墅的里埕、主座与伸手屋

图 10　佘氏六合别墅的外埕、水榭与荷塘

成因

莆仙地处福建东南沿海，人稠地狭，田不足耕，自古就有出海谋生的传统。旅居海外的华侨，在侨居地辛勤耕耘、艰苦创业。他们在海外发家致富后，衣锦返乡，起厝建宅是华侨荣归故里要做的一件大事。华侨们不仅带来建造所需要的资金，也带回侨居国的洋楼样式，华侨大厝是不同文化碰撞在建筑上的体现。

在其演变过程中以莆仙民居的固有形制五间张三合院为基础，结合了新的建宅技术，配以洋式装饰最终定型。华侨大厝影响较为广泛，其形式多被当地居民借鉴与模仿，使得带有华侨大厝特色的民居在莆仙地区十分普遍。

比较 / 演变

莆仙的华侨大厝与同为华侨建筑的泉州洋楼作比较，可以看出莆仙民居的"洋化"比不上泉州的洋楼。泉州人在官式大厝楼化的同时，较快地进行了洋化。以国欢镇林伯欣宅为例，这种样式的民居在泉州比比皆是，但在莆仙地区至今为止却是孤例。更多的情况是在五间张三合院的基础上：一是楼化和洋化；二是换上洋立面；三是超等级限定扩大规模。

从演变情况来看，华侨大厝的原型仍是五间张三合院，演变的过程包括楼化与洋化两个部分，楼化是从平房变成楼房，盖因莆仙地少人多；洋化是在民居建筑上增加一些洋元素，这些洋元素来自莆仙华侨的侨居国。总之，莆仙的华侨大厝保留更多的传统元素，在外观上还是可以明显看出是"莆仙的房子"。

客家民居·五凤楼

永定客家五凤楼是福建客家民居的重要类型，是客家夯土建筑的杰作。五凤楼布局规整、主次分明，充分体现了封建礼教的尊卑次序，是客家传统文化的形象写照。

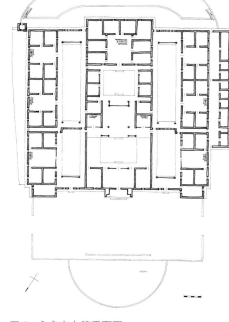

图1 南靖县官洋村广居楼

1．分布

客家五凤楼主要分布在永定县境内，中东部乡镇较为集中。

2．形制

五凤楼的标准平面布局为"三堂两横"：上堂为入口门厅；中堂为祭祖的大厅；上堂为三到五层的正楼。两横即"三堂"两侧层层跌落的"横屋"。正楼标准平面是以厅为中心，厅后设楼梯，厅两侧各两间卧室。横屋也是同样的平面单元相拼接，前端为单层的书斋。整体平面中轴对称，条理井然。规模更大的还有"三堂四横"的布局，即两侧又各加一列"横屋"。主楼最高，作九脊顶。"两横"歇山向前，逐级跌落，前低后高，主从有序。

3．建造

五凤楼的三堂及横屋均以夯土墙承重。"下堂"主楼高三至五层。近代建造的五凤楼内院中厅也有采用灰砖墙作承重墙或矮墙隔断。夯土墙多就地取生土熟化后夯筑，墙体中加竹筋或松木枝

以增加其整体性和坚固性，夯土墙基及墙脚均用大块河卵石干砌。

4．装饰

五凤楼建筑装饰相对简朴，其夯土外墙不像客家土楼那样完全裸露，而是加白灰粉刷。瓦屋顶为九脊顶做法，出檐巨大，檐口平直，屋脊简洁，只是在出檐四角加角叶装饰，颇有特色。

五凤楼的装饰主要集中在入口门楼与中堂。入口门楼不用夯土墙，而是以灰砖砌筑，门楼突出在下堂中厅的前部，或是在前院一角单独设置。门楼内凹形成入口空间。墙面作灰塑、门联楼名门匾装饰。门楼屋顶高出下堂屋面，作三段式跌落的歇山顶。其屋脊镂空两端翘起，屋顶角部设角叶，木构斗栱，吊筒木雕精细。中堂作为祭祖的大厅，是全宅的中心。厅前两侧设精致的漏花隔扇。厅内雕梁画栋，作重点装饰。

5．代表建筑

1）大夫第

又称文翼堂，位于永定县高陂乡大

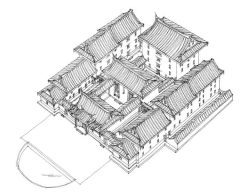

图3 永定大夫第平面图

图4 永定大夫第

图2 永定大夫第

图5 大夫第大门

图6　福盛楼剖面图

图8　福盛楼鸟瞰

塘角村，始建于清道光八年（1828年），是福建客家五凤楼的典型代表。它规模宏大、造型精美、气势恢宏。五凤楼面阔52m，进深53m，坐南朝北，对称布局。由左、中、右三部分组成，俗称"三堂两横"。"下堂"三开间，明间最大，用作门厅，次间作客房和贮藏室。"下堂"大门是全宅主要入口。"下堂"设屏门以分隔空间，只有重大礼仪活动时才打开。"下堂"与"中堂"之间隔着天井，两侧敞廊围合。"中堂"也是三开间，明间称正厅，在屏风前置供桌，这里是祭祀和婚丧喜庆活动的场所。次间作客厅、书房、账房。"后堂"即正楼，包括夹层共五层，是全宅最高的建筑，作为家中长辈的住所，在总体格局中显居统帅地位。正楼每层都是八间卧房三面围绕大厅对称布置，厅后设楼梯。"两横"即三堂两侧的横屋。分别由三个平面布局相同的基本单元沿纵长方向拼接而成。最前面单元一层，中部两层，后部三层，其屋顶歇山向前，层层迭落，颇有特色。在"三堂"与"两横"直接用连廊联系。

主体建筑大门前是宽敞的晒坪，坪前是半圆形水池，之间设一照墙。整个建筑群布局条理井然，主次分明，和谐统一，突显古朴庄重的艺术风格（图2～图5）。

2）福盛楼

位于永定县抚市镇社前村，福盛楼是永定客家五凤楼中平面形式最丰富、整体形象最壮观的一幢。其平面布局为"四堂两横"式，即在标准的"三堂两横"背后又加一排四层的土楼与左右两侧的横楼相连。其主楼高六层，是福建夯土民居建筑的最高层数，是夯土建筑的一个奇迹。其平面布局另一个特别之处是在三堂与两横之间的内院中，又围出六个小四合院，使得横屋底层中厅空间更为丰富，更具私密性，形成大家族内小家庭相对独立的小天地。楼大门前，用单层建筑围合出宽大的晒坪，处于晒坪一角的门楼高大气派。福盛楼是客家五凤楼内部空间变化最丰富的一个实例。紧贴其后墙又建了一幢大型的客家方楼，形成规模宏大的客家民居建筑群（图6～图8）。

成因

客家五凤楼平面布局源于北方合院，是客家"殿堂式"民居形式的发展。只是由于地处山区，为居住安全遂就地取材建造防卫性能更好的夯土高楼。

比较／演变

客家五凤楼"三堂两横"的布局与闽南地区官式大厝的三进院加护厝的布局基本相同。只是承重结构由砖墙变成夯土墙。且后堂正楼变成四五层高的土楼，两横也变成二至三层。小型的五凤楼，就是一个小四合院，由一个多层的主楼与单层建筑围合前院构成（图1）。随后发展成三堂两横、三堂四横式，以满足大家族居住的需求。

客家人是中原南迁的汉人，其民居传承中原合院的形式，以"府第式"、"殿堂式"或"三堂式"为主。赣南是客家民系形成的摇篮。宋元赣南的动乱又迫使客家人迁到福建宁化。经明代近二百年休养生息之后又外迁至赣南、粤东。因此，宁化至今公认为"客家祖地"。外迁的客家人到永定之后，为适应山区的地理环境，适应土客之争、宗族之争及盗匪丛生的历史环境，为求居住安全就地取材建造防卫性能较好的"五凤楼"。

图7　福盛楼

客家民居 · 九厅十八井

"九厅十八井"是大型院落式客家民居的典型代表，其平面布局是由中央厅堂和横屋组合而成。同时取"九"及"十八"两个民间寓意吉祥喜庆的数字，表示宅内有诸多的厅堂与天井。

图1 馆前沈宅天井

1. 分布

现存"九厅十八井"民居主要集中在龙岩市、连城县、长汀县、上杭县境内。

2. 形制

"九厅十八井"是客家大宅最具代表性的居住形态，它适应南方多雨潮湿的气候特点，有良好的通风、采光、排水系统，又满足了客家人聚族而居的心理需求。其平面布局是由居中的三至五进厅堂及左右两翼对称的横屋组合而成，充分利用敞厅与天井的空间特性营造舒适的居住环境。整个建筑组群中轴对称，以厅堂、房间与天井有机组合。

平面布局与使用功能合理安排：中厅接官议政，偏厅会客接友，楼厅藏书教子，厢房、横屋起居饮沐。它集政、经、居、教于一体，是客家人团结奋进的象征。

3. 建造

"九厅十八井"住宅以木结构为主要的承重结构，外围墙体只起围护作用，体现了"墙倒屋不塌"的特点。木构架主要采用抬梁与穿斗相结合的做法，以穿斗为主。地面用三合土，即由沙子、黄泥、石灰掺入少量的红糖、糯米夯实而成，既防潮又耐磨。

4. 装饰

"九厅十八井"在门庐、大厅、花厅、云墙及屋外檐下有丰富的石雕、木雕、灰塑、壁画、联文等装饰，反映客家人对美好生活的追求。门庐是客家人最注重的装饰部位，当地有"三分厅堂七分门庐"之说，门庐装饰体现了住宅的建筑水平及主人的文化品位。外墙青砖古朴厚重，墙面漏窗用砖砌成福、寿、喜等镂空图案，雅致美观。门口方咀狮抱鼓石是其一大特色（图10）。

5. 代表建筑

1）馆前沈宅

沈宅位于长汀县馆前镇沈坊坪埔村，建于清道光年间（1821～1850年），占地约2500m²。是一座独特的"九厅十八井"府第式民居。全宅中轴对称布局，中心合院由门楼、宇坪、正门、前厅、天井、中厅、中厅背、天井、后厅及两侧偏房，厢房组成。两侧是横屋及走马道。布局规整，院落空间丰富（图1～图5）。

2）怡庆堂

怡庆堂位于连城县庙前镇芷溪村，建于清乾隆年间。住宅平面为"四堂四

图2 馆前沈宅鸟瞰

图3 馆前沈宅大门

图4 走马道

图5 馆前沈宅内院

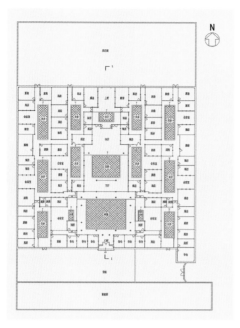

图 6　怡庆堂平面图

图 7　怡庆堂内外门楼

图 10　方嘴狮抱鼓石

横",前后各有一个花园。四堂由门厅、下厅、中厅和上厅组成,围合大小三个天井。堂屋与左右四列横屋之间围合出十二个天井和八个客厅。全宅共十二厅、十五井,仍属"九厅十八井"格局。宅门为八字灰砖门楼,门上匾额题"金峰挺秀",宅前有横长的前院,前院左侧为外门楼,匾额题"瑞曜光腾",同样是八字门、灰砖墙、石墙脚。陶制漏花与灰砖墙面形成青红色彩的鲜明对比。门楼顶飞檐翘角以卷草灰塑装饰、飞动灵巧。这是连城县客家民居特有的门楼形式(图6、图7)。

3)继述堂

继述堂位于连城培田村,又称大夫第,始建于1829年,历时11年建成。住宅坐西朝东,西踞卧虎,东翔青龙,玉带环腰,堂宅如在弦弓箭。走进继述堂,穿厅过井,回廊曲径通幽,四通八达。继述堂不仅规模宏大,远不止"九厅十八井",而是十八厅二十四井,有108间房,占地近7000m²。中轴正房部分前后四进,每一进都升高一步台阶,寓意步步高升(图8、图9)。

图 8　继述堂大门

成因

"九厅十八井"是在北方合院基础上由客家堂横屋逐渐发展而成。它适应南方客家地区气候特点,与客家人大家族聚居的习俗和心理需求紧密相连。

比较 / 演变

"九厅十八井"与闽南的官式大厝及客家五凤楼的"三堂两横"布局相近,它与客家五凤楼不同的是它以单层建筑为主,平面铺展更大有更多院落,很好地满足了大家族聚居的要求。

南迁到福建的客家人,为适应山区地理环境和不安定的社会环境,住宅多采用防御性能较强的土楼、五凤楼。而在社会环境比较安定的地区,防御性能已居次要,人们更关注居住的舒适度和文化品位,自然选择"九厅十八井"这一类庭院式住宅。明清时期,长汀、连城一带作为客家腹地,族群关系较为融洽,社会秩序比较安定,因此庭院式住宅十分普遍。

图 9　继述堂内天井

客家民居·堂横屋

堂横屋为客家地区最常见的民居类型，由居中的合院式堂屋和两侧的横屋组合而成。它既传承了北方四合院的布局，又适应了南方的气候条件，增加两侧的横屋和天井，创造了舒适的居住空间。

1. 分布

堂横屋主要分布在龙岩、连城、上杭、长汀、武平、永定、宁化、清流等县市。

2. 形制

堂横屋由堂屋与横屋两部分组合而成，最简单的堂屋即上下两堂与厨房围成的二进四合院，规模大的堂屋有三进。横屋即居堂屋一侧或两侧的排屋，它与堂屋之间围合出纵向的天井。下堂为门厅，上堂又称祖堂或祖厅，供奉祖宗牌位。祖厅左右两侧的房间由家庭中辈分较高的人居住。

3. 建造

堂横屋多采用抬梁与穿斗混合式木结构，基础用大块鹅卵石砌筑。墙面材料多采用青砖及毛竹夹板抹灰等，屋顶采用硬山顶铺小青瓦。

4. 装饰

堂横屋民居外观装饰较为朴素，外墙多为青砖饰面或抹灰。装饰主要集中在入口门楼、檐下、门窗、梁架等部位。

5. 代表建筑

1）修齐堂

修齐堂位于宁化县石壁镇陈塘村。由张氏始建于清咸丰五年（1855年）。住宅平面为"四堂四横"布局。前堂为门厅，对中心天井开敞，后堂进深较大，分中厅与后厅。中厅供奉祖宗牌位。左右各两间卧房。前后堂与厢房围合一个完整的四合院，内天井尺度较小。堂屋两侧共四列横屋，用作卧房。堂屋与横屋间围合出窄长的天井。左侧横屋较长，直伸出坪外。宅大门前用矮墙围出一前院雨坪。前院右侧设外门楼。宅前是一口大水塘，四周山环水绕，视野开阔。修齐堂正面用空斗砖砌筑的风火山墙阶

图1 修齐堂外门楼

图3 修齐堂

图4 修齐堂横屋侧立面

图5 修齐堂全景

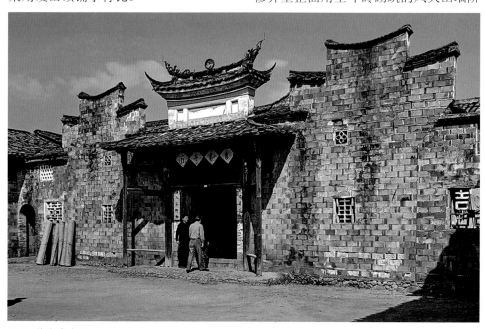

图6 修齐堂平面图

图2 修齐堂大门

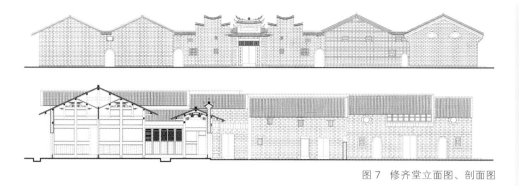

图 7　修齐堂立面图、剖面图

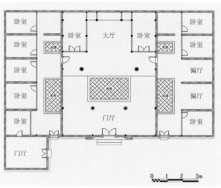

图 10　炽昌堂平面图

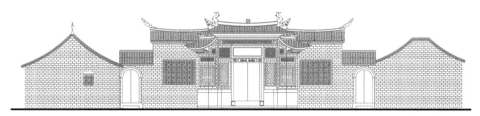

图 8　炽昌堂立面图

图 11　炽昌堂内天井

梯形迭落,墙顶盖瓦呈曲线形两端翘起。外墙上漏窗拼砌寿、喜等花纹造型多样,细部处理简洁朴素。门楼处理独具特色;三山跌落的门楼高出屋面,翼角飞翘,八字木门楼简洁大气,门额上施以灰塑,门楣木质漏花十分精致。前伸的左侧横屋,其侧立面三个户门及方、圆窗洞对称布置,二楼成片的漏花木窗尤其别致。修齐堂是客家祖籍地宁化县客家人早期住宅的典型代表(图 1~图 7)。

2)炽昌堂

位于连城县芷溪村建筑坐东朝西,平面布局为两堂两横式。上下堂与厢房围合一个小四合院,堂屋两侧各有一列横屋。建筑采用抬梁、穿斗混合式木结构,主体为悬山屋顶,横屋则为硬山顶盖小青瓦。墙基以鹅卵石砌筑。门楼为八字砖雕门楼,三段屋顶迭落起伏,屋顶翼角灰塑鳌鱼、瑞草、轻灵飞动、十分精美,脊中灰塑麒麟。门框、门额石构,门额浮雕"凤舞牡丹"。建筑内部木梁架用料硕大,雕梁画栋。月梁两端部、雀替等部位镂雕花草、鸟兽等题材,并施以彩绘。卷棚以拱形竹节椽支撑,造型别致。柱础造型各异,有八边形与南瓜形各一对,用料硕大,八边形柱础上高浮雕琴棋书画、暗八仙等题材。屋脊灰塑人物故事,精彩异常(图 8~图 11)。

成因

堂横屋是客家人传承了北方四合院的布局,结合南方温暖的气候条件,取用天井与开敞的厅堂布局,两侧横屋作为卧房,适宜居住。

比较 / 演变

客家堂横屋与"九厅十八井"的差异只是其规模。堂横屋规模相对较小,"两堂一横"、"两堂两横"或"三堂两横"、"三堂四横"等。"九厅十八井"指规模很大的宅院,平面布局为多堂多横屋。

客家堂横屋是由客家民居最简单的形态"锁头屋"发展而来。"锁头屋"平面像围合的三合院。随着人口增加,照墙部分改为下堂,用作门厅及附属用房、厨房或卧房。从而上下堂与厢房围合天井,组成两进四合院。进而发展为三进或四进堂屋,两侧增加横屋,构成堂横屋。

图 9　炽昌堂大门

客家民居·围龙屋

围龙屋是客家传统民居的典型样式之一，它是粤北梅州地区主要的客家民居形式。它以殿堂式建筑为中心，左右横屋，背后加围龙。其建筑形制和风格传承了中原古朴遗风，结合岭南山区的文化特色，构图完整，规模宏大，适应了客家人聚族而居的需求，是客家传统礼制伦理及风水观念的具体展现。

图1 双灼堂二道门

1. 分布

围龙屋主要分布在粤北的梅州地区。在福建闽西的上杭、永定、连城、长汀等县，现存只有少量围龙屋。

2. 形制

围龙屋多建于山坡地，顺应地形构成中轴对称，主次分明的建筑群体。它以堂屋为中心组织院落，前半部是堂屋和横屋组成的合院，后半部是半圆形的围屋。还可以扩建发展为多围垅以适应大家族聚居的要求。屋前有禾坪，半月形池塘。屋后围垅与堂屋之间围合出的半圆形空间，俗称"化胎"。整体造型古朴庄重：内部祖堂居中、住屋围合，空间序列井然有序。围龙屋主体是堂屋，至少二堂，一般为三堂，堂与堂之间围合出天井，上堂为祖公堂，中堂为议事厅，下堂进深较小，作为门厅。堂屋两侧为横屋，横屋与堂屋组合，形成两堂两横、两堂四横、三堂四横等不同组合样式。后部有二横一围垅。四横二围垅等形式。

3. 建造

围龙屋采用抬梁式与穿斗式相结合的木构架，墙脚为块石干砌，外墙为夯土墙或泥砖墙。房间为泥地面，厅堂多采用三合土地面。不管是夯土或预制泥砖都在土里掺纸筋、黄糖、稻秆等，以增加强度。屋顶在木构架上铺设椽子，椽子上铺小青瓦。围龙屋建造之前由地理师择地，住宅的主要尺寸也要由地理师确定。

图3 双灼堂内院

4. 装饰

福建客家围龙屋数量较少，其装饰相对简朴。外墙灰砖墙或夯土墙，没有多加装饰。装饰重点是门庐，门庐多粉刷成牌楼式，设门额横批及门联。常见三间三楼，突出门厅的屋顶，以强调住宅入口。此外，门窗隔扇的漏花和庭院隔墙上砖砌镂空花饰是其精致之所在，朴素自然。

图4 双灼堂后围龙

5. 代表建筑

1）连城县培田村双灼堂

图2 双灼堂大门

图5 涂坊围龙屋鸟瞰

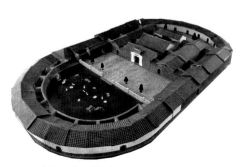

图6 涂坊围龙屋模型

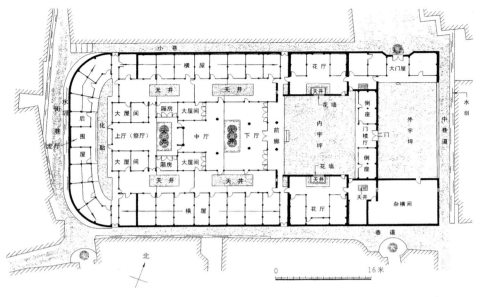

图 9　涂坊围龙屋

图 7　双灼堂平面图

双灼堂位于福建龙岩连城县宣和乡培田村，兴建于清光绪末年，建筑坐西朝东，面阔 45m，进深 80m。出入口偏在一侧，大门朝北，门庐横批"华屋万年"，藏主人吴华年名字于头尾。过了大门进入外宇坪，经外宇坪进中轴上的二道门。二道门门额上题"乐善好施"，为清监察御史江春霖所书。进入二道门，到达内宇坪，内坪两侧由两个三合院花厅围合。中轴线的正中是三堂两横的大屋。进入大屋正门，居中的是"三堂"和两个天井，两侧是横屋。背后是一圈围屋。整个建筑群布局规整、层次丰富、蔚为壮观（图 1～图 4、图 7）。

2）长汀县涂坊围龙屋

涂坊围龙屋位于长汀县涂坊镇涂坊村，建于清乾隆年间，坐东南朝西北。它由门楼、池塘、空坪、正门、下厅、中厅、上厅、后厅、后花台、左右两排横屋、前后围屋等建筑组成，占地 3617m2。整座围龙屋呈中轴对称布局。大厅前面是一块鹅卵石铺就的露天晒坪，此乃宗族内举行抬菩萨、唱大戏、舞龙灯、踩船灯、抬花灯等大型活动的重要场所。坪前是一口半月形荷池。它是客家民居中少见的全围式围龙屋（图 5、图 6、图 8、图 9）。

成因

客家围垅屋是在客家三堂两横的堂横屋基础上适应山坡地形，后部加半圆形围龙及"化胎"而出现的新的住宅类型。它既满足了屋后靠山挡土、挡水的功能要求，又有圆（围垅）与前圆（半月形水塘）合为完整圆形的寓意，满足了大家族聚居追求吉祥如意、事事圆满的精神需求。

比较／演变

客家围龙屋与客家圆楼不同，一个是单层，一个是多层。围龙屋没有客家圆楼那么强的防卫性能，它只是一种适应地形的功能需求与追求圆满吉祥精神需求的产物，是客家堂横屋的一种衍生类型。

客家围龙屋是在客家堂横屋的基础上结合当地的地理人文环境进行的适应性改造。它结合山坡地形，满足挡土、挡水的功能需求，以及追求圆满的精神要求，逐渐形成了客家围龙屋前方后圆、前低后高，前面半圆水塘与后面半圆围垅围合的新形制。

图 8　涂坊围龙屋大门

闽南民居·三合院

三合院是闽南传统民居的主要形式之一，中轴对称布局，其建筑平面布局具有中原建筑文化特征。

图 1　金型山墙

1．分布

三合院在泉州市、漳州市、厦门市诸县（市、区）均有分布，在闽南沿海地区更为多见。

2．形制

传统三合院式住宅俗称三间二廊，漳州地区称之为"爬狮"或"下山虎"，厦门地区称之为"四房二伸脚"、"四房四伸脚"，泉州地区称之为"三间张榉头止"、"五间张榉头止"。其平面布局模式是在"一明二暗"的三间或五间正房前面的两侧配以附属的厢房或两廊，围合成一个三合天井型庭院，形状如"冂"形。前方建围墙或设门楼，以别内外。室内设廊道，可贯通各房间。

中轴线正中的正房为厅堂，是供奉祖先、神明和接待客人的地方。厅堂靠后设板壁，称"寿屏"或"太师壁"。板壁两侧各有一门，称"后轩门"。厅堂两侧的房间为卧室，左侧为大房，右侧为二房。正房两侧的厢房称"护龙"或"伸手"、"伸脚"，中间围合的天井称"深井"。因为闽南民间忌两厢"伸手长"，所以天井不宜做得太深（图2、

图7、图8）。

3．建造

建筑结构为穿斗式木构架或硬山搁檩，山墙为承重墙，墙体多为土坯或砖砌。房间地面夯土或用砖铺砌。天井地面或用三合土夯实，或用石板或砖铺砌。屋顶多为双坡硬山或悬山式，铺红瓦。正脊呈弧形曲线，有的正房屋脊砌成向两端起翘成燕尾式。两侧伸手的山墙面向正前方，多使用马背山墙。山墙的形状按五行分为金（圆形）、木（直行）、水（曲形）、火（锐形）、土（方形），圆形最常见（图1、图3～图6）。

图 3　木型山墙

4．装饰

建筑风格较朴素，一般较少装饰。外墙、屋面多用红砖、红瓦。室内装饰主要集中在廊檐和厅堂一带，梁、枋、门、窗等部位常有精美的木雕。

图 4　水型山墙

5．代表建筑

1）漳州市洪坑村楼仔邸

楼仔邸位于漳州市芗城区天宝镇洪坑村，建于清后期。

该宅坐南向北，平面布局为三合院

图 5　火型山墙

图 2　龙海埭尾村陈氏"三合院"

图 6　土型山墙

 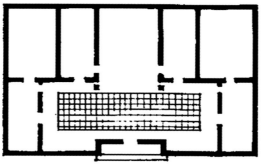

图7 漳州一带将三合院称"爬狮"、"下山虎"

图9 厦门同安一带称三合院为"四房二东厅",四合院为"四房四东厅"

五开间。正屋为二层楼房,一层明间为厅堂,厅堂正中靠后设太师壁,供奉祖先牌位,太师壁后设楼梯。两侧次间、梢间为卧室。二楼明间也是厅堂和卧室。天井两侧的厢房为一层,有房二间。

一层厅堂前出檐,顶上做卷棚轩顶,以穿梁和二跳斗栱承托。二层厅堂明间也用抬梁、穿斗混合式木构架。墙体为青砖石壁脚,正面墙体嵌红砖透雕的龟背纹。屋顶为三川式,铺红瓦,硬山顶,屋脊由中间向两边平缓起翘成燕尾。

2)龙海市浒茂村民居

该宅位于龙海市紫泥镇浒茂村,建于中华民国时期。

该宅坐北向南,由5座同式的三合院并列而建。每座三合院均为三开间,正房为厅堂,两侧的房间为卧室,正房两侧的厢房各一间。房前建围墙并设门楼。

建筑结构以墙体承重。墙体为红砖石壁脚,屋顶铺红色板瓦,正房和两侧伸手均使用马背山墙(图10)。

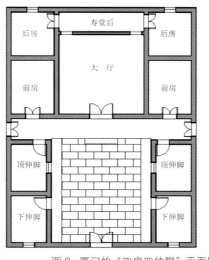

图8 厦门的"四房四伸脚"平面图

成因

由于家庭人口增加和经济进步,人们对居住要求提高,三合院便逐渐取代"一明两暗",成为闽南传统民居的主要形式。

比较/演变

三合院是在"一明两暗"的基础上扩展而成的"双伸手"。只有单边护龙的"单伸手",则是地形限制或向三合院的过渡形式。以三合院为基本单元,可以根据地形向纵向或横向扩展,组合演变成中、大型民宅。

图10 龙海紫泥"三合院"民居

闽南民居·四合院

四合院是闽南传统民居最主要的建筑形式，其平面布局和建筑风格结合了中原传统建筑文化特征和闽南文化特色。

图1　厦门海沧四合院

1．分布

四合院在闽南地区普遍存在，泉州市、漳州市、厦门市诸县（市、区）均有分布。

2．形制

传统四合院式住宅，在漳州地区称"四点金"，泉州地区称"三间张"、"五间张"。其平面布局模式是在三合院的基础上加上前厅而组成，即前后两进及左右两护龙围合成一个四合中庭型庭院，形状如"口"字形。

四合院的基本单元是一厅二房二伸手，也称为"三间起"。第一进的明间为门厅，两边次间多作为次要用房。第二进的明间为正厅及后轩，两边次间各有前后房，为主要居住用房。左侧厢房一般用作厨房，右侧厢房一般用作闲杂间。

当四点金向横向发展，正房达到五开间或七开间，称"五间过（起）"或"七间过（起）"。

当四点金两厢敞开，也做成厅堂形式时，加上前厅、正厅共有四个厅，称"四厅相向"。这种建筑模式是中原建筑古老形制的遗存。

前厅明间设正大门，入口处内凹一至三个步架的空间，称"塌寿"、"凹寿"。有的四合院在屋身的正前方设户外广场，称"埕"，环以围墙（图1～图5）。

3．建造

建筑结构为穿斗式木构架或硬山搁檩，山墙承重。外墙体石质基础，多用红砖砌筑。房间地面用夯土或用红砖铺砌，天井和埕的地面多用石板或砖铺砌。屋顶多为双坡硬山或悬山式，铺红瓦。正脊呈弧形曲线，有的砌成向两端起翘的燕尾脊。有的前厅屋顶为三川式，即把屋顶分成三段，明间的屋脊抬高，两侧加垂脊。

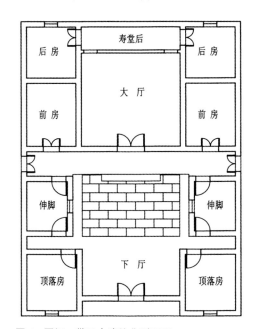

图3　漳州一带称三开间四合院为"四点金"，五开间四合院为"五间起"

图4　厦门一带四合院的典型平面

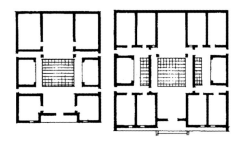

图2　龙海林氏义庄

图5　长泰叶文龙宅

图 6　林氏义庄梁架　　　　图 7　龙海埭尾村陈大霞宅

图 9　莲塘别墅石梁架上雕有印度风格的石雕装饰件

4．装饰

应用了木雕、石雕、砖雕、彩绘等民间技艺，装饰风格具有闽南地方特色。室外装饰常利用红砖组砌或砖片拼贴成各种图案、文字。室内装饰主要集中在廊檐和厅堂一带，梁、枋、门、窗、柱础等部位常雕刻精美的图案（图6、图9）。

5．代表建筑

1）龙海市埭尾村陈大霞故居

该宅位于龙海市东园镇埭尾村，由陈大霞一房所建，建于清初。

该宅坐南向北，平面布局为四合院三开间。门厅中设屏门，两侧有前后房。正厅后金柱下设太师壁，两侧各有一门，太师壁后设后门出入。正厅两侧的房间分前后房。围合的天井两侧各有一房。

门厅五架抬梁与穿斗式结合木构架，梁上在瓜筒上施二跳斗拱承托檩条；厅堂穿斗式木构架。红砖墙，正面墙体抹白灰，石壁脚高约1m。厅堂用红砖铺砌，天井及周边压边石均为条石。屋顶铺红色板瓦，悬山顶，屋脊由中间向两边平缓起翘成燕尾（图7）。

2）厦门莲塘别墅学堂

莲塘别墅位于厦门市海沧区海沧新街，清光绪三十年至三十二年（1904～1906年）由同安籍越南华侨陈炳猷建造。

莲塘别墅由3座主体建筑（大厝、学堂、陈氏家庙）、2个花园以及2座附属建筑组成，占地面积约30000m²。

学堂坐西北向东南，为"口"字形四合院平脊屋，中轴线上为前厅、天井、亭、正厅，前有庭院。建筑面积1450m²。天井里建有3个戏亭，北面正厅前为演出亭，东西两厢前为观戏亭。

学堂的墙基、墙、墙堵之上用花岗石浅雕虎爪柜台脚；廊窗、边窗、漏窗多为辉绿岩石透雕。天井外墙裙上，装饰8组用红方砖拼成的砖雕，多为动物、植物图案；厅堂内的墙裙上镶嵌108个小砖雕，以百花、百兽为题材，图案生动美观。配以彩绘和漆金，更显得艳丽华贵（图8）。

成因

四合院的产生是家庭人口增加、生活条件提高和经济进步的结果。四合院的规模较大，较具私密性，为人们所喜用。

比较／演变

闽南四合院式住宅以中庭为中心，上下左右四厅相向，形成一个十字轴空间结构。这是与北方四合院最明显的不同之处。

四合院具有中轴对称布局、主次内外分明等特点，是中原古老的建筑形制在闽南的保留和发展。以"四合中庭"型为核心或基本单元，可以向纵向或横向扩展，组合成中、大型民宅。

图 8　厦门海沧莲塘别墅

闽南民居·多院落

多院落大厝是闽南传统民居的典型样式，其建筑形式和风格结合了中原传统建筑文化特征和闽南文化特色，规模宏大，布局严谨，装饰精美，是闽南民居建筑的杰作。

图1　厦门海沧民居

1．分布

多院落大厝在泉州市、漳州市、厦门市诸县（市、区）均有分布（图1）。

2．形制

多院落大厝以合院为基本格局，作纵向及横向发展，进深至少三进，称"三落大厝"等。

建筑主体为多个院落组合的平面布局，中轴对称，每进递增水平高度，左右两边建护厝，形状如"囬"字。落与落之间、主厝与护厝之间有回廊（称"过水"）连接。大户的厝前有大石埕、照墙，后院常修建园林式花园。

厅堂在中轴线的正中，按位置分为前厅（下厅）、正厅（中厅）、后厅等。中厅的等级最高，开间最大，装饰最华丽。

横向增加护厝是闽南最普遍的布局扩充方式。护厝一般为左右各一列。有些护厝房形成类似"一明两暗"式的三间一组，中间称"花厅"，两侧为住房。

3．建造

建筑结构以穿斗式木构架为主，厅堂常采用穿斗式与抬梁式相结合的梁架形式。外墙体为花岗岩石勒脚，多用红砖砌筑。房间地面用红砖铺砌，天井和埕的地面多用石板或砖铺砌。屋顶铺红瓦，多为双坡悬山式，燕尾脊，前厅屋顶为三川式，护厝为马背山墙。

4．装饰

装饰风格具有闽南地方特色，纹样繁复，色彩鲜明。多以白石、红砖为封壁外墙，常利用红砖组砌或砖片拼贴成各种精美的图案、文字。在入口"塌寿"、水车堵、山花、梁枋、门、窗、柱础、门枕石等部位均有精巧细腻的图案，装饰手法有木雕、石雕、砖雕、灰塑、彩绘、交趾陶、嵌瓷等（图9）。

5．代表建筑

1）漳浦蓝廷珍府第

蓝廷珍府第位于漳浦县湖西畲族乡顶坛村，建于清康熙末雍正初年。

主体建筑为纵向五进的平面布局，左右两侧为护厝，与正堂、后堂以过水廊相连。占地面积约4400m²。

第一落门厅、第二落正堂均为七开间。第三落是供奉神佛、祭祀祖宗神位的后堂。一至三进围绕两个天井形成两个相连的四合院。第四落是两层主楼"日接楼"。在府第民居中围着土楼，在闽南民居中属孤例。第五落是后厢房，与左右厢房护厝连成一圈，围成一个大四合院，构成大四合院套小四合院的布局。

重脊歇山式屋顶，燕尾脊。外墙面为红砖、灰砖与白粉墙。砖墙、土墙承重的硬山搁檩与穿斗木构架相结合（图2～图5）。

2）漳州蔡氏民居

蔡氏民居位于漳州市芗城区官园大学甲37号。该宅建于清乾隆年间，系蔡新的门生为蔡新告老还乡所建的府第，但蔡新不受。1940年蔡竹禅购置，历时4年修复。

蔡宅坐北向南，为三进带两厢的四合院式建筑，由大门、围墙、大埕和主体建筑"三堂二横"及后花园等附属建筑组成，占地面积2865m²。厅堂分为前厅、中厅、后厅，屋脊均为燕尾式双翘脊。前厅屋顶循三开间结构建成三山式，燕尾脊。两侧有护院19间，护厝屋脊比厅堂略低，为平脊式圆枋。后花

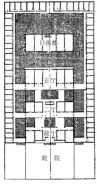
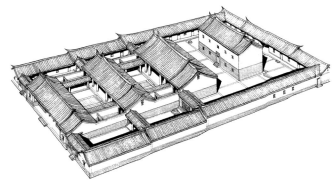

图2　蓝廷珍宅平面图　图3　漳浦蓝廷珍宅鸟瞰图

图4　蓝廷珍宅外景

图 5　蓝廷珍宅第三进是土楼

图 7　蔡竹禅宅侧庭院

图 11　厦门鼓浪屿大夫第四落大厝

园景致幽雅，面积 1000 多平方米。

装饰简繁有度，石雕木刻巧夺天工，题材图案和表现手法丰富多样。（图 6～图 8、图 10）。

3）厦门四落大厝

四落大厝位于厦门鼓浪屿中华路 25 号，为黄旭斋于清嘉庆元年（1796 年）建造。

四落大厝以二进式四合院为单元，左右两列护厝，横向出入成独立院落。主厝与护厝之间以过水廊相接。屋檐为燕尾式。四落大厝有两个特别之处：

一是木质门楼别致优雅。二是后院右侧建一幢为八角形拱券结构的欧式小楼，成了另一种中西合璧的建筑形式（图 11、图 12）。

四落大厝的墙面处理极为丰富，使用红砖空斗组砌、拼装成金钱型、五福型、万寿字型等各式图案。门、窗、格扇、梁枋、斗栱、雀替、垂花的木雕精美，配以彩绘和漆金，更显得艳丽华贵。

图 12　鼓浪屿大夫第四落大厝入口

成因

多院落大厝多是地方望族或在历代获得官衔者阖族而居的大型宅第，集中显示了主人的社会地位、经济财力和文化教养。

比较 / 演变

多院落大厝以合院为基本格局，规模宏大，功能齐全，常常是多年增建的结果。

图 6　蔡竹禅宅西式山花

图 8　蔡竹禅宅鸟瞰图

图 9　鼓浪屿大夫第四落大厝花窗

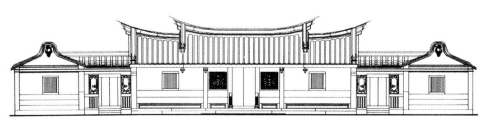

图 10　漳州蔡竹禅宅立面图

闽南民居·竹竿厝

竹竿厝是一种商住一体的建筑模式，其建筑形式和风格具有闽南特色，是对传统建筑在传承中予以改进的范例。

图1 漳州延安路竹竿厝

1．分布

竹竿厝分布在闽南沿海地区商贸活跃的市镇，尤以泉州市、漳州市最为多见。

2．形制

竹竿厝也称"竹筒屋"，泉州称"手巾寮"，是单开间民居向纵向延伸呈带状式的建筑形式。它的平面特点是面宽较窄，但是进深很长。它的特色是各家共用墙体，连片的街屋有序地共墙连接，形成了整体统一而又有变化的景观。

竹竿厝的面宽只有一间，约3～4m；进深视地形长短而定，5.5～7m为一进，可多达三进或四进以上进深。前后进之间以天井相隔，天井用于采光和承接雨水。宅内有一条单侧的靠墙走廊（称"巷路"）联系各房间。平面布局由门厅、天井、正厅、厅后房、小天井、大房、后房、厨房、后尾或后落组成。最后一进之后设小天井或留空地，通过后门与后路相通。

竹竿厝多沿商业街道建造，形成前店后宅的模式。前厅临街，作为商铺、作坊场所；后面住家，生活起居的功能齐全。为了增加使用面积，竹竿厝常建成二、三层楼房，作为储藏室或卧室（图1～图7）。

3．建造

竹竿厝多为砖木结构，少数为土木结构，硬山搁檩。山墙为承重墙，一般以花岗岩条石为基础，其上为砖墙或夯土墙、土坯墙。双坡面屋顶，铺红瓦。天井地面用石板或砖铺砌。

4．装饰

竹竿厝的外观较朴实，装饰重点在于檐廊空间及门面处理。室内装饰简洁，装饰重点集中在正厅。楼房式竹竿厝的沿街立面处理带有中西混合风格。

5．代表建筑

漳州周宝珍油坊

周宝珍油坊位于漳州市芗城区新华东路365、367号，属两个独立单元，清光绪三十二年（1907年）周潘裕建造。

周宅为二层四进。第一进建筑临街，用来经营商铺，商号名曰周宝珍油坊。367号一进一层为商号铺面，365号一进一层作油坊仓库，第二进均为接待商贾宾客的厅堂。一、二进二层为周族家眷居住，第三、四进均为私宅，第四进

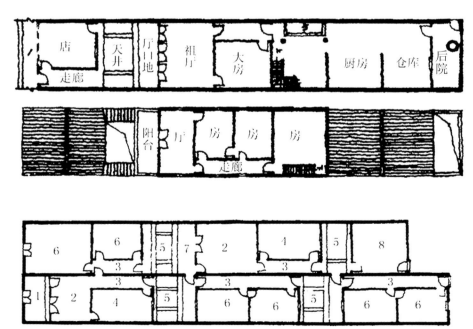

1坦 2祖厅 3走廊 4大房 5天井 6房 7厅门地 8厨房

图2 漳州竹竿厝平面图

图3 漳州新华西路竹竿厝入口

图4　厦门大同路

图5　厦门思明西路骑楼

图7　漳州新华东路竹竿厝楼井

后设有私家园林。

单元以山墙分隔，山墙直接承檩。承重墙实心砖浆砌，厚达 0.36m；各进以砖墙或装修作隔断。两进间天井均有盖顶。硬山式双坡顶屋面，屋面覆板瓦。一进前廊悬挑，檐口与廊下均有三组斗栱悬挑。门窗、梯道、栏杆、挑廊、挑檐、斗栱、临街山墙等部位装修精细别致，技艺精湛。

成因

沿海地区人多地少，地价昂贵，城市居民住宅用地只能向纵深发展。竹竿厝结构简单、小巧亲切，装修也很简洁，同时适应南方炎热潮湿的气候，有强烈的地域性。

比较／演变

竹竿厝式店屋产生于明清时期商品经济发达的中国南方传统工商城镇之中。清末及中华民国时期，闽南竹竿厝多发展为二、三层楼房。20 世纪 20 年代，兴建单开间联排的骑楼竹竿厝街屋，多采用折中主义的洋楼立面。

图6　漳州香港路骑楼，是竹竿厝入口

闽南民居·官式大厝

官式大厝是闽南地区以官家宅邸为样板,主体部分以深井(小巧的天井)为中心来组织主厝,两侧以护厝来扩大建筑规模的大型传统民居,是泉州传统民居中最主要的一种类型。常见的官式大厝平面布局有三开间和五开间两种,护厝以双护厝居多。官式大厝保留了早期中原汉式"向心围合"的布局特点,构图完整、规模宏大;其形式表征适应闽南人对居住环境需求。

图1 杨阿苗故居实景鸟瞰图

1. 分布

官式大厝分布在厦门、漳州、泉州所属的绝大部分县市,其中以泉州地区较为集中。官式大厝在惠安俗称"皇宫起",在南安也有"汉式大厝"称谓,有的文献干脆称之为"宫殿式"宅第。闽南地区地处亚热带季风气候地带,气候温暖湿润,日照充足,雨量充沛(图5、图6)。

2. 形制

官式大厝的群体采用的是一种"向心围合式"的布局方式:建筑群的中部是两坐落或多坐落的四合院,即为"主厝",当群体需要横向扩展时在主厝两侧增加一列或数列纵向的"护厝",其轴线指向核心体。主厝与护厝的前面有一个与之等宽的前地空间,称"厝埕"。这三者共同构成了官式大厝的典型模式。

官式大厝以红砖为主要建筑材料,屋顶多为硬山和悬山,大厝弯曲的屋面和弧形的正脊构成两条轻盈的曲线。台基受等级限制而采用"一层三踏"的方式,并将台基与墙基融为一体,延伸至主入口的整个"塌岫"中。

3. 建造

官式大厝的结构体系是抬梁式与穿斗式混合的木构架体系,限定一个房间的柱子一般多于四根,每个房间的面阔(开间的宽度)为3~4m,进深为4~6m。

在泉州传统民居中,除了生土可能被石灰覆盖,木材可能被油漆包裹外,绝大多数的建筑材料都是以其原色与本质的形式展示在世人面前。根据传统民居"就地取材"的特点,大厝以木材为结构材料,红砖和石块为围护材料。

在墙面的砌筑中,外墙以红砖为主,配以花岗岩石块砌筑。正面红砖外墙采用"空斗"砌筑方法,俗称"红砖封壁";侧面外墙采用"出砖入石"砌筑方法,即花岗岩方形块石与红砖边料相间砌

筑,红砖略比方石凸出一点(图4)。

屋顶根据建筑所处环境,依据防风和防火的需要选择悬山和硬山屋顶,坡屋顶的屋面不是由简单的斜线构成,而是呈上半部高陡而下半部平缓的内凹抛物线,覆盖红瓦或青瓦,使大量的雨水能够从屋顶快速流下并被抛远。

4. 装饰

官式大厝的厝埕内铺设优质的方仔石,四边围起通透的边界。外墙所用红砖质地细腻,色泽鲜亮如胭脂,当地取其谐音为"胭脂砖",也有文献写成"烟炙砖"或"雁只砖"。闽南居民利用红砖砌筑或砖片拼贴成各式具有吉祥含义的图案,外墙上还有生动活泼的窗框与窗套样式,以及丰富多彩的细部线脚妆点,为建筑增添了美感。

在建筑的山墙顶部、屋檐下方、大门入口、天井四周等装饰部位,闽南居民都乐于用不同的工艺精心雕琢的石雕、砖雕与木雕等,加上泥塑与彩绘的

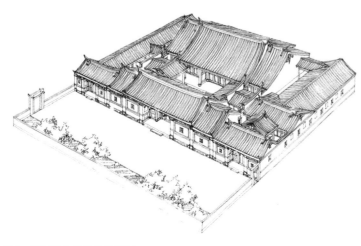

图2 杨阿苗故居手绘鸟瞰图

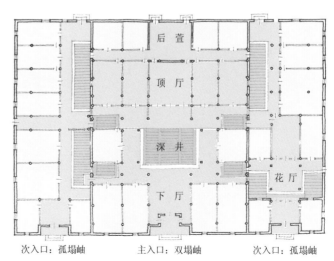

次入口:孤塌岫　　　　主入口:双塌岫　　　　次入口:孤塌岫

图3 杨阿苗故居平面图

图 4 "出砖入石"的外墙做法

图 5 南安市官桥镇蔡氏古民居群

精巧图案，使官式大厝显得富贵华丽，更加赏心悦目。

5．代表建筑

1）杨阿苗故居

杨阿苗故居位于鲤城区江南镇亭店村，建于清光绪年间（1894～1911年），历时 18 年，是闽南地区大型宅邸的典型代表，现为福建省级文物保护单位。

杨宅平面主要特点是五开间、两座落、双护厝（含厝埕），角头间的南侧与北两侧各增加了一个小天井，这 4 个小天井加之中心的深井形成了极具特色的"五梅花天井"，这在泉州民居中也是极为少见的。

在一般官式大厝的平面中，护厝次入口不设塌岫，而杨宅的护厝次入口设孤塌岫，外观颇似小型"三间张"的大门，这一做法使护厝前部为对称三开间，丰富了属于附属用房的护厝的空间，杨宅护厝后部仍沿用常规做法（图1～图3）。

2）蔡浅故居

蔡浅故居位于南安市官桥镇，始建于清咸丰五年（1855 年）至光绪三十三年（1907 年）全部完工，历时 52 年，整个建筑群占地 20 多亩，大小房间近 400 间，现为全国重点文物保护单位。

蔡浅故居的建筑豪华壮观，每座建筑都三进五开间，边有护厝，或东西各一组，或单附一组，是典型的官式大厝建筑群。主厝为硬山屋顶带燕尾脊，两侧护厝为卷棚屋顶，建筑多为穿斗式木构架，间有少量抬梁式，上铺红瓦及筒瓦，燕形屋脊，精美的装饰交相辉映。

整个蔡浅故居建筑群规划有序、气势恢宏，其装饰艺术中不仅表现了闽南文化和闽南成熟的建筑与雕刻艺术，也生动反映了南洋文化和西方建筑艺术对其建造的影响，是闽南传统民居建筑的杰出代表。

成因

官式大厝是最具泉州地方特色的民居形式之一，这种民居在南安被称为"汉式大厝"，研究证明是伴随中原移民进入闽南地区的一种大型宅邸。官式大厝在惠安被称为"皇宫起"，源自一个古代故事，在五代闽国，惠安县崇武镇有位黄姓女子入宫成为闽王的爱妃，黄妃获准在家乡"一府王宫起"，一府原指黄妃一家，却被误传为整个泉州府，又因方音王皇不分，王宫起就成了皇宫起。黄妃确有其人，"惠安女"的服装与打扮，也是源自这个黄妃的故事。

故事试图说明，官式大厝先是由官家建造，然后是富民效仿，最终这一做法及规模均超出封建社会官方规定的民居形制，成为泉州当时相对普遍的一种民居类型。

比较／演变

官式大厝由早期中原汉式民居的传入而进入泉州地区，因泉州安定的社会环境，更多地保留了早期中原汉式民居的布局特点，建筑群采用向心围合式布局，并保持相对低矮开敞的建筑形式。

现存的中国传统民居中，大多数地区的房屋主入口设于东南角，而官式大厝主入口仍基本位于主厝的中轴线上。后期由于远离中原地区，政治敏感度大为降低，民居建设的限制相对较小，官式大厝就属于超规但不违规的建筑。相邻的莆仙地区也有类似的大厝，也是采用红砖红瓦，并以此有别于闽东、闽北和闽西的灰砖灰瓦民居。

图 6 南安市石井镇中宪第鸟瞰图

闽南民居·手巾寮

手巾寮是闽南泉州地区一种独具地方特色的传统民居类型。通常它的面宽仅一个开间，宽度约4m，纵深一般在20m以上，内部由多个天井组织沿纵向发展，现存实例最长可达40～50m。屋顶多为木构架坡屋顶，屋面铺设闽南红色蝴蝶瓦。多个手巾寮沿街而设，沿街面对齐，连成一片，可视为近代泉州骑楼和当代泉州新骑楼的一种原型。

图1　低层高密度的手巾寮俯瞰

1. 分布

在闽南方言中，手巾，即手绢、毛巾，此处特指长条形毛巾；寮是小屋、宿舍之意。顾名思义，手巾寮是指平面形似毛巾、面宽狭窄、纵深修长的沿街平房小屋。

手巾寮普遍分布于闽南泉州地区的许多传统住区的一侧或传统街区的两侧。在城市的传统住区中，当官式大厝位于街道的北侧坐北朝南时，手巾寮作为辅助性建筑，通常位于街道的南侧坐南朝北，主要是为官式大厝服务的。在城市的传统街区中，手巾寮沿街道两侧连成一片，是商住结合的沿街建筑（图1）。

2. 形制

手巾寮面宽仅一开间，宽度约4m，纵深一般在20m以上，由多个天井组织沿纵向发展，现存实例最长可达40～50m。从功能上说，主要分为两类：一种是纯居住性的，它小巧亲切，装修简洁；另一种是前店后宅式，临街的房屋作为店铺或手工作坊，属于"店宅"类型。

一个开间，就是一个沿街店面，当聚集到一定数量时，就形成了街区。手巾寮是面宽窄、进深大的民居典型范例。类似手巾寮这种平面布局的街屋，也见于我国南方其他地区的城镇，例如台湾的"竹竿厝"、广东的"竹筒屋"等。

中华民国以后，南方各城镇沿街普遍采用的骑楼可以看作是手巾寮在近代的延续和发展。骑楼一般为二至四层，平面特点与手巾寮极为相似，面宽小，进深大，内设天井若干。骑楼单元之间横向拼接，底层沿街增加柱廊，一层为商店与仓储，二层以上为住房，从而构成"下店上宅"的商住楼形制。这种建筑适应了近代城市的沿街商业开发，因而得到广泛传播。有学者考证，骑楼是闽南传统手巾寮经华侨带至东南亚后，与当地殖民地的外廊样式相结合的产物，而后又由华侨传回国内（图2）。

3. 建造

手巾寮的各落房屋均以天井（泉州人称天井为"深井"）相隔，一侧为前后贯通的廊道。第一落一般进深不大，设一间门口厅，侧边为走廊，前后均设大挑檐：临街一面形成可供通行的檐下通道，向天井一面形成敞廊；第二落进深较大，中部以板壁相隔：前部面向天井的是祖厅，后为厅后房；第三落以后均为前后串联的两间卧室，最后面是一服务性的小院，一般设有水井、厨房等。手巾寮的平面形制看似奇特，其实仍属于传统合院式民居体系。

手巾寮因是服务性建筑，建造不及官式大厝考究。一个手巾寮单元，它的两侧是很长的山墙（纵墙）作为单元之间的分界，从受力、隔音和防火来看都是比较有利的。地面用花岗岩和斗底砖铺设，花岗岩为灰白色，斗底砖为胭脂色。横墙使用杉木建造，沿街的门口厅若作为商铺，横墙采用商铺的柜台做法，侧面留出一条通往内侧的廊道，若作为大厅，大门就设在正中间。屋顶的承重体系是依靠墙体和木梁的共同作用，屋顶形式是坡屋顶，上覆盖红色蝴蝶瓦。若设置阁楼或夹层，同样还是采用木材作为楼板。手巾寮大量使用木材，便于施工，但也带来火灾与白蚁蛀的隐患（图5、图6、图8）。

4. 装饰

手巾寮作为普通的"街屋"，外部装饰较为朴素，沿街的木质店面只上一层透明的清漆，保持木质本色。门口厅从商业功能来看，招牌、匾额和对联可以妆点门面。内部空间从居住功能看，也比官式大厝简朴，铺地的石材为大块条石比较讲究，红色斗底砖与之搭配。第二进是大厅，横墙是"六扇门"，可以全部打开，门上会有一点木雕。

5. 信仰习俗

泉州是民间信仰最发达的地区之一，行船的人信仰妈祖，行医的人信仰

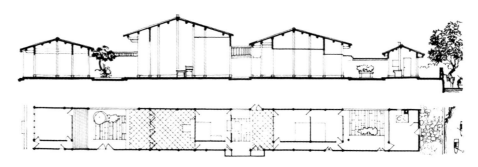

图2　手巾寮平面（下）与剖面（上）：鲤城区后城何宅

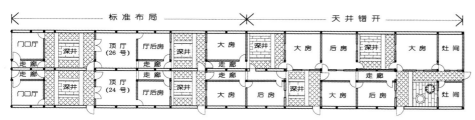

图3　直线廊道式与深井错开式：鲤城区三朝巷

保生大帝，从艺的人信仰郎君，所有经商的人都信仰关公。在耕读文化的影响下，中国的多数地区重儒轻商，他们认为商人"趋利于市"。历史上的永嘉之乱，晋人避祸入闽定居泉州，命名泉州主河为"晋江"，同时带来了晋商文化。后来，善于经商的阿拉伯人也定居泉州，加上南洋和南粤文化的渗透，逐步形成了泉商文化。泉州人强调经商取义，商儒并重。因此，信仰以忠肝义胆的武财神关公而不是唯利是图的文财神赵公明。

6. 代表建筑

泉州鲤城区三朝巷手巾寮组群

三朝巷手巾寮组群手巾寮始建于清乾隆年间（1736～1795年），是泉州古城内能查证到的现存兴建年代较早的手巾寮，其中24～32号（双数号）仍较为完整的保存了五座联排布置的手巾寮组群，均为单层木构，西面临街，每个开间宽约为4m，纵深约为40m。

以鲤城区三朝巷24号宅与26号宅为例，24号宅的平面采用的是"直线廊道式"布局，26号宅的平面布局与之不同，第三、第四"院落单元"的深井与26号宅相互错开。24号宅的深井属于"典型平面"的布局形式，而26

号宅的深井错开了。这种深井错开的布局形式，是手巾寮平面布局的第二种形式。当相邻的两座手巾寮属于同一个家族时，其中一座的平面布局可采用"直线廊道式"，另一座可采用"深井错开式"。两座手巾寮的深井相互错开，双方都可以借用对方的深井获得良好的采光与通风。达到相互借光、互惠互利的"双赢"效果（图3、图4、图7）。

图4　鲤城区三朝巷手巾寮组群街景

图5　手巾寮的木质店面构造

图6　手巾寮廊道　　　图7　鲤城区三朝巷鸟瞰　　　图8　手巾寮的檐下空间

成因

泉州历史上一直是一座重要的商贸城市。地少人多，加之社会发展与经济繁荣，使得城镇街区沿街地皮价值倍增，促使沿街住房采用最小限度的单开间面宽，平面向纵深发展，以求最经济地利用城镇街区的"黄金地块"。小尺度的深井使得手巾寮在城镇的总体布局中，或南北座向，或东西座向，均能较好地满足住居的要求，对泉州特定的气候条件具有极强的适应性，在满足通风和采光的前提下能够较好地遮阳。由此，高密度的手巾寮成为泉州城镇传统街区与住区的最佳选择。

比较/演变

早期的手巾寮作为官式大厝的附庸存在，没有独立的个性，其存在价值仅仅为了服务于官式大厝；后期的手巾寮逐渐走向成熟，以其自身独立的个性面向全社会。就个体空间构成而论，手巾寮的"门口厅"具有两种不同的功能，当门口厅作为宅居的门厅时，手巾寮为纯居住功能的民居，这是手巾寮的早期形式，它从属于官式大厝；当门口厅作为手工作坊或店铺时，手巾寮为"前店后宅"、店宅结合的街屋，这是手巾寮的后期形式，它具有自身的独立性。

综上所述，手巾寮的两种社会定位，就其总体布局、发展过程以及建筑空间而论，结论都是对应的：一种是从属于官式大厝的早期形式，纯居住功能的民居，服务于官式大厝；另一种是独立存在的后期形式，店宅结合的街屋，服务于全社会。此外，后期手巾寮的成熟，为近代泉州骑楼的产生做了积极的准备，手巾寮的原则精神在骑楼民居中得以发扬光大。

闽中民居·排屋

闽中排屋为闽中地区传统民居形式之一，即为前店后宅形式，它的平面实际上就是"一条龙"和"竹筒屋"式住宅的综合。

图1 岩前忠山村蜈蚣街

1. 分布

闽中地处福建腹地，是闽西北重要的商贸集散地，由于外来移民众多，带来各自不同的建筑文化，使其传统建筑体现出多元文化的特色。闽中民居主要分布在三明的尤溪、永安、沙县等地，其中排屋类型通常在县镇一类城镇用地比较紧张的地方出现，如永安贡川县、尤溪桂峰村、沙县城关、岩前忠山村（图2）等，以沙县城关东门街排屋形式较为典型和集中。

2. 形制

联排屋一排有若干开间，每间统一模式，通常为两层。底层靠近街巷一侧的多为客厅或商铺店面，进去是卧室，卧房旁留有一条1m左右的走道，通往后面的厨房后部有小天井。两层的排屋，多从厨房设一楼梯倒着上二楼（楼梯开口多面向天井）。二楼多设有两间前后卧房，二楼前卧房沿街巷一侧多设有阳台（图1）。

3. 建造

闽中排屋建筑承重结构多采用穿斗式木构架，以砖石或夯土墙作为各户共用或分隔墙起围护作用，基础多采用块石，条砖斜砌勒脚。山墙墙头多为弧形，地方特色明显。沿街巷立面一般不设檐墙，而是装有可拆卸、可折叠的木制隔扇，形成可通可隔的灵活空间。内墙材料为毛竹夹板草筋泥灰隔墙。悬山式屋顶、屋面为小青瓦面（图3）。

4. 装饰

闽中大多数民居建筑的主要装饰多放在内部主要梁架结构及斗栱构架部位，以各种木雕、镏金做法居多，如：坐斗、栌斗、穿枋、月梁、脊檩等处的木雕较为精巧。柱础造型多样，并施以各种寓意吉祥的雕刻纹样；厅堂地面多为方砖铺地。一些建筑屋脊上有"风狮爷"之类的装饰物，也称"瓦将军"，是当地人用来辟邪、除煞镇风物件，材料为陶烧制品。而闽中排屋考虑均好性

和公平性，其每间房屋常为统一模式，外立面大多朴素、整洁，很少有多余的装饰（图4）。

5. 代表建筑

1）沙县东门街区

位于沙县的具有代表性的闽中排屋，主要分布于沙县城区东面沿沙溪河边缘地带，即沙县东门街区，与县城闹市区相连面积约一平方公里。此街区古民居建筑数量较多，它是沙县最老的街区，至今仍保持原两路九巷的原貌。古代东门街区的商铺大多是前为店铺、后为作坊。到明清以后，商铺多转移至南门和西门，而生意规模较大的制茶、刨烟丝、酿酒、制糖和造纸也多半在他处建立工场，东门街区成为前屋后花园（菜地或池塘）的住宅区（图5、图6）。

2）尤溪桂峰村

历史上桂峰为尤溪十六都的中心村，地处南来北往的古交通要道，且地处险要隘口成为商贸进退的集散地，是

图2 岩前忠山村蜈蚣街排屋现状

图3 尤溪桂峰村裁缝店

图4　尤溪桂峰村沿街店面

图5　沙县城关建国路东巷排屋鸟瞰图

成因

　　闽中地区，历史上外来移民众多，带来各自不同地域的建筑文化与习俗，其传统建筑体现出多元文化融合的地域特色。经过长期的历史沉积和演变，在闽文化和外来文化的相互影响下，逐渐形成了其多元融合的闽中建筑特色和丰富的建筑文化内涵。"联排屋"作为该地区具有代表性的建筑形式之一，在提高街巷与地块用地空间效率、各住户均好性前提下，结合地域具有多元特色的合院式民居建筑形式的同时，形成了其独特的建筑类型。

比较/演变

　　排屋曾广泛出现在长江以南各省区的市镇建设中，闽中排屋形式与其他地区相比，进深较浅，建材当地化，布局因地因实际功能需求布置，实用性强。

　　排屋是由"宅"经一定阶段演变而转化为有"铺"之宅，平面布局具有很强的功能性和城市性，大多出现于城镇街道两侧，沿街多设可拆装的板门，直接对街道开敞。"前店"的商业功能与"后宅"或"作坊"的居住功能分区明确，近乎相同的建筑模式统一了街区界面。现功能模式主要仍为前店后居式。

达官贵人与商贾小贩、艄排工人往来尤溪至福州的必经之地、食宿的中转站和货物商贸往来的隘口堡寨；明清时期发展至鼎盛，形成了集耕读农业、商业、交通和防卫等于一体的多功能综合性山地型传统聚落。其中下坪街与村口石印桥处曾是桂峰村最繁荣而热闹的地方，酒肆、茶楼和旅馆、商店鳞次栉比，依地形而建，一般为二层，一层店面，二层沿街侧为走廊（图7）。

图6　沙县城关建国路东巷排屋局部

图7　尤溪桂峰村石印桥周边店面

闽中民居·堂横屋

堂横屋，是客家建筑的基本形式之一，也是围屋的重要组成部分，其基本结构是在中心轴线上为堂屋，两侧加横屋。随着客家人入闽，这种对地形、人口适应力强的建筑类型在闽地迅速分布开来，现较为集中分布在闽中地区。

图1 大田广汤村堂横屋

1. 分布

堂横屋在有客家人居住的地方均有分布，福建是在中国客家人口仅次于两广、江西之后的省份，福建的客家人主要分布于闽西的龙岩、闽中的三明以及闽南的漳州。闽中三明片区的宁化、清流、明溪等地均是客家人聚居之地，集中分布有这一具有客家色彩的民居建筑。

2. 形制

堂横屋住宅平面常以"口"字形或"日"字形为主体，左右两侧对称分布有纵向条形排房。"口"字形合院式叫做"两堂"，其前后两排横屋分别称上房、下房，上、下房正中的明间则称为"上堂"和"下堂"。"日"字形合院形式叫做"三堂"，三排横向房屋分别

称为上房、中房、下房，正中明间称为"上堂"、"中堂"、"下堂"。合院外两侧排屋叫做"扶屋"、"扶厝"或"护厝"，一条称"一横"，左右共有两条称"两横"，四条称"四横"，多条称"多横"。

闽中堂横式，可分为平地型与山地型两大类。平地型建筑与闽西堂横式建筑相近，但主体建筑及横屋的侧面及背面，加建外挑的"挂寮"并开竖向木条窗，使起居及劳作空间更趋合理；山地型建筑地处坡地，形势逼仄，体量较小，多数仅二堂二横，虽也是前有空坪，后有化胎，但外部较少建围墙，也不做独立的外门楼，大门设在中轴线上，与下堂明间部分合二为一。山地形民居的显著特点，是天井二侧的厢房、上堂，以及二侧横屋、后部围屋等，多数做成上、

下二层（图1、图2、图3）。

3. 建造

各地客家民居基本都是以土木为主要的建筑材料，闽北的堂横屋也不例外。一般民居的墙都是以夯土筑成，外墙较厚，约为半米左右，内墙较薄，20～30cm。筑墙的材料以泥土为主，掺杂灰、沙、碎石或卵石、稻秆、竹枝甚至糯米、红糖等。经过搅拌之后夯筑，强度高，坚固耐久。为了防水和美观，在墙上再刷一层石灰泥，使外墙成为白色。柱一般为木制，也有的用石柱。梁为木制，瓦是小青瓦，阴阳互扣。白墙与青瓦屋顶，形成强烈的对比，朴实大方。以上这些可以说是各地客家民居的共同特征。

4. 装饰

闽中堂横屋受到客家文化影响，形成了独特装饰风格。屋内的装饰构件完美精湛，木雕与彩绘多用于梁柱、门窗、栏杆等地方，采用浮雕、镂雕等手法表现各种物象。柱、梁、坊、门等处雕绘有山水花鸟，飞禽走兽等，并涂上鲜艳夺目的油彩（图4、图5）。

5. 代表建筑

1）大田深原堂

大田深原堂系第七批省级文物保护单位，位于大田县广平镇广平村。深原堂是一处独具闽中建筑特色的大型堂横式府第型民居，建于地基松软的田畴之中，先用松木砂石填实、垫高地盘后才进行兴建。建筑规模宏大，格局完整，由前后二堂、两侧各二排横屋及前部池塘、后部围垅等组成。深原堂左右通面

图2 大田广汤村堂横屋民居群

阔66.19m，前后总进深60.81m，总占地面积达3582m²。

深原堂建筑材料以土木为主，建筑内外装饰类型丰富，木雕、石雕、灰塑、彩画技艺尤其高超，且各类工艺构件保存完好，极其难得。装饰的重点，主要集中在以大天井为中心的格扇、挑檐悬筒、雨梗墙，以及上堂廊步、花檩、梁枋等处。最为突出的当数遍布内外的彩画装饰，色彩鲜丽，画风流畅，为它处罕见。

深原堂的最前方，是一处不规则的池塘。池塘外侧修建围墙，围墙卵石砌基，墙体夯筑，上覆墙帽。围墙在中轴线位置加高，做成类似照壁的形式。围墙左、右二侧与房屋之左右墙体相连接，右前方开门，外接用大块卵石从田中填砌起来的小路，前伸并通往村中大路。

2) 永安青水桂兰堂

桂兰堂是一座大型的郑姓民宅，位于福建永安青水乡吴教村23号，建于清道光二十年（1840年），距今已有160多年，建筑面积约700m²，用房近50间。此屋为合院护拢形，即由中间的祭祀性合院加上两侧的生活性护拢而成。但是，它的用地却极为局促。房屋处在不规则的陡坡上，不仅从北到南坡度甚急，在其西部还有一个断坎。

桂兰堂特色在于：房屋在山坡上沿

图4 堂横屋内装饰

等高线布置，横向舒展，在合院的东南角，以正东的方位设置大门。这种布局，不使主入口正对溪流，"吞纳"流水带来的财气，还能利用东侧的缓坡作为入户道路；建筑北部，沿等高线下砌三层花台，形成胎土，胎土边缘用石块砌筑，便于封水固土。既可平整场地，还使建筑的轮廓与山势平齐，减小了大风大雨的影响；在房屋西侧，增设一道二层护拢作为屏蔽，掩护断坎。从大的轮廓来说，此屋背山由东向西渐低，在西侧加设护拢，还能与大的山势取得均衡；在建筑前方，设石砌挡墙营造平地。

图5 堂横屋内彩画

成因

客家人原是居住在中原的汉人，西晋以来几经战乱、饥荒，辗转南迁，宋元时期迁到闽、粤、赣交界处。随着客家人入闽，带入了客家建筑，客家堂横屋与闽中当地建筑风格结合形成了与粤、赣乃至闽西等地不同的闽中独具特色的堂横屋。

比较/演变

堂横屋是围龙屋的组成部分之一，围龙屋是在堂横屋的后面加建一呈半月形的围屋和化胎，这也是客家民居大量采用的形式之一。

图3 大田许思坑村堂横屋

闽中民居·大厝

大型的集合住宅，在当地称为"大厝"，内部天井多达七八个，甚至十余个，除有前后相连的天井院落之外，又在横向并列几个院落，占地面积有的多达几千m²。建筑结构严谨，布局合理，出入只有一个大门和几个小门，具有较强的防御性能。它是集闽南、客家、江西建筑风格为一体又极富个性的典型闽中乡土传统民居。

1. 分布

闽中地处福建中部腹地，南为闽南地区，东为闽东地区，北为闽北地区，西为客赣混杂地区，东西南北各种文化成分混合交融。再加上闽中是福建开发较晚的地区，外地移民众多，移民带来了各地的建筑文化并与当地建材、工艺和文化习俗有机融合，因此闽中民居建筑呈现出多元建筑文化。闽中民居主要分布在三明市、永安市、沙县等地区。

2. 形制

闽中大厝是一个完整独立的建筑群，整个建筑群由正厝、护厝、壁舍和厢房等组成。建筑群采用悬山屋顶，平面呈长方形，有围墙圈护，是以四合院和三合院为基本单位来进行组织，正厝多为三进式院落，有上、中、下堂，天井两侧设厢房，厢房两侧为护厝，上、中、下堂与护厝的横向连接处是"桥厅"，因侧天井的水从厅下流过，于是又称"过水廊"（图1）。

3. 建造

因为闽中地区为林区，漫山遍野生长的各类木材是人们取之不尽、用之不竭的建筑资源，闽中民居建筑承重结构采用的是木构架承重，砖石或生土围护，承重木构架通常为穿斗式木构架或穿斗式、抬梁式两者混合的构架形式。屋面纵横交错，层层叠落并有精美装饰（图7）。木板隔墙是闽中民居常用的室内空间分隔形式，也有采用营萎秆或竹片编织成格状，然后用稻草黏土浆灰泥打底，最后用白灰砂浆抹面形成"堵板"隔墙。台阶、水井壁一般都用石砌，重

要位置的沟道也有用石材铺砌，一般沟道就在三合土地面上挖浅坑。

4. 装饰

大厝的装饰繁简有度，重点突出，主要集中在中轴线上的房间，随处可见精美的木雕和石雕，两侧的房间则装修一般。屋脊鸱吻凌空，在天幕下傲视历史的风云变幻。梁架上雕刻古龙、蝙蝠、丹凤、花卉等图案，厢房的窗花内容异常丰富，有文书印信、令箭铠甲、八仙献寿等；壁画线条流畅准确，色彩稳重鲜艳（图2）。

5. 代表建筑

1) 尤溪·玉井坊郑氏大厝

玉井坊郑氏大厝位于福建省三明市尤溪县西滨镇厚丰村，系清乾隆年间贡生郑孔时于清乾隆末至嘉庆中期时所建，所以又俗称孔时公大厝。玉井坊坐

图1 尤溪雍口徐家大院过水廊

图2 尤溪郑氏大厝彩绘

北朝南，主体建筑为三进制悬山顶石木结构。整个建筑群由一座正厝、一座扶厝、二壁舍、二厢房等组成，计108个房间。占地面积近4485m²，建筑面积2800m²，建筑群平面呈长方形，围墙圈护。建筑功能十分齐备，有相对独立的文武活动区、女眷生活区、宾客休闲区、财务档案区、生活资料储存区等。

图3 大福圳鸟瞰

图7　尤溪雍口徐家大院层层叠落的屋顶

图8　郑氏大厝厢房屋檐

图4　郑氏大厝入口

正厝高大雄伟，三层结构，梁柱巨大，在福建省古民居中极为少见（图4、图5、图8）。

2）尤溪大福圳

大福圳落成于清光绪十一年，占地面积约13000m²，坐落于梅仙镇坪寨村，距县城12km。大福圳由一座正厝、左四右三七座扶厝、一座形似独立实际与主建筑连成一体的私塾馆、壁舍和分布在左前角和两个后角互为犄角之势的三座炮楼组成。主体为三进制悬山顶木构建筑，正厝面阔五间，进深三间。每座扶厝都是一个独立的单元，整个建筑群又以过水亭连接相通，所以又是一个环环相扣的整体。大福圳四周筑有围墙，墙厚0.8m，背面和左右两面围墙组成梯形的三个直角面，处于梯形斜面的大福圳正面则不是在一条斜线上，依地形设计为由左至右呈三层梯级退缩（图3、图6）。

成因

闽中民居在合院式民居基础上横向发展，融入闽南、客家、江西等建筑元素，形成了闽中独有的多元建筑风格协调融合的地域建筑特色。

比较／演变

闽中大厝是福建中部地区"三合天井"的发展，它与莆仙民居相比是截然相反的两种类型。它纵向进深长，横向面宽窄，因此许多卧房为暗房间。

图5　郑氏大厝内院

图6　大福圳内部装饰

土楼·客家土楼

福建土楼 2008 年 7 月列入世界文化遗产名录。它主要分布在福建闽西和闽南地区，具有突出的防卫性能，采用夯土墙和木结构共同承重、居住空间沿外围线性布置，是适应大家族平等聚居的巨型楼房住宅。客家土楼是福建土楼的一种主要类型，是福建客家文化的重要象征。

图 1 福建土楼

1. 分布

福建客家土楼为主分布在福建省永定县东部及南靖县与永定县交界地带（图 1）。

2. 形制

福建客家土楼有方楼、圆楼及变异形式土楼三种主要类型。其平面布局特点是居住空间沿外围均匀布置，设内向通廊连通全楼，故称之为内通廊式土楼。楼高三至五层，楼内设公共楼梯联系上下，通常一层为厨房、二层用作谷仓、三层以上为大小均等的卧房。内院中心

建祖堂或书斋，是供奉祖先牌位和地方神祇的厅堂，或兼作私塾学堂。

3. 建造

客家土楼外围是承重的夯土墙，土墙为石砌基础，墙脚用块石或河卵石砌至最高洪水位以上。墙身厚 1m 多，为生土夯筑，土墙内置竹筋或松木枝加固，逐层收分。楼内全部为木穿斗结构，楼层内侧悬挑通廊。屋顶为瓦顶，通常内侧通廊还出挑瓦作腰檐。内院河卵石铺地、四周设排水沟。唯一的入口大门，门框采用条石，门扇厚木板外包铁皮，门楣上设水槽，可灌水在大门外皮形成水幕以防火攻。

4. 装饰

客家土楼装饰简朴，建筑外围夯土墙面裸露，不加粉刷，只在小窗洞四周粉白灰窗框。唯一的大门四周作粉刷，大门上方粉楼匾、题楼名，两侧置门联，作入口强调处理。只有少量土楼在内院厅堂部分作精致的彩色门窗漏花、隔扇。外围卧房大部分不加装饰，只是在楼中心祖堂作重点装饰。

5. 代表建筑

1）承启楼

位于永定县高头乡高北村，由四个同心圆的环形建筑组合而成，中心是同心圆的祖堂，外围三圈环形土楼，环环相套。外环楼四层，直径 62.6m，底层外墙厚 1.9m。始建于清康熙十八年（1709 年），最盛时居住 600 余人。它是客家圆楼中最有名气的一幢，现已列入世界文化遗产名录（图 2、图 3）。

2）怀远楼

位于南靖县梅林镇坎下村，建于清光绪三十一年（1905 年）至宣统元年（1909 年）。环形土楼高四层，直径 38m，环周 34 个开间，设四部公共楼梯。院内设同心圆形的祖堂兼书斋，谓之"斯是室"，室内雕梁画栋、工细绝伦（图 6）。

3）振成楼

位于永定县湖坑镇洪坑村。始建于 1912 年。圆楼直径 57.2m，由内外环楼组成：外环楼高四层，44 个开间；内环楼两层，正中为西洋古典柱式观音厅。圆楼外两侧设耳房。中西合璧的形式是其重要特点。它是世界文化遗产洪坑土

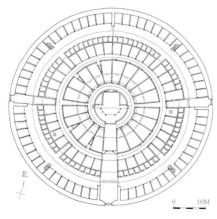

图 2 承启楼平面图

图 3 承启楼内院

图 4　长源楼

图 6　怀远楼

图 7　振成楼

楼群中独具特色的圆楼（图 7）。

4）和贵楼

位于南靖县梅林镇璞山村，始建于清雍正十年（1732 年）。五层高的方楼，宽 36.6m，深 28.6m，只设一个大门出入。门外由单层的厝围合前院，为"楼包厝、厝包楼"的形式。其瓦顶出檐巨大，高低错落的九脊顶盖在 13m 高厚实的土墙之上，格外雄伟、壮观。它是客家内通廊式方楼的典型，现已列入世界文化遗产名录（图 5）。

5）长源楼

位于南靖县书洋镇石桥村，建于清雍正元年（1723 年），是典型的横长式坡地土楼。北面靠山为三层楼房，两侧依次跌落。南面沿溪以单层建筑围合。二、三层卧房视野开阔、通风良好。大卵石基脚使土楼犹如从河边自然生长而出，造型优美，富有乡土气息（图 4）。

成因

客家土楼是从客家五凤楼发展而来。它就地取材，适应山区的地理环境和动乱的历史环境，形成聚族而居、防卫性很强的巨型楼房住宅。楼内住房不分辈分一律均等，环绕中心祖堂或书斋，反映了福建客家人敬祖重教、团结和睦的族群伦理。

比较/演变

福建客家土楼与福建闽南土楼相比，更少小家庭的私密性，更强调大家族的公共性。

客家土楼源自生土夯筑的客家五凤楼。为适应特定的历史地理环境，形成外圈围合、防卫性很强的多层住宅。通常是先出现方形土楼，清末民国直至 20 世纪五六十年代才大量建造圆形土楼。

图 5　和贵楼

土楼·闽南土楼

福建闽南土楼是世界文化遗产——福建土楼的另一种主要类型，是闽南人居住的、与客家土楼平面布局完全不同的一种土楼类型，它反映了闽南民系的文化特征。

图1 闽南土楼

1. 分布

闽南土楼主要分布在福建省漳州市所属的华安县、平和县、漳浦县、云霄县、诏安县及泉州市所属的安溪县。

2. 形制

福建闽南土楼，同样是居住空间沿外围均匀布置，但它与客家土楼最大的区别在于它是单元式：每户占一个或几个开间，互不连通，有独自的楼梯上下。户内有小天井，独门独院，都由土楼内院进入户门，自成独立的居住单元。

3. 建造

闽南土楼是多层的夯土建筑。它与客家土楼的区别在于，它不仅外墙为夯土墙，其单元之间的内隔墙也是夯土墙，只有少部分为木梁柱穿斗结构。其屋顶为硬山搁檩、瓦屋面。内院不设祖堂，供奉祖宗及神祇牌位的厅堂正对大门、

设在围楼中轴线的端头。内院也是河卵石铺地，四周明沟排水。大门同样设水槽以防火攻。

4. 装饰

闽南土楼的装饰较客家土楼丰富，木雕、彩绘、泥塑、石雕并用。如平和县绳武楼的墙头泥塑、堆塑、壁画、彩绘就有上百处，二、三层通廊门窗上木雕漏花近700件；华安县二宜楼中保留了明清至中华民国时期的壁画约600m^2。闽南土楼装饰重点也是大门入口及祖堂等公共空间，外围土墙绝大部分裸露，不加粉刷。

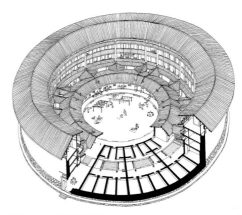

图3 二宜楼剖视图

5. 代表建筑

1）二宜楼

坐落在华安县仙都镇大地村，始建于清乾隆三十五年（1770年），是闽南单元式土楼中独具特色的一个实例。

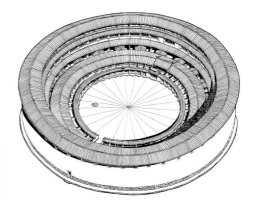

图4 龙见楼

图2 二宜楼内院

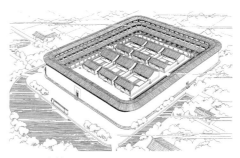

图5 西爽楼

图 6　西爽楼内院

其直径 71.2m，外环楼 52 个开间，分隔成 12 个独立单元，从内院入口。每个单元互不相通，仅第四层外圈设"隐通廊"，连通全楼，以便枪击救援。全楼设一个大门，两个边门。其外墙底层厚 2.5m，是福建土楼墙厚之最。其雕梁画栋之精巧在福建土楼中首屈一指。二宜楼已列入世界文化遗产名录（图1～图3）。

2）龙见楼

位于平和县九峰乡黄田村，建于清康熙年间（1662～1722 年）。其外径 82m，环周 50 个开间，每个开间为一个独立的居住单元，土楼外墙厚 1.7m，全楼只设一个大门出入，是闽南单元式圆楼的典型代表（图4）。

3）西爽楼

位于平和县霞寨镇西安村，始建于清康熙十八年（1679 年）。方楼平面方形，四角抹圆，面阔 86m，进深 94m，周边是三层的土楼，由 65 个独立的居住单元组成，每户占一个开间，是闽南最大的单元式方楼。全楼设一个大门两个边门，内院中整齐排列六组两进的祠堂，在内院中形成"廿"字形的巷道，犹如小镇中的街巷。大门前是 15m 宽的前埕，用作晒谷场。埕前是半月形池塘，两端伸出壕沟，像护城河般环绕四周（图5、图6）。

4）清晏楼

位于漳浦县旧镇秦溪村，建于清乾隆二十一年（1756 年）。其突出的特点是在 28m 见方的方楼四角，呈风车状突出四个半径 2.5m 的半圆形角楼，构成古堡式造型，人称"万字楼"，又称"风车楼"。土楼内外墙均为三合土夯筑，底层外墙为条石砌筑，四周广留枪眼，突出的角楼更有利于防卫，是闽南土楼中不可多得的特殊形式（图7）。

5）半月楼

位于诏安县秀篆乡大坪村，整个半月楼就是一个自然村，以家祠"云瑞堂"为中心，环绕四圈马蹄形的两层单元式土楼。最外圈长达 70 多个开间，内圈也有 30 多间。圈与圈之间夹着十米的巷道。半月楼依山建造，随山坡升起，前低后高，蔚为壮观。这种布局形式既不同于圆楼又不同于广东的围龙屋，是当地特有的聚居模式，可谓单元式土楼的变异形式（图8）。

成因

闽南土楼的门匾上大多有确切的纪年。有可靠的历史文献记载表明，面对明末倭寇的侵扰，为保居住安全是闽南土楼大量建造的直接原因。

比较/演变

闽南土楼以其单元式平面布局与客家土楼通廊式布局相区别。闽南沿海土楼适应滨海的气候环境，多用三合土夯筑，墙体坚实，墙厚相对较薄。屋顶没有大出檐，甚至取女儿墙式，以适应多台风的气候特点。

闽南土楼从兵营、山寨、城堡逐渐演变而来，它适应明末抗倭斗争的需要，为保居住安全在明嘉靖年间大量建造。

图 7　清晏楼

图 8　半月楼

寨堡·闽中土堡

闽中土堡是位于福建省中部山区的防御性极强的居住建筑。其平面布局和建筑结构独具一格，是当地先民从实际防御需求出发创造出来的乡土建筑。

图1　大田琵琶堡

1．分布

闽中土堡主要分布在福建省中部山区，其范围以三明市各县（市、区）为主，也包括福州市西部、泉州市西北部以及漳平市北部的多山丘陵地区。 现保存较完整的土堡主要集中在三明市的大田县、尤溪县、永安市以及沙县、三元区、梅列区，漳平市，泉州市的德化县、永春县，福州市的永泰县、闽清县、闽侯县等地（图1、图2）。

2．形制

闽中土堡多依山而建，呈现出多台基、高落差、错落有致的建筑风貌。建筑整体是由四周极其厚实的土石墙体环绕着院落式民居组合而成的，平面多为方形（含长方形）、前方后圆形，也有少数土堡为圆形、不规则形。

土堡的外围是厚达2～6m的墙体。墙体内2层或3层建有畅通无阻的防卫走廊（当地称跑马道）；墙上安装内大外小的斗形窗户和密集的枪孔；在土堡的四角或合适的位置，建有碉式角楼。

堡内的民居建筑是主要生活空间，多为2、3层。大部分土堡的内院为合院式布局，中轴线上为二进或三进堂屋，正厅当心间内设太师壁及神龛，供奉祖先牌位，厅堂两侧为厢房和护厝，具有中轴对称、主次分明的布局特点。堡内水井、粮仓等生活设施一应俱全。前方后圆形土堡的后部有近似半圆的围屋，含有围龙屋等元素。有的土堡门前有半月池。少数土堡的居住空间沿四周设置，内院中仅设主堂（图3）。

3．建造

在选择堡址时，注重选择有利于防御的地点。或耸立在山冈上，或依山而建，可凭借山体之势据险御敌；或建于水田中，或贴溪河岸边而建，可利用烂泥或水等自然条件御敌。有的在土堡周围挖壕沟，有的土堡入口做成高台基、

长坡道，以增加匪寇攻击难度。

堡墙高大厚实，墙体底层用石块砌筑，二层以上用生土夯筑。堡门洞用花岗石砌筑成拱形，安装双重木门，木门外包铁皮，堡门上方有储水槽及注水孔等防火攻设施。

内部建筑按照当地传统民居风格建造。主体建筑多为木结构，一般采用穿斗式木构架，有的主厅堂采用抬梁、穿斗混合式结构。柱上架檩，柱与柱之间的穿枋上立瓜柱承檩，上覆小青瓦。双坡悬山式屋顶，屋宇跌落有序。堂屋地面用砖铺砌或用三合土夯筑，天井地面多用鹅卵石或三合土铺砌（图4、图6）。

4．装饰

土堡的装饰主要集中在中轴线的大门、厅堂、前天井的廊檐一带。堡门上方门额阴刻或墨书堡名，有的还用对联或彩绘、灰塑的图案装饰。梁枋、斗栱、垂花、雀替、窗棂、隔扇、屏风、柱础、

图2　大田潭城堡

图3　芳联堡鸟瞰图

图4 大兴堡剖视图

图5 永安安贞堡

图6 尤溪莲花堡

门枕石、防溅墙、山花等重点部位常雕绘精美的人物、植物、山水、祥禽瑞兽图案，装饰手法有木雕、石雕、灰塑、彩绘、壁画等。

5. 代表建筑

1）永安安贞堡

安贞堡位于永安市槐南乡洋头村，由当地富绅池占瑞、池连贯父子出资建造，清光绪十一年（1885年）兴建，历时14年建成。

安贞堡依山而建，坐西向东。由外围堡墙和以厅堂为中心的院落组成，平面呈前方后圆，中轴对称布局，占地面积 8500m²。堡前有长方形空坪和半月池。单檐悬山顶，梁架结构正堂为抬梁、穿斗混合式，其他为穿斗式（图5、图7）。

2）沙县双元堡

双元堡位于沙县凤岗街道水美村，由张氏兄弟合建，清道光晚期兴建，同治元年（1862）竣工。

双元堡依山而建，坐西向东，平面呈前方后圆，堡前有长方形空坪，并有壕沟围绕。堡内建筑为三进两横，前低后高，高差12m，共有房99间，占地面积 6500m²。穿斗式木构架，硬山顶（图8）。

成因

闽中处于武夷山脉、戴云山脉之间的山间盆地，竹木和矿藏资源丰富，土地肥沃适宜农耕。这里山谷阻隔，交通闭塞，往往成为盗寇窝藏之地。加之社会动荡，历来匪患不断。为了保护来之不易的财富和更为重要的身家性命，土堡这种以防御为主、居住为辅的建筑形式便应运而生。

比较 / 演变

闽中土堡和闽西的土楼、赣南的围屋、粤东的围龙屋外形类似，都具有一定防御性，但在结构、布局等方面存在差异。最主要的差异在于：土堡的堡墙不作为建筑的受力体，外围的木结构体系独立存在，而土楼的外墙为承重墙，并联建其他建筑；土堡的外墙厚实，墙体内设封闭的通廊，而围屋、围龙屋的最外部是房间，外墙既是防卫围墙，也是每个房间的承重外墙，防御功能不如土堡。

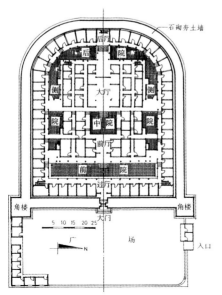

图7 安贞堡平面图

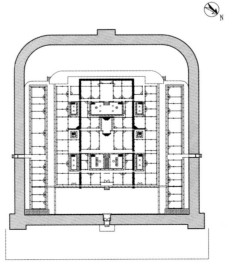

图8 双元堡平面图

寨堡·福州寨庐

寨庐与土楼土堡等均属于福建防御性乡土建筑，都是中国传统民居建筑系统中的一个重要组成部分。土楼分布于闽西和闽西南，土堡分布于闽中和闽中南，寨庐分布于闽东福州地区，明清两朝至中华民国初期，福州山区民众为抵御匪患战乱，在多进、多排的院落式大厝基础上，创造出了这种在山坡上称为"寨"、在平原上称为"庐"的兼有聚居和防御双重功能的"福州寨庐"民居。

图1 福清东关寨

1. 分布

据史志记载，福州山区曾经寨庐林立，随处可见。然而，现存保留较好的则为数不多，分布在福州周边县市的崇山密林之中，集中在福清、永泰、闽侯、闽清等县市。其中保存较好且极具代表性的有：福清东关寨、永泰青石寨、中埔寨、洋尾寨、闽清岐庐、闪庐、东庐、闽侯云堡寨等。

2. 形制

福州寨庐，是在福州院落式大厝的基础上，把外围一圈的墙体加厚，形成坚固的寨墙，外观仍保持极具福州特色的"马鞍墙"（图1、图2），并由此证明这是寨庐而不是土堡。其中，建在山坡上的一般称为"寨"，建在平原上的一般称为"庐"。寨庐的平面一般为方形，通高二至三层，一层部分为厚实的垒石墙，只开门不设窗。上部为夯土墙。寨庐的四角或对角设哨楼，哨楼和夯土墙上开窗，并设置外小内大的射击孔，从而形成居住性与防御性相结合的特色民居。寨庐正面设大门，两侧设边门。

3. 建造

就地取材是福州寨庐建造的基本理念，也是古人追求"天人合一"和尊重自然的重要表现之一。寨庐地处山野或平原，花岗岩、卵石等石材成了垒石墙和台基的主要建材，一层为垒石墙，墙体厚实稳固（图3）。大门和边门用整块的条石砌筑。二层及以上为夯土墙，在夯土墙上开窗和小孔。屋顶结构为常见的南方穿斗式木构架。可以理解为：寨庐是以一层的"堡墙"为基座，在上面建造福州院落式大厝。

4. 装饰

寨庐外墙用于防御，较少装饰，仅在大门和马鞍墙上加以装饰。门槛和门柱均为大块石板而成，做工精巧，门板选材精良。马鞍墙的构造做法与福州院落式大厝的马鞍墙相似，配以泥塑和彩绘。马鞍墙墙面上可见到采用福州的青瓦做莆田的"满堂锦"样式。寨庐内庭大厅的梁柱上则是雕梁画栋，木刻花鸟人物，栩栩如生。彩绘和对联匾额等则以暗红色为主色调，讲究之处使用描金，十分喜庆（图4）。

5. 代表建筑

1）闽清岐庐（品亨寨）

岐庐（又名"品亨寨"）位于闽清县坂东镇西溪峰村，清咸丰三年（公元1853年）动工，咸丰八年建成，1862～1874年加固扩建。占地约6600㎡，至今有140多年的历史。与全国最大单体古民居宏琳厝、全国最大书香门第古民居四乐轩，并列为闽清县坂东镇古民居的"三宝"。

岐庐外围护墙宽75.4m，深59m，外墙基座由卵石不规则垒砌，高5.5m，宽3.6m，向上略为收紧。共二层，设三扇寨门，门为三重，重各200余斤，结构坚固。寨门建十扇九间火墙厝，正厅宽7.2m，厢房宽约3.9m，两边书院各三间，宽3.5m。寨庐内设有水井，内庭大厅雕梁画栋，木刻花鸟人物栩栩如生，彩绘色调十分喜庆。岐庐平时适合农家居住，遇有战情或匪患时可用于防御（图8）。

岐庐又名"品亨寨"，说明"庐"在福州，另有与"寨"相似的防御性功能。

2）闽清闪庐

闪庐位于闽清县，晚于岐庐建成。结构功能布局均与闽清岐庐相似。平面呈方形，三层高，外墙基座由辉绿岩"青草石"垒砌，大门厚重；二三层为夯土墙，二楼留射孔，孔口外向狭窄，内向宽大，可在户内观察寨外动静，或提供投射利器和射击使用；三楼开小窗。

图2 寨庐鸟瞰

图3 寨庐外围墙体

图4 寨庐装饰与构件

图6 闪庐内庭

图5 闪庐全景

闪庐的内庭是五开间的院落式大厝，屋顶上燕尾脊跳跃，马鞍墙起伏，天际线生动。内庭设有水井，两侧为天井。为了了解敌情，设有哨楼，作为瞭望台和武器库（图5～图7）。

3）福清东关寨

东关寨位于福清市一都镇东北方向的东山村，建于清乾隆元年（1736年），是当地何姓家族兴建。东关寨从东向西，依山势高下而建，背靠大山，地势高爽，负阴抱阳，层层递升，每进房屋院落都依次升高，极具特色。平面呈长方形，宽55m、深76m，占地四千多平方米。

东关寨由门楼厅、正厅、后楼房和两侧别院等99间土木结构寨房组成。主座面阔五间，进深三间，屋顶为穿斗式木构架。寨墙基座和墙体下半部均用

花岗岩，砌筑考究，墙厚2m，墙体最高处达8m，坚牢壁立，气派非凡。石墙之上再筑土墙，墙上开窗和小孔。寨四周石墙之上、土墙之内又设宽2m多的跑马廊。整座建筑，规制严整，主从有序，寨体坚固实用，既便于日常生活，又便于全寨防御（图9）。

图8 岐庐全景与内庭

图7 闪庐入口

图9 东关寨全景、内庭与入门

成因

历史上福建，虽依仗高山屏障，避免中原战乱殃及，但逢山有土匪，濒海有倭寇这是无法回避的事实。福州民众为抵御匪患战祸，创造出了这种寨庐形式的乡土建筑。在山间的"寨"，就地取材，依山而筑。在平原的"庐"，选址择地，垒石夯土。

寨庐的平面布局与院落式大厝几乎相同，空间的秩序与使用功能可以满足家族的婚丧嫁娶、民俗节庆和宗教信仰等各项活动的需求。寨庐多开凿水井，建有粮仓和库房，平时、战时都能用。先民们据此可以广积粮、蓄财宝、屯武器。寨庐是农耕社会日常生活和抗倭防匪相结合的实物，反映了传统社会安居乐业，抵抗乱匪等灾难的能力。

比较/演变

福州寨庐与福建土楼相比，土楼建得更高，并出现了圆形、椭圆形等平面形式。土楼的屋顶只有简单的双坡轮廓，没有任何装饰。福州寨庐的屋顶上有跳跃的燕尾脊和起伏的马鞍墙。与福建土堡相比，土堡是外围的堡墙，围合着内部的传统院落式大厝，福州寨庐是在外围的堡墙上，直接搭建传统的院落式大厝。寨庐与土堡、土楼一样，都是防御性民居。但是，福州寨庐是由传统的院落式大厝演变而来，是一种与土楼、土堡截然不同的传统民居类型。

番仔洋楼·近代骑楼

骑楼是指南方多雨炎热地区临街楼房的一种建筑形式，将下层部分做成柱廊或人行道，用以避雨、遮阳、通行，楼层部分跨建在人行道上。在闽南方言中将骑楼称为"五脚基"。

图 1 厦门骑楼鸟瞰

1. 分布

近代骑楼主要分布在闽南各地城镇及侨乡，厦门市所属的思明区、同安区等地，泉州市所属的鲤城区、晋江市、石狮市、南安市、永春县、惠安县等地，漳州市所属的芗城区、龙海市、平和县等地，另外，在龙岩、莆田也有局部建造。

2. 形制

一般的近代骑楼大多是由底层有柱廊的单体建筑，联排组合成沿街建筑群体并形成底层连续的有顶人行道，从而形成完整的骑楼街道。闽南骑楼在单体平面、立面形式、材料构造等方面都很好地延续了地方传统商业街市的特点，又融入了主要来自东南亚海峡殖民地的商业街道布局模式。

3. 建造

闽南近代骑楼是和近代城市拆城筑路相辅相成的城镇街屋改造与建设方式，通过街道统一规划在沿街建筑底层退让出公共的步行空间。早期的漳州骑楼多为小开间、大进深的小单元布局，其建造方式与传统街屋相近，两侧为与邻居共有的承重墙，在骑楼单元内部用木梁架、楼板等进行空间分隔。后期的厦门骑楼作为房地产开发的主要方式，在骑楼建设中实施地块的整体开发。

4. 装饰

早期的漳州骑楼装饰中较多地反映出传统工艺的特点，包括用传统木雕、泥塑等工艺模仿西式装饰构件。相比较，厦门骑楼大量采用西式装饰手法，如细腻的西式壁柱上下对应形成叠柱，多重的线脚、檐口、屋顶栏杆形成连续统一的街道景观；后期受"摩登化"商业时尚的影响，包括"Art Deco"等装饰风格，手法上更趋于简洁，如采用竖线条、几何形图案、流线型栏杆等。

图 3 漳州骑楼

5. 代表建筑

1）漳州香港路骑楼

漳州骑楼先是在原府衙前的空地作为示范性建设，并在随后的城市旧街

图 4 厦门开元路

图 2 漳州骑楼立面装饰

图 5 漳州香港路鸟瞰

图 6　厦门思明南路

拓宽中，要求拓宽后的街道两侧店铺建造骑楼。香港路骑楼南北走向，建于1918～1920年，闽南护法区时期称为广南路，由传统双门顶、南市街、南门头等合并统称。香港路骑楼沿街开间、立面高度参差不齐，多以坡屋顶临街，立面装饰线脚简洁，以传统的竖排木板墙、"木筋批灰"外墙为主。

2）厦门开元路骑楼

厦门骑楼始于1921年的开元路，实际上1927～1932年才真正建造，脱离了漳州以传统店屋为模本的骑楼营建方式，大量地采用西式装饰手法，较为成熟运用新技术、新材料。开元路两侧骑楼建筑多为三至四层，近代钢筋混凝土框架结构被普遍使用，立面的开间大小较为均等，街道整体轮廓线也较为连续、统一，体现骑楼街道线性的韵律美，

但在单体建筑的材料与风格上显示了趋于多样化的发展特点。

3）泉州中山路骑楼

中山路为明清时期泉州古城的南大街，街道南北走向，始建于1922年，一直到20世纪40年代逐渐完成。泉州中山路骑楼以两层为主，采用融合地方工艺和西式装饰的折中手法，立面构图颇为严谨、虚实变化有序，红砖密缝砌筑外墙、强调窗扇与壁柱组合、屋顶以压檐葫芦栏杆结束的立面装饰做法，成为泉州骑楼的典型样式。

成因

闽南近代骑楼是近代外来的街道规划模式与地方传统的街屋形式相结合，适合南方沿海气候特征以及有利于商业街道等多方面的用途而被广泛建造，逐渐吸收、融合了外来的建筑样式与技术工艺，形成具有明显闽南地域特色的骑楼样式。

比较／演变

在近代骑楼建设与推广的发展过程中，广东与台湾均从骑楼统一规划的建造方式发展成具有完善城市建设法规的骑楼制度。对近代骑楼进行区域比较，骑楼制度的形成保证了广东与台湾的骑楼建设比起闽南各地，效率更高、更完善、规模更大，在构造与形式上更统一。

近代骑楼的发展始于19世纪初东南亚英属海峡殖民地，如新加坡、槟城等华人商业街中产生，后传播到东南亚各地以及中国台港闽粤等地。闽南近代骑楼的建造始于1918年援闽粤军陈炯明建立的以漳州为中心的"闽南护法区"，借鉴了中华民国初年广州市政改革的经验，并在漳州所辖的石码、海澄等乡镇中推广，并影响到泉州永春县，属于闽南近代早期骑楼。其后，漳州骑楼经验便平行推广到相邻的厦门、泉州两地的城市，20世纪30年代左右影响到泉州沿海各地侨乡，以及相邻的龙岩、莆田等地。

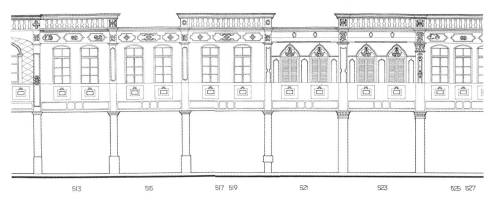

513　　515　　517 519　　521　　523　　525 527

图 7　泉州中山路街道立面图

番仔洋楼·洋楼

洋楼也称"番仔厝"、"番仔楼"，泛指近代时期受到外来文化影响的居住性建筑，主要具有外部形式的洋化与空间布局的楼化两个典型特点，是外来建筑文化与地域居住文化拼贴和嫁接的结果。

图1　江南叶厝后杨宅

1．分布

近代洋楼广泛分布于福建沿海地区，特别是在我国三大侨乡之一的闽南沿海城市与侨乡村镇。

2．形制

闽南近代洋楼是在传统民居的平面空间布局的基础上进行垂直扩增与楼化，并以殖民地样式的外廊及装饰语汇作为建筑门面的。从平面布局与建筑造型看，近代洋楼民居可大致分为独立式洋楼、传统合院中的洋楼，以及传统民居只在门面洋化的"番仔厝"。洋楼民居的典型特征是内部的传统生活伦理空间与外部的南洋殖民地外廊布局的拼贴与并置。洋楼外廊平面形式的基本类型有三种：出规式（中部凸出外廊）、五脚基式（平齐外廊）、塌岫式（中部内凹外廊）。

3．建造

早期洋楼都是以砖石为主要材料，配合木材建成，在营建过程中，传统工匠仍然发挥着非常关键的作用，很多洋楼仍然采用传统营造方式，并与近代外来的营建技术相配合。随着钢筋混凝土技术的引入，洋楼建筑立面变得更加轻巧和多样化。由于防卫性需要，洋楼外墙安装铁枝窗和铁门，底层墙身以条石砌筑，而二层以上才改为砖墙，有些洋楼甚至将底层墙体完全做成钢筋混凝土结构。

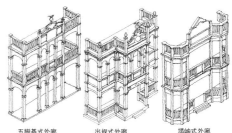

五脚基式外廊　　出规式外廊　　塌岫式外廊

图3　洋楼外廊的三种基本类型

4．装饰

正面外廊是近代洋楼装饰的重点，以二楼部分的西式山花、柱式、窗楣、彩釉瓷砖、葫芦栏杆等装饰构件显露出西化的形式表征，西式的券柱、线脚、雕刻等元素随处可见，百叶窗、百叶门为常见门窗形式。洋楼装饰在内容题材、造型构图、材料工艺上体现了中西艺术之融合，混合了大量的地方做法和传统题材，特别是在砖、石、木雕刻的细部装饰上。

5．代表建筑

1）蒋报企宅（1929年）

图4　树兜村蒋报企旧居洋楼的天井

图2　树兜村蒋报企旧居洋楼的外观

图5　树兜村蒋报企旧居洋楼的外廊

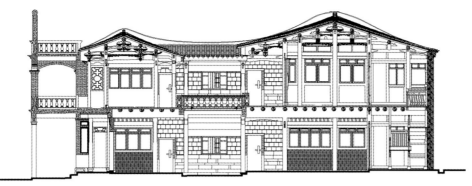

图6　洛阳镇桥南村66号刘宅剖面图

蒋宅始建于清末，平面形制为三落五间张大厝带双边护厝，在当地被称为"顶三落大厝"。1929年遭民军焚毁，重建后，前两落与原有格局相同，后落部分改为两层洋楼。从现场看，前两落大厝的布局采用被称"五梅花天井"的一大四小天井；洋楼平面为常见的"四房一厅"布局，正面及两侧的三面外廊，正面采用"塌岫"式外廊。洋楼完全遵循传统大厝院落的轴线关系，并且在平面开间上严格对位，与前面大厝之间的天井两侧由开敞柱廊连接，空间关系上类似于传统大厝中的榉头，而洋楼同样由双边护厝环抱，与前两落护厝完全相同，两侧各围合出两个护厝天井。

2）听桐别墅（1933年）

西街帽巷的蔡光远听桐别墅采用传统"四房一厅"平面布局，从大门进入大厅，其后为后轩，大厅、后轩两侧各两间房。南北两侧均设外廊，南面外廊中部向外凸出，为圆形"出规式"外廊，砖砌券柱式。北面仅二层中厅开间设外廊。整个建筑的装饰重点在正面外廊，外廊顶部无女儿墙压檐，仅在中央出规处设有三角形山花，装饰细腻。

与传统大厝相比，居住空间除保持传统民居原有的一楼布局外，并且朝二楼扩充，从而增加了生活空间，特别是将祖厅提至二楼，留下一楼的厅堂作为起居与会客空间。南面外廊宽度1.8m，与传统大厝厅口处巷廊宽度相近，但"出规"处宽度增加到4.5m，与传统大厝相比，建筑内部没有设置深井。

3）洛阳镇桥南村66号刘宅（1947年）

由主体洋楼和右侧传统护厝组成，坐南朝北，外廊设于北面单侧，与近代洋楼大多数南面外廊的做法不同。刘宅的内部布局类似于完整的传统两落"三间张"大厝，"双塌岫"外门，开窗方式有传统石窗与南洋铁枝百叶窗，外墙采用传统石裙堵红砖壁作法，特别是下落壁装饰，由红砖拼成万字、海棠等图案。"五脚基"式外廊宽2.3m，与外部埕围连为一体，成为面向外部、开敞式的半室外空间，与内部家庭生活、家务劳动的传统深井相对应，是内外两种不同伦理属性的生活空间的并置与拼贴，体现了闽南侨乡近代居住生活形态的特点。

成因

近代洋楼产生于传统文化与近代文化相互冲突、交替、交融，整个社会处于一个复杂多变的时期，它受到家族伦理关系、日常生活方式、社会治安状况、地方风水观念等因素影响，是外来建筑文化与地域居住文化拼贴和嫁接的结果，与侨乡社会生活的变迁有紧密关系。

比较／演变

近代洋楼与中国大多开埠地区的中西合璧的建筑组合手法有相似的原理，但是近代洋楼的建造主体为海外华侨与本地富商，中西两种异质建筑元素在洋楼的拼贴并存反映出近代华侨独特的生活方式与复杂的情感需求，也正是华侨介于中外双重身份的真实写照。

近代洋楼的兴建从租界华侨富商洋楼开始，直接模仿了西方殖民者的生活方式，以体现其富裕的社会地位与崇洋的审美品位，并逐渐影响了侨乡聚落的居住形态。相比较，普通侨乡洋楼融入了较多的乡土民俗与地方观念，其中，传统大厝局部洋楼表现了外来建筑从移植到融入的发展过程。

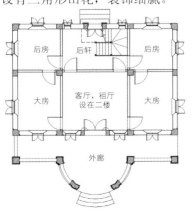

图7　听桐别墅平面图

图8　听桐别墅立面图

沿海石厝·平潭石厝

平潭石厝是福建海岛居民的典型代表，它就地取材，适应海岛夏季多台风的气候特点，形成独具个性特色的建筑形式。在福建省的东山岛、马祖岛、湄洲岛也有类似的石厝。

图1 白青乡白胜村

1. 分布

平潭石厝主要分布于平潭县潭城镇、苏澳镇、流水镇、北厝镇、敖东镇、平原镇、屿头乡、大练乡、白青乡、芦洋乡、中楼乡、东痒乡、岚城乡、南海乡等乡镇。

2. 形制

平潭石厝结合自然环境，依山就势。建筑顺应地形、比鳞次栉、布局自由灵活，构成了步移景异的村落空间景观。民居的朝向，以面海为主，依循山坡等高线错落比邻布置，以二层楼房为主，一般不超过三层（图1、图2）。

"四扇厝"是平潭石厝的主要平面布局形式（图7），它类似于莆田的"四目厅"。"四扇厝"以单进四扇房为主。房内左右两侧为房，分前后房。中间为厅堂，也分前厅与后厅。后厅一般用作厨房、杂物间、仓库。

平潭石厝的屋顶为人字坡硬山顶，由于外墙只开小窗，并设石条窗栏，远远望去，宛若坚固的"碉堡"。平潭石厝为防台风屋面均用砖石压瓦，或盖特制的厚瓦。屋顶小出檐，甚至不出檐、以女儿墙压檐或密封檐口。屋面坡度较缓，屋脊砌作平直，屋顶构造处理多为露明造。坡屋面铺设板瓦，板瓦铺设于椽子或望板上。板瓦不施灰浆，仅用砖石压瓦，既防止狂风掀瓦，也便于修补更换。压瓦石既有平整的砖石，也有不规则的乱石，瓦缝可透风，所以有人戏

图6 平潭石厝

图2 平潭岛石厝村落

图3 平潭石厝

图4 白青乡白胜村石厝

图5 平潭石厝

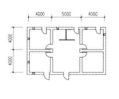

图7 四扇厝平面示意图

图8 平潭岛渔村

图9　敖东镇钱便澳村石厝

图12　湄洲岛石厝

称为"会呼吸的房子"。压瓦石是平潭石厝最独特的景观（图3～图6）。

3. 建造

平潭传统石厝以石材为主要建造材料，墙基较浅，用大块乱毛石堆砌。以青石或花岗岩砌筑外墙，饰以腰线、窗套、墙裙柱脚等建筑细部。早期石厝也有以乱石及土坯作为外墙材料，块石仅作墙脚。民居外墙砌筑方式以平砌、人字砌、勾钉砌、乱石砌等多种。外墙砌筑石缝成"人"字形或"丁"字形，还寓意人丁兴旺。大户人家用青石，小康人家用黄石，一般人家用乱石勾缝。从外墙作法即可看出住户的贫富。外墙门窗通常很小，一为避强风吹袭，二为避盗贼入侵。平潭石厝也有的用石砌风火山墙，其造型与福清、莆田相近（图9）。

4. 装饰

平潭石厝几乎没有附加装饰。外墙的砌筑方式及石腰线、石窗套、石柱头、柱脚本身就构成朴素的装饰。红瓦压石更形成独具特色的艺术效果。

5. 代表建筑

平潭岛典型的石厝村落各乡镇有各自的特色：如东痒岛的石厝多用青石建造，大门旁设有半个人身等高的小门，凝重古朴；白青乡白胜村、国彩村的石厝依山就势、临海凭风，密密匝匝却井然有序，犹如山水画卷；平原镇红卫白沙垄村的石厝风格多元，工艺精湛；流水镇君山村的石厝任由密密麻麻的碎石头压在瓦片上，犹如繁星点缀；敖东镇钱便澳村的石厝同样依山而建，次第上升，放眼远眺，蔚为壮观；南海南中村的石厝集平潭岛特色与兴化建筑文化于一身，红瓦灰墙，散发浓郁的地域特色（图8）。

成因

平潭岛大地构造属于闽东火山段拗带的闽东沿海变质带。岛内岩石均为中生代侵入岩、火山岩和变质岩，因此建筑用石材极为丰富。平潭石厝民居建造就地取材，同时，其建筑造型及细部处理都是出于防台风及居住安全的考虑。平潭石厝是民居建筑对地理及气候环境适应的典型实例。

比较／演变

平潭石厝的石砌墙体、屋顶压石等作法与东山岛、马祖岛完全一样，但是受地域文化等因素影响，其屋顶形式、山墙造型、砖石混砌等处理又有所差别。如马祖岛石厝多为四坡顶，而平潭石厝全是人字坡硬山顶。平潭石厝山墙处理与福清相似，马祖岛石厝则与连江、长乐相近，湄洲岛石厝的屋顶形式更接近莆田民居风格，东山岛则更多闽南红砖建筑元素（图10～图12）。

汉代以前，平潭民居渔舍多为简易的草寮和鱼寮。屋顶为"人"字形，盖板瓦，压瓦石。唐宋时期多为平房排屋。明清时期仍为平房，结构以石为主，石砖结合。清代中叶，开始出现二层的单进四扇厝，硬山屋顶，光厅暗房。这种形式一直沿袭至中华民国。进入20世纪80年代，旧"四扇厝"模式开始改变，采用浅房、大窗，以利通风采光，并出现三层楼房。

图10　东山岛石厝

图11　马祖岛石厝

沿海石厝·惠安石厝

福建闽南沿海盛产花岗岩，大量的石构建筑形成了沿海独特的乡村风貌。惠安是我国著名的石雕之乡，其特殊的历史、地理环境造就了惠安独特的风土人情与石文化，惠安石厝正是其重要的文化载体。

图 1　惠安屿头村石厝

1. 分布

惠安石厝分布于惠安县辖螺城、螺阳、黄塘、紫山、崇武、山霞、涂寨、东岭、东桥、净峰、小岞、辋川等乡镇。

2. 形制

惠安石厝最常见的有"四房看厅"、"六房看廊"等形制，即以厅为中心，左右环绕四间或六间房间。早年建平房时屋顶用木构瓦顶，山墙部分采用红砖。采用石楼板后，多建两层，受石楼板跨度的限制，厅和房的开间都较小，随后发展又增加石柱前廊，石厝外观更加丰富，也更为实用（图 5）。

3. 建造

惠安石厝采用石砌墙体承重或石墙石柱混合承重结构体系。多以杂石夯实奠基，外墙采用条石或者方整石砌筑，楼板和屋面板采用板石（俗称"石枋"），梁、柱、拱、悬臂楼梯、门窗框、栏杆等建筑构件也都使用石材。早年多采用木结构两坡瓦顶。20 世纪 50 年代后，由于木料短缺、石楼板技术发展，这时普遍建造全石构平顶的民居（图 1）。

4. 装饰

早期惠安石厝墙面使用的石材未经雕琢，表现出一种朴素的肌理和美感。随着石料加工技术和石构建筑施工技术的进步，后来建造的石厝大多采用规整的长条石砌筑墙体。柱廊部分的柱础、柱身、柱头、石栏杆、门窗框及线脚局部作较简洁的雕刻处理。局部屋顶平台或外廊栏杆做西洋式花瓶栏杆点缀，或局部采用红砖墙面或线条形成色彩对比，取得鲜明的装饰效果（图 9）。

5. 代表建筑

1）崇武古城石厝

崇武古城坐落于惠安县东南海滨，面对台湾海峡，系明洪武二十年（1387

图 3　崇武石厝

图 4　崇武古城石厝

图 5　惠安石厝平面示意图

图 2　崇武古城石厝

图 6　屿头村石厝

图7　屿头曾宅平面示意图

图10　屿头村石厝

年）江夏侯周德兴经略海防时为抵御倭寇所建。这座占地面积仅半平方公里的小城堡里，分布着20多座各具特色的寺庙庵堂，几十座官邸、宗祠，数百座石厝民居。城中的老街是清一色的石头街（图2～图4）。

2）屿头曾宅

位于惠安县东桥镇屿头村，系两层全石结构民居，建于20世纪70年代。其平面布局在传统石厝"六房看廊"的基础上，在四开间的正房一侧伸长，形成类似闽南传统民居正房一侧护厝的平面布局。在户内形成两个小天井。石厝正面为宽敞的外走廊。二层空出屋顶平台。创造了丰富多变的宅内空间。

曾宅平面布局规整，功能分区明确。既满足石结构楼板跨度不能太大的要求，又很好地满足了住宅使用功能需求。正房的两层卧房环绕中厅布置。护厝安排厨房、卫生间。两部楼梯联系上下，其中一部可直上三层屋顶平台。

曾宅外立面处理也别具一格：正面形象条石墙与石柱廊高低错落。底层柱廊作石栏杆，柱头作"柱云"式。二层柱廊作西洋式花瓶栏杆，作西式柱头。屋顶栏板作红砖花饰。立面的虚实对比、色彩对比，构成了石厝外观简洁、优美、现代的形象。屿头曾宅是惠安石厝的佼佼者，是福建沿海现代石构民居的优秀代表（图7、图8）。

图8　屿头曾宅

图9　屿头村石厝

成因

惠安地质构造属于闽浙活化陆台，花岗岩资源丰富。与木结构民居相比，石结构民居满足了沿海居民抵御台风和建筑防盐碱腐蚀的特殊要求。惠安石厝最大限度地发挥当地盛产的花岗石材料的特性。由于此地花岗石较好的抗弯强度，使楼面及屋面板材跨度可达4m，因此形成独具特色的平顶石厝。

比较／演变

惠安石厝墙体多用大块条石砌筑，平潭石厝则多用方整块石或毛石砌墙。平潭石厝为木构人字瓦顶，惠安石厝楼板及屋面板均使用板石，俗称"石枋"，多为平顶。

在惠安的传统民居中，石材的运用历史已久，常见石柱、台基、勒脚等采用石料。但是全石结构的民居旧时尚少。在中华民国时期，惠安开始逐步发展石构民居。民居外墙普遍采用块石或条石垒砌，内墙用碎乱石沙泥填砌，但屋顶仍采用木构瓦顶。档次高的住宅，外墙多有石雕装饰。20世纪50年代以后，因采石技术提高、成本降低，而木料短缺，沿海民居开始完全采用石头，尤其是石楼板的广泛应用，20世纪50年代以后，平顶全石构民居大量出现（图6、图10）。

江西民居

JIANGXI MINJU

赣大部分地区·天井民居

江西有着非常丰富的民居文化遗产，江西民居在漫长的历史发展长河中，由先辈把天井式民居发展得非常成熟。

图1　乐安流坑村思敬堂水形天井

1. 分布

江西的天井民居曾经分布在江西绝大多数市、县和镇，从中可以追溯到其发生、发展和消失的脉络。经现状调研，天井民居主要集中在镇和农村。

2. 形制

结合江西民居的采光与排水，江西民居可分为水形天井民居（图1）、土形天井民居（图2）、遮阳民居和窨井民居。天井的尺度和比例取决于建筑的规模和形制。根据中轴线上天井的组合，天井民居分为一明两暗一进式，纵向组合式、垂直轴交式、横向连接式和复杂组合式等几种形制。

3. 建造

1）水形天井民居

江西天井的"井形要不方不长如单桌子样"。同时要合水土二星。四围墇高，中间不结井心者为水心明堂。从调研来看，在中轴线上的建筑，如果天井为水形，则两侧的天井为土形（图3）。两侧天井称土形虎眼天井。

2）土形天井民居

四围沟低，中间结井心者，把天井隔出一周宽约30cm的排水沟，为土形明堂。一般来说，在中轴线上的天井，如果为土形，则二侧的天井为水形。度量方法同上（图4、图5）。由于水形天井经常处于潮湿状态，所以使用有结心的土形天井则大大改善室内的居住条件，土形天井所隔出的排水沟通过暗沟把雨水排出室外，使天井经常保持干燥、洁净。

3）遮阳民居

由于江西夏季长、天气炎热，日照时间长，因此，当地百姓创造性地发明了遮阳措施。如南昌市安义县罗田村天井处安装滚筒，上有夏布通过卷轴展开遮阳（图8）；赣中抚州一带则喜用开合式天井进行采光与遮阳（图6）。宜丰民居中轴线后进常放祖宗牌位，天井上方则建亭子间屋顶，满足了采光而弱化了排水，地面铺装则保留了天井的遗痕，强化了祭祀空间的完整性（图10）。

4）窨井民居

江西民居排水多采用有组织排水，从天井通过排水管道排到屋外。排水管道中安放乌龟，通过乌龟的蠕动，使管道不至于堵塞。这种做法如果乌龟死去反受其害。在江西赣南、赣北普遍存在另一种窨井式排水方法，这种方法明显受堪舆学的指导。窨井在《理气图说》中称为水柜、太极、水锭和注水湖，形状及使用位置不一致，其安置的方法依据水道的理论进行。据现场调研，通过窨井进行放水则简化得多（图7）。

4. 装饰

水形天井多做成渗透式排水，也就是不设排水沟，天井壁边多用青砖砌筑，井底则用条石或卵石铺筑，通过一层砂垫层把天井收纳的雨水自行渗入土内，也有在卵石滤水层上用两层薄砖架空铺设青石底板，开出水口，再往地下渗透。土形天井大多使用青石板材铺装，讲究者还在边角处或"金钱"水眼口刻出纹样，用以加强天井铺装的装饰效果。为防止天井溅水，保持上堂地面干燥，一些民居天井四周装上40～60cm高的栏板以保证天井顺畅的排水功能和防止

图2　宁都东龙村土形天井

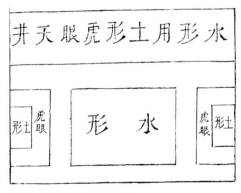

图3　中间水形配二侧土形

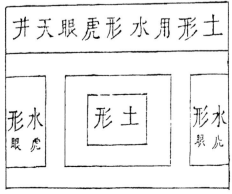

图4　中间土形配二侧水形

图 5　安义罗田村虎眼天井

图 6　抚州乐安衙门巷开合式天井遮阳

图 7　安义古村民宅地漏及窨井盖

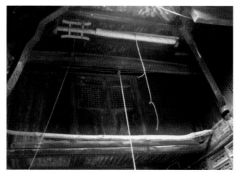

图 8　安义罗田村卷轴遮阳

图 10　宜丰天宝村天井上方亭子间屋顶遮阳

雨水外溅，同时起到装饰作用。

5. 代表建筑

江西靖安太史第

　　太史第是由舒恭受建于清道光戊子（公元 1828 年），因舒恭受被钦点翰林院庶吉士而得名。舒恭受是清朝抗英著名人物，为官清正廉明，因政绩卓著，受到道光帝的接见。太史第大门呈八字形，共有十八个天井，四处院子。该宅以一明两暗为单元，属纵向、横向连接的复杂连接。进入大门，首先入目的是前幢天井、前厅，两侧是过口房和厢房，四间正房一字排开。太史第宅将前方的照壁作为案山，高大山墙作为砂手；此外，太史第又称为螃蟹第，这是由于在建筑中设计了两口井，犹如螃蟹的两支眼睛（图 9）。

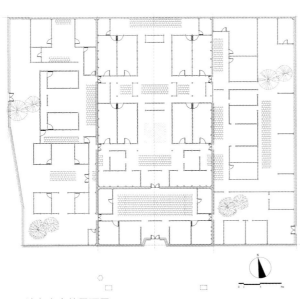

图 9　靖安太史第平面图

成因

　　江西地处北回归线附近，为亚热带湿润季风气候。全省水资源总量占全国淡水总面积近 10%，人均水拥有量高于全国平均水平，这对民居天井的排水提出了很高的要求。此外，根据江西地区的自然气候条件，一年之内的春夏两季雨水丰沛，潮湿闷热，所以解决户内的采光、通风与排水是制造良好居住条件的关键，天井的出现是适应自然气候的结果。

比较 / 演变

　　江西天井建筑与合院建筑有着本质的区别。从建筑关系看，天井可以看成建筑本身的内部空间，而合院却是建筑组合的外部空间；从使用功能来看，江西天井顶部多为采光、通风，而底部多为穿行，合院式民居则多了休憩的功能。

　　随着社会发展，新材料、新技术、新工艺的出现，尤其到了近代以后，江西人口大量增加，住宅用地紧张，同时宗法制度减弱，天井民居为了适应上述发展，将进深减少，天井消失逐渐演变为天门、天窗、天眼等民居形式，出现了江西独有的民居类型。

赣大部分地区 · 坡地民居

江西多山地、丘陵、低丘岗地，由三者围合成了少量的盆地，如吉泰盆地和瑞金盆地等。盆地形成平原型聚落，而山地、丘陵、岗地则形成坡地聚落，坡地民居由此而来。

图1 曾宪球宅地理位置

1. 分布

坡地民居在江西较为普遍，分布在江西除平原外的多数地区。比较典型的有赣西北天宝村民居、赣东北婺源县江湾镇汪口村民居、赣东鹰潭耳口镇曾家村民居等，以下以曾家村民居为例说明。

2. 形制

曾家村民居入口多为院落，中轴线中心为天井，以天井来划分进数。平面布局中通过砖墙将建筑分隔成正房或者辅助用房。正房为厅堂、卧室和厢房，辅助用房为厨房、牛舍等。民居有一进、二进和三进不同形式。一进民居前有庭院，种有桂花等具有吉祥象征含义的植物。二进民居为上、下堂式，三进民居中堂为客堂，祖堂在后堂。一进天井院落用石材铺装，部分民居天井院用鹅卵石拼贴成花纹，构图精美。各天井下均建有暗沟，用以排除屋面雨水。后厅、中厅、前厅两旁墙均为木板墙。前厅大门两侧窗户分为内、中、外三层，外层以竹制的细篾编成花格网状，罩在窗外，以拒挡蚊虫，中层为组成福、富、寿、禧花纹窗棂，边框再设以一层活页薄窗板。屋顶内钉以木板望板，以防雨雪，厅房地面有以花岗石板铺成的地板，石板雕

以花饰，也有以石灰、黄泥、桐油、米浆多种材料铺成的泥地板。房间上有木楼，下铺以地板以防潮。

3. 建造

村庄建在坡地上，建筑布局充分结合地形，以4～5栋小住宅院为一小群，各栋房屋相连不相通，但广开侧门自由来往，有利于防止火灾蔓延。同时，整体布局上，由于整个场地沿东南到西北地势逐渐增高。为了适应该地形，建筑形成偏东南方向由低到高递进式布局，便于屋内采光和通风。所有民居遵循求同存异，既有五开间，又有七开间；民居有高楼台阁，也有多进的递进大厅和前后院；建筑结合地形，从前到后地势逐渐增加，建筑也随之增高。因此，此处民居入口多在侧面，主要与一进院落处于同一高程方便进出。

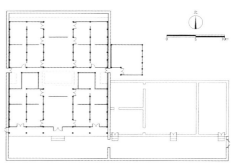

图2 曾宪球宅平面图

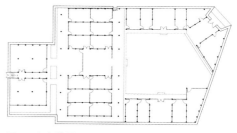

图3 曾宪球宅剖面图

4. 装饰

在外部造型上，民居十分重视建筑山墙轮廓线，尤其是马头山墙的使用。马头山墙主要结合地势，采用跌落的方式。民居入口多在侧面，大门多用石门仪，门楣处多有砖制匾额，门罩喜用青砖叠涩而成。民居建筑讲究工艺雕刻，门楼材料为木质和砖石两种，做工雕琢讲究，美其名曰九层十三顶。内部天井

图4 会友堂平面图

图5 民居装饰

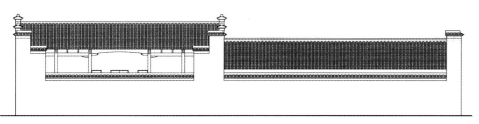

图6　曾宪球宅南立面

处装饰较为精美（图2）。

5. 代表建筑

1）曾宪球宅

平面为坐西北朝东南向布置，主体为五开间，甬道与辅助用房相连。中轴线上天井两侧的厢房布置极有特色，为了采光往后退，形成虎眼天井。上下堂皆宝壁，两侧四间厢房相通，一进的院落山墙设计极有韵律，建筑与地势结合，高低起伏。同时考虑到立面装饰的效果，檐部月梁及斜撑圆作与扁作结合，雕刻较为精美（图1～图3、图6、图7）。

2）会友堂宅

一进为东西向，主要是专门接待宾客和招待客商的场所，门匾"黄中通理"。门联：智水仁山新画本，望经贤传旧家风。两边配有扇形花框，内有松竹。门梁下有太极图。入口门楼朝东南方位，门楼两边墙角不对称，内墙角削平，外墙侧棱角分明。寓意后代子孙对内不要针锋相对，棱角相向，应该和睦相处，团结互助，对外则需要共同外御其侮。房间窗户上有古钱、蝙蝠的图案，一进院各房互不相通，使客人免受打扰，布局实用合理（图4、图8）。

成因

曾家村地处山谷地带，背依云台山，前临泸溪河，坐西北朝东南，处于山水环绕之中，境内植被良好，有竹林掺杂其间，凸显秀美自然风光，各民居多借助水山，依山傍水而建，建筑错落有致。由于资源丰富，建筑材料多就地取材。

比较／演变

曾家村原来是李姓和邓姓村庄。相传清雍正年间，江西吉安曾姓三兄弟曾柏仕、曾云仕、曾在仕之父曾先公，逃荒流落到乌泥港在李姓和邓姓家中做长工，帮其放牛，有一次曾云仕在放牛时睡着，做了一梦，梦说他睡的地方是一块风水宝地，死后谁葬在此处，其子孙后代一定会兴旺发达。曾云仕死后，其子孙按其梦说把他葬于睡处，果真此后曾姓子孙开始繁衍发迹。而原来的邓姓和李姓却日见衰没，现曾云仕的坟墓还在。

从现状调研来看，曾家村民居建筑群结合山势，层层后退，天际线丰富。但每栋民居的内部前后进高程相差不大，仅满足排水即可，这也是江西坡地民居的特点。主要原因在于民居内容是生活空间，如前后进高差太大，不利于生活起居，此外曾家村古为通往福建的交通贸易的水道上，其重商崇文的传统理念和悠久的民俗传承文化是当地地域文化和外来文化交融的综合体现，在民居中也得到了体现。

图7　曾宪球宅入口及内部

图8　会友堂外观及环境

赣大部分地区·滨水民居

江西是一个水系比较发达的省份,除了有我国第一大淡水湖——鄱阳湖外,还有大小河流2400多条,全省98%的面积属鄱阳湖流域。丰富的水资源和良好的自然条件可以保证农耕和林业得到长期稳定的发展。江西村落布置称为"七山二水半分田、半分道路和庄园",除坡地民居外,滨水民居在江西民居中具有普遍性。

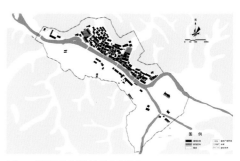

图1 浮梁县英溪村总平面图

1. 分布

江西的传统村镇与水密切相关,或紧靠大江大河,或依伴溪水,或夹溪流而建。比较典型的有景德镇市瑶里村民居,浮梁县英溪村(图1、图4),沧溪村和严台村民居,上饶铅山县河口镇(图5),石塘镇民居以及赣东鹰潭市上清镇民居等。可惜上清镇民居多数已毁。

2. 形制

民居建筑与水的关系主要分三种。一是建筑入口面临水系布局,临水一面多数为交往空间,多数交易在临水面完成,往内则为生活空间,如瑶里村(图10)、英溪村。第二种是建筑临水面多为过道和生活空间,而背水一面为交往空间,商贸往来多在此面,如铅山河口镇(图2)。第三种,由于地势高差较大,

临水面基本为生活空间,建筑呈吊脚楼型,生活污水直接排放,背水一面则为交往性的商业空间,如上清镇。平面布局结合地形、空间使用,多在一明两暗基础上进行横向、纵向及复杂连接。

3. 建造

江西滨水民居多为"外俭内繁"。内部建筑装饰地域差距较大,赣东及东北追求奢繁与完美、赣中追求华丽,赣西北适当保留了古朴特点、赣南追求大方与稳重。在材质上,选择木、石、砖、夯土等多种地方材料。建筑多用天井或天井院布局,外墙高厚,仅留小窗。

4. 装饰

不同地区装饰相差较大。赣东北民居雕饰主要集中在门楼和院内,门楼上的门罩和门额均有精美的砖雕或石雕。

图4 浮梁英溪村滨水民居

图5 铅山县河口镇小河沿民居——东海第

图2 铅山县河口临水一侧的生活空间

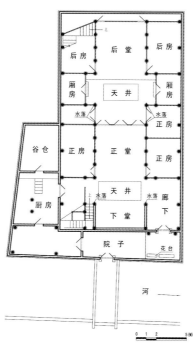

图3 铅山河口小河沿和平街231号民居平面图

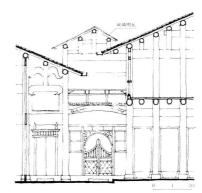

图6 铅山河口小河沿和平街231号民居剖面

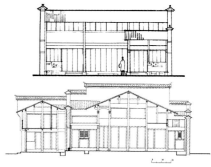

图7 程兴旺宅立面图与剖面图

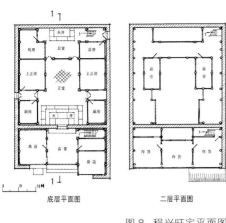

图 8　程兴旺宅平面图

底层平面图　　　二层平面图

图 9　浮梁县严台村总平面图

屋内一般是木结构，以木雕为主，在窗棂上和月梁上均有复杂精美的雕饰。风火山墙和马头墙顶部多有彩绘，颜色艳丽、图案精美。赣中与赣东侧重门大门额梁的装饰，微呈月梁形状。河口镇民居则受多方面的影响，此处原为江西古代四大名镇之一，会馆众多，经济繁荣，文化传播路径多样。赣西北民居装饰侧重天井四周，赣中庐陵民居由于天井消失装饰而稍简，赣南民居的装饰更为简单，局部地区繁杂。

5. 代表建筑

1）铅山县河口镇小河沿和平街 231 号民居（图3、图6）

两天井两进民居，柱网整齐，沿用传统做法。但在贴山墙柱采用减柱做法。民居的天井上空增加了玻璃天窗，

这使得天井没有了排水功能，但在平面上仍保留了天井的痕遗。说明新的材料已在民居中使用，但传统民居中的固有形式还未来得及改变。

2）浮梁瑶里程兴旺宅

典型的前店后堂式民居（图7、图8）。一层店铺和居住部分由墙体分割，私密性增强。居住前后皆为二层，商店部分二层堆放货品，居住部分二层则堆放谷仓。商店一层平面布局根据功能需要采取不对称布置，而二层则基本对称；居住部分则一层、二层完全对称布置。

此外，居住部分一层柱网布置传统，由两个半天井组成，二层柱网由于堆放谷仓及交通流线的需要，根据实际情况增加许多童柱，部分柱子形成抬斗式，以便使空间方便穿行。

成因

滨水民居指的是临水而建的民居，种类多样。一般溪水在村落外围或者穿村而过，滨水民居多面临溪水，入口多朝向溪水。受溪水水道流向的影响，入口朝向变得多样（图5）。严台村的民居沿着三股水系衍生，水道蜿蜒曲折，民居建筑朝向多样（图9）。英溪村由七星桥与民居组成，平面布局呈北斗七星形。七星桥是旧日为英溪出入咽喉，据关守扼，位置显要，也为全村水口。整个滨水民居的生长不得超出水口的边界。

比较／演变

江西滨水民居之所以保留如此完整，有许多原因：

1）经济文化交流频繁，宗法制度延续。江西商人多，有财力建民居。许多村庄久经兴衰，同时与严格的族规维护和宗族结构有很大关系。如流坑村。

2）移民与士绅阶层等的介入。江西许多村落居民外迁湖广、四川和云南，同时本省内不同地区人口也有流动。

3）风格定位。受地域影响，不同地区的滨水民居风格多样。如赣东北受徽风、浙风建筑影响。赣南民居与闽、粤极有关联。除与周边相关外，民居风格结合当地的地理条件又进行了一定形式的演变，形成了多样的建筑风格。

图 10　浮梁县瑶里村滨水一侧的民居

赣大部分地区 · 大屋民居

大屋民居一般称堂为"厅"或"厅厦"，堂专指祠堂；称一栋房子为"屋"，一间房子为"房"，厅是房屋的中心；称位于轴线上门向正朝的房屋为"正屋"；称位于轴线两边门向侧朝的房屋为"横屋"；许多栋"正屋"和"横屋"通过天井的连接便组合成了一幢大屋民居。

图 1　万载周家大屋

1. 分布

主要分布于赣南及沿湘赣边的罗霄山脉延伸到的赣西北地区，尤多见于这些地区的客家聚落，因客家向有"逢山必有客，无客不住山"的说法，因此，这种大屋民居也随着客家人沿罗霄山脉往西北的迁移聚居。如吉安市的遂川、万安、泰和、井冈山、永新、萍乡市的莲花、宜春市的铜鼓、万载和九江市的修水等县，都有典型大屋民居分布。

2. 形制

大屋民居是一种由众多的"厅堂"、"房屋"组合而成的大屋。立面层高普遍为两层，但楼上一般不住人，山面大多砌筑砖构风火山墙。平面为矩形，可成组向前和向左右发展。

1）大屋民居是由其基本型"四扇三间"和"两堂两横"发展而来。"四扇三间"，又称"三间过"，即一明两暗的三间房，明间为厅，次间为房。"四扇三间"同时也可做成为"六扇五间"，

即两边各增加一间房，因此，又叫"五间过"。"两堂两横"，是以"四扇三间"或"六扇五间"为基础，前后两栋，之间隔一横向天井，将前后两栋组合在一起。两栋屋的明间便成了前厅和后厅并合称"正厅"。前厅次间为厢房，后厅次间为正房。这样便构成了一栋封闭式的由两个单元组合成的"正屋"，通称"一进"或"两堂式"。在此基础上，房屋需要扩大的或本来规模就很大的，便在正屋两侧扩建"横屋"，正屋与横屋间留一走廊，称"巷"或"塞口"，走廊前后对开小门，巷中相应留竖向天井，横屋各房间门均朝巷道开。正屋从腋廊处开门通往巷。这样便以正屋的正厅为中轴线，加上两侧的巷和横屋，构成了一栋通称为"两堂两横"或"一进两堂两横"式房屋。以此类推，可向前和向左右相继发展成"两堂或三堂四横、六横"，当地人称为的"九井十八厅"或"百间大屋"的江西大屋民居。

2）大屋民居基本上都是规整的矩

图 3　遂川县堆子前正亮堂客家大屋

图 4　万载县周家大屋的伴梁

图 5　新余市尚睦邓家大屋木雕

图 2　铜鼓县邱家大屋全景

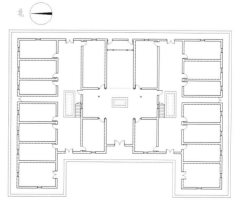

图 6　瑞金市云石乡田心村侣玉公祠平面图

图7　上犹县营前下湾黄氏九厅十八井民居

形和中轴对称布局的形制，因此，常形成一些诸如"凹"、"川"、"丰"、"品"、"H"和"U"字形等平面布局形式。如宜丰芳溪乡上屋村土谷"川"字形大屋、万载株潭乡丁家村周家"丰"字形大屋、修水县上杉村朱家"品"字形大屋和万载黄茅乡汤家"H"形大屋等。

3. 建造

　　一般客家大屋民居，无非是青瓦土墙悬山顶。两堂式以上的大屋多为土木和砖木混合结构并存的建造形式，但土木结构是主流，纯砖木结构的较少，往往是一座大屋民居中，位于中轴线上的厅堂便为砖木结构、清水墙面，其他房屋则多为土木结构、混水墙面，或局部如山墙或裙肩以下以及门窗等部位用砖或石。基础普遍为块石或河卵石，少数为条石。其中，土木结构，又可分为土砖（土坯）和夯土木结构，无论砖石墙还是生土墙皆承重。外墙上较少辟窗，有也是很小心地开些小直棂窗和砖石预制的狭长"牖"，主要靠内部采光（图1、图3、图7）。

4. 装饰

　　由于客家聚居地大多为经济欠发达的山区，房屋既要满足聚族而居的面积规模，又要满足山区居住的安全需要，因此，装饰相对来说较为简单。其外部装饰点除了做工优美精细的防火山墙外，最重要的还是大门或门屋，一般从大门装饰的精良程度上，便能看出民居主人的权势和富有。室内装饰主要体现在大屋内公共厅堂、廊庑和花厅中，如彩绘或金饰藻井、卷棚、神龛、雀替、攀间隔架等（图4、图5）。

5. 代表建筑

1）瑞金云石乡田心村侣玉公祠

　　侣玉公祠，系梁姓属居祀祠性质的民居，即建筑当心间上下厅堂为公共祖堂，水塘。通面阔七间34.63m，通进深25.87m，建筑占地764.18m²，块石墙基、低层三合土墙、二层土坯砖墙，墙体皆承重，梁架搁栅墙上。厅堂三合土墁地，余为素土地面。使用攒边式板门和直棂窗，装饰很简单，也不见使用油漆（图6）。

2）铜鼓县排埠镇黄溪村邱家大屋

　　邱家大屋又称邱南公祠，建于明末清初。砖木与土木混合结构，依山而建，属祠宅合一性质的"两进三堂四横"式典型客家民居，住户最多的时候，有二三十家，近二百人居住。各单体建筑依次是：前为弧形围墙环绕、半月形池塘、门坪。门坪东西各有一门楼进入，中间是卵石小道，直通正厅。现存房间104间，分前、中、后三堂，堂连堂，房连房，依靠走廊贯通连接。天井将上屋和下屋相连，使正厅与偏厅并列，总占地面积7372m²。大屋正厅由200根大小柱子建成，青砖墙皆为磨砖丝缝砌筑，梁枋板壁、门窗隔扇或雕或绘有山水花鸟、飞禽走兽等栩栩如生的图案，红黑相间油饰，显得古色古香，十分壮观气派（图2）。

成因

　　1）传承性。大屋民居文化的精髓来自古代中原和古代聚族而居的传统思想。如"四扇三间"，它的历史至少可溯源到汉代，《汉书·晁错传》："家有一堂两内，张晏注：二内，二房也"。唐宋后随着汉民南迁来到江西。

　　2）组合扩展性。因是聚族而居，从其最简单的一明两暗三间过，发展到两堂两横、三堂两横直至九进十八厅那样的大房子，无不体现其成组向前、向左右不断扩展、延伸的特点。此模式在选址开基之时，就藏下了其发展的势头，这种扩展性反映了主人希望子孙发达、开拓进取、不断向前的心愿。

　　3）主次分明，均衡布局。无论房屋发展到多大规模，始终是以正厅为中轴，以祖堂为核心，向前逐步延伸，向左右对称发展。正屋、正厅的体量规模、装饰档次，各横屋和次厅均不能逾越，横屋房门均朝正厅方向开，反映出强烈的凝聚力和向心力。

比较／演变

　　如果说部分大屋民居中，精美的砖雕、灰塑和木雕、门楼、门罩式样、防火山墙、两层楼居等，仍未挣脱出赣北天井式民居影响的话，那么，这种大屋民居的聚族而居、拓展性布局、以土木混合结构形式为主、墙体皆承重等，则体现出它与赣东北天井式民居的结构及布局思想的本质不同，反映出它自成一系而更趋同于闽粤赣客家民居流派的个性。然而，它与闽粤客家大屋民居比也有区别，闽粤这类民居一般为单层，且厅室体量小得多，檐口矮，有的高仅两米左右。其横坪大而浅，介于院子与天井之间，而赣南、赣西北这类民居的天井则狭小而深，类同赣中、赣东北。屋顶形式，闽西很多是悬山出际的做法，且屋面平缓，有举折、升起造成的曲线，出檐深远，翼角高翘，屋檐层层重叠，显示出唐宋建筑的余风。大屋则基本上为悬山，屋面显得僵硬陡直，出檐较短平。

赣东北民居·景德镇明代民居

20世纪70年代末，景德镇继徽州、江苏洞庭东山、山西丁村之后，在普查中发现了第四个明代民俗建筑大群体，共有126处，当即引起国家和学者高度重视和关注。

1．分布

景德镇市所发现的明代民俗建筑，其中民居共有99处，主要分布在老市区和原浮梁境内的西北乡一带，市区内有52处，四乡有47处。市内的明代民居都分布在老市区中山镇以东，这与中山路以西河水冲刷填土年代较近有关。而农村的则比较分散，还没有发现一个比较有规模的建筑组群。

2．形制

景德镇明代住宅平面布局比较稳定，恪守明代对庶民建舍"不过三间五架"规定，因之大多属中小型规模。但都具有完整的天井形式格局，以天井为中心组成一进，所以都有很明确的以"进"组合空间的意识，大多数遵守中轴对称，单一轴线的布局。城镇型明宅规模和开间尺度都比农村型大，且厅堂都是一层的"彻上露明造"，而农村的因要争取更多实用空间而经常建成两层。

城镇中因用地紧凑，所以都没有院落和空地，不接附属的陪屋，农村住宅因农事和家务需要，所以有用地条件的大多留出前后院场，并相应增建一些陪屋。

3．建造

景德镇明代民居属天井型民居，穿斗构架承重，砖围护外墙结构。城镇型因偶见在堂屋前增设轩廊者则采用穿斗与抬梁式混合结构体系。明代建筑木构架比较粗硕壮观，尤其是城镇中的富商遗构。正堂的结构都做成三穿枋木构架，二穿、三穿多为月梁形式。而关口梁和檐梁则一色做成琴面月梁，月梁断面较柱子为大，所以其丁头栱巧妙的连接就成为判别明代民居一个显著的特征。明宅一般檩柱都较大，有多达1m，甚至超过1m，所以椽条多为倒口和起线的方木，其上都铺有望板或望砖，一色为小青瓦屋面。

4．装饰

图1 景德镇明代民居门楼

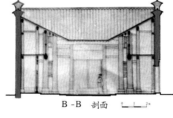

图3 祥集弄三号明代住宅正堂内景

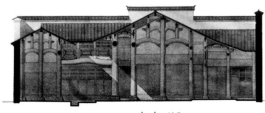

A-A 剖面

B-B 剖面

二层平面图

一层平面图

图2 祥集弄三号平、剖面图

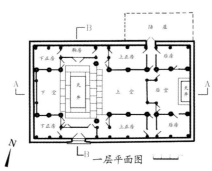

图4 祥集弄三号构架

图 5　景德镇陶瓷博览区明园鸟瞰

图 9　景德镇桃墅汪会黄宅内景

景德镇明代民居外观简朴，装饰非常内敛和节制，内装修则利用木构架和柱梁连接处以及檐下的构件略加装饰，格扇门窗也很简洁得体，所有木构件都不施油漆，尽显材质的本质美，但所有构架都有精美的石础。外立面只在门罩、马头墙等一些重点部位略加装饰，所以显得雅致大方（图 1、图 2）。

5. 代表建筑

1）景德镇祥集弄三号

国家级文保单位，据考证为明代成化年间遗构，可能是当时富商的住宅。该宅为显示阔绰的气派，其正堂开间竟宽达 6.4m，所以不得不在关口梁上另加两榀梁架搭在正堂后壁增加的两根檩柱上，正堂前还增加一个轩廊。为保证堂屋内界面的对称性，在前部采用了一层夹衬屋面，于是出现了一个草袱空间。该宅在有限的地基上为保证设量上、下、后三堂的格局，不得已才用侧入口，

但大门却装饰了一个非常精美的石雕门罩。（图 3 ～图 6）

2）桃墅汪会黄宅

这是迄今为止在江西发现的最早的一栋三层农村型明代民居。该宅为三开间中轴入口带门前半天井的两进式天井民居。正堂和后堂为两层，两厢三层。厅堂底层合厢房一、二层高度，因此尺度超常。该宅正堂还增加一个轩廊，后堂正鼓壁后还增设固定楼梯，这种格局是不多见的（图 7 ～图 10）。

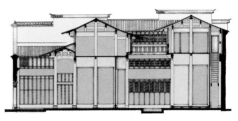

图 10　景德镇桃墅汪会黄宅剖面图 1

成因

景德镇明代是"窑器所聚"的全国名镇，经济发达，实力雄厚，所以能有一大批中高级住宅在相距不远的一个时期出现，加上景德镇地处赣东北丘陵山区，木材林产丰富，不缺建筑用材，入明之后的几百年，因地处偏僻，很少受大规模战争侵扰破坏，所以才有这么多的明代住宅保留至今。

比较 / 演变

入清以后，景德镇民居形制基本不变，只是木作用料更为纤细，装饰更为华丽乃至繁俗。因不似明制有严禁，所以规模更大，平面组合更为复杂，且园院、馆舍都随之出现，另有一派生机景象。

图 6　祥集弄三号轩廊弹弓棚顶

图 7　景德镇桃墅汪会黄宅平面图

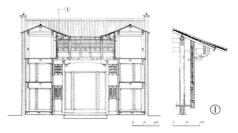

图 8　景德镇桃墅汪会黄宅剖面图 2

赣东北民居 · 婺源徽式民居

江西婺源徽式民居为天井木构架楼居型制，该民居以"四水落地、五岳朝天、粉墙黛瓦"为典型建筑特征，以"砖雕、木雕、石雕"为主要装饰特点，以"高宅、深井、敞厅"为核心起居空间，以风水为选址和营建依据，依山傍水，融于自然。

图 1　许村某民居内景

1. 分布

主要分布在赣东北婺源县及景德镇浮梁县北部地区。所处地域多为丘陵和山地地形；属亚热带，具有东亚季风区的特色，气候温和，雨量充沛，四季分明。

2. 形制

婺源徽式民居多为中小型天井式民居，以天井来组织建筑平面及空间。其平面主要以堂厢式的三合、四合天井单元为基本规式，根据建筑规模和平面布局组合成小型一明两暗、明三间的三间一进，以及更大型的三间两进和三间三进等形式。婺源徽式民居布局方整，以天井为核心，中轴对称布置，面阔三间，中为厅堂，两侧为室。厅堂多为敞厅式，正对天井，天井既有采光通风排水的重要作用，也承载着人们特殊的精神寄托，亦含有"四水归堂"的吉祥寓意（图1）。

婺源徽式民居多楼居，楼居利于日晒通风、防潮避湿，又可解决用地紧张，增加建筑使用面积。民居单层少，二层居多，也有部分三层。一般而言，一、二层空间为生活起居之用，三层为储藏物品之用。民居重视二层使用，不仅把二层空间定在合适使用的舒适高度，还设固定楼梯于厅堂太师壁之后或者左右正房两侧。同时，不似江西其他地方的天井民居，婺源徽式民居二层空间不仅设在正房、厢房上部，还在厅堂上部作"楼上厅"。民居楼层底层高多为 3.5～4m，三层民居总高可达 10m 以上。

3. 建造

整体外观上，婺源徽式民居高墙封闭，马头翘脚，墙线错落，粉墙黛瓦。民居基本都采用木构架承重体系且梁柱用料相对粗大，外部的维护墙多采用砖石材料。民居外墙多用马头墙，马头墙又称风火墙是硬山式屋顶两侧山墙的一种形式，它顺应屋面坡度的升降形成阶梯状，主要用于

图 3　理坑天官上卿第门楼

图 4　振德堂后堂内景

图 2　理坑村村景

图 5　振德堂隔扇

图 6　婺源李坑村三层民居门楼及外墙

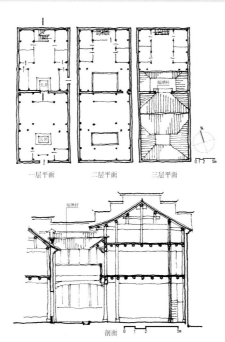

图 7　婺源秋口李坑村三层民居平面及剖面图

防风和防火。马头墙层层迭落，配以灵动的翘角，大大增加了建筑的动感，丰富了建筑的轮廓线，给人强烈的感染力。民居外墙底部多用青石砌筑 40～60cm 后再砌青砖，墙面石灰抹面，墙顶黑瓦覆盖，黑瓦白墙，朴实淡雅。民居大门华丽庄重，多为门楼型；为了防火和保护隐私，外墙开窗面积小，多为长方形，几乎只有一个人头大小，俗称"人头窗"（图2、图3、图6）。

4. 装饰

婺源徽式民居有绝好的"三雕"，其中石雕、木雕尤为突出。砖雕大多镶嵌在门罩、门楼、窗楣、照壁等上，内容丰富，形式多样。石雕主要出现于门额、柱础、抱鼓石等上面，寓意吉祥，质朴高雅。木雕在民居雕刻装饰中占主要地位，主要表现在天井四周的梁、柱、枋、屏门隔扇、窗扇、窗下挂板、楼层栏杆以及一些建筑构件如丁头栱、雀替、斜撑等，纹饰繁多，构图饱满。雕刻题材除选自民俗的吉利图案之外，更多的是反映"儒商文化"的心理愿望。

除了三雕，婺源徽式民居在外墙的檐下常画上极富于民间特色的黑白墙头布面，内容涵盖花卉卷草、人物故事、吉祥符号等，这是灰黑瓦檐与素净墙面

的过渡装饰带，宛如一道花边锁在雅洁衣襟领上，清新悦目。

5. 代表建筑

1）晓起村"振德堂"

振德堂建于清代乾隆年间，正屋两进深三开间，后堂三层，正屋左右设有围屋，迂回曲折，功能齐全，整个宅子共有六个天井，五厅二十房，建筑古朴庄重，门窗雕刻精美（图4、图5）。

2）秋口李坑村三层民居

婺源秋口镇李坑村三层民居为一栋清代民居，该宅两天井两进，之间用砖墙隔断成为相对较独立空间，前堂两层，底层较高，主要为生活起居之用，后堂为三层，比较低矮，为储存使用的阁楼层。李宅在后堂后面设有固定木梯，结构为穿斗木构架，因为堂屋尺度不大，所以后堂栋柱不落地，直接支承在二层楼面的穿枋上。整体看来，这栋民宅非常节省用材，但却做得合理坚固。看两厢房的月梁装饰和檐下挑托构件，似有明代遗制，所以推测该宅应为早清的遗物（图6、图7）。

成因

婺源县历史上隶属徽州府管辖，1934 年将婺源县从安徽省划归江西省管理，1947 年又划回安徽省，1949 年 4 月婺源县再次划归江西至今。可见，婺源县 1934年以前一直是安徽省所辖，保留至今的明清古代民居建筑群实际上属于徽式民居，其特点也是对徽州民居的补充。景德镇浮梁县北部地区毗邻徽州，是徽商南下通过江西进入湖广的主要通道，长期的商业贸易活动使该地区民居深受徽州民居的影响，逐渐呈现出徽州民居的特点。

比较 / 演变

在空间组织上，婺源徽式民居取了中原建筑的"院落式"特征，将四合院正房与东西厢房，演变成厅堂与厢房的组合，并融合了干栏式建筑"楼居式"特征，建造成二、三层，将厅堂空间敞开延伸与天井相连。在结构构造上，婺源徽式民居与当地地形紧密结合，主要采用穿斗式木构架特点。在门楼造型上，婺源徽式民居建筑既取了干栏式建筑门楼的特征，又融合了北方牌楼的形制，并采用当地精美的"三雕"工艺技术，使其具备实用性和装饰性功能，形成独特的建筑造型。综上所述，婺源徽式民居源于中原单层四合院建筑（地床）的模式与徽州干栏式楼居建筑（高床）的模式相结合，而产生的新型"地床十天井十高床"的内天井四合院式楼居建筑模式。这种建筑模式，既源于人们对生存空间的需要，又受到当地的地理、气候、环境、技术等影响，同时还是人们生活习俗、行为模式和技术条件长期地演进的结果。

赣西北民居·宜丰民居

江西多山脉，东侧为武夷山脉，东北为怀王山，西侧为罗霄山脉，西北侧为幕阜山和九岭山脉，南侧为大庾山、九连山，仅剩北部"U"形口子形成赣抚平原。由丘陵围合成了少量的盆地，如吉泰盆地和瑞金盆地等。盆地形成平原型聚落，而丘陵则形成坡地型聚落，宜丰民居是其中的典型。

图 1 翰林第亭子间屋顶遮阳

1. 分布

坡地民居遍布江西大部分地区，典型的坡地建筑有宜丰县民居，其中又以天宝村民居最为集中和典型。天宝村由辛会与辛联两村组成，古村历史悠久，延续时间达三千余年，且均有史迹存在，在江西民居中十分罕见。

2. 形制

宜丰民居大致可分为府第与民宅两类。府第建筑的材料做工精细，保留时间长，普通民宅则保留时间短。以下介绍以天宝村府第建筑为主。府第建筑有进士第、翰林第、文林第、秋台第、郎官第、大夫第等。据调查，文林第、秋台第、郎官第和大夫第都有不同程度的破坏，进士第、翰林第则较为完整。进士第建筑平面布局为二进，前后各有一院落（图2）。

主体建筑入口为门廊，大门入口从东南向的侧面进入，二进的天井从中轴线移到二进的辅轴线处，使中轴线的天井有逐渐弱化的倾向。

3. 建造

民居多为砖木建筑，也有部分民居建筑为夯土砖与木结合。府第建筑一般明间多为木结构，柱梁用料硕大，构架比较敦厚。民居外墙以青石为基础，其上砌青砖。中厅采取抬梁式和减柱造的做法。柱与柱上方多置普拍枋，枋上（也有在穿枋上）立有一斗三升或六升作为过渡。正堂檐部如作轩廊者，都有轩廊顶棚，顶棚多为平顶式、拱形二种。拱形轩廊一般在轩梁上作一驼峰，上置矩形檩支轩橼，其上多铺望板。此外，民居中轴线天井上加接亭子间屋顶（图1），使得屋面交接变得复杂，但为了排水顺畅，在平坡相接处作离空处理（图3、图4）。

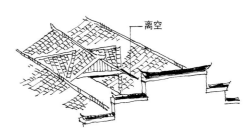

图 4 亭子间屋顶

4. 装饰

宜丰民居一般白石灰粉墙或者青砖墙、灰瓦，白、青、灰组成了民居的色

图 5 莲花撑与伴梁

图 6 郎官第内景

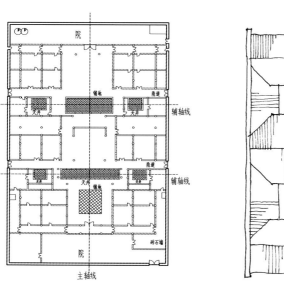

图 2 进士第总平面图

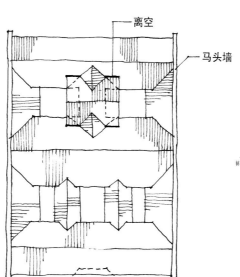

图 3 宜丰民居屋顶平面图

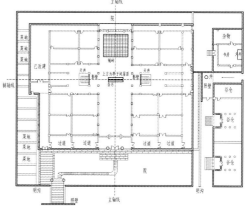

图 7 翰林第平面图

调。该村还有用土坯做成的房屋，黄色与白灰色搭配，极有乡土特点。民居构架装饰比较简洁，柱身光洁一般不加雕饰。梁柱的衔接习惯用丁头栱，其余部位仅有少量的雕刻，保持梁身的整体感。清代以后，木构架的装饰发展得更为华丽。有楼的民居、二层的挑楼栏板附近也是一个重点装饰部位。两厢构架、门廊装饰性更强，与别处不一样的是，天宝古村到后来出现了莲花撑和伴梁（图5），丰富了梁架的装饰。

5. 代表建筑

1）郎官第（图6、图8）

该宅为"丰"字形布局。明显分成前后两段，由不同时间建造。前段为七开间两进式，大门入口为拱券，立面为牌楼式，石雕美观。主体建筑一层采取穿斗式，构架把穿枋演化成琴面月梁，扁作。二层在天井处设有美人靠，天井处装饰精美。后段是九开间两进式，用料粗大。住宅面积达 1800m²，共有 13 个天井。各种等级和不同规格的厅堂有 7 个。该宅对天井采取多次分割和巧妙安排，不但较好地解决了采光通风问题，同时使得平面在布局中显得比较灵活。前段一进采用穿斗构架。郎官第次间厢房用砖砌，梁为搁檩式，保留了赣西北乡土建筑的特点。

2）翰林第

翰林第建筑为一进七开间，悬山顶。前后各有一院落，建筑左侧布置私塾和粮仓，右侧布置厨房等辅助用房，厅堂中轴线天井移到两侧厢房，厢房

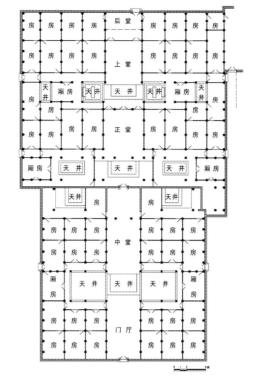

图8 郎官第平面图

图9 雕刻万字的门枕石

辅助中轴线则与厅堂主轴线垂直，呈"十"字形（图7）。建筑外墙以青石为基础，其上砌青砖。上厅采取抬梁式和减柱造的做法。中轴线天井上加接亭子间屋顶，在原天井地面处设置条石作为装饰（图10），形成中轴线上的重要节点。此外，翰林第还保留了照壁和影壁。

图10 翰林第原天井处两块条石

成因

宜丰地处赣西北，是赣西北经济与交通中心，民居风格通过水道与永修吴城一带有着密切的关系，另外与客家移民路线保持着联系。同时，受禅宗的影响，建筑中也保留着佛教的特点。这些都在民居建筑中得到体现。此外，当地木材较多，早期建筑多为木构架，山墙多为悬山式，后期吸收江西东部、北部马头山墙的做法，形成以悬山建筑为主、马头山墙建筑为辅的格局，最终形成自身的特色。

比较／演变

宜丰民居在长期的演变进化中形成了如下特点：

1）民居开间多为五、七、九开间，采用"十"、"丰"形布局，主次轴线明显。通过对赣西北民居的调研与比较，可看出宜丰民居具备一定的共性，是赣西北民居的代表。同时，天井离空的做法保留了自身的特点，有轴心舍建筑的遗痕；栱的做法保留了宋代压跳的痕迹。

2）建筑空间变换丰富。整个建筑空间主要从中轴线进、从中轴线侧厢房进，以及从附属用房进入，形成三种分流路线。礼制性强，干扰性小。

3）建筑装饰独特。宜丰境内的洞山、黄檗山分别是中国禅宗曹洞宗、临济宗的祖庭。天宝古村周边有大量的和尚墓，从天宝古村及周边的宗教资源的调研来看，佛教对其影响大，道教次之。在建筑装饰上采用万字纹（图9）、莲花撑等形式，具有较为浓郁的佛教特点。

赣西北民居·高安民居

江西岗地和平原地约为两万平方公里，只占全省面积的 12%，但有两大片著名的平原地——鄱阳湖平原和赣中吉泰平原。这两个平原都是江西的粮食基地，其中高安属于鄱阳湖平原的一部分。由于平原型村落不受地形条件的制约，又能靠近生产耕作基地，生产生活都很便利。

图 1　吊顶天花

1. 分布

比较典型的平原型聚落赣北有安义县罗田村、赣西北有高安市新街镇畲山贾家村、分宜县介桥村等。以下以贾家村为例介绍高安民居。

畲山贾家村位于高安市南面的新街镇景贤风景名胜区，介于省会南昌与仙女湖的中段（各距 80km）。距高安市区 28km，离赣粤高速昌樟公路胡家坊出口处 13km，可分别从高安市区或胡家坊两个方向进入高胡一级公路至新街镇，再达古村（图 2）。

2. 形制

古村民居类型丰富，保存完整；内部装饰非常精美。建筑风格外观有风火墙；屋顶有硬山顶和歇山顶；平面布局一明两暗，中设天井，内为木结构，分穿斗式、抬梁式，穿斗与抬梁相结合及减柱挑梁等工艺，融合有南北建筑风格之特点。

3. 建造

坐北朝南，侧入的两进单层建筑。为砖木结构，明代建筑正门辟于东侧山墙南端，双开一字门，入门山墙为照壁，用砖砌成内外连锁万不断纹饰。下堂顶棚为彻上露明，上堂为仰尘，构架采用抬梁与穿斗结合结构。上下堂中两侧置有向外通道并开有小门，其山墙有透窗。建筑有三开间及以上，进深大，结构为穿斗与抬梁结合，上下堂之间有长方形的天井，上下堂明间开阔，明间后金柱间立宝壁树。整个建筑属一明两暗基础上简单结构上的复杂连接。

图 3　怡爱堂梁架 1

4. 装饰（图 1）

建筑内外均有精美雕刻，用材有木、石、砖等，雕刻技法有浮雕、透雕、镂雕、塑雕等丰富的雕刻艺术形式。题材有戏剧人物、花卉、古玩、几何图形、吉祥图形文字等，雕刻精美，装饰华美。木雕多用于家具和室内构件，门窗部位是处理的重点，大户人家正入口处由格栅门加上部横批形成墙面的主体，大方而精美；月梁、门楣上多有画雕，图案因主人的身份不同而各式各样。石雕多用于柱础和门柱等部分，多出现在宗祠建筑里，有些建筑的天井排水口处也有精美的石雕。清代建筑多有雀替，体现

图 4　怡爱堂梁架 2

图 2　贾家古村全貌

图 5　厚德堂影壁

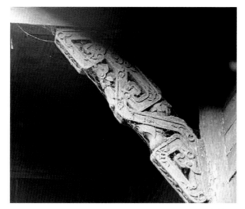

图 7　厚德堂斜撑

图 6　厚德堂槅扇

图 8　厚德堂气窗

在重要建筑如官厅、宗祠等，采用雕刻精细的狮兽作构件，而普通民居多用夔龙或云板做构件，显其等级有序。

5. 代表建筑

1）怡爱堂（图 3、图 4）

怡爱堂属该村最早的建筑，系明洪武初年贾湖十七世孙贾季良所建。该建筑位于上龙腾巷，坐北朝南，为单进建筑，占地面积 349.7m²。怡爱堂面阔 6 间，进深 4 间，外观墙体为青砖眠砌，双开一字门。山墙为马头墙，硬山顶。屋顶覆青灰瓦，顶棚彻上露明。结构为抬梁、穿斗相结合。立柱，用料硕大，二穿枋做成月梁式，关口、月梁为甚。明间后金柱立宝壁，辟甬门置神龛，神龛简洁古朴。四面上枋分刻"福"、"寿"、"康"、"宁"四字，门额上阳刻"福"字，四间正房的门楣上分刻有"元"、"享"、"利"、"贞"四

字，典出《周·易乾卦》"保合太和，乃利贞"，天地阴阳交汇而万物生，太和元气是天地之正气，是吉祥之气，是道家和理学家追求和信奉的境界。

2）厚德堂（官厅）（图 5～图 8）

明代建筑，位于官道西侧。占地面积 728.8m²，面阔 9 间，进深 14 间。内有八口天井，其中四口为厢房内虎眼天井，开井处置有影壁，由青砖砌成福、禄、寿、喜圆形字样。厚德堂装饰上为木雕、石雕，采用圆雕、镂雕和高浮雕技法。雀替、垂莲柱以浮雕或圆雕手法装饰。纹饰有卷云、鱼藻、莲瓣、几何图案，雕刻刀法娴熟，线条流畅。槅扇上的槅以及漏窗均镂空，多作拼合锦，绦环板图案丰富多彩。厚德堂山墙均用条形麻石砌成，高 1.5m，非常坚固，防盗性能良好。山墙和后墙上有石刻多处，纹饰有鹿、凤、八卦、蝙蝠等，雕刻清晰细腻，技法娴熟。

成因

贾家古村地处江南，民居却兼具北方风格，有"江南古村望畲山"之说。古村占地 28ha，通北巷道、两祠巷、东巷道、周公巷、祠前巷、西巷道形成环路，由八处关门把村庄分为"关内"和"关外"（现存三个关门）；村内建有 7 所书院，村庄布有 12 座寺庙、道观；民居建筑平面构成、空间尺度、韵律变化均自由灵活、谦和、有序、不失个性，展示出其独具特色的地域文化魅力。

比较／演变

1）行政管辖影响民居风格的趋同性。高安建县始于汉高祖六年（公元前 201 年），取名建成。其范围相当于今高安、上高、宜丰、万载四县（市）全境和樟树市一部分。现状调研中，高安民居在伴梁、抬梁处理上与周边县市民居有相似之处，这是由于曾同为一个行政管辖区的缘故。

2）称民与民居特色的形成。周边受历史上移民的影响，风格与周边拉开差距。铜鼓一带受客家影响较深，宜丰与铜鼓接壤也受其影响，使得宜丰民居与高安民居出现差别。

3）从现状调研看，尽管宜丰县与高安市同属赣方言中的宜春片区。但二者有声母、韵母的个数及读音上均有一定的差别，这也显示出高安民居在与周边文化交流中形成了自己的特色。而体现在民居上，则是其雕刻精美，有自身特点，与江西东部相似。另外，从高安民居建筑群布局称呼看，则与北方民居有一定的相关性。

赣中民居·天井院民居

天井民居是江西民居的主流类型，它覆盖着全省各个地区。但它自身也有先天性的缺陷，因此这种民居存在的同时，也在不断做出改良的探索，天井院民居就是其中改进的一种。

图1 吉安陂下胡登芹宅剖面图

1. 分布

前述的天井民居指内天井民居，而天井院民居就是指把内天井置于室外形成院子的民居。天井院民居较多地分布在赣西北及赣中。赣西北比较典型的天井院民居有万载县株潭丁家村周家大屋、修水县上杉村朱家大屋，而赣中则集中在以吉安为中心的区域，如吉水、安福、泰和和莲花各县。

2. 形制

建筑受场地的限制，使得建筑的外形呈不规则形，但场地内的主体建筑呈规则形，主体建筑排列整齐有序，平面强调对称，重点突出堂屋地位，附属建筑根据余地进行布置。天井有的仍在中轴线上，但功能与作用已经弱化。

1)"川"字形

也即若干条轴线平行布置，中间轴线的一组建筑等级最高，空间开敞，一般为人员聚集之处，如泰和县螺汐乡爵誉村康九生宅。

2)"十"、"丰"字形

"十"字或"丰"字形布局，实际是指在正中轴线呈南北向，而两侧建筑的天井院中轴线呈东西向与正中轴线垂直。这种形式的布局，有力地烘托了中轴线的上建筑。如修水县上杉村朱家大屋平面（图3）、吉安陂下胡登芹宅。

3)不规则形

此种建筑中有厅堂处于中轴线，而下厅或者对厅在中轴线两侧不完全对称，如吉安陂下胡立言宅（图6）。

3. 建造

部分民居建造方法既有大屋特点，但多数民居有赣中一带一明两暗三开间组合特点。建筑多为砖木结构、梁多为搁檩式。

4. 装饰

天井院民居主要在以下部位进行装饰：

1)大门

赣西北地区大屋民居的入口大门一般用石门框，下有门枕石和门槛。

2)梁枋

厅堂梁、枋是建筑中的重要承重构件，通常也是重点装饰的部位。

3)天井院由于与天井作用不一致，院子较大，因此装饰较少（图2）。

5. 代表建筑

1)泰和县螺汐镇爵誉村康九生宅（图5～图7）

平面为一明两暗三开间格局，只有一个厅堂和一个后厅，左右共六间卧室，二层是贮藏和阁楼屋，这就是该宅的主屋。主屋前是一方天井院，该院没有传统天井的功能。围绕天井院是配套的附属用房：厨下、杂房和对廊以及俗称为"下廊"的小门厅。附属用房可以直接对着天井院开出窗户。天井院实际是主屋和附属用房的联络交通空间。它的排水功能只剩下保留一圈浅浅的明沟。主屋与附房完全用一段外墙隔断。可见，

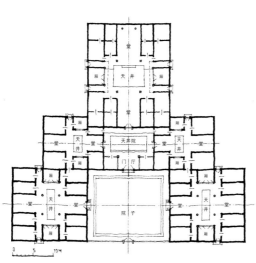

图2 修水县上杉村朱家大屋平面图

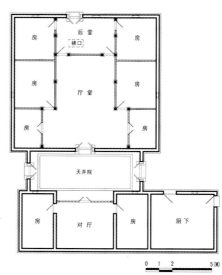

图3 吉安陂下胡立言宅平面图

图4 吉安陂下胡登芹宅外观

天井院是作为主屋外部空间存在的。这种平面布局完全避免传统天井飘雨和潮湿的缺点，却对附属用房的通风采光没有影响（图5、图8、图9）。

2）上田乡上田村康运辉宅

该宅可能是天井民居向天井院民居过渡的一个实例。从平面分析，与天井民居无大差别。但从功能看，天井两侧厢房变成两个砖砌的附属用房。已和天井民居相差较大。此上，天井中间搭上一块宽1.5m桥板，从下堂到正堂不再需从侧厢前来往。更重要的改变是厅堂前和下堂两个正房都安装了槅扇。厅堂和附属用房间设置通廊，开设侧门与外面联系也使得天井的作用得到弱化。更值得注意的是天井的装饰基本消失，从上也可看出符合天井院的特征（图6、图10）。

3）吉安陂下胡登芹宅

平面布局一明两暗，主屋通过小小的天井院连接两旁的侧厅和后房，空间转换紧凑、自然，且增添了几分活泼的情趣（图1、图4、图11）。

图7 修水县上杉村朱家大屋内院

图8 泰和县螺汐镇爵誉村康九生宅外观

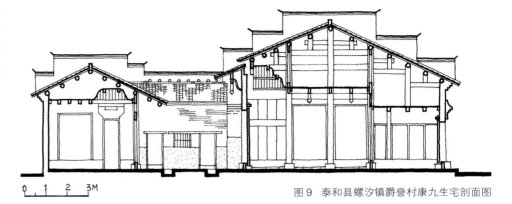

图9 泰和县螺汐镇爵誉村康九生宅剖面图

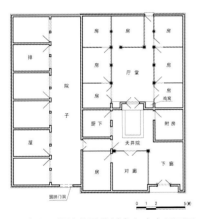

图5 泰和县螺汐镇爵誉村康九生宅平面图

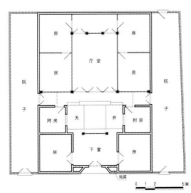

图6 上田乡上田村康运辉宅平面图

图10 上田乡上田村康运辉宅剖面图

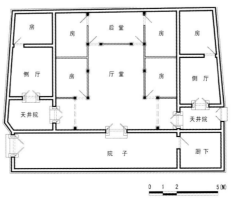

图11 吉安陂下胡登芹宅平面图

成因

天井院民居的出现显然是天井民居与合院民居结合之后，由于场地的限制而进一步整合的产物，天井院民居内天井推到门外，糅合了北方院落风格，天井成为排水通风、干湿两用的活动空间，虽然解决了建筑内部防潮问题，但却不能获得间接的采光，建筑势必不能像天井民居以进为单元组接大规模房子，也就不能满足大家庭共同使用。

比较／演变

天井院经历天井民居，天井与合院民居融合、消化的演变，如修水县上杉村朱家大屋平面属天井院前期；吉安陂下胡登芹宅属天井院后期。这种民居强烈冲击四世同堂、五世同居的宗法观念，只有封建大家庭适度解体后才会使用这一类型住宅。同时也对四水归堂这一风水观念进行颠覆。天井院民居也会赣中一带的天门民居、天眼民居、天窗民居的出现做好铺垫。

赣中民居·半天井民居

半天井民居是指一栋住宅只在堂前有半个天井的民居。这种民居取消了倒座，对着正堂面设了照壁，使天井一面靠墙，并加大正堂出檐，或者在堂前设屏门，使堂屋干爽而又保持良好的纳阳采光和通风的效果。这种变异后的天井民居不得不从一面侧厢入门，比之从正轴入门减少了几分传统的庄严。

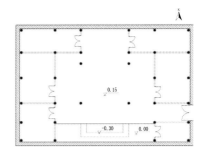

图1 全坊官厅平面图

1．分布

半天井民居主要分布在赣中的抚州市，尤其以金溪县为多。金溪县地处江西中部，抚河中游。在古民居保存较好的金溪县全坊、竹桥、东源、疏口、后林、大耿、北坑、杨坊、龚家、戍源、下李等20多个古村落中都见有分布。

2．形制

半天井民居一般坐北朝南，但大门朝东或朝西开。一井两堂，但天井不在上、下堂的中间，而是位于厅堂南端，呈东西长、南北宽的长方形状。

3．建造

使用石、砖、木建造。一般有近1.4m高左右的条石墙裙，有的超过2m，皆使用当地特有的石料，颜色多灰白，也有泛红或泛青的。墙裙上面是青砖砌筑的墙体，绝大多数不加粉刷，直接露出清水砖墙身。房屋内部一般是穿斗与抬梁混合式梁架承重，木柱下有石柱础。屋面盖小青瓦。天井使用青石板铺砌，地面为三合土地面。

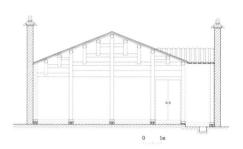

图3 全坊官厅剖面图

4．装饰

半天井民居的外观比较朴素，没有飞檐翘角，甚至连大门也是朴素的青石门框，缺少装饰。只在窗户上可以看到一些石雕。窗户都是方形石框，高的不过80cm，宽的不过40cm，但是它们均敷以精美的石雕。有的是简单的吉祥图案，有的是复杂的动植物甚至人物雕刻——大致有福禄寿、六合同春、三阳开泰、喜上眉梢、福在眼前、国色天香、富贵平安、君子之交、一品清廉、事事

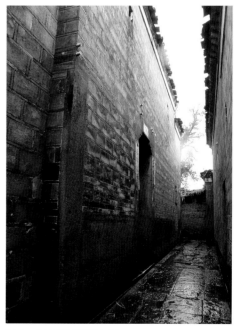

图4 全坊官厅东侧大门

图2 全坊官厅大门内侧与半天井

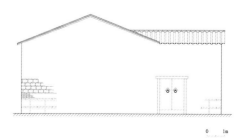

图5 全启茂明代民宅西立面图

图6　全启茂古民宅内部构架

如意、麒麟送子、太平有象、连年有余、鱼跃龙门、必定如意、必定平安、暗八仙等内容。另外，在房屋内部的木隔扇与窗户上会施以精美的木雕。

5. 代表建筑

1）全坊官厅

位于金溪县合市镇田南村委会全坊村小组，为明末贵州铜仁知府全庭训致仕归里后所居之屋，迄今380余年。官厅坐北朝南，大门开在东边，由六排木柱支撑，面宽14m，进深10m，建筑面积140m²。由正厅和上厅组成。天井位于厅堂南端，呈长方形状，面积近20m²，用青石板铺砌，中间铺有石板，四面设有暗沟，便于排水。地面为三合土墁地。官厅后原有书院与花厅，惜今

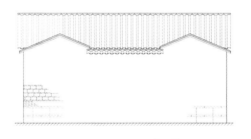

图7　全启茂明代民宅南立面图

已不存。（图1～图4）

2）全启茂明代民宅

位于金溪县合市镇田南村委会全坊村小组，明代建筑，坐北朝南，一井两堂，面宽10.8m，进深12m，建筑面积130m²。砖石木穿斗式构架，木柱石磉，三合土地面，天井四周用青石板铺砌（图5～图9）。

图8　木雕花窗

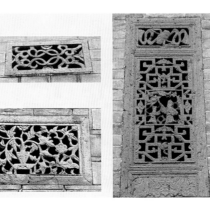

图9　石雕花窗.

成因

金溪县自古文风鼎盛，科举致仕者众，但从不轻商。而且经商致富后，纷纷通过例捐取得"监生"、"太学生"或"贡生"的身份，仍然推崇儒家正统。正是因为这样，金溪民居才形成了朴实素雅，恪守儒家正统，尊崇礼制的风格。既遵循坐北朝南的住宅选址传统，又从五行的风水理念出发，认为南北方向在五行中属水、火，不宜旺财，而东西方向属金、木，利于招财进宝，所以将住宅大门一般朝东或朝西。这种不开正门开旁门的住宅形式，在整个赣中地区都比较风行，既反映了当地居民韬光养晦的修行，又寄托了向往美好生活的愿望。

比较／演变

半天井民居是天井式民居的一种改良与变异，这种形制可以克服因天井位于上、下堂中间带来的易潮、炫光以及飘雨的缺陷，使堂屋干爽而又保持良好的纳阳采光和通风的效果。这种民居比带前院的天井式民居更显简朴，直接简略了正面大门。

从地理位置上看，抚州地区介于赣东北向赣中庐陵（今吉安）地区的过渡地带，这种半天井民居也是赣东北天井民居向庐陵高位采光民居的一种过渡形式。反映了明清以后，随着商品经济的发展，传统家族聚居形式逐渐解体，人们开始追求独家独户的私有空间，住宅逐渐走向小型化。

赣中民居·高位采光民居

在江西中部、赣江中游的吉泰盆地，发展出一种形式独特的中小型民居。它们普遍规模不大，外部封闭，但内部没有江西其他地方常见的内天井，而是通过天门、天眼或天窗等高位开口解决通风采光。这种以高位采光口替代内天井的做法既独特又典型，使其成为江西各地民居中极具特色的一种。

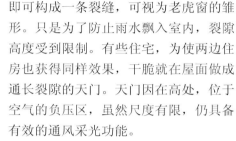

图 1　吉安县横江镇公塘村某宅正厅天门外景

1. 分布

高位采光民居在吉泰盆地大量存在，广泛分布，包括吉安市辖吉州、青原二区、吉安、吉水、泰和、万安、安福、永新等县，其格局做法甚至延续到 20 世纪 70 年代以后。是最具代表性的赣中庐陵民居形式。

2. 形制

主体建筑平面通常近似方形，三开间，中央开门，无天井。

门内为此种民居特有的前廊，为高位采光口所在，有天门、天眼和天窗三种常见做法（图1、图4、图5）。

所谓"天门"就是在厅堂前外墙上方的屋面开出一个裂隙口，在大门关闭时，它就成为室内厅堂唯一的采光通风口。天门的构造十分简单，只是在靠外墙处断开几根椽子，把瓦面垫高少许，即可构成一条裂缝，可视为老虎窗的雏形。只是为了防止雨水飘入室内，裂隙高度受到限制。有些住宅，为使两边住房也获得同样效果，干脆就在屋面做成通长裂隙的天门。天门因在高处，位于空气的负压区，虽然尺度有限，仍具备有效的通风采光功能。

天眼的做法，是在入口上方屋面对天直接敞开一个口子，听起来有些像天井；但为了避免雨水从口子直接进入室内，在天眼的下面做了一段元宝斗形状的内天沟，用以盛接雨水，并通过外墙上的两个水口排出屋外。一些住宅还把水口做成兽头等纹样进行装饰。至近代之后，天眼上加盖玻璃明瓦，成为明瓦天窗，但内天沟形式仍然保留。

第三种高位采光方式，是直接在大门上方的外墙开出高约 60cm、方形或横长方形的高窗洞，使厅堂有更好的采

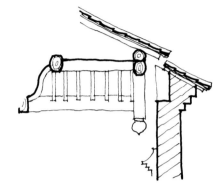

图 4　天门构造

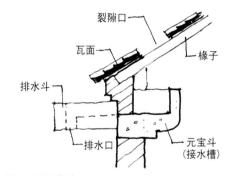

图 5　天眼构造

图 2　吉安市青原区渼陂村二七会议旧址

图 3　吉安市青原区渼陂村二七会议旧址前廊内景

图 6　吉水县金滩镇燕坊村州司马第前廊

光通风效果。窗洞中通常设木或铁窗栅。当地亦称"风窗"。因不设可启闭的窗扇，某些地方在冬季还加以临时遮挡，以防冷风灌进室内。

前廊实际上对应的是传统的内天井，虽然在地面上不再设天井，但仍然在室内保留了天井界面的遗痕。前廊后的明间为正堂，实际位于整个主体建筑的中央，空间尺度在整个建筑中最大，向前廊开敞。正堂后为后堂。正堂两侧为卧室。除前廊外，其余部分均设阁楼。

围绕此主体建筑可以做进一步发展，常见的手法包括增加前后院，并依托前后院增加其他附属建筑。另一种做法是在侧面增加跨院，作为花厅、书斋等用途。故基本型制虽简单，但变化却颇为复杂。此外，也可以作为一种标准化单元进行大规模组合，由此同样可以组成大型建筑群体，甚至组成一个聚落。

3. 建造

主体结构为穿斗式木结构和山墙承檩结合。明间为穿斗式木结构，做法简朴，天花及阁楼以下明栿部分通常都是简单的梁柱连接，仅做简单雀替。阁楼以上草架部分更为简明。两厢靠山墙一侧普遍为山墙承檩。

外墙全为砖墙，较封闭。无前后院时仅在外门两侧各开一个石雕花窗，尺度很小。有前后院时窗洞尺度适当加大。墙体做 1m 左右高勒脚，为眠砖实砌，转角处常以条石立砌加固。勒脚以上均为空斗墙，普遍为一眠一斗，偶尔在 3m 以下做二眠一斗。

内墙以板壁为主，至少在前廊、正堂周围全为板壁。

4. 装饰

建筑外部简朴低调，常用马头墙，起翘较平直。大面积使用清水青砖墙，仅檐下粉白。前檐下常饰以墨绘图案。在设前院时，常做较华丽的牌坊式大门。

前廊是建筑内部的装饰重点。前廊明间顶棚普遍做覆斗式藻井，雕饰华丽，常用描金彩绘。前廊两厢或做槅扇门，或开敞，以飞罩与明间分隔。槅扇和飞罩均精工细作，图案繁复。

5. 代表建筑

1）吉安市青原区渼陂村"二七会议"旧址

渼陂村为中国历史文化名村。1930年2月7日～9日，毛泽东在此主持召开了中共红四军前委、赣西特委（赣南特委因来不及赶到未参加）、红五、六军军委联席会议，即"二七会议"。会址设在当地一座民宅之中，建造年代约在清末至中华民国初年，至今保存完好，内部因功能改为展览，稍有改动。现为江西省文物保护单位。

建筑占地约 220m²，主体是一座 10.5m×10.7m 略呈方形的住宅，有前后院。前院中另有一座仓房。主体建筑三开间，大门上做木门罩，飞檐翘角，垂莲柱间以卷草挂络连接，雕饰细致。门罩上藏有一个横向长方形高窗，即为天窗采光口。入内为宽敞前廊，明间上做单层覆斗式藻井，有彩绘。前廊两厢以飞罩与明间分隔。正堂三面均为板壁，饰以红黑二色油漆（图2、图3、图7）。

2）吉水县金滩镇燕坊村州司马第

燕坊村亦为中国历史文化名村。州司马第建筑年代约在清道光年间（1821～1850 年），占地面积约 530m²，是村中大型住宅之一。现为江西省文物保护单位。

州司马第以一座三间三进主宅为中心，西侧设跨院，为书房，东侧设附房，与主宅间形成狭长庭院。主宅前进为门厅，外开八字门斗，上设曲颈轩式门罩，罩下砖墙上嵌石板门额，书"州司马"三字。前进后设一横向庭院。中进为正厅，尺度甚小，有楼，无天井，为解决厅堂采光通风需求，在厅堂前外墙上方的屋面开口，即为"天眼"。在天井位置设两层覆斗式藻井，周围饰以剔地起突植物纹样，描金，非常华丽。两厢设槅扇门窗（图6）。

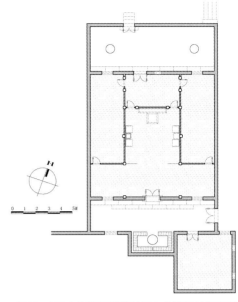

图 7　吉安市青原区渼陂村二七会议旧址平面图

成因

吉泰盆地地处江西中部，土地肥沃，交通方便，至宋代之后成为江南最富庶的地区之一，江西经济文化的核心区域之一。至明清以降，由于商品经济的发展，聚族而居的传统模式在这里逐渐瓦解，遂使以核心家庭为主体的中小型住宅成为民居建筑的主流。

比较／演变

高位采光民居拒绝了以天井为中心的民居，却衍生出一种新的中小型民居样式。这种住宅不能像天井式民居以"进"为单元组合形成大型组群，不能满足多代大家庭共同使用，而只能形成以核心家庭为主体的中小型住宅，或形成基于一系列核心家庭的建筑群体，从而打破了聚族而居的宗法观念，是封建大家庭解体的标志。又由于放弃了内天井做法，屋面向四周排水，从而直接颠覆了"四水归堂"的传统观念。天门、天眼或天窗的差异，主要体现在具体的高位采光方式上，而内部空间格局的组织实际上是非常近似的。

赣中民居·船形民居

顾名思义，船形民居就是一种平面布局前尖后方、状如船形的民居。

1. 分布

在临川区黎川县华山垦殖场洲湖村、南城县天井源乡尧坊村、广昌县驿前镇以及临川区荣山乡新街村，在2002年以后陆续发现了5处平面布局状如舰船的民居，被称为"船形屋"，因疑与反清复明的天地会遗党——"洪门帮"有关而备受瞩目。

2. 形制

其整体平面布局一般状如舰船，但实际上外形也有差异，而且大小不一。有的是一栋建筑，有的是一组建筑，还有的带有前院。据说主要有108间与36间房两种。如广昌驿前船形屋，坐北朝南，仿古代官船之形，逆水而建，重檐亭式屋顶，占地面积540m²，穿斗式结构，有大小厅堂，厢房30余间。

3. 建造

洲湖"大夫第"采用砖木结构，外砖内木，青砖灰瓦，顶的屋架采用抬梁和穿透式木架构。南城108间船屋青砖灰瓦，飞檐翘角，屋内所有砌墙的砖块均由田泥包裹小卵石特制，隔温性能良好，冬暖夏凉。砖墙用糯米饭掺和石灰垒砌，坚固无比；内墙经多道工序粉刷。

图1 大夫第内部一角

4. 装饰

洲湖"大夫第"厅梁橼处处浮雕，斗栱、雀替、斜撑雕成各种花鸟人物样式，就连燕子巢也雕成各式各样的动物，惟妙惟肖，栩栩如生。门窗雕饰，或花或鸟，或人和兽，丰富多彩，但又不乏主题意旨。纵观"大夫第"的门窗图案，有哺乳幼仔的蝙蝠，有展翅欲飞的仙鹤，有含花狂奔的梅花鹿，还有送喜

图3 大夫第正门

图2 大夫第鸟瞰图

图4 大夫第内前院

图5　大夫第平面图

图6　大夫第建筑群一角

报春的喜鹊，暗合了福、寿、禄、喜之意。南城两处船屋正大门右边石门框上，均有精雕细刻的八卦乾坤图。108间有雕刻精巧的中堂和门楣，其上嵌着木匾、石匾，装饰性门窗上刻着许多依据古代传说而成的绘画，人物生动，堪称经典。在36间的船屋中，有一些以船和战争为题材的石雕、木雕和一组已斑驳模糊的彩绘壁画。广昌驿前船形屋的藻井绘有缠技牡丹图案，其他檐板刻有流云、花卉、人物图案。

5. 代表建筑

1）黎川县洲湖村"大夫第"

黎川县洲湖村"大夫第"，建筑面积约0.67ha，呈三角形，东窄西宽，从高处俯视，它的外观呈船形，由"船首"、"船身"、"船尾"三部分构成。船首锥形，朝向东方；船身正方形，坐北朝南，船尾呈长方形，四平八稳。共有三进、九栋、十八厅、三十六座天井、108间房，结构紧凑，层次分明。该建筑不仅规模宏大，而且设计精巧，所有的正房一侧均有片房，二片房、三片房拱护；横厅、书房、杂房、工房、厨房、膳房、廊道错落有致；36座大小天井通风采光，疏漏积水；三堵防风防火墙间立其中，将108间房屋分隔成几个区域。

洲湖"大夫第"有一个面积约为800m²的开阔前院。从右前侧的大门进入，地面用大小相当的鹅卵石铺砌而成，干净平整。院子外侧是高大的照壁，壁檐由星斗装饰，花纹繁复，色彩艳丽。据悉，照壁中间原来写有一个大大的"冯"字，字体暗红色，上面是云彩，下面波浪，可惜破"四旧"时字体被用

石灰浆抹去，只留下一面大大空空的墙壁（图1～图6）。

2）南城县尧坊船形屋

南城县尧坊船形屋，为清代中晚期建筑，坐西朝东，由两栋大夫第组成，东西纵深87m，南北宽56m，占地面积约0.67ha，平面结构布局为正厅三进一廊，两旁配有与正厅相通的边厢，共有大、小天井20多个，百余间房间，乡人称为"一百零八间屋"。前有大院，院内两侧各有一栋附属房，大门正对面有一处红石旗杆石，上阴刻"光绪甲午科、举人宁文琳"宁文琳为宁氏后代。该屋为宁姓叔侄两人所建，左为叔建，右为侄建。两栋大夫第门额均有人物故事、花草石雕，造型生动，雕刻精美。整个建筑形状独特，从屋后西山东瞰，只见古宅如船形迎水向南行驶（图7）。

图7　南城尧坊船形屋

成因

有文史学者调查发现，这些船形屋虽然外形差异较大，但它们也有一些相似之处：都位于明末清初时的闽赣交通要道上，地理位置恰恰都在天地会历史上的发源地闽赣山区；都处在洪门的发源地——南城益王府的势力范围之内；当地均有清兵与天地会激战的历史传说，屋主祖上均与洪门有着密切的联系；建造年代都约在清代中期以前，且风格与天地会建筑的风格有着惊人的一致——砖石为底、竹木编墙混以泥巴、外刷石灰，屋内装饰比较一致……推断这是洪门"会簿"中反复提到的"洪船"的物化形态。也就是说，这些船形屋都是天地会的大本营或中转站。

实际上，这种认识有点牵强附会。我们认为并不存在专门的船形屋。所谓的船形屋只不过是在明末清初一些古村古镇由于开基日久、宅基地日益不能满足新建住房需求的历史条件下，村民只能随地就形、见缝插针建造的一些形状不规整的民居之一。这种形状不规整的民居，在江西很多地方都有，像在高安市村前镇第三次全国文物普查时就发现过所谓的三角形平面的民居。

比较／演变

这种船形民居与四方形民居相比，往往就是一侧的边路建筑因受地形（如水渠或者山坡）或建筑（如街巷与周边民居）限制而只能建成三角形，造成整个院落的平面布局成舰船形。这种院落有的是单独的，有的是相连的两个甚至三个院落所组成的，没有规律可言。这种形状的民居没有有序传承，也就没有演变可言。

赣南客家民居·国字形围屋

国字形围屋是赣南围屋的主流形式，也是赣南诸多围屋形式中，数量最多、流行最广的一种围屋类型。国字形围屋表示方形围屋中还有一幢主体民宅，以区别方形围屋中没有民宅的口字形围屋。

图1 龙南县关西新老围总平面图

1. 分布

江西主要分布在赣州的龙南、定南、全南县以及寻乌、安远、信丰县的南部。另在瑞金、于都等县也有零星围屋发现。

2. 形制

1）平面特征：占地一般都在1000m²以上，普遍较口字形围屋大。四面围合并有坚厚的外墙，外墙上附设有枪眼、望孔、炮楼等设防设施。围屋内核心必有一栋带祖祠的民居，祖堂、大厅、前厅等主要公共建筑必位于围屋的中轴线上。四周围屋与内核民居之间的空间，以"街"或"巷""坪"名之。此外，围屋内必有水井，有的还在围门内侧设有"社公"。还有部分较大的"国"字围，在围屋外再建一重围屋，称为"套围"。

2）立面特征：层高一般为二、三层，为警戒或打击进入围屋墙根和瓦面上的敌人，四角一般还建有高出一层并朝外凸出一米左右的角堡（炮楼），有的角堡为了彻底消灭死角还在角堡上再悬挑一抹角单体碉堡。围屋外立面首层不设窗，顶层设有枪眼或内大外小的炮口、望孔。屋顶形式多为外硬山、内悬山。

3. 建造

基本上都是砖石和土木混合结构，其四周加厚加实的围屋防御外墙体，同时又是每一间围屋的外墙，这种外墙主要是起防御和封闭的作用。围屋建筑材料都是就地取材，以土、杉木、石灰、块石、卵石和青砖为大宗，其中，定南县围屋外墙多为生土夯筑而成，做法类似闽西土楼；全南县的则多以自然块、卵石为主，而龙南和安远县的围屋则兼而有之。但为节省优质建材计，又都是采用"金包银"。

图3 龙南县关西新围鸟瞰

4. 装饰

装饰情况大致同口字形围屋。

5. 代表建筑

1）龙南县关西镇关西村关西新围

关西新围位于龙南县关西下九部约0.5km处，坐落在里仁至关西公路西侧山坳下。建于清嘉庆年间，道光七年（1827年）完工。围主徐老四经营竹木生意发迹后从老围迁此建造。新围是赣南客家围屋现存规模最大，形制最为复杂，形象最为壮观的遗例，是国家重

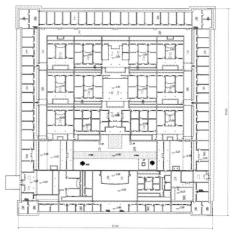

图4 龙南县关西新围平面图

图2 龙南县关西新围外部环境

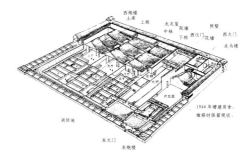

图5 龙南县关西新围剖切透视图

图6　龙南县关西新围檐部装饰

图8　龙南县乌石围鸟瞰

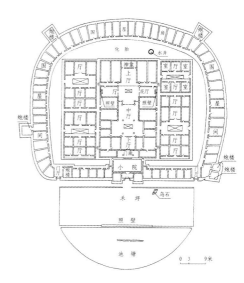

图10　龙南县乌石围平面图

点文物保护单位。该围占地约 0.73ha，平面近方形长边 93m，短边 83m，四角设落地堡。围屋为三屋土木结构，每层 79 个房间。底层为三合土夹卵石夯筑外墙，厚 60cm。二层有悬挑外廊，二层外墙为带内柱厚 30cm 的土筑墙；三层为不设外廊的阁楼层，三层外墙采用 27cm 厚青砖砌筑墙。围屋外墙不开窗户，各层均有火炮眼口。屋顶为硬山搁檩小青瓦两坡顶。角堡为三层，青砖叠涩出檐的歇山式屋顶。围屋不设固定楼梯，只有一个总门和一个后门。围屋精彩的看点在于院内套建的一栋三排五列十四个的豪华大宅，与大宅配套的还有西门外另辟有 2000 余 m² 的园林式花园，名曰"小花洲"。内有梅花书院、楼台亭阁，并挖出 980m² 的湖泊，湖中设岛，用两座小桥连接，岛上有假山、石塔等供人游乐、休闲和读书（图1～图6）。

2）国字形围屋——龙南县杨村镇乌石围

乌石围也称盘石围。建于明代万历年间。它前方后圆、前低后高，围拢后部有隆起的"化胎"，门前有方形的禾坪和半月形的水塘。乌石围计有六个炮楼，外围墙体采用"金包银"的做法，厚 90～60cm，即墙体外壁用自然卵石或片石砌筑，内壁 30 或 60cm 用土坯砖砌垒。外墙一层以下不开窗孔，二层以上开有"I"和"+"字形枪眼或气孔。围内除公共厅堂用大青砖精砌外，其余全部用土坯砖垒砌墙体。围内的主体建筑，是一组"两进三堂三轴"式楼房，"三堂"与两边类似"横屋"的住宅是相对独立的，中间以一条一米宽的小巷隔开，而且是以"一明两暗"为基本单位，同中轴三堂建筑平行排列，面对面的便组成合院形式，门向也同厅堂一样朝前开（图7～图10）。

成因

1）大背景仍是由于当地险恶的自然环境、无法约束的移民、连年不断的兵火和宗族间激烈的械斗。

2）由于村围防御能力的先天不足，不能适应新形势下抵御匪寇和寻求更安全的需求，为进一步完善综合防御功能，于是，便出现了从聚落性防卫转变为家庭性防卫的围屋，而从赣南现存的这些围屋及其类型看，国字形围是最有可能在这种转变中率先脱颖而出的。这主要基于；一是由村围防御的启示自然而然发展过来；二是因安全的需要由客家大屋扩建而来。

比较／演变

国字形围屋是在"村围"和江西大屋基础上发展而来。它与口字形围相比，具有占地大、住人多，更适合客家人聚族而居的特点；它与围龙屋和不规则围相比，则具有防御更完善、人心更齐备的特点，较适合于家庭式防御应用。

图7　乌石围屋入口

图9　乌石围屋内部巷道

赣南客家民居·口字形围屋

客家，是汉民族中一支重要而特殊的民系，赣南、闽西和粤东这连成一片的交界山区，是客家民系的主要聚居地和发祥地。而这三地区恰巧都有代表自己特色的客家民居，即闽西土楼、粤东围龙屋和赣南围屋。赣南围屋，因其外墙既是每间房屋的外墙，又充当整座围屋的围墙，故名。当地人统称为"围"、"围屋"或"围子"。口字形围屋是相对国字形围屋而言，表示方形围屋中有和没有民宅的区别，同时，它也代表了赣南围屋的主要两种类型之一。

1. 分布

主要分布在龙南、定南、全南三县，其他地方也有零星发现。建筑年代主要是清晚期。

2. 形制

1）平面特征：方形如"口"字布局，但一般为长方形，四周外墙厚实坚固并有设防设施，围内必有水井。围心没有民宅，成为一个大天井或内院、晒坪。将供围内居民进行敬宗祭祖或举行重大礼仪活动的公共厅堂，设在正对围门的围屋中（图2、图3）。

2）立面特征：口字形围屋虽普遍小于国字形围屋，但层高又普遍高于国字形围屋，一般为三至四层，四角炮楼又高出一层。其他特征如同国字形围屋（图1、图4）。

3. 建造

口字形围屋的营建形式，除少了围心那部分建筑外，与国字形围屋没有区别。如外墙主要是以砖石材料为主，墙厚都在六七十厘米以上并且采用俗称的"金包银"做法，即外皮三分之一的墙厚为砖石砌筑，内皮三分之二的墙厚为生土砌筑（图5）。

4. 装饰

这种民居强调的是防御，装饰相对来讲也就较为简单，但在一些体现家族颜面的地方，如大门入口、厅堂、廊庑等公共空间中的墙体、门窗、格扇、脊翘等处，也体现出主人尽其所能地进行一些装饰。如砖雕的照壁、门线。木雕的雀替、挑头、格扇、神龛，灰塑的脊饰、窗头、门额等，少量尚见馀金和彩画。

5. 信仰习俗

围屋一般是由某一父系成员所创，住在围内的居民，都是某一个共同祖先的血脉后裔，围内人相见，互以叔伯兄弟、姊嫂婶侄相称，迈出自家房门，仍是"大家"，走出围门方离开了"家"。因此，如果说围屋的首要特点是"设防性"的话，那么，第二大特点便是"血缘性"。他们平时各自为家，祭祖行礼时，便是一个大家庭，遇到外敌入侵，则整个围民又是一个统一的战斗集体。因此，某种意义上说，围屋具有割据性，只要将围门一关，几乎就是一个独立王国。维持这种大家庭血缘关系的纽带，

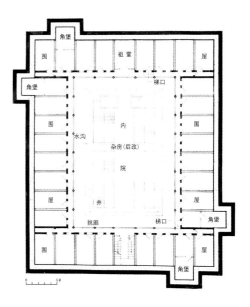

图1 燕翼围二层平面图

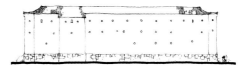

图4 燕翼围侧立面图

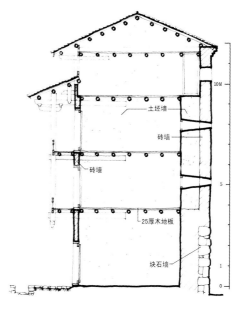

图5 燕翼围剖面图

图2 龙南里仁沙坝围

图3 燕翼围

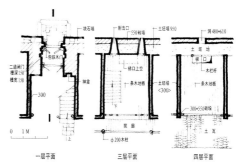

图6 燕翼围楼梯间平面图

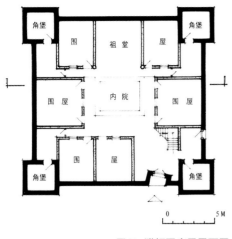

图7 猫柜围底层平面图

图 11 赣南围屋外观

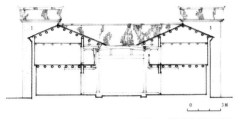

图8 猫柜围剖面图

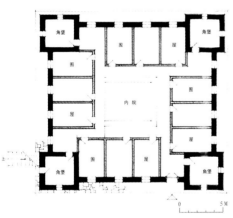

图9 定南县下岭镇八乐排围底层平面图

图10 全南雅西福星围

是每年定时进行的敬宗祭祖活动。故围内必设有"祖堂"这一功能的公共建筑，祖堂成为围民的"圣殿"，是围内建筑档次最高、装饰最华丽的地方。赣南客家人对宗教信仰并不普遍，但对祖先崇拜却十分普及，如对祖宗不敬便会到族人的普遍谴责。

6. 代表建筑

1）龙南里仁猫柜围（图6、图7）

龙南里仁乡新围是已知占地最小的土围，当地戏称"猫柜围"（即养猫的笼子），面积仅 240m²；该围屋虽小，入口不在正中，而是设在围屋的中轴偏东南方，同样保留着围屋的完整格局，可看成是小型口字围屋的范例。

2）定南县下岭镇八乐排围（图8、图9）

八乐排围约建于晚清时期，这是一座占地只有 450m²，但很完整的土围。属"口"字围的典型例子。八乐排围平面为有强烈寓意的万字纹。内空间为半天井。围屋两层，有贯通的内挑通廊，这是围屋共有的显著特征。二层有单独外踏步出入口。外墙为 57cm 的土筑墙。由于晚清时期当地社会矛盾有所缓和。因此，这个时期的围屋体量较小。防御功能不如以前突出，八乐排屋已经在外墙开出了窗户，只在底层开设一些枪炮眼口，外檐也采用了能有效保护土坯墙体的木挑檐而不是硬叠涩的砖挑檐。

成因

随着向山区开发的深入和匪患情况没有根本性的好转，客家人为了生产、生活方便，以及构筑和防卫防守方便的需要，大型围屋必然会向小型化发展。因此，由国字形围屋，向口字形围屋发展便成了必然结果。

比较／演变

口字形围屋与国字形围屋比较：一是占地面积一般更小。二是楼层更高。一般都在三到四层间，而国字形围屋则都在二、三层之间，因此，赣南围屋中，最小和最高的围屋都是"口"字形围。三是防御更为坚固完善。此类围屋因更小、更高又出现得较晚，因此，它有更充足的财力、经验和技术，可以建造出防御能力更坚固、周密和完善的围屋来。四是更适合于山区丘陵地带和普通经济收入家庭建造。受"逢山必有客，无客不住山"这样的山区地形和经济类型的制约，建口字形围屋比建国字形围屋，更有适用性和可流行性。

赣南客家民居·不规则形围屋

不规则形围屋，其实是一种"村围"性质的聚落民居，由于这种围在赣南流行围屋的县区，当地也称其为"围"或"围子"，如龙南的"西昌围"和"栗园围"，故也纳入赣南客家围屋的子项中。但在赣南不流行围屋的县区中，则多称其为"城"、"堡"，如南康区的"谭邦城"和会昌县的"羊角水堡"。

1. 分布

分布较为零散而又广泛，在赣南历史上几乎各县都存在过。现存村围主要在龙南、寻乌、大余、南康、于都、会昌等县，主要见于上述各县区的边远村落中，建筑年代相对较早，年代大多为明末清初，但最早的可上溯到南宋，这可以于都县葛坳乡的澄江村村围为证，显示出与赣南早期围屋的重合历史关系。

2. 形制

1）平面特征：一般占地比其他围屋都大，与典型围屋比主要是没有周密预设性，实际上就是当地的一处普通村落，后来由于安全的需要，而环村落边缘建起防御围墙和布设城门而已。围中只有自然形成的路径、民居、门坪、水井、沟渠乃至水塘，看得出应是先有一

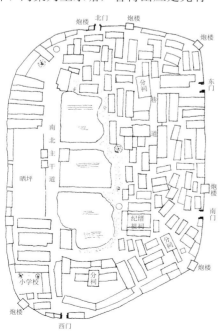

图2 龙南栗园村围总平面示意图

个自然村落，后根据防卫的需要再将村落围起设防的结果（图1、图2）。

2）立面特征：一是入村必经过城门，城门设3～5个不等都起有名称，常见的也是以东、西、南、北门唤之，城门与城门之间，有的就是筑厚实的城墙环抱成围，如"谭邦城""羊角水堡"；有的则用砖石围墙依托固有的村边房屋连缀成围，高度约3～7m不等。城门处一般均设有敌楼，只是样式简单更接近民居化。围内建筑一般都有宗祠、民居、牲畜棚、社公庙等，个别大的如羊角水堡村围还有庙宇等公共单体建筑，建筑高度基本上都是两层、土木结构为主，其建筑形式和材料等如当地客家村落（图4、图5）。

3）居民特征：一般为单姓村落，它围屋相比，虽基本上也是聚族而居，

图3 龙南临塘黄陂围城楼

图1 龙南关西老围平面图

但没有那么的纯粹和血脉清晰，容不得他族，在大敌当前时建起的村围，少量杂姓也包容在围子里。

3. 建造

本类型围屋内的建筑一如当地客家村落民居，无非是土木或砖木结构，坡顶房，详见"赣西南客家大屋"章节便知，唯有不同的是环村之"围"的构筑。这种村围的围墙形式主要有两种，即城墙形式和围墙形式。前者宛若古城做法，有砖砌城墙、城堞、城门、城楼，只是体量、尺度和城防要素都比县邑要小、要少，如"谭邦城""羊角水堡"；后者则较为多样化。首先墙体普遍较为单薄，许多墙厚只有约35cm，墙高约2m左右，一如普通围墙的高厚度；二是围墙材料五花八门应有尽有，如三合土、虎皮片石、自然块石、卵石等，其中也见混合或局部建有条石、青砖、土坯砖的围墙。三是围墙一般与位于村边的民居相接，以减少工程量。这种村围，其防御功能可以看得出明显不如前者和标准的围屋民居，是种向村民集资筹建的权宜之计，抵御和防御能力不能与由一人完成的围屋相比（图3、图6、图7）。

4. 装饰

较为简单。围内民居就是一般赣南客家民居，其装饰详见《赣西南客家大屋》及其子目情况；所不同之处还是外立面的"墙高壁厚、壁垒森严"的艺术印象。

5. 代表建筑

1）龙南县关西镇关西村老围

图 4　南康谭邦城村围城门

图 5　会昌羊角水堡村围城门

图 6　大余杨梅城村围城墙

图 7　大余左拔曹氏村围入口

老围，是相对关西新围而言，本名"西昌围"，创建于明末清初，是经过几代人逐渐发展而成的。围内以祠堂为中心，前后左右建有五栋厅堂和一栋观音厅。各栋厅堂的建筑时间都不相同，最早的立孝公堂建于明代末年，最晚的是道光年间。其中祠堂建于清雍正九年，是围内建造最华丽的一栋，梁柱、门窗、

天花板均装饰民间彩画、雕刻。老围总占地面积为 5257.6m²，现居围内的是徐日公三子和五子的后裔。关西老围是座随地形变化而建的不规则形围屋，三座炮楼均设在易遭攻击的西南面，围内建筑如厅堂、横屋、围屋房等的平面布局也是不规则形建造的，这完全不同于围屋，反映了赣南围屋从村落到村围再到围屋的发展过程，但相传这是有讲究的。据说这是块蛤蟆地形，是徐姓人的风水宝地，因此建围屋时也状如蛤蟆，各厅互不相连，因势而建，自成一体。此围建成后，后来徐氏果然大发，出了像徐老四这样的大财主。也就是从徐老四创建的新围始，赣南围屋遂以此为标准，纷纷仿造，从此形成了自己较为固定的"四角炮楼"模式。

2）龙南县里仁镇栗园围屋

栗园围是赣南现存村围中保存最完整者之一。占地约近 40000m²，系李氏宗族聚落。村四周用片石砌筑围墙，高约 6m。设东、西、南、北围门，但并非严格方位，号称而意。从平面上看，村围南北长，东西短，村民偏居于东边，围内有一条主干道，自北门往西门（略往西侧），纵贯南北。干道东侧是接连三口水塘，占地约 400m²，这三口深水塘，位于围仔中心地带，它所具有的消防、清洁等作用以及因此带来的大面积内部空间，给封闭式聚居的村民所提供的便利和舒适，怎样评价它也不过分。干道西侧是一大块晒场，当然也是村民们集会以及休闲的娱乐场所。此外，自东门和南门进村，也各有一条用河卵石铺砌的，约一米余宽的小径，蜿蜒至村中央。

现村围里，最好最古的建筑要数"纪缙祖祠"，是栋三开间带门廊三进府第式建筑。厅堂高敞，青砖砌墙，两山构筑起伏的风火山墙，厅内有七对方形石制堂柱，堂柱上共刻有十副阴文对联。祠堂的檐柱用两挑或三桃出檐，挑头皆用斗栱装饰。从其斗栱通体皆镂刻，以及图案繁复的彩画和梁枋装饰等情况看，似是清代早期的做法。

成因

赣南地界四省之冲，历史上为盗寇啸聚之渊薮。始初村民为躲避匪害往往就近筑山寨，匪至上山，匪去回村。后鉴于强盗袭击村落时，因要弃村上山，往往造成躲避不及或即使保得人身安全，也难保房屋财产安全的情况，因此，便出现了就村设防的村围。再后来，由于村围防线长、抵御功能不齐备、防守人凝聚力不强，为进一步完善综合防御能力，于是，便出现了从聚落性防卫转变为家庭性防卫为主的围屋，使防御功能在软件和硬件上都得到了大大加强和完善。

比较／演变

它与当地围屋的主要区别是：围屋，往往是由某一财主策划出资、统一布局设计而建，围内居民都是他一人的后裔，因此，构筑较精工、整体性能好。村围，则往往是先有一个同宗（也有不同宗姓的）的自然村，后因共同安全的需要，而由村民捐资出力做起的环村之围，因此，其特点是占地面积大，平面多呈不规则形，围内建筑大多杂乱无章，自由兴废，炮楼、门楼的多少根据位置需要而定。"村围"与香港、深圳一带流行的"围村"性质相类似，如大多是氏族同姓村落，形制较大，具有防御功能。但"围村"建筑是经过统一规划的，其平面形状、炮楼位置，围内的建筑等级、房舍形式、街巷走向、空间处理等，都有一定的规律和讲究，这一点又似赣南的围屋。

赣南客家民居·炮楼民居

炮楼民居，性质属于客家设防性民居范畴，但类型异于典型的赣南围屋，其主要特征就是，将类似围屋的角堡借鉴出来，建成一座放大而独立的方形炮楼，当地人称之为"炮楼"或"炮台"的住处。这种"炮楼"不是日常居民所生活聚居之地，而是遇寇盗侵犯之时方迁入的临时避居所，故附近一定有幢客家大屋式民居。

图 1　寻乌留车圫坊炮楼

1. 分布

此类型民居主要分布在寻乌县南部的晨光、留车、菖蒲和南桥等乡镇，这里与广东的龙川、平远县交界，属于远离统治中心的边远地带。据 2011 年第三次文物普查资料统计，现存数量还有 20 余座。其建筑年代基本上集中于清代中晚期。

2. 形制

1）平面特征：大多为近正方形，长宽比在此 8 ～ 16m 左右。底层设有一门，并有坚固的安防设施，围内一般辟有水井。从平面布局看，类似缩小的"口"字形围，围心院落成为一个又高又小的天井。楼梯皆为木质，一般设在门厅内。

2）立面特征：层高一般为 4 ～ 5 层，外立面每层都设有外小内大的枪眼或望

孔，二层以上小心地设有窗户，叠涩出檐硬山顶。室内楼层顶层主要为警戒或作战用，以下楼层为避难居民使用（图 1、图 3）。

3）使用特征：因炮楼民居是临时避难防御所。因此，首先在炮楼附近或紧挨着就有一幢当地流行的客家民居，大小不一而同，详见《赣西南客家大屋》所述；其次是必是附近民宅所有并为某一姓氏有针对性所建。

图 3　寻乌留车上寨下新屋炮楼

3. 建造

因是纯防卫性建筑，其外墙基本上都是以石块为主料混合在强度很高的三合土灰中构筑，多见为片石砌墙、条石勒角，墙体厚度在 50 ～ 100cm 间，比一般民居更厚实坚固，门窗和枪眼则用青砖或条石精构；内部房间隔断墙则用土坯砖，楼层、楼梯和屋顶皆用杉木材

图 4　寻乌南桥罗陂新屋下炮楼

图 2　寻乌南桥团红排上炮楼

图 5　司马第炮楼

图6　寻乌晨光司城炮楼民居全景

图8　寻乌晨光司城炮楼近景

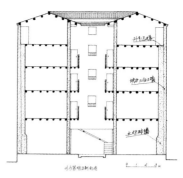

图9　司马第炮楼剖面图

料制成,屋面用小青瓦覆盖(图2、图4)。

4. 装饰

一切为了防御,直奔主题。因此,装饰效果是简洁、明了、硬朗和冷峻。如果要说其有装饰的话,那主要体现在其枪眼、门窗形状与材质的变化和外部叠涩收顶样式上(图6~图8)。

5. 信仰习俗

因同为客家人,因此,信仰主要还是祖先崇拜。但这里因紧邻广东,受粤东客家文化影响,也流行信奉"山伯公",即土地神崇拜。

6. 代表建筑

寻乌县晨光镇墟上司马第

其建筑平面分别由后部的围龙屋、中部的司屋第、前部的禾坪及其左侧的水塘和右前角的炮楼构成。整个地基成三级台地布置状,各级落差约1.3m。大致司马第与禾坪处于二级阶坡上;炮楼和水塘建于禾坪两边前角上,处一、二级阶坡之间;司马第后的"围龙屋"

图7　寻乌晨光司城炮楼内部残景

部分,则属于三级台地上。整个地势前低后高、坐北朝南,采光和排水极便利。

司马第高两层,外墙体皆用河卵石垒砌或三合土夯筑。墙厚35cm,后部围龙屋外墙厚60cm,起弧部分设有高三层的炮楼,硬山顶。内部房屋,除中轴线上的厅堂为砖构和抬梁式构架外,余皆为土木结构,梁架搁栅墙上,悬山顶。其二级台地即中部平面为正方形,总长宽都是87.5m。其布局与赣南客家大屋之"三堂四横"式基本相同,但天井做法更接近闽粤客家。如横屋中的天井是通长而浅,宽大而空畅,而赣南的天井,一般窄而深。整个司马第住宅区,仅有一孔大门出入。

司马第的炮楼,设计极为工整,是个正立方体,长宽各15m,高也是15m。墙厚底部一米以下是1m,一米以上至五楼墙厚是80cm,五楼至檐下是30cm。墙体也是"金包银"结构。即外层用砖石,内层用土坯砖,墙体外表皮用三合土夯打,四角用青条石包镶。炮楼底层不设窗孔,二楼以上分设一些外小内大的枪眼或望孔。炮楼内天井中掘有一口能加盖的水井。底层设有大板梯上下楼,一至四楼通过内走廊可以贯通炮楼内各室,五楼是防御层,沿外墙根设有四周贯通的"外走马"。炮楼作用是,当司马第住宅区遭到强敌袭击无法抵御时,便全部转移到炮楼内。因此,炮楼的空间,足以安顿下所有司马第的居民及重要物资和生活必需品(图5、图9)。

成因

寻乌县南部位于赣闽粤交界地区,远离统治中心,明代后期曾长期被处于亦民亦匪和剿抚更替状态中,清代也没有改变是匪患重灾区的局面,这种社会背景大略同赣南围屋流行地。此外,众所周知,围屋、土楼虽然墙高屋坚,足以抵御强敌,但人畜密居,光线、空气、交通、卫生等差,长年累月蛰居,总感觉不舒畅。而围龙屋虽是较理想的民居,但又很难抵御得住强敌的侵扰,为了避免长期困居围屋生活不便,根据强敌或匪盗的侵袭毕竟是暂时的情况定位,于是,在客家设防性民居中,又有了"炮楼民居"这一类型。

比较/演变

与典型赣南围屋比较

1)将防御区与生活区彻底区分开,不必像围屋那样因设防短时间的危险而终生将自己围困起来生活。

2)炮楼,是种专设的防御碉堡。它墙高壁厚,易守难攻,平时空闲着,一旦大敌当前便避入暂住,敌去则回复到民居中,不必像土楼和围屋那样,还要兼顾平时生活方便的需要,结果往往是二者不能兼得。

3)炮楼更高、更大;枪眼更密、更下移;墙体更坚实,外墙几乎都是砖石构成。

山东民居

SHANDONG MINJU

鲁中山区民居·官道合院

在以济南府为行政和商业中心的明清时期，济南周边有多条通往济南的官道，官道沿线的村落自然比一般村落多了商业上的机遇，民居的建造质量也远远高于其他的村落。

图1 博平村中官道，当年通往济南府

1. 分布

官道民居主要分布在济南周边原来通向省城济南官道上的重要村落以及章丘等地平原到山区官道上的村落。

2. 形制

官道民居的建筑形式主要为四合院或三合院，从总体上保持了北方四合院传统的布局、结构等特征。四合院通常按南北纵轴线布置房屋与院落，院子由大门、二门、影壁、倒座、正房、厢房等若干单体建筑组成。一般在抬梁式木构架外围砌砖墙，屋顶多为硬山式，墙和顶较厚，以御严寒。

3. 建造

这类民居主要有以下几种建造方式：上等房青方石根基，青砖到顶，仰合瓦屋面，小瓦脊梢，窗户是汉纹拐、万字木窗户，门上有万字纹样的香眼；中等房青石根基，石灰坯墙，薄板檐山草顶，木格子窗，这种房子造价低，冬暖夏凉，经久耐用。石灰坯是这里的特色，章丘一带过去有许多小煤窑，开采

历史悠久，所以村中烧煤的历史也同样久远。过去烧煤先用黏土即老百姓说的烧土和煤加水一起掺和在一起打火坯，这样的火坯结实耐烧，烧完以后的渣灰就是建房的原料——首先把渣灰碾碎，取2/3的渣灰加1/3的石灰面掺匀，加水搅拌，形成渣灰膏，然后进行脱坯，这样制成的石灰坯砖砌的墙经久耐用，经风吹雨淋风化作用整个墙面浑然一体。过去老百姓讲："湿时赛瓦缸，干了硬棒棒"。

4. 装饰

装饰尤为讲究。因为此地靠近济南府，深受其文化熏陶。再加上济南周围地理环境和自然资源的原因，各种建筑材料丰富，工匠齐全。因此，无论是砖雕、石雕还是木雕，工艺都很精湛。

5. 代表建筑

1）济南章丘博平村李家街1号

至今保存完好的四合院曾经是当年地主"豪华"的宅院。这座老宅距今大概有130多年的历史（准确年代不详）。院子坐北朝南，是典型的四合院式民居，

院落布局别致，正北面的三间房，中间比两侧略高，而东、西厢房的房顶靠近北面正房的一侧明显高出，远离正房的一侧相对较低些，南面的倒座为一层建筑。如此，整个院落自南向北呈三层分布——"三合楼"也因此而得名。这种层层加高的建筑布局，不仅从外表看起来错落有致，而且寄托了房主步步登高的愿望。院子进深约22m，宽约16m。东南为大门，入大门迎面是影壁，原有的二门已被拆除，院内的景象了然于目。北面正房是一座青砖垒砌的两层楼，面阔三间，中间比两侧高，楼的屋顶为传统的硬山式，上面铺着黑色的小筒瓦，正脊由青瓦叠压而成，两端微微翘起，垂脊则为两段式。楼上、下两层的门窗均为青砖拱券式，中间正厅的大门处是由几级石阶抬高而入，门宽约1.5m，东侧的耳房内有一木楼梯直通二楼。院内东、西两侧的厢房为两开间的一层建筑，立面有两层开窗，门窗则都是青砖发券。南面的倒座房为一层两开间，东西长12.5m，进深3.8m，高约5.8m，

图2 进门靠山影壁

图3 民居大门门楼

图 4 博平村四合院外观

图 10 民居大门

图 5 门楼墀头石雕与砖雕

图 7 刘连全宅东厢房正立面

图 8 刘连全宅北房正立面

成因

过去对传统交通的依赖为官道上的村落发展积累了大量的财富，也产生了不少商家的宅院，因此在交通沿线的村落，无论规模还是建造的质量，都远远高于周边普通村落。济南府城是明代以来山东的政治经济文化中心，济南四周的官道上的村落发展尤为明显。

比较 / 演变

这些村落是交通要道上重要的节点，规模比较大，集中了商业店铺和大户人家，是周围村落的商业中心，一般建有围子墙作为防御。后来随着近代铁路交通的兴起，不少村落地位败落。

倒座与西厢房之间是厕所。

2）济南章丘旧军孟家孟宅

此为山东内地受西式建筑影响的少有的楼房四合院，院落宽敞，楼房高大，建造讲究，主体建筑采用砖木结构，局部运用了西式的建筑手法。

图 6 祠堂内部

图 9 民居山墙

鲁中山区民居·平顶石头房

山东的平顶建筑在鲁中到鲁西北是一种主要居住建筑类型，尤以济南长清平阴一带的石头平顶房为代表——这里地处齐鲁两国分界线，深受齐鲁两国文化的影响，建筑坚固大气而不失精美细腻，是山东民居的重要组成部分。

图1 平阴南崖村石头民居

1. 分布

该民居是以鲁中山区为主要分布区域的一种居住建筑类型，以平阴滦湾乡的石头房最为典型，长清的平顶石头房也颇具有代表性。

2. 形制

在平原地区三合院居多，山区丘陵地带四合院居多，甚至也有少量的楼房四合院。山区丘陵四合院院落正方，布局紧促，房屋高大，厢房、南屋俱在，只是院落狭小，院落四周全部用大石块砌成，大门也做成古堡的样子，封闭性很强。

3. 建造

长清、平阴一带的平顶石头房构造基本是石头。这种平顶房的房间进深较短，墙体很厚，屋顶不是梁架结构，而是墙体承重，在前后墙之间，架上横梁，上面铺荆条编的笆，再上面铺厚厚的三合土。屋顶用石灰抹成漫坡顶，呈一条平缓弧线，和墙体形成一种曲直的对比关系。这种屋顶年久以后墙体和屋顶浑然一体，加强了山区民居厚重结实的感觉。另外还有一种早期普通人家的房屋，石头框架，石门窗过梁，生土板筑围合。"版筑"是建造泥墙的一种古老方法，其名称来源于建造这种泥墙的工具。"版"指的是夹墙板，俗称箔或板箔；"筑"指的是捣土的杵，后来也有用夯的，这种板筑立墙造屋的方法历史悠久，其建造的土墙也异常坚固。

图4 平顶房屋顶横梁和笆砖

4. 装饰

由于地处山区，石雕运用比较普遍。这一带的山东汉画像石非常著名，民居石头雕刻纹样在粗犷中透着精细，有汉画像石的遗风，整个民居显得简洁大气又不失精美。

图5 砖石结构墙面

图2 庭院

图3 平阴南崖村万家楼

图6 长清方峪方家大院

图7　大石块砌成的路面

图8　生土版筑墙

5. 代表建筑

1）济南市平阴县洪范池乡南崖村万家

万家楼为三进院落楼房四合院，门楼高大，院门精致，木雕、石雕、砖雕都十分讲究，楼房坚固如同城堡，内有木楼梯通向二层，楼顶平台可以俯瞰全村。

2）济南市长清区方峪方家大院

大院院落方正紧凑，房屋高大，整个建筑全石头到顶，石材打磨精细平整，建造精良，门楼雕刻细部讲究，为平顶石头民居的代表。

图11　平顶房漫坡屋顶

图9　南崖村正西面远眺

成因

此地石头建筑历史悠久。长清孝堂山汉墓是国内最早全石头建造的地面建筑，至今部分农村地区仍可见全石头建房。另外此地对生土的运用技术一脉相承。章丘城子崖考古发现，早在3600年前的岳石文化遗址中，城墙便是用版筑方法修建的。当时填湿土夯打成形的土墙夹墙木板宽20cm左右，长2m多。现虽然技艺废弃，但保留下来的民居还体现着有悠久的建造历史。

比较 / 演变

此地民居与鲁北的平顶房为一脉相承，同时因地处山区丘陵，采用石墙承重，与山东其他地区平顶房相比其结构更为坚固，装饰性更强。

图10　南崖村西南面远眺

鲁中山区民居·泰安圆石头房

泰山，山上严禁开采石料，所以虽然也是山区，但四周所有村落的民居并不是用开采的石头建造的，而是由河滩里的石头垒成，过去有种说法"泰安有一怪，圆石头垒墙墙不歪"。

图1 河滩石头垒成的民居

1. 分布

主要分布在泰山四周的山村。

2. 形制

山区民居院落的布局比较自由，每个院子的大小都不一样，或纵向或横向布局，有的房子就建在山坡的一块岩石上，根据石头的大小决定院落的形状，所以在山区民居中不能用平原民居几进几进的院落来衡量它们布局的形式。在泰山山区还有一种大车门比较常见。大车在山区是一种重要的生产、生活工具，过去泰山山区的一般富裕人家都要置办这样一辆大车。平时大车要放在院子里边，进出院子的大门自然要建成大车门。大车门比一般门楼宽大，门扇由很厚实的木板钉成，虽不一定精美，但一定要坚固。车门有两扇，一扇宽一扇窄，两扇门中间有一根立柱，平时人进出开一扇大门，等进出大车的时候再卸下小门。

3. 建造

建房用的石头基本取自河滩。每场大雨以后，河滩里总有大大小小被山水冲下的石头，成为村民建房的首选。所以无论是村落街道的铺地，还是房子的山墙都建得极有趣味。那些在河滩里被打磨得光滑的形状各异的山石建造的房屋色彩斑斓。

图3 圆石头垒成的院落

4. 装饰

山东泰安一带的山区过去在直棂窗的上面还装饰一块横的木窗楣，上面雕刻有双钱纹、万字纹等，既是一种装饰，又有通风换气的作用。

5. 代表建筑

1）泰安大津口乡李家泉村知青房

知青房上下两层，共四十余间，外

图4 泰安大津口李家泉知青楼房

图2 圆石头垒的墙面

图5 泰安大汶口山西村石头民居

图 6　民居院落外观

墙为全部乱石头到顶，内部为拱券，为泰山民居中规模最大的民居类型。

2）泰安大汶口乡山西街村民居

山西街村民居为现存泰山民居保存最为完好的村落，其中山西街某宅为二进楼房四合院，建于中华民国初年，外墙全部圆石头砌墙到顶，很好体现了"圆石头垒墙墙不歪"的民俗，其屋顶小灰瓦至今保存完好。

成因

由于泰山上的石头不可开采。所以虽同是山区，泰山周围的民居却采用了自然石的建造方式，久而久之就形成用圆石头盖房的习俗。古人的日记曾经这样记载："（十七日早过泰安州）沿泰山麓高低皆圆石，最崎岖难进。道旁民舍亦尽垒圆石为垣壁，前此未有也。"

比较／演变

泰安民居圆石头盖房的习俗原仅限于泰山山麓的自然村落，后来在泰山四周的沿河采集自然石材方便的村落，如大汶口等地的村落，也吸收了这种建造技艺。

图 7　民居院落

鲁中山区民居·周村商居

周村周围自然资源丰富，盛产蚕丝和棉花，加之交通便利，清朝以来周村逐渐成为附近区域商品的集散中心，吸引各省商贾会集于此，周村也逐渐由一个普通店镇逐渐发展为山东乃至全国著名的工商业城市。周村商业街前店后宅、亦商亦住的民居形式为山东民居特有，而周边村镇的民居受其影响，民居奢华而坚固。

图1 周村商住院落

1．分布

此类民居主要分布在淄博周村及周边城镇乡村。

2．形制

在周村商业街道两边是高大的店铺，主要借鉴传统四合院的特点。功能布局上主要是前店后住或者上住下店的组合形式。又辅以当地民居的特点，硬山屋顶，筒瓦铺面，砖木结构，偶尔有西式建筑混迹于中。整体建筑密度大，规模是一般的城镇所没有的，整个建筑环境与传统村落颇为不同。

3．建造

建筑以传统的木结构和砖石结构为主，砖石做工精细讲究，绝大多数建筑为硬山坡屋顶、青瓦覆顶；建筑墙面多为青砖白石、砖石和灰浆砌筑而成，砌筑考究；木结构粗壮大气，建筑木材部分漆暗红色和黑色。其气派典雅，是山东民居中的精品。部分建筑设有取暖的地炕，结构合理。另外周村一带的民居楼房也是这里的民居特色，如在李家疃竟有三处楼房。

图3 李家疃牌坊街立面

4．装饰

石头雕刻精美，为山东民居石雕中最为讲究的地区。砖雕多集中在屋正脊及侧脊上，精美程度在山东实属罕见，门窗也多采用木雕工艺，显示了周村商人财力之雄厚。

5．代表建筑

1）周村商业街商居

包括周村大街、丝市街、银子市街

图4 李家疃民居细部雕刻

图2 李家疃二层楼房

图5 民居外墙

图 6 李家疃悦循府三进院外观

等，这些古商业街市成为周村商业兴旺发达的历史见证，也是周村居住建筑重要的历史载体。这些商宅为典型的前店后宅的四合院，沿街为五开间二层楼房，作为商业经营；后院为平房四合院，作为日常居家使用。

2）悦循门、亚元府

李家疃是受周村商业影响的乡村民居的代表，保存较好较大的宅院有悦循门、亚元府等，另外在李家疃还有怀隐院等两处私家园林，这在北方的乡村也不多见，充分显示了周村商业的生活趣味。

图 7 李家疃淑仁府大门及细部

图 8 门枕石石雕

成因

鲁中为齐国故地，商业历史悠久，人们崇尚富庶生活。历史的积淀，文化的熏陶，在城乡民居上表现得奢华讲究，雕饰精美。村镇靠商业发展起来，原来就有一定的经济基础，南北贸易的交流使这里的商人开阔了眼界，在宅院上吸收了南方建筑的特点和审美趣味，因此周村一带的民居奢华而讲究。

比较／演变

周村当地士绅极为重视工商业的发展，积极营造公平、合理的交易环境，从而招徕各地商贾汇集于此，使周村得以不断地繁荣和发展，成为远近闻名的商业重镇。一直到清末，周村与烟台、胶州、潍县并称为山东的"四大交易中心"。周村的居住方式也影响到各地，以周边的王村、淄川等地民居影响最大。

图 9 王村、淄川民居

鲁中山区民居·山区石头房

山区民居是山东极有特色的一种民居类型。山东虽然不是以山地著称的省份，但在山东的中部、南部也有方圆几百里的泰山和沂蒙山脉，使得山区民居在山东也占有相当的数量。山区居民在长期的生活中，根据山区的自然条件、经济条件和生活习惯，建造了极富地方特色的居住形式。比起城市和平原地区的民居，山区民居更富于变化，是山东民居的重要组成部分。

图 1 山区民居院落外观

1. 分布

此类民居主要分布在鲁中山区。

2. 形制

鲁中山区民居的分布范围很广，院落类型多样。在山区的腹地，院落布局完全取决于地形地貌，虽然基本是四合院三合院的格局，但形制自由、规模大小差异很大，而越接近平原地区，四合院的格局越规矩，大致都是山东四合院的类型（图 1、图 3、图 4）。

3. 建造

山区房子本身是用石块砌成，讲究的人家请石匠把石块加工好，严丝合缝砌好。一般人家选用自然的石块砌成，因没有足够的经济实力，建造得比较简单——青石根基砌墙用未经打磨的自然石，石块大小不一，有的用石灰抹缝；内墙用土坯墙，山草顶或麦草顶，木直棂窗。这种房子大多分布在沂蒙山区，建造的时间比较晚（图 2）。

山区石头房使用最多的是草顶，有山草和麦草之分，但结构是一样的，墙体承重，两边的山墙一般要高于屋顶，房梁和檩条都直接架在山墙上，结构比较简单。上面铺完椽子以后就铺草了，不需要太多承重，只是根据各地的实际情况决定使用山草或麦草，山草一般可以撑五、六十年而保证房子不漏，麦草一般可以使用二三十年左右（图 5、图 6、图 7）。

4. 装饰

由于经济、交通等原因，山区很少有砖瓦雕刻——一般是有功名的人家才

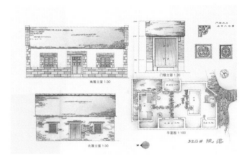

图 3 青州井塘村青后街 328 号院落平面、正房立面及雕刻大样图

图 4 青州井塘村后街院落总平面图

图 2 石头墙

图 5 山区民居石墙

图 6　自然石块墙面

图 7　山区门枕石雕

图 8　青州井塘村张家大院大门

在门楼使用一些简单的瓦饰和木雕，但在山区不乏手艺高超的石匠，建造的门楼细部讲究。门枕石上面的雕刻质朴、屋顶的挑檐石一般加工比较精细，有的还要雕刻上一些吉祥的文字和图案，如"金玉满堂"。山区民居中的影壁也注重雕刻，在济南南部山区的柳埠曾经有一个院子，整个靠山影壁用一块大石头雕刻一个大大的"福"字（图8、图9）。

5．代表建筑

1）青州王坟镇井塘村张家大院

张家大院为山区少见的完整的并列四合院，也是典型的全石头民居四合院。建于20世纪初，巧妙利用山区地形，结合当地的建造工艺，布局完整，细部讲究，是山区石头民居的代表（图10）。

2）青州王坟镇井塘村孙家大院

孙家大院均为二进四合院，布局讲究，门楼、照壁、正房、厢房完整，做工精良，用材讲究，细部雕刻精美，为山区石头民居的代表。

图 9　鲁中山区民居街道

图 10　石头加工技艺之一——野马分鬃

成因

山东山区民居主要受地理环境的影响，很难有平整的院落。在交通不便、砖瓦有限的情况下，山区民居充分利用山区石材的特点创造了风格朴素、粗犷，极具山东特点的山区民居。

比较／演变

山东石作工匠大多出自山区，由于过去传统农业耕作受限，山区民居形式仅在鲁中山区传播。近代以后，随着城市发展，对专业工匠需求的增加，山区的石头建造技术和手法被大量运用到城市建设中，对近代山东建筑技术的传播与发展起了巨大的作用，济南著名的洪家楼教堂就出自历城山区工匠之手。

鲁中山区民居·博山窑场民居

图1 博山八陡街景

博山陶瓷的发祥地，素有"陶瓷之乡"的美誉，其制陶业的历史可以觅至北宋年间，距今已有千年。沿至清朝，当地的陶瓷业发展到了顶峰，民间圆窑林立。这里的窑场多为居住、工作于一体的家庭手工作坊，形成了居住与生产生活相结合，极具手工业生产特色的陶瓷古窑民居。

1. 分布

陶瓷产地一般都有储量丰富的原料、燃料资源为基础。博山一带陶土、煤炭储量都很丰富，开采历史悠久，陶土和煤炭为生产陶瓷提供了优越的客观条件。当地的煤炭开采于元代，到明清时期，博山一带窑业盛况空前，民间圆窑林立，一跃成为北方陶器重点产地，其中尤以山头、窑广、八陡、北岭、务店、郭大碗等地窑场为著名，而其周围亦形成了山东民居中特有的以当地的陶瓷材料为主的民居。

2. 形制

博山一带民居多以三合院和四合院为主，当地居民制陶多为家庭作坊式圆窑，因外形似馒头被老百姓称为"馒头窑"。为了方便生产和生活，博山一带民居把住宅和烧陶的圆窑建在一起，成为生活、生产为一体的窑炉合院

的独特民居建筑。院落中高耸的窑炉烟囱也成为该地区传统民居中最为明显的标志所在。

3. 建造

在当地民居建造中，烧陶的废料和制陶辅材料在建筑中被大量运用，最常见的有匣钵、窑碛和黄板等，主要用在围墙、主体建筑墙体、地面上。匣钵是在烧窑之前先期做好的一种放置陶胚的容器，采用当地软硬黄土烧制而成。匣钵在窑炉使用过几次以后就不能再用了，这些替换下来的匣钵因其材质坚固结实，抗风化又耐腐蚀而被广泛使用在当地民居的墙面上。这一带的民居在冬天多采用烧地暖取暖的方式，铺地采用当地一种特殊的耐火材料——窑墼，窑墼方形，比一般砖厚，土黄色。冬天家家都在外面烧炉子，采用这种窑墼铺地的室内温暖而整洁干净。

图3 以废旧窑砖、陶缸陶罐为建筑材料

图4 耐火砖灰瓦结合的山墙

图2 八陡镇民居

图5 民居院落中的窑炉

图8　博山民居地炉

图6　进门照壁砖雕

4. 装饰

博山一带陶瓷民居大多用废弃的匣钵砌墙，匣钵是环形圆面，筑于墙屋之中，有竖向排列、横向底部朝外排列、夯土与匣钵砌筑、夯土与黄板砌筑、夯土与窑碴砌筑或者多种材料组合砌筑，极具特色。这些使古窑村的民居具有一种特殊的装饰性和艺术性。

5. 代表建筑

1）博山山头街道办事处河南东村东街7号

院落大门顺应道路地形走势开在道路一侧，迎门设照壁，一侧有券门进入院内。院落为四合院布局，北边为正房，东西两侧配厢房。民居建筑基层以青石砌成，墙面以灰砖或"窑碴"收边，墙体用匣钵与废坯、陶罐、陶片加黄泥垒砌构筑而成，简单朴素，别有趣味。

2）博山八陡镇某宅

该室为典型的窑户民居。房屋及院落墙体基本为匣钵砌筑，正房山墙镶嵌琉璃砖雕，正房屋外有地炉，冬天用以烧炭取暖，室内地面铺设耐火砖，干净整洁。

图9　匣钵和灰砖结合的山墙墙面

成因

博山四周制瓷民居聚落多形成于明清时期，随着陶瓷产业的不断发展，形成了具有独特地域文化的街区和巷道，当地百姓都以制陶赖为生计，渐渐形成了以制陶作坊为核心的小集镇，素有"陶镇"之称。

比较／演变

博山烧造的陶器与居民的生活融为一体，民居形式也影响到周边淄川、周村等地，在这些地方也能见到院落围墙用各种废旧窑砖、陶缸、陶罐，甚至陶瓦等与泥、石等材料混合砌成的墙体，成为淄博一带民居建筑构成的重要元素。

图7　博山民居正房外观

鲁南山区民居·石头房

山东南部方圆几百里的沂蒙山脉和其他低山丘陵构成了鲁南独特的地貌，使得山地民居成为鲁南主要的民居类型，也是山东民居的重要组成部分。相对其他地区，鲁南山地民居石头民居风格朴素，构造简单。

图1 紧挨民居院落的炮楼

1. 分布

主要分布在鲁南山区，即现在的临沂大部分和枣庄一部分。

2. 形制

鲁南山区民居是山东山区民居的典型代表之一。由于受山区地势限制，这种山区民居体量不大，四合院也不一定完整。院落不大，除了正房以外，其他房间不太讲究，房子一般进深开间都很小。有的甚至仅有正房，没有厢房和院落大门。院子里门楼、墙体、房子、道路甚至鸡窝、羊圈都是石头砌的。

3. 建造

山区民居不仅在布局上有自己的特点，而且在细部处理手法上也有自己的特点。以沂蒙山区民居大门为例，这里的大门一般为简单的荆条编的小篱笆门，光有门垛没有门楼，这就是我们说的柴门。柴门的木柱安装在山墙的宅门石上。安宅门的围墙也有特点，半人多高，全部由碎石砌成，人们在街上就可以看到院子里的活动。柴门、院墙都是象征性的。这种门楼院墙在偏远山区目前也非常普遍，山民敦厚朴实的性格一望而知。

整个房子——角石、墙身、屋檐都是由石头砌成，十分坚固。屋顶一般为草顶。山草分为黄草和白草两种，每年的阴历八月十五前后是铺草的最佳时机，那时黄草微黄，水分干了，韧性还在。早了不行，草太嫩。晚了也不行，那时草已经干了，没有了韧性。把黄白山草割回来以后去梢去叶截齐。铺草顶是一件技术性很强的活，需要几个人很好的配合，好的山草房顶可以保持六十年不坏。

枣庄山亭一带还有石板房的屋顶，是由一片片1～2cm厚的不规则薄石板错缝压茬叠铺而成，石板不是直接铺在木梁架上，而是木梁架铺苇箔再加稀泥铺上石板。这样的屋顶既保温又防热。

4. 装饰

鲁南山区民居装饰很少。山区不乏手艺高超的石匠，但受财力所限，一般人家不会在建筑细部上进行雕饰。鲁南第一高峰海拔628m的翼云山出产的特有的板岩，为鲁南石板房民居的建造提供了可能。石板屋顶是其最具特色的地方——页岩的石片一片一片叠加的屋顶，有很好的肌理效果。这种在其他山区一般只用在看山时临时居住的石屋顶，在这里是主要的建筑装饰形式。

5. 代表建筑

1) 沂南县马牧池村民居

马牧池村民居为鲁南乱石民居代表，其中马牧池某宅为多进院落，院落随地形起伏变化，房屋墙体为乱石砌筑，屋顶为山草苫顶，很好体现山区建筑的

图2 沂蒙山区民居柴门

图3 房顶铺草

图 4　鲁南石板房屋顶

特点。

2）枣庄山亭区兴隆庄

　　兴隆庄为山区石头屋顶民居的代表，其中保留较好的某宅，院落完整，风格朴实，墙体全部用乱石砌筑，豁口为门，编柴为扉，屋顶全部用石片作为屋瓦，其石片屋顶民居为山东所仅有。

图 6　铺草顶

图 8　民居院墙

图 5　薄石板屋顶

成因

　　主要受沂蒙山区自然条件的限制——经济相对落后，整体山区建房又受地势限制，格局不太完整。鲁南山区过去匪患较多，从一个方面也影响山区民居的建设。

比较／演变

　　鲁南山区居住十分分散，有的村落开始只有几户人家，几亩地，后来人口增加了不少，但并没有占有原来的耕地盖房，而是在山沟两侧每一块大石头上都建一个院落。村子很分散，这在平原地区。绝对见不到。鲁南山区民居自形成到 20 世纪 90 年代基本没有什么变化。

图 7　山地民居院落外观

鲁西北平原民居·临清运河合院

图1 临清民居宅院

元代京杭大运河的修通使中国北方的政治中心和南部的经济中心联系起来。山东的西北位于运河中心地带，运河的发展，使两岸原有的村镇急剧地发展起来，成为手工业中心和商业物资的集散地。民间曾经有"南有苏杭，北有临张"之说。临清，位于山东的西北与河北交界，曾以"军事要地、漕运咽喉、商业都会"而著称于世，一度成为全国33个大城市之一，在清朝以前是山东的经济中心、江北五大商埠之一，其民居代表了山东民居的最高水平（图6）。

1．分布

明清时期，山东大运河两岸的著名城市有济宁、临清、聊城、德州等，其中临清、张秋镇民居最具代表。

2．形制

临清地处大运河沿岸，南北文化交融，整个民居宅院布局既有北方民居的布局疏朗（图1）、结构严谨、造型完美的特点，又有南方民居精致细腻、舒适紧凑的特征（图7）。大户人家多为并列多进四合院，分为主院、跨院，由穿厅、廊房、绣楼、耳房、厨室、影壁组成。

3．建造

临清民居属于北方传统的抬梁建筑（图2）。由于临清历史上曾为烧造精美的贡砖产地，所以临清民居全砖到顶，方砖铺地（图3），墀头浮雕工艺精湛，影壁砖雕精美华丽，工艺精良（图5、图9）。

图3 民居山墙

4．装饰

砖雕精美，墀头、山、墙山花为高浮雕，体现了深厚的工艺水准。檐檩曲拱形的额枋上面多有梅、兰、竹、菊和卷草浮雕图案。例如汪家大院属徽派建筑，砖墙、木梁架，门罩、影壁砖雕华丽，廊房隔扇、窗棂雕花细腻多彩，蜀柱、枋额、雀替多饰菊兰、八宝雕饰，窗棂、挂落多饰花卉、回纹刻花。

图4 冀家大院南院绣楼

5．代表建筑

临清现保存下来的古民居大多分布在运河两岸，在这些民居中，保存较好当属冀家大院、汪家大院等。

1）临清冀家大院

始建于明代洪武年间，位于临清市青年办事处前关街，为山东省文物保护

图2 临清民居抬梁结构

图5 影壁砖雕

图 6　临清民居曾代表了山东民居的最高水平

图 9　屋脊吉祥纹样砖塑

单位。冀家大院现存建筑占地一万多平方米，主院两进，南跨院一进，北跨院四进，穿厅、廊房、绣楼、耳房、厨室、影壁 60 余间（图 10）。从平面布局看，院落规模庞大，冀家大院建筑结构严谨，造型完美，工艺精良，在众多的临清民居中堪称上品，近年当地曾经对冀家大院部分民居进行修缮，但目前还有多处民居损毁严重。

2）汪家大院

汪家大院位于临清市先锋街道办事处锅市街 86、98 号，为清代建筑。宅主汪永椿系安徽歙县洪琴村人，清乾隆年间在临清经商，创办"济美酱园"。酱园系前店后厂其后宅，酱园又称"远香斋"，面铺十间，后为作坊、酱腌坊地，再后为宅院，横跨一街两胡同，占地三万多平方米。该酱园与北京"六必居"、济宁"玉堂"、保定"槐茂"齐名，并称"江北四大酱园"。汪家大院为汪姓宅院之一，坐北朝南，占地 1600m²，三进院落。一进由门楼、影壁组成；二进由南房三间、西廊房三间组成，中间为天井；三进由正屋三间、耳房两间，南北廊房各三间（南廊房已毁）组成，中间为狭长天井。由于汪家原籍安徽，所以汪家大院属徽州民居建筑和临清地方建筑结合的民居形式，既有北方建筑的疏朗大方，又有南方建筑的精细，整体建筑风格明快，大方，细部细腻讲究。

图 10　山墙山花

成因

明清以来由于城市的发展、商贸业的兴盛，使得一些当地及外籍的官员和商人视临清为安居乐业、繁衍生息的地方，从而在这里大兴土木构建宅第。所建的宅邸既保留山东民居大气疏朗特点，又融合南方精美细致的特征，所以临清民居在山东民居中独树一帜。

比较 / 演变

临清是明清时期运河沿岸一个著名的商业城市，加上运河运输的便利，物资文化交流的频繁，临清民居也影响到山东运河沿岸其他城镇，现运河两岸保存下来的古民居在济宁、张秋镇等多有分布。

图 7　临清民居山墙

图 8　白布巷赵家大院

鲁西北平原民居·黄河滩区土坯房

土坯民居是山东平原地区民居的特点之一，尤其以鲁北沿黄河滩区一带平顶土坯民居为特色。这种民居数量大，分布广，基本代表了沿黄河地区土坯民居的特点。

图1 囤顶屋厚重质朴

1．分布

位于胶济铁路以北，东与胶莱平原区相接，西、北为省界，其行政区划古为东昌府和济南府、武定府的一部分，系黄河泛滥冲积而成，是华北平原的组成部分。由于历史上黄河多次决口、改道和沉积，地表形成一系列高差不大的河道高地和河间洼地，彼此重叠，纵横交错。受自然环境的影响，平顶土坯房成为这一地区的特色。

又因这里的土地大部分是盐碱地，这里的房子也被称为"碱土平房"，这也是山东民居的一种重要的形式。

2．形制

民居的布局比较简单，它的特点是院落较大，正房一般一溜四五间，厢房仅两间，没有南屋，甚至没有院墙，所以院落显得比山东其他地方的院子大。由于没有院墙，如果养猪就在地下挖一个大坑，当作猪圈。正房平顶房又称作"土屋"或"囤顶屋"，房墙基多以砖砌，上面垒土坯，中间隔一层麦草，以防碱腐蚀。屋梁微微弯曲，架在柱子上，上铺檩条和苇笆，前后出檐，屋顶不起脊、不挂瓦、不苫草，而是用厚泥抹平，看上去中间略高，向前后两檐缓缓呈一弧形漫坡，显得厚重质朴。

3．建造

平顶土坯民居的最独特之处还是它建造的方便性和维护的简单便捷性。传统的平顶土坯房一般三、四天就可以盖完。

过程是打肩角一天，垒坯墙一天，上顶子一天。打肩角就是打地基，一般在地面向下挖30～50cm，填上破砖或夯实与地面齐平。墙体先砌11～13层砖，砖缝用白石灰抹好，上面再砌土坯，在砖和土坯之间垫一层麦草，叫"隔碱草"，防止碱腐蚀土坯墙面。土坯是用麦秸和泥土混合后脱坯的，若天气好四五天就可以晾干，一般现脱坯现盖。墙厚大约50cm，每间房子的墙里面用枣木做柱子，柱子的直径相当于墙厚的三分之一。屋顶用当地的木材，一般是榆木或槐木，木梁粗大，用以支撑厚重的房顶，梁微微弯曲架在柱子上，上面再铺7根檩条，前后檐口挑出约30cm的椽子，椽条上面铺苇笆，上面再铺15cm的泥。屋面从中间向两边微微坡下，屋顶的烟囱也是用土堆成，称为烟柱。房顶的泥土厚达半米，每年的雨季会冲掉一些，等来年春天房顶用泥土抹一遍，这样的平泥顶年数越久越不漏。墙面的维护也特别简单。

4．装饰

因为是土坯民居，所以民居建筑本身是没有砖石木雕刻的，但民间的审美传统却通过绘画等其他艺术形式表现出

图2 碱土平顶房村落

图3 平顶房墙面

图 4　鲁北沿黄河滩区一带平顶土坯民居

图 7　屋顶土烟囱

图 8　砖墙里面防腐的隔碱草

来，黄河沿岸的谷子秧歌和惠民火把李的民间玩具是惠民一带的重要的民间美术形式，一样给人红红火火、喜庆热闹的感觉。

5. 代表建筑

1）惠民河南乡张火把村李张宅

　　该宅为土坯民居的代表，院落为典型的三合院，正房三间，厢房为两间，大门没有独立门楼，进门为土坯影壁，整个建筑朴实而简单。

2）惠民魏集镇踩鼓刘某宅

　　该宅为全土坯四合院，院里宽敞，房屋墙体厚重，屋梁粗壮，屋顶平整，是黄河平原土坯民居的代表。

图 5　土坯墙内枣木柱子

成因

　　惠民位于黄河的下游，济南的北部，地势除东北有小块山地外大部分是平坦的黄河冲积平原，这里的民居以平顶的土坯房为主。由于这里是盐碱地，对砖的腐蚀性大，同时本地不产砖石，所以砖石结构的房子不是一般人家所能用得起的，过去除少数的地主富农外，普通人家就地取材，建造这种平顶土坯房。

比较／演变

　　由于属于黄河冲积平原，缺少砖石等建筑材料，21世纪初在惠民这种碱土的平顶房还大量使用着，一般的村子多数为平顶土坯房，少数为砖瓦房，个别的碱土房在村子里占一半。近几年由于城镇化的推进，大部分村落改为砖瓦房。

图 6　土坯屋屋顶

鲁中平原民居·土坯麦草房

山东中部、北部平原为典型的产麦区，这里的四合院简朴而自然，并且和泥土、小麦有着密切的联系，平原地区典型的就是土坯麦草房。

图1　山东中部北部平原典型的土坯麦草房

1. 分布

平原地区典型土坯麦草房要属山东中部高密地区的合院。当地的谚语曾有"高密的粮，黄县的房，登州府的婆娘"说法，是说高密为产粮大县，因而高密的土坯房很能代表平原地区民居的特点。平原地区村落与山区和沿海地区不同，一般的村子都很大，五六百户人家的村子非常普通，村子的街巷布局也很分散，因而所有院子都很大，一定讲求坐北朝南，这是平原地区民居最基本的特点。

2. 形制

高密农村的合院一般只盖北屋，一溜五六间北屋，把堂屋、灶间、卧室、杂间都包括了，然后再以北屋为界限圈一个很大的院子，院子的东西南面都不盖房，所以如果你从大街上看这些院子的话，只会看到大门和围墙。不过这围墙和门楼也是极有特点的，高密民居的门楼位于院子的东南角，是独立形成的门楼，门楼两侧都是围墙，唯独这个门楼单独挑起。门楼为木框架结构，称之为"三道瓦"，意思就是门楼顶上只是三道大瓦，这门楼的大小就可想而知了。不过这还是讲究一点的，一般的门楼都是草顶的，没有瓦，只在门楼顶点压几块脊瓦。门楼一般不做门枕。门轴固定在一个木窝里，或者垫一个瓷碗底，门框固定在两侧土墙里，门上是两扇板门，这是门楼的结构。门楼如此，两侧的土墙也就更简单。高密的院墙是土坯墙，当地称为泥打墙，就是完全用泥坯垒起的墙，只在墙基处做一道石头或是几道碎砖的墙基，墙顶上扣着瓦坯，盆底什么的，防止雨水冲坏土墙面。进了大门，影壁也不太讲究，杂石土坯垒成，影壁前左拐就进了院子，院子的左侧一般是一间车屋，就是放大车的地方，再就是

一排北屋。

3. 建造

这种土坯房子的基础是用石头的。腰线以下砌砖，砖层有五层到十层不等。高密房子过去很少用砖，用砖的多少代表富裕的程度。有的人家为了显示自家的富裕，往往把向南面的外墙砌上十几层砖，而房子的背面全用土坯墙。其实房子的背面由于不见阳光，极易受潮，更需要用砖墙，但为了显摆富裕的人家不在乎这些，这多少反映了当地农民的一种心态。土坯墙外面一般要抹一层草泥，这是一种极细的手工活，干得好的，墙面可以几十年不坏。高密民居最有特点的还属它的草房顶。这种草房顶使用麦秸草一层层苫成，屋脊的中间压一道大瓦。大瓦是直角形的，样子很大也很特殊。这是房顶上除了烟囱之外唯一用瓦的地方。高密的草房顶保暖隔热性能

图2　土坯、砖木结构的房子

图3　土坯墙

图 4　平原地区村落街巷

图 8　高密一带是国内著名的民间美术之乡，使朴素的民居色彩丰富

极好，虽然没有海草耐久，但好的屋顶二十年还是没有问题。过去换草顶是新麦收完后的夏天，用新的麦秸草重新苫上顶子，新换上的草顶黄灿灿的，散发着一种新麦草特有的香味。

4. 装饰

由于是土坯房，所以没有雕刻装饰。但高密一带是国内著名的民间美术之乡，民间剪纸、泥玩具、年画等民间美术全国闻名，这给朴素的民居以丰富色彩。冬天，到处是天寒地冻，一片萧瑟的时候，火红的剪纸和斑斓的年画给人热闹、喜庆的感觉。

图 5　高密民居的门楼

5. 代表建筑

1）高密聂家庄张家

此宅为平原麦草顶土坯民居的代表。张宅为一进三合院，院落宽阔，南屋五间，墙体厚重，正房南立面腰线以下为灰砖，其他墙体除基础以都用土坯，外墙麦草泥浆抹墙，屋顶除正脊的脊瓦外为麦草苫成。

2）高密聂家庄某宅

此宅为传统土坯房。正房四间，三间住人，西边的一间放杂物。正房的中间是正间，还是传统的布局，进门是两个锅灶，东西两间各有一铺南炕。此宅没有南屋和厢房，为独立院落，显得较大，门楼留在沿街的一面，结构简单。整个建筑基本以生土为主，是典型的平原产麦区民居。

图 6　高密农村院墙

图 7　20 世纪 80 年代以后的民居

成因

高密地区属于昌潍平原，除南部的山区外很少有石头房子，因而在乡村大部分是土坯、砖木结构的房子，又因高密是产粮区，麦秧、麦秸都成了盖房子的重要建筑材料。

比较 / 演变

潍坊地区历来是山东的富庶地区，交通方便，老百姓生活富裕，眼界开阔。因这种土坯房房子房屋的耐久性差，极容易毁坏，20 世纪 80 年代以后，当地民居就进行了合理地改造——房子的开间、进深加大，房子的高度窗户增高，外墙用水泥或水刷石等装饰。特别是近十几年受外来的影响大，农村变化明显，像寿光羊口镇一带直接把胶东乳山沿海农村的住宅样式搬过来。

鲁西南平原民居·土坯房

鲁西南黄河冲积平原的土坯平顶房，虽与鲁北黄河下游的同属于土坯房，但其结构不同。鲁西南平顶房一般为砖柱承重，房屋的四角为四个砖跺来承受屋顶重量。鲁西南有黄河故道，村落历史悠久，文化积淀厚实，房屋细部比鲁北民居细致。

图1 莘县郭炉郭宅

1．分布

鲁西南位于山东的西南部，西与河南交界，南为黄河故道，西北边境以黄河为省界，北在东平县黄河入境地带与鲁西北平原相接，属华北平原的组成部分。其行政区划古为曹州府全部和兖州府一部，今天为菏泽全部与聊城一部分。

2．形制

该区住房多为三合院或四合院，院落布局正屋坐北朝南。正屋一般三间，西边一间用砖间壁，有的为了采光好，上面砌槛墙，下面以木格扇窗隔出空间。南窗下有的是炕，有的则用木床，另外一间放桌椅床以及杂物。还有东西两厢，当作贮藏室和厨房用，大门位于东南角。鲁西南还有不少地方民居采用散居的形式，有的仅有孤零零的正房，既无南屋，也没有厢房。大门和土坯泥巴垒一道矮墙做围墙，与其说防护，不如说是一种

心理作用。平顶房的屋顶是一个大凉台，可容人在上面纳凉，也可在上面置物、晾晒，家家都有木梯竖在屋檐，供人随时上下。有的人家为方便，在屋顶上砌一圈矮墙，人在上面比较安全。

3．建造

鲁西南土坯屋多用砖石墙基，在四个墙角砌砖跺，房屋的腰线以下用砖砌，中间部分为土坯，土坯垒到檐下。屋顶微微起脊，梁架之上架檩和椽子，上面是两层苇箔夹一层秫秸，再在上面抹黄泥，为使屋面牢固，还要反复拍实屋顶。

鲁西南缺少石料和砖瓦，院墙往往就地取材用挑墙——就是用铁叉挑草泥垛起来的土墙，它省去了脱坯的工序，由泥巴直接堆垒，使铁叉修整成形，一样可以坚固耐用。挑墙也先要取土泗泥，然后加入碎麦秸作穰筋，和成软硬适度的草泥，一点点往墙上垛泥。由于泥中的穰筋较多，

用挑泥叉挑泥阻力少，好挑又轻便。每次挑的泥差不多相当，既便捷又均匀。

4．装饰

在鲁西南聊城一带，多有正房大门旁用砖砌一个小的神龛，精致小巧。在直棂窗或者大门的上面还装饰一块横的木窗楣，上面雕刻有双钱纹、万字纹等，既是一种装饰又有通风换气的作用。鲁西南荷泽民居，门楼高大，一般要做成二层楼的高度，门楼屋面还采用小灰瓦，瓦脊翘起，上面排列各种脊兽。有的干脆建一个二层的楼房，门楼的上边可以上人，储存东西。二层沿街贴马赛克或瓷砖，组成各种图案。大门两侧的门框石用整块条石雕刻有对联和吉祥文字。

5．代表建筑

1）莘县郭炉郭宅

郭宅是鲁西南平原地区少有的木构

图2 聊城一带民居院落

图3 正房大门东侧神龛

图4　民居大门

图8　鲁西南散居式民居

图9　鲁西南平顶房

架抬梁结构住宅，硬山屋顶，建于清康熙年间，为三开间灰砖灰瓦民居。它集中了当地民居的优点建造，至今建造质量完好，在周围平房的村落中显得特别突出，几里路的村外就可以看到它高耸的屋顶。

2）聊城路庄某宅

为典型的鲁西南民居。正房三间，为土坯平顶，全砖结构，局部采用砖雕，特别是门前神龛雕饰讲究。该民居屋顶厚重，有梯子通向屋顶，为秋收晒粮场所。

图5　屋顶梁架之上架檩和椽子再上面是苇箔夹一层秫秸

图10　底部用砖，上部用土坯的墙体

图6　平顶房晾台

成因

　　鲁西南为平原地区，院落较大，布局疏朗简单。因缺少石料，建筑的构造也相对简单。

比较／演变

　　鲁西南传统土坯平顶民居为三合院为主，缺少变化。近年来的新建民居多用红砖，格局也以封闭的四合院为主，但屋顶依旧保留平顶房。

图7　鲁西南传统土坯平顶房

胶东沿海地区民居·蓬黄掖滨海民居

胶东蓬（莱）、黄（县）、掖（县）历史上就是山东最为富庶的宝地。浩瀚的大海、奔腾的潮汐、渔盐生产的艰辛使这里的人们豁达、豪爽、奔放。在这样的环境中形成了做工精细、用料考究的胶东民居建筑文化。胶东民居无论从施工水平上、质量上、造型上、实用性上都是山东传统民居建筑中的佼佼者。胶东民居粗狂透着精细，整齐中富有变化。

1. 分布

胶东半岛滨海民居主要分布于胶东半岛蓬（蓬莱）、黄（黄县，今龙口市）、掖（掖县，今莱州市）及相邻的招远、福山、牟平等沿海地区，自古以来就是胶东的富裕地区。

2. 形制

胶东滨海民居为典型北方硬山式传统四合院形式，砖木石结构。正房一般三到五间，房屋高大，门楼方正。在胶东地区厢屋是院落必不可少的建筑，大的院子东西厢屋都有，小的院子也要有厢屋，或者东厢或者西厢，称为"厢屋家"。西边的厢屋由于易于居住，大都也保留火炕。过去人口多的时候留给子女居住，子女大了独立以后，厢房基本就堆放杂物，有的甚至饲养牲畜，但讲究的人家还是把它收拾得干净利落。在胶东海岛山区，比较小的院落还有一种

没有山墙四面坡顶的厢房称为转"砖接楼子"，或是"四面坡"。它有利于正房的采光和通风，是一种变通的办法。在烟台的牟平这种四面坡的厢房位于西厢房的前面，屋顶竖有高大的一块方砖，称为"吉星楼"。

3. 建造

黄县人精于盖建房舍是出了名的。"黄县房"历来以建筑精巧、宽敞、整洁而闻名，透着胶东民居精巧、宜人、温馨的神韵。沿海各地深受其影响，建房均以精细著称，主要表现为建筑布局严谨中有变化，单体建筑造型大方，做工精巧，讲究门面装潢，注重细部雕刻，整体风格端庄平和，稳重和灵巧兼具，是山东民居建筑文化精华所在。胶东多山地，民居墙体大多使用石料。胶东石匠在几百年石头盖房的过程中摸索出一套石头垒墙的手艺，虽然开采的石料大

图1 胶东民居

图3 招远民居受近代建筑影响的门楼

图4 精细的胶东民居影壁

图2 厢屋

图5 胶东舶来品的建筑材料

图8　胶东沿海民居外观

图9　胶东滨海民居外墙面

图6　胶东蓬黄掖一带民居院落

小不一，工匠在垒墙时中把石头按照不同的形状、纹理、色彩排列，组成很多老百姓喜爱的吉祥图案，这样的石墙砌法在山东其他山区很少见。

4. 装饰

胶东民居讲究装饰，从屋顶、屋檐到地面，在砖、木、石加工上都有各种不同的雕刻装饰。地面以鹅卵石铺成漂亮的图案，墙面称为虎皮墙。常见的有石榴、宝瓶、铜钱纹样石头拼接，铜钱寓意发财，石榴寓意多子，宝瓶是平安的意思。大门上有一对精雕细刻门簪，雕刻的题材寓意很广泛，常见的图案有牡丹、芙蓉、海棠、寿桃等。砖雕一般集中在门楼及房檐墀头上，大多是花卉林木、松竹梅岁寒三友、梅兰竹菊四君子，以及丹凤朝阳、喜鹊登梅、二龙戏珠、鹿鹤回春等飞禽走兽和福禄寿喜文字，多含有祈福、增寿、瑞吉寓意，另外暗八仙也是胶东地区特有的装饰内容。

5. 代表建筑

1）龙口丁家大院"黄县房"

"黄县房"是清代富户丁百万宅第的一部分。现存建筑群由东、西两区四处大院和丁家花园组成。其建筑风格仿照京城府邸的气势，堪称胶东民居建筑艺术中的精品。

2）龙口诸由观西河阳某宅

此宅为典型的近代胶东四合院，保留了传统民居建筑的特点，又进行了合理的改造——房子的开间和进深加大了，房子的高度和窗户增高了，外墙用水泥、水刷石等装饰，这些显然吸收了近代民居的建造方式，为沿海胶东地区民居的代表。

图7　西阳河火山石墙面

成因

胶东地区地理特征、文化习俗、价值取向和审美趣味等因素，共同影响着该地域的民居，形成特定的空间形态，使得民居具有鲜明的地域特色，反映出胶东当地的文化特征和艺术风格。

比较／演变

过去在北京的饭庄粮食行业中胶东籍商人很多，因此这些商人在胶东老家的宅院具有浓厚的京城府第建筑风格和胶东民居的神韵，并影响到周边地区。近代以后胶东商人凭借交通优势，闯关东，出日韩，积累财富后回家置地盖房，使胶东沿海地区的民居在原先精细考究的基础上增加了近代和外来文化因素。

胶东沿海地区民居·莱州海草房

胶东海草房一般特指威海荣成一带的海草房，它的房顶是用海草苫成的，独特的建房材料是其他地区民居所没有的。这种海草建房有很多优点。比如，保温隔热性能极好。胶东半岛的莱州湾也有另外一种海草房，虽然没有荣成海草房出名，但也是沿海地区独特的一种民居形式，而且就建筑的精美程度而言是高于荣成的海草房的。

图1 胶东半岛莱州湾海草房

1.分布

主要分布于莱州湾沿海村落。

2.形制

莱州海草房是四合院形式，规模都不大，但建造精细。不是所有的屋顶都覆海草，而是瓦屋和海草房结合——主要是住人的正房覆海草，这样的屋子冬暖夏凉易于居住。在正房后面还留一个夹道，保证正房的通风，这些都是莱州民居吸收了胶东民居的诸多优点的体现。民居大门十分讲究，南北朝向的是屋宇式的门楼。院落的布局一般是四间，大门位于沿街的，沿街的房子一般是四间通脊。较讲究的是大门的做法——大门是黑色，门框用红漆勾边，门簪跑马板精细雕刻。现在新盖的民居门楼的屋面上又单独做一个屋顶，瓦脊翘起，屋面做成少有的双脊，这种做法也只有莱州特有。大门镶上黄铜的门丁和门环，三块跑马板或蓝或黄或百的用油漆颜色

渐变的装饰，貌似没有规律，但又十分雅致，有点像京剧的脸谱。

3.建造

莱州海草房主要是硬山建筑。受莱州府城的影响，建筑主体多为灰砖灰石建造，十分精细。主要建造特点是在屋顶瓦面上覆海草，这与荣成一带在梁架上直接加笆直接铺海草完全不同，精细的灰瓦屋面和厚重的海草屋顶结合，既保留了莱州府城民居应有的气派，也使居住者冬暖夏凉，这是精明的莱州人的创造。

4.装饰

莱州一带传统民居的门楼样式最为讲究。莱州民间美术的色彩素来以大红大绿著称，这种装饰手法过去主要运用在年节的面食上。即便在20世纪的六七十年代粮食紧缺的时候，莱州人过春节、娶媳妇、生小孩也要做一些花花绿绿的面食，陈设在家里烘托一种热热

图3 莱州民居护墙板

图2 精细的灰瓦屋面和厚重的海草屋顶1

图4 精细的灰瓦屋面和厚重的海草屋顶2

图5　莱州海草房硬山顶

图8　海草房正屋悬挂的家谱

闹闹的气氛。这种装饰的概念保存到现在，虽然发生了变化——做面食的人少了，装饰门楼却多了。在莱州三山岛的大街上，放眼望去，两边都是花花绿绿的门楼。

5. 代表建筑

1）莱州海庙于家某宅

　　此宅为两进四合院，院落宽敞，房屋建造细致，屋顶海草厚重，门楼高大，门楼细部雕刻讲究，为莱州海草房代表。

2）莱州海庙后坡村某宅

　　此宅为海草房，正房、厢房、影壁、二门等均完整。正房高大，局部采用砖石雕刻，细部雕饰，门窗门楼采用彩绘，颜色淡雅古朴，海草屋顶厚重精细，与屋顶灰瓦结合严密，为莱州海草房的代表。

图6　正房

图7　大门跑马板

成因

　　莱州为胶东半岛富庶之地，也曾经是胶东半岛通往山东腹地的重要交通节点。虽然城市的格局不大，但过去莱州府城内大户人家比比皆是，房屋建造精良，影响到乡村一般也是砖木结构，加上莱州湾特有的海草，形成了莱州特有的海草房。

比较／演变

　　莱州海草房分布范围仅限在莱州湾附近，虽然在烟台其他沿海地区也有零星海草房分布，但从建造质量到规模都稍逊色。

胶东沿海地区民居·荣城海草房

在山东民居中，胶东荣城海草房民居最有代表性，在全国也最有影响，以至提及山东民居必谈胶东海草房民居。胶东海草房房顶是用海草苫成，独特的建房材料是其他地区民居所没有的。胶东沿海一带的渔村布局很特别，大多依山面海布局。由于地势不同，每个村落的布局并不一样，因而村落的民居排列各有特点。

图 1 巍巍村海草房民居

1. 分布

威海荣成一带以石岛、俚岛、西港、大鱼岛一带的海草房最为著名。

2. 形制

荣成一带的渔村历史都不太长，大多是明朝从云南和山西移民而来。村民历来以渔耕为生，少有豪门大户，加上原来胶东沿海一带交通的不便，外来的文化影响很少，民居很少有豪宅大院，就连三、四进的院落都很少，大部分是一进的四合院，非常质朴。如果是一座坐北朝南的四合院，典型的布局是一溜四间南屋，最东边的一间是门屋。所谓的门屋就是门楼占一间房间大小，但门屋没有门楼讲究，屋顶和其他的房间没有区别，既不高大也不突出，更没有什么砖石，因为渔民家境大多相同，用不着攀富比阔。

3. 建造

荣城草房另一个特点就是造价低廉。过去胶东一带平原耕地很少，交通不便，因此烧砖瓦的窑厂也少，砖瓦也贵，这种海草就成了经济实惠的建房材料。过去在海边有专门的捞海草的人，他们长期住在海边，每天顺着沙滩用耙子捞海滩上的海草，积在一起堆成厚厚的草垛。谁家要盖房子，提前约好看货色，商量好价钱，选个好日子用毛驴来海边驮即可。据当地的老乡讲，过去建一个小的四合院就要用二十头毛驴驮的海草。胶东海草的房子如果仅仅是冬暖夏凉经久耐用，它的知名度就大打折扣了。胶东民居最动人的地方是它的屋顶线条和色彩。胶东沿海民居是石砌墙，墙体承重，墙上架梁，梁上铺檩条，檩条上铺一种高粱扎的笆。这种笆是从房顶中间向两边铺下来的，然后在笆上铺一

层和好的泥，再在上面苫海草。要苫的海草绑成一扎一扎的，有一尺多长，用水洗好，一层一层铺到房顶。这时的房顶并不是曲线的，胶东夏秋两季经常刮台风，由于海草很轻，大风的天气很容易把房顶刮走，所以每年的台风的季节，胶东渔村的渔民都要在房屋山墙的两端加固海草，往往是大人小孩一起忙，大人苫草，小孩和泥，赶在台风来临之前加固好房顶。有的还要在房顶上加上一两张破渔网，房顶就形成了两面高中间低的房顶曲线了。

4. 装饰

没有雕刻之类的装饰，只是一个简朴的大门。大门通常是黑色，只有在春节的时候贴一副红对联。胶东民居的大门不太讲究，但过道很别致。过道的上面要铺上仰棚，墙面收拾得干干净净。出了过道，就是一个石砌的影壁，小一

图 2 胶东村中海草房

图 3 海草房房顶细部

图4　胶东海草房风貌

点的院子是单独垒的，大一点的院子是靠在厢房上的靠山影壁。不过这影壁也极简单，只是山墙上一个粉色的墙心，上面写一个倒的福字，没有过多的装饰。

整个村落远远望去高低起伏，就像海面的波浪起伏，加上草顶下面暗红色的花岗石砌墙在阳光下呈现一种祥和的红色，柔和的屋顶和粗犷敦实的墙体产生了强烈的对比，构成了胶东民居豪放和淳朴的性格。这也正是胶东民居的魅力所在。

5. 代表建筑

1）威海荣成市东楮岛村老村民居某宅

威海荣成市东楮岛村为国家历史文化名村，东楮岛村海草房民居为荣成海草房的代表，其中尤以老村民居某宅最为典型。该院落为典型三合院，外形质朴，造型古拙，整个建筑材料除了陶制的烟筒和屋脊外，大多取源于当地的花岗石和海草。房顶用海草层层苫成，墙内则用黄泥搅和着麦草抹成墙皮，墙体厚实保暖隔潮，建筑本身的色彩与周边环境融为一体。

2）威海荣成市巍巍村刘宅

威海荣成市巍巍村是山东省非物质文化遗产——海草房建造技艺传承

地。巍巍村刘宅是典型的海边四合院，格局完整——由三间正房、两间西厢房和南屋所组成。正房中间为灶间，而两侧的东屋和西屋则为主人及其子女的寝室。厢房一般存放粮食和生产工具，墙体乱石砌墙，石块大小不一，建造精细，屋顶海草厚实饱满，为荣成海草房民居代表。

图5　海草的海草

图6　苫草顶

图7　东楮岛村

成因

胶东民居被俗称为"海草房"，它的房顶是用海草苫成的，独特的建房的材料是其他地区民居所没有的，这是胶东民居之所以出名的地方。在胶东沿海的深海里，生长着一种柔软细长的水生植物，在海里的时候，它青翠鲜嫩，平时很难见到这种海草。在刮台风的日子里，这种海草被刮到水面上。等退潮，这些海草就搁浅在沙滩上，太阳一晒就变成灰白色，极有韧性，就可以用作建房的海草了。这种海草建房有很多优点。首先它的保温隔热性能极好，用这种海草苫成的房子冬暖夏凉易于居住，效果比瓦房优越多了。同时这种海草的耐腐蚀性极强，一般的草房用百十年没有问题。在胶东渔村二、三百年的房子仍有不少，这样的耐久性是其他草房没法相比的。

比较／演变

胶东渔村的院子一般都很小。北屋一般是三间。中间是正屋，胶东称正间地，左右是东屋和西屋，东西屋有火炕。还有的院落北屋是四间——在东屋的里边还有一间，称里屋家。不少四合院只盖东厢或只盖西厢，一般是两间，这是过去典型的胶东渔民的宅院。富裕人家的院子一般是两进，布局和北京四合院差不多，也是前院窄，后院宽的样子，不过整个院子要简朴得多，没有过多的砖石雕刻。中华民国以后建成的院子比较大，如著名画家毕克官在老家威海毕家疃的老房子，前后有三进院落，最后还有一个小花园。这处房子已经有一些近代的风格了。

胶东沿海地区民居·近海岛屿民居

胶东沿海地区因为地处海岛，居民过去的生活方式与内陆地区和沿海的农业村庄完全不同。更为重要的是整个胶东半岛的城市近代化的过程中这里所受影响很大，因此这些近海岛屿的民居可以当作一个类型。

图1 近代以后使用洋式的机制大瓦，当地俗称"簸箕瓦"

1. 分布

胶东沿海的近海岛屿，如牟平的养马岛、烟台的崆峒岛及陆连岛、芝罘岛等。

2. 形制

在山东沿海岛屿渔村，典型的住宅院落比较小，院落布局紧凑，为四合院或三合院布局。墙身基本全部用石头，一般人家用海滩拣来的石头，墙面石头纹理清晰，色彩丰富。富裕人家用方石，大块的方石严丝合缝，很是威严，还有采用拼接对缝的云彩石。各种不规则的石头穿插在一起，咬合得严丝合缝，体现了高超的技艺。院子的地面用石铺，屋顶用小瓦，屋脊为三间、五间的正房通脊，用小灰瓦或通透的灰砖做透风脊。近代以后使用洋式的机制大瓦，当地俗称"簸箕瓦"，这种大瓦由日本传入，仅在胶东沿海流行。中华民国以后，楼房四合院也开始在海岛上出现，甚至出现完全的水泥结构楼房（图1、图3）。

3. 建造

砖石为主，中华民国以后由于有了进口水泥，钢筋混凝土的"洋灰"楼增多。同时西式的百叶窗、玻璃窗、木地板、进口的瓷砖等舶来的洋建筑材料逐渐出现在沿海近代建筑上（图7、图8）。

4. 装饰

讲究实用，木雕、砖雕、石雕由于受交通、工匠等诸多因素的限制，装饰部位有限，但很有特色。近代以后，室内西式的线脚、瓷砖等装饰手法开始出现（图5、图9）。

5. 代表建筑

烟台牟平区养马岛孙家滩、洪口、驼子村，烟台芝罘岛西口村、东口村都是山东近海岛屿民居代表。

1）烟台芝罘岛西口某宅

为两进四合院，格局完整，建造精良，局部使用水泥，大玻璃门窗，室内采用西式的线角，屋顶采用西式屋架，

图3 在清朝中叶以前的房子大都是传统院落格局

图4 近代以后养马岛民居后院的夹道

图2 中华民国以后住宅以水泥铺路

图5 清末民国以后所建房屋

图6 拼接对缝云彩石

大簸箕瓦，南屋局部利用地形建造地下室，使空间合理利用。这座院落无论在外观形制上还是建筑样式和材料上都发生了变化，一些近代建筑的元素出现了，体现了近海渔村民居对近代建造技术的吸收和消化（图2、图4）。

2）张家庄孙氏小楼

20世纪20年代建成，是一位商人的私人住宅。在建筑布局上，基本还是采用了中国的传统形制，整体的布局是一个简化版的四合院。正南方向是倒座，在东南隅入户大门，右侧是一间门房，左侧是两家客房。进门正对的是照壁，使外人看不到院内的活动，左转绕过照壁就进入到院中，两侧是东西厢房，西厢房和倒座之间还有一间耳房。厢房、倒座、耳房的屋顶也是中国的传统形制，但是北屋是一座两层的小楼，建筑材料以水泥为主，在北屋的后院筑有一个水泥楼梯，楼梯扶手和二楼的栏杆都是西式水泥栏杆，二层屋顶是平台，四周用栏杆围护起来。

图8 早期四合院墙身多用石材

图7 海岛富裕人家住宅

图9 中华民国以后的楼房四合院

成因

20世纪二三十年代是整个山东沿海经济的黄金时期，对外贸易扩大，那时还出现了轮船捕鱼，沿海的海产品成为大宗出口物资，为沿海渔民带来了丰厚的收入。同时沿海岛屿商人参与近代轮船运输业的对外贸易经营，对外的交流增多，不仅积累了财富也开阔了眼界，带来了外地最新的建筑理念，因此这时期是沿海渔村发展的重要时期（图6）。

比较/演变

在沿海岛屿，传统上普通人家的屋顶使用海草，海草建成的房子冬暖夏凉，经久耐用。在清朝中叶以前，房子大都是传统的格局，是典型的四合院的样子一般的院落由三间正房三间南屋和东西厢房组成。清末民国以后再发家的渔民所建房，不少是五间正房，五间南屋，三间东西厢房组成。大户人家是五间二进的四合院，整体的居住水平比较高，院落比较宽敞，不少院落还留有后夹道，甚至有后花园，整体富裕程度是其他地方所没有的。民居建造水平也很高，20世纪30年代以后还出现二层楼房。

传统城市民居·济南府城民居

济南在历下建城从晋永嘉年间算起已经有 1500 多年的历史了，明代以后作为山东的省会城市，是山东环境最美，规模最大，官署最多的传统城市。济南老城的民居也是山东历史最久，规模最大、装饰最精美的民居群落。

山水之间是济南的古城，有号称 72 名泉的泉水分布其间，穿城而过的泉水形成几条水巷，水巷两岸是高高低低的枕流民居。

图 1　典型的济南传统四合院外观

1. 分布

城内的东南、东北、西南是大规模的民居街巷。清代中期以前，在南门外、西门外还没有形成大规模的居住街区，济南的传统人家都集中在老城。这些大小街巷相互串通，院落密集相连，中间穿插大小水系，构成了北方城市特有的水巷。在老城的中心有一条名泉集中的南北街道—芙蓉街。街道的东侧是众多泉水汇集的王府池子，水面方形，深数米，终年清澈见底，四周民居环列，东北有水巷穿墙过院，流经起凤桥、曲水厅街，汇入百花洲，再经鹊花桥流入大明湖。这一带是济南老城最具特色的居住街巷，单是听王府池子、起凤桥、曲水厅街、百花洲和周围芙蓉泉、腾蛟泉的名字，可以想象当年这里是一片江南水乡的景象。

济南大户人家集中的街区有老东门一带的东门大街、南北历山街，西门一带的鞭指巷、高都司巷、旧军门巷，南门一带的宽厚所街、舜井街等，这些街道上高大的门楼一个连着一个。

2. 形制

济南民居的四合院既保持了北方传统住宅的布局对称，主次有序的主要特征，又强调了门楼瓦脊等构件的高低错落、富有变化的地方特色，其院落规模也充分体现了济南的地理环境。

济南传统民居一般是两进四合院。如果院落是坐北朝南，大门则位于东南角，一般是屋宇式的大门，进门后是一个靠山影壁，左拐是一个月亮门，进前院三间南屋，西南角是厕所，南屋正门对着二门，二门两边短墙与厢房的山墙相连，进了二门就是后院。原来的东门大街一带是三进大四合院集中的地方，门楼一般位于院落的东南或是西北角。

图 3　济南民居二层裙板

图 4　门楼

3. 建造

济南四合院的建筑质量也极为讲究，早期的四合院大都采用传统的抬梁式结构，梁柱粗壮，老百姓称为"四梁八柱"。后来大概是木材拮据，所建的四合院多改为墙体和梁柱同时承重。房屋的外墙多用青砖磨砖对缝精心砌成，内墙则用大明湖

图 2　济南老城民居群落

图 5　济南府城民居前廊

图6　砖石结合的济南民居高墙

图7　县西巷2号楼房四合院（院子中有济南七十二名泉之一的中央泉）

图9　济南民居的吉祥文字装饰，精致文雅

细腻而有韧性的淤泥抹平，这样的房子坚固、耐久。屋顶形式为民居中常见的硬山顶，屋面用小灰瓦覆盖。门窗隔扇都十分精美。

4. 装饰

济南民居的装饰手法，仅雕刻就集中了砖雕、石雕、木雕等多种形式。雕刻内容多以琴棋书画、花草瑞兽为主。或圆雕或浮雕，浮雕多行云流水，透雕多玲珑剔透，其中不少为民间雕刻艺术珍品。门楼是整个院落装饰最美的地方，门枕石、挂罩都雕刻有吉祥图案，特别是门楼上高高的瓦脊翘起，是一种完全不同于北方民居的瓦脊装饰。进了大门，迎面会是一座精致的影壁，影壁四周也是精美的砖石雕刻。

5. 代表建筑

1）万竹园

靠近趵突泉的万竹园，是济南四合院和泉水巧妙结合的民居代表，其院落完整敞亮，雕刻精美，建造精良。这种依泉而居的民居是济南传统民居所特有的。

2）济南金菊巷某宅

为济南传统民居两进四合院，院落坐北朝南大门位于东南角，屋宇式的大门进门以后是一个靠山影壁，左拐是一个月亮门。进前院三间南屋，西南角是厕所，南屋正门对着是二门。二门两边短墙与厢房的山墙相连。进了二门就是后院，厢房三间，正房五间。整个院落建造精美，细部雕刻精细，为济南标准二进四合院的布局。

图8　靠山影壁

成因

济南府城历史悠久，经济发达，明代以来一直是山东的政治经济中心。在济南的街巷中，有众多的以衙署命名的街道——按擦司街、运署街、县东巷、县西巷等等，众多的官宦人家也给济南留下了普通商人所没有的豪华院落。明代的德王府占据旧城中心最好的位置，院落浩大环境幽静，并将济南的名泉珍珠泉包含其中，因而旧志中有德王府占旧城1/3的说法，这些都是一般城市所不具备的。

比较／演变

传统民居集中在老城区，清代中期以后由于济南经济的发展，城市规模的扩大，在旧城西关、东关、南关一带也形成了稠密的居民区，特别是南关的司里街、所里街、后营坊街一带，由于紧靠护城河黑虎泉泉群，地势高、环境优美，成为新的大户人家集中的地方。新的街道布局整齐，院落完整、门楼高大威严，比老城里民居更显气派。在西关则形成了以估衣、药材、瓜果为中心的商业街道，新兴的商人在筐市街、城顶街、剪子巷建成了新的居住院落。

传统城市民居·博山山城民居

博山原名颜神镇，东西南三面环山，是鲁中山区通向鲁北平原的门户。平原地区的粮食、棉花、布匹等商品通过这里运向鲁中山区，山区的特产也通过这里输入内地，地理位置十分重要。清雍正年（1734 年）设立博山县，这是山东最晚设立的传统城市。

图 1 博山城镇民居

1. 分布

博山是典型的山城，孝妇河穿城而过，河的两岸是民居，民居建筑大多都与制陶业有关，体现了鲜明的地域特色。

2. 形制

这些院落大小不一，有的是完整的四合院，有的是三合院，有的甚至只有一个很小的院落。充分利用坡地地形，房屋的大小、材质也不一样，大部分的屋顶是灰瓦顶，但也有草顶，外墙有完整的砖墙，也有石头到顶，还有的是用烧窑的窑坯砌的墙面。道路也是全石材的，两边用石头砌成台阶。博山民居建造的四合院不一定是完全的四合院的格局，这是一个明显的进步—城镇的扩大，土地的减少，经营结构发生的变化，都要求建筑的格局随着发生改变。但作为山东最晚设立的县城，博山民居把城市的审美标准，风俗习惯，工艺水平等都保留在民居上，虽然规模不等，所用的

材料各不相同，但都把当地的民居的特点都发挥及至，追求一种稳重端庄精细大方的城市民居感觉。

3. 建造

由于博山是手工业发展起来的城市，所以民居建造体现传统工匠制陶的理念。建筑的细部十分精细，并且极有特点。墙面是烧的琉璃砖剩下的余料，地面是耐火砖烧的，六分屋脊是连通砖塑屋脊。整个民居就像一件放大的陶瓷工艺品。同时由于博山是座山城，民居的建筑依山就势，充分体现了山城的特点，街道和建筑石材的运用十分普遍，所以博山城市虽然不大，但民居建造的质量普遍很高。

图 3 山墙绿琉璃花心

图 4 博山民居细部

4. 装饰

博山民居的精细表现在对砖的运用上。由于有长期烧窑的基础，博山的砖瓦技术十分成熟，能烧造各种各样的砖

图 2 高质量的博山民居

图 5 山城民居外观

图 6　依山就势的民居

图 7　墀头浮雕

图 8　墀头福禄寿喜砖雕

型。所有的院落都普遍讲究砖雕—门楼的墀头深浮雕，檐口四角墀头雕刻为福禄寿喜等的砖雕，屋脊采用通脊砖雕。门枕石一般也是采用石雕吉祥图案，一切显得大气精致。

5. 代表建筑

1）博山昆仑街某宅

博山昆仑街某宅为典型的博山民居，整个院落高大完整，建造讲究。正房前有宽敞月台，并设有地炉取暖。特别是建筑细部砖石雕刻大气精美，为博山民居中的雕刻精华。

2）博山南寨街某宅

博山南寨街某宅为博山民居的代表。该民居巧妙利用地势变化，进行了院落空间组合，建筑全石头到顶，局部运用博山的匣钵进行装饰，体现了鲜明地方特色。

图 9　窑坯砌的墙面

图 10　门枕石雕

成因

博山煤炭资源丰富，有悠久的开采历史，盛产瓷器、琉璃，因此在山东传统城市中博山属于最典型的传统手工业重镇。手工业的发展给当地积累了大量的财富，就整体建筑而言，博山的民居建筑质量很高，并充分利用当地的手工业原料来进行民居的建造，还注重实用（如普遍采用地暖），体现了鲜明的地域特色。

比较／演变

博山地处鲁中腹地，其民居建筑规整厚重，讲究装饰，对周边县市乡村的民居布局及装饰风格影响很大，同时博山生产的大量的琉璃陶瓷也大量用在周围民居上，客观上提高了鲁中地区的民居装饰的水准。

传统城市民居·老潍县民居

潍县自古为东莱首邑。明清乃至中华民国时期，潍县经济繁荣，乾隆年间曾有"南苏州，北潍县"的说法。潍县不仅是山东内陆到半岛地区之间重要的商业城市，也是完整的传统手工业城市。潍县城内集中了大量的商人住宅，优越的地理位置和商业环境使他们积累了大量的财富，建造精美的宅地和园林成为这里商人重要的人生追求。

图1 潍县十笏园

1. 分布

城墙内除了衙门庙宇外就是大大小小的街巷，形成世袭的大户人家聚集区。当年潍县民居最为讲究的是九曲巷。2002年前后，潍坊旧城的民居尚有三、四处保存较好的街区，比如金巷子、胡家牌楼、南仓巷子、松院子街等。

2. 形制

潍县民居要比一般府县的民居都要高大坚固，做工讲究。沿街是虎座大门，门楼并不突出，但很讲究，一般是与沿街的南屋和北屋连在一起的。进大门后是一处影壁，同样不是高大但很精细。从影壁向右拐，是一条甬道。甬道的左侧进院门就是一个个独立的四合院或三合院。院子里正房高大，一般为五间，也有个别七开间的。前有外廊，落地的格子门，三明两暗。厢房一般为三间，进深较小，以保证正房的采光。

3. 建造

首先是砖的使用十分到位，外墙一般是青砖到顶，工艺严谨，尺寸规整，在檐口处有复杂的线脚——建筑工匠用打造首饰的精细手法建造住宅，所以过去潍坊是一个让人留恋的精美的城市，建造、雕刻的技术超过全省任何地区的城市。

4. 装饰

从布局上看潍县民居并不复杂，但它的细部却十分讲究，雕刻精美，图案复杂，经常出现一些古典的青铜纹样，大概与传统仿古工艺有关。木雕讲究，常有变相的斗栱和斜撑出现在民居当中，这些处理手法在全省也是独有。

5. 代表建筑

1）北门里的同春里王家宅

北门里的同春里王家是潍县的大户，以经营中药而著称。1644年王家

图2 潍县民居正房

图3 潍县民居沿街虎座大门

图4 砖雕细部

图8 潍坊旧城松院子街民居

图5 二门楼独立的木构屋架   图6 潍县民居外墙

在东门里开设王万春眼药店，以明朝宫廷秘方配制的杏核丹眼药、八宝拨云散而驰名。清末民初，王家的后代居住在北门里大街街东的同春里。同春里沿街是一个高大的门楼，进了街门是一个高大的影壁，向东北侧是四个精美的二门。每个二门里是一个四合院，分别住着王家的兄弟四个。老大住在同春里最里面的院子，依次是老二、老三、老四的院子。每个院子是五间正房，东厢房或西厢三间。二门楼是独立的卷棚形式，木构的屋架，造型舒展，博风悬鱼，做工精致。五间正房都带外廊，高大坚固，门窗敞亮，采光良好，是典型的北方的正房的格局。

2）王之瀚故居

王之瀚故居是潍坊除了十笏院以外最具保存价值的民居。王之瀚，道光进士，翰林院编修，官至礼部伺郎。他的故居位于旧城胡家牌楼北侧的一个独立胡同内，沿街是高大的街门，进街门是高大的影壁。胡同内也是数个独立的小院，王之瀚故居就是其中第一个院落。三合院结构，独立门楼，正房三间，前面出厦体量高大，建造精美，砖木雕刻细致。

成因

潍县是山东中部最重要的城市，自古便是商贾云集之地，同时又是手工业聚集之地，富庶而充满文化气息，周围乡村富裕地主向往城市优越的物质条件和舒适的生活，也在城中投资建造住宅，形成新的大户人家的宅院。另外由于科举教育的发达，潍县外出做官的人也很多，在外做官后退位的官员也往往愿意落叶归根，回到潍县，所以潍县老城过去虽然城市规模不大，但豪宅大院比比皆是。

比较／演变

潍坊是沟通省城和胶东的交通枢纽，潍坊民居精细严谨的建造风格不仅对周边城乡而且对胶东半岛，尤其是莱州招远一带民居影响较大。招远民居照壁砖雕的精细程度和潍县民居有得一比。

济南四合院多为两进，形制规矩，老潍县四合院一般规模要大，做工讲究，装饰精美。

图7 同春里沿街门楼

近代城市民居·烟台近代民居

烟台开埠以后，各种西式的居住形式纷纷出现，开始是完全西式风格的别墅住宅，后来逐渐形成中西合璧住宅，最后在烟台出现数量也多，也最典型的四合院组成的里弄。开埠前所城里就是由一座由四合院组成的封建传统小城。传统四合院有着一定的规模和历史，所以烟台近代四合院是在当地传统四合院的基础上发展起来，有着一定的历史渊源。

图1 烟台张弼士家族别墅

1. 分布

烟台近代民居开始仅仅分布在海港码头烟台山一带，后来主要分布于东山和南山，别墅最早以外人居住为主。而近代四合院分布广泛，最早出现在烟台山下海岸街，沿海滨南北向的胡同如共和里、永安里、庆安里及大马路、二马路一带，后来烟台形成新的市区，烟台的近代民居广泛向三马路、四马路一带和市区的其他范围扩展。

2. 形制

烟台最早的近代民居为西式别墅，是一种完全外来的建筑形式。据现在的资料所知，早期烟台近代别墅建筑屋顶是四面坡顶，铺当地灰色的小瓦的大房子，带前廊，四周开大窗户，内部是架空的木地板，内设做工精美的壁炉。这种风格的别墅在烟台流行后逐渐在内地发展，但对近代烟台影响最大的还是近代四合院。在烟台近代民居中近代的四合院出现得最早，数量也最多，既保留了烟台传统民居的特点，符合烟台人生活的习惯，又受外来文化的影响，形成了适应城市特点的近代四合院。20世纪二三十年代，烟台许多中产阶级的楼房都采用了这种楼房四合院建筑形式——一般是三面楼房的二层四合院，院子的南北东侧都是二层的楼房，大门设在北楼楼下的东侧。这与传统四合院截然不同，是新式四合院的创举（图2、图3、图7）。

3. 建造

烟台近代民居一开始就注重中西风格的结合。墙体是和所城一样的灰砂石和灰砖砌成。屋顶也是小灰瓦的形式，并且屋顶还做成和所城里一样的瓦背。但门窗、楼梯栏杆都是西式的，内部装修也比较讲究，内部空间也高大敞亮，前后都开木制玻璃双窗。房间内部采用玻璃木隔断，铺木地板。这是早期烟台民居的形式。

20世纪30年代以后出现了楼房四合院，这些变化使四合院具有了一个新的面貌：统一设计，由专业营造厂统一建造好再出售。沿街为水刷石墙面，院内地面为水泥抹面，北面一般为五间上下二层楼房，西厢为一层平台的平房，有单独楼梯上到房顶等等。室内还是木地板，不过外走廊不是早期木头外走廊，而是改为钢筋水泥的了，这种水泥的外廊连着楼梯（图4、图5）。

4. 装饰

砖石雕刻受烟台所城的民居影响。在烟台近代建筑中，传统的装饰手法较少。近代西方的装饰纹样等在烟台近代建筑上有所体现。

5. 代表建筑

1）烟台山东路5号

图3 烟台近代四合院

图2 早期传教士别墅

图4 中西结合的烟台近代民居

图 5　烟台中西合璧住宅鸟瞰

图 8　观海街近代民居

　　原海关税务司官邸平面大体为正方形，建筑为二层铁皮瓦四面坡顶，砖石结构，灰石基础。院子的主入口向南，有一个矮矮的大门，主楼位于院中偏北的地方，正中为内走廊，东西各有两个房间，楼梯间位于西北角。外楼梯位于楼后正中，东边两个房间为主要房间，上下皆为四开间的外廊、砖柱，柱顶为半圆形砖拱。楼的西南两侧都开有高大的窗户，特别是东南的房间，上下二层均设有三面采光的凸肚窗，虽然这种窗户的样式在以后的近现代建筑中屡见不鲜，但在此时，却是烟台最早使用这种窗户的先例。

2）烟台共和里 7 号

　　该宅为典型的三面楼房的二层四合院。院子的南北东侧都是二层的楼房，大门设在北楼楼下的东侧。这个门与传统四合院截然不同，是新式四合院的创举，进门后是东厢墙的一个影壁，东厢是院子中的厕所，也是院子唯一的两间平房，厕所屋顶还开换气的天窗，这也是与传统四合院的茅厕不同。影壁前右

图 6　烟台近代里弄——建于 1919 年的共和里

拐就进了院子，由于是楼房，院子显得略小一些，南北楼房上下各五间，西厢房楼上下三间，上二楼有二处楼梯，一处在南楼的东南角，一处在北楼的西北角，此处楼梯连着外廊。这座楼房的内部装修还比较讲究，楼上楼下内部都铺木地板，内部空间也高大敞亮，前后都开木制玻璃双窗，房间内部采用玻璃木隔断，这在当时都是典型的楼房四合院的形式（图 1）。

成因

　　近代开埠形成的城市在山东城市民居中占有重要的地位。早期受外来文化的影响，烟台最早的别墅是 1862 年前后出现在烟台山的英国领事的官邸，这也是山东最早的外来建筑风格的别墅。后来随着城市的发展、居民的增多，烟台的民居类型也呈现多样化的趋势（图 8）。

比较 / 演变

　　由于观念的差异，早期的别墅几乎全为外国人居住，并在烟台山、东山一带形成了外国人居住的别墅区，后来随着西风东进和中国商人观念的转变，有越来越多的中国人选择了别墅住宅，别墅成为烟台民居的一个重要部分。烟台近代里弄大都建于 1920 年左右，整整比上海的里弄晚了半个世纪，烟台当地人并不习惯称之为里弄，而一直沿用着所城里的叫法称之为胡同。四合院是这些胡同内的重要组成部分，并且到 20 世纪 30 年代左右，这些四合院的建造风格都已经相当程式化了。烟台的近代民居对周围乡村的民居近代化进程影响非常大，对整个山东近代民居风格的形成也起着非常重要的作用（图 6）。

图 7　早期楼房四合院

近代城市民居·青岛近代民居

在山东近代城市中青岛受国外建筑思潮的影响最大，因此青岛民居在山东的近代城市中类型也最为丰富。街道分属两个区，各有自己的名称，青岛近代民居从早期的德式建筑风格、中国建筑风格、到后来日本建筑风格都有。

图1 独立住宅加宽阔院子

1. 分布

青岛近代建筑主要分布在青岛市区，并辐射到周围的城镇，对周边乡村近代民居有一定的影响。在市南区沿海最佳的位置是当时欧洲居住区，有明显的外来建筑风格。早期基本是德国人的住宅，一般是独立的住宅加宽阔的院子，建筑的体量高大，其中以八大关为代表。八大关的别墅最早是建于1904年的花石楼，开始是德国总督的狩猎别墅，后来形成了著名的风景别墅区。这里开始有八条街道，分别命名为韶关路、宁武关路、紫荆关路、武胜关路、嘉峪关路、正阳关路、临淮关路、居庸关路、山海关路、函谷关路。八大关分别栽有自己的行道树，紫荆关路栽雪松，正阳关栽紫薇等，难能可贵的是目前这里的绿化和建筑保护得还非常完好。

2. 形制

青岛开埠以后的建设完全按照国际化的城市进行，各种建筑风格流派纷纷登场，除了别墅外，青岛的公寓住宅和中国传统住宅也有了进一步的发展。青岛民居大致可分为五种类型：一是别墅式的花园洋楼；二是公寓式的楼房；三是里院式的群楼；四是平民院式的平房；五是棚户式的简易平房。里院和平民院为青岛民居的特有形式。此外，还有少数传统村落民居。

3. 建造

石头基础木结构，用青岛特有的崂山红花岗石砌造，蓝天碧海红瓦。中华民国十七年（1928年）《胶澳志》：本区石料丰富，故建筑多用石。其法，下层叠之以石，上层乃累以砖。砖又分烧砖、土坯（未烧之砖坯）二种。

4. 装饰

早期的建筑属于德国新文艺复兴的风格，花石楼、总督官邸属于德国新浪漫派，基本与德国同时期的建筑风格相近。20世纪20年代以后青岛的建筑风格发生了很大的变化，新艺术运动、装饰派艺术、摩登建筑风格，中国固有风格等建筑风格在青岛纷纷出现。

5. 代表建筑

1）济南路某宅

住宅沿街是两层楼房，中间有一个大门洞，进了门洞是两个布局紧凑、走廊狭窄的楼房四合院。为了适应青岛冬天寒冷的气候，每一个房间都有烟道。在外墙有突出高大的烟囱，与德国人建造的别墅完全不同，形成了有中国特色

图2 大学路14号（原中国银行宿舍）

图3 院子中间的露天楼梯

图4　青岛近代早期的德式建筑风格别墅

图5　别墅主楼，青岛红崂山特有的花岗石砌造

图7　沿街公寓

的楼房四合院，当地称为"劈柴院"。楼房四合院一般为砖木结构，局部使用水泥或花岗石，楼上采用木地板，外门窗是折叠门窗，有良好的防护性。

2）青岛大学路14号

原中国银行宿舍，近代的公寓建筑。原中国银行宿舍建于1936年，地址位于大学路路北，布局是合院式，建筑采用现代风格。全院是以庭院为中轴线的大四合院，在院落的北边沿街是一个大门，南边是一座楼房为南屋，高低落差又把院子分为相对独立的四个庭院，每个庭院东西有两座楼房。全院共有楼房

10座，其中职员7座，位于院落的后部，三层带阁楼，一梯两户，共6户，有独立的厨房、卫生间、客厅、卧室和阳台，卫生间洁具齐全，房间内部取暖、通风设施良好，阁楼为佣人居住。在院子的前面是银行高级职员的3座独立的二层别墅，每家一户，功能设施齐全。在院子的西边还有一座礼堂，作为居民娱所。这座院落既保留了传统的四合院的布局风格，保持了居民邻里交往的空间，又符合现代公寓居住的要求，改善了卫生取暖等条件。

图8　20世纪20年代出现的关联住宅

图9　中西合璧的装饰风格

成因

青岛气候温和，冬暖夏凉，非常适宜居住，因此青岛的别墅特别多，最早的是德国风格的别墅，以后英国、西班牙风格的别墅纷纷建立，并形成了几片著名的别墅区。从20世纪20年代的历史照片来看，青岛海滨一带景色和欧洲的海边的小城没有什么区别。

比较／演变

近代开埠的城市对现代山东的城市经济文化的格局影响非常大，原来的经济中心由西南部开始转移到东部沿海。青岛近代民居可以归纳为：时间早，规模大，类型多。

图6　20世纪30年代后期出现的沿街公寓

近代城市民居·威海近代民居

早期在威海商埠随着大量英式建筑的出现，威海富裕的人家受英式"洋楼子"的影响，近现代开始模仿这种英式住宅。院落布局由原来的合院式改为欧洲庭院别墅式，屋架抛弃了原来笨重的梁架，改为轻质的屋架，采用四坡顶、铁皮瓦、木外廊的形式，这种建筑风格与山东其他近代城市的建筑风格不同，而且影响了威海周围的城乡民居，成为山东近代民居中独具特色的一种民居形式。

图1 威海近代居住建筑

1. 分布

威海的近代别墅和四合院多位于刘公岛沿海商埠及周边乡村一带，数量虽然不多，却极有特色。这些民居别墅及四合院至今在威海东山沿海一带和刘公岛上都有保存，特别是刘公岛，保留了大量英据时期的近代住宅，建造质量极高。

2. 形制

威海原为传统的四合院民居，周围的村落如近郊的戚家疃、谷家疃是普通村落，村中原是典型的石墙草顶传统海草房民居。中华民国以后，随着商埠码头的建立，威海逐渐繁荣起来，周边渔村开始富裕，20世纪30年代以后逐渐形成近代里弄住宅，形式多是二进四合院和部分楼房四合院。这种里弄住宅一般由六七个院落组成，每个院落都是二进四合院。沿里弄四间，除右边一间是过道，其余三间中间开大门。两边开大的玻璃窗，南屋几乎和北屋一样的采光和通风。院落布局和传统的四合院一样，但占地很大。照壁二门都简化，结构采用钢筋混凝土。西厢房一般是平房。屋顶可以上人，屋面由传统的小灰瓦换成当地称为"大翻毛"的机制大瓦，成为山东代表性的近代四合院。

刘公岛以近代别墅为主要居住形式，平面以方形布局，或对称的工字型。方型住宅一般是带外廊的二层楼房，工字型住宅一般是平房。入口在中间，进门是走廊，两边突出的部分是客厅。客厅部分或方形，或五边形，采光良好。客厅普遍采用木地板，在一层住宅的后面是一排附属建筑。这种住宅最大的特点是外墙充分利用当地的石材，无论外观怎样变化都能体现当地的地方色彩。

3. 建造

威海早期的民居风格多受英式"洋楼子"的影响，石基，砖墙，灰瓦，大屋顶，格子玻璃窗，建筑高大，风格朴实。20世纪30年代以后威海出现一种地方风格和地方材料为主的近代四合院。院落也是水泥抹面，窗户以下是大块的方石，上面青砖磨砖对缝施工精良，室内空间高大，采光良好，地面是木地板，非常适宜居住。1925年威海的木瓦作坊有义和、德胜、永平、东成和、和盛、吉顺兴、同昌、丰源德、云华盛等14家，其中历史较长的是义和，规模较大的是义和和德胜。

4. 装饰

在威海的海边，视野开阔，景色优美，这种英式度假别墅和旅馆建筑沿海岸错落分布，虽然不少英国风格建筑也采用中国传统的细部装饰，但整体上这些别墅使威海海滨充满异域风情。

5. 代表建筑

1）威海刘公岛某别墅

位于刘公岛水师衙门后面，是英据时期早期别墅之一。建筑规模比较小，二层铁皮瓦四面坡顶，暴露木构架结构，局部采用当地材料，为英国独立别墅形式。主体建筑外有附属用房。

2）威海环翠区政协院内某别墅

位于威海市区中心，是20世纪30年代威海民族资本家建造的独立别墅，主体建筑三层，内部空间高大，布局合理，建筑全部采用当地石材，石料方正

图2 威海近代别墅

图3 刘公岛英据时期的近代住宅

图 8　门楼及进门的影壁

图 4　近代四合院俯瞰

整齐。这显然吸收了当地民居石砌墙体的处理手法，但此建筑外墙石拼接更为讲究，这在威海近代民族建筑中是不多见的。

图 5　近代四合院

图 6　早期英式别墅英国米字旗屋架装饰

成因

随着威海开埠通商也产生了一系列近代居住建筑，受当时刘公岛上英国别墅建筑的影响，早期住宅开始采用轻质桁架屋架、玻璃窗、尖屋顶的形式。到了 20 世纪 20 年代，威海商埠及周边村庄在原来四合院的基础上发展出一种新的四合院。这种四合院多是二进四合院和楼房四合院，院子地面完全用水泥抹面，房子顶是平顶和四面坡顶相结合，铺机制大瓦，沿街不仅开玻璃窗户，而且还直接开门。这些近代的四合院体现了传统风格和近代施工技术的优良结合。

比较／演变

威海开埠以后环境发生了很大的变化，产生了一系列近代的四合院。中华民国以后，房子质量明显地提高，虽然也采用原有的建筑材料，院落也是传统的布局，但是已经有明显的改变，不但房子层高增加了，沿街的窗户也开大了。这种住宅的方式也开始影响周边地区的村庄，在威家疃和谷家疃已经成为当时富裕人家的普遍住宅。离威海较远的乡村毕家疃和庆村，都出现了这种新式的住宅形式。

图 7　威海早期民居

近代城市民居·济南近代商埠民居

图1 济南近代民居

1904年济南自行开埠，这是山东最早自行开埠的城市，在全国也是自行开埠最成功的城市之一。商埠的规划建设上与旧城的建筑风格、布局形式上完全不同、济南近代民居建筑是伴随着济南的开埠出现而形成的，随着济南城市近代化的建设而发展起来的，最终形成了具有济南地域特色的近代民居建筑风格，在中国近代城市民居建筑中占有重要地位。

1. 分布

济南早期近代民居大部分分布于商埠区和齐鲁大学附近，类型丰富多样。但就建筑质量和规模而言，南郊新市区也无法与老商埠相比。

2. 形制

济南近代民居有多种类型，以别墅、近代里弄、近代公寓、近代四合院等居住建筑形式为主，体现了济南民居建筑风格的多元化，是济南开埠以后吸收借鉴其他开埠城市的建筑风格的结果。

德国别墅主要分布在济南商埠经一路火车站附近，在原南围子门外齐鲁大学附近也有少量分布。

公寓是济南近代民居中一种独特的民居形式，主要以外来建筑为主，其中以经一纬二路济南胶济铁路高级职员的公寓为代表。这处公寓由四幢二层楼房和一处平房组成，外观造型与德国别墅有相同之处，内部变化比较单一，整个建筑为标准化户型，主要是供胶济铁路高级职员居住，是济南早期典型的高级公寓之一。

里弄作为开埠后兴起的主要居住形式，是一种商品房性质的近代建筑，往往是有钱的官商大户出资建造，用于出租的"住宅"。一般具有居住空间相对封闭、结构紧凑、建筑形式统一等特征。济南近代里弄建筑数量多，形式多样，过去在魏家庄就有魏家胡同、民康里和宝善里等里弄，在20世纪30年代，济南商埠经七路出现上海新村这样的上海完全里弄风格的建筑。

近代四合院：济南开埠以后，在济南商埠西郊工厂集中的大槐树村一带逐渐形成工人居住区，其中规模最大的是铁路大厂工人区，里弄里建筑多为四合院格局，建造规格较高。

3. 建造

早期别墅主要受德国近代建筑风格影响。德国别墅建筑整体感装饰很强，富有变化。其外立面一般采用蘑菇石和拉毛墙面处理，内部各处房间均可连通，木质装修，其地面为木质地板，高木墙围，木楼梯木作十分考究。别墅一般分三层，地下室层作为储藏室，一层为客厅、厨房和餐厅，楼上为卧室和书房。一般平面布局富有变化，入口处设计精细，富有人情味。

早期全石结构，立面装饰全部是毛石到顶较多，体现一种粗犷的风格。后期外墙是清水红砖墙，施工十分细致讲究，这也是当时商埠里弄的主要特征之一。

4. 装饰

济南近代民居一个最主要的特点是中西文化的巧妙结合。整个建筑虽然都从西式风格为主，但在局部细节处理上还是济南民居的建筑特点，体现了一些济南传统工匠的手法。有代表性的是1917年始建的齐鲁大学模范东村和模范西村，建筑的屋脊造型，砖雕图案都是济南的典型风格，建筑的装饰手法和功能得到了完美结合。

几乎所有的商埠四合院都很注重砖石木雕刻，有的手法甚至更加精湛，这是山东其他任何一个近代城市所没有的。在1934年出版的《济南大观》上，我们能找出若干家以经营木、石雕刻为主的作坊，此时济南旧城的民居基本已经停止建设，而正是商埠建设的黄金时期。这些作坊大部分是服务于商埠四合院的，由此我们可以想象济南商埠民居的特色了。

图2 济南近代四合院

图3 公寓

图4 商埠的近代楼房四合院

图5　里弄空间　　　　　　　　　　　　图6　济南近代里弄

5. 代表建筑

1）山东大学趵突泉校区长柏路 12 号

在山东趵突泉校区中心花园的那边有一排散落的二层别墅小楼，自西向东一字排开，周围花木疏离，松柏翠绿，景色优美。这是当年的齐鲁大学教授楼，其中长柏路 12 号，是齐鲁大学最早的别墅代表。齐鲁大学的别墅是济南施工质量最好，风格最为讲究的洋楼之一，是济南近代居住建筑中的代表，有重要的历史价值。

2）济南经六路某宅

原为某德商住宅，平面复杂，立面变化丰富，墙体为毛石墙，墙体厚重，内部布局比较丰富，是济南早期德国风格别墅之一。

图7　济南胶济铁路高级职员的公寓西楼东立面测绘图

图8　济南胶济铁路高级职员的公寓南楼北立面测绘图

图9　济南商埠纬一路 127 号的近代别墅

成因

济南是自行开埠的城市，开埠的宗旨之一就是华洋通商贸易。商埠发展的特殊性使济南近代民居建筑风格呈现多样性，没有一个国家的建筑风格对济南的商埠形成绝对的影响。胶济铁路的开通使济南火车站周边近代建筑深受德国风格的影响，如胶济铁路高级公寓受德国古典主义建筑风格的影响。同时，英国外廊式建筑通过教会的渠道也传到济南，建筑以二层的砖木为主，大坡顶，在它的三面或者两面有一圈外廊，柱子有木柱和砖柱两种。这种外廊风格的别墅建筑在济南影响了一些齐鲁大学的别墅。

商埠的近代四合院受旧城传统四合院的影响仍表现出完全封闭的性格，与其他城市种种开放式的城市四合院完全不同。虽然济南商埠的四合院也采用机制大瓦、大玻璃窗户、木地板等现代的建筑手法，它仍然是高大封闭的，走进商埠的胡同，你依旧能感觉到上千年封建的影响依然很深，有老城特有的胡同文化氛围。

比较 / 演变

济南的传统民居建筑有着深厚的文化底蕴和鲜明的地方特色，外来建筑在进入济南的时候都注意与济南传统建筑风格相结合，形成了具有济南特色的中西合璧式的近代民居建筑。

与济南老城的传统民居相比，济南近代民居建筑突破了很多传统民居布局、风格上的限制，呈现出一种前所未有的丰富性、多样性的面貌，扩大了建筑形式上的自由度。近代民居在体量与形式上都发生了很多变化了，建筑显得更加简洁大方，但传承了传统民居的石雕、砖雕等建造工艺。传统四合院所营造出的鲜活的生活氛围在近代四合院建筑中被保留了下来，体现了济南民居文化的发展与进步。

近代城市民居·近代工矿民居

坊子、淄川是山东近代城市中因为煤矿的开采和铁路的开通而形成的工业城镇。有别于山东其他的开埠城市，它的发展时间短，但规模集中，建筑风格统一。在坊子除了修建了大量火车站、医院、学校等公共建筑外，也为当时的铁路和煤矿职员建造了一批公寓。这种公寓的形式根据职员的职位有所区别，反映了当时标准化住宅的特征，也集中体现了近代工矿城镇的特征。

图1　坊子车站站长别墅主体

1. 分布

主要分布于依靠外力而形成的工业城市如坊子煤矿、淄川煤矿等地。

2. 形制

坊子煤矿员工宿舍分为三类：高级职员的独立式别墅住宅，房子高大坚固带地下室，有独立的客厅、厨房、卧室，房间内部是木地板，门窗高大，采光良好；中级职员的宿舍都是联排式标准住宅，一排宿舍有多家居住，有独立的院落，但卫生间是一排宿舍公用，一律在宿舍的前面；普通职员一座房子住四家，中间有走廊相连，内部空间相对拥挤，采光通风稍差，室内是水泥地面，厨房在房间的外边。现在坊子车站的铁路宿舍19号就是当年铁路职员的宿舍。

淄川矿区高级职员宿舍建于1906～1909年，是略带西方新艺术运动风格的近代独立式花园住宅，这也是当时建造的比较有代表性的建筑之一。淄川煤矿矿长住宅平面基本为一方形，主入口朝东，入口雨篷有两根圆立柱和圆壁柱支撑，雨篷上为二层晒台。从主

图2　坊子近代铁路宿舍

入口进入后是进厅，再进为门厅，由门厅可进入四个房间。木制楼梯位于门厅北侧，由楼梯上二层是一过厅，还有一小楼梯可上阁楼。次入口在南侧阳台上，通往地下室的楼梯在建筑北侧。建筑一层基本开拱形窗和平拱形窗，其中西侧的平拱形窗有近3m宽，二层基本开方形窗。屋顶为四坡屋顶，入口上方是孟莎屋顶。基座台阶护栏由毛石砌筑，石

砌台阶，水泥拉毛墙面。

3. 建造

早期房子建筑结构为砖木结构，如淄川矿区高级职员宿舍，建于1906～1909年，为略带西方新艺术运动风格的近代独立式花园住宅，建造得相对坚固。后期建筑不少为日式建筑风格，房子建造质量很差。

图3　坊子高级职员的独立别墅住宅1

图4　坊子高级职员的独立别墅住宅2

图7　淄川矿区职员宿舍

4．装饰

坊子煤矿、淄川煤矿民居风格与青岛同时期建筑风格一样。早期的建筑体现了完全的德国殖民地的风格，建筑主要为四坡顶，强调立面装饰，屋顶采用了木屋架，部分暴露木结构，外墙采用拉毛墙。由于当时的机制红砖紧缺，墙里面用中国传统的灰砖，建筑的基础墙角用石头，窗户周围和门楣用石材装饰，体现一种庄重的气氛。

5．代表建筑

1）坊子车站站长别墅

位于扇形车库的东邻，铁路南宿舍15号内1号，它主体呈方形，四坡顶，一层加阁楼，主入口朝西，对称布局，拉毛墙面，乱石基础，墙角窗户门楣用石材装饰。主入口向前突出，前面有石台阶，东、南分别有侧入口。进门是门厅、餐厅，向东突出一间是厨房。院落很大，有独立的厕所和蓄水池，车站站长别墅

反映了德国花园别墅的基本特征，是目前坊子保存最好的德国别墅。

2）坊子煤矿原高级职员的宿舍

原是独立别墅，平面为方形，四坡顶，主入口向南，次入口向西，后面有外廊同附属房间相连。主入口前面有宽大的台阶，向南有外廊，进门是宽大的客厅，靠北墙有高大的壁炉，通向北东西各有房间。别墅前面有精致的木外廊，墙面为拉毛墙面，墙角窗户局部装饰有红砖，乱石基础，木地板。门窗及外廊木饰精美，整个建筑像一座德国乡间别墅。

成因

坊子是山东近代城市中因为煤矿的开采和铁路的开通而形成的城市。它有别于山东其他的开埠城市，是典型的工业城镇，没有像青岛那样形成一个商业贸易和旅游为主的城市，而是铁路、工厂、工人住宅构成城镇的主体，集中体现了近代工矿城镇的特征。

比较／演变

坊子煤矿、淄川煤矿职工住宅是山东近代工矿住宅的代表，它们形成时间短，发展规模快，建筑风格统一，是典型的依靠外力而形成的居住区。坊子虽然没有像青岛那样形成一个完整的近代欧洲带状城市，但它是山东第一个真正意义上的工业城镇，铁路、工厂、工人住宅构成城镇的主体，对山东近代城市布局及西方建筑技术的传播起了很大的作用。

图6　淄川矿区高级职员宿舍

图8　坊子中级职员联排式标准住宅

153

特殊类型·明代卫所民居

明代山东采取"陆聚步兵，水具战舰"的海防政策，在中国沿海岸线设卫、所、营、寨，建城堡，屯重兵。由于山东特殊的地理位置，沿海卫所设置颇多。清代要求裁减卫所后，大部分屯兵的卫所成为普通村镇，不少卫所建筑格局保留至今，成为山东民居特有的一种类型。

图1　明代威海卫的模型

1．分布

现存的城卫所分布在山东沿海，以青岛、威海、烟台、日照等沿海城市周边较多。因此卫所对山东近代城市的形成影响巨大。

2．形制

多为普通四合院的形式，朴素坚固。以烟台奇山所城的民居为例，民居大多以四合院为主。一般是二进四合院。院落大多坐北朝南，大门朝南稍偏东，前厅的右侧是大门。靠街的南屋台阶一般比较高，所以进大门要上几级台阶，设挑檐门楼，黑漆大门，迎门院内一般是一座靠山影壁。每座四合院前后厅堂为四间或五间，左右厢房三间，前厅为客房，后厅为居室，院内地面以石铺为主。如果这四合院位于所城的中心大街，像南关大街、东关大街，台阶还要高。烟台所城东西大街和南北大街交界的十字路口四周的房子台阶都比较高。除二进四合院外，所城还有还有独院和三进院落的四合院（图1、图3、图4、图7）。

3．建造

卫所的民居主要使用当地的自然材料，结构比较简单。砖石木结构，一般灰砖到顶，高山墙，木屋架，两面坡屋顶，屋面为小灰瓦。殷实的家庭，墙体腰线以下是块石，由石匠精心打制，严

图2　烟台所城的沿街四合院门楼

图3　城门

图4　南北大街

图5　青岛即墨雄崖所民居（山头上明显有南方马头山墙的影子）

丝合缝拼在一起，有的还拼出一些吉祥图案，还有二层楼或较矮的暗楼。一般人家是碎石墙身，海草或山草顶。

4. 装饰

由于是屯兵的民居，装饰极为简单。一般没有砖石雕刻，仅在过道对面的影壁画松鹤延年或书写福字。但由于当年卫所士兵来自全国各地，不免带来各地的建筑风格，青岛即墨雄崖所民居的山头上明显有南方马头山墙的影子（图2、图5、图6）。

5. 代表建筑

1）烟台所城里张家大院

为典型的所城里民居，整个院落为完整的二进四合院，布局紧凑，建造精

细，风格朴实，特别是利用当地灰石拼接对缝的墙面很好地体现了当地的工艺水平（图8）。

2）青岛即墨雄崖所某宅

为完整的二进四合院，建造精细，充分利用当地的材料，全石头到顶，屋顶为小灰瓦，屋脊局部采用南方的装饰手法，体现了所城居民来源的多样性。

图7　装饰简单的卫所民居

成因

山东沿海卫所民居是山东明代以后一种特殊的居住方式，其风格简朴，施工精细。

比较 / 演变

卫所的建立整个山东沿海地区的城乡结构，对山东近代城市的形成影响很大，烟台、威海、青岛等城市都是在原来卫所的基础上发展起来的（图9）。

图6　城门洞

图8　使用当地材料的卫所寨居民

特殊类型·避难山寨民居

依险而筑是山寨修筑的特点之一，梁山水寨和青崖山寨是山东历史上典型的山水寨。近代以来山东多战乱，因此恃险据守的山寨成为山区民众躲避战乱的一种重要形式，山寨多利用险峻地形依山而建，平面多不规则，范围也不大，一般用于避难时居住，不同于一般的屯兵军堡。

图1 依险峻地形而建的山寨

1. 分布

山东多山地丘陵，山寨多集中在鲁南鲁中山区，平面多不规则，范围也不大，济南长清孝里镇东南的黄石崖和淄博淄川的马鞍山是山东地区现存山寨的代表。

2. 形制

黄石崖始建于咸丰年间，江苏仪征人张积中居山讲学而建，顺山脊形成"Y"字形庞大的山顶建筑群。为了防御，黄石崖建有两道围墙，仅留一条对外的道路，整个山寨易守难攻。全寨建有房屋约1200间，其总建筑面积60000m²，最多的时候曾有数千人在此居住生活。居住建筑在山的北坡连在一起，形成山东目前规模最大的山顶村寨。除少数建筑外，居住建筑大多为乱石砌墙，屋顶也为石板，墙体厚重，房间狭

小，门窗低矮，仅仅能简单居住。最大的一处院落为济南知府吴载勋避乱静养所建，有房室十九间，北屋六间、东屋五间，西、南各四间，现存东南角四间较为完整的石室，全石结构，石材是经过打磨的，建筑质量比较高。

图2 有两道围墙的黄石崖

3. 建造

山寨多为山区民居的建造形式，但构造比较简单，房顶是用页岩的石片一片一片叠加而成的屋顶，有很好的肌理效果。这种房子一般进深开间都很小，采光效果也不好。现在在鲁中山区还可以看到类似结构的民居，一般用作看山放牧时临时居住。

4. 装饰

因为是避难临时住宅，所以民居上很少有装饰，即使有也是工匠偶尔发挥

图3 厚重石块搭建的屋顶

图4 山寨俯瞰

图 5　济南长清黄石崖（始建于咸丰年间）

图 6　石片屋顶

图 7　山寨民居内部

成因

山东历史上战乱较多，特别是近代以来，社会极具分化，战乱频繁，山区由于特殊的地理环境，战乱尤为严重，民众苦不堪言，因此在山东中部的山区大的村落都会集资在附近山头兴建这种避难村落。

比较／演变

山寨建筑多是在山区民居的基础上发展而来，它采用山区常见的石头民居的砌筑方式，因为大多是临时避难所需，因此建造简单。

使然。整个房屋采用不规则的石块砌成，给这些低矮狭小的石头民居赋予一种特殊的沧桑美感。

5. 代表建筑

1）济南长清的黄石崖民居

为石材砌筑，坚固朴实，但由于遭到人为毁坏，大部分坍塌，但建筑基础和格局尚在，可以分辨出原来的规模和布局。

2）淄川马鞍山山寨

山寨充分利用山体作为墙体，部分屋顶采用木结构，建造规模尺度都要大于长清黄石崖。在抗日战争时期，马鞍山作为八路军救护伤员的后方医院曾遭到敌人的破坏，地面建筑大多毁坏，只留下岩石上的柱洞可以看出当年的建筑规模。

图 8　淄川马鞍山山寨山崖上留下的梁架洞口

特殊类型·地主庄园

图1 牟氏庄园外观

在山东的传统乡村中往往有一些世袭的大家族，他们占有大量的院落，形成一片街区，建花园，修道路，世代居住，形成一方望族，如黄县城里的丁家、潍县城里的丁家，而靠土地和经商发家的地主也会兴建大量的居住建筑和配套的附属用房，形成相对独立和封闭的地主庄园。

这些庄园一般分为两类：一是传统的靠土地积累逐渐形成的地主，像胶东的牟氏庄园、惠民的魏氏庄园、莒南大店庄氏庄园等；二是靠近代在外经商短时间发展起来的新兴的商业地主，如牟平近代靠代理经营德国染料而发家的李东山、栖霞的李老崴等。

1. 分布

全省各地，胶东地区相对集中。

2. 形制

坐落于县城以北古镇都的牟氏庄园是山东清末民居的代表之一。从整体看，庄园的总体布局为我国传统四合院形式——沿街设门房、倒座和附属用房等，一长列的东西厢房分别是储藏室、伙房、粮库、磨坊和佣人的住房；后房临街是晚辈儿女和家仆的住房，围合成一个完全封闭的内向性大宅院。在这个大四合院中又重重套有数个小宅院，院与院之间相对独立，互不相通，每个院落的东向或者西向开侧门，由偏离中轴线的一条贯穿南北的过道（更道）来联系，求安全、安静的功利而不求中轴突出的形式，反映出胶东民居不拘泥于中规中矩，灵活、布局自由的建筑文化特色。

3. 建造

地主庄园建造讲究，建房所用建筑材料都是自己生产。牟家在牟氏庄园的东南设立窑场，吸收了蓬莱、黄县烧窑的经验，严格烧制砖瓦，连尺寸和规格都以两地为标准，建房用的砖瓦都用豆汁浸泡过，吃足了水分再盖。庄园所用的石料有专门的工匠到东南的山上开采，每一块石头都打磨得光滑如镜，并根据石块的大小和色彩进行墙面和地面的砌铺。特别是牟氏庄园采用以柞炭灰铺屋顶的办法，既防潮隔热，又减轻屋顶的重量，是一种非常有效的办法。

以砖木为主要承重体系的牟氏庄园历经数百年保存完好，建筑材料与施工工艺起了决定性的作用。腰沿以下墙体采用厚重的花岗岩石精雕细磨而成，石墙均平整如镜，石缝细如线。

多数墙体在腰沿以上用灰砖或三合土外加抹面砌筑，砖精挑细选后，打磨平整并在豆汁里浸泡过再使用，这样的砖强度高且抗腐蚀能力强，经历百年而不改其色。厚重的墙体为达到保温的作用，在两层砖石中间填充黄土作为保温层。面向雨道的厢房以及面向院落的堂屋，二者的墙体在腰沿以上多采用三合土砌筑。为保证院落的防御性能，厢房对外一侧，堂屋的山墙、后墙在腰沿以上均以砖砌。

4. 装饰

整个牟氏庄园虽然规模浩大，但整体装饰风格比较朴素。和胶东民居一样，牟氏庄园木雕不多，木雕仅见于门簪、隔扇门、花格窗等部位。砖雕也不多，主要部位在搏风墀头及照壁等部位，雕

图2 牟氏庄园大门及门枕石

图3 庄园内通道

图 4　贯穿南北的更道

图 5　下水道口

图 6　牟氏庄园山墙立面（建房用的砖瓦为自家烧造）

图 8、图 9　各种墙面铺石花样

刻多是胶东地区喜闻乐见的题材，内容为花鸟鱼虫、吉祥如意等。牟氏庄园最讲究的还是石雕和石砌，石雕主要有石柱础、门枕石，以大门的门枕石最为讲究，石砌有石砌花墙、铺地，以善堂东侧群房外侧"虎皮墙"最为讲究——墙高 9m、长达 70m，以自然石块拼砌而成的五十多幅色彩斑斓吉祥图案，主题有"花好月圆"、"莲生贵子"、"夏荷秋菊"、"富贵长寿"、"大吉大利"等。

5. 代表建筑

栖霞马陵冢李氏庄园

李氏庄园也是栖霞地主庄园的代表。虽然整体规模不如牟氏庄园，但其建造年代较晚，整体风格吸收了牟氏庄园的特点，特别是它的细部装饰精细程度要高于牟氏庄园，在整个山东地主庄园中也算是比较讲究的。

图 7　庄园烟筒六怪之———烟筒立在山墙外

成因

牟氏庄园同时受到南方文化与北方文化的影响，且庄园主人的祖籍在湖北公安县，从东忠来客厅悬挂的"犹望公安"不难看出其后代仍未忘却自己的出身，建筑的风格不仅有北方民居严谨的布局，同时也有南方建筑灵活的处理手法，它是在吸取当地建筑精华的基础上，加之自己的创造与摸索，逐步完善起来的，因此，有许多有别于当地建筑的独特之处。

比较／演变

整个牟氏庄园的色彩素雅、用材质朴。墙体采用厚重的花岗岩石精雕细磨而成，地面为青色的各种形状的石块及方砖铺地，颜色基本上保留了材料本身的色彩，建筑装饰也比较简化，有别于晚清纤细烦琐的装饰手段，这些使得牟氏庄园具有一种朴实、简洁、大方的艺术效果。牟氏庄园是在继承了胶东，特别是栖霞山区传统民居的基础上发展而来的，虽然它的建造年代持续到 20 世纪 30 年代，但格局和施工的手法却一直延续传统的形式。它的建筑集中体现了胶东山区民居的优点，并且对每一种材料的使用都发挥到极致，对胶东民居的发展起了很好的继承作用。

河南民居

HENAN MINJU

豫东民居·石砖瓦院

河南传统民居以朴素的生态观，选择环境、利用环境，与自然有机交融，以最简便的手法创造出宜人的居住环境，体现出中国传统建筑的理性精神。在豫东地区的许昌禹州和漯河的裴城村，由于当地盛产红色石头，就有了青砖与红石花色砌筑的作法，甚至有全用红石砌墙的民居，粗犷而质朴。

图 1 红石砖瓦民居立面

1. 分布

豫东石砖瓦民居多分布在河南中部许昌和漯河等地。如位于许昌禹州的浅井村目前保留有典型的中原明清古建筑群落，花石镇的白南、白北村和漯河郾城区等地将红石融入青砖瓦房而建造的民居聚落，无不体现传统民居中结合自然环境、因地制宜、因材致用的建造理念。

2. 形制

豫东石砖瓦民居在形制上多为独院式和多进院落式，与豫东典型砖瓦四合院形式大体相同（图 4），采用中轴对称，前堂后寝的布局。其最显著的特性是因地制宜，因材致用，在适应自然、社会和文化方面很满足了人们社会活动和家庭生活的需要。每个院落南北一字排开，既相对独立，又有角门相连。建筑群落集中，规模较大，历史格局、古典风貌较为典型，彰显特有的淳朴民风。

3. 建造

墙身为青砖墙面。房基四周及台阶全部用大块青石铺成，墙体为江米汁加石灰用青砖砌成。豫东石砖瓦民居以生土、砖、石等为建筑材料，其开窗面积都比较小，建筑外观敦实而厚重。在技术上由于合理地运用了材料、结构，并进行了适当的艺术加工，大都给人一种朴素、自然的感觉。墙体里生外熟，即里为土坯，外为青砖，中连跋石，坚固一体。地基由红石精雕细磨垒砌而成，每两层红石条间密不容刃。

4. 装饰

豫东砖瓦民居的房檐屋脊、门楣木柱上，砖木雕丰富多彩，形式千变万化。柱身采用木质，外饰深红色或高黑色油漆，且大都有彩绘。柱础采用雕刻花纹青石，每个上面都刻有花卉和人物图案，栩栩如生。民居中常见的窗子为深红色木格窗棂，按形式分为直棂窗、槛窗、支摘窗。门窗皆用木雕刻，玲珑剔透，花草人物图案形象生动，不拘一格，千变万化。门窗镂花剔透，风格古朴典雅。在传统民居建筑中，各类装饰均体现出主人的社会地位、财富和审美情趣等。民居的中门脸、檐廊、屋顶、开窗等都是重点装饰的部位。木雕多在点睛之处，题材多为飞禽走兽、神话传说、戏曲故事、人物花鸟、文房四宝等。

5. 代表建筑

禹州市浅井村宋家大院

禹州浅井村位于禹州市城北 20 公里浅井乡。该民居建筑群建于清代道光、咸丰、光绪年间，是明末清初从山西洪洞迁徙而来的宋氏家人用几代人的心血建造而成，是一个典型的中原明清古建筑群落。现遗存有古村寨约 200m、14 个或三进或两进四合院，建筑面积约 7000m²，房屋 300 多间。房子高大气派，窗户、屋檐均有镂刻或雕刻各式各样图案纹饰。浅井村东西两条大街两侧，错落有致地分布着古色古香的门庭和院落，残破的青砖绿瓦掩饰不住昔日的富裕和繁华。村中央最为明显的标志是一眼大口井，井旁有一石条通向附近小庙，因此村中流传着"七石一

图 2 花石镇民居群落鸟瞰

图 3　红石砖瓦建造细节

图 4　石砖瓦民居合院

图 6　漯河郾城红石砖瓦民居

成因

豫东石砖瓦民居作为河南民居的一个重要组成部分，在组群布局、结构形态、建造装饰方面形成鲜明的地域特色。它不仅秉承了中国传统民居建筑的文化精髓，同时又发扬了河南地区的独特风格，是中国传统文化与河南居住文化的完美结合。

比较／演变

不同于豫北林州、豫南南阳因交通不便就地取材形成的石板民居，豫东民居中的红石砖瓦民居是将当地特有的红石融入青砖砌筑，进行适当地艺术加工，自然而又有韵律。

盘井，一步大石条，两庙八根椽"的谚语。

其中宋家大院为清代民居，符合我国北方四合院建筑特点，同时又具有中原地方特色。宋家大院共有 8 个院落，建筑面积约 6000m²，房屋 300 多间。每个院落南北一字排开，由三个独立小院组成，是北方典型的三进四合院建筑，又兼有江南园林风格。房屋建筑具有明显的特点，房基四周及台阶全部用大块青石铺成，窗户、屋檐均有镂刻或雕刻蝙蝠及福、禧等字样，意即吉星高照、福海无边。建于清代至今保存完整的雕刻工艺，代表当时较高的雕刻艺术。这种独特的建筑风格能保存至今，实属罕见。

图 5　木雕及装饰细节

豫东民居·砖瓦多进合院

豫东地区古往今来与周边文化互通互融，民居及其院落更在交流融合中得以不断发展，使得院落的布局又呈现多元化的特点。其丰富的演化过程和微差渐变特性，既构成了自身的特色，也可为研究其他主要类型民居与其之间的关系提供丰富的参照物和有力的例证。

图 1　叶氏庄园鸟瞰

1. 分布

豫东平原由于人口密度高、水旱灾害频繁，生存压力大，整体的建筑规模与质量水平不高。虽然数量不多，但保存完整的几处却可称得上砖瓦民居建筑的瑰宝。这类砖瓦合院民居大致分为四合院和会馆两种类别。其中的典型代表是位于周口商水县邓城镇的叶氏庄园、周口项城市王明口镇袁寨行政村的袁世凯故居以及商丘市虞城县城关镇的任家大院。

2. 形制

豫东民居在形制上多以四合院或三合院出现，形式大体相同，采用"中轴对称，前堂后室，左右厢房"的布局。院落中轴线明显，正房坐中，倒座相对，两侧厢房对称分布，从适应自然环境、社会结构和文化观念等方面很好地满足了人们社会活动和家庭生活的需要。现存完好的河南民居中组成四合院的房屋主要为二层，少量为单层。这些院落还可以以院作为一个单元，进一步组合成为中型或大型复合型院落，如商水县叶氏庄园。这些组合现象极大地丰富了河南民居的院落空间。

豫东民居用地方正宽广，独门独户，常出现多进院落，面宽阔大，入口常以高大的门楼出现，配有多重台阶，成为颇具河南特色的建筑式样，也成为街道景观中不断出现的"重彩音符"（图2）。主体建筑为两层楼，高大威风，成为整个建筑群的主宰。

3. 建造

全部使用青砖罩面，墙体厚实，多在370mm以上，部分民居墙体采用檐墙厚55cm，山墙厚40cm。重要建筑采用里生外熟（里土坯外青砖）或"填馅"做法（里外青砖、中填土坯），从现存情况看，这些建造工艺经济适宜，热工性能较好、耐久性好，连接可靠，并成为当时的流行作法。建筑坡屋顶，硬山居多，也有卷棚等活跃形式。装饰精当，繁简对比生动，有北方建筑凝重、简素、大方的特征，总体感觉比较自然、有节制。

4. 装饰

豫东民居保留了大量精美的雕刻，石雕、砖雕、木雕一应俱全。其中墀头拔檐砖雕题材丰富，雕工甚为精湛。门楣砖雕在砖雕竹节框内分三层雕刻，上层题材为狮绳不断头，中间是菊花、牡丹，下层是松、鹿和蝴蝶采莲。木雕主要用于变异斗栱、抱兴梁头，室内二柁梁头。豫东民居房屋立面高大，如处理不当，会显得单调、呆板且不富于变化。传统建筑工匠利用窗口、门洞、檐口、披檐、檐廊等常规的立面构图要素，成功解决了这一问题。如匠人把门洞口设为半圆砖拱券，两边方窗洞口对称，上层三个窗洞口中间大而方，两边小而圆，通过这种的简单的大小与形状

图 2　高大的门楼　　　　图 3　叶氏庄园内院

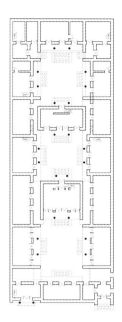

图4　砖瓦合院民居平面图

变化，取得了良好效果。

5. 代表建筑

1）周口商水县邓城镇叶氏庄园

叶氏庄园在商水县城西北16公里邓城镇，始建于明末，以后规模逐渐扩大，至清乾隆年间达到鼎盛时期。较大的一处庄园主体建筑坐北向南，占地1980m²、平房17间、楼房70间，均为灰瓦硬山式建筑。整个院落房屋的布置非常讲究。它共分前、中、后三个院，周围没有院墙，为转厢楼房。前院为会客议事处，华丽庄重；中院为过渡厅，小巧玲珑；后院为住宿处，稳重优雅。既有北方四合院的组合形式，又有深宅大院的建筑风格。院内房屋错落有致，前后高，中间低，而以后面正房堂楼为最高。堂楼大门与中院大门、门楼大门在一个中轴线上，两侧房屋对称排列。而整个西建筑群徽雕风格的雕刻更是让

图6　袁世凯故居

人叹赏不已。房檐屋脊、门楣木柱上，砖木雕丰富多彩，形式千变万化。牡丹、蝙蝠、鹿（象征富、福、禄、寿）等栩栩如生；缠枝花卉或莲纹，姿态百千；奔马、水牛、云龙等走兽，活泼多姿，引人入胜。

2）周口项城袁世凯故居

故居位于项城市王明口镇袁寨行政村。旧居占地180000m²，共有明清特色和传统风格的建筑248间，周围1800m长、约10m高的寨墙，一座优美别致的花园，6座炮楼及三道护城河。故居整体按中、东、西三轴线布局，分东、中、西三组纵深院落，且院落幽曲相连，形成一组完整且别具风格的建筑群。建筑群由传统砖瓦、木材、白灰等建筑材料构成，反映了中国古代建筑特色。

3）商丘虞城县任家大院

任家大院位于商丘虞城县大同路中段，是豫东保存较完整的清代民居。任家大院是多重四合院建筑群落，占地面积3721m²，房屋102间。沿中轴线有主院3进，布局平面呈"凸"字形。它以门楼过厅、中堂、堂楼为中轴线，按照左右对称、前低后高的原则，严谨地将各个单体建筑连成一片。

图8　墀头砖雕

成因

豫东所在的中原，位居天下之中，古往今来又与周边文化互通互融，民居建筑得以在交流融合中不断发展，呈现形成统一中又不失多元化的特点。

比较/演变

豫东民居建筑高低错落，立面开阖有序，非常生动，开朗中不失端庄，厚重中又包含明快，这与以北京为主的北方厚实建筑和南方精巧秀气的民居有着明显的区别，也与河南民居从南到北地理过渡和从热到冷的气候过渡地位相适应。

图5　门楣砖雕

图7　木雕细节

豫西民居·地面式院落

地面式院落是豫西传统民居的一种重要形式。以多进院落为主要组成单元，也有一些单进院落。地面式院落既采用了传统合院建筑的基本形式，又具有极强的地域特色，是结合豫西特殊的气候条件和山形地貌所产生的一种独特的合院建筑形式。地面式院落与其他传统民居形式并存，与环境和谐共生。

图1 砖石结合的墙体

1. 分布

地面式院落在平地区域均有分布。由于对地形的要求较高，因此主要分布在村落中距离山体较远的位置，以取得平整的地形。如三门峡市渑池县，三门峡市义马市和洛阳等地。

2. 形制

地面式院落多为合院建筑，有三合院，四合院，多为规则分布，形制较为统一。院落主要由上房、东西厢房、倒座及围绕在中间的院落形成，平面多为长方形。上房多为三间，形制较高的院落上房有五间。房屋基本上都是两层，一层住人，二层阁楼作为储藏空间。东西两侧布置厢房，上房和厢房互不相连。厢房数量不一样，多则六间，少则四间。比较特殊的是，厢房形制多为合脊房，即一座双坡的房子，内部由隔墙分开，分属于相邻的两座院子，因此，厢房的进深较小。倒座与上房对应，要低于上房，高于东西厢房屋檐，出向院内，建造规格要与上房大致相同，规模要小于上房。院落与院落之间以阶梯或石铺巷道相连。大部分为三合院或四合院，有一进院、二进院、多进院。一般三进院多一些。

房子背风向阳，近水远田，便于生产，安全舒适，宽绰自由。豫西地面式院落在北方四合院的基本格局形式基础上略有发展，形成豫西民居特有的建筑风格。

3. 建造

豫西的地面式院落都是就地取材进行建造。建筑的主要结构形式为木框架承重，墙体内部加柱子，房屋上部的梁构成承重体系，形成"墙倒屋不塌"的结构形式。房屋墙体厚度大约为50cm，墙体内部用土坯，外部用青砖加固，形成"外熟内生"的做法，这种墙体坚固耐用，屋内冬暖夏凉。土坯尺寸约为40cm×26cm×4cm；青砖尺寸约为30cm×15cm×7cm。上房地面使用方砖铺装，铺装形式不尽相同，有45°斜铺，有90°正铺。由于当地砖是极其罕见的建筑材料，因此房屋的山墙四周为砖砌，中心由块石外对齐垒起来，用黄泥或白灰勾缝。还出现了墙体屋檐遮挡部分用土坯，下部无遮挡部分用砖砌。因地制宜，就地取材。现存传统合院式建筑以清代民居为主，虽然年代久远，依然可以看出当时工匠技艺精湛。可惜的是，由于年久失修，再加上

人们保护意识薄弱，很多房子已经破败不堪。

4. 装饰

地面式院落外观装饰朴素，一般以建筑构件自身作为装饰，形制较高的院落有砖雕、石雕、木雕作为装饰，屋脊装有屋脊兽，多为龙头、鱼等纹样。檐下有砖雕，柱础有石雕，门窗有木雕，纹样以鱼、仙鹤、寿桃为主，栩栩如生。内部装饰以实木为主。

5. 代表建筑

1）崔氏老宅

位于河南省三门峡市渑池县池底村。建筑属清代民居建筑共两层，青石垒砌的地基，青石台阶，墙体为青砖，青瓦覆盖屋顶，屋檐有龙头石雕，屋檐实木上雕刻花纹，正面三根木柱支撑。崔氏老宅为合院式住宅，上房、东西厢房、倒座保留都比较完整，有完整的石雕、砖雕和木雕。正房是双坡不等坡屋顶，前长后短，六檩（房子五檩，廊子一檩）。正房西面有一风道通往后面的院子。东西厢房为合脊房，墙采用外熟内生的做法。门楼为道士帽门楼，不等双坡，前高后低。上房屋内有一块乾隆年间的匾额。两个院子的隔墙结构较为复杂，外层为砖，内层土坯，土坯内部还有砖支撑。

2）五福堂

位于河南省三门峡市渑池县天池镇。建筑为一排五座院落，西侧第一路院子坐北向南，面阔三间，一明两暗的两进院，硬山，两侧山墙砖砌盘头，六架檩，院内东西两侧各两间厢房。过厅七架檩前廊，重檐，正中上竖一匾"宗

图2 豫西地面式院落

图3 梁架

图4　砖雕

图5　屋脊装饰

图6　道士帽门楼

图7　五福堂

拙堂"，正脊后期维修。二进院后东西对称各四间厢房。上房面阔三间，两侧山墙砖砌盘头，六架檩前廊，前檐装饰二层楼板，上有栏杆，正脊后期维修，四条半垂脊略有损坏。后裙房面阔三间。院内东西两侧各两间厢房。院子整体为南北朝向，正房坐北朝南，其前廊上部铺设棚板。墙面里生外熟。且为了保证墙体的强度并尽量减少砖的用料，墙体上部为立砌与平砌交叉，下部均为平砌。承重结构为木结构，屋顶覆瓦，窗都是木格花窗，但是不同的房间，不同的院子，花纹均不同。东西厢房不等高，采用东高西低的形式。五路院子最东边的东厢房和最西边的西厢房为单坡屋顶，中间的厢房均为合脊房。各路院子的基本形制都相同，但在柱础、花窗等细节方面各有特色。住房内还设有下沉式储粮空间。椽子排列整齐，上为方形的檐椽，下为圆形的飞椽。倒座为花脊，且五路院子样式均不相同。

3）李家大院

位于河南省三门峡市义马市石佛村。宅院大门开于院落东南巽位，院大门小。大门楼与倒座露檐墙保持齐平，东侧借用山墙，墀头上有手工砖雕，门枕为青石雕刻抱鼓石，大门里侧用青砖圈成栱门，迎面为照壁。顺倒座前檐廊迂回进入外院，院内布局依次为外院、垂花，里院，上房，地势逐级抬升。砖木结构，梁柱承重，墙倒屋不塌。材尽其用，有屋檐遮蔽墙可直接用土坯，四角必要部位采用砖砌，中心部位用当地料浆石或者鹅卵石，尽量节约砖材。山墙与檐墙交接处为通缝，不咬茬。李家大院建筑用材十分考究，屋顶梁架，全部为成年桐木，可保持构架经年不变形，又能减少屋顶负荷。大小椽子直径统一，正面墙壁青砖到顶，白灰勾缝。院内通用青砖铺地，屋内用方砖铺地。外院建筑为二层结构，东厢三间，西厢二间，里院则东西厢各三间，倒座、垂花、均有前檐廊，檐柱柱础为青石雕刻，造型别致，刻工精美。屋门为四扇格扇门，中间双开，左右两扇背后装有销子，可开启。屋门木作精良，上部格心棂子为细木套榫组合花型，四周有仔边，供裱防风纸用。上中下条环板刻有灵芝福寿图。裙板为桐木质手工雕刻图案，风格淳朴，造型逼真，成为李家大院建筑工艺的一大特色。

成因

豫西地面式院落形成的主要因素有：①由于依山而建的窑洞数量有限，居住人口的增多，人们开始利用平整地块建造地面式院落；②适宜居住生活，且有比较丰富的资源，能够满足族人过上自给自足稳定的生活；③一般院落朝向都是坐北朝南。

比较 / 演变

合院建筑是最为常见的民居形式，豫西的地面式院落不仅继承了传统合院建筑的形制，而且还在原有的基础上进行改革，出现了合脊房、与靠崖窑结合的院落等多种具有豫西特色的地面式院落形式。独特的豫西建筑风格，是豫西人民劳动与智慧的结晶。

图8　李家大院

豫西民居 · 石头房

豫西石头房是豫西山地的地形地貌及气候条件孕育出的具有鲜明地域特色传统民居的典型样式之一。石头房的价值和独特性在于它与自然环境的紧密融合与共生，其真正融于环境，成为自然环境的一部分，是与豫西山地自然环境和谐共生的典范。

图 1　水洪池村鸟瞰图

1. 分布

石头房在具有山地地形地貌的区域均有分布，主要分布于豫西山区的一些传统村落中，如济源市思礼镇水洪池村和洛阳市嵩县九店乡石场村。

2. 形制

石头民居多为合院式，有二合院、三合院、四合院及不规则院落等类型。院落主要由正房、东西厢房、倒座及围绕在中间的院落形成，平面多为长方形。院落中有堂屋、卧室、厨房。正房多为三间，东西两侧布置厢房，正房和厢房互不相连，房屋基本上都是两层，带有阁楼，一层住人，二层阁楼作为储藏空间。院落与院落之间以阶梯或石铺巷道相连，空间收放自如，而且各家的卫生间和石磨一般集中布置在几户的中心位置，形成共享空间。豫西石头房大部分为院落式的三合院和四合院，有一进

院、二进院，其中受到地形的限制，一进院居多。

因地就势的聚落排水系统：受地形和对流天气的影响，降雨相对集中在夏季，而冬季干燥少雨；聚落的排水系统对于减少该气候特征对聚落生活的影响具有重要的作用，如果无法快速、及时地收集、排出夏季集中的降雨，聚落所处的山体就会因积水过多、土壤松动而出现滑坡塌方的危险。居民非常重视聚落内雨水的收集和排出。从单体建筑、院落、巷道到聚落都设置了排水设施，等级明确，结构分明。雨水从建筑汇集到院落，由院落流入街巷，再由街巷汇集排出，其中街巷的排水道多为明沟排水。

3. 建造

豫西石头房民居都是就地取材进行建造。石头房 50～70cm 宽的墙体及

地基全部由山中大小不一块石、片石外对齐垒起来，没有一点儿的泥土和砂灰。墙内用黄泥或自烧的白灰勾缝或粉刷，经久耐用。这种因地制宜、就地取材、与自然环境融合的石头房，折射了先人早前艰辛的生活和他们应对、适应自然环境的毅力与创造力。现存传统石砌建筑以清代民居建筑为主，由于年代较为久远，建筑质量普遍一般。相对于土坯墙、砖墙，豫西传统石头建筑的墙基和墙体均采用石材，具有以下特点：房屋根基较大，墙基、墙体以不规则石块和石板砌筑，既是承重结构又是维护结构，多数为双层，具有较强的隔热保温性能，同时也利于防盗；内部和夹缝用黄泥、麦秸泥和自烧白灰勾缝，外墙缝隙很大，可是从里面看，一点缝隙没有，非但不透风，而且冬暖夏凉；坚固耐用、防潮抗湿，风刮不进，雨淋不透，火烧不裂，冰冻不酥。

图 2　石场村传统村落排水孔

图 3　石场村保安楼入口门楼

图 4　洪池村苗家院落

4. 装饰

豫西石头房民居一般都是就地取材，面貌朴素，较少装饰。其装饰部位主要集中在入口、门洞、屋脊、楼梯栏杆等构件。

5. 代表建筑

1）济源市水洪池村苗家院落

济源思礼镇水洪池村，远离市区40公里，嵌落于王屋山九里沟深处，海拔约1400m，与山西交界。水洪池村依山就势，坐落在山体阳面的一层台地上。苗氏族人迁居至此后，家族不断繁衍，子孙分门立户，砌筑屋舍，聚落随之不断壮大。水洪池村的街巷空间大小、宽窄、高低富于变化、灵活有序，整个村落曲径通达。全村约100人，几乎全部都是保存完好的石头民居，形成一个颇具规模的传统民居建筑群。

2）洛阳市嵩县石场村保安楼

洛阳市嵩县石场村保安楼位于嵩县九店乡北部，因村中房屋及生产生活用品多为山石所制而得现名。明代洪武年间，有柴起龙、柴起凤兄弟二人带领全家由山西洪洞县迁至此处，经不断繁衍，渐成村落。因此地出产青石，故名石场村。村子依山而建，层层升高，道路成环形纵横交错，步道均以青石铺就。全村四街七巷十八胡同，街倚房连，房与街齐，规划有序，参差呼应。村落中现存最古老的建筑为保安楼，始建于清朝咸丰年间，为柴姓人经十三代人的努力而兴建的大型两层石木结构民居。当时，保安楼有房屋36间，设施完善，有防火池、地下排水系统、储物间、卧室、厨房、卫生间、骡马房、粮仓、弹药库等。保安楼现有上房6间、偏房8间、地下室4间、石窑4间、岗楼1间，共计23间房屋。

成因

豫西石头房民居形成的主要因素有：①躲避战乱，具有一定的防御性，要求聚落选址要远离战乱，足够偏僻隐蔽，且地形地势易守难攻；②适宜居住生活，聚落选址考虑风水，且要有比较丰富的资源，能够满足族人过上自给自足稳定的生活。聚落选址讲究坐北朝南、背依高山。

比较/演变

豫西石头房与豫北地区的石板岩村落及民居存在一定的共性，如两者同属山地地貌。石板岩村落民宅建筑也就地取材、依山而建，保留有比较完整的石板房。两者的不同点在于石板岩的建筑多采用砖石结合的做法，以砖块砌筑墙体，片石搭建屋面，以增加建筑的保温性能。而豫西石头房墙体均采用石块砌筑，屋面采用瓦片叠盖。建筑所用石材上，石板岩的石材多为一层一层的片石，依照相同的尺寸大小开凿，用以搭建屋面、铺地及台阶等。而豫西石头房的石材以块石为主，当地人从山体上开凿出大小、形状各异的块石，根据不同的用途垒砌、雕琢，运用在豫西人日常生活的方方面面。

豫西民居·土房

土房是豫西传统民居的典型样式之一。其价值和独特性在于它利用最原始、最生态的泥土材料建造房屋，可以循环重复使用，没有任何污染，建造成本廉价，取材方便，同时又冬暖夏凉，满足人们的需要，是真正融于环境的绿色生态建筑。

图1 土坯山墙

1.分布

受当地当时的经济发展水平和交通不便等因素的限制，豫西土房主要分布在偏远山区的一些传统村落中。目前济源市、洛阳洛宁县、洛阳栾川县等地保留并仍在使用的土房规模较大，形制完整，较为典型。

2.形制

土房除了面阔3-5间的独栋式房屋外，在场地规模许可的情况下平面形制多为传统合院式布局，以单进三合院、四合院类型最为普遍。灵宝、卢氏也有两进甚至三进的院落。院落主要由正房，东西厢房及倒座围合组成。正房一般做长辈用房，厢房为晚辈用房或厨房。房屋相互独立，或以土坯围墙连接形成完整院落。

3.建造

土房的营建都是就地取材，用当地黏土进行建造。墙体的砌筑有两种方式：一是夯土墙，夯筑前先做墙基（一般以石材为墙基），然后用木版做为模具，置于墙基上面，将黏土泥土放入模具内，人工分段分层夯筑成墙；二是土坯墙，土坯的制作是先和泥，把参有秸秆稻草等材料的黏土用大木锤砸（也有用牛或人反复踩踏）活成坯泥后放入土坯模具（约500mm×300mm 200mm），压实拍平晾干后形成土坯块，然后垒筑成墙，墙体下部30cm左右范围常用料石做墙基，土坯墙落在料石上，从而防止雨水侵蚀造成的墙体强度的降低，同时土坯墙上部做成收分的形式，可加强墙体自身的稳定性和耐久性。为了防止雨水对墙面的冲刷，土房屋面会有一定的出檐，也有采用草泥抹

面以防止雨水冲蚀土坯墙体的做法。土房墙体一般厚达500mm左右，有足够的热阻，夏季阳光很难晒透墙体，室内凉爽，由于土房开窗较小且较少，围护结构较为封闭，冬季保温效果十分显著。

4.装饰

土房就地取材，墙体本身简洁朴素，为保护墙体和增加光洁和美观性，用草泥抹面进行外墙装饰的做法较多见，也有采用白灰抹面加以装饰的做法。除了对墙面进行简单装饰，土房也会在山花、门洞、屋脊等部位以及木柱栏杆等局部构件上进行修饰。殷实人家的柱间挂落制作精巧，花式图案美观，墀头在增大承载能力的同时注重雕刻的精美。有些人家在山墙上部用质地坚硬的料浆石垒砌形成山花，不仅起到固墙防雨的作用，也使山墙的肌理质感产生了变化，给人

图2 土房院落

图3 外墙

图4 土房

图 5　细部装饰

图 8　孙家大院

图 11　土房外观 2

图 6　山墙装饰 1

图 9　土房外墙

成因

　　豫西土房的形成与当地经济、文化、技术、交通及当地材料等因素密切相关。由于位置偏远，交通不便，新的技术、材料难以快速传播到这些地区，利用天然的泥土材料和传统的夯土技术进行房屋建造也就成为必然。土房就地取材，成本低廉，冬暖夏凉，是古代人的智慧的结晶。

比较／演变

　　我国偏远农村目前还存有数量巨大的土房。在豫西不同区域，土房构筑方式有所不同。例如济源的房屋以土坯垒筑为主，而洛宁则保存有夯筑和土坯垒筑的房屋。土房除了需要消耗大量的土壤外，因其墙体承载力较小难以建造多层房屋，且受雨水冲刷性能薄弱，同时土房抗震性能差，这些都是导致土房难以持续建造的主要原因。为了增强房屋的整体性和承重能力，人们在土墙内置以木柱以承受梁檩屋盖等荷载，或以砖石为材料进行外墙包砌形成里生外熟的构造，或在墙角等承重部位以砖石砌筑形成砖框土坯房，最终完成土房向砖瓦房的过渡。

图 7　山墙装饰 2

图 10　土房外观 1

以未经雕饰的质朴之美。

5．代表建筑

1）洛阳市栾川县大王庙村孙家大院

　　孙家大院位于洛阳市栾川县潭头镇大王庙村，属于形制较高的民宅。已有一百八十余年历史，由上房、两厢房、过屋房四座建筑组成。正屋坐北朝南，大门朝西，门上装饰有挂落，较为精美。每座房屋均有一间正间（厅），两头两间为卧室。房屋与屋顶中部为木棚，上面可以放杂物、粮食等。建筑色彩古朴庄重，屋顶为斜坡形对称，由木檐、檩条及泥瓦等组成，建筑细部在门、窗及明檐处刻木雕，地面铺有石条、石板、石雕。大门为将军门，房屋大门下放置石门礅，檐下木柱下放置石雕柱石。内部为八字墙，门外有门罩、窗户、明檐等细部元素，用木雕构造，极其细致。墙体均为夯土，山面上部用料浆石砌筑，

具有足够的硬度与耐久性，富有当地特色。室内顶棚用木板将屋顶上部与地面隔开，以利于人居住及生活，地面为青砖铺地。

2）洛阳市洛宁县下裕镇民居

　　下裕镇民居是土房的集中代表。墙体基础用几皮砖或石做成，外墙落在砖石上，同时外墙上部做成收分的形式，加强墙体自身的整体稳定性。同时墙身多数会用泥土抹一层饰面，保护土坯墙体。山墙上部用立砖的形式做一层外表饰面，防止雨水侵蚀墙体后不易维修。山墙处屋顶出挑悬出很多，也是为了防止雨水的冲刷侵蚀降低墙体强度，提高其耐久性。

豫西民居·靠崖窑院

靠崖窑洞民居宅院属于豫西特色窑院之一。宅院都背崖面沟,属典型的北方窑院式民居。凿土为崖,靠崖挖窑,窑前围院,院内盖房,房窑结合,形成了一个个规模不等的三合院或四合院。它以黄土高原的原生土作为建筑材料,具有冬暖夏凉、节约能源、成本低廉、健康环保性的建筑形式等得"地"独厚的特征。

图 1 靠崖窑洞鸟瞰

1. 分布

靠崖窑院与当地气候相适应。中国中西部地区气候多为冬冷夏热,对土质要求较高,在豫西地区集中分布。多分布在洛阳新安县,三门峡湖滨区,渑池县等地区,其中以三门峡湖滨区规模与形制较为完整,且数目较多,形式典型。

2. 形制

靠崖窑院的布置基本上都背崖面沟,凿土为崖,靠崖挖窑,窑前围院,房、窑结合,形成了一个个窑洞院落。靠崖窑院按窑洞的孔数,有三孔窑院,两孔窑院,单孔窑院之分。按院落形制分为四合院和三合院。前者主要有上房(窑洞)、厦房(厢房)、临街房(倒座)组成。三合窑院是规整对称的院落中最基本的形式之一。三合院一般由上房(窑洞),厦房和门楼围合而成,无

临街房。上房为老人或主人居住,一般为套窑,深度与间数不等。中间由隔墙隔开,前面住人,后面储物或养牲口。窑券为了美观基本为半圆形砖拱,部分地区由于土质不好,做成尖券。由于丘陵平地较少,每家院落基本上为单面配楼,且平地建筑一般采用合脊房,也称为伙脊,即每家院落均为半坡,坡向内院,常作为厢房。临街房的一间作主要出入口,偏向一边。

3. 建造

靠崖窑院挖窑的方式与陕西等地的靠崖窑相似,窑院围合建筑的建造特色是:建筑结构为土墙内部加木桩加固,梁柱承重,形成墙倒屋不塌的结构。为了加固窑洞并降低造价,墙面内为土坯,外部采用当地常见的石头砌筑,拱上部采用砖券加固,即"里生外熟"。

土坯用土打制、晾干而成。常见的做法是下面用石头打墙基,上面用土坯垒,最上端铺瓦。厢房与倒座屋顶铺瓦。在檩上铺设椽子,椽档与檐出各地不尽相同。椽子上用芦苇或荆条编成网,网上面铺设麦秸泥,泥上瓦14cm小瓦,屋脊两端安装吉祥鸟兽。地面铺砖、由木工制作并安装门窗、用麦秆泥(或石灰)粉刷屋内四壁以及外饰面。

4. 装饰

作为普通民居,一般以建筑构件自身作为装饰,简洁朴素。部分形制较高的院落细部装饰丰富且保存完整,雕刻与彩绘丰富多样。屋顶置有屋脊兽(龙头、双鱼),檐下、柱头、梁上、门窗等砖石雕刻栩栩如生,木柱涂红漆。内部装饰主体以实木为主,木雕形象逼真,文字寓意深刻,绘制图案代表宗教信仰。

图 6 建筑细部砖雕

图 2 靠崖窑洞外观

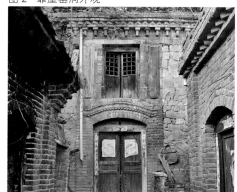

图 3 土古洞窑院

图 4 窑院入口

图 5 位家沟鸟瞰

图 7 靠山窑排列

图8　娘娘庙内部

图9　厢房山面

图10　程氏老宅

5. 代表建筑

1) 土古洞村窑洞民居

该民居位于新安县城西南7公里，郁山北麓，一条南北走向的山沟内。窑院为单进院落，上房靠崖凿窑洞，坐西朝东，设有门窗的中间隔墙使窑洞分为内外间。一般外间作客厅，内间设床铺供老人使用。上房为三孔窑，共两层，二楼为贮藏空间；窑洞前盖南北厦房各三间由儿女居住。其中一间独立，另两间中间设隔墙使之分为内外间，内间居住，外间待客。屋顶坡向内院，地面铺砖，中间高两侧低，后高前低，利于院落的排水；厨房紧靠厦房和窑洞衔接处或南侧或北侧；临街房（倒座朝东）三间，北侧一间为通往外界的大门，另两间储物。墙体内部用土坯，外部采用石或砖砌筑。室内为白灰抹面。

2) 位家沟窑院

位于河南省三门峡市湖滨区，当地最早的窑洞基本都是坐南（西南）朝北（东北），因山就势，整体形态就像一把罗圈椅。选址为了靠近龙脉，坐落于山的北坡，整体分为三列阶梯状排布窑洞。窑洞覆土深度达2～4m，由于土质较好，并且窑洞上方采用倒坡排水，可以保护窑脸不被冲塌且窑内不渗水。窑洞深度不等，较深的约20m，无空气质量问题。窑洞内一般设套窑，但由于里面较为潮湿，一般前面住人，后面用来储物或养牲口。窑高一般为3m或3.3m，后者称为丈窑。窑洞内部气温常年为20℃左右适合居住。窑院内地坪距离窑洞土层顶一般为10m以上。窑洞上方有日常使用的场地，这种布局称为下窑上场。一般三孔窑为一标准院，象征福禄寿三星，且一般中间窑洞大，两边小，加固窑脸。如只有两孔窑，则在两

孔窑中上方加一孔窑，称为天窑（或闲窑）作为补形，凑足三孔窑。闲窑内有独立的空间，有一定的使用价值，可储物也可抵御强盗。窑院出口一般为东门，如有条件限制可通过内部转换出坎门，即北门。建筑结构为土墙内部加木桩加固，梁柱承重，墙倒而屋不塌。为了加固窑洞，墙面采用当地常见的石头砌筑，拱上部采用砖券。土坯尺寸为33.4cm×26.7cm×2cm，青砖尺寸为30cm×15cm×7cm。精神信仰为娘娘庙，娘娘庙内有娘娘殿和玉皇殿。娘娘殿为不等坡屋顶，前高后低，内部为三栱券造型（图8）。玉皇殿为十字窑，砖砌，白灰抹缝。青砖尺寸为30cm×15cm×7cm（上刻"康熙肆拾年柒月"）。

3) 程氏老宅

该宅坐落于三门峡市渑池县果园乡李家村，院子坐北朝南，倒座坐南朝北保存完整，共三间，开间尺寸大致相同。屋顶为五檩抬梁式结构，梁为用料较大的青杨木。墙为砖石，纯灰糯米浆填缝，屋顶覆瓦。屋内设隔层，用来储物，下面住人。隔板采用纯榫卯连接。梁上和檐部的字画彩绘精美且保存完整，内容丰富。其中檐部的鹿鹤同寿尤为精细。西厢房为单坡屋顶合脊房。门楼槐木框尺寸为15cm×35cm，单扇门宽53cm（用料较大，一扇门为两块木料拼接而成）。后面为靠崖窑窑洞，开间进深都比较大。入口处开间为4.07m，进深6.27m。第二部分开间5m，进深6.14m，呈喇叭口状。第三部分进深4m，第四部分进深2.4m，共18.51m。窑洞地势较低，院子地势较高，院子向前排水以防止雨水倒灌。

成因

靠崖窑院是广大劳动人民为了适应自然条件而选择的居住方式，与最原始的穴居有着异曲同工之妙。为了生存，山区的人们，只能就地建造房屋作为居所。而由于山和冲沟走向的影响，且为了选择就近的交通，人们往往选择依山就势，而不能兼顾朝向。背崖面沟，凿土为崖，靠崖挖窑，窑前围院，院内盖房，窑上为场。后期条件充足使人们开始考虑朝向对于居住的影响，从而使窑脸朝南发展。

比较 / 演变

作为我国传统民居分支中的豫西窑洞民居，是一种古老的建筑形式。是经过上千年的演变而成，是豫西黄土地区人民劳动和智慧的结晶。所谓靠崖窑洞民居是指先有窑洞后有房屋，有窑洞和房屋的为宅院。20世纪70年代，窑洞内部演变为砖拱加固，土坯、石块建房逐步被砖瓦替代。

豫西民居·锢窑

锢窑将窑洞形式移植到较为开阔的地面之上，仿窑洞内部的建造形式，拱券式门窗，上部较厚覆土，或为平顶或加盖二层房舍。不仅有蓄热隔热等特性，还满足了当地人民的居住文化需求。锢窑是自然图景和生活图景的有机结合，是靠崖窑的在平地的拓展延伸。

图1 下峪镇王家大院五孔锢窑二进院正面

1. 分布

豫西传统民居中的锢窑，在没有开挖窑洞条件的地方，如黄土层薄，山坡平缓，土崖高度不够或基岩外露的地方，用砖石发券构建的窑洞房屋。如陕县东部，渑池，新安沿黄河一带，因为地理环境允许，当地农民大多因地制宜，就地取材，从而建造这种砖、石拱窑洞。

2. 形制

锢窑空间从外观上看似靠崖窑，圆拱形。虽然很普通，但是在以单调的黄土为背景的情况下，圆弧形更显得轻巧而活泼。这种源自自然的形式，不仅体现了传统思想里天圆地方的理念，同时更重要的是门洞处高高的圆拱加上高窗，在冬天的时候可以使阳光进一步深入到窑洞的内侧，从而可以充分地利用太阳辐射。而内部也因为是拱形的，加大了内部的竖向空间，使人们感觉开敞

舒适。窑洞冬暖夏凉，住着舒适、节能，同时传统的空间又渗透着与自然的和谐，朴素的外观在建筑美学上也是别具匠心。

3. 建造

锢窑就是利用砖石砌筑的筒形拱。建造锢窑一般包括选址放线、筑平行墙墙、券胎板、砌砖石券、扎山墙上窑间子、装修等过程。

首先是选址放线：确定锢窑的平面净尺寸（包括面宽及窑深）及墙的厚度，一般跨度大约3至4m，窑深5至9m，墙体厚度根据试错法所得经验确定，连续券中间墙厚约1m左右，边墙为抵抗推力，厚约2m以上。

其次是筑平行墙：用砖或石沿窑深筑两道竖直平行墙，约1.5m高。

第三步是券胎板、砌砖石券：用木材券胎板起拱，下做木柱支撑，类似施

工模版。拱是横向一道道砌的，实际上是许多道单券的并列，所以在木材缺乏的地区，券胎板可移动使用，节约木材。接下来在券胎板上砌、砖石栱。所谓打窑洞，就是在已有墙体之间用砖体做出拱券结构进而形成各个窑洞基本空间形态。在窑洞上覆土至少2m以确保窑洞蓄与热隔热性，具体再根据建筑本体，上部直接做成房顶或是加盖正常房屋并封顶。

最后是扎山墙、安门窗：窑泥完之后，再用土坠子扎山墙、安门窗。一般是门上高处安高窗，和门并列安低窗，一门二窗。门内靠窗盘炕，门外靠墙立烟囱，炕靠窗是为了出烟快，有利于窑洞环境，对身体好，妇女在热炕上做针线活光线也好。

4. 装饰

锢窑不像靠崖窑受土层和位置的影

图2 下峪镇王家大院五孔锢窑近景

图3 下峪镇王家大院一进院门楼

图 4　下峪镇王家大院五孔锢窑孔窑石券

图 5　济源望坟楼五孔锢窑窑脸

响那么多限制，平地上随地都可以起。内部多用石灰或白垩土粉刷。此种窑洞，砖石掺半，耐风雨侵蚀，冬暖夏凉，二八月温和，胜过纯靠崖窑，多为农家喜爱。现代窑洞的装潢多种多样，早已打破人民的世俗观念，窑洞主人根据自己的意愿布置自己的空间。顶部可以使平顶也可以使坡顶，层数可以是单层也可以是两层。一般是三并联并打通，有堂有屋。类似于明代的无梁殿，锢窑通常造在窑洞前侧面，相当于厢房，用来做厨房、堆杂物、养牲口。锢窑亦可做正房，如锢窑用作正房，其平面布局一般为一字型奇数连拱，锢窑通常为每户三孔或五孔等。依照传统方式追求对称，强调轴线，中央洞门高大而又精美。

5. 代表建筑

1）洛宁县下峪镇王家大院

五孔锢窑，王家大院为典型二层锢窑。其建筑主体两侧因结构受力要求，故做出两间厢房之类的窑洞以加大墙厚，由此形成合院性地面院落。正面为五孔窑，中心为上房且上房与周围开间内部打通，以至于主窑两侧窑孔主要为采光需要，上部挖有通风洞，也可满足采光、通风的要求。一层窑洞，二层为正常房屋，并设有前廊。

整体院落具有封闭和内向的特点，

以窑洞为主体的居民住宅常以院为中心。院的正面挖三孔或五孔窑洞，中间为主窑，两侧为边窑。院左侧为左膀，右侧为右膀，左右膀能挖窑洞的则挖窑洞，不能挖的就建偏房。前面为高围墙，只留一道门供出入，窑房均面向院内。

2）济源望坟楼

五孔锢窑，地面为素土为主，承重结构与围护墙体均以青砖结构为主。墙体内外各砌一皮砖中间添碎砖石，并用黄土夯实，由于边跨侧墙需抵抗侧推力，其墙体可厚达 0.67～1m。一层窑洞顶部覆土后直接封顶，为平顶形式，两侧建有楼梯可通至顶部。因其地势较高，立于屋顶可遥望到祖坟所在，故名望坟楼。

图 6　济源望坟楼全貌

成因

在窑洞分布区的部分地域，在没有开挖窑洞条件的地方用砖石发券构建独立的窑洞式房屋。若靠山坡或土崖，券顶上多数覆土 2m 多厚；若四面临空，券顶则用三合土砸实，形成房屋。近现代以来，随着人口增多，经济水平增长，锢窑发展较多。

比较 / 演变

锢窑多建于较为平阔的地方，不具备隔热性天井窑院和靠崖窑的特殊地形要求。但为满足当地人民的窑洞生活文化需求故此产生。平地起窑，上部覆土保留了原始窑洞良好的蓄热性和隔热性，加之以主窑为中心的院落围合，进而融入北方合院的围合特点，形成其特有独立形式的窑院。

豫西民居·地坑院

地坑院或称地坑窑院、天井窑院，是我国黄土高原地带形成的最古老、最独特的民居样式之一，被称为中国北方的"地下四合院"。陕县地坑院起源于穴居时代，从庙底沟发掘的历史遗迹中可以看到地坑院的雏形，秦汉唐时期持续发展，宋元时期达到成熟，明清时期已达到全盛。它蕴藏着丰富的文化、历史和科学，是古代劳动人民智慧的结晶。

图1 地坑院挡马墙

1. 分布

黄河中游的黄土高原在豫西沿黄河两岸向东伸展，黄土层厚度自西向东逐步递减，从三门峡地区的百米以上到洛阳地区的50～100m之间。地坑院主要分布于三门峡市辖区的陕县，地貌以山地、丘陵和黄土塬为主。陕县处于中纬度内陆区，大部分地区属暖温带大陆性季风气候，年均降水量580～680mm。具有暖温带、温带和寒温带的多元气候。陕县境内现有100多个地下村落，保存完整的地坑院7000多座。

2. 形制

地坑院为单进院落，根据地形可分为长方形和正方形，按八卦确定窑院主窑洞的坐向，按主窑洞的方位可分为北坎宅、东震宅、南离宅、西兑宅。其中，东震宅被认为是最好的朝向。崖上边沿四周砌低花围墙，俗称挡马墙。

在主窑洞相对壁面适当的位置开挖出阶梯式斜坡通向地面，作为人们进出院落的通道。在通道旁边挖水井一眼，供人畜用水。院子下方偏右天心中，挖有渗井一眼。院子中间下方偏左，栽植梧桐树、梨树、石榴等树木。窑院内除人住的主窑、客窑外，还有厨房、厕所、鸡舍畜圈。

地坑窑院建造十分巧妙，颇具匠心。站在院中间看天空，天似穹窿，是天地之合的缩影，体现出方圆之美，是中国古代"天人合一"的哲学思想反应，是人与大自然和睦相处，和谐共生的典型范例。

3. 建造

地坑院受历史传统文化影响，建造十分讲究。定向后在平地挖出百余平方米的土坑，在四壁按照八卦的位置，挖窑洞。

在平坦的土地上向下挖6～7m深，长12～15m的长方形或正方形土坑做为院子，然后在坑的四壁挖8～12个窑洞。主窑高3～3.2m，一门三窗，其余为偏窑，高为2.8～3m，一门二窗。窑洞门多为两套门。窑洞深8～12m，宽4m左右，其中一洞凿成斜坡，形成阶梯形狐行甬道拐个斜向直角通向地面，是地坑院的入口（门洞）。地坑院的入口有直进型、曲尺型、回转型三种。在门洞窑一侧挖一个拐窑，挖深二三十米、直径1m的水井，用于解决人畜喝水问题。

地坑院与地面的四周砌青砖青瓦房檐，用于排雨水。房檐上、门洞四周砌高30～50cm的挡马墙（也称女儿墙）。窑洞基座一般以青砖加固。院内地面四周砌一圈青砖。地坑院院心（天心）是在比院子边长窄约2m的基础上再向下挖约30cm，并在其偏角（一般东南角居多）挖深4～6m，直径1m左右的渗雨水的渗井。为了防止雨水渗漏，窑

图2 地坑院鸟瞰

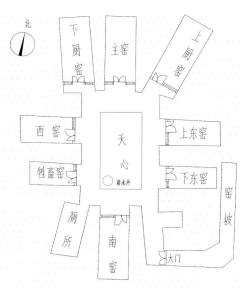

图3 北坎宅地坑院平面布置图

图4　地坑院建造流程

图6　地坑院窑脸

顶在雨天后用碌碡碾压平整，平时还可作为打谷晒粮的"场"，一举两得。

4. 装饰

"窑脸"（窑洞正立面），以拱券曲线与门窗为构图重点。在地坑院里种植花草树木，是装饰地坑院必不可少的工序。地坑院种树特别有讲究，要"前不栽桑，后不栽柳，当院不栽鬼拍手（杨树）"。门洞旁栽一颗大槐树，谓之"千年松柏，万年古槐"，寓意幸福长久安康。窗户上贴窗花（剪纸）是传统民俗。不仅窗上贴剪纸，而且窑洞周壁都贴，以美化居室。剪纸内容多为"喜鹊登梅"、"龙戏珠"、"孔雀开屏"、"天女散花"以及各种花、卉、虫、鱼、鸟、禽兽一类的图案。另外，还有吉祥如意、富贵长久、六畜兴旺、五谷丰登、避邪震妖类的剪纸。这些大红的剪纸反映了人们对美好生活的向往，为窑洞增添鲜艳色彩和盎然春意。

地坑院多在大门进门的一侧墙体上开凿深 30cm，高 50～70cm，宽约 40cm 的小窑，寄放神龛，以灶王爷居多，有的依据老传统扣放一粗瓷老碗，意为"衣饭碗"。

5. 代表建筑

河南省三门峡市陕县张汴乡北营杨冬梅地坑院

杨冬梅地坑院为东震宅，总占地 1150m²，建筑面积 650m²。方院后在平地挖出百余平方米，深约 6～7m 的土坑，主窑坐东朝西。院子靠下方偏右天心中，有渗井一眼。窑院内除人住的主窑，客窑外还有单独的厨房、厕所、鸡舍畜圈，窑内冬季温度在 10℃以上，夏天保持在 20℃左右，保护状况良好。北营整个村庄位于地平线下。

图5　地坑院精神信仰

图7　地坑院窑坡

成因

地坑院主要分布于三门峡市辖区的陕县黄土塬区。塬，是因流水冲刷而形成的一种地貌，呈台状，四周陡峭，中间平坦，主要以石英和粉砂构成，土质结构十分紧密，具有抗压、抗震、抗碱作用。在没有山坡、沟壁可利用的条件下，人们巧妙地利用黄土特性（壁立稳定性），就地挖一个矩形地坑，然后在四壁上横向开挖窑洞，形成地下四合院。

比较／演变

窑洞民居主要分布在西北黄土高原地区，由于地域条件的差异，在各地区呈现出不同的特点。就拱券形态而言，受黄土层土质构成差异导致的覆土层力学性能影响，河南巩义、山西等黄土高原东部地区窑洞拱圈顶端呈弧形，甘肃、陕西西北等西部地区多呈"哥特式"的尖拱形。陕北的沟壑地区，历史上是游牧民族与农耕民族冲撞与交融之地，受中原文化影响并不深。人们为了生存需求，大多窑洞村落民居分散，院落开阔而坦荡，少有中原四合院的封闭。窑洞门窗处在窑洞拱形曲线内，形成窑洞里面的构图中心。在陕北、山西晋中地区，窑洞满开大窗，而陕西渭北高原、甘肃庆阳环县等地，沿袭门窗分立、上部开气窗的传统做法，洞内光线远不如陕北窑洞明亮。

地坑院受传统文化的影响，根据宅基地的地势、面积，按易经八卦依据正南、正北、正东、正西四个不同的方位朝向和地坑院主窑洞所处方位决定修建哪种形式的院落。拱券形态有弧形，也有尖拱形。窑洞的门窗沿袭门窗分立、上部开气窗的传统做法。地坑院集中居住，形成村落，防风性能优于靠崖窑，居住环境幽静，安全。

豫南民居·平顶山砖瓦合院

图1 朱氏宅院沿街门楼

平顶山地区位于河南省中南部，民居大多为院落式三合院，也有两进院、三进院的。入口采用金柱大门，坐北朝南，大多辟于倒座东梢间。主要砌体材料是青砖和土坯。在墙体中采用扒墙石，其中临沣寨的扒墙石最有特色。平顶山民居有豫南民居的共同特点，比如檐口部位的装饰、拱形窗；也有当地的特色，如红砖过梁、扒墙砖等。

1. 分布

平顶山民居资源丰富，其中具有代表性的是砖瓦多进合院，譬如郏县临沣寨古村落、门楼张民居等，多分布在伏牛山北部余脉向豫东平原过渡地带。该区域自然条件优越，物产富饶，气候温和，雨量充足，土壤肥沃，形成一个与自然和谐的自耕自足的生态环境。

2. 形制

以三进院为例，其平面布局规整，沿中轴线由前至后依次为：倒座、一进院、客厅、二进院、三门、三进院、堂楼。一进院当地人称客房院，倒座五间五架。金柱大门位于倒座东稍间，前不外伸，上不突起。东西两厢房各三间五架。正房为客厅，三间七架前檐廊，当地人称"方三丈"。因进深不足三丈，在平面设计中常利用加长台唇的方法来扩大台基面积。

二进院为磨屋、灶房之用，又叫磨房院。此院仅有对称的两厢耳房，平面尺寸较小，庭院也不大。

三进院为内宅。院门位于中轴线上，是河南广大地区常见的内门单间小门楼。两边厢房各为三间五架，正房三间五架二层，进深和面阔与倒座同。东厢房与堂楼之间设一道侧门，通往后花园。

图3 朱紫贵宅院三进院门楼

3. 建造

砖瓦合院的屋顶为硬山式、单坡顶、双坡顶房屋兼而有之，单坡顶用于厢房，双坡顶用于正房。在结构上有木架与墙体结合承重和墙体承重体系，采用抬梁式构架。主要砌体材料是青砖和土坯，即里生外熟的墙体。在墙体中采用扒墙石，建造材料有效利用了当地的资源。

4. 装饰

砖瓦合院的门头石雕、窗雕、屋脊雕饰等较为讲究。当地的装饰特色如红砖过梁、扒墙石，兼顾实用和美观效果。

图4 窗雕、门头石雕、屋脊雕饰

剖面图

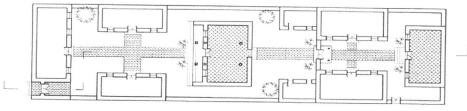

平面图 0 1 2 3 4 5 米

图2 平面与剖面图

图5 朱紫贵宅院门楼、门楼背面

图 6　朱紫峰宅院东路正房

图 8　宅院屋顶铭文

图 9　狭长的中院

5. 代表建筑

郏县堂街镇临沣寨朱氏宅院

朱氏三兄弟的大寨院坐落于村内主街道西段，从西往东老大、老二、老三依次排列，均坐北朝南。分别是一进三、一进四、一进五的四合院，且院落相连，从前街一直通往后街，纵深约 100m。

朱紫贵宅院建于道光十五年（1835年），现已有 170 余年历史，为一座很规整的三进四合。一进院的两座厢房和二进院的厢耳房为单层，其余房屋均为二层。院内房屋共计 49 间。

老三朱紫峰，曾官居河南汝州直隶州盐运司知事。宅院建于清道光二十九年（1849 年），距今 160 年历史。占地 2516m²，号称汝河南岸第一府。

朱紫峰宅院大门座中，两侧倒座各三间。这一排建筑体量很大，尤其是宅门的开间和高度，比老大朱紫贵的宅门

大得多。老大的大门开间 2.70m，老三的大门开间 3.50m，座檐口高度也高出 60cm。由此可见，官贾结合的朱紫峰很讲究面子，把自己的宅院外观修建得威武气派。

这座最大的宅院平面格局与众不同。从现状分析，原格局分为东西两路，中间为道路。西路用于家庭生活，形制与老大一进院相似。东路一进院用于会客接待，东路的正房也为"方三丈"，用于公务接待。台基向前延伸，形成宽大的月台。这一座"方三丈"也是三间二层，纵深七架，前东路正房后金珠藏于室内。

朱氏宅院的建筑有四个特点：

（1）狭长紧凑的布局。宅院面宽紧凑而纵深疏松，中间庭院狭长；

（2）随处可见的红石。建筑材料有效利用了当地的资源，形成了当地独有的特色。墙体为青砖砌筑，间杂红石，错

落有致。

（3）坚固实用的房子墙体构造完好，坚固可靠。使用里生外熟的墙体，扒墙石用得多，分布密，有效加强了墙体的牢固度。

（4）装饰文化装饰构件以各种代表祥瑞的动物、花草为主，屋顶有铭文，对房子的整体效果起到画龙点睛的作用。

图 10　里生外熟、山墙上的扒墙石

成因

平顶山民居有豫南民居的共同特点，比如檐口部位的装饰，拱形窗，也有当地的特色如红砖过梁，扒墙砖等。建筑文化所反映的民族性、地方性十分明显，对当地自然条件和资源反映敏感。

比较／演变

砖瓦多进合院与豫南其他民居相比，在建筑平面布局上，较为紧凑、狭长。

图 7　朱紫峰宅院前院

豫南民居·信阳砖瓦合院

图1 邓颖超祖居外景

豫南地区自然村落多依山面水而建，沿着山势等高线或者河流走向呈条状布置，当地传统民居以多开间或多天井的天井院落为基本布局形式，以纵向或横向延展、排布。信阳民居中，无论在装饰艺术还是空间布局上，都与徽州建筑相类似，但是又受中原民居的影响，移民文化不断与地方文化相融合，呈现出"类徽州"的亚类型民居。

1. 分布

传统的信阳民居有一类近似徽州民居，白墙、青瓦，院内有"正"，四周为回廊，大门两侧均有耳房。大户人家还有过道戏楼。此类民居多分布在新县、光山县。当地山溪、河流流经山谷形成大片的冲积平原，所以，这里不仅有充足的阳光和水源，而且土地肥沃。当地居民多依山造屋、傍水结村，村庄溪水缠绕，小桥流水，山后竹修林密，具有典型的豫南民俗风情。

2. 形制

进了大门首先是倒厅，倒厅是接待客人的厅堂，倒厅外左右各有一间厢房，左边是厨房，右边是书房，木质顶棚。房子中间有一近似正方形的天井院，地面由条石铺就而成。经过厢房到达堂屋及住室，一排三间，正中明间是会客厅，明间前后都是木制雕花隔扇门，两侧为客房。通过会客厅可到达后院，

正中也有一个用条石铺设的近似方形的天井院，后院是主人的起居室，主房也是面阔三间。

3. 建造

在结构上具有北方传统民居的坚实的特点。整体构造多为砖石结构，石条垒基，青石铺路，墙基、地面与台阶均用石条砌成，墙基以上为砖木结构，作承重构件，屋面覆瓦，门窗户扇，金格银框，七梁八柱，雕龙画凤。

4. 装饰

在建筑的细部装饰上有江南徽州精雕细刻的婉约气质。例如祠堂山墙做出起翘的马头墙（可以起到防火防盗的作用），屋角的墀头、门框的雕刻、风火山墙的形制、各种柱础石、门和窗等装饰细部，都可以在鄂东地区和徽州民居中找到相似之处。

图3 新县丁李湾民居入口

图4 新县楼上楼下村内院、外廊

图2 新县丁李湾全景

图5 邓颖超祖居内天井

图 6　邓颖超祖居侧入口、细部砖雕　　　　图 7　邓颖超祖居内景

5. 代表建筑

1）光山县邓颖超祖居

国家级文物保护单位，重点红色旅游景区——邓颖超祖居，位于河南省光山县司马光中路白云巷内，是全国政协原主席、中国妇女运动的先驱邓颖超同志父亲及祖父居住的地方。祖居占地面积 3000m²，分东、西、中三个院落，坐北朝南，前后两进，现存清代建筑房屋 30 多间，建筑结构严谨，格扇门窗古朴典雅，是一座典型的具有徽州建筑特点的清代建筑。让游客在游览历史和接受革命传统教育的同时，感受祖居古朴典雅的清代徽州建筑艺术风格。

2）八里畈丁李湾民居

丁李湾位于新县八里畈乡，于嘉庆中期形成规模，东西长 700m，房屋 180 间，前后九重，每重建筑风格各异。

其间木楼小榭，园门斗栱，柱雕戏画，呈园林建筑格局，是不可多得的豫南民居建筑群。

整个村落面山背水，白墙青瓦的建筑界面井然有序，映衬着村前的一汪清水，仿佛置身江南水乡。但挑高的门头比起徽州民居的风火山墙的简洁细腻，又多了些豪爽。

3）楼上楼下民居

楼上楼下位于新县周河乡毛铺村境内，依山傍水，环境优美。民居始建于乾隆年间，盛于清朝中期，完善于中华民国初年，距今 200 多年历史。占地面积 4000m²，有房屋 200 多间，原貌保存度达 70% 以上。整体构造多为砖木结构，石条垒基，青石铺路，门楼高大，户户相通，飞角流檐，砖雕精美古朴，石刻生动活泼，石狮栩栩如生，有长达 12m 石条数根。整个村居功能完善，有防护门楼、瞭望台，有避匪通道，

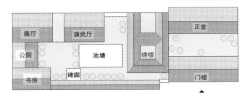

图 8　邓颖超祖居平面示意图

有生活用品加工区、祭祀区，河边有水车香木墩，村庄溪水缠绕，小桥流水，山后竹修林密，具有典型的豫南村落风貌。每个宅院又有一条主通道通向各个宅门，以主通道为中轴线两边分别建有 2～3 个相对独立的小庭院，空间布局合理。

成因

明清时期长江中下游流域区际间的人口大迁徙，豫南大别山地区接收了两湖以外的大量江西移民。移民文化不断与地方文化相融合，造就了过渡地带上的独特建筑风格，这种偏徽州的建筑风格不仅与豫南山地所处的特殊地理位置和自然特点有关，而且在人文地理上也和相邻的省份有着密切联系。

比较 / 演变

砖瓦合院民居在建筑造型及装饰细部上吸收了大量徽州元素。在院落组合和建造结构上又有北方传统民居的特点，完成了徽州建筑地方化的过程。

图 9　楼上楼下村外景

豫南民居·石板房

豫西南山区，包括南阳地区所辖淅川、西峡、内乡、南召和方城等五个县市区。该地区位于鄂、豫、陕三省交界，是一个三面环山，南部开口的盆地。在这一地区分布着中原罕见的传统石板房，所有的住房清一色的石墙青瓦，浑然天成，民俗独特。

图1 吴垭石头村房1

1. 分布

石板房分布于河南省西南部。该地区位于鄂、豫、陕三省交界，北靠伏牛山，东扶桐柏山，西依秦岭，南临汉江，山区面积约占1/2。其中位于西南部和北部的伏牛山海拔在1000～2000m，相对高度为600～1200m，整个山体呈西北—东南走向。豫西南山区气候为亚热带大陆性季风气候，季风的进退与四季的替换较为明显，冬干冷、雨雪少，夏炎热、雨量充沛。其中位于内乡县吴垭村的石板民居始建于清代乾隆八年（1743年），目前保留的清代时期的传统石板民居建筑群有40多处，是中原地区罕见的清代传统古民居建筑群。

2. 形制

石板房的房间面阔以一间、三间的为主。形制上主要有"L"形和三合院两种类型，也有两进院、四进院。堂屋、卧室、厨房、畜圈、贮藏间等按照功能的不同进行分隔。石板民居的院子一般较大，不同于南方的天井院式，充分体现了北方民居建筑稳重、大气的特点。正房和厢房由围墙相互联系，正房的台基要比两边厢房高出许多，这也符合了中国传统等级秩序的要求。

豫西南民居从平面布局形式来看，常采用独院式和多进院落式布局，与中原地区的四合院布局相似，其形制多为前堂后寝、中轴对称。青砖灰瓦，稳重厚实，注重建筑的实用性。其最显著的特征是因地制宜。传统三合院的院门多在正对堂屋的中轴线上偏一角，但在豫西南地区民居中，各个院落的院门都根据基地条件形成自己的特色。有的与厢房朝向一致，有的与堂屋朝向呈45°角，有的甚至偏离院落很远。另外，院落形式布局也依据地势而各具特色，这种独特的平面布局方式一方面源于当地的地形条件限制，另一方面，更是当地居民应对周围自然环境的创新和尝试。

3. 建造

豫西南地区由于历史上长期交通封闭，地处偏远，且多分布在以分层岩为主的山地。这一地区的民居充分利用当地的石板岩资源，整体房屋都是由石头建造而成。墙基使用较厚的石板铺垫，牢固并防水防潮，墙体用石板压缝交叉砌成，坚固耐用，屋顶用较薄的石板从下到上叠压，平铺以利于雨水从房顶顺流而下。房屋从基础、墙身到屋顶清一色的使用传统石板材料。风格一致的石板民居，质朴简洁，大多以木构架承受屋面及阁楼的荷载（也有全为石柱的），立柱用料一般不大，柱经20～30cm

图2 因地制宜融入自然

图3 石板房入口

图 4 吴垭石头村 2

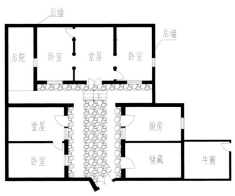

图 5 石板民居平面图

吴垭石板房的整体形制为合院式。院子较大，正房和厢房互不相连，而且一圈房屋的顶部互相交叉，充分体现了北方民居建筑的特点。最奇特的是，大多数石板民居是依山而建，借助山势，有的是上房下院，有的是房院一体，还有的是两房两院呈阶梯状分布。

的木材即可。窗户较小，用石料砌筑的窗户有平拱形、圆弧形等。石板民居全部使用拱形梁，它设置在都柱之上、瓜柱之下，梁的拱形结构减少了瓜柱的长度和重量，把屋面的荷载分解到两边的墙壁上，减轻了房顶对柱梁的压力，使房子经久耐用。

4. 装饰

石板房多为硬山，干槎瓦屋面。屋面构造简单，没有垂脊，只用了两陇筒瓦搭配，正脊也没有过多脊饰；正脊两端的正吻以简化龙头的造型为主，嘴一律向外。这不仅有效地减轻了屋脊的重量，对结构也有利，还可降低造价。直到今天，吴垭村石板民居仍始终保持着正脊曲线，这也成为豫西南山区民居外形的重要特征。

5. 代表建筑

吴垭村石板房

吴垭村位于内乡县城西 6km 的乍岖乡境内，距省道豫 52 线 1km。地处豫西南地区，南阳盆地西沿，属长江流域汉水上游白河水系，为亚热带湿润地区，阔叶林、落叶林植被覆盖率达 80%。海拔 360m，空气湿润，气候温和。吴垭村始建于清代乾隆八年（即 1743 年），距今已有 260 余年的历史。现有农户 50 多户，石头房 200 余间。村落房屋依势而建，错落有致。从基石到屋顶，找不到一块砖，也看不到一块土坯，全部由石料垒砌而成。该地区石头房石墙青瓦、质朴简洁，造价低廉，经风耐雨，保存完整。是中原罕见的传统古民居建筑群。

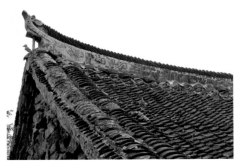

图 6 细部装饰构件

成因

豫西南石头房的形成与自然地理和社会因素都密切相关。豫西南地区西部、北部均为山地、丘陵地貌。建造民居时一般都依据地形而建，多位于山谷或者局部盆地地区。在山地地区，砖、瓦、木的成本要比石头昂贵得多，因此住宅建造时多顺应自然地形走势，就地取材，从而形成了清一色的石头房。总体来看，豫西南地区受到湖北"荆楚遗风"和"中原文化"的影响，传统民居多以合院式布局为主，形制上采用前堂后寝格局，呈现出南北融合的地域性特征。

比较/演变

豫西南山区位于我国南北气候过渡地带和襄楚文化与中原文化交会区域，民居建筑本应集南北风格一体，结构技术也集穿斗和抬梁于一身，然而却因其独特的山区地理位置因素，其结构技术受陕南和鄂西北民居技术的影响较深。不同于襄楚文化地区的直线型抬梁式木构架体系，这里主要以南方的穿斗式木构架为主，并结合当地的民俗习惯和生产居住方式。

豫南民居·木构合院

豫南地区位于鄂豫皖三省交界处，人口的迁徙带来不同文化的碰撞和交融，使得该地区的民居在建筑形态上呈现出一种独特的气质。木构合院民居主要分布在豫南大别山一带，以天井院为典型居住单元。院落围绕一个天井展开，周围布置厢房、正房，形成一进院落。房屋一般采用木构架，屋顶覆盖木板或者瓦片。

图1 天井俯视

1．分布

豫南地区自古便是南北过渡地带，东邻安徽，南接湖北，为三省通衢。以山地为主体地貌形态，地势南高北低。独特的区位特征造就了豫南地区相对独特的本土文化和建筑特色。木结构单进院落式民居作为豫南民居文化的代表，既不失南方住宅的精巧，又兼有北方合院的稳重。目前主要分布在信阳南部大别山北麓山地地区。

2．形制

豫南民居在建筑形态上呈现出一种类徽州的婉约气质，结构上却延续北方传统民居木构架形式。平面布局呈中轴对称，院落中心围合成"井院式"格局。井院式院落呈现横向狭长空间布局模式，弱化厢房的空间，突出正房，强化了正房和倒座的体量。

在豫南民居的建筑组合中，正房为最重要的建筑单体，不仅体现在体量上，还体现在人的行为模式上。正房一般用来供奉祖先、招待客人使用，为表示尊重。正房不可以穿越。

豫南民居文化中有"重左"的思想，无论朝向哪方，左侧厢房一般高于右侧，一是通风采光的需要，二是传统风水文化的影响。在使用功能上，左侧厢房通常以厨房较多，右侧则多是杂物间或是牲口栏。大门通常位于倒座中间，并且大多讲究风水，有内凹式大门形制，形成开口向外的"八"字形开口，这一形式的大门在民居中较为常见。

3．建造

在豫南地区的民居建造中，木构架的结构形式呈现出多元混合的特征，如抬梁式、穿斗式、抬梁式和穿斗式相结合的形式并存。穿斗式的木构架形式由于其用料少，方便施工，被广泛使用。豫南地区的山墙墙体厚度多为30cm，土坯墙体和夯土墙体外墙粉刷后均罩白，气候潮湿多雨，石灰刷白后可以防止土质外墙受潮受损。屋顶多铺置木板或者砖瓦，屋顶瓦片的铺设方法常采用

图2 合院庭院

图3 青石铺路

图4 联排布局

图 5　砖雕

图 6　木雕

图 8　"回"字形平面图

冷摊阴阳瓦的方法，主要是在多雨的季节更有利于防水。

4. 装饰

豫南民居注重在民居上进行细部装饰，"三雕"（木雕、石雕、砖雕）多用于大门、门窗、檐下、山墙、屋顶脊部等部位，精致得当，使得建筑整体显得富有生机。

5. 代表建筑

白雀老街民居

河南省白雀园镇位于大别山北麓，光山县东南白露河畔，距离县城38km。在白雀园镇镇区老街仍保留有许多古街建筑居民，大多为明清时期的建筑，有浓郁的豫南建筑风格。老街上的店铺沿老街两侧布置，沿街商业

房为上下两层结构，下层为商铺，上层堆放货物。老街平均宽5.3m，两侧建筑檐口高度不超过4.3m，街道空间感亲切宜人。另外，门面也是进入院落空间的主入口，院落向店后延伸，形成前店后院的格局。

受特殊地理位置条件和自然资源影响，白雀园镇是南北文化大交流、大融合地带，老街建筑的空间组合形式为厅井式，即由建筑围合天井，天井普遍低于室内300mm，天井排水有明、暗两种方式：直接做坡度朝一个角，或明沟上做盖板再由暗渠排出。通过天井的引入，可以改善建筑毗邻之后室内小气候，形成对流风。各房间围绕内天井开窗，不同商户之间各自形成自己的院落，临街做商业，后面为住房。沿街商铺紧

密毗邻，每个独立的商户无论开间多大，其屋面都联檐通脊，因此从屋面可以较容易的分出不同的商铺。古居的细部构造如木构架、砖雕、门扇及其雕花、窗户也颇具特色，均是清一色的格扇门、木花格窗、木阁楼，有浓郁的豫南建筑风格。

成因

豫南民居由于其本身的地理位置以及气候条件的特殊性，再加上南北文化的过渡和交融，使其民居特征在豫南的北部显示出北方民居的硬朗，而在南部显示出南方民居的灵秀。

比较 / 演变

移民迁徙带来了不同地域的民间技艺的碰撞交融，使得豫南地区的民居在建筑形态上呈现出一种类徽州的婉约气质，但在结构形式和空间布局上也融合了北方院落民居的一些特点，形成了四面围合天井式院落的特点，造就了其过渡地带上独特的地域特色。

图 7　白雀老街街景

豫南民居·砖木合院

图1 砖木合院外景

豫南因其特殊的地理位置而受到中原文化、荆楚文化与徽州文化的影响，再加上移民文化不断与地方文化碰撞并结合，最终形成了独特的建筑形式，它融合了北方民居的硬朗和南方民居的灵秀。

砖木合院在木料的使用上，比木构合院少，但比信阳砖瓦合院多。

1．分布

豫南山地传统民居主要是指分布于光山县、罗山县以及商城县、固拍县的山区传统民居。处于豫、鄂、皖三省的交界处，不同文化圈中民间技艺的碰撞、融合使得豫南山地传统民俗的形式不同于河南其他地区，其中砖木结构民居正是当中的典型代表。

2．形制

形制上采用前堂后寝的布局形式。在不受地形约束的条件下，平面布局呈中轴对称，以院落为中心展开建筑的布局，院落较为宽敞，形成"井"字形，四面有回廊。功能布局做到尊卑有序、各职其位，左右厢房的布局和高度，因"青龙高万丈、白虎不台头"的观念而产生等级差异，左厢房一般高于右厢房。在豫南民居的建筑组合中，正房为最重要的建筑单体，正房一般用来供奉祖先、招待客人使用，为表示尊重，正房不可以穿越。

豫南地区，即信阳市的南部地区，与湖北接壤，地处大别山北麓，多为山地丘陵地貌，这一地区夏热冬冷，雨季较长，故建筑进深比较大，缩成方形的各幢建筑相互联系，屋面搭接，用游廊相连，形成了包围着的小院落。小院落和高屋檐相对比，类似井口，故称为天井，天井平面尺寸不等。由于南方的"天井"不利于采光，北方的院落不利于排水，于是便出现了规模介于"院"和"井"之间的天井院。由于天井井口较小，在湿热的夏季可以促进室内空气流畅。而天井四周瓦面的挑檐较深，这样的天井还具有了遮阳和排水的功能，雨季时雨水通过屋顶流入天井，经由天井内的排水沟和地下排水暗道流入屋外，俗称"四水归堂"。

3．建造

墙体厚度一顺砖30cm，比较薄。木构架用材直径普遍小，柱径不足20cm，檩条不足15cm，橡径5cm，整体构造采用砖木结构，石条垒基，青石铺路，墙基、地面与台阶均使用石条砌成，采用木构架穿斗式、抬梁式或者两者相结合的承重结构。

4．装饰

豫南民居装饰分为砖雕、木雕和石雕。木雕用于豫南民居木构架装饰，易于显露的檐廊木构架的抱头梁和穿插枋、门楼檐下等部位。木雕的表现主题很多，有的以动物为题材，有的以水景为主题，还有的以人物为主题。石雕工艺主要用于入口处的门枕石和柱础部位。门枕石承载木门的石质构件，在门外部分还有抱鼓石，通常做鸟兽艺术化处理。柱础主要是支撑传力，增加耐久性。柱础的艺术装饰比较多样化，有多边形、鼓形、圆形。豫南民居砖雕装饰的重点部位是上墙前廊檐部分的墀头，以及屋顶的正脊、角脊等处，正脊吻兽多做成龙头鱼身或者龙头的样式，角脊则选用不同形状的脊兽作装饰。

图2 檐廊

图3 天井庭院

图4　鄂豫皖军委旧址

5. 代表建筑

鄂豫皖军委及红四方面军总部旧址

　　鄂豫皖军委及红四方面军总部旧址位于新县首府路。此院坐西朝东，非常规整，共有房屋50间，砖木结构，主要由前、中、后三排正房加围墙构成。通面阔七间，大门坐落于明间，门内长廊等分院落之面阔，至二排房后檐墙止，构成该院第一部分左右等大的天井院，即一进院。南隔壁还有一个跨院，三个庭院形制相等。第二部分由正房北四间南三间并列的两座庭院构成，并有两座厢房。总部旧址大院另一特色为骑马楼，它骑跨于前院的长廊墙体上，位于前后房屋檐口之间。面阔两间，

面南背北，南面为正面，檐廊下通体木格窗，砖砌山墙垂直搭在廊墙上，为支撑屋顶大梁和楼板梁，还特设一根落地檐柱承载上部重量。为减轻上部重量，后檐墙也用木格窗，此房虽小，但精巧别致，创意新颖。

　　庭院前后分区，前部左右分区，合院和厅井式组合的平面格局。各个小庭院统一由长廊组织协调，互不干扰，宁静幽深。我国传统建筑中，瓦石作装饰重点主要在墀头、檐口、屋脊三处，两处大门显示的这些装饰细节是这两处的最优部分，整体看上去很简单，却也都是很实用的，可谓简单到平民化程度了。

成因

　　豫南山地传统民居木构架技术可溯源到明朝初期的"江西填湖广、潮广填四川"移民运动中的移民文化，同时由于地理区划特点，深受到赣文化的影响，从而拓展了我们对豫南民居木构架技术的传承关系及其特点的理解。另外，从木构技术的类型考察，可以清晰地看到源于南方的排架形式与北方抬梁式木构架技术的结合。两种传统木构技术做法出现在同一区域，启发了当地居民创造性思维，促成了特殊梁架形式——"龙门架"的产生，从而促进了豫南砖木结构的发展。

比较 / 演变

　　豫南山地传统民居属于非典型性民居，但却是人们因地制宜的创造性产物，因此建筑中地方性的特点恰恰能够充分体现出来。建筑中饱含着当地居民的能动性、创造性和传承性，地方特点与移民文化的相互交织、相互作用，更体现其价值所在。

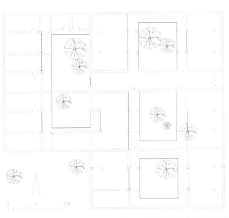

图5　红四方面军总部平面图

图6　影墙

豫北民居·土石合院

土石合院是豫北地区较为典型的一种民居形式，其院落布局方式以三合院为主，也存在少量四合院形式，院落接近正方形，屋舍布局紧凑；建筑体现了豫北浅山丘陵地区厚重、实用的特色。

图1 三梁起驾

1. 分布

土石合院是豫北沿太行山山麓较为常见的院落组合形式之一，多依山就势，就地取材，背靠山坡而建。

2. 形制

该类型民居可根据四周建筑物围合的情况进行细分。若四面都布置建筑，周边房屋之间的空隙再用围墙封堵，则形成四合院。同理，还可形成三合院、二合院，其中三合院较多。院落中轴线明显，正房居中，两侧厢房对称布置。大门处建有门楼，正对大门做影壁墙，构建入户空间。院落布局较为紧凑。

正房一般为两层（或一层带阁楼），三开间一进深。厢房也为两层（一层带阁楼），但比同为两层的正房要低，且东厢的建造形制略高于西厢。一般情况下，东厢房较西厢房高出0.3～0.5m。建筑一层用于会客及居住，二层（阁楼）多用于放置物品。

3. 建造

该类型民居采用木石结构，石头墙体承重。围护结构多为石质墙体，但用料不一，多根据建筑物当地所产石材决定，但以板岩、石灰岩居多。墙厚约0.5～0.7m，多以红泥抹缝，室内墙壁也多覆粗泥找平后，抹以白灰，室内冬暖夏凉。二层（阁楼）楼板和屋架采用木质，屋架为抬梁式，三架梁上承脊檩。屋顶为硬山瓦顶。屋面多覆瓦，但也有少数覆以石材（如安阳林州石板岩）或覆土（如焦作修武县的西村乡云台山镇的一些村庄）；地面多以石板或是经打磨平整的原石铺筑。

4. 装饰

建筑装饰主要是窗户上的钱纹和龟背锦以及屋脊上的鸱吻、走兽。利用动物所代表的吉祥特征，来表达避灾、祈福的含义。钱纹的形象来源于古代的铸币，有吉祥如意、富贵满堂之寓意。龟背锦是一种以八角或六角几何图形为基调的装修椽条图案，有希冀吉祥、健康长寿之寓意。

室内装饰有代表吉祥如意的传统挂画和当地人信奉神灵的图饰摆件等。

5. 代表建筑

1）新乡市辉县郭亮村官房院

官房院位于郭亮村中部，为一进院落，形制为三合院。

官房院院落坐南朝北，东西宽16.5m，南北长14m，占地面积213m²，中心院落呈长方形，南北向略短于东西向。入口大门为木质，雕花及牌匾工艺较好，入院正对影壁，构建入户空间。

图3 郭亮村官方院局部

图2 郭亮村局部鸟瞰

图4 郭亮村官方院入口装饰

正房前有伸出的宽敞月台，约占据院落面积的1/5。正房和两厢均为两层（一层带阁楼），其中东厢房净高略高于西厢房，用于兄长居住，形成"东哥西弟"的布局形制。

正屋坐北朝南，面阔五间，中间三间为客厅，两侧各有一单开间耳房做为卧室；正屋右侧为厨房；建筑首层用于会客及居住，阁楼用于存放农具、杂物等。建筑均为石砌墙体，红泥抹缝；房屋正脊及侧脊端头均筑有吻兽，形成"五脊六兽"。

窗户、门框、门楣等木结构有钱纹、龟背锦等雕刻。木质窗棂，有简单造型，简约大方。

2）新乡市辉县沙窑峰丘沟刘家老院

刘家老院是自1929年起，花费9年时间修建而成的四合院，并一度作为粮库助八路军作战用，后被日军发现并放火焚烧。所幸院落未毁，刘家后人后继守院七十余年，现已是一处传统美德教育和爱国主义教育之地。

该院落坐北朝南，东西宽23.5m，南北长20m，占地面积433m²。院落房屋均为石头搭建而成，室内外地面也是由石头铺建而成，古朴大方，简练大气，不事装饰，体现当地建筑简约、实用的特点。院落大门偏居院落东南角，进门视线落于东厢山墙，起到视觉缓冲，同

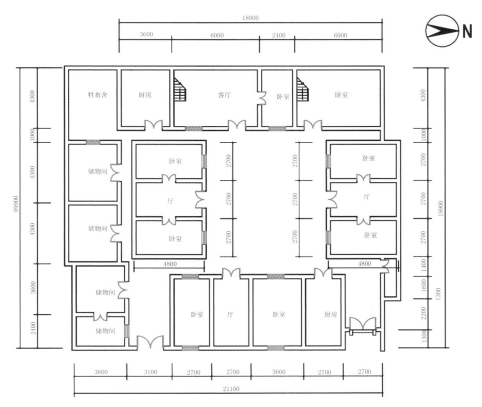

图5　刘家老院子平面图

时形成简单的入户空间。正屋、两厢及倒座房皆为二层，楼层间通过简易木梯连通，木梯较陡。房屋均为硬山瓦顶，石砌墙体，红泥抹缝。窗户上多处使用钱纹装饰。二层（阁楼）为粮仓之用。院落西侧为一层跨院，也为储放物品之用。

成因

豫北地区地处太行山麓，自古对外交通不便；但可用作建材的石料却异常丰富。此地又是中原与山西、燕南地区的交界，南北文化在此交杂融合，逐步形成了以石材为主要建筑材料的合院民居形式。

比较 / 演变

豫北山区冬季较为寒冷，大木料较少，因此屋架结构多以抬梁式为主，其承重墙砌筑较厚，不同于豫南地区。

图6　刘家老院入口

图7　刘家老院屋檐

图8　刘家老院钱纹窗饰

豫北民居·窑房混合院

依崖垂直削一断面，下打两孔窑，在窑洞前两侧对称盖两排"厦子"，也有盖"前临街"房的，属窑房混合型宅院。富户窑洞多用砖券，或只有砖券门窗，或石质建材做简单雕花加以修饰。

图1 窑房混合型民居庭院

1. 分布

零散分布于豫西北地区与山西交界处，如焦作市西部北的太行山区。此处山区，土地较为紧张，且紧依山西，受到晋中南地区窑洞民居的影响，形成了豫北地区特有的窑房混合型民居。

2. 形制

豫北地区的窑房混合型宅院的布局恪守着礼制规定，坐北朝南，入口在东南方位。在一个完整的窑洞院落内，正面仅挖两孔或三孔洞室。而一般三孔洞的院落内，正中窑洞不仅尺寸要放大，且由长辈居住，东西二窑分别为长子、次子所居，其他晚辈多居住于两侧的厢房内。此外，正中窑洞又相当于厅堂，往往布置供奉先祖的灵位和中堂。

窑洞冬暖夏凉，但窑中光线较差，春秋天潮湿。为了扬长避短，常在北面窑洞前建东西厢房，或与南面的倒座围成四合院，或与南面筑墙围合成三合院。人们冬夏住窑洞，春秋住房屋，发挥了适应自然、改善环境的能动性。

豫北地区的窑洞在平面布局上多为串联式窑洞。就是把两孔或三孔窑洞横向连通起来，相当于一明两暗的三开间。中间窑洞为主窑，做起居室或客厅，侧窑作为卧室或储藏间。

3. 建造

找靠山崖地，开挖窑洞。同时利用开挖土方平整窑前场地石砌门脸、厢房放样、挑沟、夯实后做为基坑，采用平整条石作为基座（基础）。基座一般宽0.8~1.2m，厚0.15~0.2m；砌石墙，砌墙所用石材均为当地石场所产（石灰岩、板岩），窗台檐口处以打磨后的石块砌筑，较为平整，且有简单雕刻。由木工制作木架，屋架架构为五檩抬梁式，当地人称为"三梁起架"；挑选吉日上梁，铺设屋面：梁上架檩条，檩上覆荆条，再覆以红泥，后以白灰粘贴瓦片。另外，部分宅院的窑洞在使用前还经过了烤窑的过程，使窑洞内壁的表层土陶化，更加坚硬，既提高了居住的舒适度，也提高了窑居的安全等级。

4. 装饰

一般在正对大门的墙壁上筑壁龛，一方面扩大了墙壁的使用空间，另一方面又可作为老百姓逢年过节供奉天帝的祭坛。

窑顶女儿墙以下与窑脸墙接触部位设有保护墙体的檐棚（板）；山区多用天然石板做檐板，也有用青瓦和板瓦做成檐棚。女儿墙多由石块砌筑，既可装饰墙面，又可防止崖上坠物。

豫北地区窑洞门脸常用栱形门联窗做法，部分窑洞门脸还将花棂格窗嵌入，立面糊白纸。

5. 信仰习俗

当地居民的精神信仰多体现在建造过程中对神像的敬畏，如破土动工前对土地神的告祈，上梁、竣工时对天帝的祈福等。

图2 窑房混合型民居外观

图3 窑房混合型民居大门

6. 代表建筑

刘金安宅

刘金安宅坐落于焦作市沁阳市常平乡九渡村，建于清代末期。正房坐北朝南，为三合院形式。窑洞采用窑套窑的形制，主窑用于会客及居住，两侧小窑用于储存粮食、农具等。厢房首层多用于会客及主人居住，阁楼（二楼）由室外邻墙搭建的石梯进入，主要用于堆放农具、杂物等。厨房位于大门入口处，厨房一侧墙壁正对大门，起到影壁墙的效果，其上筑有神龛。

屋内为石头铺地，也有裸露的岩石和素土。厢房石墙内壁多抹有红泥，屋架为以圆木置于石墙上做梁，梁上铺檩条。木质窗棂，造型简约大方。室内装饰以当地人信奉神灵的图饰摆件和代表吉祥如意的传统挂画为主。

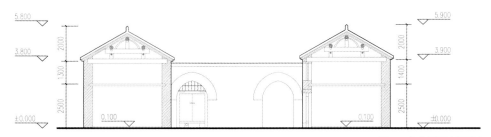

图 4　窑房民居剖面图

图 7　窑房民居内部

图 5　窑房混合型民居

成因

在豫北紧邻山西地区，地处太行山麓，属温带季风性气候，土地资源紧缺，冬季干燥寒冷，且交通不便，但石材却异常丰富。建造窑洞不仅可以节约土地，其开挖土方还可用于平整场地，且窑洞在冬季又有很好的保温效果。因受晋东南地区窑洞民居文化与豫北地区石头建筑文化的影响，在此区域逐步形成了靠崖窑与石头厢房相结合的窑房混合型民居。

比较／演变

山区可用于建材使用的石料丰富，而土地紧张，形成了豫北窑房混合型民居中窑洞与土石建筑的结合体，这与河南其他地区和黄土高原窑洞民居是不同的。

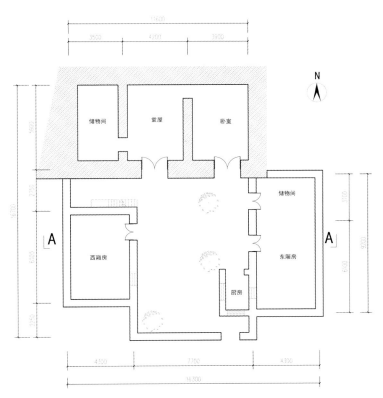

图 6　窑房民居平面图

豫北民居·砖木多进四合院

四合院，又称四合房，是中国汉族的一种传统合院式建筑，其格局为一个院子四面建有房屋，通常由正房、东西厢房和倒座房组成，从四面将庭院合围在中间，故名四合院。四合院通常为大家庭所居住，提供了对外隐秘、对内开敞的庭院空间。

图 1　砖木多进四合院

1. 分布

豫北地区的四合院分布较为广泛，其结构也多有不同，有砖石结构、砖木结构、土石结构等多种形制。其中砖木结构的四合院多分布在太行山山麓向华北平原过渡地带，这一地带土地广袤，物产丰富，人民生活较为富裕，民居建造较为考究（图1～图3）。

2. 形制

以寨卜昌的多进四合院为例，多为两进主跨院平行布置的平面布局，讲究中轴对称，其院落狭窄，平面布局紧凑，建筑密度高，外观整齐。其倒座均为两层，后檐高度在6.0m以上，墙面平实，除门洞外，仅有一处出水口；此外，临街大门的位置比较固定，绝大多数院落大门是严格按照文王八卦方位设置的，院落大门位于东南方位，院门位置设在西北方位。

在主、跨平行的四合院中，其宅院格局相对比较固定，各单体建筑形式与建筑体量大同小异。坐北朝南的宅院格局全部是西为住院，东为跨院，无一例外。此外，主、跨院差别较大，主院庭院面阔5间，倒座房、过厅、上房、厢房齐全；跨院面阔3间，正房与厢房数量多少不等，形制也不统一。主院前院用于会客，家庭成员按尊卑排辈居住于后院。跨院前院用于佣人，后面为家学。又因互临宅院都是一个家族的近门血亲，故从西向东，每院内都有内门相通，不出大门，通过内门可通达各院落。

3. 建造

建筑结构一般为抬梁式木构架，山面则用穿斗式梁架，以梁柱为主要承重结构。墙身外皮为五、六层顺一层丁砖，砌清水墙，内皮用当地土坯。砖与土坯的结合由一层丁砖和长条石（扒墙砖）压茬连成一体；墙体较厚，约0.7m，不承重。室内多采用砖石铺地。屋顶在木构架上铺设椽子，在椽子上铺设望砖（方砖），屋面铺筒板瓦。

4. 装饰

建筑立面较为大气，正房、厢房或倒座以二层或一层带阁楼者居多。墙体上下平整简洁，彰显房屋高度。一进院大多较为讲究，院内四面檐廊，垂柱挂落雕刻精细。除倒座外，三面隔扇门窗，用料考究。木、石、砖雕使用简繁有度，譬如窗台石上的耕读、花鸟图案，墀头、拔檐、挑檐石上的雕刻、瓦当头上的文字装饰等。此外，硬山屋顶的正脊与垂脊，全部是屋脊专用构件组合而成，不使用走兽等附加的装饰构建。

5. 代表建筑

1）寨卜昌王家大院（3号院）

王家大院（3号院）坐落于寨卜昌二街东头，建于光绪年间（图4）。坐北朝南，典型的主跨平行式四合院。主院面阔5间，跨院3间。主院轴线上的建筑序列有：倒座（也称街房）、一进院、过厅、二门、二进院、正房。进深约52m。主院倒座二层，东梢间辟为宅门；跨院轴线上无二门，一进院无厢房，二进院为单侧厢房。整体院落面阔8间，约24m（图5、图6）。

一进院外檐装修豪华，四面檐廊。

图2　砖木多进四合院正房

图3　砖木多进四合院庭院

图4 王家大院细部

图7 王家大院垂柱

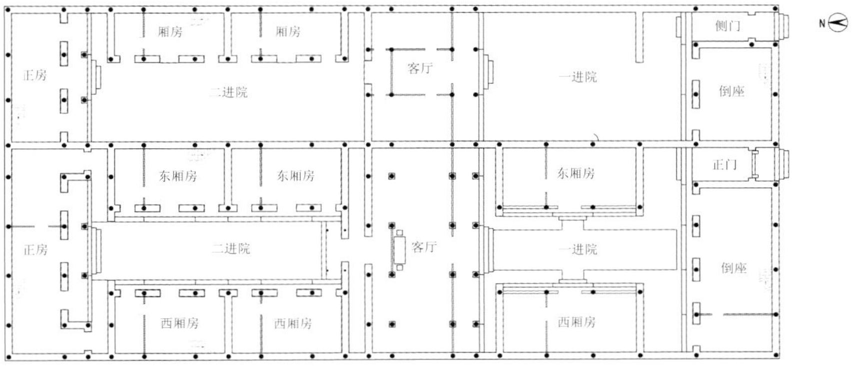

四面檐廊，垂柱挂落雕刻精细；屋宇式金柱大门，两檐柱之间的额枋雕镂精美，尽显豪华。

图5 王家大院平面图

厢房与客厅为隔扇门窗，客厅门裙板上雕刻"梅、兰、竹、菊"简明流畅。倒座与客厅额枋上用有坐斗。二进院房屋以实用为主，无明显修饰（图7）。

2）寨卜昌4号院

4号院位于寨卜昌二街中间偏东的位置，坐北朝南，建于清咸丰年间。该院为主、跨平行的三进院落，由前至后依次为：倒座房、一进院、过厅、二门、二进院、正房、三进院、后罩房。主院

一进院形制同3号院；二进院厢房各3间，跨院内只有正房，未建厢房，且没有设独立的大门。三进院仅有一座后罩房，与正房后檐墙之间形成一条东西向的狭长庭院，且后罩房进深较浅，不足3m。三进院出口设置在跨院内，主院与三进院没有直接连通关系。

此院厢房均为两层，装饰豪华，窗台石看面上雕刻有4组共20幅花鸟、耕读、纺织图，各不相同。此外，院内

成因

封建社会，宗法制度是基本的社会基础，主要以血缘宗亲关系来维系世人，以祖为纵向，以宗为横向，尊卑长幼泾渭分明。在豫北地区，有些世代经商或官宦家族的宅院逐步形成以传统四合院为基础，主、跨平行布置，以纵深独户为单元，横向发展，户户连通的空间秩序，建筑形制既有尊卑之分，又不失家族内部联系。

比较/演变

豫北砖木合院民居建筑的建造受到晋东南宅院建筑影响，工料考究，结构坚固；再者这一区域自古为重要产粮区，土地珍贵，故平面布局十分紧凑，建筑密度较高，这与北京四合院布局有明显差异。

图6 王家大院剖面图

豫北民居·砖瓦合院

砖瓦合院是豫北地区常见的民居形式，平面方正、中轴对称，有着明确的流线，完整的格局，表现出严格的等级制度、主从关系，形成完整有序的空间序列。院落布局包含的基本内容是礼制和秩序，要求建筑形制能充分地表现出长幼有序、尊卑有别、男外女内的要求。

图1 砖瓦合院

1. 分布

豫北的四合院分布较为广泛，其结构也多有不同，如砖瓦结构、砖木结构、土石结构等。其中砖瓦合院多分布在太行山山麓向华北平原过渡地带，以新乡、焦作等地较为集中。

2. 形制

合院在形式上大致相同，无论是三合院还是四合院，正房占据中心位置，一般坐北朝南布置。此种布局来源于西周以来"前堂后室，轴线对称，左右厢房"的传统四合院建筑规制。

正房（又称上房或堂屋）供老人居住，朝向较好，正房的中间为堂屋，是室内陈设集中之处，两侧单开间耳房为卧室。围绕院子布置厢房（又称陪房），供晚辈居住或作厨房及他用，一般东厢房比西厢房高，用于兄长居住，形成"哥东弟西"的居住格局。传统建筑大门内设木质影壁墙，除遮挡视线外，有防风的作用。整个民居的空间组织流线基本相同，为"入口—照壁—院落—正堂—居室"。

3. 建造

砖瓦合院是以河沙、黏土为原料烧制而成的青砖或者红砖作为墙体；以30～50cm的木头做大梁、以约10cm的木头做椽子，然后在上面用各种纺织物和泥土封严实，最后把灰瓦或者红瓦按顺序叠放。砖瓦房具有保温隔热的特点。

4. 装饰

墙体采用砖砌，外观较为规整，山墙两端檐柱以外的墀头上面多以刻字或雕花作为装饰，如祥、福、禄等，雕花多为莲花、牡丹、鹿等。

屋顶形式为硬山，在正脊和垂脊的端头筑有鸱吻、走兽，形制俗称"五脊六兽"，主要利用动物所表达的吉祥特征，来表达避灾、祈福的含义。屋顶正屋脊上面刻有雕花，花样较为丰富。

窗楣的做法，为弧形或半圆形，有雕花作为装饰，注重实用，窗户、门框、门楣等木结构刻有钱纹、龟背锦等雕刻。钱纹的形象来源于古代的铸币，由于钱是古代的硬通货，所以以此为图案

的纹饰，有吉祥如意、富贵满堂之寓意。龟背锦是一种以八角或六角几何图形为基调的装修图案，称为"龟锦纹"、"龟背纹"或"龟背锦"，龟在古代被视为长寿的灵物，用龟背纹做装修图案，有希冀吉祥、健康长寿的寓意。

二门立有门楼，且做木质影壁墙，使院内空间不与外界直接连通。大门做法较为考究，高门楼，雕梁画栋，且门楣上多有雕花或刻字，寓意"福寿安康"。

5. 代表建筑

1) 新乡市辉县西平罗乡西平罗村崔爱国宅（正居大）

崔爱国宅位于辉县西平罗乡西平罗村，属于主跨院平行式一进院落，坐北朝南，始建于清代，历经百年风雨基本保存完整，整个合院占地面积476m²，共有各类房屋6间，建筑面

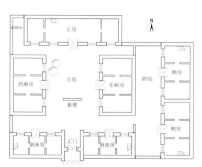

图2 正居大宅平面布局图

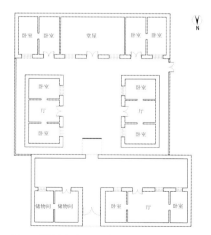

图3 崔随喜宅平面布局图

图4 崔随喜宅细部

积 435m²，南北长约 20m，东西宽约 25m，由主院和东跨院组成，两路院落连为一体。

　　主院由正房、东西厢房、倒座房围合而成，正房面阔 5 间，供老人居住，朝向较好，正房的中间称为堂屋，作为会客厅使用，是室内陈设集中之处，两侧单开间耳房为卧室。两侧对称布置有东西厢房，面阔 3 间，供晚辈居住或作他用，一般东厢房比西厢房高出 0.3～0.5m，用于兄长居住。正房为一层带阁楼，首层住人，阁楼由室内木梯进入，用于存放农具、杂物等。东西厢房为一层。跨院位于东侧，由两间东西向的侧房加院墙围合而成，侧房都是 1 层带阁楼，首层住人，二层放物。大门内设有影壁，起到遮挡视线和防风的作用。整个建筑的布局和构造方式遵循冬季保暖、纳阳等方面的需求，院落的南北间距较大也是为了能够在冬天更好的纳光、采暖。

2) 新乡市辉县西平罗乡西平罗村崔随喜宅

　　崔随喜宅属于砖瓦两进四合院，南北长约 27m，东西宽约 20m，占地 536m²，建筑面积 347m²。坐南朝北，始建于清代，历经百多年风雨基本保存完整，直到新中国成立后，东侧倒座房改作车库，且将硬山屋顶改作水泥混凝土的平屋顶，东侧倒座房外添加厨房一处。

　　崔随喜宅由四面房屋围合而成，院落中轴线明显，正房坐中，倒座相对，两侧厢房对称分布。院落组合首先是纵深组合，前面一个合院，后面一个三合院，即组成一座二进四合院。其院落特点为：院落较为狭窄，厢房檐口间距等于正房明间面阔，大门位于院落中轴线上，左右两侧为倒座房，可作为卧室或者储藏室，大门做法较为考究，高门楼，雕梁画栋，门楣上多有雕花或刻字，寓意"福寿安康"。进入二进院必须通过二门，二门与大门相对，二门之后则是一座完整的三合庭院，二门作用相当于影壁墙，起到遮挡和防风作用。

图 5　正居大宅院落空间

图 6　崔随喜宅院落空间

图 7　崔随喜宅院细部

　　这座二进四合院，对外不开窗，建筑在面向庭院的一侧开设门窗洞口，呈现出强烈的封闭性。看似闭合却露天的庭院可以有效避开冬季的西北风，迎纳夏季的东南风，从而改善了建筑内部的自然通风效果。院内使用砖铺地，种植树木花草，调节院内微气候。

图 8　正居大宅大门门楼

图 9　崔随喜宅墀头雕刻

成因

　　豫北平原位于黄河中下游的，历史悠久，是华夏文明最早的发源地之一。由于受传统礼教和气候因素的影响，民居形式以合院式居多，它表现出的向心性是宗族观念和封建家长制的反映。院落作为各建筑之间的联系纽带，是室内外共同使用的过度空间，体现了整个大家庭中的尊卑长幼，分则各有处所，聚则共于庭院，使整个建筑空间成为秩序与诗意的完美融合。

比较 / 演变

　　豫北地区地处中原，文化融合与交杂现象明显，所以在吸收了许多外来因素后，也发展形成了自己的建筑地域文化。位于太行山系中的新乡一带，民居形式具有明显的山区特征。由于当地石材丰富，建造房屋多就地取材以石砌墙，或上部仍用砖砌，而用石块砌出勒脚。在地势平坦开阔的地区，建筑材料上一般为青砖灰瓦，用材虽然不同，但形式上都是传统的四合院。

豫北民居·庄园

豫北地区庄园以独特的"九门相照"院落布局形式为主，多为三进院落。庄园中的主要建筑由正房、东西厢房、倒座等组成，建筑体量较大，功能复杂。平面布局讲究中轴对称，严谨肃穆，立面造型错落有致，气势非凡。建筑风格端庄大气，融合了中原古朴的人文气息，是中原文化在传统民居中的重要载体。

图 1 吴家大院二进院

1. 分布

豫北庄园型民居主要分布在鹤壁市和安阳县的辖区范围内，庄园内居民同族同姓，是中国封建社会聚族而居生活方式的重要体现。

2. 形制

豫北地区庄园以三进院为主，智慧的中原人通过在第一进院中间增加一座门楼或者将九座院落的大门设在同一条巷子内，这两种方式形成独具中原特色的"九门相照"形制。

每座庄园的建筑面积庞大，都在 $500m^2$ 以上。以鹤壁市鹤山区吴家大院为例。进大门左转便进入前院，南有倒座三间，左右厢房各四间，北有客厅三间。二进院即中院，进入二进院有两种方式，一是客厅，二是绕过客厅，通过侧门进入中院。中院左右两侧厢房两座四间，北侧有客厅一座。穿过二进院的客厅即可进入三进院，后院布局与二进院相同。建筑以后院厅堂的轴线对称排列，房屋多以长方形为主，形态扁平，砖木结构。为突出第三进院落的重要性，正房和厢房的建筑高度为 2～3 层，其他院落建筑高度以 1 层为主。院落布局紧凑，密度较高。

图 2 天井院院落布局

3. 建造

建筑结构为砖木结构，墙体以砖砌筑，地面多用石材铺设，屋顶采用抬梁式构架。建筑建造时先挖地基以条石做基础，石基高出地面 0.15～1.0m 不等，墙体下部仍以条石砌筑，上部以青砖砌筑，墙厚约 50cm。屋顶由木工制作木架，屋顶架构通常为五檩抬梁式，檩上覆荆条，再覆以黏土，后以白灰粘贴小青瓦。

4. 装饰

庄园内外门楼、影壁、庭院、屋脊、天井地面、柱础、梁枋、神龛均有精美装饰。外檐装饰简繁不一，其中格栅门窗雕刻最为精美，是木雕表现的重要位置之一，包含有植物花卉、飞禽走兽等吉祥图案和福禄寿喜等文字，隔扇花格图案灵活多变，光影效果美轮美奂。厅堂室内有其他室内隔断，局部设天花，形式较为简单。

雕刻艺术主要有木雕、砖雕和石雕三类。木雕主要体现在额枋、花罩、垂柱等部位，额枋木雕多以梅花、喜鹊等为题材，花罩木雕是以植物花卉为主的吉祥物，垂柱多以莲花为主题。砖雕多出现在影壁和大门侧面墙、门窗及门楣、墀头三处。影壁和大门侧面墙砖雕题材丰富，造型考究。门楣造型简单，位于门框上方，多雕刻象征福、平安寓意的文字，内涵深刻哲理丰富。窗楣造型多样，多以弧形或圆形为主。墀头形式多样，法无定式，既有常见的福禄寿、吉祥如意的内容，也有民间流传的故事。石雕多为门枕石和柱础，门枕石则以门墩为主，柱础石形状也多为简单的鼓形。

硬山屋顶正脊和垂脊端头筑有吻兽，形制同"五脊六兽"，屋顶正屋脊之上有雕花，花样较为丰富。

5. 信仰习俗

宗祠设有神龛、供奉祖先牌位，每年清明节和农历十月初一均有大型的祭祖活动。除了在宗祠中祭祀外，还在堂屋入口处置八仙桌，供奉当地人信奉神灵的图饰摆件。

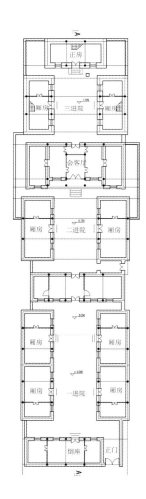

图 3 吴家大院平面布局图

6. 代表建筑

1) 鹤壁市山城区大胡村天井院

天井院位于大胡村汤河北岸，始建于清乾隆年间，是省级历史文物保护单位。

天井院由主楼和四周楼房联结一起，中间围成一个小天井，也称"四水归堂"。院落占地面积为 598m²，房屋总面阔 16m，进深 38m。

该院落为三进院，坐北朝南，设置出入口两处，一处穿过倒座进入院落，为宾客出入口，是正门。另一处位于倒座东部，为侧门，是佣人及马车出入口。在侧门侧面墙有砖雕影壁一处，以凤凰、祥云为主题，图案精美。

一进院由倒座、东西厢房组成，一进院中无客厅，穿过门楼即可进入二进院，二进院由东西厢房组成，厢房外侧设有楼梯，可以上到房顶赏景，李氏族人称为"天桥"。二进院与后院通过一座圆形门洞分隔，与前面的方形门楼结合，形成"无以规矩、不成方圆"的寓意，圆门上方的砖雕有宜风、宜雨、宜雪、宜晴的字样。后院由东西厢房和北部的会客楼组成，建筑层数为两层。要进入后院的会客楼，必须经过正门，"走园门，过天桥，后花园里逛一遭"，最后才能达到会客厅。

天井院建筑主要结构为抬梁式木构架，两端附一硬山架檩，屋顶有许多官式建筑的痕迹，有排山，神兽等构件，显得气势非凡。室内无柱，以获得最大的使用空间。

2) 安阳县蒋村乡马氏庄园

马氏庄园，是清末两广巡抚马丕瑶的故居，建于清光绪至中华民国初期，前后营建 50 余年。被誉为"中原第一宅"。建筑群主要由北、中、南三区组成，共分 6 路。建筑形式主要有厅、堂、楼、廊、房、门等，共计 308 间，建筑面积约 5000m²。

北区位于中街路北，坐北朝南，前后两个四合院，后院之东西又各建一跨院，谓之"亚元扁宅"，多为硬山坡顶式楼房。

图 4　天井院屋顶构架

图 5　吴家大院二进院会客厅正面

图 6　天井院外墙装饰

图 7　吴家大院影壁

中区规模最大，约占整个庄园的 2/3。坐落在南街之北，也坐北朝南，由家庙一路和住宅三路组成，其中家庙居东，住宅区居西。

南区与中区隔街相望，原设计为三路，后因时局变化，尚未建成。南区东路坐南向北，前后四个四合院。

庄园建筑全为砖木结构，灰瓦盖顶。屋顶多为硬山坡顶式，另有悬山及平顶等。其建筑特点既有北京传统四合院特色，又有中原地方民间建筑特色，同时还兼有山西雕刻艺术特色。此外还具有另一显著特点：正房，配房大多有前廊，有的则前后带廊，形成廊廊环绕，院院相通，尤其便于雨雪天行走。

成因

豫北地区的庄园形成有其独特的历史原因，祖辈多为达官贵人或富甲一方的商贾，家族人员众多，为满足族人四世同堂生活的传统习俗，且不能僭越，府邸不能像皇宫那样采用宽大的开间来解决房间少的问题，中原先人运用聪明智慧，在平面上展开建起多进院落式庄园，增加房屋数量，满足居住需求。

比较／演变

庄园建筑多为硬山坡顶，砖墙青瓦。与其他地区的庄园相比，中轴穿堂，并以此为交通线，形成九门相照的特殊格局。同时，建筑规模及规格，因户主地位及建造年限的差别较大，究其原因与受封建社会的种种规定和限制有关。

湖北民居

HUBEI MINJU

1. 汉族民居　　　　　　　2. 少数民族民居
　府第　　　　　　　　　　吊脚楼
　天井围屋　　　　　　　　寨堡
　天井院　　　　　　　　　石板屋
　节孝牌坊屋　　　　　　　神龛屋
　街屋　　　　　　　　　　土司城堡
　画屋　　　　　　　　　　亭子屋
　干砌民居
　里巷
　岩居

汉族民居·府第

明清两代官员修建的私宅，建筑规模大、等级较高，亦称"大夫第"、"进士第"、"翰林第"。建筑内一般有住宅、家祠、戏楼、家学，马厩、碾房、织房、柴房、厨房和杂役间等，个别的还有药房、牢房。

图1　王明璠大夫第

1．分布

府第是湖北地区常见的一种建筑规模大，等级较高的官员私宅。全省都有分布。

2．形制

府第建筑大多选择在"负阴抱阳、背山面水"的台地上。平面布局多为长方形，棋盘格横向排列。分为东、西、中路三部分：多以宗祠为中轴线（即中路），是族权的精神空间和根底所在。左右两侧为一条长巷，为供女眷们平日行走的避巷。通往家祠的通道尽头，设置祖祠，供奉先祖。祠前建有工艺精湛的木雕戏楼，雕梁画栋，是年节家族集会、拜神和欢聚之地；中轴线两边为主人居住区，对称布局，中间为天井或院子，各自形成一个独立小院，每进连通。第一进多为家学，第二进为内院，第三进为主居室，第四进为后院。东西两侧外为偏屋和附属建筑，是长工居住的地方，设作坊、马厩、粮仓、柴房、厨房等。

3．建造

府第建筑采用传统砖木结构，木结构多为穿抬结合式，一般主居室和宗祠明间为抬梁式木结构，山面为穿斗式木结构；其他建筑则为穿斗式木结构。砖墙多为青砖垒砌，有青灰丝缝砖墙、清水砖墙和灌斗砖墙。

4．装饰

府第建筑装饰最大的特点是大门等级较高，多为广亮大门，大木构件装饰讲究，大多在构件的交点上雕刻吉祥纹饰和变形龙纹，既有功能性又有观赏性。府第风火山墙注重地域文化特征，大多

为"凤飞龙舞"式风火山墙，即凤凰坐头和"拱龙脊"。

图2　天井院

5．代表建筑

1）通山县王明璠大夫第

位于通山县大路乡吴田村。王明璠是清咸丰年间的举人，为官30年。光绪二十七年（1901年）授封四品"朝议大夫"，其大门为金柱门，题有"大夫第"的门匾，山墙为湖北地区特有的"龙凤脊"封火山墙。府第始建清咸丰年间，成于同治年间，占地达10000余平方米，分为老宅和府第。老宅为王父王松坡所建，府第即是王明璠退官回乡后修建。府第坐北朝南，三面环水，平面布局略呈长方形，棋盘格横向排列，有32个天井、48间正房、16间厢房，另有马厩、柴房、厨房、杂役间、"怡济药房"、牢房和各类作坊，共30余间。

府第四周高墙围护，府第外开凿的"玉带河"傍府而流，河之东西分别建"风雨桥"、"功成桥"，两桥为村落连接外界通道。府第四周，东有荷塘，西有果园，南有竹园，北有后花园。

图3　中路廊道

2）阳新县陈光亨府第

陈光亨府第位于阳新县枫林镇漆坊村下陈组。建于道光二十七年（1848年），现存面积3400m²。陈光亨曾为清咸丰帝的老师，其故居又称"国师府"。府第背倚太坳岭，面朝笔架山，府第前沿，一丘长形水田，像一叶小舟，侧卧其间，陈光亨依形取名"船田"。一条小溪弯弯绕绕，西流富河，形成"背山面水"的风水格局。建筑平面布局呈长方形，西路已毁。棋盘格横向排列，分为中路、东路二部分，由官

图4　陈光亨府第大门

图5　王明璠大夫第梁架

图6　大夫第木装修

厅和居室组成。中路官厅设"广亮大门"，可供八人抬的大轿在门廊歇息，这种大门在封建社会为官阶大员的门廷，大门两侧抱石鼓高约 1m，鼓壁上，刻有昂首向天石狮；正厅天井周边围有护栏，望柱上站立八只石狮子，左右对称，形态各异。护栏石，双面均雕有双龙，首尾相接。进门厅堂梁架上雕有腾龙和飞凤，显示出府第的显赫等级。堂上挂"忠孝传家"大匾，为当朝光禄大夫、太子少保、刑部事务王鼎题赠。匾下两旁柱上分别镌有"天下无不是之父母"、"世上最难得的兄弟"木条幅。四周梁架上还雕有"月下追韩信"、"桃园结义"和"岳母刺字"等历史故事；东路为是三幢相连的天井院，有天井6个。地面由石灰、黄土、细沙混合糯米粥手工捶成，至今平如水，光如镜。府第原有36口天井，现仅存9口。陈光亨，嘉庆二年（1797年）生于阳新枫林镇漆坊村。道光六年（1826年）二甲第 37 名，赐进士出身，道光皇帝钦点翰林院庶吉士，曾任咸丰帝老师。咸丰八年（1858年）应胡林翼奏请，咸丰皇帝敕陈光亨赏加四品卿衔。光绪三年（1877年）卒于家中，享年80岁。著有《养和堂遗集》。

图7　陈光亨府第石雕

成因

　　府第为等级较高的官员私宅。建筑大多仿照天井围屋的形式，平面布局为长方形，棋盘格横向排列。分为东、西、中路三部分。由于府第的官员具有一定的官阶级别，符合明清两代朝廷对官员住宅的相关规定，能够建筑等级高的广亮大门和金柱大门。在某种程度上，这种建筑也成为主人地位的一种象征。

比较／演变

　　府第与天井围屋在建筑形式上有相似之处，不同的是府第是一家或直系亲属居住，而天井围屋是聚族而居。另外在形制上，府第的中路门庭高大，巷道较宽，尽端是祖宗殿；而天井围屋的中路门庭与两侧门庭基本相同，巷道较窄。在使用功能上，府第各种用房功能齐全，而天井围屋主要以一家一户的生活住房为主。

汉族民居·天井围屋

天井围屋是以天井为中心，四周围合建屋，为集族而居的建筑类型。

图1　冯氏天井围屋厢房

1. 分布

天井围屋是传统乡村聚族而居的住宅群。封建社会村落与社会交换率低，与自然交换成为族群生存的基础，聚族而居大大缓解了村落内部的生存矛盾，有利于血缘团体长期维系。在国家权力难以直接渗透到基层时，宗族就能在基层社会管理中发挥重要作用，能够使该地区经济和文化等活动产生一定动力。这种天井围屋在湖北地区普遍存在。

2. 形制

天井围屋是一种以天井为中心，四周围以建筑的居住形式，具有防御匪患、安全性好、封闭性强的特点。建筑大多坐北向南，背山面河，没有河流的，则在围屋前开凿半月形或长方形池塘，形成"负阴抱阳、背山面水"的风水格局。平面布局为长方形，棋盘格横向排列。以"天井院"和"跑马檐"组成围合。单体建筑多为"明三暗五"宅楼，每个小院相对独立，又互为相通，前后通道将围屋分为数排，四周围以高墙，形成一个大群体。围屋分为东路、中路、西路三个大门，部分建筑在东、西两个山面开有小侧门。

3. 建造

多数为砖（石）木结构，青砖砌墙，有清水砖墙、灌斗砖墙，穿斗式木结构。少数为干打垒土木结构，墙为干打垒法砌筑而成的土墙，穿斗式木结构，硬山小青瓦顶，采用当地传统工艺。

4. 装饰

天井围屋装饰具有很强的地方特色。如冯氏天井屋具有鄂西北山区的民间风格。隔扇装修采取了一种方圆结合的形式，窗子下的板壁采用了"旌幡"形式，装饰繁复，工艺精湛。

5. 代表建筑

1）冯氏天井围屋

位于南漳板桥镇冯家湾村村四组。始建于明崇祯元年（1628年），原为鞠姓人家所有，后为当时中华民国临时政府内务部部长冯哲夫购得所有。天井围屋坐北朝南，平面布局为长方形院落，

图2　冯氏天井围屋正立面

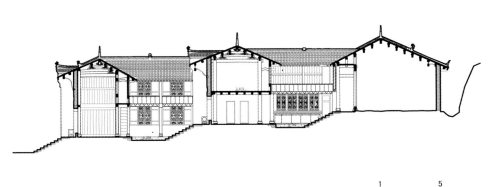

图 5　段氏天井围屋侧面

图 3　冯氏天井围屋剖面图

图 4　段氏天井围屋远眺

依山就势，前低后高，棋盘格横向排列，"十"字线对称布局，前后两条通道将庄园分为 3 排，10 个小院，院与院和房与房之间有廊道相通，通行十分方便，主体建筑有大小房间 105 间，分年修建，联为围屋，占地 8100m²。围屋有 3 个大门，大门台基高 1.4m，门柱、门槛均雕有梅兰竹菊和鲤鱼跳龙门的图案。墙基用大型石条，以桐油石灰浆垒砌。围屋装修古朴，山墙、檐廊均绘有彩画，大木构件、门窗和板壁刻有人物故事。

2）段氏天井围屋

位于英山县南河镇灵芝村维椒塆，系清光绪年间英山望族段昭灼的庄园。始建于光绪二十四年（1898年），光绪二十八年（1902年）续建，又称兴贤庄。据《英山县志·附录补遗》记载："段昭灼，湖北候补知县。"围屋坐北朝南，依山就势，平面布局为长方形，呈棋盘格横向排列，面阔 47m，进深 36m，共有天井 17 个，建筑面积 2700m²；围屋分东、西二路门庭，每进各有门厅、前堂、后室及左右厢房组成；纵向两条通道将庄园分为 3 排，10 个小院相对独立，院与院和房与房之间有廊道相通，中轴对称布局。建筑为单檐硬山顶，砖木结构，穿斗式和抬梁式混用木构架，廊檐作卷棚式顶，呈菱角轩式；两侧院落以封火山墙相隔，盖小青瓦；建筑四周檐绘有山水、花草、人物故事图案。

成因

在古代交通、通讯落后，不同区域相对封闭的情形下，集族聚居是实现家族式管理的前提，即血缘和地缘的紧密结合。天井围屋在扩建和组合上，十分方便，能够解决家族人口增长及带来的诸多问题；特别是这种建筑形制安全性好，生活方便，自成一体的特点。利于家族兴旺和繁衍，是建筑功能满足聚落血缘的产物。

比较/演变

天井围屋与府第在建筑形式上有相似之处，不同的是天井围屋是聚族而居；府第是一家或直系亲属（当然还有一些长工和杂役）。另外在形制上也有区别：一是中路的做法，府第的中路门庭规格较高，巷道较宽，尽端是祖祠；天井围屋的中路门庭与两侧门庭基本相同，巷道较窄，空间上只是一个通道。二是在使用功能上，天井围屋由一家一户生活住房组成；府第则有书房、客房、织房、药房、马厩、碾房、杂役间等。

汉族民居·天井院

天井院是一种以天井为中心构建的围合或半围合建筑群，类似北方四合院，不同的是建筑群的中心不是院子，而是天井。

图1 祝家楼村天井院天井

1. 分布

除山区外，全省都有分布。

2. 形制

以天井为中心，围合或半围合构建建筑群。围合天井院是以天井为中心，四面围合建房；半围合天井院是天井在中间，前后建房，左右以院墙相连。平面布局为长方形，纵向排列，一般为独门独户，规模较小。有一进天井屋、二进天井屋、三进天井屋不等。

3. 建造

采用传统的砖木结构，屋架多为穿斗式和抬梁式混用，主室明间为抬梁式木结构，山面为穿斗式木结构；两厢建筑则为穿斗式木结构；硬山屋面，盖小青瓦；青砖砖墙体，有清水墙、空斗墙和混水墙做法；三合土（石灰、黄土、砂子）地面。前后建房的天井院天井，左右两边以青砖围墙相连。

4. 装饰

天井院十分讲究室内装饰，一般是利用建筑部件雕刻成各种瑞兽、麒麟、狮子、象等动物雕塑，形成有主有从、有照应、有节奏的雕刻风格。在微妙变化的空间中，注重整体的浑然气势，传神达意，着意表现神采意蕴，通过夸张和变形的手段，突显出传统人文精神、哲学意蕴和审美内涵。

5. 代表建筑

1）祝家楼村天井院

祝家楼村位于红安县华家河，据《祝氏家谱》记载，元末明初，祝氏祖先自江西迁来此地，历600余载，至今绵延23代。华家河群山环抱，茂林修竹，山溪流淌。祝家楼村坐北向南，建筑布局由5条并列巷道构成。每条巷道有5至7户天井院居民，硬山屋面，小青瓦合盖，两山封火墙，依巷错落排列，共有大小天井院民居30多座，建筑面积约3万m²。天井院民居多为二层三进院，为保证屋内采光和空气流通，天井呈长方形，四面围合建筑，皆面向天井设置门窗装修；半围合建筑，两侧连以院墙。祝氏宗祠始建于清康熙年间，祠堂面阔三间，三进天井院落，左右两侧为厢房。祠堂前有合抱古松两棵。

图2 祝家楼天井屋瓦面

图3 祝家楼天井院民居

图4　半部世家天井院

图6　半部世家天井院天井及装饰

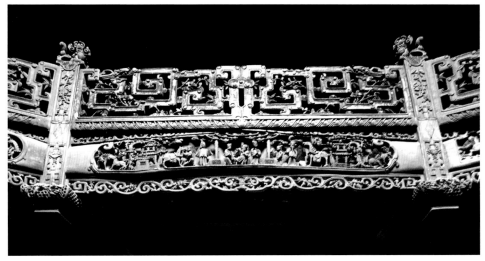

图7　半部世家天井院梁架

图5　半部世家天井院装饰

2）"半部世家"天井院

原位于阳新白沙镇潘桥巢门村，俗称赵氏老屋。现搬迁至武汉市黄陂区木兰湖民居园。清代硬山式建筑，面阔三间，依次为前厅、天井、后堂和两侧厢房。大门高悬"半部世家"石刻匾额，门楼额枋上雕有八仙朝圣与双龙，半部世家原屋主人赵启辉系北宋太宗皇帝赵匡胤的后裔。匾额"半部世家"，出自"半部《论语》治天下"。据传"半部世家"原为"私塾"。前厢房较小，后厅较大，分别供不同年龄的少年学习使用。赵氏天井屋高墙封闭，青砖门罩，砖雕镂窗，自成一体，墀头翘角，白墙

黛瓦，典雅大方，建筑外观木雕楹柱；彩绘以暗八仙、吉祥草、山水画和百鸟图，美轮美奂，错落有致。特别是雕刻精美，门厅前有镂空雕花门楼，门厅内有格扇屏风；天井两侧厢房装修别致，狮头望柱围栏十分精巧；楼上周边栏杆看枋设有垂花柱，垂花柱头雕有狮、象、麒麟，柱底雕有花篮和灯笼，柱间雕有神话、戏剧故事和别致的花罩装饰，华贵典雅；环廊处设"美人靠"。后堂内方形藻井、额枋及斜撑雕有寿山福海故事，耐人寻味。

成因

湖北地区夏季多雨，光照强烈，气候炎热潮湿。天井院式建筑，在有效遮挡阳光的同时，又不会影响室内采光。

比较／演变

天井院与天井围屋不同，为独门独户，规模较小，类似于天井围屋中的一个单元。

汉族民居·节孝牌坊屋

明清两代修建节孝牌坊有严格的标准，据清代《礼部则例》规定：节妇，"自三十岁以前守至五十岁，或年未五十而身故，其守节已及十年，查系孝义兼全厄穷堪怜者"，"未婚贞女"，"遭寇守节致死"的烈女，"因强奸不从致死，及因为调戏羞忿自尽"，以及"节妇被亲属逼嫁致死者"等。这些贞节烈女，通过各级地方族长、保甲向官府举荐，经官府进行表彰。如要敕建贞节牌坊，则由地方官上报皇帝御批。节孝牌坊是封建社会对贞节烈女死后的一种表彰和纪念；节孝牌坊屋则是供活着准备守节奉孝的妇女修建的住宅。这种坊屋修建和申报程序如节孝坊一样，需要皇帝批准，不同的是申报的材料大多将活人说成死人。节孝牌坊屋是湖北地区一种特殊的建筑形制。

图1 张氏节孝牌坊屋侧面

1. 分布

节孝牌坊屋分布在鄂东南江汉平原一带。

2. 形制

前面为皇帝赐封敕建贞节牌坊，牌坊后为寡妇居室，是牌坊与居室混为一体的建筑形式。

3. 建造

为石、砖、木结构：贞节牌坊为石结构或砖结构，也有砖石混合结构；牌坊后居室为砖木结构，硬山式，小青瓦顶，采用当地传统工艺。

4. 装饰

牌楼装饰有鄂东南地方特色的精美砖雕和彩画。题材有凤、云、水、卷草、花卉等，象征着人品的高洁。砖雕有浅浮雕和高浮雕，雕刻工整，形象简练，风格浑厚；彩绘采用"雅五墨"工艺，运线流畅，主题突出，层次分明。建筑融古雅、简洁、华丽为一体，精美如诗。

图2 张氏节孝牌坊屋正立面

图3　成氏节孝牌坊屋砖雕

5．代表建筑

1）张氏节孝牌坊屋

原位于通山县杨芳林镇株林村。2007年搬迁至武汉市黄陂区"明清古民居建筑博物馆"。张氏节孝牌坊屋建于清光绪十一年（1885年），是光绪皇帝为旌表张氏守节尽孝40年所赐建。节孝牌坊屋面阔三间，占地76m²。牌坊为四柱三间三楼，砖结构，坊眼由"奉旨皇恩旌表"、"节孝坊·光绪乙酉年建"、"儒士黄保赤结发之妻张氏"三块石匾组成，"节孝坊"为光绪帝题写。牌坊后住房为砖木结构，硬山搁檩，面阔三间。两山略宽于牌坊，前出墀头，屋内没有窗子，也没有后门。

2）成氏节孝牌坊屋

位于通山通羊镇岭下村塘下垄，建于清同治六年（1867年），坐北朝南，占地约34m²。节孝牌坊屋为砖木结构，硬山顶；牌坊为四柱三间五楼，中间一间可出入。牌坊屋檐下分别用三层如意斗拱撑起楼檐，六条鱼尾脊。正面雕有

图4　成氏节孝牌坊屋

蝙蝠图案的花砖，上、下额梁上分别饰有八仙和双龙戏珠砖雕，边门额梁上丹凤朝阳砖雕，造型精美，十分生动。牌坊上有"同治六年"、"儒士许显达妻成氏"题款。两次楼下分别有"冰清"、"玉洁"的砖雕题额，工艺精湛。成氏是当地的美女，丈夫许远达死后，不少亲戚朋友劝其改嫁，媒婆也登门做媒，为表贞节，成氏用剪刀划破了自己的脸，独自将孩子养大成人，守节30余年。

成因

封建社会的节孝行为有利于社会稳定，洪武元年，明太祖诏令："民间寡妇，三十以前夫亡守制，五十以后不改节者，旌表门闾，除免本家差役。"将节孝行为与家族荣誉和经济利益捆绑起来。一些豪门大户，或为家族名誉和利益，或为防止寡妇再婚导致财产流失，便编造材料，打通关节，获得皇帝御批，敕建贞节牌坊。由于寡妇还活着，为防止发生变化，便将寡妇限制在特定的空间中，于是在牌坊后修建一间小屋，供寡妇居住，一直到死。

比较／演变

节孝牌坊屋和节孝坊最大的区别是：节孝牌坊屋是供寡妇居住的建筑；而节孝坊则是专门旌表为守节而死去的妇女的纪念性建筑。

汉族民居·街屋

乡镇或集市中的商住两用建筑，又称店宅。随着商业活动扩大，为解决室内空间不足，便在天井上加盖天斗来挡风遮雨。天斗形式多样，有两坡顶、四坡屋顶、攒尖顶等。天斗两侧架空留有气缝，以便室内空气流动；有的天斗四周设可开合的木板门，冬季关上御寒，夏季可敞开通风，调节室内气候。

图1 羊楼洞街屋内景

1. 分布

湖北省各地市均有分布。

2. 形制

街屋是湖北地区的一种商、住两用建筑。街屋紧贴街道而建，呈纵向发展，形成条形长屋建筑。街屋左右两侧没有地方开窗，故通风、采光问题只能靠天井或天斗来解决。因经商需要，门面的木板可自由拆卸，空间直接对外，行人可自由出入，进屋选购货物。随着经济繁荣、人口增加，为了提供较多的室内空间来进行商业活动，街房将天井的上空，架起一个有柱无壁空覆顶，既能通风采光，又能遮蔽风雨，俗称"天斗"。有钱的商家"天斗"十分讲究，形式多样。街屋另一个特点是临街面都有一个廊道，即将老檐柱留出，门窗装修在檐柱上，形成廊道。并在山墙墀头侧边开凿门洞，以便通过。

3. 建造

砖木结构，硬山式，小青瓦顶。墙体、风火山墙为青砖建造，有清水墙、灌斗砖墙和混水墙做法；穿斗式木构架天斗的造型两坡水、四坡水，采用当地传统工艺；三合土（石灰、黄土、砂子）地面。

4. 装饰

街屋的装修主要依据商家的富裕程度确定，普通商家大门装置有可供拆卸的槅扇门，房间的隔断多为木板壁，简单穿斗木构架；有钱商家大门虽为槅扇门，但槅心十分讲究，有灯笼框、步步锦、冰裂纹及曲棂等形式，裙板雕花卉及几何纹。房屋檐下有撑栱，斜木加工成为各种兽形、几何形和牛腿，廊檐枋子下常设雕刻繁复的雀替、楣子、挂落。室内则雕梁画栋，十分豪华。

5. 代表建筑

1）羊楼洞街屋

羊楼洞素有"青砖茶乡"之称，也是驰名中外的"洞茶"故乡。据清同治版《蒲圻志》载：羊楼洞始建于明代，形成于清道光至咸丰年间（1821～1861年）。羊楼洞古街位于松峰港以西，由庙场街、复兴街和观音街组成。庙场街段和复兴街前段街道依据松峰港走向呈现曲线形。古镇上商业店铺大多集中分布在这段街道上。建筑尺度相近，错落

图2 羊楼洞街屋装修

图3 羊楼洞街石板路

图 4　龙港街屋

图 6　羊楼洞街屋天斗

图 7　街屋天井院

图 5　龙港老街街景

成因

街屋是湖北地区的一种商、住两用建筑。街屋紧贴街道石板路而建，每户店面相连，左右两侧没有多余空间，建筑只能纵向发展，形成条形长屋建筑。通过天斗采光通风。

比较／演变

湖北地区街屋是随着明清之际，商品经济的萌芽而逐渐发展起来的，与江南商铺相比，外墙较高，天井较小，内部空间开敞、通风，外表朴实，装饰简单。

布置。街道两侧保留有清代、中华民国时期的住宅、商铺 300 余栋。建筑结构为砖木结构、分上下两层，上层为阁楼，下层为商铺。屋架为穿斗式木结构，墙体为砖结构，有一进二重、三重式，前店后宅，中间设置天井。

2）龙港老街街屋

位于阳新县龙港镇，地处鄂赣边界，南依幕阜山脉，北濒富河，交通便利，是湖北省东南边陲的历史名镇。据《阳新县志》载，龙港老街始建于元代末年。明代鼎盛，称龙川市。清光绪十一年（1885 年），清朝政府在此设龙港巡检司和龙港市。清末民初，龙港街店铺鳞次栉比，旗幡招展，拥有商号、作坊 300 余家，有"小汉口"之称。龙港老街长 600m、宽 5m，青石板路面。两旁为清末修建的二层砖木结构街屋，上层为阁楼，下层为商铺。前店后宅，中间设置天井。店铺均为木装修铺面，木板镶拼雕花门。檐枋、撑栱、雀替采用浅浮雕或深浮雕，造型古朴。屋架为穿斗式木结构，墙体为砖结构，以户为单位，一进数重，店铺前砌有石台阶。店铺毗邻，以燕尾垛，拱龙脊封火山墙相隔，形成合面街、石板街、石板巷。

汉族民居·画屋

画屋，俗称花屋。鄂东南地区一种特色民居，即在大门屋檐和两侧山墙绘有彩画的民居。

图1 铜锣陈姓画屋梁架彩绘

1. 分布

鄂东南彩画屋主要分布在鄂东南的通山、阳新县和武汉黄陂区等地。

2. 形制

画屋彩画主要集中在屋檐下方、门楼、入口侧面墙体：屋檐下方为"雅五墨"彩画，大多为有故事情节的人物画，四季花鸟画和富有情趣的水墨竹石。追求画面的意境，并配有相应的文字；门楼入口的彩画集中在檐口和匾额的下方，内容多为"松鹤延年"、"锦上添花"、"华山启秀"等；入口侧面墙体多为吉祥纹，有西番草、祥云仙鹤、三宝珠、海墁葡萄和祥兽等彩画。总体上彩画追求一种华丽、素雅的装饰效果。

3. 建造

画屋彩画在画法上吸收了"写意画法"，不拘泥于"一花一叶"、"一草一物"的细节，而是从整体的感觉出发，着力表现主题的"精、气、神"。彩画内涵寓意吉祥，如：蝙蝠和桃合寓意为"福寿"，金鱼寓意"金玉"和松鹤寓意"延年益寿"；绘制的工序是层层绘制，并使用附着力强不易脱落的矿物颜料，以保持彩画的耐久性。

图2 大余湾余传进画屋大门

图 3　大余湾余传进画屋　　　　　　　　　　图 4　"锦上添花"题匾及彩绘

图 5　铜锣陈姓画屋屋檐彩绘　　　　　　　　图 6　铜锣陈姓画屋

4. 装饰

画屋主要在大门屋檐和两侧山墙绘有装饰彩画，题材有华山启秀、锦上添花、年年如意、福缘善庆等。画法以墙体的粉白为底，墨色为主，辅以浅蓝、浅绿等冷色调，俗称"雅五墨"。彩画花式有聚锦、花锦、博古。入口侧面墙体多画吉祥纹，西番草和吉祥鸟兽等。总体上彩画追求一种反差大、装饰好的效果。

5. 代表建筑

1）铜锣陈姓画屋

位于阳新县王英镇隧洞村，明万历年间（1573～1620 年）陈涵公由阳新归化里（今洋港镇）上堡迁入铜湾，经几代繁衍形成的陈氏聚居村落。铜锣陈有古民居 10 余栋，大多保存较好。古民居平面呈长方形的三进天井院，硬山式马头墙。彩画主要集中在屋檐、匾额下方和墀头上。内容有道教八宝、佛教八宝、灵芝、鸳、鳌等，并配有诗词。民居匾额分别题有："华山启秀"、"秀毓庐山"和"颖水杨清"等。

2）黄陂大余湾余传进画屋

位于武汉市黄陂区木兰乡研子岗镇。大余湾得木兰山建于明末清初，据余氏族谱记载，该村曾有过一门三太守，五代四尚书的历史。这里的村民以雕匠、画匠、石匠、木匠远近闻名。余传进画屋为其中代表。该建筑为天井院式，建筑檐口下方、匾额上方和墀头集中了大量彩绘。大门上方彩绘匾额书"锦上添花"，匾额上方绘有锦鸡和牡丹组合的花鸟画，题款也为"锦上添花"。檐口下方彩绘为吉祥纹、仙草、荷花、牡丹、菊花、神兽、仙人等；匾额的两边题有诗词；墀头分别绘出行图、仙翁对弈图、马上封侯图、携琴游乐图等。

成因

画屋所处村镇大多历史悠久，文风鼎盛，人才辈出，文化内涵深厚，为画屋的形成提供了文化温床。特别是这些村镇中均有擅长书画的文人和工匠，且经济较为发达，为画屋的建造提供了物质和人才基础。

比较 / 演变

湖北画屋的彩绘较之苏杭地区的彩绘有明显的区别，主要反映在：湖北画屋的彩画以墙体粉白为底，墨色为主、辅以浅蓝、浅绿为主的冷色调，色彩淡雅，偶尔在青绿色为主的冷色调中，点缀一些红色以及黄色借以突出主题，强调色彩的柔和退晕色，俗称"雅五墨"。常用题材有华山启秀、锦上添花、年年如意等；苏杭地区的彩绘色彩丰富艳丽，暖色较多，有聚锦、花锦、博古等。

汉族民居·干砌民居

干砌民居外墙不用砖，而是用当地常见的页岩不加灰浆填充进行垒砌的民居。

图1 泥人王村干砌民居1

1. 分布

主要分布在武汉市黄陂区、黄冈市红安县、孝感市的大悟县等江汉平原地区。

2. 形制

干砌民居为石木结构，即墙体多为不规则页岩石块干垒，仅在关键部位用糯米灰浆相粘连。梁架多为穿斗结构。民居建筑体量一般较小，进深浅，结构简约。

3. 建造

采用青石干砌，建造过程不着泥浆，石材大小间压，层叠相对，彼此牵制，结为整体。

4. 装饰

干砌民居为石木结构，墙体为不规则页岩干垒，大小间压，层叠相对，彼此牵制，结为整体，民居体量小，进深浅，结构相对简单，没有其他装饰，这种建筑不仅体现了人对自然环境的适应性，而且建筑与环境高度和谐，具有一种古朴和浑厚的美。

5. 代表建筑

1) 泥人王村干砌民居

位于武汉市黄陂区李家集街泥人王村。现有农家十余户，多数房屋是干砌

图2 泥人王村干砌民居2

图3 泥人王村干砌民居3

图4 木兰山玉黄阁干砌建筑

图6 泥人王村干砌墙

民居，石木结构，墙体采用页岩干砌，没有填充材料，石块之间大小错落，相互叠压，缝隙之处用小石头垫实。民居为三开间，一明两暗，硬山屋顶，覆青瓦。

2）木兰山"干砌"民居

位于武汉市黄陂区木兰山。木兰山原名建明山，传说巾帼英雄木兰曾在山下居住。明万历三十七年（1609年），当地村民在山上建庙纪念木兰，山亦更名木兰山。木兰山地质结构属片岩、长英片岩、绿片岩和红帘石片岩变质带，是低温高压变质作用的产物，也是板块消亡带、陆地和陆地碰撞带和构造埋深作用的重要标志。因此，这一地区板岩、页岩十分普遍，当地民居大多就地取材，采用青石干砌，不用砂浆勾缝的方法建造房屋，俗称"木庐干砌法"。由此也形成了木兰山古建筑一大奇观，即七宫八观三十六殿，占地3万余平方米的建筑大多采用干砌方法建造。这些宗教建筑历数百年风雨而不倒塌，别具特色。

成因

干砌民居是丘陵地区的一种建筑形式。一方面，由于该地域多山地丘陵，石头裸露，取材较为方便；另一方面，因缺土缺水，加上经济欠发达，采用干砌工艺省工、省时、耐用，事半功倍。这种建筑方式，充分体现了对自然环境的适应性。

比较／演变

山地丘陵地区建筑本身就建在没有经过较大开发和改变的大自然中，而且居民赖以生存的就是土地和自然环境。山民与自然产生一种天生的感应，使他们的民居与当地自然环境相适应，从而使人与自然和谐统一，共存共荣。

图5 木兰山两仪殿干砌建筑

汉族民居 · 里巷

汉口里巷民居是一种特有的近代城市民居形式，多为石库门建筑。1861年汉口开埠以后，先后有20个国家在汉口设立领事馆和租界，涌现了一批罗马式、哥特式、俄国式和日本式建筑。这些建筑的形成促成了里巷的兴起。里巷住宅多为中式石库门，门头装饰采用湖北传统的图案，高雅富贵。里巷民居还针对武汉天气炎热的特点，房内有良好的通风和遮阴设备，较好地解决室内高温问题。

图1 汉口同兴里

1. 分布

主要分布在武汉、宜昌、沙市等大中城市。

2. 形制

里巷民居的建筑格局：一般为一条巷弄，多为4～5m宽；巷弄一侧或两侧为相连并列的民居，民居平面一般呈长方形，入口朝向巷弄，门上有雨棚，屋顶多为平顶。里巷民居总入口与城市道路相连，为独立的石库门，门额上书写里巷名称。巷弄为石砖铺地，沿巷弄设有明沟排水，民居设有院门，各户院墙相连。进入院门后有天井或内院。此类民居多为两层楼：砖木结构，红砖砌清水墙；搁架木构件，室内有木楼梯；"人"字形屋架，盖机制红瓦。里巷民居格局还有主巷弄和次巷弄，以及多条巷弄交叉的格局。

3. 建造

里巷民居巷弄为石板或砖铺地，民居采用砖木结构或混合结构，二层楼房，少数为三四层。建筑外墙多为红砖，搁架木构件，"人"字形屋架，屋面盖机制红瓦。装饰多集中在入口线脚和门饰、室内的木板墙裙、楼梯扶手的木雕装饰等，装饰融合了中西文化特点。

4. 装饰

里巷民居多为二层楼房，少数为三四层。装饰多集中在入口线脚和门饰、室内的木板墙裙、楼梯扶手的木雕装饰等，装饰融合了中西文化特点。建筑的外墙用仿麻石粉刷，立面的装饰纹样丰富多彩，有西洋花卉、卷草、字纹、旋子纹等。内部装修铺拼木地板、木墙裙、壁炉采暖，在分隔上有独立的卫生间和阳台，融合了西方的一些城市住宅功能。

5. 代表建筑

1）武汉市同兴里住宅

位于武汉市江岸区黄兴路与洞庭街之间，建于1932年，是大买办刘子敬的私人花园，1928年前后由徐、胡、刘等16家在此建楼，形成居民区，称同兴里。同兴里有4条巷道，主巷道偏东西走向，东口通郡阳街，西口出胜利街，全长230m，宽4m，石板路面。主巷与城市街道相接，支巷与主巷相通。临街的住宅被改建成商业店铺，入口采用过街楼的形式。同兴里建筑为二层砖木结构，一户一单元，单元成排布置。在建筑间留有宽阔的巷子，作为公共空间。每单元的二层住宅：一层为客厅、书房；二层为卧室、起居室；并有供佣人使用的阁楼、储藏间。

图2 同兴里入口

图3 同兴里住宅装饰

图4 巴公房子门额

图 5　巴公房子鸟瞰

2）武汉市巴公房子

　　巴公是俄国沙皇尼古拉一世的亲戚"大巴公"J·K·巴诺夫和"小巴公"齐诺·巴诺夫兄弟的合称。1874 年，小巴公来汉口开办了阜昌洋行，进行茶叶贸易，积累了大量财富。1901 年巴氏兄弟在汉口俄租界两仪街与三教街（今郡阳街）交汇于黎黄陂路到兰陵路间的三角地带盖起了一栋三角形的公寓楼，时称"巴公房子"。它是武汉较早出现的多层公寓和汉口最大的公寓楼。整个公寓为砖木结构，地下一层、地上三层。建筑平面呈锐角三角形，中部内院为三角形天井。单元式布局，分户明确，各单元分别设置出入口。大楼每面临街均有 3 个出入口。建筑外观立面严谨对称，尺度宏伟。

图 7　巴公房子天井

成因

　　汉口的里巷住宅源起于租界建筑的兴起，也是中国近代城市化发展的结果，由于城市功能的需要和城市人口结构的改变，里巷住宅必然取代以农耕经济为居住形式的传统住宅，成为既能满足城市的需要，又能充分利用建筑空间的新的建筑形式。

比较／演变

　　随着汉口的发展，城市中工商业者不断增加，里巷的建造有了较大的改进。一是扩宽了里巷的交通通道，层次分明，分别形成约 4m 宽的交通巷道和 2m 的生活巷道；二是在建筑空间上更多地考虑到朝向、通风与日照要求，将欧洲联排式住宅和湖北天井式院式民居融为一体，住宅前多为天井，三面围合的大窗采光充足；三是在使用功能上将居室、起居室、厨房、厕所、佣人间按主从关系进行布置，提高住宅平面利用率。

图 6　巴公房子鸟瞰

图 8　巴公房子外景

汉族民居·岩居

岩居是将山崖开凿掏空修建成为住屋，其生活设施也在开凿时一并修建。这些岩居大多开凿在山体属丹霞地貌——赭红的砂岩上，十分险峻。

图 1　百宝寨岩屋

1. 分布

主要分布在当阳青龙河畔百宝山。

2. 形制

直接岩石凿空成为住房，洞内石床、石窑、石窗、石井、石池、石厕等生活设施齐全。

3. 建造

主要有两种办法：一是用铁锤和钢钎锤破大石块，开凿岩居；另一种办法是"火烧水激"法，据《部君开通阁道碑》记载："火烧水激"法，即架起大火，将岩石烧到极热，立即用凉水或醋浇上去，由于热胀冷缩，岩石破裂或变得疏松，然后一点一点地用钢钎清理。

4. 装饰

古岩居除了基本的生活设施外，没有其他装饰。另外，岩居门洞周围布满柱洞，历史上洞内可能有木装修。

5. 代表建筑

百宝寨古岩居群位于当阳市青龙河畔，这里山体属丹霞地貌，赭红的砂岩糅合澄碧的河流，风景秀丽。百宝寨因河边屹立着百十座山头而得名。相传岩屋开凿始于三国时期（220～265年），止于清咸丰五年（1855年），分布在50km长的临水峭壁上。现已探明的古崖居有3000余个。

1）当阳市百宝寨傅家岩屋

位于青龙湖傅家冲口，是百宝寨景区唯一开放的一处岩屋群。岩屋凿于红砂岩山体半腰的绝壁上，两排岩屋共15间，上层6间，下层9间。每间一个洞口，高1.6m，宽0.8m，壁厚70cm，上层洞口距离水面8m，下层洞口距离水面5m，攀援进洞，十分不易。15间石屋中，除3间密室外，其他洞洞连通，洞内宽敞，干燥明亮。洞里凿有石井、石池、石厕、石窑、石床、石

图 3　傅家岩屋

图 2　傅家岩屋

图 4　傅家岩屋

图 5　青龙岩屋

图 7　青龙岩屋内锅台

天窗等。在上层第四间岩屋内，依石壁凿成石灶，灶腔内有烟火熏烧的痕迹，灶门上方凿有出烟孔，设计精巧；洞内东西石壁上，凿有对应的孔，一边圆洞，一边为斜长洞，用于安装木梁和搁放木板，既可作为床铺睡觉，也可放置东西。

2）当阳市百宝寨青龙岩屋

位于百宝寨南 100m 处红砂岩绝壁半腰，是百宝寨最大的岩屋群。岩屋共三部分，北边岩屋只有一个门洞，距青龙河垂直距离约 6m，洞内面积约 80m²。门洞周围布满柱洞，为洞内原有木装修损坏后所遗留；南边的岩屋分上下两组，上洞的内空面积 200 多平方米，有石雕厕所、厨房、灶台、锅台等，灶台面壁的洞口为烟窗。这些设施与石屋连为整体，显然是经过精巧设计和布局。岩屋四壁天庭留有人工开凿的痕迹，墙壁上留有炊烟熏烟斑。一间小室壁上有一通小石碑，题款有"送洞两穴……咸丰五年六月"字样；下洞十分简单，没有生活用具。

成因

百宝寨山位于沮水河畔，沮水与长江相通，自古是重要的水码头，岩居的开凿最初是为获取石材。由于社会动乱，逐渐演变为避难所和古兵寨。据清乾隆五十九年《当阳县志》载，山上有击鼓寨、杨门寨等，岩居洞穴 3000 多间，面积 30 余平方公里。

比较 / 演变

百宝寨的古岩居距今已有一千七百余年的历史，已探明岩居达 3000 余个，比此前发现的武夷山岩屋（108 个）、花山迷窟（约 50 个）、北京延庆岩屋（117 个），不仅时代早，而且数量多，是我国目前已知最多、最大、最密集的大型古崖居群。

图 6　青龙岩屋

少数民族民居·吊脚楼

吊脚楼具有悠久的历史。《旧唐书》载："土气多瘴疠，山有毒草及沙蛋蝮蛇，人并楼居，登梯而上，是为干栏。"吊脚楼有单吊、双吊、四合水、平地起吊等形式，或称"一头吊"、"钥匙头"、"双头吊"或"撮箕口"。土家族吊脚楼讲究风水，注重龙脉，信仰人神共居。从某种意义来说吊脚楼使人、建筑与自然浑然一体，"天人合一"。

图 1　彭家寨吊脚楼脊饰

1. 分布

主要分布在鄂西少数民族居住地区和峡江地区。

2. 形制

吊脚楼是我国南方一种古老的建筑形式，其特点是底层架起悬空，形状如空中楼阁。我省峡江地区和鄂西山区少数民族，特别是土家族普遍采用这种建筑。在鄂西武陵山区，坡陡谷深、"地无寻丈之平"，没有可供建房的平地。土家族为适应这里的独特地形地貌，采取了顺着坡势取平修建正房，其他厢房等建筑采取吊角悬空取平的方式建房，厢房与正房呈直角相连，卯榫连接。其结构一般为房屋的正屋处于实地，两厢用木柱架起悬空，构成一种前虚后实的"半干栏式"结构形式。

3. 建造

吊脚楼修建时只平整正房及厢房相接的屋基，其余三面悬空。吊脚楼多为三层：底层有柱无壁，主要拴养牲畜、堆放杂物，或安设厕所；二层为正房、书房、闺房；三层堆放粮食。吊脚楼的建造大至分以下几个步骤：第一步备齐木料，土家人称"伐青山"，一般选椿树或紫树，取其吉祥的寓意，意指春常在，子孙兴旺；第二步是加工梁架，称为"架大码"。并在梁上画上八卦、太

图 2　彭家寨吊脚楼群

极图、荷花莲籽等图案，意为岁岁太平，多子多福；第三道工序叫"排扇"，即把加工好的梁柱接上榫头，连接成排架；第四步是"竖柱立屋"；第五步是钉椽角、盖瓦、装板壁。富裕人家还要在屋顶上装饰飞檐，在廊洞下雕龙画凤，装饰雕花围栏。

4.装饰

装饰手法多样。一般家庭门窗有古朴的木雕，大户人家还有精美石雕和砖雕。装饰内容为本民族的历史、神话传说以及图腾纹样。典型装饰有：木栏上雕饰"回"、"喜"、"万"字格及"凹"字纹等图案；有些还制作装饰性的美人靠；吊脚楼翼角角梁常雕成龙头；龛子向外突出部分由挑柱支撑，挑柱头通常雕成精美的金瓜形状；门的装饰有木板镶拼雕花门，也有细木榫接格栅门；窗户的装饰有龙凤蝙蝠、"万"字"福"字、吉祥如意等窗棂；屋顶多为小青瓦，脊顶饰以青瓦或白石灰压顶，中间有"钱纹"脊饰。翼角有变形"鱼纹"。

5.代表建筑

1）彭家寨吊脚楼群

位于恩施土家族苗族自治州宣恩县沙道沟镇，为彭姓土家族聚居地，是湖南永顺、保靖土司的后裔。寨内吊脚楼共40余栋，每栋自成体系，面积百余到几百平方米不等，一般以一明两暗三开间作正屋，三柱五骑或五柱八骑；以龛子屋作厢房。厢房吊脚，台阶、院坝、道路铺青石板。有的厢房用上下两层龛子相围，形成三层空间，或用于圈养牲畜。吊脚楼单体建筑为穿斗式构架，上覆布瓦、下垫基石，中间由骑、柱、梁、枋组成木构架。以柱梁承重，将柱和骑柱用枋纵向"串联"组成，柱间装木质板壁。为扩大室内空间，在建筑手法上采用减柱法，用骑柱承托梁枋，像伞一样。在屋面正屋与横屋交接处做成龙脊，将屋面雨水进行分合处理。环绕厢房三面做成檐廊（龛子）。堂屋的后板壁上设神龛，前置供桌，供烧香拜祖祈求神灵之用。大门多为六合门。以堂屋为中心，两边房间前半部是火塘屋，后半部用板壁装出一间做卧室，一般由父母居住，前壁开门与火塘屋相通，后壁开门通于室外，正中开窗。火塘屋的楼枕上做有上下楼的出入口，前壁设窗户，左右两壁前端两门对应，一是堂屋的侧门，另一门通往厨房，后门与卧室相连。屋内设火塘，彭家寨前面有一条小溪。溪上架有一座百年历史的凉亭桥，一条40余米长的铁索将寨子与外界相连。

2）巴东县楠木园乡万明兴老屋

万明兴老屋位于长江巫峡楠木园，清代吊脚楼式建筑。建筑依山就势，前有庭院，建有门楼，主体建筑平面成"L"形，前部为吊脚楼，建筑面积440m²。大木为穿斗式构架，上覆布瓦、下垫基石，中间由骑、柱、梁、枋组成木构架。柱间装木质板壁。建筑构架上富于变化。堂屋外廊下的檐枋、撑弓、栏杆、骑马雀替和飞罩，屋内的隔扇、门窗与梁枋等，均有镂空浮雕和圆雕。题材内容为花卉植物、龙凤虎豹、万字福字、吉祥如意等纹样，造型生动，手法古朴。万明兴及其父辈为农户兼商贩，其房为前店后寝，明间为厅，东西两次间为商铺，于前檐设柜台。

图3　万明兴吊脚楼

成因

湖北地区吊脚楼多分布于鄂西及峡江山地地区，该地区多雨潮湿，虫兽鼠蚁为患，故先民将居所架起，一则通风防潮，二则可防山洪、野兽和虫蛇的侵袭；又因居住在山林地带，周围多山地和树木，因而决定了吊脚楼主要以木材为建筑原料，并依山势吊脚取平，修建住宅。

比较/演变

吊脚楼与其他传统民居相比，最基本的特点是正屋建在实地上，厢房除一边靠在实地和正房相连，其余三边皆悬空，靠柱子支撑。

少数民族民居·寨堡

寨堡是封建社会为躲避战乱而修筑的一种具有军事性质的防御建筑。包括山寨、关隘等多种类型。通常是由官府倡导、民间响应，以崇山峻岭和高山深壑为屏障，修建寨墙和堡垒。

图 1 春秋寨堡墙体

1. 分布

主要分布在鄂西北和鄂东北山区。

2. 形制

平面布局依山就势，寨堡内为石垒的住宅，外围修建有寨墙、烽火台和寨门。为增强防御性，通常寨堡与寨堡相连，以烽火台为对外联系平台，以烽烟为号。

3. 建造

寨堡选址在沟壑纵横的崇山峻岭间，按防御的要求，以深壑为屏障修建寨墙、烽火台和寨门。寨堡中间修建住宅，皆就地取材，以较大的石头垒筑；寨门、寨墙均建有瞭望孔和射击孔；寨堡内有多处石头围砌的水井或水池；为了防御风险，寨堡建有后门，以便撤退之用。

4. 装饰

用巨石垒建于孤峰危岩之顶，凌空

高耸，势如悬寨。关卡、寨门、战壕、兵居、箭垛、烽火台、瞭望孔齐全，结构厚重。且寨寨相望，栈道互通。高大的寨墙、瓮城、兵居、巡逻道、功能齐全。特别是瓮城设计精巧，别具匠心。整个建筑借山势用地形，与自然高度融合。"虽由人造，宛若天成"。具有一种自然、淳朴、厚重的大美。

图 3 春秋寨堡寨门

5. 代表建筑

1）南漳春秋寨堡

春秋寨又称"邓家寨"，位于南漳县东巩镇北 13 公里处，是邓家一个名叫邓九公的祖先为防匪患带人修建的。因传说三国时关羽曾在此夜读《春秋》，故又名春秋寨。山寨建在一座呈南北走向的山脊处，远远望去，宛如一段长城横亘于山顶。一条河绕山而流，使这座山东、西、北三面环水，犹如一个半岛，只留下南面与陆地接壤。山的西面是斧削一般的悬崖绝壁，直入河中，形

图 4 晓峰寨堡围墙

图 2 春秋寨堡鸟瞰

图 5 春秋寨堡进寨通道

图8　晓峰寨堡内景

图6　晓峰寨堡大门　　　图9　晓峰寨堡外景

成一道天然屏障。山寨沿这个东西窄南北长的山脊呈"一"字形布局，南北长1200m，东西宽20～40m不等，山寨有南、北两个门，东西两面寨墙直接依绝壁而建。有敌来犯时，只要派人扼守住南门和北门两个进口，便可一夫当关，万夫莫开。进入山寨，山脊上建有南北两排共150多间石屋，中间为街巷式通道，高高的炮台、瞭望台煞是森严。石屋均由大小石块依山势垒砌而成，有个别石屋则利用山上自然生长的巨石或当墙或当门。站在西面寨墙上往下看，六七十米高的石崖犹如刀削斧劈，令人不寒而栗。山寨的寨墙全部由当地特有的片石砌成，厚度40～60cm。

2）宜昌晓峰寨堡

　　晓峰寨堡位于宜昌三峡夷陵的崇山峻岭中，现已发现100多座用巨石垒建于孤峰危岩之顶的寨堡，寨堡居峰占险，凌空高耸，一条栈道相通，烽烟互见，鼓角相闻，形成一条气势恢宏的寨堡群。古寨堡由大小不等的石块砌筑而成。由高大的寨墙、瓮城、居所、巡逻道、战壕、瞭望孔、箭垛、烽火台组成，功能齐全，结构厚重而精巧。站在烽火台上，上下几十里的交通要道可尽收眼底。无

图7　晓峰寨堡寨门

论是举旗还是烽烟，均可前后呼应。透过瞭望孔，对面的栈道和兵寨也历历在目。寨墙上建有踏步，可以自由通行，以利射箭或投石。兵寨的结构充分体现了冷兵器时代的战争特征。寨堡的大容量、高难度说明了寨堡群的修建是大规模的社会行为，对于研究古代战争具有重要的军事价值。

成因

　　湖北历史上曾发生过绿林赤眉起义，红巾起义；同时李自成起义军，太平天国起义军也长期在湖北活动，特别是民间的土匪数量更多。为抵御匪患，地方政府多次号召和组织各地修建寨堡，以保一方平安。

比较／演变

　　寨堡是一种古老的建筑形制，由于封建社会战乱、匪患、兵灾频繁，每个时期地方政府为了防御和剿灭土匪，确保平安，呼吁当地山民筑寨自保，或加固和扩建旧有的山寨，故而形成了不同形态和特征。

少数民族民居·石板屋

图 1 恩施乌鸦坝村石板屋

石板屋是鄂西山区一种山地建筑。特别是地少石多的地区，土家族山民就地取材，用当地出产的板岩及页岩，经简易加工成为规则片状的石板，然后堆砌成石板屋。整栋房子除框架结构为木材之外，其他部分都用石头砌成，屋顶也用石片叠落错层覆盖。

1．分布

主要分布在土家族较为集中的鄂西北和鄂西南自然环境中具有页岩和板岩的山区。

2．形制

这是一种利用天然页岩和片石砌垒的石板屋。大都依山而建，除去搁架是木头，基脚、墙体、屋顶盖、阶檐、灶台、水缸全部使用石头。屋顶有硬山和歇山顶两种样式。这种石板结构的房屋造价低，结实耐用，冬暖夏凉，既实用而独具特色。整体布局依山势层层叠叠，沿着山坡自下而上，布局井然有序。有的组成院落，石砌围墙，石拱门进出，具有鲜明山地特色。

3．建造

先是收集石板，一般用两种办法：一是直接挖掘地下的页岩，由于地下水的作用，挖出的页岩呈片状，纤薄耐用，可直接使用；另一种办法是将裸露的页岩架柴燃烧，待烧到一定火候，再用冷水浇洒，使页岩发生热胀冷缩，脱离岩体而形成片状；然后将片石进行简单加工，用锤子将石片的锐角敲掉，或打制成合用的形状。建房的步骤是从基础垒砌、然后墙体、搁置檩架、最后盖石板屋面。

4．装饰

石板是非常传统的建筑材料，是由板岩或叫页岩手工劈开加工而成。由于石板有天然的节理，裂开后可形成不同厚度的板材，具备了建筑材料加工容易的特点，受到当地老百姓的欢迎；另外石板为质密、健康的岩石，有优良的强度和耐久性，建造者可以根据石板的厚度修建自己喜欢的房子。这种石板屋均匀粗糙的外形，具有一种淳朴厚实的美。

5．代表建筑

1）乌鸦坝村石板屋

恩施苗族土家族自治区红土乡乌鸦坝村有一片石板屋，这里石多土少，土家人利用这里的石头盖屋建房，形成了

图 2 黑山石板屋背面

图 5　乌鸦坝村石板屋屋面

图 6　黑山石板屋屋面

图 3　黑山石板屋侧立面

图 4　黑山石板屋

特色的石板屋文化。石板屋依山而建，除搁架是木头外，盖房子基脚用石头，墙用石头，屋顶盖石板，场坝是石板，阶檐是石板，灶台是石板，里里外外都是石板。水缸是用石块合成的，猪槽、石磨、碓窝也是用厚厚的石块垒砌。清·杜受田《石板屋》："鳞次任参差，排椽同修缮。仰屋何必嗟，补天不须炼。树覆疑苔痕，泉流因雨溅。美利诚自然，华屋岂足羡"。这种石板屋冬暖夏凉，防风抗冻，结实耐用。

2）黑山石板屋

位于利川团堡阳河黑山，这里属山大人少的高寒山区，交通不便。从 20 世纪 80 年代便陆续有人向外搬迁，现在生活在这里的多数为土家族老人。黑山石板屋大多是石墙石瓦，就是吊脚楼屋顶也用石瓦，既防晒隔热，又经久耐用。石板瓦是一种传统建筑材料，由板岩或页岩手工劈开加工而成，与其他石料最大的区别是石板瓦有天然的节理，使其更容易沿一个方向裂开，并形成 4～12mm 不等厚度的板材。屋面外形可以是平整的，也可以是均匀粗糙的。石板瓦含钙率分为低钙、中钙、高钙三种，在暴露状态下会越来越坚硬粗糙，颜色普遍为黑色和灰色，使用寿命为 80～100 年。

成因

石板屋所处地区山多土少，自然资源贫乏，为解决住房的建材问题，于是就地取材，利用山区特有的页岩和板岩作为建筑材料，垒砌住宅，由于这种建筑造价低廉，且坚固实用，受到山民的欢迎。

比较／演变

石板屋使用的页岩，含钙较高，这种石板长期暴露在阳光下，颜色开始发黑，质地越来越坚硬，有利于长时期保存。另外石板屋冬暖夏凉，适合于山区白天热、晚上冷的气候，受到山民的喜欢。

少数民族民居·神龛屋

神龛屋是土家族人神共居的一种建筑，是土家族祖先崇拜、"天人合一"信仰的产物，其形式是死去的先人和其子孙共同生活在一个空间中。这种建筑大多为死者生前建造。

图1　成永高夫妇神龛屋门楼

1. 分布

主要分布在鄂西北山区。

2. 形制

神龛屋有两种：一种是将墓直接建在自家堂屋中，生者与死者共处一屋，建筑规模较小；另一种是将住宅和墓建并列修在一起，建筑规模较大。

3. 建造

为死者生前建造，多是利用原有住房进行修建和改造。经济条件差的人家，直接在住房堂屋中修建墓地（寿居），建筑规模较小；经济条件好的人家，则在原有住房的旁边另建神龛屋，建筑规模较大，十分豪华。

4. 装饰

神龛屋装饰性充满着土家族的生活伦理。无论是"自在宫"和"逍遥厅"，还是"迎亲图"和"荣归图"，都是主人最荣耀的生活场景。各种象征家族兴旺、多子多孙的装饰图案和构件，都将土家文化最核心的"视死如生"的理念置于人们举目可见的范围之内，乘纹饰以游心。在雕刻技法有阴刻、浮雕、圆雕和镂雕。造型注重内在精神，营造出的特别情境。

5. 代表建筑

1）罗运章夫妇神龛屋

位于长坪寨坝雀崖，该屋有200多年的历史，房主人罗运章是晚清秀才，1923年在住房的堂屋之中为自己修造坟墓，墓碑与堂屋的正壁合为一体，墓主名讳位于家中神龛的位置，将祖先崇拜与神灵崇拜合二为一。六年后罗运章病逝，其后人将他埋在住房的坟墓中。堂屋后壁的正中赫然立着一块高大的墓碑，高约4m、宽约1.5m，加上墓碑两侧分别立着的长约1.5m，高约0.5m的碑序石刻，整个墓碑就组成了堂屋的后壁。墓碑为当地的绿砂石制成，墓碑上没有镌刻墓的主人名字，而是镂空的金钱图案和一组栩栩如生的人物图案。墓碑的楹联是"死者可作言坊行表"、"先

图2　罗运章神龛屋近景

图 5　成永高夫妇神龛屋神龛近景

图 3　成永高夫妇神龛屋

生之风山高水长", 横批是"遗爱堂"。墓碑后面还有一块墓碑。两块墓碑一样大小。第二块墓碑上印刻着"罗公运章、罗母杜君寿藏", 以及"民国十八年吉日"的字样。墓地占地面积约 40m²。

2）成永高夫妇神龛屋

位于鱼木寨祠堂湾。成永高夫妇神龛屋与罗运章夫妇神龛屋不同, 其"寿居"不是修建在堂屋内, 而是紧贴住房修建。"寿居"建于清同治五年（1866年）, 为三门两院, 面阔 8.2m, 进深 11m, 占地约 100m2。四周建护墙, 后院起垛, 依地势抬高。左右开侧门进入内院, 左边半圆形门楼名"自在宫", 门楣浮雕"迎亲图", 是主人年轻时结婚的写照。门内额刻"千秋乐", 浮雕"双凤朝阳"; 右门与左门对称, 名"逍遥厅", 门楣浮雕"荣归图", 是主人生前最荣耀的生活场景, 门内阴刻"万年芳", 浮雕凤凰牡丹及打虎图。整个院落青石墁地, 中间以石墙隔开, 形成前庭后院, 气派大方。后院正中建四柱三层碑楼, 通高 5.2m, 面阔 5.3m。底层镂空, 刻墓主姓名、碑序、诗词等文字; 碑二层, 刻忠孝故事; 三层为四柱, 三楼额刻"双寿居", 阳刻草书"福"、"寿"两字分列左右。主楼内额刻"藏

图 4　罗运章神龛屋

寿", 两厢刻诗词及神人图案。后院两侧依护墙各立墓志一通, 记叙成氏生平。左右两侧门紧贴成氏后人住宅, 形成人神共居的神龛屋。

成因

土家族神龛屋体现了土家人"视死如生"和"欢欢喜喜办丧事, 热热闹闹陪亡人"的风俗。后裔子孙和死去的先人"生活"在一起, 不仅是对死者的一种孝敬和尊重, 而且还希望得到死者的保佑。

比较 / 演变

土家族神龛屋和汉族墓葬形制不同, 反映了土家族与汉族截然迥异的风俗习惯。汉族墓葬专门选择在远离住宅的风水宝地中, 根据寻龙、查砂、点穴确定方位, 选择吉日兴建。神龛屋则是根据土家族视死如生的民族传统和天人合一的风俗信仰, 修建在原生活的区域内, 不仅体现了对死者的孝敬, 而且表现出承前启后的文化特征。

少数民族民居·土司城堡

土司制度是元明清中央与地方各民族统治阶级互相联合、斗争的一种妥协形式。在土司统治下，土地和人民归土司世袭所有，行政上听从朝廷调动。土司城堡即是土司政权的中心，集行政、防御、居所等功能为一体。

图1 土司住宅

1. 分布

主要分布鄂西土家族居住地区。

2. 形制

多是利用险峻的自然环境，修建城池和城堡。城内建有：土王衙署、军帅府、官堂、营房、殿堂等；另外建有街、巷、院等民居群。

3. 建造

城堡就地取材为大石垒筑；衙署等土司使用的建筑为砖木结构和石木结构；民居为土木结构或砖木结构。土家族工匠建造。

4. 装饰

土司城堡在建造方式上深受汉文化的影响，城墙的建筑方式大多仿长城的模式，占峰据险。土司衙署、官寨、牌坊也仿照汉族同类建筑修建。其建筑造型和装饰也和汉族类似，不同的是纹饰的内涵具有鲜明的土家族特点。

图2 鱼木寨入口

5. 代表建筑

1）鱼木寨土司城堡

位于利川市谋道乡。该寨属谭姓龙渊安抚土司。鱼木寨位于一座海拔1300余米的高山上，地势险要，建于明洪武二年（1369年）。据清同治五年（1866年）《万县志》载："鱼木寨山高峻，四周壁立，广约十里，形如鼍鼓，从鼓柄入寨门，其径险仄。"进入鱼木寨，仅有一条古石板路，蜿蜒于山梁之上，全长约3km，前段平坦，后段曲折起伏。进寨门为一段悬崖脊背，长约50m，宽不足2m，左右两侧悬崖高百余米，恰如鼍鼓之柄，在鼓柄与鼓面结合处，依地势建寨楼一座，平面呈梯形，前端面阔4.6m，后端阔8.1m，高6.4m，进深5.1m，两侧墙脚据险与崖沿靠齐。寨楼前、左、右三方条石砌筑墙壁，两排9个射击孔。门额横刻"鱼木寨"三字。关卡雄奇，道路险仄，"悬崖脊上建寨楼，一夫把关鬼神愁"；

寨内保存有土家古寨，人口约400来人，民风古朴，有良田百余亩；特别是寨内墓葬碑雕规模宏大，精美绝伦。鱼木寨四周悬崖三迭，为保寨顶安全，还在寨东青岗和寨西垛各建石寨楼一座和石墙；在三阳关还建有一座卡门。出寨有两条石级陡窄道路，其中亮梯子和手扒岩，堪称天险：亮梯子修建在绝壁上，共28级，每级用长约1.5m，宽约40cm的石板，一头插入岩壁，一头悬空，每两级亮开于寨西北太平岩上，共32步，每步宽约50cm，穴深不足20cm，形如新月，岩陡苔滑，十分危险。冷兵器时代，流寇盗匪至此，寨楼立即吹响牛角，放三眼炮为号，关闭山门，固若金汤。鱼木寨有"世外桃源，天下第一土家山寨"之美誉。现为全国重点文物保护单位。

2）咸丰土司城

位于咸丰县的玄武山下，始建于元至正六年（1346年），迄今600余年。元代对汉族实行的是民族歧视和民族压迫政策，中央政府对湘、鄂僻壤鞭长莫及，遂在这些地方设立"土王代管"政策。覃氏先祖覃启处为第一代土王，授宣慰使司。至明代，覃姓势力愈大，开始大规模营建城池，并接受朝廷调遣，配合讨伐小股匪贼。天启三年（1623年），族长覃鼎因征渝有功。升任宣抚使司，行参将事，赐建大坊平西将军帅府，建功德牌坊一座，明熹宗朱由校亲笔题写"荆南雄镇，楚蜀屏翰"匾额。朝廷还在唐崖司设立西坪司和菖蒲司，作为唐崖长官司的左右二司。此时覃鼎实际统治着鄂西南、渝东几千平方公里的地方，成为恩施十八土司之首。清初，朝廷对

图6　咸丰土司城石马

图3　咸丰土司城皇坟

土司继续采用安抚政策，唐崖长官司得以保存。雍正十三年（1735 年），清政府实行改土归流，历时元、明、清三代的唐崖长官司被废除。最后一代土司覃光烈自杀谢祖。历时 529 年，传十八代的土司制度由此消亡。唐崖土司城，规模宏大，是楚蜀边区的政治、经济、文化中心。史料记载：土司城建有 3 街 18 巷 36 院，占地 100 余公顷，俗称"皇城"。土司城现存有土司城址、土司官寨、土司衙署建筑群、土司庄园、土司家族墓葬群等，内涵包括鼎盛时期的唐崖"帅府"，3 街、18 巷、36 院，衙署、牢房、御花园、书院、石牌坊、石马、

图4　寨内百亩良田

石人以及土司城外大填寺、玄武庙、桓侯庙等寺院遗址。

成因

元明清三代，中央政府推行"以夷制夷"的政策，在少数民族地区实行"土司"制度。由土司代行中央管理属地土民。由此，土司形成自己的势力范围，为了防止外部势力的吞并，土司修建有各自的城堡。土司城堡是 13 ~ 20 世纪初土司制度的代表性产物。

比较／演变

明洪武二十三年（1390 年），明王朝为加强对土司的控制，改施州卫军民指挥使司，以管辖控制诸土司。同时又实行大土司管辖小土司的隶属关系。势力大的土司大多势众，往往选择在背靠大山的台地上修筑土司城堡；势力小的则选择在山势险要的岗地山头修建土司城堡。

图5　咸丰土司城"荆南雄镇"牌坊

227

少数民族民居·亭子屋

亭子屋为吊脚楼的一种民居形式，即在吊脚楼民居中立起一座两、三层的亭子，又名"冲天楼"。

图1 建始向家亭子屋

1．分布

主要分布在恩施土家族苗族自治州。

2．形制

亭子屋为传统砖木结构，按照前堂后厅规制建造。前屋为堂屋，后屋为厅堂。堂屋和厅堂左右侧有厢房，围合成院落。亭子屋檐多采用歇山或庑殿顶。堂屋和厅堂之间有天井，天井中间建一亭子，称为"抱亭"。亭子屋多为穿抬混用梁架结构，屋檐出挑深远，有大挑、板凳挑等多种形式；亭子一般为二至三层，屋面盖小布瓦；院落采用砖石，地平为"瓦灰地平"。

3．建造

土家族和苗族的营建亭子屋时，有复杂的仪式，从定基、定向到取材、上梁和落成都要请各种匠师来主持仪式。

大体建造过程为：动土、加工梁架、合并排扇、最后是"竖柱立屋"，即主人选好黄道吉日，在亲朋好友的欢庆和祝福中竖起屋架。

4．装饰

土家族和苗族的亭子屋装饰十分讲究，有木雕和石雕，木雕主要集中在梁架的跨空枋，题材为戏曲人物故事；石雕集中在台基、柱础、栏杆、望柱等部位，题材有二十四孝故事和戏曲唱本。雕琢细腻生动，造型严谨精湛；特别是台阶的中心石采用线雕、浅浮雕、高浮雕和镂空的手法，雕刻有"双龙戏珠"，镂空层次多达五层，错落有致，层次分明，玲珑剔透，栩栩如生，显示了土家族和苗族人民的聪明智慧。

图3 向家亭子屋室内

图4 向家亭子屋室内

图2 咸丰严家祠堂亭子屋

图5 向家亭子屋柱顶石

图6 严家祠堂亭子屋木雕

5. 代表建筑

1）向家亭子楼

位于建始县景阳镇革坦坝村二组，为土家族向家住宅中的抱亭。建于清雍正十三年（1735年），当地人都称为"庄屋"。亭子屋形制为围合院落中建有一座三层檐的亭子。亭子高12m，由四根木柱支撑着，穿斗结构，四角起翘。土家亭子屋是财富的象征，随着财富的增加，土家民居由"一"字形逐步扩展为钥匙头、撮箕口、窨子屋，再到亭子屋，体现了财富与建筑之间的互动。亭子屋的主人发家致富，在建筑中建一座冲天楼，除了炫耀财富和增添气势外；还有透光纳凉，吸气排浊的功能。

2）严家祠堂亭子屋

坐落在咸丰县尖山乡大水坪村，为苗族严氏家族的宗祠。300多年前，严氏先人严启智从贵州迁到咸丰，定居大水坪。光绪元年（1875年），严氏七千余族人为祭祀祖先，修建严家祠堂。祠堂总建筑面积740m²，建筑布局分别为：门厅、亭院和祖宗殿三部分。门厅为本族人聚会之所；门厅后为由方形天井和亭子组成亭院，天井中央有一个六菱形的放生池，水池外壁刻有"家训十六条"碑文。紧邻天井建有两层亭子，通高11m。亭子制作十分精巧，上槛做有鹤颈翻轩。两侧跨空枋上雕有人物故事。亭子是供族长、执年议事之用。遇有重大议事，为保密起见，族长、执年用一架楼梯爬上亭子的二楼，然后将楼梯抽上去，其他人无法入内，显示出族长的权威和神秘。亭子台基为青石雕成，左右两边分别为"狮子滚绣球"、"母狮戏仔图"。底座刻有"孟钟哭竹"、"单刀赴会"、"辕门斩子"等戏文故事；亭子后为祖宗殿，殿中设严氏祖宗牌位座龛，上悬"敬宗收族"匾额，左右各立石碑二块，刻有"族规"、"戒规"等，字迹工整，刻工精湛。

图7　严家祠堂亭子屋室内

图8　严家祠堂亭子屋石雕

成因

土家族和苗族民间风俗有"五楼一桥"之说，即转角楼、冲天楼、望月楼、跑马楼、吊脚楼和凉亭桥。冲天楼就是亭子屋。亭子采用原木材料，使用传统技法，运用抬梁穿斗等技术，以榫卯连接成方形亭式。建造活动有选址、择日、备料、编梁、上梁、置瓦、祭祀等程序。

比较／演变

土家族亭子屋与苗族的亭子屋在建筑形制、材料和建造方法上没有大的区别，在使用上有不同的观念：土家族亭子屋是一种标志，有炫耀财富、增添气势和避暑纳凉的作用；苗族亭子屋则是集族会聚之所，遇有重大议事，亭子屋则为族长等密谈之所。

湖南民居

HUNAN MINJU

汉族民居·天井院落式

由屋宇、围墙、走廊围合而成的内向性院落空间，能营造出宁静、安全、洁净的生活环境。在易受自然灾害袭击和社会不安因素侵犯的社会里，这种封闭的院落是最合适的建筑布局方案之一。

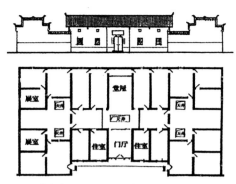

图1 醴陵李立三故居平面与正立面图

1. 分布

天井院落式民居建筑占地较大，多为经济条件较好、人口较多的家庭拥有。长沙、株洲、湘潭等地保留的较多，名人故居是其典型代表。

2. 形制

天井院落式民居适应地形、气候特点和环境要求，建筑一般坐北朝南，多在屋前开挖池塘蓄水，建筑布局灵活，对外大门多开向风水较好的朝向，故经常与建筑内厅堂不在同一轴线上。内部空间规整，以堂屋为中心，强调"中正"与均衡，通过天井（或院落）、廊道组织空间。天井院落式民居布局形式大致有以下几种：

1）"一"字形平面，即建筑主体平面为长方形，内部通过天井（院落）与廊道分成前后两进。一字形院落对场地的要求较高，多为地形比较平整的场地。

2）"H"形平面，为一正二横的组合方式。在此种形式平面中，正屋和两侧的横屋以天井（院落）和廊道分隔，故建筑体量较大。

3）"吕"形平面，为正屋重叠的组合方式。在此种形式平面中，正屋纵向重叠式排列，较少有横屋。它流行于近代城市中型以下住宅，适应于纵深较大的基地，多见于城镇街坊中前店后宅的情况。

4）"口"形平面，由二正屋二横屋围合。中间为较小的院落，正屋与横屋内再由天井和廊道组织各自的空间。在这种形式平面中，公共空间与私密空间分明，兼具四合院与独栋式"["形平面的特点。

图4 醴陵李立三故居外景

3. 建造

相对独栋式民居，天井院落式民居内人口较多，家庭收入较好，便于集中力量建造，故建造技术相对较高，主要体现在建筑内公共空间（如天井、廊道）的建筑材料与装饰方面。

从现存的独栋天井院落式民居看，建筑多为土木结构，内外以土坯墙居多，且墙外多不加粉饰，室内空间高大。山区多木地区和经济条件较好的房屋内部用穿斗式木构架，少数公共空间用抬梁式木构架。由于地区炎热多雨且经年潮湿时间较长，土坯墙下砖石墙基一般较高，地面多用素土或碎砖石等夯实。外檐多用"七字"式挑檐枋，出檐深远。小青瓦屋面居多，少数为茅草覆顶，形式以悬山为主，少数为硬山顶，局部为

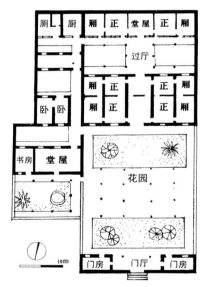

图5 长沙城南区建于清代的住宅

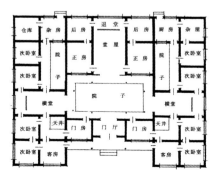

图2 湘潭县伍家花园某宅

图3 长沙县黄兴故居正屋外景

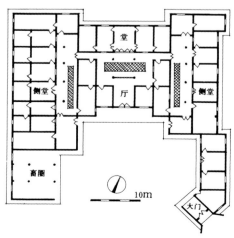

图6 长沙县黄兴故居平面图

图7　长沙县建于清末民初的住宅

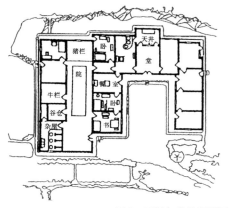

图8　毛泽东故居平面图

图12　毛泽东故居外景

歇山顶，反映了家庭经济发展的特点。

4. 装饰

受经济条件所限，天井院落式民居装饰形式和构造简单，大门门框、门窗、柱础、梁枋、连机、屋脊、屋角，以及堂屋后方的祖先堂等处，是装饰的重点。经济条件较好的家庭强调入口门庐的造型与装饰。

5. 代表建筑

长沙县黄兴镇黄兴新村凉塘黄兴故居

黄兴故居为一所土木结构青瓦顶平房，悬山顶，土坯墙外粉白灰，建于清同治初年（19世纪60年代初），主体建筑坐西北朝东南。故居占地约5000m²，过去屋后有"护庄河"，屋前为稻田，并列有3口大塘，终年活水流淌，故居入口"八字槽门"位于东边的塘堤上。故居原为两进两横，左右披厦厢房、杂屋共48间的四合大院，有上下堂屋和茶堂。正屋两边有多间横屋和杂屋，建筑面积约900m²。上下堂屋之间辟有天井，正厅前有六扇方格木门为屏。两边横屋以天井与正屋相隔，通过房前外廊与正屋联系。

1980年，成立黄兴故居纪念馆。1981年对故居中间部分保留较好的二进五开间的主体建筑共12间进行了维修，并对外开放。1988年被国务院公布为全国重点文物保护单位。

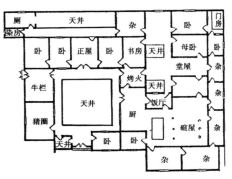

图9　刘少奇故居平面图

图10　刘少奇故居外景

图11　毛泽东故居

成因

湖南传统民居形式多样的天井（院落）空间，适应了地区的山地、丘陵地貌环境和夏热冬冷、阳光充足的气候特点，满足了农耕社会的生产与生活需要。相对于独栋式民居建筑，天井院落式民居内人口较多，家庭经济条件相对较好，便于集中力量建造，故建造技术相对较高。

比较 / 演变

相对于独栋正堂式民居，天井院落式民居内人口较多，建筑内部的公共空间与私密空间分明，对外封闭，天井（院落）有利于形成建筑内良好的气候环境。

相对于大宅式民居，天井院落式民居更容易适应地形，但外观上建筑群整体性相对较弱；内部空间不如大宅式民居复杂；入口多为"墙门"形式，门庐构造简单，而大宅民居入口多为门屋形式，形态与装饰丰富；整体建造技术与装饰文化也不及大宅民居。

汉族民居·独栋正堂式

传统民居可以长沙、株洲、湘潭等地为代表。此地区传统乡村民居一般多依地形独立成户。建筑由中间的堂屋和两侧的厢房组成，灵活布局，平面形式多样，适应了农村的生产和生活需要。装饰文化、建造技术（如"七字"式挑檐枋）具有明显的地域特色。

图1　浏阳大围山镇白沙狮口村某宅1

1. 分布

独栋正堂式民居是中国乡村传统民居的普遍形式。长沙、株洲、湘潭等地的乡村传统民居适应地区地形，多采用独栋正堂式布局，布局形式与建造技术的地域特色明显，是湖南传统民居重要的组成部分。

2. 形制

乡村一般民居多为一家一栋屋，房屋正中为堂屋，堂屋两侧的房子叫正房，正房一般分为前后两部分，前半部分设火房，供冬天全家烤火。屋前有外廊。堂屋两侧各有一间正房的叫"三大间"，各有两间正房的叫"五大间"，也有"七大间"甚至"九大间"的。主要有以下几种平面形式：

1）"一"字形平面，即一个正屋呈一字状布置，这是独栋正堂民居中最简单的形式，多是利用房屋两端山墙在前面出耳，形成前廊，但四周屋檐出挑较多，以遮阳和防止雨水污湿墙面。

2）"L"形平面，即一正一横的组合方式，在单体建筑一侧有厢房，农村很普遍。这种布置方式使正屋、杂屋明确划分，且构造简单，有利于进

一步发展。

3）"形平面，为一正一横的另一种组合方式，农村也很普遍。

4）"["形平面，为一正二横的组合方式，即房屋在前面两侧均有厢房，戏称"一把锁"，多为"五大间"以上住宅，农村很多见。它布置紧凑，正屋与杂屋划分明确，采光通风均好，有利于向前后扩展。其前部由正屋和横屋围合成一个半限定空间，起到了室内外空间的过渡作用。

5）"H"形平面，即一正二横的组合方式，优点是便于扩建，前后形成院落，采光通风良好。农村和城镇均有这种组合形式的住宅，以农村居多。

3. 建造

乡下一般独栋正堂式民居以土坯墙居多，少数建筑外墙用砖墙。山区多木地区和经济条件较好的房屋内部用穿斗式木构架，少数建筑内用抬梁式木构架。由于地区炎热多雨且经年潮湿时间较长，土坯墙下砖石墙基一般较高，室内多设阁楼储物和隔热。地面多用素土或碎砖石等夯实。外檐多用"七字"式挑檐枋，出檐深远。小青瓦屋面

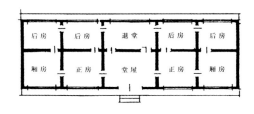

图4　浏阳大围山镇白沙狮口村某宅2

图5　"一"字形平面组图

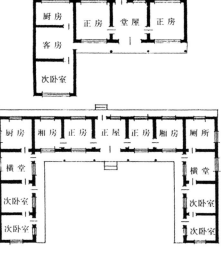

图6　"L"形和"["形平面图

图2　浏阳大围山镇东门乡某宅

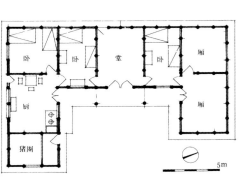

图3　长沙蔡和森故居平面图

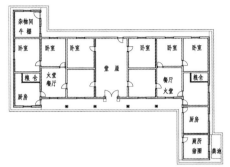

图 7　浏阳龙伏镇新开村沈宅平面、立面图

居多，形式以悬山为主，少数为硬山和歇山顶。后期建造的多为两层，且在二层出挑外廊，满足家庭晾晒和储物需求。

4. 装饰

受经济条件所限，独栋正堂式单体民居建筑装饰多集中于大门门框、门窗、柱础、梁枋、连机、山墙墀头、屋脊、屋角，以及堂屋后方的祖先堂等处，且形式和构造简单。经济条件较好的家庭强调入口，多用造型多样的石门框，柱础形式和门窗的装饰图案也较多。

5. 代表建筑

长沙市河西蔡和森故居

蔡和森故居位于长沙湘江西岸荣湾镇周家台子，建于清光绪二十年（公元1894年），原为刘氏的墓庐，名为刘家台子。清宣统三年（公元1911年），周氏住此，易名周家台子。1917年蔡和森全家迁此租居二年多。1918年4月14日，毛泽东、蔡和森等13人在蔡和森家里成立革命团体新民学会，因此故居也为新民学会旧址。

旧址毁于1938年长沙"文夕大火"。1985～1987年按原貌重建，建筑面积175m²。坐北朝南，为木构架竹织壁粉灰，小青瓦屋面，面阔5间，进深1间，有堂屋、正房、厢房、杂屋等、木板门、直棂窗。在旧址偏东向另辟有辅助陈列室。四周环以竹编院墙，前辟槽门，门额书"沩痴寄庐"四字。

图 8　浏阳大围山镇东门乡某宅

图 9　湖南民居中的"七字"挑檐枋

图 10　长沙蔡和森故居剖面图与东立面图

图 11　长沙河西蔡和森故居外景

图 12　浏阳市文家市镇某宅（"三大间"）

成因

民居建筑的形成与地形、气候、经济条件、生产生活方式以及民族文化传统有关。湖南湘东地区整体上为丘陵地貌，气候夏热冬冷，多雨且经年潮湿时间较长。独栋式正堂式民居建筑适应地形，灵活布局，有利于节约用地和通风散热，满足了农村的生产生活要求，是传统自给自足自然经济的体现。

比较／演变

独栋正堂式民居是湖南乡村传统民居的普遍形式。长沙、株洲、湘潭等地区的民居特色鲜明：平面上对称布局；屋脊和屋角装饰简单；普遍使用"七字"式挑檐枋；强调入口大门处理，经济条件较好的家庭喜用造型多样有雕刻图案的石门框；后期建造的多为两层硬山式，且在二层出挑外廊，满足家庭晾晒和储物需求。

汉族民居·"丰"字形大宅

湖南山区及丘陵地带，过去由于交通不便，经济发展较慢，传统民居村落保留较好，具有很强的地域性。现存传统民居村落规模较大，多为聚族而居，其建筑选址、布局、装饰等居住文化，较多地体现了中国传统文化的特点。"丰"字形大宅民居是其典型代表。

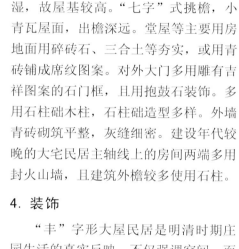

图1 张谷英村俯视

1.分布

聚族而居的"丰"字形大屋民居，对场地的要求较高。建筑多背山面水，内部空间存在明显的纵横轴线。湖南现存丰字形民居主要分布在湘江流域和湘中丘陵地区，如平江县的黄泥湾大屋、浏阳市的沈家大屋等，以张谷英村为典型代表。

2.形制

建筑群以纵轴线的一组正堂屋为主"干"，横轴线上的侧堂屋为"支"。正堂屋相对高大、空旷，为家族长辈使用，横轴上的侧堂屋由分支的各房晚辈使用，如此发展。纵轴一般由三至五进堂屋组成。每组侧堂屋即为家族的一个分支，而一组侧堂屋中的每一间堂屋及两边的厢房即为一个家庭居所。各进堂屋之间由天井和屏门隔开，回廊与巷道将数十栋房屋连成一个整体。

建筑布局主从明确，空间寄寓伦理、和谐发展，建筑群组以家屋为单位，以堂屋为中心，强调"中正"与均衡。

3.建造

"丰"字形大宅一般民居多用砖木结构。大屋民居正横堂屋较两侧厢房高大，用抬梁式或穿斗式木结构，空间布局灵活，通透性强，采光通风良好。外墙多为石基砖墙，内部一般用土坯墙分割，少数空间用木板墙。地区多雨潮湿，故屋基较高。"七字"式挑檐，小青瓦屋面，出檐深远。堂屋等主要用房地面用碎砖石、三合土等夯实，或用青砖铺成席纹图案。对外大门多用雕有吉祥图案的石门框，且用抱鼓石装饰。多用石柱础木柱，石柱础造型多样。外墙青砖砌筑平整，灰缝细密。建设年代较晚的大宅民居主轴线上的房间两端多用封火山墙，且建筑外檐较多使用石柱。

图3 张谷英村大门中轴景观

4.装饰

"丰"字形大屋民居是明清时期庄园生活的真实反映，不仅强调空间，而且建造技艺精美，室内家具陈设雕刻精细。建筑装饰主要体现在门窗、隔扇、挂落、连机、柱础、柱头、驼峰、梁、枋、山墙墀头、照壁和堂屋后方的祖先堂等处。雕刻图案与形态多样，精美生动。如张谷英大屋，可谓是民间艺术故宫。

图4 张谷英村花窗

5.代表建筑

岳阳县张谷英镇张谷英大屋

张谷英大屋建筑群自明洪武四年，由始祖张谷英起造，经明清两代多次续建而成，至今保持着明清传统建筑风

图5 张谷英村王家塅入口处封火墙

图2 张谷英村屋檐斜撑（葡孙万代）

图6 张谷英村鳞次栉比的屋顶及屋前环境

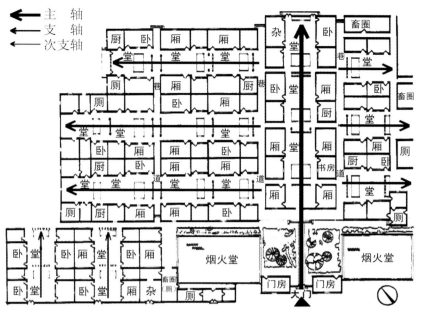

图7 张谷英村王家塅平面图

图9 张谷英村某民居平面图

貌。大屋由当大门、王家塅、上新屋三大群体组成。肖自力先生曾说,其"丰"字形的布局,曲折环绕的巷道,玄妙的天井,鳞次栉比的屋顶,目不暇接的雕画,雅而不奢的用材,合理通达、从不涝渍的排水系统,堪称江南古建筑"七绝"。

张谷英大屋四面环山,负阴抱阳,呈围合之势。地势北高而南低,有渭洞河水横贯全村,俗称"金带环抱"。河上原有石桥58座。大屋砖木石混合结构,小青瓦屋面。占地五万多平方米,先后建成房屋1732间,厅堂237个,天井206个,共有巷道62条,最长的巷道有153m。总体布局体现了中国传统的礼乐精神和宗法伦理思想。村落依地形呈"干支式"结构,内部按长幼划分家支用房。采取纵横向轴线,纵轴为主"干",分长幼,主轴的尽端为祖堂或上堂,横轴为"支",同一平行方向为同辈不同支的家庭用房。主堂与横堂皆以天井为中心组成单元,分则自成庭院,合则贯为一体,你中有我,我中有你,独立、完整而宁静。穿行其间,"晴不曝日,雨不湿鞋"。

张谷英大屋是典型的明清江南庄园式建筑,建造技艺精美,特色鲜明。如其"王家塅"的入口处理,是在第二道大门的左右山墙上设置风火墙,采

用形似岳阳楼盔顶式的双曲线弓子形,谓之"双龙摆尾",具有浓厚的地方色彩。内部装饰赋予情趣,题材丰富。屋场内木雕、石雕、砖雕、堆塑、彩画等装饰比比皆是,令人目不暇接。雕刻字迹,线条清晰;图纹多样,栩栩如生;彩画生动自然,反映生活。梁枋、门窗、隔扇、屏风、家具等一切陈设,皆是精雕细画。题材如"鲤鱼跳龙门"、"八骏图"、"八仙图"、"蝴蝶戏金瓜"、"五子登科"、"鸿雁传书"、"松鹤遐龄"、"竹报平安"、"喜鹊衔梅"、"龙凤捧日"、"麒麟送子"、"四星拱照"、"喜同(桐)万年"、"花开富贵"、"松鹤祥云"、"太极"、"八卦"、"禹帝耕田"、"菊竹梅兰"、诗词歌赋、"周文王渭水访贤"、"俞伯牙摔琴谢知音"等,雕刻精细,反映了人畜风情,绝少有权力和金钱的象征,而是洋溢着丰收、祥和、欢歌的太平景象,民族风格极浓,具有很高的艺术研究价值。

图8 岳阳市黄泥湾大屋入口俯视

成因

湖南东北地区"丰"字形大宅的形成与地形、气候和民族文化传统有关。湘东北地区整体上为丘陵地貌,气候夏热冬冷。民居建筑整体布局,节约了用地。天井院落式布局有利于形成室内良好的气候环境。此地居民多为明清时期的江西移民,他们带来了江南和中原地区的文化和营造技术。明清时期此地战乱频繁,大屋聚族而居适应了地区社会形势的发展。

比较 / 演变

张谷英大屋是"丰"字形大宅民居的典型代表,其他大屋民居的"丰"字空间形态不如张谷英大屋的整体性强,多是在中间主轴线两侧增加与主堂屋空间平行的侧堂屋,即建筑群由多个"丰"字组成。清代中叶以后的大屋民居主轴线上的房间两端多用马头墙,外观上明显突出了主体建筑的地位。

汉族民居·"四方印"式大宅

"四方印"式庭院住宅，是湘南传统村落布局方式之一，即以四合院为原型，左右前后加建，形成几进几横的方形庭院格局，一般为一正屋两横屋或一正屋三横屋的布局结构。正屋高大居中，轴线突出，两侧横屋稍低，与正屋垂直。房屋四周为高大院墙，与外界隔绝。

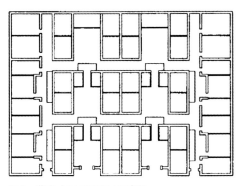

图 1　黄家大屋平面图（局部）

1. 分布

湘南"四方印"式庭院结构的传统民居主要有零陵区干岩头村、宁远县黄家大屋和蓝山县古城村与石碛村、耒阳县伍氏眼九堂等。另外，湘中邵阳县吕霞观、邵东县荫家堂、涟源市师善堂、存厚堂也是典型实例。

2. 形制

"四方印"式庭院住宅以四合院为原型，"一正屋两横屋"式庭院为基本原型，通过前后左右对接形成大的建筑群。一般为一正屋两横屋或一正屋三横屋的布局结构。建筑群轴线突出，居中的正屋为一组正厅、正堂屋，是主体建筑，统帅横屋，用于长辈住居和供奉家族祖先牌位。两侧横屋稍低，与正屋垂直，用于家族中各支房住居和供奉各支房祖先牌位。整体布局以院落、天井组织空间，对外封闭，向中呼应，通过外廊、巷道和游亭联系，有强烈的向心力。每栋横屋的内部布局为"四方三厢"式，即中间一间为"横堂屋"，左右各一间叫"子房"，用作卧室、书房和厨房等。

3. 建造

适应地区炎热多雨的气候特点，屋基一般较高，外墙多为石墙基砖墙。正屋内部为木屋架结构，高大居中，地面多用砖铺成席纹图案。两侧横屋内部一般为土坯墙，墙下用条石或砖墙基，地面用碎砖石、三合土等夯实。墙体的阳角常用 1m 左右高的条石竖砌作护角。柱子底端的石柱础造型多样。正屋多用木板分割空间，外墙两端用风火山墙。横屋多用土坯墙分割，多为悬山顶。建筑整体为小青瓦屋顶，屋檐出挑深远。

4. 装饰

建筑装饰主要体现在正屋的门窗、门簪、隔扇、连机、梁、枋、屋檐斜撑、柱础、封火山墙腰带和堂屋后方的祖先堂等处。隔扇门窗透雕或浮雕各种吉祥的动植物图案，如麒麟、喜鹊、鹿、松子、莲蓬、石榴、葫芦等。正屋多用弧形封檐板，屋檐斜撑多雕刻成各种吉祥动物图案，如龙、虎、麒麟等。主体建筑风火山墙用白色腰带，对比强烈，清新明快。

5. 代表建筑

永州市零陵区干岩头村周家大院

周家大院为周敦颐后裔所建。大院始建于明代宗景泰年间（1450～1457年），建成于清光绪三十年（1904年）。村落由六大院组成：老院子、红门楼、黑门楼、新院子、子岩府（即翰林府第、周崇傅故居）和四大家院。村落整体坐南朝北，依山傍水而建，三面环山。流经村北、村西的进、贤二水恰如两条绿色玉带飘绕而至村前汇合，形同"二龙相会"。村落整体平面呈北斗形状分布，建筑规模庞大，占地近 100 亩（约 66667m²），总建筑面积达 35000m²。六个院落相隔 50～100m，互不相通，自成一体。有各个时期的正、横屋 180多栋，大小房间 1300 多间，游亭 36 座，天井 136 个，其间有回廊、巷道。目前，六大院保存较好的有新院子、红门楼、周崇傅故居、四大家院。

六座大院虽不是同时期建造，但布局相似，都为"四方印"式庭院结构。建筑群目前保留有明清及中华民国时期的建筑样式，属典型的明清时期湘南民

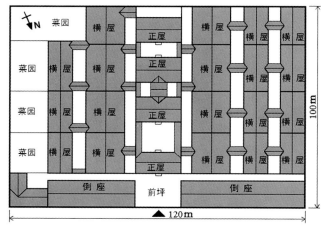

图 2　干岩头村周崇傅故居平面图

图 3　干岩头村周崇傅故居现状俯视图

图 4　邵阳市邵东县荫家堂正面

图 5　宁远县黄家大屋内的檐枋雕刻

居大院风格。多为"五担子"封火山墙，门框、挑檐、瓜柱、驼峰、梁枋、木柱、石墩、石鼓、石凳、隔扇门窗等构件雕刻或绘制了各类代表吉祥富贵的动植物图案，以及历史人物故事，工艺精湛。

周崇傅故居是目前保存最好的院落之一，位于整体布局北斗星座的"斗勺"位置上。现存建筑为四进正屋，西边是三排横屋三栋，东边是二排横屋三栋和菜园，东西外墙长 120m，南北纵深 100m。三排横屋之间用走廊和游亭连接。

位于整体布局北斗星座"斗柄"尾部的四大家院中的"尚书府"是六大院中最有名的院落，为时任南京户部尚书的周希圣（1551 ～ 1635 年）所建。其堂屋重檐硬山式，在全国是少见的。2007 年，该村被国务院公布为中国历史文化名村，现为国家重点文物保护单位。

成因

永州地区现存"四方印"式庭院结构的传统民居村落，主要为明清时期建造。村落布局突出主体，向心性强，是传统儒家"合中"意识和世俗伦理观念的体现。建筑空间注重人与生活、人与自然的和谐关系，是传统文化中"天人合一"的审美理想与人生追求的具体体现。

民居建筑依地形选择横屋垂直正屋，是适应地区气候环境的结果。对外隔绝，有利于抵御外敌。干岩头村"四大家院"槽门前院墙上的洞口据说是当年的枪眼。

比较 / 演变

湘南"四方印"式民居村落结构，与湘东浏阳市大围山镇楚东村锦绶堂大屋相似。主体建筑高大居中，担挑两侧横屋，轴线突出，空间通透。与其他强调纵横轴线的村落相比，两侧横屋的空间轴线不够明确，与主体建筑的内部联系不够紧密。

图 6　干岩头村周家大院俯视图

汉族民居·"王"字形大宅

湘南"王"字式院落空间是传统合院形式的变形，以中间的正堂屋空间串联各进建筑。正堂屋一般为三进三厅，两侧横屋一般也为三进三开间。各组建筑轴线突出，规矩方正。

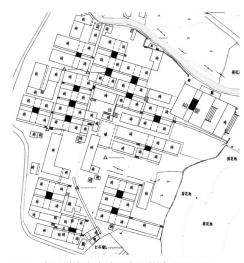

图1　龙溪村李家大院现存主体建筑平面图

1. 分布

"王"字形大宅民居适应了湘南的山地丘陵环境和中亚热带季风性气候特点，随着家族的发展，新的"王"字形大宅建筑在原有建筑附近生长，逐渐形成了大的院落群体。永州市祁阳县潘市镇龙溪村的李家大院，是目前发现的典型的"王"字形大宅大宅民居村落。

2. 形制

"王"字形大宅空间是传统合院形式的变形，以中间的正堂屋空间串联各进建筑。正堂屋一般为三进三厅，两侧横屋为单进深，一般也为三进三开间。各组建筑轴线突出，规矩方正。

3. 建造

现存建筑多为明清时期建造。适应地区炎热多雨的气候特点，屋基一般较高，外墙多为石墙基砖墙。正屋内部为木屋架结构，高大居中，地面多用砖铺成席纹图案。两则横屋内部一般为土坯墙，墙下用条石或砖墙基，地面用碎砖石、三合土等夯实。土坯墙和青砖墙的阳角常用1m左右高的条石竖砌作护角。柱子底端的石柱础造型多样。外墙两端多为硬山，横屋内部多用土坯墙分割。小青瓦屋顶，屋檐出挑深远。

4. 装饰

明清时期，从江西等地移入湖南的居民较多，有"江西填湖广"之说，故民居建筑的建造技艺基本相同。湘南王字形大宅民居的建筑装饰也主要体现在门窗、隔扇、柱础、柱头、驼峰、梁、枋、屋檐斜撑、照壁、山墙墀头、风火山墙腰带和堂屋后方的祖先堂等处。尤其是正屋，是装饰的重点空间。

隔扇门窗透雕或浮雕各种吉祥的动植物图案，如麒麟、喜鹊、鹿、猴、鼠、松子、莲蓬、石榴、葫芦等。屋檐斜撑多雕刻成各种吉祥动物图案，如龙、虎、

图2　龙溪村李家大院正堂屋空间

图3　龙溪村李家大院远视图

图4　李家大院游亭上的冰凌梅花格　　　　图5　李家大院轴线空间

麒麟等。檐枋上主要雕刻或彩绘山水图案。封火山墙用白色腰带，对比强烈，清新明快。

5. 代表建筑

永州市祁阳县潘市镇龙溪村李家大院

龙溪村李家大院始建于明弘治十一年，历经350余年建成，大院由500多间房屋组成。整体布局呈"一村·两院·一祠·一溪"格局。

正堂屋空间高大、空旷，是两侧横堂屋所不及的。正堂屋轴线上分布有多个游亭，联系两侧的天井（院落）。李家大院的祠堂位于村前，是全村的核心。村落按照"房份"的分支，分上下两院。最多的"王"字式院落空间为四进四厅，三个游亭。游亭两边为木板屋，称为"木心屋"。正堂屋是家族的公共活动空间，上下两院的祭祀及红白喜事分别在各自

的正堂屋里举办。横堂屋没有祭祀供奉的功能，仅起到交通联系的作用，是与其他建筑的横堂屋功能的最大区别。

李家大院是典型的明清江南庄园式建筑，特色明显。主体建筑以硬山为主，飞檐翘角，层楼叠院，错落有致。装饰艺术精美，石雕、木刻、泥塑、彩绘等各类寓意吉祥富贵的动植物图案，以及历史人物故事随处可见，题材多样，反映了人们对美好生活的向往，如"龙凤呈祥"、"福禄寿喜"、"麒麟送子"、"平安富贵"、"喜上眉梢"、"鱼跃龙门"、"马上封侯"、"八仙祝寿"、"太极"、"八卦"、"摇钱树"、"聚宝盆"等。

李家大院现保存完好的房屋有36栋，游亭18座，大厅36间，是研究潇湘流域农耕文化的"活标本"。

图7　李家大院祠堂大门处抱鼓石

成因

以"王"字形大宅空间为基本组合单元的村落布局，适应了湘南地区山多地少的地形地貌环境和炎热多雨的气候特点。村落依地形按一定模式扩建，有利于节约用地。天井（院落）式布局有利于形成良好的微气候，满足了人们生产生活的需要。

比较／演变

湘南"王"字形大宅民居的地方特色明显。与湘北整体"丰"字式民居结构相比，不同的是"丰"字式民居的横屋有明显的轴线，侧堂屋位于轴线上，侧堂屋两侧的住户分左右居，分属不同的"支"。而"王"字形大宅两侧房屋为单进深，前后排朝向一致，侧堂屋与每户住宅结合，且没有祭祀供奉的功能。

图6　龙溪村李家大院

汉族民居·城镇商铺住宅

城镇作为封建社会统治的据点、贸易集散的市场，人口集中，而用地有限，因此形成密集的居住环境。随着商品经济的发展，城镇沿街商铺逐渐增多。沿街商铺多由原先的住宅改建或扩建，建筑空间多为"前店后宅"或"下店上宅"形式，实为"店宅合一"的民居建筑。湘东、中、北地区至今还有多处历史古镇保留着这样的商铺住宅，是研究传统城镇住宅的实物资料。

1. 分布

保留较好的历史城镇商铺住宅主要位于湘江沿岸地区和过去的交通干道上，如长沙望城靖港古镇、浏阳市白沙古镇、湘潭市的窑湾古街，以及长沙市古城区的古太平街、古潭街、化龙池（玉带街）等，至今还保留有部分中华民国以前的街道和建筑格局，是研究清末城镇商贸建筑空间的典型实例。

2. 形制

由于用地紧张，城镇商业街道两侧的建筑基本为联排式，商业门面多是一家一户为一单元，取前店后宅或下店上宅形式，而且店宅入口基本合一。内部以天井过渡，满足采光要求，天井四周多设跑马楼。入口商铺多为可拆卸的木板门，日卸夜装。

3. 建造

建筑以穿斗式木构架为主，临街的第一进房屋多采用抬梁与穿斗混合式构架，室内空间较大。外墙多为石墙基砖墙。建造时间较早的建筑多数为悬山，后期建造的多为硬山或马头墙。为适应地区炎热多雨的气候特点，屋基一般较高，门前设台阶上下。小青瓦屋面沿街出檐深远，沿街多设阳台，有的沿街做吊脚阳台。由于进深较大，屋面多用亮瓦采光。

由于地形和经济条件不同，乡镇商铺住宅进深一般较小，建造技术也相对简单。而城市商铺住宅进深一般较大，中轴对称，强调沿街立面和入口门户处理，形式多样。

4. 装饰

与地区其他民居一样，城镇商铺住

图1 长沙望城靖港古镇街景1

图6 长沙望城靖港古镇街景4

图2 长沙望城靖港古镇街景2

图4 长沙望城靖港古镇街景3

图3 浏阳市白沙古镇沿河景观

图5 浏阳市白沙古镇街巷

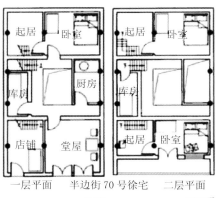

图7 望城县靖港古镇商铺住宅平面图

图 8　长沙古街风貌 1

图 10　长沙古街风貌 2

图 12　长沙望城靖港古镇街景 5

图 13　长沙古潭街传统民居建筑

宅的门窗、隔扇、梁枋、柱础、吊脚柱头、山墙墀头、马头墙腰带和堂屋后方的祖先堂等处是装饰的重点部位，但城镇商铺住宅尤其突出沿街立面造型与门庐装饰。现存年代较早商铺住宅建筑的装饰技艺简单，窗户多为直棂窗，后期建造的建筑装饰技艺相对复杂，形式与图案多样，体现了经济的发展与人们的审美追求。

5. 代表建筑

长沙望城县靖港古镇商铺住宅

靖港古镇位于望城县西北，地处沩水入湘江的三角洲地带，东濒湘江，自靖港乘船沿湘江而上至长沙只需 1 小时。靖港昔为天然良港，益阳、湘阴、宁乡及望城粮食及土特产都在这里集散转运。曾为湖南四大米市之一，又是省内淮盐主要经销口岸之一。靖港古镇的主街在沩水北岸，至今保留较好，已成为旅游景区。

靖港古镇的空间结构可用"八街·四巷·七码头"概括。其中保粮街、半边街、保健街、保安街的传统街道格局保留较好。古镇的商业店铺大多是一

家一户为一单元，沿街线形排列，自由生长。建造较早的，沿街多为 2～3 个开间，建造较晚的，沿街多为 1 个开间，但进深多达三、四进。沿街商铺住宅纵向空间主要有 2 种形式，一是前后进间用天井联系，二是天井位于前后进之间，四周设走廊联系前后进。由于开间小，内部天井也很小，采光差，多在屋面置采光亮瓦（或玻璃）。沿街多为两层，前店后宅形式居多。有的家庭为了出租店面，在前面另设楼梯，形成下店上宅形式。多数店宅入口基本合一，进深较大的住宅可从背街或巷道一侧的入口进入建筑。

靖港古镇沿街商铺住宅多为砖木混合结构，临街的第一进房屋多采用抬梁与穿斗混合式构架，满足了商业空间的需要。早期建造的房屋多数为悬山顶，左邻右舍，互不搭垛和共柱。后期建造的多为硬山或马头墙，高低错落，形成了丰富的街景。适应地区炎热多雨的气候特点，建筑多在沿街一侧出挑阳台。小青瓦屋面沿街出檐深远。

成因

至今保留较好的湖南传统城镇多位于地区过去的水陆交通干道上，商品经济发展较好，故城镇商铺住宅发展较快。该地区山多地少，城镇用于建筑用地更少，其商铺住宅因地制宜，采用纵深发展模式，可以节约用地；左邻右舍，互不搭垛和共柱，便于在失火时阻止火灾殃及邻家。建筑出檐深远是地区炎热多雨的气候特点决定的。

比较／演变

湖南现存城镇商铺住宅的建筑空间与广州地区的竹筒屋相似：开间相对较小，纵深发展，用天井作为过渡空间，满足了居住者生产与生活需要。与乡村大宅民居相比，城镇商铺住宅体现的是单个家庭生活与个体经济发展的特点，所以其建筑形制与大宅民居不同，也不同于自给自足的乡村独立式民居。

图 9　长沙古太平街建筑立面

图 11　古太平街内的民居建筑与戏台

少数民族民居·瑶族合院式

在长期的交流过程中，瑶族文化在社会价值、观念体系、宗教信仰、建筑特点等方面表现出与汉族文化诸多的相似性。湘南的瑶族民居融合了当地民俗和自然生态环境，形成了自己特有的建筑艺术特色。山地瑶族民居多为吊脚楼式和干栏式，平地瑶族民居多为院落式。

图1 江华县宝镜村内雀替雕刻

1. 分布

湖南瑶族主要分布于江华、江永、蓝山、宁远、道县、郴县、新宁、洞口、隆回等县市的山区，其中江华瑶族自治县是全国两个瑶族自治县之一。大山区瑶族，一般是单家独屋居住，户与户之间相距较远，如有的住在两山的对面，有的住在同一山的南北，有的住在河的两岸。平地瑶总体上"大分散，小集中"，与汉族交错杂居。平地瑶往往由数户组成村寨，聚族而居，一个村寨，往往就是一个家族。民居建筑多为院落式。

2. 形制

湘南瑶族民居单体，根据平面形式的不同，可分为三大基本类型："凹"字形、"四"字形和"回"字形。包括堂屋、卧室、厨房、火堂、粮仓、洗浴等空间。单体建筑典型形制为三开间，"一明两暗"的平面布局。中间轴线上为正房（堂屋），两侧厢房对称布置。有的厢房沿进深方向分为前后两间，也

有部分房屋受地形限制，只有一间厢房或没有设置厢房。厢房开间和高度一般不超过正房。与汉族民居一样，堂屋是家中的神圣空间，一般在后墙上设祖先坛和神位，少数瑶宅祖坛在堂屋的左侧或右侧，如江华横江村邓宅。火塘也是家庭生活的中心之一，不容践踏。出于防卫和安全考虑，建筑一般设前院，门窗开向内院。两层以上民居一般在前檐下设外廊，便于晾晒衣物。

瑶族合院式民居一般由室内空间、院落、天井、廊、女间和晒坝等组成。天井（院落）为基本单元，建筑围绕天井布局，对外封闭。廊有内回廊、凹廊、外挑廊等多种形式。女间是待嫁女子交流、学习、生活的院落空间，如江华县宝镜村内的女间。瑶寨中有祭祀盘王的场所。

3. 建造

在长期的交流过程中，瑶族文化在社会价值、观念体系、宗教信仰、建筑特点等方面也表现出与汉族文化诸多的

图3 江华县宝镜村内的女间

图4 江华县宝镜村内正堂屋空间

图5 江华县境内瑶族民居平面列举

牛路村李宅　洪泥塘口村赵宅

图2 江华县宝镜村远景图

图6 江永县瑶族乡扶灵瑶首家大院俯视图

图7　江永兰溪乡古瑶寨内建筑立面

图8　江永兰溪乡古瑶寨入口石鼓登亭

图10　江永县兰溪乡古瑶寨内更楼

相似性。如建筑空间、建筑材料、施工做法、装饰图案、建筑形态（如马头墙）、讲究风水等，与当地汉族民居都有许多相同之处。山区瑶族民居除地基和柱基用石料外，其余部分多用木材，梁柱用原木，墙用木板，窗用木栅格。

4. 装饰

瑶族合院式民居的装饰艺术与汉族民居有很多相同之处，木雕、石雕、灰塑、彩绘等题材非常丰富，如吉祥动物、植物、山水风光、历史传说等。木雕一般分布在门坊、窗、梁枋、柱头等位置。相对于木雕的文化意义来说，民间石雕作品更富人情味。硬山建筑两端和马头墙上部常饰以白色腰带，清新明快。

5. 代表建筑

江永县兰溪瑶族乡兰溪村民居

兰溪村包括下村和上村两个行政村，始建于唐元和年间，历来有蒋、欧阳等6姓，现有瑶户500余户，1800余人。兰溪村四周群山环绕，整个村落地形呈龟形。村落结合自然地形和环境特点，因地制宜，以家族的门楼或祠堂为中心聚族而居，多中心，自由生长，既各自独立，又相互联系。

兰溪村民居建筑以巷道地段划分聚居单位，以天井为中心组成住宅单元，纵深布局，中轴对称。清水砖墙冠以白色腰带，强调山墙墀头装饰，檐饰彩绘，门簪多为乾坤造型和龙凤浮雕。室内雕刻花鸟虫鱼、福禄寿宝等精美图案。建筑风格融合了汉、瑶、壮等多个民族的风格。兰溪村现存古建筑数量众多，内容丰富。

成因

瑶族共有28种不同的自称，如平地瑶、高山瑶、顶板瑶、平板瑶等。由于经济发展和与外界交往的不同，湘南瑶族居住环境的发展也不同。平地瑶与汉族交流较多，因此其文化（包括建筑文化在内）表现出与其他民族，尤其是汉族文化诸多的相似性。

比较/演变

湘南瑶族与本地的汉族等民居最基本的平面形式较接近。建筑风格融合了汉、瑶、壮等多个民族的风格。

湘南勾挂岭以西地区瑶族受汉族文化影响较大，居住环境与汉族居住环境有许多相似性特征，但不如汉族民居的组合方式变化多。而勾挂岭以东地区瑶族受汉族文化影响相对较小，因此特色更强。

图9　江永县兰溪乡古瑶寨居住环境

少数民族民居·瑶族吊脚楼

湘南瑶族为适应地区气候炎热多雨、山区可供成片建造房屋的平地少的特点，往往选择坡度较为平缓的地方或者傍水，在平地立柱建房，形成吊脚楼式或干栏式瑶族民居。

图1　宁远瑶族乡牛亚岭瑶寨局部近景

1. 分布

湘南瑶族吊脚楼主要分布于勾挂岭以东地区，如江华瑶族自治县的湘江乡、贝江乡、务江乡、花江乡、大锡乡、两岔河乡、未竹口乡、大圩镇、小圩镇、码市镇、水口镇等地的山区，都有许多瑶族吊脚楼。

2. 形制

瑶族是一个山地民族，住所依山傍水。与其他少数民族，如侗族、土家族一样，吊脚楼的形式多种多样，主要有以下几种：

1）单吊式，这是最普遍的一种形式，只是正屋一边的厢房伸出悬空，下面用木柱相撑，有人称之为"一头吊"或"钥匙头"。

2）双吊式，即在正房的两头皆有吊出的厢房，有人称之为"双头吊"或"撮箕口"，它是单吊式的发展。单吊式和双吊式并不以地域的不同而形成，主要依据经济条件和家庭需要而定，单吊式和双吊式常常共处一地。

3）四合式，这种形式是在双吊式的基础上发展起来的，特点是将正屋两头厢房吊脚楼部分的上部连成一体，形成一个四合院。两厢房的楼下即为大门，由四合院进大门后还必须上几步石阶，才能进到正屋。

4）二屋吊式，这种形式是在单吊和双吊的基础上发展起来的，即在一般吊脚楼上再加一层，单吊双吊均适用。

5）平地起吊式，这种形式建在平坝中，按地形本不需要吊脚，却偏偏将厢房抬起，用木柱支撑。支撑用木柱所落地面和正屋地面平齐，使厢房高于正屋。

吊脚楼以单体居多，一般也为三开间，"一明两暗"的平面布局。中间轴线上为正房（堂屋），两侧厢房对称布置。有的厢房沿进深方向分为前后两间。

与汉族民居一样，堂屋是家中的神圣空间，一般在后墙上设祖先坛，列天地君亲师诸神位。火塘也是家庭生活的中心之一，不容践踏。两层以上民居一般在建筑外墙檐下每层设吊脚走廊，便于晾晒衣物和存放杂物，如宁远县瑶族乡牛亚岭瑶寨民居。

3. 建造

瑶家吊脚楼巧于因借，瑶族人民根据实用性和环境特征，强化建筑性格。吊脚楼往往选址于坡度较为平缓、取水方便、风光优美的地方。主要堂室落于平整的土地，另一部分依据地势用长短不一的杉木柱支撑，架木铺板，与挖平的屋场地合为一个平坦的整体，再在此整体上建房。而干栏式取地较平整。整座建筑以木为柱，甚至以杉皮盖顶，不油不漆，无矫无饰，一切顺其本色，自然天成，冬暖夏凉。

屋顶形式多样，悬山、歇山、硬山都有，以悬山居多。

4. 装饰

过去，山区居民由于交通不便，生产力低下，经济发展缓慢，民居建筑多就地取材，量材而用，多用原木、自然石，色彩清新素雅。建筑除堂屋内有所装饰外，其他地方装饰很少。相对而言，湘南勾挂岭以西地区瑶族民居建筑装饰较多，与勾挂岭以东地区用天然的石料、木材和土坯墙形成鲜明对比。

5. 代表建筑

宁远县瑶族乡牛亚岭古瑶寨民居

牛亚岭古瑶寨位于宁远县城以南的大山深处，离舜帝陵约8km。建筑选

图2　宁远县瑶族乡牛亚岭瑶寨远景

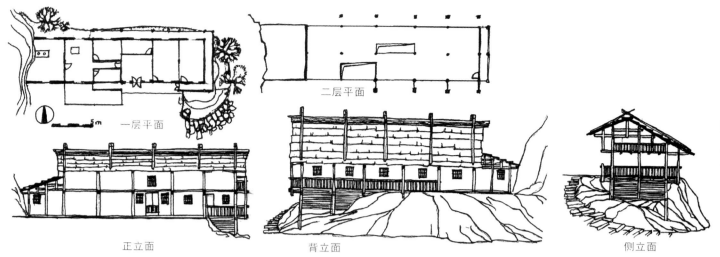

一层平面

二层平面

正立面

背立面

侧立面

图3　江华县湘江岔村瑶族某宅

址于两山梁之间的南山梁半山坡，占地两千多平方米，坐南朝北。村前为一口较大的水塘，有山区过境道路。在池塘两端各有一个寨口门楼作为全村的出入口。村寨始建于清末，历五代，有20余户100多口人。村寨由五栋土木结构房屋组成，依山势而建，夯土为墙，立木为柱，为2～3层的半地半楼式吊脚屋，瓦屋面，多为悬山形式，局部为歇山顶。

村寨由四周建筑围合，与外界隔离，是一个全封闭式的古民居群体。

二层以上通过吊脚外廊相连，体现了村寨的防卫性特点。

牛亚岭古瑶寨是湘南地区的瑶族集居地之一，保存了历史的风貌。吊脚楼建筑群是湖南省具有瑶族建筑风格的代表性古民居，国内外不少文化、艺术、新闻、旅游界的专家学者经常来这里调研和观光。

牛亚岭古瑶寨是湖南省瑶寨中唯一的一处省级文物保护单位。至今，牛亚岭瑶寨仍然保持着原汁原味的瑶家风情，具有浓厚的民俗文化底蕴。

成因

瑶族吊脚楼的成因与自然和社会文化因素都密切相关。瑶族经常受到盗匪骚扰，所以深居山中。湘南地区气候炎热多雨且潮湿，山区可供成片建造房屋的平地少，为了通风避潮和防止野兽侵袭，住所往往依山傍水，一半为临空建筑，或底层全部架空。

瑶族吊脚楼建筑结合当地的地形条件、气候特点与民族文化传统，就地取材，以竹、木、土为主要建筑材料，与自然混为一体，体现了建筑的自然适应性特点。

比较／演变

湘南瑶族与本地的汉族等民居最基本的平面形式较接近。建筑风格融合了汉、瑶、壮等多个民族的风格。

就湘南瑶族吊脚楼式民居而言，勾挂岭以西地区瑶族受汉族文化影响较大，民居在建筑材料、建筑装饰等方面与当地汉族民居有较多相同，而勾挂岭以东地区瑶族民居多用天然的石料、木材和土坯墙，装饰相对简单。

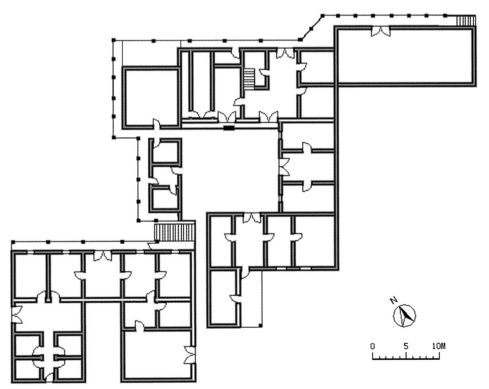

0   5   10M

图4　牛亚岭瑶寨民居平面图

少数民族民居·苗族石板屋

苗族石板屋是苗族人传统民居的典型样式之一，其建筑形制和风格结合湘西古朴遗风和湘西山区的文化特色，构图完整，规模小巧，适应了苗族独立居住的居住模式，展示了苗族的人文历史，是苗族文化的重要特征。

图1 苗族石板屋外观

1. 分布

苗族石板屋作为苗族传统民居的典型式样之一，在苗族聚居地均有分布，所处地域多为中亚热带季风湿润气候，具有明显的大陆性气候特征。包括贵州省、云南省、陕西西乡镇、湖南省西部等，其中以湖南省西部最为集中。

2. 形制

苗族石板屋一般由主屋和厢房两部分组成，厢房多与主屋成直角，呈"L"或是"U"字形平面的数量较少。除此之外还有附属屋，附属屋主要是灶屋、牛栏和猪栏、厕所等，与主屋并列，沿等高线独立设置。正房背山而建，尽量争取日照。房前一般有庭院，作晒谷坪，是晾晒谷物和室外活动的场所。

因此，苗族石板屋在条件允许的情况下经常做成场院的形式，有低矮的围墙围合，前面设一座小型门楼，称为"朝门"，院内是晒谷坪。朝门经常是和院内的主屋呈不同的朝向布置。作为附属用房的厢房虽是多层但其屋脊一般低于正房。二层一般用作未婚的家族成员的寝室或者客房。在一层外侧围护有砖石墙，形成封闭的空间，作为储藏室或是饲养家畜用。

3. 建造

湘西的湿润气候和地域环境，让湘西苗族在石板屋建筑材料的使用上，选择以石板砌筑的方式，突出了石材的物理特性及地域文化特性。石材的使用利于保护房屋不受雨水侵蚀，延长房屋的使用时间。另外，湘西森林覆盖率约占全州面积的35%，林木种类繁多，主要林木（如杉、松、柏等）遍布全境，也常作为修建石板屋的材料。

苗族石板屋主要使用一层，二层空间多用于堆放杂物或用作年轻人的寝室或客房。在这种情况下，结构中要减掉屋架中的一部分横梁和瓜柱形成可以往来通行的屋架内部空间。在这种情况下，苗族石板屋斜梁上面的檩子和斜梁下面的柱子、瓜柱之间不必一一对应，由此带来的灵活性，给结构中减掉瓜柱、横梁的构件形成二层上面的流通空间带来了很多的方便。这也是苗族石板屋的结构形式符合建筑使用功能的重要特点之一。

4. 装饰

苗族石板屋的装饰以雕刻颇有特点。主要分为木雕和石雕。木雕的原料是梨木、白杨木和黄杨木等。雕刻多用于石板屋的梁、栏杆、门窗等。日常用品（如椅、桌、凳）也饰以精美的雕饰。尤其是苗族的窗龛，有里外三层雕饰，玲珑剔透。石雕的原料多为青石，常用于建筑的岩门、柱础以及墓碑等。

5. 代表建筑

湘西凤凰县沱江镇苗族石板屋

湘西凤凰县沱江镇苗族石板屋是一个较为典型的苗族石板屋，由主屋和辅屋构成两面围合或三面围合的平面形式，筑以院墙形成独立的院落。院中可做谷物晾晒和家畜散养的场地。院门通常设置在院落的西南角（假设院落坐北朝南），若大门方向正对道路则采取向内凹进或稍微偏转的处理方式，使院落

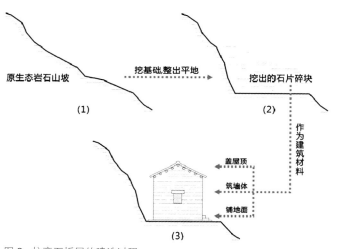

图2 拉毫石板屋的建造过程

图3 苗族石板屋院落外墙

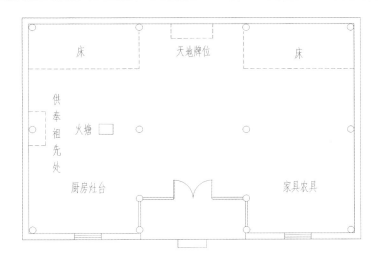

图 4　苗族石板屋平面布置图

图 7　湘西凤凰县拉毫营盘寨苗族石板屋

大门与道路形成一定的转角或退让。主屋的形式受汉族民居影响，形式为进深三间式。房屋面阔方向当中的一间外墙向内退进，安置主屋的大门，称为堂屋。堂屋右侧靠后墙处放置木床一张，以厚重的黑布蚊帐盖之。前端放置少量的家具和农具。左侧一间为厨房，前端砌有"三星一月亮"（"三星"指安放三口锅，"月亮"指灶台砌筑成弯月牙形）式的灶台，后半部安放一张床，同样盖以黑布蚊帐。中柱附近设置火塘，火塘之左墙柱下通常放置两只小酒杯，为供祖先之用。

图 5　苗族石板屋与其辅助用房

成因

苗族石板屋的形成与湘西的地理位置是密切相关的，苗族人民就地取材，充分利用石材的物理特性，逐渐演变成具有苗族独特地域文化特性的石板。

比较／演变

苗族石板屋与苗族土砖屋相比较，同是充分利用自然材料，差异在于石板屋的耐久性能要高于土砖屋。

图 6　湘西凤凰县沱江镇苗族石板屋

少数民族民居·苗族土砖屋

苗族土砖屋是苗族人传统民居的典型式样之一。其建筑形制一般由主屋和辅屋构成，两面围合或三面围合的平面形式，土地面积充裕的情况下，筑以院墙形成独立的院落。苗族土砖屋是湘西山地村落地区常见的民居形式，它展示了苗族的人文历史，是苗族文化的重要象征。其建筑风格具有民族风格及鲜明的地方特色，它受到了苗族人民生产生活、地方风俗和审美观念的制约。

图1 苗族土砖屋外观图

1. 分布

苗族土砖屋主要分布于苗族聚居地，所处地域多为亚热带季风湿润气候地区丘陵地带，包括湖南省西部、贵州省、云南省、陕西西乡镇等，其中以湖南西部最为集中。早的苗族土砖屋多位于山顶，是基于苗族先民预防异族侵扰的考虑。进入到现代文明之后，人们陆续搬离山顶而选择在山腰水源处附近建筑院落式吞口屋。这类型的民居由于更靠近水源和山麓，住宅的适用性和舒适性均有所提高。

2. 形制

苗族土砖屋总平面的布局方式与苗族石板屋类似。根据用地环境和家庭经济状况的不同，苗族土砖屋的规模有所差异，一般由主屋和辅屋构成两面围合或三面围合的平面形式，土地面积充裕的情况下，大多筑以院墙形成独立的院落。院落中可做谷物晾晒和家畜散养的场地。院门通常设置在院落的西南角（假设院落坐北朝南），若大门方向正对道路则采取向内凹进或稍微偏转的处理方式，使院落大门与道路形成一

定的转角或退让。

3. 建造

湘西的湿润气候和地域环境，让湘西苗族在土砖屋建筑材料和使用上，选择以土砖砌筑的方式，突出了土砖的物理特性及地域文化特性。土砖的使用利于房屋的保温隔热。"就地取材营建房屋"的原则贯彻于苗族土砖屋的创造行为中，尽可能地发挥了材料自身的特性。

苗族土砖屋一层空间为厅堂、厨房、长辈卧室等主要使用空间，二层为储藏

图2 湘西锦和镇苗族土砖屋

图3 苗族土砖屋

图6 苗族土砖屋外墙

室、晚辈卧室、客房等次要使用空间。将结构简化，去掉梁架中的部分构件来达到扩大空间的目的。

4. 装饰

苗族土砖屋外观装饰朴素，堂屋右侧靠后墙处放置木床一张，以厚重的黑布蚊帐盖之。前端放置少量的家具和农具。左侧一间为厨房，前端砌有"三星一月亮"（"三星"指安放三口锅，"月亮"指灶台砌筑成弯月牙形）式的灶台，后半部放置杂物，有时也安放一张床，同样盖以黑布蚊帐。中柱附近设置火塘，火塘之左墙柱下通常放置两只小酒杯，为供祖先之用。苗族土砖屋的装饰程度亦取决于苗民的物质条件。受汉族民居影响，苗族土砖屋通常也在屋脊处设置一排立瓦，与屋面长度一致，南方某些地方称其为"子孙瓦"，实质上是一种建材储备，为将来屋面瓦片受损需要替换而准备。苗族传统民居脊瓦两端做起翘，中间常用瓦片堆叠成铜钱

形状，象征财富和新生。除上述装饰部位外，有时人们也在山墙或院墙上绘制不同图案来乞求家宅平安。

苗族土砖屋的室内装饰风格具有苗家地方特色，装饰材料大多来自当地盛产的天然材料，房屋中的主要装饰部位在檐口、窗格、栏杆等易于塑造的木质材料部位。

5. 代表建筑

湘西锦和镇苗族土砖屋

湘西锦和镇苗族土砖屋是一个较典型、较完整的苗族土砖屋。中央堂屋一间设置大门，左右两间外墙设窗洞口，以增加屋内采光，室内空间上方用木楼板覆盖，楼板和屋顶之间隔出一个仓储空间，为了通风透气保持干燥，在阁楼的山墙一侧开洞口。辅屋为平地建造，主要用于饲养牲口，堆放杂物，灶屋和厕所。火塘供人们在家中取暖、做饭和进行人际交往、祭祀神灵。

成因

苗族土砖屋的形成与湘西的地理位置是密切相关的，苗族人民就地取材，充分利用到土砖的物理特性，逐渐演变成具有苗族独特的地域文化特性。苗族传统社会中的主要宗教信仰为自然崇拜和祖先崇拜，在民居中主要体现在火塘和中柱上。

比较 / 演变

苗族土砖屋与苗族石板屋相比较，同是充分利用自然材料，差异在于石板屋的耐久性能要高于土砖屋，更加耐受雨水侵蚀。

图4 苗族土砖屋

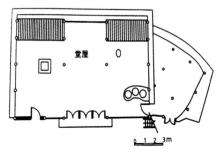

图5 苗族土砖屋平面布置图

少数民族民居·土家族主屋

主屋式民居是土家族模式最为固定的民居类型，它受到了汉族住宅中"一明两暗"式布局形式的影响，同时保留有土家族的民俗风情以及他们的生活状态。这种主屋有非常标准的程式化做法。面阔三开间，中央一间是堂屋，两边是卧室和厨房。这是土家族吸收其他民族文化而形成的新的文化形态的表现。

图1 土家族主屋式民居

1. 分布

主屋主要分布范围为湘、鄂、渝、黔比邻地区，包括湖南省的湘西州、怀化市及贵州省的黔东南州、铜仁以及重庆东南、湖北西南等交界的地区。这些地区多为苗、侗、土家族的历史聚居地。进入明清后，汉人才渐渐开始大量的迁入。

2. 形制

土家族主屋有非常固定化、程式化的做法。它受到汉人"一明两暗"式布局形式的影响。民居面阔三开间，都是以堂屋为中心来组织空间。中央是堂屋，两边是卧室和厨房。但与汉族和其他少数民族的堂屋不同的是，土家族民居的堂屋，大部分情况下是不做墙壁门窗的，直接朝外开敞。但也有一些做墙壁门窗的，在这种情况下，大门是装饰的重点，常做出非常漂亮的木雕花格。

主屋式民居的基型是根据主屋的进深来定。当主屋进深小的时候，堂屋后面就没有房间。若主屋进深较大，则堂屋后面有一个房间，有时用作卧室，有时用作储藏室。而堂屋两边的房间一般都分为前后两间，前面的一间设有一个火塘，作为日常起居、取暖、做饭、吃

饭的场所。火塘屋后面是一间卧室，室内一般只有一张床铺、一个衣柜，陈设简单。堂屋两旁的房间是对称的，前面是火塘屋，后面是卧室，构成一个套房。

堂屋是全家共有的空间，平时一般是当起居室用，家人休息、叙谈、喝茶、接待客人都在这里。另外有些简单的家内劳作也是在堂屋中进行。家庭中的重要仪式如结婚、祭祀祖宗、丧葬等也在堂屋中进行。堂屋正面的墙上设有供奉祖先牌位的神龛，神龛下面靠墙摆放八仙桌。

3. 建造

主屋式民居的总体结构是木制外墙，以青瓦片做顶。民居的结构都采用穿斗式木架形式，这种形式被称为"满瓜满枋"。这种土家族特有的形式要求每一根瓜柱都延伸到最底下的一根枋上，每一根枋都通贯两端。这种穿斗式构架是极为严谨、整体性极强，极具规律性的结构方式。按照建筑本身进深大小，构架中的柱、瓜柱和穿枋呈现出的明显规律，常见的有三柱四瓜、三柱六瓜、五柱四瓜、五柱八瓜等。尤为特殊的是构架最下面的两根枋，即檐口的挑枋，端头大并且往上翘，出挑深远，这种做法是中国传统的木构建筑中所独有

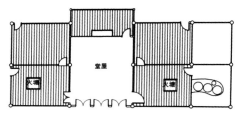

图2 主屋式民居平面构成

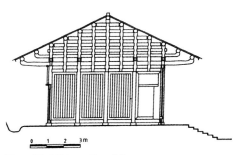

图3 民居构架"满瓜满枋"

图4 树木花卉环绕民居

三柱四瓜

三柱六瓜

五柱四瓜

五柱八瓜

图5 构架的组合规则

图6　堂屋雕花大门

的。土家人利用树木的自然生长形式，创造出这种独特的构件。同时，土家族人认为这是建筑结构上悬臂出挑最好的形式。这种独特的结构形式，使得土家族出挑的深远度是一般民居的两倍。这种做法是为了满足防晒、防雨的需要，又在檐口之下做斜坡状的顶板，在檐口处露出挑枋头，这便形成了土家族主屋式民居特有的建筑式样。

4. 装饰

　　土家族主屋式民居外围均是木墙包围，以小青瓦片砌成屋顶，用于防雨、防晒，因而外墙极少装饰，只是窗户会做成花格窗，当堂屋不是敞开的情况下，会重点装饰大门，常做出非常漂亮的木雕花格。同时土家族也重视居住的环境，会在自家周围装饰一些树木花卉，使得民居建筑隐于树林之中，成为土家族村寨的特殊风景。

5. 代表建筑

张家界永定区王家坪镇郑光华宅

　　郑光华宅高5.8m，坐北朝南，中间是堂屋，两旁是火塘屋与卧室。堂屋既是家庭劳作、休息、婚丧嫁娶、宴请宾客的场所，又是人神相通的场所。复合多用的实际功能是堂屋的主要特征。同时，土家族一直沿用火塘做饭的习惯，火塘间与堂屋的关系最为密切。

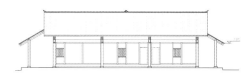

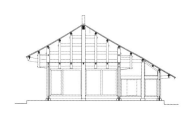

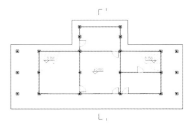

图7　郑光华民宅平面、立面、剖面图

图8　主屋正堂

成因

　　"主屋"的形成有其特定的地域、风俗、信仰以及历史背景。第一、各种民族文化交流与碰撞。现存的主屋式民居是受到汉族"一明两暗"式平面布局的影响，它是在"一明两暗"的基础上发展而来。第二、土家族民风淳朴，风化清平，民居不必考虑到防御的需要，因此，汉族的堂屋在土家族中便没有了门墙壁窗，它直接衍化成对外敞开的空间。第三、土家族的民族信仰中，祭祖、求神是两项重要的内容，因此堂屋就自然而然成为人与神、人与祖宗交流、对话的媒介。堂屋对外敞开，沟通了室内外空间，联络祖宗神明，这样的一种信仰给堂屋赋予了新的涵义，并使得主屋这种形式成为土家族世代最固定的民居形式。第四、土家族居住地域的气候影响。主屋结构是为了适应南方山区炎热多雨的气候，同时也是为了满足防晒、防雨的需要，这就形成了土家族特有的主屋结构。

比较 / 演变

　　主屋与吊脚楼等其他传统民居相比，其安全性高，功能复合齐全，是最常见的家人团聚、邻里交流的民居类型，城镇、乡村均有分布，尤以农村居多。

　　主屋的形制起源于汉族，它受汉族民居形式的影响。土家族人在吸收其他民族建筑文化的同时，结合本土民俗与信仰，形成自己特有的、程式化的主屋式民居。

少数民族民居·土家族吊脚楼

吊脚楼，湘西民族建筑的代名词，是湘西民居的精华所在。吊脚楼因为有别具一格的造型而产生了独特的魅力。它既体现湘西民族建筑的清新秀美和大方，又反映出民居形式中的古朴粗犷及其原始的野性。吊脚楼这一形式，很好地反映了湘西民族建筑空间构图上的自由灵活和浪漫情趣。

图1 土家族吊脚楼

1. 分布

吊脚楼也叫吊楼子，是中国的苗族、壮族、布依族、侗族、水族、土家族等居住在南方山区的少数民族的传统民居，多见于湘西、鄂西、四川、重庆、贵州等地区。土家族吊脚楼随土家族聚集地分布而分布，主要位于湖南湘西一带。

2. 形制

土家族吊脚楼多依山就势而建。正屋建在实地上，厢房除一边靠在实地和正房相连，其余三边皆悬空，靠柱子支撑。土家族吊脚楼多数为二层，局部三层。下层不作正式房间，常用作畜栏、贮藏室。第二层是饮食起居的地方，内设卧室，外人一般都不入内。第三层透风干燥，十分宽敞，除作居室外，还隔出小间用作储粮和存物。从土家族吊脚楼与主体的结合方式看，有单吊式、双吊式、四合水式、二屋吊式四种形式。一般人家房屋规模为一栋4排扇3间屋或6排扇5间屋，中等人家为5柱2骑、5柱4骑，大户人家则为7柱4骑、四合天井大院。

土家族吊脚楼以"左青龙，右白虎"为中间堂屋，是祭祖先、迎宾客和办理婚丧事用的。左右两边称为饶间，作居住、做饭之用。饶间以中柱为界分为两半，前面作火炕，后面作卧室。吊脚楼上有绕楼的曲廊，曲廊还配有栏杆。"前朱雀，后玄武"为最佳屋场，后来讲究朝向，或坐西向东，或坐东向西。

3. 建造

土家族吊脚楼大都为五柱六挂或五柱八挂的穿斗式木结构，上层宽大、下层依地形变化，占地并不一定呈规则形状。上层制作工艺复杂、做工精细考究、屋顶歇山起翘，有雕花栏杆及门窗。水平腰檐之下，设带形窗，阳光下形成强烈的水平线条。吊脚楼下部由杉木支撑，大小不一，排列不整，甚至东倒西歪。院后多有竹篁，一般以青石板铺路，刨木板装屋，松明照亮。土家族吊脚楼在"立屋竖柱"时，主人要先选择黄道吉日，请众乡邻帮忙，上梁前还要祭梁。

4. 装饰

土家族吊脚楼房外一般装饰都比较简单朴素，室内只有在柱梁画上八卦、太极、荷花莲籽等图案。富裕人家一般还会在屋顶上装饰向天飞檐，在廊洞下雕龙画凤。

5. 代表建筑

1）利比洞涂宅吊脚楼

由于道路与地形所限，利比洞涂宅吊脚楼与主体部分呈约130°角相交。斜向组合的构造方式是很随意的，屋面

图2 吊脚楼全景

图3 土家族吊脚楼

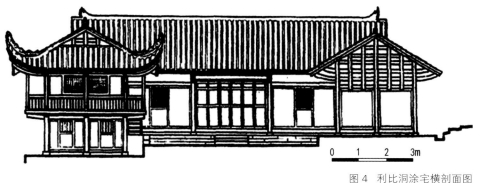

图4　利比洞涂宅横剖面图

的交接与屋架的过渡无一定法式,然而这却形成了灵活的体变化。形体与地形的巧妙结合,带来了更多的实用空间。该宅是土家族村宅,是湘西最具特色的吊脚楼之一。涂宅正房五间,两侧根据地形高差分别建单层厢房和两层吊脚楼,吊脚楼三面设廊,供休息、观景和晾晒衣服之用。

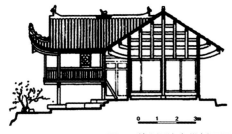

图5　利比洞涂宅纵剖面图

2)江水娇私宅

　　该房屋为木结构的吊脚楼,坐西南朝东北。外墙均为木板涂油屋顶,小青瓦屋面,檐口翘角。功能布局上有一个厨房、一个火房(兼客厅)、四个卧室、一个阳台(兼过道晒衣处)。房屋装修十分简单朴素,维护结构外层涂刷桐油,而室内维护结构未涂刷桐油。土家人注重入户台阶和神台的装饰,江水娇私宅入户台阶也十分讲究,用青石凿剁而成,神台用红木镂空雕花。

成因

1.环境影响

　　因为湘西地区属山地地形,地表潮湿且多雨。湘西少数民族先民由于经常受害于洪水、野兽、虫蛇,居住方式由洞穴进入森林,由地面改为树上,构木架巢,由此开始了巢居生活。随着时间的流逝,巢居形式进化为树叉屋。土家人在这样的居住环境影响下,形成了湘西土家吊脚楼独特的建筑风格。又因土家人居住在山林地带,周围多山地和树木,因而决定了土家吊脚楼依山而建的特殊房屋选址,同时也决定了吊脚楼建筑用材为木料。

2.生活习俗的影响

　　土家人民审美观古朴、自然,崇尚大自然的万物,这形成了土家吊脚楼天人合一的设计理念,其礼仪规范影响到了土家吊脚楼建筑的空间布局等。

比较／演变

　　土家族吊脚楼的特点是正屋建在实地上,厢房除一边靠在实地和正房相连,其余三边皆悬空,靠柱子支撑。吊脚楼有很多好处,高悬地面既通风干燥,又能防毒蛇、野兽,楼板下还可放杂物。

　　吊脚楼源于古代的干栏式建筑,距今已有四千多年的历史。土家族吊脚楼多为木质结构,早先土司王严禁土民盖瓦,只许用益杉皮、茅草。一直到清代雍正十三年(公元1735年)"改土归流"后才兴盖瓦。吊脚楼经过长期的发展演变,至今形成了两种风格,外观上形式相差很大,一种是清新雅致,一种是古朴粗犷。

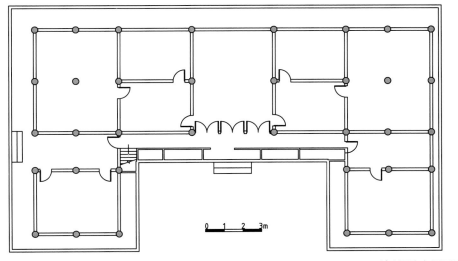

图6　利比洞涂宅平面图

少数民族民居·土家族冲天楼

湘西地处南方多雨区，冲天楼是湘西对住宅排水的一个新颖设计。所谓"冲天楼"，即是在两进建筑之间的天井上部升起一个小屋顶，像阁楼一样。在很多地方，也将冲天楼叫做"抱厅"，与天井不同的是在其上覆有屋面，形成的院落空间又具有了室内厅堂的优点，所以其特点可以概括为院厅合一。

图1 冲天楼内部

1. 分布

土家族冲天楼主要分布在湖南省湘西土家族苗族自治州龙山县苗儿滩镇树比村一带。

2. 形制

冲天楼房基前低后高，房身前高后低，有前后两个堂屋，左右两个分区。左右侧、后部配有若干厢房、磨角（龙眼）、拖步。面阔七柱六间，左右后堂屋正上方屋顶为两层冲天楼子，冲天楼有两个凸出天厅的冲天楼子，高10m余，为三重檐飞檐翘角结构。冲天楼子为穿梁结构，每重底座由四根枕木结构为"口"形，"口"中由"※"连接为十字架梁，由四十八柱、枋、挑穿梁构架而成。其中柱（拱）、枋、挑各十六。冲天楼天厅内侧吞水面约400m²，雨季排水靠冲天楼子和天井屋檐的"⊙"楼槽排向左右偏房瓦面。排水系统采用了八卦构造。冲天楼子除了

增添冲天楼的气势和壮观外，透光纳凉、吸气排浊是它的主要功能。

3. 建造

冲天楼建筑结构复杂，按前堂后厅的规制建造。前屋为堂屋，五柱八棋；后屋为厅堂，四柱八棋；正屋后为拖步，左右侧为偏刹；拖步与偏刹连接处为磨角，又叫龙眼；正屋左右配有转角楼；大小房间40余间。冲天楼面阔七柱六间，进深正屋四间，拖步两间；分左右两区，天厅平整；地基前低后高，前堂与后厅由青石台阶相连。前堂后厅设有神龛，上供家先牌位，神龛上挂匾额。后厅天厅为冲天楼子。

冲天楼的工艺十分复杂，它不但包括了转角楼、四水屋、窨子屋等土家所有合体建筑工艺，还包括了土家N柱N棋的民居结构形式。包括选材、刨料、画墨、凿眼、清枋、号字、排扇、起扇、砍梁、上梁、钉椽皮、上瓦、装屋、安

图2 冲天楼远景

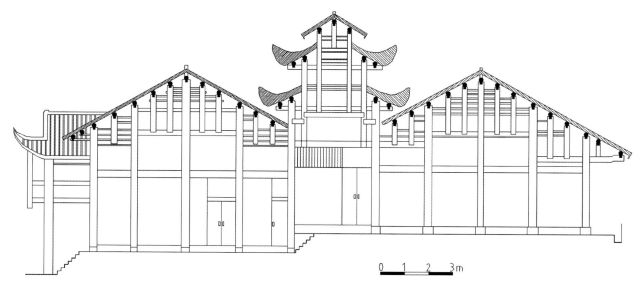

图3 树比土家冲天楼

图4 冲天楼剖面图

0 1 2 3m

图 5　冲天楼全景

廊方、安岩板等程序。木构件众多，工程浩大。冲天楼附属构件瓦作、磉磴岩、廊方、青石板的制作安装规模空前，数量众多。除此之外还有请师傅、敬神、上梁等仪式以及仪式口诀和仪式歌等营造习俗。

4. 信仰习俗

　　土家人重风水因果，把寨和屋的枯荣与风水联在一起。树比背依绵延的群山，前有拱手作鞠的山峦，左右群山拱卫，前面河溪蜿蜒，这种形势被土家人视为风水宝地。而树比古村背倚血的豹（山名），前望比寨界，左承喜恋寨（山名），右靠多且山；前由靛房河、桑泽沟、庙沟环绕，呈山环水抱、山峦拱卫之势，这是土家人选择宅基地的传统理念。冲天楼坐南朝北，正面打着比寨界口，正屋打着"垭"，且"垭"后有"山"（案山）。照风水的说法，理想的宅基地要"龙"、"穴"、"砂""水"俱全。从冲天楼宅基地选择和周围山水形胜的布局来看，冲天楼正坐在"山水交融，阴阳融凝"的"穴位"上，与"龙"、"砂"、"水"自然形胜共同成就了冲天楼的风水概念。这个概念让冲天楼四季沐浴在阳光中，让楼中人视野开阔，心情舒畅。

5. 代表建筑

冲天楼

　　黎代华这样描述冲天楼："在自然界里有许多"独一无二"，人世间也包揽了所有的"绝无仅有"。湖南湘西龙山县的树比冲天楼，就是这样的一个事物，它包揽了这些人们向往的字眼。"

　　树比土家冲天楼由正屋、石阶缘、岩平坝、排水沟四部分构成，占地10余亩（约 6667m²）。由于俊美的外观形象和复杂的建筑工艺以及所包含的土家建筑形制因而被建筑、文物、民俗专家称为经典的土家建筑范本和"活化石"。树比冲天楼可以算出它的长、宽、高。土家木匠黎代明说，土家民居柱高、柱距、枋距、棋距的尺码是约定俗成的。如民居棋与棋或柱之间每棋间距2尺5寸（0.83m），即进深一步2尺5寸（0.83m）；枋与枋之间每枋间距1尺3寸（0.43m），即高一步1尺3寸（0.43m）；四柱、三柱、五柱之屋在土家民间最为常见。棋的多少因柱的多少而定。其中四柱八棋之屋最为普遍，三柱六棋次之，五柱八棋再次之。

　　冲天楼建修于清康熙年间，到如今传了十五代，已有了374年的历史，是土家建筑工艺的"活化石"。

　　"靛房河流的油，树碧有座冲天楼"，在河运时代，土家纤夫在太阳河就这样昂扬的传唱着。"四川有座峨眉山，离天只有三尺三。树碧有座冲天楼，一只角伸到天里头"，在土家的古谚里，冲天楼比峨眉山至少高"三尺三（1m）"。2011年，树比冲天楼荣登湖南省文物保护单位榜单。

成因

　　冲天楼的形成有其特定的自然原因和历史特点。

　　自然原因：湘西地处南方多雨区，冲天楼是湘西对住宅排水的一个新颖设计。天井本来应该是露天的，主要用于采光通风，然而在南方有的地方在天井上方再盖上一个屋顶，同时将屋顶升高，四面不做墙壁窗户，保持了它原有的采光通风作用，而又使雨不能下到天井中。

　　历史原因：根据经济学规律，一栋楼、一个古村都对应着一个经济形态，都包含着一个家族的兴衰。比如树比古村冲天楼，得益于古村强势的传统农业。正因为这个基础，才有了冲天楼几百年的传奇。

比较 / 演变

　　冲天楼与土家其他类型住宅相比，通风采光、排水机制要更良好，也符合土家人重风水因果选择阴阳宅基地的传统理念，是土家建筑工艺的活化石。

少数民族民居·北侗火铺屋

北侗主要分布在新晃、芷江，侗族是中国南方甚至是整个中国少数民族中极具建筑感的民族之一。

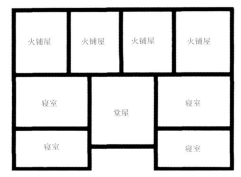

图1 北侗民居户型示意图

1. 分布

侗族在湖南主要分布在湘西怀化的通道、靖州和新晃、芷江等地。湘西侗族被分为"南侗"和"北侗"，通道、靖州的侗族称"南侗"，新晃、芷江地区的侗族被称为"北侗"。侗族主要分布在湘西的山区，所处气候环境十分恶劣，因而湘西侗族传统民居大多是依山而建，傍水而筑，以山水为本，形成美丽的村寨。侗族建筑多为穿斗式的干栏式建筑，上下架空以防潮、防虫、防晒、隔热，并在房间内设置火铺以度过寒冷的冬季。民居庄重淡雅，体现了侗族人民的淳朴和善良。

2. 形制

北侗民居采用穿斗式全木结构，一般为两层，主要功能用房包括堂屋、卧室、火铺屋、厨房等，主要集中布置在一层。二层就像南侗民居的三层空间一样，作为杂物间等附属用房，没有墙壁围炉。北侗民居在形态和功能布局上有其独特之处，其中最具特征的构成部分是火铺。"火铺"又叫"火床"，是架于地面之上的一个木板台面，中间有一个火塘。火塘离地高50cm左右，两边靠墙，另外两边由火墙的构架和小柱子支撑架空，下面堆放柴草杂物。它集聚厨房、餐厅、温室等功能。北侗民居平面布置多是以堂屋为中心，两侧布置卧室，沿进深方向火铺屋与堂屋集中布置，因火铺屋和堂屋的尺寸要求都很大，所以北侗民居平面往纵深发展，进深大。新晃侗族民居的平面形式中最重要的特

图3 湘西北侗民居火铺布局图

图2 湘西北侗民居建筑材料

图4 火铺屋中的火

图5 北侗火铺屋内景

图6 某侗族村落

征之一是进深大。这其中决定性的因素有二，一是火铺屋，一是堂屋。

3. 建造

湘西的湿润气候与地域环境，让湘西侗族在传统民居建筑材料的使用上，选择以石材与杉木相结合方式，突出了杉木的物理特性及地域文化特性。

民居在建筑材料的使用上，具有明显的地域特色。侗族传统的建筑材料有杉木、松子、竹子、茅草或土砖、土瓦、石灰等。建筑底部用石材堆砌形成基座，基座深入地基中，石材基座利于保护上层木质的房屋不受雨水的侵蚀，延长房屋的寿命。

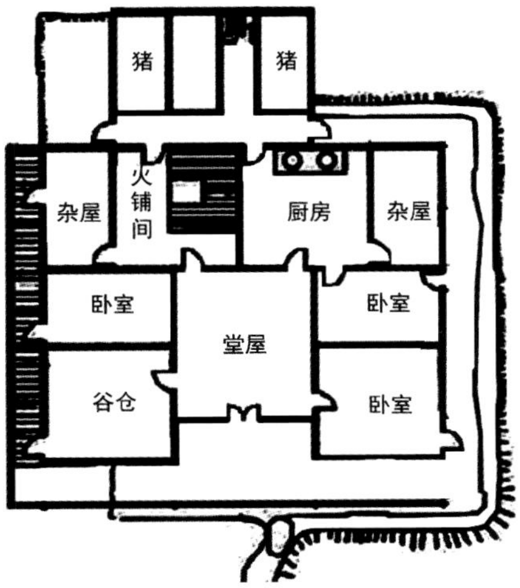

4. 代表建筑

梁系解住宅

梁系解住宅位于湘西新晃县中寨镇大寨村，其平面和构架形式都是典型的"北侗"民居。梁系解住居为全木结构，穿斗式构架，木板墙壁。建筑为两层，二楼设有墙壁围护，是杂物间，真正有用途的房间主要集中在一层。

成因

湘西侗族居住在夏季炎热冬季严寒的地区，为了适应恶劣的气候环境，湘西侗族创造了火铺，主要用于冬季烤火做饭，夏天则是在厨房做饭，拿到火铺上来吃。火铺是"北侗"中最具特征的构成部分，也是北侗人民特殊生活方式的载体，无论是吃饭、烤火，还是日常的聊天、会客，这些行为都发生在火铺屋。

比较 / 演变

湘西南侗和北侗民居存在很大的差异。南侗民居整体布局简洁，一般有三层，为了防潮防虫，底层架空，可用作储藏杂物、畜棚等。北侗民居采用穿斗式全木结构，一般为两层，主要功能用房包括堂屋、卧室、火铺屋、厨房等，主要集中布置在一层。

图7 湘西北侗民居平面图

图8 湘西北侗民居剖面图

少数民族民居·窨子屋

图1 鸟瞰窨子屋

"窨子屋"中"窨"字解释为"地下室，地窖"，又有"窨藏"之意，因房屋四面竖起的封闭、高大的风火墙，屋面均向内放坡，中间为天井，俯瞰就如同地坑、井窖一般，故得其名。"窨子屋"其建筑形制和风格继承了湘赣传统天井式民居的特点，并结合沅水流域的自然地理环境及历史人文特点而创造的适宜于当地的传统建筑形式。

1. 分布

窨子屋主要分布范围为沅江流域，包括湖南省的湘西州、怀化市及贵州省的黔东南州、铜仁以及重庆东南、湖北西南等交界的地区。这些地区多为苗、侗、土家族的历史聚居地，明清后，汉人沿沅水主要的主干及支流大量迁入。

2. 形制

窨子屋形似四合院或三合天井。多为两进两层，也有两进三层或三进三层的，三层上间有天桥连通。

窨子屋的基型有四合式中庭型、三合天井型和四合天井型。窨子屋平面组合基本是以上述基型为单元，以串联、并联和混合的方式来组合。但在沅水流域仍以三合天井型布局较为常见，以二进、三进的平面组合方式为主。四合

天井型是将三合院的围墙做成门廊（门厅），一些宅院还设有槕门，将其分成前后两个部分，有的侧向还开有小门供平时出入，只有重大节庆或贵客来时才将中间的槕门全部打开。这样可以避免平日里从大门一眼看穿上房的堂厅。

窨子屋为大宅院，一般为有财力、有地位的商绅、士绅所建，按使用功能可分为住宅、商铺（钱庄）、会馆、书院等几大类，实际上在具体使用过程中，很多功能是复合的，并不单一。如临街的商铺，有前店后宅、下店上宅，或上和后都是宅；有些商铺也兼有仓储和生产的功能。

3. 建造

窨子屋的总体结构是外墙高耸绕，内部大都采用穿斗式木架形式，屋顶从

四围成比例地向内中心低斜，小方形天井可吸纳阳光和空气。沅江流域的窨子屋在建造上有其共同特点：

1）高耸的风火墙，除临街面外，屋檐均向内出挑；2）外墙，特别是侧墙较为封闭，且完整平直少有门窗；3）平面型制类同。

其基本方式为：片石砌1m左右基脚，用厚青砖砌置顶，覆以黑瓦，檐边粉白，绘花鸟山水人物，檐牙高翘。

4. 装饰

"窨子屋"外围均是高墙包围，以青砖砌成，用于防火防盗，因而外墙极少装饰，只有部分墙头拥有简洁的彩绘。内部门窗装饰则样式诸多，一般由简入繁，由粗变细。窨子屋的门窗多有雕花画梁，其门楣、槕柱、照壁时期、窗格、

图2 晒楼

图4 封闭式天井

图3 开敞式天井

图5 半开敞式天井

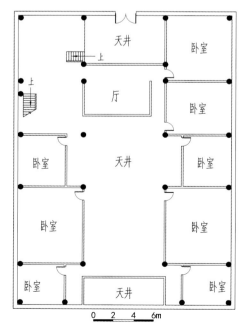

图6 刘同庆油号平面图

图 7　构件装饰

图 8　陈荣信商行

图 9　刘同庆油号

家具均饰有龙游凤翔、云纹动物图案。大多"窨子屋"楼进门通道都用条块的青石板镶嵌，如今洪江巷中仍然随处可见雕有精美的鱼龙花鸟图案或刻有名家书法诗词的青石水缸，古城人称之为"太平缸"，用于储水防火，或养鱼观赏。

5. 代表建筑

1）陈荣信商行

陈荣信商行位于洪江古商城塘冲1号，始建于清道光二年（1822年）。商行主体建造系单檐木质穿斗式结构，共两进两层，面阔三间一楼为经商、居家之用，二楼为货物仓储；明间面阔两间，一进较深，二进置中堂壁。正屋横排居中，东、西为配房，两侧厢房连接，构成平面为并列二进式的布局，组成两个天井院落。东西头配房为单坡顶，面阔设置与正屋相同，进深均为 3.9m，底层辟成住房，二楼平面呈八字形回廊，楼枕木方排列密集，与楼上用作货物仓储承重有关，整个房屋高大宽敞，布局合理适用。

2）刘同庆油号

新晃龙溪口刘同庆油号建于1875年，是洪江刘同庆油号在该地设的分庄。建筑面朝东南，为三进窨子屋，第一进天井低于建筑平面约2m，取消一侧厢房设台阶而上，厅由木板隔开，两侧设有过道，主要为对外功能；第二进天井与建筑平面齐平，是主要生活区；第三进天井紧临后墙，略低于建筑平面，厨房、厕所等功能布置在此处。三座天井均为旱天井，天井上屋盖铺有明瓦用于增强采光。二层于楼梯对面一侧设有房间，与一楼相同，其余为开敞大空间，主要为储存桐油的功能。一层较高大，约为 5.4m，二层约为 3.5m。整栋建筑由高墙围合，只在二楼开了少量的小窗。

成因

窨子屋的形成有其特定的地域和历史背景。一、商品经济发展的需要。现存的窨子屋是明清以后的遗物，又以清末民国初期的存世最多。在明清资本主义萌芽时期，需要大批的商务用房服务于物流商业，窨子屋便在此时脱颖而出。二、防匪的需要。由于该流域特殊的地理位置以及复杂的汉族、少数民族矛盾冲突，富户商贾们居安思危、高墙坚壁、花大价钱看家护院，增强安全防范使得窨子屋围墙高大坚固且封闭，彼此毗邻簇建，坚壁自守又相互依托。三、受地形的影响。湘西地区为山区，用地紧张且地势起伏大，因此导致窨子屋的分布不规整，楼层差别较大。

比较 / 演变

窨子屋与沅水流域的吊脚楼等其他传统民居相比，其安全性高，防御能力强，功能复合齐全，但其价高，一般要有财力、有地位的人才能建造。建筑数量相对较少。

窨子屋始建于一千多年前，出自侗族人民手中，但随着历史上的几次汉人大迁移，特别是明清以来大规模的戍边、屯边和改土归流运动，使一些主要城镇，尤其是商贸发达、流转较为频繁的城镇，出现汉人及汉文化成为当地人口和文化的主体的情况，其住居及各类社会活动带有汉文化的烙印。窨子屋随着这些人口迁徙变化而变化着。直至形成当今保留的这个形态，成为有地域特色的民居，逐渐成为当地特色旅游资源。

广东民居

GUANGDONG MINJU

广府民居·排屋

排屋，包括单栋式青砖民居，是广府地区不带院落的基本民居形式。排屋一般情况下多为一层，都十分简陋，少有装饰。排屋式民居有的在乡村以梳式布局的聚集形式出现，有的则在城镇或乡村中以散点形式出现。

图 1　高要市槎塘村内民居

1. 分布

排屋主要分布于粤中及粤西农村地区。

2. 形制

排屋的布局形制十分简单，为了满足使用需要多数都有夹层。排屋的布局主要有两种。

第一种是单栋式青砖排屋，这种排屋为一户人所使用，根据厨房的设置，又分为两种形制：一种是厨房不在屋内，另外单独设置，排屋内仅有厅和房的功能，最简易的甚至厅和房合并使用；另一种是有二到三个开间，厨房设置于厅和房的一侧。

第二种是联排排屋，这种为多户分别占用多个开间，联排的排屋有的厨房与厅、房不相通，各自设有独立入口，有的则在房间内部将厨房与厅、房相联通。

3. 建造

最为简陋的排屋采用土坯墙，也有部分采用砖木结构。排屋的基础多用块石基础，常见基础用石有麻石、花岗石、红砂石等，以当地容易取材为准，石质要求坚硬即可。外墙材料及做法因地而异，常见的有土坯墙、青砖墙、石墙。室内地坪有灰土地坪、四合土地坪、大阶砖地坪，也有用砖铺砌者。排屋的山墙砌筑多用悬山和硬山两种，土坯墙多采用悬山，避免雨水直接冲刷墙面，砖墙既有采用悬山形式，也有采用直接砌筑至顶的硬山形式。排屋多以墙体承重屋面木檩条的重量，被称为"山墙搁檩"，木檩条上铺椽子，椽子上铺瓦，以小青瓦互扣，不用瓦筒，也不用灰浆固定。

4. 装饰

排屋民居十分简陋，鲜有装饰。

5. 代表建筑

1）高要市回龙镇槎塘村排屋建筑群

位于高要市回龙镇北面的香炉岗东北麓的槎塘村，槎塘村始建于清光绪二十二年（1896 年），由高要市回龙镇黎槎村村民搬迁于此，有苏氏、蔡氏家族村民居于此地。村落后有山坡风水林，前有半月形池塘，三面低山环抱，一面临水，被誉为"十字明间耙齿巷，百年岁月槎塘村"。槎塘村由横平竖直均为单层的排屋群体组成，排屋建筑群沿着山坡，根据地形分成十个约 9m 宽的大台阶，每个台阶建一行房屋，形成横巷。纵向又分成七个巷道，形成一个个小方体。每一条巷道都有严格的宽度，房屋

图 2　高要市回龙镇槎塘村内巷

图 3　高要市黎槎村落外围建筑

图 4　高要市黎槎村内民居

图 5　高要市槎塘村全景图

图 8　高要市槎塘村内民居

一间连着一间，以五间或七间相连的屋为 1 组，每组之间有约 2m 宽的横直巷道相隔，横排 8 列，每列 10 组，全村 80 组，整齐有序地排列在香炉岗的缓坡上，房屋高度、长度、宽度一致，统一采用青砖砌筑，形成巷道、房屋间隔井井有条的梳式布局。槎塘村第一排房屋的门口均向内开，这样对外形成一堵坚固的围墙，进出村只能从首排的"仁义里"门楼通过，起到防御盗贼劫匪的作用。

2）肇庆市高要黎槎村排屋建筑群

黎槎村位于肇庆高要市西南部的回龙镇，是著名的"八卦村"，八卦布局蕴含着乡土文化，且具有防盗拒险的实用功能。黎槎村建在如凤凰形状名叫凤岗的小山岗上，围绕着山岗呈圆形分布，村中主巷道的放射点是一块鸿运石，巷道都是由小石块或鹅卵石砌成的，一共有 15 条主巷道，主巷道由岗顶向四周呈放射形分布，似八卦图像，其中横巷 84 条，纵横交错的巷道多达 99 条。村内除祠堂以外的其他建筑基本都为排屋民居，最外一圈约有 90 间排屋，门都往里开，每进一圈排屋数递减。若从高处鸟瞰这个小村，但见村道排屋排排相环，环环相扣。在村子的周围是圆形的池塘和环村大道，其长约 2km，大道上保留了 10 座古朴典雅的门楼，每一座门楼代表一个坊，也就是代表着一个家族，因此得名"九里一坊"。村内的排屋居民大多为砖木结构，由青砖、花岗岩、杉木、瓦片、瓦筒、石灰、沙等建造而成。村民都信奉建屋不能高过祖堂，不然就会不吉利，故所有房屋都是官民一致，一律平等。

图 9　排屋民居

成因

排屋民居是最为基础、简陋的民居形式。在一些村落的规划中，排屋以齐整的方式来布局，体现了广府地区乡土社会中均等共生的思想。

比较／演变

排屋是最为简陋的形式，建于各个时代。由于生活条件提高、经济进步等原因，居住在现存的排屋中的人已经非常少，当代的排屋多数已空置，主要作为储藏的房间或者饲养猪或鸡的圈舍。

图 6　高要市黎槎村内民居

图 7　高要市黎槎村内民居

广府民居·竹筒屋

竹筒屋是广府民居的基本形式之一，为单开间民居，较为简陋和狭窄，有的地区也称为"直头屋"。由于面宽较窄，而深视地形长短而定，平面布局犹如一节节的竹子，故称之为"竹筒屋"。竹筒屋的通风、采光、给水、排水、交通都依靠天井、厅堂和廊道自行解决。

图1 广州西关竹筒屋民居

1. 分布

竹筒屋式楼房住宅在粤中、粤西地区很普遍，在乡村和城镇中都有使用。在广州的西关地区尤为集中。

2. 形制

竹筒屋为普通居民所住，农村单层居多，局部设二层，城镇建有楼房。它的面宽常为4m左右，而进深通常短则7～8m，长则12～20m。

单层的竹筒屋平面主要有三种形式：第一种是厨房和厅房布置在天井的两端，即平面呈厨房—天井—厅—卧房的形式（图2），这种民居的优点是厅、房与厨房既连接又分开，使用方便，同时能保证厅、房室内干燥且卫生；第二种是先到厅，再由厅、房到厨房，也可以经天井到厨房，平面呈厅—房—（天井）—厨房形式，即厨房布置在后面，这种民居的方位大多是南向，厨房在前对厅、房都不利，故厨房设在屋后，但这导致厨房的卫生欠佳；第三

种是由厅到房，厨房单独设在屋外（图3），这种布置方式可避免堆积的柴草被点燃使厨房失火，甚至影响全屋全村。

综合上述三种竹筒屋民居形式，在农村中以第一种与第三种形式较多采用，而城镇中则较多采用第二种形式。

楼房式的竹筒屋，其规模有大有小，房屋高度有两层者，也有三层者，其形式有区别变化，则在于楼梯位置的安排不同。一般楼梯都放在后面（图4），但有的则在厅内安置楼梯，进入大厅后可直接登梯上二楼，也有的住宅分层分户使用。

3. 建造

竹筒屋多数采用砖木混合结构，所采用的材料、结构、构造与排屋基本相同。

4. 装饰

竹筒屋整体较为朴素，少有装饰。

竹筒屋的大门一般由三道门构成：第一道是栅门，像两窗扇，主要功能是挡住外面路人的视线，这道门比较轻巧，方便开关，上面多有一定的木雕装饰；第三道门是真正的实心大门，一般敞开通风采光；第二道门是最具特色的趟栊门，中间横着十几根直径约10cm粗的大圆木。岭南地区天气炎热潮湿，广府民居讲究通风透气，趟栊门的使用既能

图3 龙溪新街7号民居

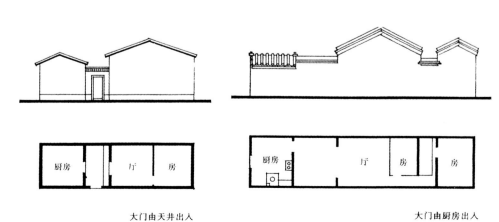

大门由天井出入　　　　　大门由厨房出入

图2 厨房在前的简单竹筒屋

图4 逢源北横街9～17单号民居

粤中地区人多地少，地价昂贵，尤其城镇居民住宅用地只能向纵深发展。

比较 / 演变

竹筒屋多数建于清代。当代由于生活条件提高、经济进步等原因，居住在竹筒屋中的人已渐渐减少。

竹筒屋演变成明字屋、多层联排式民居、骑楼式民居。单层的竹筒屋民居，如果家庭人口较多，则可再建一单开间并联，这时天井可加开一横门，并堵塞另一开间的大门，发展成为明字屋。此外，并联式的竹筒屋也可以向纵深发展，以天井与卧房或廊道与卧房为一组成单元，做成楼房形成多层联排式民居，这在城镇中较多见采用。城镇中的楼房式竹筒屋，底层做成骑楼商铺，楼上住家，则发展成为骑楼民居。

图 5　广州西关竹筒屋外观

够达到通风、采光的效果，又能够起到防盗的作用。

5. 代表建筑

龙溪新街 7 号民居

龙溪新街7号民居位于广东省广州市海珠区南华西街道福安社区同福西路龙溪新街7号。建于清朝末期。坐南向北，砖木结构，面阔9.3m，进深24m，建筑面积239m²。硬山顶，素瓦当滴水，有木雕花封檐板。正墙青砖石脚，石夹门框，两扇木板门，有趟栊门。原有前廊、门厅、正厅、偏间、饭厅、头房和天井等组成，分前中后三部分，以天井分割，廊道联系，廊道东面为偏间。龙溪新街7号民居小门面，大进深，为典型的广州民居竹筒屋，但内部在20世纪60年代已全部改变原来布局，外观仍是典型竹筒屋，具有文物建筑研究价值。

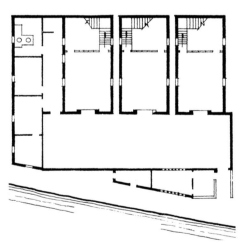

图 6　厨房设在屋外的竹筒屋平面图

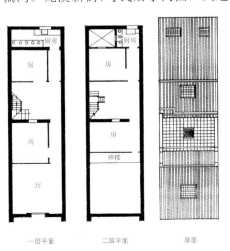

一层平面　　二层平面　　屋面

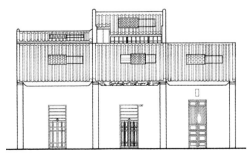

图 7　广州宝贤路宝贤东街 5 号某宅平面图、立面图

广府民居·明字屋

明字屋是广府民居的基本形式之一。其平面为双开间，类似"明"字，故称明字屋，也有称为明次屋者。明字屋的优点是功能明确，平面紧凑，使用方便，通风采光好，在节约用地的情况下，能提供给居住者一个良好的安静环境。

图 1　世北大街世芳巷 12 号民居

1. 分布

明字屋主要分布于珠三角地区和粤西地区，在乡村和城镇中都有使用。

2. 形制

明字屋的平面布置是比较灵活自由的。两个开间可大小不一，进深可长可短。明字屋由厅、房和厨房、天井组合而成，由于厨房位置不同，构成了不同的平面布置形式，一般有三种：一种是厅、房在前，厨房在后（图2）；另一种是厨房在前，厅、房在后（图4）；再一种是厅、房在中，厨房在外或在侧边，厅、厨合起来组合成双开间明字屋（图5）。

此外，明字屋还有一种平面形式，如东莞博厦村某明字屋的平面（图3），它的布局是进门无天井，直接由大门入

厅内。天井位于厅后，室内无廊道，厨房位于内天井侧，有墙与天井隔开。卧房位于厅的一侧。实际上，这座民居是用天井和厨房作为联系的两座小明字屋的连接体，它适合于家庭人口较多的独户使用。

在乡村中，明字屋以不带内天井的形式较为多见，而在城镇中，这类住宅较多被建成楼房（图6）。这一差别的原因是乡村的用地不如城市紧张，乡村的明字屋用地较为独立，可更多向外采光、通风，而城镇的明字屋处于拥挤的街道中，为了兼顾舒适度和使用的面积需求，明字屋保留了天井并建成楼房。

明字屋的使用者若是书香之家，都会在明字屋的次间屋的前厅尽端辟一小屋，作为书斋，称"书偏厅"。书斋前有过厅，与门厅相通。再富裕者，则在

后部小院天井辟作庭园，沿墙壁做假山，院内种花草，置盆景，在密集地区有一小块绿化地，是极为难得的。这种布局方式既有利于美化生活，又有利于微小气候的调节。

明字屋的优点是功能明确，平面紧凑，使用方便，通风采光好，能提供给居住者一个良好的安静环境。缺点是不

图 3　东莞市莞城博厦村某宅

图 2　桂桂坊大街九市巷 6 号民居天井

图 4　民居室内神龛

图 5　桂桂坊大街九市巷 6 号民居室内

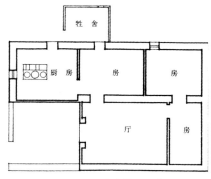

图 8　厨房在前的明字屋平面图

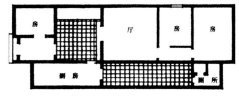

图 9　厨房在侧边的明字屋平面图

耳风火山墙，碌灰筒瓦，青砖墙，凹斗门，花岗岩石门夹，花岗岩墙基。墙上开窗，花岗岩窗框。天井地面铺花岗岩条石。左廊设神龛。该建筑具有典型的岭南清代民居风格，为研究岭南清代古民居提供了实物。

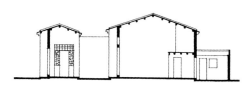

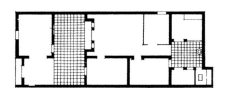

图 6　厨房在后的明字屋平面图、剖面图

能分为两个独立开间单独使用。

3. 建造

明字屋所采用的材料、结构、构造、建造方式与排屋、竹筒屋基本相同。

4. 装饰

明字屋整体较为朴素，少有装饰。少数带有装饰的明字屋，装饰以砖雕、灰塑为主。

5. 代表建筑

桂桂坊大街九市巷 6 号民居

桂桂坊大街九市巷 6 号民居位于广东省广州市番禺区南村镇员岗村桂桂坊大街九市巷 6 号，始建于清代，为"明"字形二层民居，大门向东北。总面阔 10.63m，总进深 11.92m，占地面积 126.71m²。主体建筑为硬山顶，镬

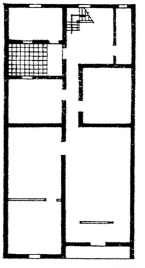

一层平面图

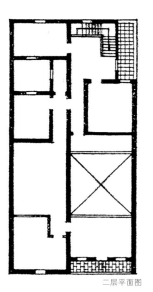

二层平面图

图 7　广州西关逢源南街 34 号某宅平面图

成因

明字屋为比较富裕的住户所采用，基本上都是由三间两廊和竹筒屋发展、组合形成的。由于原本三间两廊或竹筒屋中的房间不敷应用而向一侧增拼一个开间的房屋而形成多开间的、不对称形式的明字屋，新增的房屋中多数带有一个天井以满足交通联系、通风、采光、排水的需要。

比较 / 演变

明字屋多数建于清代。当代保留下来的明字屋已为数不多，由于生活条件提高、经济进步等原因，居住在现存的明字屋中的人已经非常少，当代的明字屋多数已空置。

广府民居·三间两廊

　　三间两廊，即三开间主座建筑，前带两廊和天井组成的三合院住宅，这是广府地区民居最主要的平面形式，特别在农村，大多数都是三间两廊民居。

图1　粤西云浮三间两廊民居

1．分布

　　三间两廊建筑主要分布在珠三角地区和粤西地区，是大中型住宅的一种基本格局形式，而清远地区中的清城、佛冈的民居形式大多数也是三间两廊格局。

2．形制

　　三间两廊在乡村中多为规整有序的梳式布局的基本单元。三间两廊平面内，厅堂居中，房在两侧，厅堂前为天井，天井两旁称为廊的分别为厨房、柴房和杂物房。

　　厅堂为家庭公共活动场所，有多功能的作用，它位居正中，面积较大，开间较宽。在厅内靠后墙处有一阁楼，名为神楼，上供祖先牌位，后辈在此烧香拜神，作祭祀祖先之用。厅后墙不开窗，以防"漏财"，厅前置格扇，以通天井。

　　卧房主要是用作住宿休息，一般甚少开窗，或开小窗。三间两廊屋纵向排布时，因后墙是下一户的厨房，所以只在房屋两侧面各开高窗一个，用来采光和通风。

　　天井是民居中不可缺少的组成部分，是用于采光、通风、纳阳、排水、晾晒衣物、饲养家禽，以及户外生活、美化环境、联系室内外的空间。天井两侧为两廊，屋坡斜向天井，认为财"水"要"内流"。

　　厨房设在两廊中的一端，有门从厨房通向走廊出入。也有两廊分别设有厨房和灶头，当以后两兄弟分家时可各分一边屋，厅、天井和水井则共用。

3．建造

　　三间两廊所采用的材料、结构、构

图4　三间两廊入口

图2　粤西云浮三间两廊民居

图3　三间两廊民居之间的里巷

图5　三间两廊天井内院

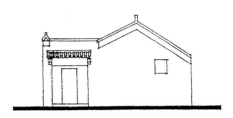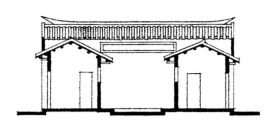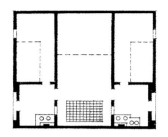

图 6　广东高明三间两廊建筑平面图、立面图、剖面图

造、建造方式与排屋、竹筒屋、明字屋基本相同。

4. 装饰

三间两廊整体较为朴素，少有装饰。梳式布局中的三间两廊民居，因南北向院落建筑毗邻，大门出入口在东西两侧，因而大门与山墙面组成的侧面入口处理显得更为重要，它利用山墙墙头的样式和花纹、入口大门的飘檐和凹凸处理，使侧面山墙立面显得灵活自由和丰富多变。

5. 代表建筑

从化太平镇钟楼村三间两廊建筑群

从化太平镇的钟楼村是典型的规整的梳式布局。该村姓氏欧阳，建于清朝咸丰己未年（1859年）。整个村落依村后挂金钟山而建，坐西北向东南。钟楼村以欧阳仁山公祠为中轴线，是目前从化发现的规模最大的祠堂。村中青云巷岩砌边、青砖铺底的排水渠，依地势步步而上。青云巷两侧是三间两廊的民居，每排7户，每

户两廊相通对望。民居青砖砌墙，山墙屋顶为悬山结构，入口大门开在侧面，花岗岩门框双掩木板门，对着巷道。门后的侧墙上有砖雕门官位。与天井相对的正厅中轴底端建有供奉祖先神位的神台，神台高2m。

图 7　钟楼村里巷

成因

岭南大量接受北方汉文化，也包括合院式建筑，但由于日照、地形、习俗等原因，岭南没有采用北方宽敞的合院，而改用狭窄的天井，逐步发展形成了岭南独特的三间两廊民居。

梳式布局的村落中，同一时期同宗同族建造的每户人家的三间两廊平面布局一样，面积也相等，体现了广府人宗族内的平等思想。贫富差异体现在室内装修与陈设方面。

比较 / 演变

三间两廊多数建于明清时代，当代由于生活条件提高、经济进步等原因，居住在三间两廊中的人已渐渐减少。

三间两廊与同为广府民居的竹筒屋或者明字屋相比，它的三开间二进一天井布局形式明显通风采光效果更好，空间更为舒适。在粤中及粤西地区，由于对使用面积的需求增大，三间两廊的形式在纵向拓展演变为四合院落的民居形式，这种四合院落的民居形式也较为常见，入口基本都在正面，后一进要高于前一进。

图 8　大旗头村

广府民居·广府大屋

广府大屋民居也称为多进天井院落民居，这种民居建筑从平面布局、立面构成、剖面设计到细部装修等，都有它一整套的模式和独特的地方风格，其中以大户人家居住俗称"古老大屋"者最为精美。在粤中地区，古老大屋又以广州城西商贾豪绅聚居的西关一带最多，也最著名，有"甲第云连"之誉。

图1 职方第外观

1. 分布

广府大屋民居主要集中于粤中较为富裕的地区，以广州西关一代最为突出。

2. 形制

广府大屋民居中最典型的西关大屋多取向南地段，建在主要的街巷上，平面呈纵长方形，临街面宽10多米，进深可达40多米，典型平面为"三边过"，即三开间。西关大屋正中的开间叫"正间"，两侧的开间称"书偏"，书偏之名取自旁侧的书房和偏厅。书偏旁常设有一条俗称"青云巷"的小巷与邻居相隔。青云巷是取"平步青云"之意，因为狭长阴凉，具有交通（女眷及婢仆出入）、通风、采光、清粪便及倒马桶等多种用途，故又有"冷巷"、"火巷"、"水巷"等称谓。

西关大屋平面布局一般为左右对称，中轴线上为主要厅堂，每厅为一进，全屋一般有二至三进，大宅则更多，厅之间用天井相隔。正间以厅堂为主，由前而后依次为：门廊、门厅、轿厅、正厅、头房、二厅及二房，形成一条纵深的中轴线，每厅为一进，厅与厅之间用天井间隔。

中轴建筑的两侧用房主要有偏厅、书房、卧室、厨房和楼梯间等。特大型的西关大屋还带有园林、戏台等。

入口大门是西关大屋最有特色的部分，大门常分为三道，称作"三件头"。临着街巷最外侧的一道是四扇对开的屏风门，也叫矮脚吊扇门或花门，作用是遮挡街上行人的视线。屏风门之后就是独具岭南特色的趟栊门了，趟栊是可以滑行拉开、合上的木门，趟栊由十多条直径约10cm粗的大圆木横架做成，趟栊门具有防盗的作用，外人不能进入，小孩不能走出，同时又不会影响采光和通风。趟栊之后的大门才是真正的大门，一般都非常厚重。

3. 建造

广府大屋民居中既有采用砖木混合结构，也有采用梁架结构。外墙材料多数采用水磨青砖实墙。室内地坪有大阶砖地坪，也有用砖铺砌者。室外地坪的天井石板铺地还有制度规定：大厅前五路排开，后厅前三路排开，石板条横砌，石板数要成单数。

4. 装饰

广府大屋民居在中轴线上的各厅和左右的房屋之间用横门相通。横门上往往有横匾或砖雕之类的装饰，也有些是做成圆形带蝴蝶图案窗棂的彩色玻璃窗，俗称"蝴蝶窗"。正间檐下做成木雕封檐板（花荏）。另外，民居的室内装修和陈设讲究，集中了当时工艺之大成，从一个侧面反映了粤中经济和文化的发展。砖石木雕、陶塑灰塑、格扇屏

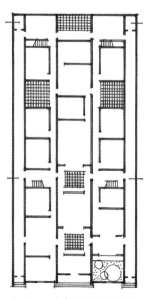

图2 清水砖砌筑的西关大屋外观

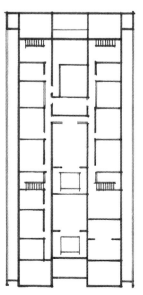

图3 西关大屋典型平面图

图4 西关大屋趟栊门

图 5　职方第厅堂

图 10　职方第牌门

图 6　牌门与厅堂间的盖顶过亭

图 7　龙津西路 145-5 号民居

图 8　碧江金楼二层金漆木雕花罩

图 9　职方第过亭两侧庑廊

门、满洲窗、铁漏花、琉璃漏花等应有尽有,有些还是从西洋建筑汲取过来的,兼收并蓄,皆为我用。

5. 代表建筑

佛山顺德碧江职方第

职方第是粤中大屋民居中非常有特色的案例,共四进,包括门厅、牌坊过亭、大厅和三层的回字楼。职方第宅主苏丕文,曾任职方司员外郎,于清代道光二十三年(1843 年)荣归故里而建造。职方第门厅三开间,大门正中设有仪门,绕过仪门,迎面为一幢砖石结构的牌门横贯在天井中。颇有特色的是牌门与厅堂之间的过亭,这里在牌门墙头和厅堂前檐瓦面上通过四点砖挺,凌空支承着一个歇山大瓦顶,用过亭覆盖着第二进天井。职方第大厅后隔一天井,是高达 16.8m 的镬耳山墙的 3 层楼房,当年登楼可览尽全村及四周田野风光。

成因

广府大屋民居是富裕人家所建的大型住宅,形成的根本原因在于使用者将财富的积累反映于建筑形式上,但由于与竹筒屋、明字屋都处于地价昂贵的地段,其总体布局也具有竹筒屋的纵向发展的特点。

比较 / 演变

广府大屋多数建于清代。当代由于生活条件提高、经济进步等原因,居住在广府大屋民居中的人已渐渐减少。广府大屋民居逐渐被开发为向公众展示广府传统文化的场所。

广府大屋民居与北方的大型住宅相比较,最大差别在于天井。北方合院多吸收太阳辐射和防寒,尽量扩大庭院横向间距,并缩小室内进深,而南方为了遮阳隔热和通风,通常仅在厅前留狭小天井,同时加大室内进深。

广府民居·广府围院（楼）大屋

广府围院（楼）大屋民居由厅、房、厨房、杂物房、天井、廊道等基本元素组成，利用建筑、天井、廊道组合，形成围合院落型民居，拥有富于变化的平面和空间。

图1 郁南大湾镇五星村大型天井院落式古民居

1. 分布

围院大屋这一民居形式主要分布在粤西的一些村落，以连接珠三角与大西南的枢纽城市云浮为主要分布地区。

2. 形制

民居通常由多进主体建筑按中轴线布置，多数在三进左右，有些甚至达到五进之多，在建筑与建筑之间形成多个天井。主体建筑外以围墙围合完整，且依靠围墙对称分布其他房间，通常在主体建筑前围合出院落，而主体建筑各座和两侧厅房有巷道或天井相通。

3. 建造

在建筑结构上，通常都考虑了防洪、防盗的功能，常在墙、门、内部排水系统上都给予充分的考虑。有些围墙是用沙土和黄糖、蛋清混合夯实而成的，甚至有的大屋内部地面也是由沙子、石灰、黄泥、黄糖、蛋清等按照一定比例混合打制而成的，硬度非常强，不会受到水淹的影响。

4. 装饰

民居外观大多简朴雄大，并没有多少装饰，部分在屋脊、山墙、檐下有特色造型的灰塑或木雕，色彩鲜艳，历久常新。

室内装饰因屋而异，但装饰多以雕刻屏风隔扇的形式展现，有的隔扇是透雕、平雕混合工艺，工精木靓，内容吉祥，有人物造型、瑞草祥云等。有部分建筑还拥有花岗岩石柱础、透雕木挂落柱饰、蝙蝠造型的驼峰栱托、鳌鱼形的传木、彩色绘画的梁托瓜木、题材多样

的壁画。一些建筑的封檐板，做工十分精细，可谓木雕精品，内容有人物、故事、花木、动物、吉祥图案等。

5. 代表建筑

1）郁南光二大屋

光二大屋位于粤西云浮郁南县，县城地处西江中游南岸，西与广西接壤。光二大屋坐落在郁南县连滩镇的西坝石桥头村，始建于清朝嘉庆年间，历时十余年建成，至今已有近200年的历史，仍保存完好。

光二大屋占地6667m²，有房136间，曾住700多人，除了家丁佣人外，全是邱氏子孙在此居住。大屋坐东北向西南，整体呈四方形且中轴对称，前门和主体建筑坐落在中轴线上，建筑前低后高，回字形布局，共有六进，内座建筑为四进，结构紧凑，主次分明。

图2 郁南光二大屋建筑群天井空间

2）旧兴昌大屋

旧兴昌大屋位于广东省云浮市郁南县大湾镇五星村委会四四村，建于清代，坐东南向西北，广三路深三进，总面宽33.90m，总进深45.70m，建筑面积1549m²。青砖、泥砖、瓦木结构，第一进旁边向前方有镬耳墙，龙船卷屋脊，

图3 郁南光二大屋厅堂天井

图4 郁南大湾镇民居室内小木作装修

图 5　郁南大湾镇五星村坡地大型天井院落式古民居

硬山顶，有两廊两灯带，三进中有两个天井，天井两边各有厢房和通道，大门开在右边，前有一间比正屋低的围屋，有6个小房，围屋的左边也开有一小门。中间有一灰沙面明堂，全屋有精美的木雕、灰塑、壁画、书法、石雕等。此大屋对研究南江流域建筑艺术有一定的价值和意义。郁南县人民政府在 2005 年公布其为县级文物保护单位。

图 7　郁南光二大屋大门内广场

图 6　郁南光二大屋层层递进的建筑组群空间

图 8　旧兴昌大屋左侧

图 9　郁南光二大屋内座建筑

成因

　　相比于珠江三角洲地区的居民，居于粤西一带的村民受到地理条件的制约影响，同时为了防灾防盗，逐渐形成了这样一种适应阖家居住模式的建筑形式。广府围院（楼）大屋民居既可保证居民的外向防御，也可适应内部的家居生活，甚至可以在必要的时候将几个厅堂与天井庭院相通，以获取更大的活动空间。其布局还受到了封建礼制、宗法观念和等级制度的影响，因此多以中轴对称，层层递进，回廊相连的形式出现，是比较适应封建宗法制度下家庭生活需要的。

比较／演变

　　广府围院（楼）大屋民居保留了岭南古建筑的特色，屋脊造型以及镬耳山墙都有非常典型的岭南特色。其在建造过程中可能吸收了客家围屋的建造经验，并加以创新，使其具有更加适应当地地域条件的防御性功能。此外，在选址等方面，往往遵循堪舆学原则，保证坐向及中轴线对称的布局形式。其建筑形式代表了明清时期粤西岭南民居的风貌特色，而如今，大多数围院（楼）大屋民居居民都陆续搬进新居，祖屋成为逢年过节祭拜先祖的场所，部分围院大屋也成为了旅游观光的景点。

广府民居·庭园民居

广府民居带庭园者称庭园民居。因庭园占用面积较大，有的独立布置成园，可称为"庭园"。广府庭园民居是随着生活文化的发展，人们追求居住环境的舒适和情趣的产物，同时也解决和改善了民居中对采光、通风、降温的需求。

图1 佛山梁园

1. 分布

广府庭园民居主要集中于粤中较为富裕的地区。以东莞可园、番禺余荫山房、佛山梁园、顺德清晖园等为主要代表。

2. 形制

广府庭园民居中的布局方式主要有几种：

一是建筑绕庭布局，即建筑物沿园的四周布置，并以建筑物及廊、墙形成一个围合空间的布局方法。常将具有居住功能的建筑物沿庭园外围边线成群成组地布置，用"连房广厦"的方式围成内庭园林空间。

二是前庭后院布局，是广府庭园民居另一种常见的庭园布局方式，庭园中的住宅，大都设在后院小区，自成一体。这种布局尤其考虑气候要素。庭园设在南面，住宅区设在北面，形成前疏后密、前低后高的布局，非常有利于通风，前面庭园像一个开阔的大空间，它使夏季

的凉风不断吹向后院住宅。

三是以书斋为主的庭园，是专为书斋而设置，它与住宅结合的方式可以独立设置也可结合设置。

广府庭园民居中建筑一般体型轻小，通畅开敞，构造简易，建筑的外轮廓柔和稳定，大方朴实。

广府庭园民居中庭园形式常有平庭（旱庭）、水庭、石庭、水石庭之分，其中水庭是岭南庭园的重要组成部分，几乎岭南庭园造园中都少不了水庭。岭南庭园多选用规则的几何形水庭，也与其庭园或庭院的空间形态有关，岭南庭园空间是以建筑为主的空间，由建筑围合而成的庭园或庭院之空间界面必然是以几何形状为主的。

图3 东莞可园

3. 建造

广府庭园民居多为一组建筑群，建筑既有采用砖木混合结构，也有采用梁架结构。庭园中的叠石，用石材料多取广东英德英山盛产的英石，也有使用蜡

图4 佛山梁园

石、钟乳石，由于用地规模小，故很少布置土山，而是以石为山，假山石景着重于叠砌，吸取天然山景的各种形体，如峰峦、洞壑、涧谷等，使庭园富于变化。庭院中的理水，在上面的形制介绍中已提到庭园民居中多采用几何形水池，而池岸材料的选择和做法一般有两种，即土岸处理和石岸处理。

4. 装饰

广府庭园民居的装饰利用材料质感和工艺特点的条件，形成不同门类装饰装修的艺术表现。同时，恰当地选择绘画、雕刻、色彩、图案、纹样以及书法、匾额、楹联等多种艺术，相互结合，灵活运用，从而达到建筑性格和美感的协调和统一。

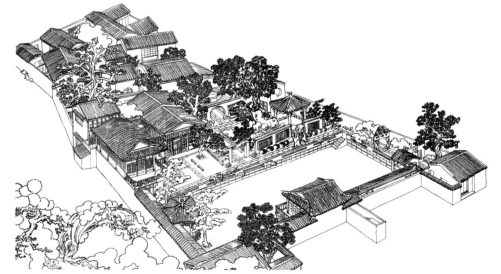

图2 清晖园鸟瞰图

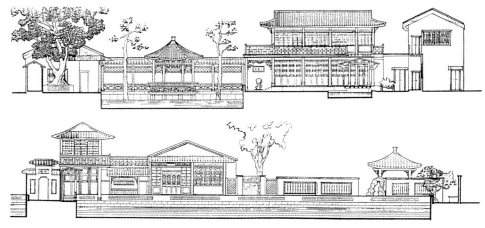

图8　余荫山房廊桥

图5　清晖园剖面图

5. 代表建筑

1）余荫山房

余荫山房位于广州番禺南村镇，建于清同治六年（1867年），历时五年，是举人邬彬的宅园。余荫山房占地面积仅 1598m²，但布局巧妙，以两池一桥一榭划分出园林的格局。游廊式拱桥把园内空间分隔成东西两部分，东池八角形，西池长方形。西半部池北深柳堂与池南临池别馆对峙。深柳堂是园林的主体建筑，有较深的前檐廊，主要是为遮阴纳凉。深柳堂室内运用透雕门罩，隔断、玻璃窗花、书画联题，把深柳堂装饰得琳琅满目，与对岸临池别馆的收敛和清爽形成鲜明对比。东半部的八角池立有"玲珑水榭"，榭平面与池平面都

为八角形，只留下 1m 多宽的水面。水榭格局通透，八面开窗，收四时美景，大方实用。

2）可园

可园位于东莞城西博厦村，是围绕山石、池水、花木、庭院，用游廊和建筑组成曲尺形平面的一组庭园住宅，创建于清咸丰年间。园主人张敬修亲自参与可园的筹划兴造，布局周密，设计精巧，把厅堂、住宅、书斋、庭园、花圃等糅合在一起，一并俱全。每组建筑用檐廊、前轩、过厅、走道等相接，形成"连房广厦"的内庭园林空间。

可园的造园意旨为"幽"和"览"。按功能和景观划分，可园划分为三个部分。第一部分为入口所在，第二部分为

款宴、眺望和消暑的场所，第三部分是沿可湖的一组建筑。可园的全部楼宇，均用光滑的水磨青砖砌成，古趣盎然。建筑之间，高低错落，起伏有致。窗雕、栏杆、美人靠，甚至地板亦各具风格。庭园空间曲折回环，扑朔迷离，空处有景，疏处不虚，小中见大，密而不逼，静中有趣，幽而有芳，鸟语花香，清新文雅，极富南方特色。

成因

自宋唐以后，随着生活文化的发展，人们追求居住环境的舒适和情趣，庭园民居应运而生。岭南民居与庭园的密切结合，既解决和改善采光、通风、降温等问题，又满足一定的休闲和景观需求。

比较 / 演变

广府庭园民居多数建于清代。当代由于生活条件提高等原因，庭园民居逐渐被开发为向公众展示广府传统文化的场所。

与江南宅园相比，广府庭园主要有两个特征：一是以建筑空间为主，所置的山石池水、花草树木等景观只是从属于建筑，若没有周围的建筑环境，园景就会失去构图的依据；二是广府庭园的性格表现为开朗、明快、简洁、直述，表达方式直接明了，不会像江南宅园那样含蓄，要用"心"去体会。

图6　佛山梁园半亭　　图7　余荫山房玲珑水榭

潮汕民居·竹竿厝、单佩剑、双佩剑

在追求商业利益、寸土寸金的潮汕市镇，面向街道的住居多形成小面宽大进深的平面形态，这样有限长度的街道可以容纳更多的住户，并保证每一户都有直接向街道营业的空间。闹市之中，常见的住屋有"竹竿厝"、"单佩剑"、"双佩剑"等形制。

竹竿厝　　　单佩剑　　　双佩剑

图 1　竹竿厝、单佩剑、双佩剑平面示意图

1. 分布

在潮州、汕头、揭阳三地的主要城镇的街区内多有分布。

2. 形制

竹竿厝：竹竿厝为单开间式，通常厅、房合一。也有分开的，前带小院，后带天井厨房。开间跨度不大，4m左右。面宽以瓦坑数来计算，一般为15～21坑（每坑约27cm，即木行尺9寸），结构也较简单。竹竿厝的进深最大可达十几米，为其面宽的三四倍，因此以竹竿来形容其瘦长的程度非常形象。

单佩剑：单佩剑即双开间式，它由竹竿厝发展而成，平面进门为大厅，旁为卧房，后带天井厨房。一般为平房，也有二层楼的，开间跨度也不大。由于入口开间的凹入，正立面给人明确的不对称感，形成单侧跨佩剑之势。

双佩剑：双佩剑是由单佩剑发展而成，即三开间式，也即带后天井的三合院的形式。同样都是三合院，双佩剑一般在城镇中较多采用，而在农村中则多用前设天井的下山虎平面。

城镇街区的沿街住宅常以上三类民居单体作为基本单元，采用联排布局形式组合而成。此外，为节约用地，获取更多的居住面积，"向上"发展成为必然趋势，因此"竹竿厝"、"单佩剑"和"双佩剑"常建成楼房形式。在沿街路段中，这些住宅的功能分布通常为"下店上宅"，并且由于一层立面的缩进而形成潮汕特色骑楼。如潮州市太平路骑楼。

3. 建造

由于用地局促、开间狭小、临街的内部空间要争取更多的实用面积作为商业用途，因此这三类民居较为普遍地采用地砖墙或土墙直接承檩的混合承重体系，构件简单、受力明确。

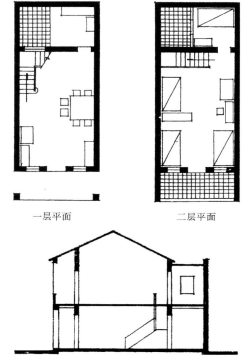

一层平面　　　　　　二层平面

图 4　联兴直街竹竿厝单元的平面图与剖面图

图 2　潮州市太平路骑楼廊道空间

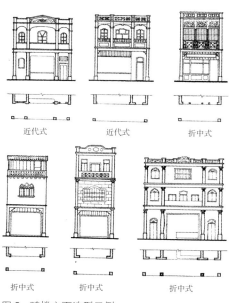

近代式　　近代式　　折中式

折中式　　折中式　　折中式

图 3　骑楼立面造型示例

图 5　潮州市太平路下店上宅的骑楼民居

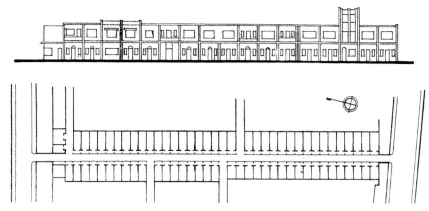

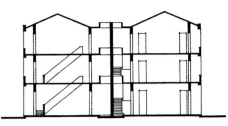

图9　长仁里单栋民居剖面图

图6　汕头联兴直街住宅立面和总平面图

4. 装饰

沿街骑楼式住宅是这三类民居中造型装饰最有特色的。为了招徕顾客赢得商机，商家们让出底层空间的一部分形成可以遮风避雨的公共廊道，成为交通、买卖、休憩等多元复杂行为的发生地，也形成了立面中"虚"的层次，上部房屋凌空前挑于廊道上，轻巧活泼、生动有情。面朝街道的主立面也成为装饰的重点，山墙形态、门窗造型、招牌字号都竞相争艳、体现商家特色。特别是汕头这样的开埠城市，在西方文化的影响下，山花柱头、栏杆窗楣之上又常常蕴含了西式要素，装饰更为繁复。

5. 代表建筑

1）汕头联兴直街

汕头的联兴直街两侧各由30多个双层骑楼式"竹竿厝"单元并联而成，一层沿街向内退出1m多的骑楼空间，

入门为客厅，厅后设天井厨房，客厅后壁有楼梯上二楼，二楼于骑楼上方设阳台，阳台后则分隔成几间卧室。这种楼房形式，更大限度地利用了城市用地，增加了每户的实用面积，有利于合理的功能分区、提高家庭生活品质（图4、图6）。

2）汕头长仁里街区

在汕头的长仁里街区，进入公共的里门，正对一条贯穿住区的纵巷，在纵巷的不同节点生发出多条横巷，民宅入口设在横巷上。纵横巷划分的地块内，则灵活地采用进深尺度相同的"竹竿厝"、"单佩剑"和"双佩剑"作为单元平面进行拼接，面宽方向2～3单元并联，进深方向均为两个单元背靠背串联，共容纳了近30户人家，整体布局极为紧凑（图7～图9）。

成因

此三类住宅均是适应于城市紧张的用地条件所产生的紧凑型平面，故在布局时，加长进深，以节约用地。但却未必舒适，进深长带来通风、采光等问题，于是利用内天井、敞厅和廊道来解决这些困难，狭小的空间、局促的天井都是最低程度解决通风及采光等问题的现实做法。

比较／演变

在城市的一些非沿街地段，这三类小型民居因节约用地、排布灵活也被广泛使用。当分布在内街小巷时，内部组织常以"里巷"方式出现，一条里巷作为一个民居群体共同的交通出入口，如汕头长仁里。

在富裕人家或用地较为宽裕的城镇地块，可以看到面宽拓展变化的"竹竿厝"、"单佩剑"和"双佩剑"，也有几类平面横向并联形成较大规模的宅居的实例。

双佩剑与下山虎平面形制接近，差别在于天井位置，作为街屋的双佩剑临街空间有着重要的商业价值，不可能将天井安排在前，只能做成后天井。

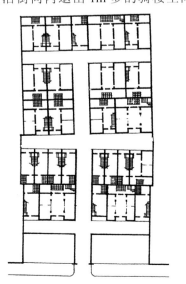

图7　长仁里街区总平面图

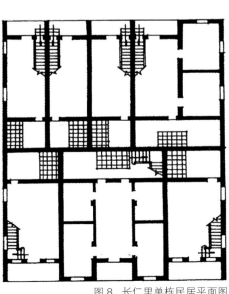

图8　长仁里单栋民居平面图

潮汕民居·下山虎

下山虎是潮汕地区传统民居的典型样式之一。其建筑形制沿用中原传统三合院形式，占地规整而平面紧凑，规模小巧而功能齐备，是城市和乡村均普遍使用的小家庭住居模式。

图1 普宁的下山虎村落

1. 分布

传统的下山虎民居广泛分布在潮汕各地，在沿海平原地区经常可以看到由几十栋甚至近百栋下山虎单元整齐排列形成的聚落。

2. 形制

下山虎为三合院式，其平面布局为正屋三开间，中间设厅堂，两旁为卧房，正屋前方带天井，天井前方设院墙，天井内设水井，天井两侧设厢房，一般作为厨房和储物室，是一套居住条件基本完备的小院落。大门多开于院墙正中，也可能根据交通、风向等因素开在侧边。开间跨度不大，占地面积100m²左右。

下山虎在形态上突出的特征，就是民居正立面上明显的展示出两厢的山墙，正屋如同盘踞的虎身，两厢犹如前伸的虎爪，这是其得名的来源。潮汕地区民居墙头有金、水、木、火、土五式，

取山形命名之意。山墙从正立面看，两厢山墙夹着门楼屋顶，为平稳封闭的外立面增添了一些变化。

3. 建造

下山虎一般适合于乡村或城市中低收入的小家庭，规模较小，中厅面阔一般不超过15瓦坑，两次间的住房不超过10瓦坑。其墙体多用灰沙、土、贝灰拌合而成的三合土夯筑或土坯砖砌筑，经济条件较好的家庭才会采用砖砌空斗墙，墙表面多做白灰批荡。屋面以硬山为多，覆瓦由板瓦和筒瓦组成，有单层瓦做法和双层瓦做法，沿海地区为防风，还多在檐口以几皮条砖压住瓦面。

下山虎形制等级较低，开间较小，结构简单，一般直接用墙承托檩条，而没有复杂的梁架系统。室内地坪多用灰土地坪、四合土地坪，天井地面多用素土夯平。

图3 下山虎加前院——潮阳和平镇和铺社区

图4 黄仁勇故居平面示意图

图2 开间较大的下山虎民居（普宁）

图5 院前书斋内外立面

图6 黄仁勇故居外立面

图7 院前书斋内檐下装饰

4. 装饰

下山虎属于较低形制的民居，装饰上较为朴素，装饰部位主要集中在门楼和山墙顶端。下山虎的门开在正面院墙，稍微凹入做"门楼肚"，上盖假屋顶，以石板条砌筑门框，门扇木质，门框上部多以朴素的灰塑手法题名。山墙上的垂带多以灰塑和彩绘手法强调。

5. 代表建筑

1）黄仁勇故居

黄仁勇故居位于广东省潮州市潮安县古巷镇孚中村孚中寨内，始建于明末，为潮州唯一武状元黄仁勇的故居。坐西向东，下山虎布局，宽15.9m，深12.6m，占地面积200m²。硬山顶灰瓦屋面，夯土抹灰墙体（图4、图6）。

2）院前书斋内

院前书斋内位于广东省潮州市潮安县彩塘镇院前村西面书斋内1号，为该村吴氏宅第，俗称书斋内，建于清代。坐东北向西南，下山虎布局，通面宽11.2m，进深11.7m，占地面积131m²。硬山顶灰瓦屋面，夯土抹灰墙，主体实墙承檩，廊步木瓜抬梁，有木雕装饰。具有一定的历史价值（图5、图7）。

成因

在国内其他汉地民居中，类似下山虎的三合院类型非常普遍，而潮汕地区的下山虎主要在利用地方材料（如贝灰等）、适应本地湿热气候（包括防潮、防晒、防台风等要求）、适应本地人居住习惯、文化心理方面形成自己的一些特色。

比较／演变

至迟在明代潮汕地区已开始使用下山虎民居，清代实例已非常多见，并一直沿用到20世纪末。20世纪七八十年代起在沿海村落大批统一建造的下山虎基本采用传统样式，但有所改进：平面上有的增加了前院，即在原院墙前用两侧低矮的小平房和院墙围合加建一个前院，大门开在该前院的一侧或正面；体量上比传统下山虎稍大；建筑材料也辅助使用了水泥、瓷砖等现代材料，内部更引进了现代厨卫设备功能；装饰上比传统下山虎色彩丰富，门楼肚多用色彩鲜艳的彩绘。还有以下山虎平面为基础建造的二层楼房。

图8 潮阳和平镇和铺村下山虎加前院

潮汕民居·四点金

四点金是潮汕地区最典型的传统民居样式。其建筑形制严谨对称，既反映对潮汕地区地理环境和气候的适应，也体现对古代中原家族观念的沿袭。"四点金"在潮汕民居中具有重要的意义，是中等富裕家庭所向往的完美形制，也是更为庞大的民居变化的起点。

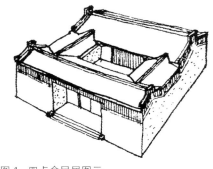

图1 四点金民居图示

1. 分布

广泛分布于潮汕地区城市和乡村。四点金形制等级比下山虎高，因此在乡村地区，四点金多被有一定财力的大户人家使用，同时也多用做小型的祠堂家庙。

2. 形制

四点金民居占地面积约为 $200m^2$，其形制属于传统四合模式，由前后二进建筑及院落两边厢房，围住中央小院形成四合空间。其平面布局中，前后两进建筑均为三开间。前座的明间为凹肚门楼，进门是门厅，门厅与后进正厅朝向一致且位于中轴线上，门厅两侧为下房用作晚辈和仆人的居室；后座的明间为正厅，两侧的大房是家中长辈的居室；天井两侧的厢房，多用作厨房和柴草储物房。有时，两厢也做成辅助的书厅或花厅，称为"四厅相向"。

四点金因侧立面能看到四座金式山墙而得名。但有的学者指出，严格意义上的"四点金"并不等同于二进两厢的四合院落，还必须满足如两厢与前后座之间共有四座侧门（称"子孙门"）通往户外，天井前后有四根喷水柱等其他条件。但现有的大多数研究成果中一般将潮汕地区二进两厢的四合院落统称为四点金。

与下山虎相比，四点金的正立面更多地展示了横线条，整体形态更加趋向平稳严谨。由于外墙封闭，除了大门和子孙门外，墙面基本不开窗，中心间的凹肚门楼给立面带来的变化，显得尤为突出。完成"内凹空间"的三面墙体也因装饰内容的密集和装饰手法的多样而成为视觉的重心。

从屋面造型看，四点金民居四面屋顶严格缝合，中间天井开敞。

3. 建造

建筑材料一般为三合土墙体，砖石门楼，木构屋架，瓦顶。屋面形式以硬山为多。"四点金"规模比下山虎稍大，中厅宽度不少于 15 瓦坑，房间不少于 10 瓦坑。墙体多用灰沙、土、贝灰拌合而成的三合土夯筑。大门门肚及室内外门框以石材砌筑，木质门扇。为了防潮，有时也采用石地栿。厅堂地坪多用大阶砖地坪或砖地坪，天井多用石板形麻石砌筑，简易则用三合土铺地。厅堂多采用木构梁架承檩，梁架形式包括抬梁式、穿斗式、筒柱插梁式、抬梁叠斗式、方曲木载式等多种形式。厅堂内多用可启闭的槅扇门。室内多用木柱，檐柱为防雨多用石柱或下石上木两截柱。

4. 装饰

门楼肚通常以花岗岩石砌筑门框，木质门扇，或在木门外多一层镂空木门，雕成花鸟图案或八卦图，门框上部、门两侧前壁及门楼肚左右相向的侧壁，以石雕、泥塑、灰塑、彩绘等手法着重装饰。

四点金内部装饰主要集中在厅堂梁

图3 四点金民居的凹肚门楼

图2 四点金民居侧面

图4 秦牧故居四厅相向

图5　秦牧故居南北厅

图7　延陵旧家大门

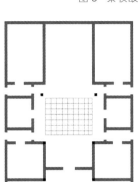

图6　延陵旧家平面示意图

图8　秦牧故居天井

枋等主要木结构构件上的雕饰，多采用木雕和彩绘结合的装饰手法。槅扇门的通透雕花也是装饰重点所在。

5. 代表建筑

1）秦牧故居

秦牧故居位于广东汕头市澄海东里镇樟林观一村索铺巷39号，建于清末民初，占地面积387.5m²，建筑面积308m²。内有天井、正厅、厢房、居室、书斋等16间。厢房开敞为侧厅，形成"四厅相向"的格局。2005年该故居被汕头市人民政府公布为第三批市级文物保护单位（图4、图5、图8、图9）。

2）延陵旧家

延陵旧家坐落在揭东县炮台镇居委会，建于明初，有600多年的历史。建筑朝向东南，系三开间二进四点金建筑风格，宽14m，深18m，建筑面积约250多平方米。正厅面宽美观，硬山顶，四柱抬梁式梁架结构，举梁平缓，大厅宽敞，恢宏大器。建筑风格独特，富有地方特色。正面外观，正中为凹斗门楼，门首横额正面阴刻"延陵旧家"（图6、图7）。

图9　秦牧故居子孙门

成因

从文化源流看，潮汕在古代是中原汉人南迁的主要聚居地之一，保留了浓厚的中原礼制观念和家族主义。建筑平面方正严整，中轴对称，外部封闭而内部开敞，以及空间分配上严谨的等级关系，映射出强烈的聚合向心、以中为尊的礼制等级观念。

从地理环境看，潮汕地区位于亚热带近海平原，气候温润多雨，夏季炎热又多台风。因此四点金正屋的进深相对较大，出檐多，利于遮阳避雨，并取得室内阴凉效果。内部庭院承载纳阳、排雨、通风、绿化等诸多功能，是调节小气候微环境的重要敞口，它的尺度和空间形态都体现了地域性的自然地理特点。

比较／演变

与下山虎相比，四点金民居不仅仅是规模上的升级，更重要的是随着平面从三向围合上升到四向围合，从单纯的轴对称发展为双维的中心对称，反映的是宅第的等级规格由低向高的变化，体现了方整庄严、对称严谨的形态在潮汕人心中的崇高地位。

与北方地区的四合院相比，出于防晒的需要，四点金的平面更为紧凑，天井四周设廊道，屋檐深远，整体环境幽雅宁静。

从现存的明清至近代的四点金民居建筑看，平面形制基本保持不变，而内部结构上，梁架的变化比较明显，明代的梁架多为质朴的抬梁式，梁柱多为圆作，无雕饰，而清代的梁架呈现向筒柱插梁式、叠斗式转变的趋势，装饰性明显加重，除了梁枋构件本身的雕饰增加外，还增加了一些非结构性或结构性较弱的装饰构件，如竖向构架之间穿插的"花胚"。

近现代建造的四点金一般在以下几方面对传统有所改进，包括：建筑材料辅助使用了水泥、瓷砖等现代材料，内部则引进了厨卫、水电网等现代设施。

潮汕民居·多间过

五间过、七间过是在四点金式民居的基础上，横向增加开间数形成的。多间过是一种规模较大的居住模式，适合于如祖父母健在、兄弟尚未分家的主干家庭或扩大式家庭使用，比下山虎、四点金能够容纳更多的人口。也可作为多壁连、从厝式府第等更大规模的民居形制的组成要素。

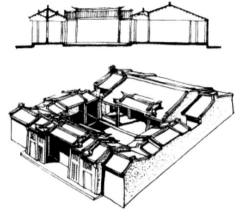

图1 五间过（澄海崟祖家塾）

1. 分布

在潮州、揭阳等地区广泛分布，如揭阳市区、揭阳市揭西县、揭东县、普宁市等地都有相当数量的"多间过"实例。

2. 形制

多间过民居是在三开间的四点金基础上，正屋向左右拓展，再增加两开间或四开间形成的较为横长的四合院落民居，按正屋总开间数命名为五间过、七间过，七间以上极为少见。五间过与四点金同为两进建筑，其前后座比四点金向两侧增加一间卧房，七间过则在四点金基础上前后座各向两侧增加两间卧房；中央天井也相应横向扩大，天井两侧仍为厨房和储物间。

3. 建造

多间过所采用的材料、结构、构造基本与四点金相同。

4. 装饰

多间过由于正立面开间数的增加，造型显得更为平稳舒展。凹肚门楼所占的比例减少，由于除了门楼外，正立面墙面多不加装饰，因此外立面稍显单调平板。有时门楼肚这一开间上方的屋脊与两旁屋脊断开，稍高于两旁屋脊，并增加垂脊和起翘的屋角，形成一些变化。多间过的装饰手法基本同四点金。

图3 多间过的剖面、透视图

5. 代表建筑

1）永古旧家（五间过）

永古旧家位于广东省揭阳经济开发试验区京岗街道陈厝村的寨前围。始建于1891年，坐东朝西，总面宽18.8m，总进深18.4m，为五开间二进土木结构格局，建筑形制独特，总体布局基本完好，有鲜明的潮汕民居建筑艺术风格，是研究本地区清末民居建筑的重要实物资料（图5、图6、图10）。

图4 五间过（潮州市归湖镇溪口村）

图5 永古旧家外景

图2 吴复古故居（五间过）

图6 永古旧家北厢房

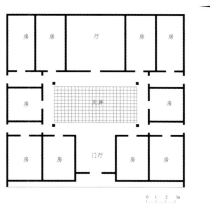

图 10　永古旧家平面示意图

图 7　延陵世家（七间过）外景

2）延陵世家（七间过）

延陵世家坐落在揭阳市揭东县炮台镇青溪村的西南部，系潮汕祠宅合一的大型民居建筑群。其中部祠堂坐东朝西，系七开间三进建筑风格，宽 25m，深 40.4m，建筑面积约 1010 多平方米。主体建筑为硬山顶，屋脊嵌瓷，青瓦顶。屋内梁柱、驼墩、瓜柱等构件有人物、鳌鱼、花鸟、走兽、水族、灵芝等木雕彩绘装饰。祠堂正面外观正中为凹斗门楼，门首横额正面阴刻"延陵世家"。正厅宽敞美观，硬山顶，四柱抬梁式梁架结构，举梁平缓，恢宏大器。建筑风格独特，富有地方特色（图 7、图 8）。

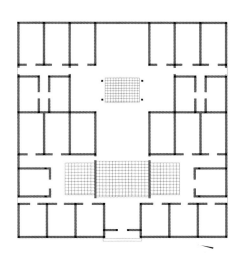

图 8　延陵世家平面示意图

成因

在封建等级制度对民间建筑的形制规格有着严格限制的年代，地方民居多不超过三开间。潮汕地区地处省尾国角，长期远离政治中心，政治限制有所松动，因此较为普遍存在这种五开间甚至七开间的大面宽的民居类型，这也成为潮汕民居构成的一大特色。

比较／演变

近现代建造的五间过一般在以下几方面对传统形制有所改进，包括：体量上比传统多间过稍大，建筑材料辅助使用了水泥、瓷砖等现代材料，内部更引进了现代厨卫设备功能。

图 9　五间过民居（澄海程洋岗村）

潮汕民居·多座落

多座落是对多于两进的民居建筑单体的统称。"落"是潮汕方言，即"进"的意思，几落即中轴线上有几进建筑。多座落是四合院单体在纵向上的扩展，通过多进院落的串联而形成，常见的有三座落和四座落，尤以三座落为多，五落及以上的较为少见。建造多座落的家庭通常有一定政治地位或经济地位。

图1 潮南区陇田镇东华村三座落民居

1. 分布

多座落广泛分布于潮汕地区的城市和乡村，如潮州市潮安县龙湖镇、彩塘镇、揭阳市市区、揭东县、汕头市濠江区等地。

2. 形制

多座落是对四合院落在纵向上的扩展，通过串联多进院落和建筑而形成。"三座落"也叫三厅串，即门厅（也称前厅）、中厅（也称大厅）、后厅三厅连贯排列。如进数再增加，就形成四座落、五座落甚至更多。在最常见的三座落平面布局中，后厅是祀奉祖先、摆放牌位神龛的厅堂，也是丧事停柩之处，最为庄严神圣；日常生活起居、家族聚会、接待重要客人则在中厅，因此中厅开敞通透，只用木雕屏风和隔扇隔成客厅，次间可能不设房间；一般的客人则只在门厅接待。大门在正前、后门在侧，有两侧开门的、也有一侧开门的。在多进建筑的中厅或后厅与前方的天井之间有时建有拜亭，既可为祭拜的后人增加行礼的空间，也可阻挡过多日光照射到

祖先祭桌和牌位，同时也作为建筑装饰的一个重要部分，增添了建筑的气势。

另外，多座落常作为大型民居建筑群的主体建筑，即祠宅合一的府第式民居的中轴祠堂，在多座落的左右前后加上厝包，就成为潮汕地区特有的向心围合的从厝式府第。

3. 建造

多座落的材料、构造基本与四点金相同。厅堂大都采用穿斗式与抬梁式结合的梁架系统承檩，屋顶为硬山顶。多座落民居的各进建筑的地坪和屋顶，从前至后，逐进升高。如在三座落中，建筑的中厅高于门厅，后厅又高于中厅，有利于突出主要厅堂的等级，也为了不让前一进建筑遮住后一进的纳阳，保证剖面设计中"过白"的要求。"过白"是潮汕传统建筑特有的剖面设计原则，即在冬至节气期间，人站在后进厅堂内轴线上的特定位置（如拜桌），由离地面1.2m高处向南望去，在视野范围内，前进厅堂正脊上沿水平线与后进厅堂前檐下沿水平线之间构成的视窗要能看见

天空。

4. 装饰

多座落的装饰手法与四点金类似，但在不同进的厅堂中会有不同的装饰侧重。首进的装饰集中在前侧的凹肚门楼，包括围绕凹形空间的三向立面和门楼上方的梁架（这部分梁架俗称为"马面"），全座建筑最精美的石雕往往集中于此。中厅、后厅装饰以梁架为重点，凭木雕取胜，其大木构件样式变化繁多，那或方或圆多边多瓣的柱式，或直或弯如饭勺似木屐的梁头，鳌鱼般的束水，螭龙般的花坯，狮象状的驼峰，斐鱼状的雀替，让整个梁架变成"造型的世界"和"装饰的海洋"。潮汕厅堂构架多为六柱式，金柱之间最具特色的构件连接形式叫"三载五木瓜，五脏内十八块花坯"，是以最大程度的可能性装饰各类梁架构件的结果。后座前如有拜亭，其梁架亦极尽雕饰彩绘之能。此外，各厅堂（包括四厅相向、八厅相向格局中的侧厅）的通花隔扇也是木雕炫技的主要部位。

特别值得一提的装饰手法是嵌瓷，

图2 石埕翰林第（三座落）

图3 锡东村林氏宗祠

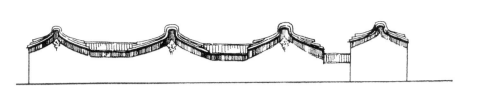

图 4　多座落步步升高法

图 8　龙湖寨市头进士第大门

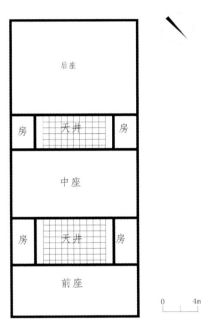

图 5　龙湖寨市头进士第平面示意图

图 6　龙湖寨市头进士第中座

图 9　龙湖寨直街许氏大厝内部

图 7　龙湖寨直街许氏大厝内部

成因

在封建等级制度对民间建筑的形制规格有着严格限制的年代，地区民居多不超过两进。潮汕地区大量存在三进建筑，甚至有多至七八进的大型民居府第，素有"潮州厝，皇宫起"的说法，同样也是跟其地处省尾国角，远离政治中心的政治地理区位息息相关的。

比较／演变

明代三座落建筑空间相对低矮、梁架朴素，多只在各进厅堂前廊梁架进行雕饰，内部梁架保持质朴形态。清代三座落建筑空间明显高敞，梁架整体装饰更为华丽细腻。

它是闽南和潮汕地区独有的装饰工艺，是福佬民系的发明。利用各色陶瓷碎片在屋脊上或屋檐处黏贴塑造出色彩斑斓的各类艺术形象，普遍存在于多座落的各进厅堂之上。

5. 代表建筑

1）龙湖寨市头进士第

龙湖寨市头进士第位于广东省潮州市潮安县龙湖镇市头村委会龙湖寨直街北段，始建于清，2007 年重修。坐西南向东北，三进四厢房布局，通面宽 14.5m，进深 35.4m，占地面积 513.3m²。硬山顶灰瓦屋面，夯土抹灰墙体，实墙承檩构架。门匾书"进士第"。灰塑装饰丰富（图 5、图 6、图 8）。

2）龙湖寨直街许氏大厝

龙湖寨直街许氏大厝位于广东省潮州市潮安县龙湖镇市尾村委会龙湖直街，始建于清初，据传为黄作雨所建，后卖与许姓。坐东向西，三进四厢一后包布局，通面宽 17.3m，进深 46.3m，占地面积 800.99m²。硬山顶灰瓦屋面，石墙裙夯土抹灰墙体，通棱木瓜抬梁构架。木雕装饰丰富（图 7、图 9）。

潮汕民居·多壁连

多壁连是几路多进建筑的横向并联，是一种组团形式，多用于潮汕乡村中人丁兴旺、家境殷实的大家族。

图1 澄海樟林南盛里三壁连

1. 分布

现存实例在揭阳、潮州市潮安县等地均有见。

2. 形制

以一座多进的宗祠或家庙为中轴，两旁各拼接一路多进建筑，形成三座多进院落相并联，称为三壁连，若五座横向相连，就称五壁连，最多可达七壁连。由于潮汕建筑以中轴对称为尊，是以中路建筑为主体向两侧对称扩充，因此多壁连的路数（纵列数）为奇数，也有双路并联的双壁连建筑，较为少见。多壁连各路间常以火巷相隔，正立面上设火巷门，且火巷门与建筑相连为一体。有些多壁连甚至除了火巷之外，还在各路之间夹有从厝。

多壁连以中央一路为主，通常中路建筑的规模较大，会采用面阔较大的五间过、七间过多座落，厅堂体量、院落尺度也较大，旁路的多座落一般是三间过，建筑体量和院落尺度较小，进数则可能多于中路，但最终各路建筑的总进深是一致的。也有的多壁连的旁路是以四点金和下山虎进行多单元串联形成的。

3. 建造

多壁连所采用的材料、结构、构造与四点金、多座落基本相同。

4. 装饰

多壁连的立面造型体现了统一与对比的辩证美学原理。以三壁连为例，每路建筑的正立面构成形式类似，均以凹肚门楼居中形成横向的"三段式"，内凹的中段是装饰重点，两侧为简洁的封闭墙面；而在上一层次，三路建筑的正立面并联，中间以火巷门相隔，亦形成"三段式"，它以中路为重，中路与旁路之间的主次关系通过开间大小（如中路为五间过或七间过而旁路为普通三开间）、屋面高低（中路高于旁路）、装饰繁简（中路的装饰重于旁路）等方面来体现。

5. 代表建筑

1）甲东里（三壁连有厝包）

甲东里位于广东省揭阳市榕城区新

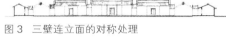

图3 三壁连立面的对称处理

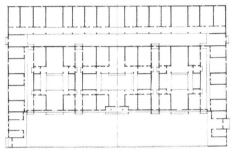

图4 澄海三壁连民居平面图

图5 甲东里三壁连正面

图2 双壁连（揭阳市榕城区建威第）

图6 双壁连（潮州市潮安县龙湖镇银湖新顺成）

图 7　七落儒林第外景

兴街道东郊社区泗水北面，是清末在潮汕有着广泛影响的著名商号郭兴合夏布行老板郭升裕置建的祠堂宅第，始建于清同治十年（1871 年），光绪三年（1877 年）落成，整座建筑坐北朝南，面阔 60m、进深 55m，中路主体建筑郭氏家庙为三进式祠堂，左右两侧分别是通奉第、秋官第和两座抛狮组合成的民居，北部有后包厝一座。前有阳埕、照壁、东西斋、龙虎门及风水池，主体建筑近年有重修。整座建筑结构完整、规模宏大，是揭阳市区现存较有代表性的近代三壁连民居建筑群之一，它对于研究清代揭阳的社会结构、商业经济和建筑艺术都具有非常重要的作用（图 5、图 8、图 9）。

2）七落儒林第（七壁连）

七落儒林第位于广东省汕头市澄海区隆都镇侯邦龙湖联仁社。建于清宣统三年（1911 年），由侯邦村旅居泰国华侨黄昌绍、黄家荣、黄昌上、黄昌涯、黄得利、黄汉钦、黄耀宗 7 人集资兴建，并命名为"龙湖联仁社"，占地面积 8138m²，整座建筑坐北向南，是由绍合、荣合、迎合、全合、得合、隆合、发合七座构成的七壁连，门上均题"儒林第"，每座均为二进建筑，各路中间夹有 1 至 2 条从厝，后包为双层楼房。七座"儒林第"结构、风格统一，联成一体，气势恢宏。建筑风格中西合璧，通廊雕梁画栋，门窗饰以灰雕图案，精巧别致（图 7、图 10）。

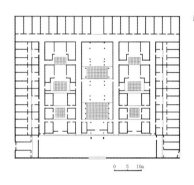

图 8　甲东里围平面示意图

图 9　甲东里鸟瞰

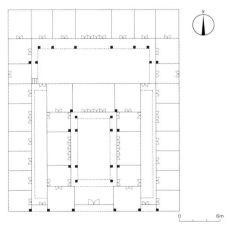

图 10　七落儒林第中路平面图

成因

多壁连的建设一般是由于家境殷实，人口兴旺，家族中枝繁叶茂，有多个房支，因此在建设大型祠宅一体的民居组团时，通常在中路厅堂中供奉大家族共同的祖先，而旁路则为房祠，即单独供奉某个房支的祖先；或家族中出了有名望的成员，则在中路祠堂的两旁增设大夫第或儒林第作为名望家庭的宅第；抑或是重教的家族在祠堂两侧增设私塾书斋。由此，多壁连就成为祠宅一体，集居住、祭祀、教育等多种功能于一体的大型民居组团，为大家族所共居。

比较／演变

与"多座落"相比，多座落是多进院落的串联，多壁连则是多进院落的横向并联。

潮汕民居 · 从厝式府第

从厝式府第以前述所涉及的四点金、多间过、多座落或多壁连等形式的宗祠、家庙为中心，左右前后以从厝、前罩和后包围护，形成中轴对称、祠宅一体且具有强烈向心性的大型民居建筑群，体现了民间建筑在群体的空间组织和形态塑造上的非凡能力，潮汕民居因它而获得"潮汕厝，皇宫起"的美誉。

图1 潮州弘农旧家（二落二从厝）

1. 分布

在潮汕各地均有分布，如潮州市区、潮安县彩塘、枫溪、浮洋、意溪各镇、揭阳市区、揭西县、汕头澄海区等地。

2. 形制

从厝式府第在平面构成上分为两大部分，其一是中部作为祠堂的核心体，可能采取四点金等级以上的各类平面形制，最常见的为三座落。其二是围绕着中部核心体的各种居住用房，根据其所处的位置，前方的称前罩，后方的称后包，左右的称从厝，它们统称厝包。一般认为核心体+从厝是府第式民居构成的必要要素，前罩和后包是选择性要素。

因潮汕人称住屋为"厝"，"从厝"其实蕴含着从属之意，指的是位于主体建筑的一侧或两侧，以多间房屋线性并联发展而成的排屋。主体建筑与从厝间隔的巷道，称为花巷（也叫"火巷"，

除交通外，也有消防的功用）。从厝房间的轴线均指向核心体，即与主体建筑朝向垂直，前罩、后包建筑的朝向则与主体建筑相同，由此形成厝包由四向包绕核心体的围合形态，这种向心性是从厝式府第最大的特点。

从厝式府第多为豪富显宦所建造。具体的功能以三落四从厝府第为例，主体建筑的前厅及前院南北厅是平时用来接待客人的，前院的房间也多用作客房。中厅和后厅是长辈议事之处，内眷一般住在后院，厅堂两侧的大房由长辈居住，两厢房间由小辈居住。紧邻核心体的从厝则作为族人、佣工的住所。磨房、厨房、浴室、厕所等生活用房都集中在外侧的从厝。一般来说，从厝式府第的正门会留一块地作为广场，可供客人安顿车马。广场的两边建有大门，叫做龙虎门，广场前方有的以照壁墙围合，有的则开敞不围合。宅第结构规整讲究，反

图3 二落二从厝（澄海隆都高阳旧家）

图4 西峡施宅鸟瞰

图5 西峡施宅外景

图2 三落二从厝民居（潮安庵埠文里）

图6 方伯第鸟瞰

映了潮汕地区一种严格区分尊卑上下、男女内外，又注重崇宗睦族的文化传统。

3．建造

从厝式府第实际上是前述各类形制叠加组合的结果，因此在材料、构造和结构上并无特异性。

4．装饰

从厝式府第的屋顶组合在立面造型中尤为突出，其美感则主要反映在主从有序、重点突出。与中轴对称的平面特征相呼应，主座、从厝、后包各部分的屋面处理也体现出中轴明确、以中为尊的特点。中轴厅房的屋面被处理成最为高大宏伟的部分，其正脊和檐口的装饰亦最为隆重华丽，以形成视觉焦点。在水平维度，以中部厅堂为轴，两侧厅房的屋面左右对称、次第展开，越远离轴线越平淡简洁。而在竖向维度上，在贯彻中崇侧卑的意图的同时，又前低后高，步步抬升，体现出多层次的变化态势。

5．代表建筑

1）西峡施宅（二落二从厝）（图4、图5、图7）

西峡施宅位于广东省潮州市饶平县洪洲镇西峡村东部，建于清代，1998年重修，为西峡村村民个人所有，坐北向南，二进二从厝带后包格局，有前埕。总面阔29m，进深43m，面积约1247m^2。硬山顶灰瓦屋面，夯土抹灰墙。门额有石雕、灰塑等装饰。

2）方伯第（三落六从厝）（图6、图8、图9）

方伯第位于广东省潮州市湘桥区意溪镇上津村向西路7、8号，是一座大型府第建筑，始建于明朝末年，清代重修，坐东朝西，面宽63.7m，进深46m，占地面积5277m^2，总体布局为三进带一图库，南北各带三从厝。夯土抹灰墙体，硬山顶灰瓦屋面，中座保留明代木柱构件及明代直棂窗，梁架为清代瓜柱抬梁，有少量木雕装饰，现为上津村薛氏后人使用。该第具有典型明清建筑风格，为研究明清古建筑提供了宝贵的实物资料，有较高的历史艺术价值。

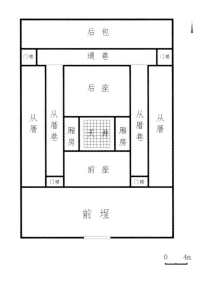

图7　西峡施宅平面示意图

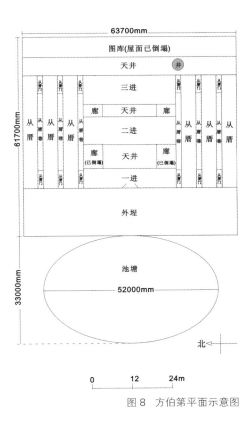

图8　方伯第平面示意图

图9　方伯内部第二进梁架

成因

从厝式府第的原型与宋代以前中国社会的世家大族聚居模式有紧密联系，集居住与祭祀于一体的功能和向心围合的空间组织方式是当时宗法制度的写照，但在宋代之后的中原—江南地区，随着世家大族制度逐渐解体，个体小家庭的普遍出现，营建也变成小家庭的独立行为，具有统一规划的向心围合模式逐渐被更具有家庭特征的单元重复式替代。潮汕处于封建文化的传播末梢，自唐末五代移民大潮之后，就少有外来移民文化的扰动，边缘社会中的自保需要使得聚族而居的习惯被保存而且强化。加之文化传播上，以朱熹理学为核心内容的闽学在闽南—潮汕地域的长期浸润，使得作为封建伦理孝悌思想象征的向心围合式院落的居住古制延续下来。至明清时，从厝式的大型府第成为闽南—潮汕文化圈普遍的居住状态。

比较／演变

从厝式府第在整体平面上与客家的堂横屋、枕头屋有很大的相似性，即周边线性居住单元对中央主体建筑的围合。

在较晚出现的从厝式府第中，逐渐从厝用房中分化出敞厅（花厅、书斋厅、从厝厅），这些厅堂有些为家族共用，另一些则成为家族内小家庭的私有厅堂，也因此导致从厝成为多个厅房单元并联的形式。更为复杂的府第中，线性的从厝厅房演化成前后串接的多个连续合院，每一合院分属一小家庭使用，此时合院朝向仍与主体建筑垂直，从厝的复杂化过程实际反映了家族与家庭相互关系的演化和发展。

潮汕民居·特大型民居

当从厝式府第的规模扩大到一定程度，并且具有某些特定的组合特征时，潮汕人民就以特定的名词来称谓这种特大型民居，主要有"驷马拖车"和"百鸟朝凤"。这两个名词与其说是对某种特定形制的规定，不如说是对潮汕地区独特的特大型民居的一种寓意深远的比喻，蕴含着潮汕地区崇宗睦族的深厚文化传统。

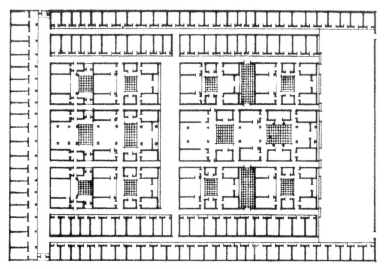

图1 兼有百鸟朝凤和驷马拖车的特大型民居德安里

1. 分布

目前尚存案例在潮州、揭阳、汕头均有分布。

2. 形制

1) 驷马拖车

潮汕地区不同的区域对民间俗称的"驷马拖车"有不同的解释。在潮安、澄海一带，"三落四从厝"即被称为"驷马拖车"，即中间的三座落祠堂为"车"，两侧四条从厝是"马"。而在揭阳、潮阳、普宁一带，"驷马拖车"指代着更大规模的民居建筑群，其中，"车"仍然指代中路的三座落祠堂，而祠堂左右各扩展一路形成三壁连，而左右旁路各由前后两座"四点金"串联而成，这四座四点金才称为"马"；在这个三壁连的外围再以两层或以上的从厝和后包围合，这样形成的"驷马拖车"，要比前者规模大很多。民间对于"驷马拖车"的其他诠释还包括：以三座"三座落"建筑居中，两侧各带两从厝，后带后包；或以一座三座落建筑居中为中路，左右两路均为四点金和下山虎的串联，尽管各地各人说法不一，"车"都是对从厝式府第中央主体祠堂建筑的比喻，而"马"都指主体建筑周围拥簇着主体建筑的民居建筑，代表小家庭的"马"簇拥着安放家族祖先牌位的祠堂——"车"，负载着家族的荣辱兴衰，奔腾穿越了滚滚历史长河，谱写成潮汕地区精彩独特的时空传奇，反映了时代赋予百姓的共性中又容纳个性的美学观念。

在本次分类中对各地区的定义进行综合，将三壁连或五壁连的两侧各有两条以上的从厝（或带有前照后包）的从厝式府第归类为"驷马拖车"。

2) 百鸟朝凤

"凤"是主体祠堂建筑，"百鸟"意指众多簇拥主体建筑的房屋。这个称谓同样是对潮汕地区大型从厝式府第的向心围合性的准确反映。但相对于"驷马拖车"具体的形态规定，"百鸟朝凤"更倾向于规模的规定性。即围绕中央主体建筑的各类从属性厅房数量要超过一百间，俗称"百间厝"，但对具体的平面形式并无严格的说法。有的民居府第非要凑够总数一百间来围绕中心的"凤"（主体建筑）才认为够规格。例如揭西棉湖的郭氏大楼建楼之时，由于边角上的一户人家不肯转让，宅第只够盖99间房，为凑足一百之数，郭氏特意在井下再挖一间暗房，使之成为真正的"百鸟朝凤"。

在本次分类中，根据所有各地公认的"百鸟朝凤"从厝式府第进行综合，认为被称为"百鸟朝凤"的建筑，多数存在从厝单元化的现象，即在原本从厝线性并联的类同用房中，分出敞厅（花厅、书斋厅、从厝厅），形成多个一厅两房的单元并联的形式，更为复杂的府第中，线性的从厝厅房进一步分化为带院落的合院单元，合院朝向仍与主体建筑轴向垂直，最多见为以下山虎的并联形成的从厝和后包。

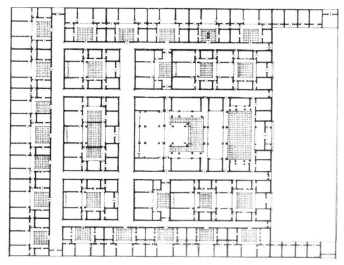

图2 驷马拖车居民平面图（揭阳港后乡某村）

图3 百鸟朝凤民居平面图（普宁洪阳新寨）

图4　丁日昌故居中路的祠堂

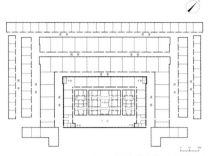

图6　乐善处民居平面示意图

3. 建造

"驷马拖车"和"百鸟朝凤"实际上是前述从厝式府第的规模特大化,在材料、构造、结构和建造方式上无特异性。

4. 装饰

特大型民居为从厝式府第的规模特大化,在装饰上与从厝式府第基本一致。

5. 代表建筑

1)乐善处民居(图5、图6、图8)

乐善处民居位于广东省揭阳市揭西县灰寨镇新宫林村,坐西北向东南,为新宫林古民居的重要组成部分,它自身即具有"驷马拖车"格局,占地面积达23000m²,所有建筑皆硬山顶土木结构。乐善处民居的平面构成极为复杂,中间为三座祠堂宅第:其正中轴线上最重要的建筑就叫"乐善处",面阔七间三进,规模号称"九厅十八井";两侧宅第皆面阔三间三进,宅第与乐善处之间有小花巷。这三座祠堂宅第合称三壁联,总面阔61m,三进深34.78m,这仅是这所特大型民居的中间主体部分。乐善处后还有四层后包,后包建筑中轴线上有继善堂、承善堂等厅堂。乐善处两侧各有四巷四从厝,共八巷八从厝。最内侧的从厝和后包首尾相接,再于前侧连接围墙,构成封闭的一周。其余后包和从厝间则留有距离。当地人据中华民国抄本《李氏族谱》推算,乐善处建于清代嘉庆八年(1803年),其他建筑当在嘉庆前后接建而成。

图5　乐善处民居鸟瞰

乐善处民居有几处特色景观。其一,是穿越门坪的横向轴线"一线串七门",五个为门楼、两个为圆门。其二,为门坪前为半月形池塘,池中有一棵原建时种下的水松,树形虬曲倒映池中。其三,乐善处取苏州园林建筑之精髓,融会潮汕传统民居的形式,集客家围屋的大成,是揭阳地区相当突出的古民居建筑,也是潮汕地区别具一格且特别有代表性的传统民居建筑。

2)丁日昌故居(图4、图7)

丁日昌故居即丁氏光禄公祠,位于广东省揭阳市榕城区西马街道北市社区元鼎路中段西侧。建于清光绪四年(1878年),为清末洋务大臣丁日昌所建。主体建筑坐北偏西向南偏东,为三壁连,中路建筑为三座落,面阔12.5m,进深42m,左右两路各为四座下山虎的串联。左右从厝式以下山虎单元并联而成,整座建筑共有大小房屋100间,平面呈繁体"兴"字形布局,俗称"百鸟朝凤"。该建筑2008年被省公布为省级文物保护单位。

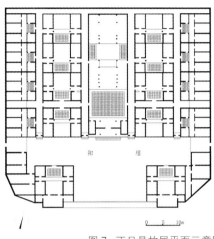

图7　丁日昌故居平面示意图

图8　乐善处民居正面

成因

"驷马拖车"和"百鸟朝凤"等特大型居民是从厝式府第的规模扩大到一定程度的产物,体现了潮汕地区的宗族文化传统。

比较/演变

"百鸟朝凤"在民间的定义倾向于对从厝式府第扩大到一定规模后的概称。但从实际案例看,被称为"百鸟朝凤"的民居与"驷马拖车"最主要的区别在于厝包的单元化,即由单间扩大为院落式。

潮汕民居·围楼

饶平、潮安山区一直是封建统治力量薄弱的地区，也是潮汕人（福佬民系的一支）、客家人长期相互争夺的势力范围，在危机四伏的生存环境中，当地民众创造了聚族而居的防御型住宅形制——围楼。

图1 永善南阳楼（圆形围楼）

1. 分布

潮汕地区的围楼多分布于饶平县、潮安县等交通不便的山区，这些地区大部分是潮汕人、客家人混居的地带，因此居住于围楼的人群中，福佬人和客家人基本各占一半。因客家土楼已有专门章节论述，此处详述的是福佬民系使用的围楼。

2. 形制

潮汕围楼是为了适应用地紧张的山地环境，向高处发展形成的多层结构，形制上相当于一个巨型的向心式围合的单体建筑。建筑的外墙兼作防御墙体，坚实牢靠地把数量庞大的宗族成员的生活环境围护包绕起来。平面形态多呈现线性连续的住居建筑包围中心点状的公共祖堂的状态。

潮汕围楼依据平面形状分为圆形围楼、多边形围楼和异形围楼。其中圆形围楼在防风、抗震以及分房公平化、构件标准化等方面最具优势，现存数量也最多；多边形土楼的性能与圆形接近，

数量次之；异形土楼往往是为适应地形条件而产生的不规则平面。

潮汕圆楼的平面相对其他两类围楼而言有基型的意义。它的居住单元沿着圆周布置而成，每个单元占据一开间或三开间，总单元数多为双数，如20、24、28、30、32、36等，通常寨门和正对寨门的公厅各占一单元，其余各单元都分配给住家。住家单元的平面类型主要有四种：单进竹竿厝、二进竹竿厝、三进竹竿厝和爬狮。平面都是扇形，前小后大。前三种平面多属单环土楼，爬狮平面则较多用于双环或三环土楼的外环及中环。单进竹竿厝平面中，起居厨卧皆处一室，室内阴暗潮湿、通风不良、居住条件差。二进或三进竹竿厝平面，中间为天井，进门为单层门楼，可放农具。后进两层或三层，有木梯可上楼。厅在楼下，住房在夹层或二层，顶层作贮物，布局较合理。在二楼靠内院设凹廊，各家独立，但外观好像互相连通的跑马廊。圆楼有单环、双环、三环之分，这些环形房屋，层层相套，有的圆楼内

可达数百间用房。

3. 建造

为了达到防御目的，围楼与其他潮汕民居相比有许多特殊之处。其一，是外墙采用厚达1m左右的夯土墙，并掺入红糖水、糯米水等特殊材料，墙基垫以砖石，墙角之间以铁链勾接，使得墙体坚硬厚实，再加上底部人所能接近的高度范围内基本封闭无窗，仅顶层开小洞作为射击口和瞭望口，就使敌人更无突破的可能。其二，是其大门往往有内外数层，顶部还设有防火烧门的注水暗涵，大大加强了本为薄弱环节的入口的防御性。其三，顶层采用环通的暗走马廊，便于调动兵力灵活地攻击来敌。其四，围楼内部水井、粮仓一应俱全，当被围困时，通常可坚守数月。

4. 装饰

在造型与装饰上，潮汕围楼都显示出"内与外"鲜明的二元性。从外部来看，采用土石材料的外墙高耸封闭，基本都只在最上层开窗，除了主入口有门

图2 永善南阳楼每个单元户之间都有分户墙

图3 南华楼（马蹄形围楼）

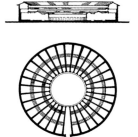

图4 缵美楼内院   图5 缵美楼平面、剖面图

榜装饰外，外立面朴素平淡。而转入围楼内部，木构的单元前廊中，斗拱横梁、围栏窗扇都有适度雕饰，虽谈不上非常华丽，但也不失精致；横长的墙面被分隔成一个个小巧的单元，有宜人亲切的尺度并带来简洁明快的韵律感；若是多环围楼，从内向外逐渐增高的各环更造成了丰富的空间层次。

5. 代表建筑

1）缵美楼（图4、图5）

缵美楼位于潮州市潮安县凤凰镇东南部的康美村，建成于雍正年间，坐北朝南，背山面水，前有月池。楼高9.6m，周长193.42m，占地面积为2978.7m²。外墙下层厚达1.7m，每上一层厚度减少约0.3m。

缵美楼内埕遍铺大小不一的鹅卵石，四周是分三级渐次递高的楼层房间和面向中间打开的窗口，共32个居住单元放射展开，每个单元分为前后三进，除入口廊道占据一单元外，各单元规格完全一致。

2）道韵楼（图6～图8）

道韵楼位于广东省潮州市饶平县三饶镇南联村，建于明末清初，有着400多年的历史，平面呈正八角形，内切圆直径101.2m，周长328m，外墙高11.6m，总面积15000m²，是迄今被发现的中国最大的八角形土楼。

道韵楼仿周文王八卦形设计，坐南朝北，平面被划分为八段，每段含9户住房，其中两户位于角位，各段之间用巷道隔开。

道韵楼是典型的单元式围楼，全楼被划分为72个开间，每户占用一个开间，一开间对应一个独立的居住单元。

图6 道韵楼

图7 道韵楼正门

图8 道韵楼

每单元均有内院入口，有自己单独的户门，户内为成套的三进两天井院落，前、中进为平房，后进为三层半楼房，并配有自用楼梯。

成因

潮汕地区建造围楼主要是出于防御和聚居的目的。山区山岭起伏，可建设用地珍稀，要增大建筑规模只能向空中发展，因而发展了占地面积小于围寨而楼层较多的围楼形制。

比较 / 演变

福佬民系的围楼具有典型的单元式格局，每户占据的居住单元有单独的户门、自用楼梯甚至私井，户与户之间设有分户墙，私有空间和公共空间之间有明晰的界定。它与共用楼梯、共用厅堂、以走马廊串联各户卧室的客家土楼相比，已经把邻里间的干扰降到最低点。围楼（土楼）是一种内向型的高密度大规模聚居建筑，客家民系的土楼聚居模式体现了为了家族利益而牺牲家庭享受的取向，而福佬民系的住户对于土楼的利用则体现了更多的独立性和私密性，创造了一种更优越的居住条件，反映了福佬民系在"重家族"的同时也"重家庭"，力图在住居中寻求公共和私有利益间的平衡。

潮汕民居·围寨

围寨和围楼一样也主要因防御要求而产生，但两者建于不同的地形环境，潮汕当地有"依山围楼临海寨"之说，围寨的占地面积一般比围楼大很多，其建造者和使用者多是福佬人。

图1 东里寨寨门

1. 分布

在潮汕地区，围寨多出现在地形平坦辽阔的滨海平原，如潮州市潮安县、揭阳市惠来县等地，其主要防御对象是在海陆之间流窜、成员非常复杂的"倭寇"。

2. 形制

潮汕地区的围寨占地面积较大，其形制等于在府第式布局或网格式布局的聚落建筑群外围设置一道封闭的寨围。寨内有街巷分隔民居单元。寨围有两种：一种是独立墙体，一种是由相连的房屋的外墙形成。围寨依据形状分为方寨、圆寨和异形寨。一般来说，较规则的方寨是先有具体规划再建设实施的，而不规则的异形寨则大多先有建筑群的建设，后出于防御的需要才在建成区外沿增设围墙，寨围的形状根据建成区的边界而定。圆寨和近圆形的围寨在潮汕又称"鼎寨"，多围绕临海的小山头设寨，因地形限制而发展形成，其优点是能够较好地观敌和御敌。

最能体现潮汕人民的规划设计智慧的围寨是方寨，其内部空间形态有两种，一种就是一所规模很大的从厝式府第，祠庙居中，住屋环绕；另一种则采用方格网形道路系统，当地统称"三街六巷"，其实三、六并非实数，这些道路将围寨用地划分成若干小块，每一块上布置一个或一组民居单元，这种布局中常常可见民居单元模数化设计的痕迹。

3. 建造

围寨同围楼一样，其建造也要重点考虑防御需求。外围墙体也强调高大牢固与厚实封闭；墙顶多设走马道可贯通调配兵力；沿寨墙还设高度更高的更楼数座，用于观察敌情示警；图库式围寨还在寨内分区，每一区都设围墙，围墙上设洞门，建筑物之间也都设门，甚至房间之间也都设门，这些门户平时可开通联系，一旦有事发生即可关闭；总之，防御体系相当严密。

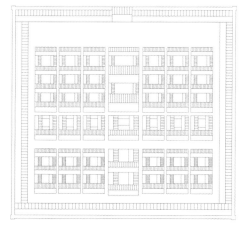

图3 东里寨内部巷道

4. 装饰

围寨的外围墙体厚实封闭、朴素平淡，寨内建筑的装饰立面为潮汕民居的典型装饰风格。

5. 代表建筑

1）东里寨（图1～图4）

东里寨位于广东省汕头市潮南区陇田镇东仙社区北部老寨，建于清乾

图4 东里寨平面示意图

图2 东里寨鸟瞰

图5 象埔寨鸟瞰

图6 象埔寨寨门

图7 象埔寨中央通道

图10 象埔寨内部街巷

隆二十八年（1763年）。坐东南向西北，整寨为清代潮阳四大富之一郑毓琮（象德）之孙郑峻峰等所建，依天罡三十六、地煞七十二布局。寨内三街六巷，正面阔112m，深114m，占地面积12768m²。四周夯土围墙，四角置更楼。正门、东门、西门、太平门各1座，家庙1座，准三座落6座，三座落6座，五间过3座，下山虎6座，阴城间108间。家庙广三路，深四进，中路面阔三间，砖木石混合结构，龙船脊，硬山顶，装饰具有浓厚潮汕地域风格，民居为悬山顶。

东里寨整体建筑格局保存较为完整。寨正门上有牌楼，上匾书"东里腾辉"四个大字，为乾隆年间棉城人进士萧重光所书；东门匾书"涵元"二字；西门匾书"配极"二字。正寨门入口处正对面有"郑氏家庙"，祠堂大门与寨正门方向相同。寨内庭院排列有序，整齐划一，从高处鸟瞰东里寨，寨墙环护，庭院栉比，十分壮观。东里寨是潮南区保存完整的老寨之一，具有一定的历史、科学和艺术价值，2001年3月公布为潮阳市文物保护单位。

2）象埔寨

象埔寨位于广东潮安县古巷镇古一村，寨为一方形大寨，坐北向东偏北30°，相传始建于宋，但建筑多为明清年代所建。寨后部中央为宗祠，其余为民宅。本寨建筑布局严谨规整，内部布置有"三街六巷七十二厝"。住房全属陈氏家族，寨门有匾"象埔寨"，上款"壬戌之秋"，乃清同治元年重修，下款"颍川郡立"，说明本寨陈氏祖先乃河南中原南迁而来。全寨由东大门进出，

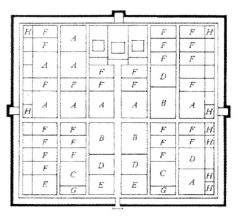

图8 象埔寨总平面

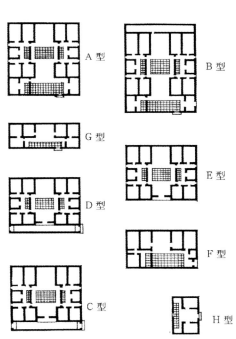

图9 象埔寨民居单元平面图

进门后有通道直通宗祠。

象埔寨规划和建筑的特点如下：1）建筑规整、道路整齐；2）平面类型丰富，组合模数化；3）寨内前低后高，排水系统通畅，家家有水井；4）外观朴实，门口高出，有一定雄壮和严肃感。

成因

筑寨的主要目的是为了防盗寇、防野兽和宗族聚居。根据陈春声的研究，韩江流域在明清政权交替的16、17世纪近两百年的时间里，因山贼、海盗、倭寇的空前活跃而引发了非常严重的地方动乱，官府无力在迅速转型的社会中维持安定和起码的秩序，只能号召散居的百姓归并大村，并同意村民在聚落设防自卫。由此聚落的军事化倾向日浓，在长达百余年的筑城建寨运动后，韩江21县出现围寨围堡林立的局面。

比较/演变

围寨与围楼最重要的区别有二：其一，围楼高度一般在三层以上，围寨除了寨围外，内部建筑多为单层。其二，围楼除去中央祖堂外，所有居住单元彼此毗连形成一座巨大的整体化的建筑单体。围寨寨墙内则拥有纵横复杂的街巷体系，住居单元分隔林立，俨然一个小村落社会。

潮汕民居·书斋庭园

图1　潮汕书斋庭园

远离封建统治中心的潮汕地区，由于缺失了与统治阶层的其他方式的联系，读书取仕的政治诉求更为迫切。将书斋和住宅组合在一起，并且以单个或多个庭园融入建筑群，服务于学习生活从而形成园林化的居住空间，成为潮汕民居的一种特殊形制，称"书斋庭园"。

1. 分布

拥有书斋庭园的是已经积蓄了一定经济实力的士大夫和富商家庭，有足够的财力和物力供养不需劳作的读书人，其家宅敞阔也足以为读书人提供一个隔绝外部的清净的庭院空间。而因这一阶层人士更多地集聚于市镇居住，故书斋庭园多分布于潮汕地区的市镇。

2. 形制

书斋有附建式和独立式两种。附建式书斋多位于住宅主体建筑的侧边或后方，远离入口，环境幽雅。独立式书斋与主人的主要住宅不在一地，通常是以书斋厅为核心厅堂，外加一些简单配套的居室供读书人居住，环境独立，庭园规模往往更大一些。书斋的庭园是依附于书斋建筑空间，通过适当布置水石花木，服务于学习生活的特殊园林。其尺度较小，观景方式以静观为主，停留于空间中的三两"点"上欣赏一些特意营造的对景。"庭"是庭园的基本组成单元，单个的庭园，就园内要素所占主次地位不同，可分为平庭、石庭、水庭、

水石庭；而按照庭园和建筑的相对位置关系，有前后庭、中庭、偏庭之分；按庭园的平面形状，则有方庭、曲尺庭、凹字庭、回字庭等样式。潮汕地区艺术价值较高的书斋庭园通常由两个或数个不同的庭组合而成，根据庭园之间位置关系，可以分为并排式（"梨花梦处"书斋庭园）、串联式（潮阳西园）、错列式（澄海西塘）等不同的布局连接方式。

不仅布局上要求自成一体，书斋庭园在空间形态上也力图塑造与日常起居部分不同的特质。书斋本身不再像住宅厅房那样死板僵硬，往往打破"一明两暗"格局，演化为偶数开间、曲尺平面以及造型更为美妙的轩、阁、船厅式建筑。书斋近旁的庭园则比住宅近旁的庭院要自由随意，一方面不刻意追求轴线、对称，大小形状灵活多变，书斋虽然是庭园之中最显眼重要的建筑，但未必居于庭院的几何中心或中轴上。另一方面庭园的空间界限迂回通透，除了建筑墙体和院墙外，敞厅、连廊、通花墙甚至假山、水面等半隔半通的软质界面

图3　莼园盟鸥榭

图4　西塘书斋

图5　西塘厅堂及前部抱印亭

图2　莼园"双移"一景

图6　莼园盟鸥榭东侧的水石庭

图 7　西塘山顶重檐小亭

图 8　西塘平面示意图

经常被使用，空间约束和空间渗透杂糅到空间分割的手段当中，让人感觉有限空间可做无限延伸。

3．建造

书斋庭园的特点主要体现在建筑与园林的结合，在建筑本身的建造方面并无特异性。

4．装饰

书斋庭园的装饰风格为潮汕民居的典型风格，但相对更为朴素、典雅，建筑成为衬托园林的背景。

5．代表建筑

1）莼园

莼园，位于广东潮州市下东平路305 号，建于 1930 年，作为著名国学大师饶锷、饶宗颐父子的故居，体现了潮汕文人的审美情趣和思想追求。书斋庭园位于著名藏书楼天啸楼的北面和东北面，用地形状狭长，于东西中点巧设八角形的书斋厅堂"盟鸥榭"，将横长园地分隔为两部分，使每一部分都拥有了适宜的长宽比例。西侧庭园为"凹"字形平庭，较为平阔，庭内花木扶疏。东侧的水石庭景物更为丰富，以一湾荷池为中心，组织了"碧虹"桥、"湛然"亭、高耸壁山附近的"引翠"、"双移"、"拙窝"等景。桥亭弯曲，山池错落，花木幽深，山石嶙峋，洞壑曲折，多姿多态，匠意横生。莼园作为闹市中的园林，以内向式组景为手段，在极为有限的用地中，通过山水花木的适宜尺度，造就既不失真，又与建筑庭院比例协调的风景画面。

2）西塘

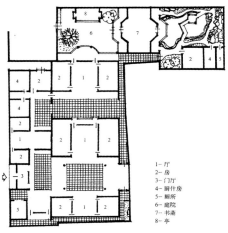

图 9　莼园平面示意图

1—厅
2—房
3—门厅
4—厨什房
5—厕所
6—庭院
7—书斋
8—亭

樟林西塘，位于汕头市澄海区东里镇塘西村内。清嘉庆四年（1799 年）建有凉亭、书屋，光绪年间为樟林南社洪家购得，按苏州园林样式扩建，以后历代均有修建，可谓集岭南、江南园林之精华于一身。

西塘园内集住宅、书斋、庭园三者于一体，书斋居东，住宅居西。住宅前设一平庭，住宅、书斋中间夹一水石庭，两庭错列布局，并巧妙地以水石联系形成空间渗透，使得清幽的读书空间和喧闹的起居空间有效隔开、互不干扰，但又可同时分享庭园景观，在有限的用地上通过合理紧凑的布局获得景观效应的最大化。

西塘全园占地一亩左右，园内亭榭楼阁、假山水池、客厅书房、园林花草一应俱全。通过空间段落的划分和过渡，有序地确立了空间的开阔节奏和景观的变化规律，使游园者达到精神愉悦的高潮，完满地实现了内向造景和外向借景的共赢。

成因

潮汕地区由于地处东南一隅，在封建社会的很长一段时间内文化都相对落后。据历史记载，当韩愈被唐宪宗贬谪到潮州当刺史后，恢复了乡校，开潮汕教化之先。此后历朝历代的驻潮官员都把韩愈作为学习的榜样，将兴办教育、培养才士、移风易俗作为履任的主要任务。宋代，曾任大理寺卿的彭延年被贬官潮州，在揭阳浦口兴建的彭园被认为是潮汕书斋园林的先声，他与宾朋在园内读书吟诗、煮酒对歌，开创了本地在私家园林内修学研读的风气。明中期，潮州科举有了破天荒的进展，在社会升迁中逐渐形成了一个特殊的"士大夫"阶层，其子弟的生活内容脱离了农家的早晚躬耕，转以勤学苦读跳龙门为当要任务。书斋庭园正是适应于这种单纯的学习生活，首先在这些士大夫的家宅中孕育产生，并成为其他社会阶层住居模拟学习的对象。

比较、演变

潮汕的书斋庭园或独立建园，或在住宅中占据独立分区，隔绝外部影响，其审美意趣与广府追求世俗享乐将园林和日常生活融为一体的商家庭园、茶楼庭园有很大不同，反而与江南私园接近，突出一个"静"字。这与潮汕与闽南毗邻，而闽南事务多受江浙影响有关。但是，以读书养性为初始功能的书斋庭园，后期却演化出许多"画外之意"，比如彰显门庭的卓尔不群、政治经济地位的与众不同。当书斋园林成为一种身份的象征，民间竞建书斋之风便成时尚。

潮汕民居·近代住宅

潮汕地区因地缘优势与海外的贸易文化交流自古有之，近代以来因殖民化和"过番"潮日盛，开埠城市和侨乡受到西方文化更为直接的影响，形成了一批在材料构造、外形装饰等方面参考西方建筑做法，与本地传统民居差异较大的近代西式住宅。

图 1 潮州管巷陈宅西座洋楼

1. 分布

潮汕的近代住宅多分布于近代开埠城市汕头，以及澄海、潮阳等沿海较富裕的侨乡。

2. 形制

不论在城市还是乡村，潮汕近代西式住宅都不是对西洋住宅的彻底照搬，而是采取"中学为体，西学为用"的基本态度，平面形制仍然保留了潮汕传统的平面样式，从城市中的竹竿厝到乡野中的驷马拖车，都较为忠实地体现了以天井院落组织各类用房的基本手段和重视中轴对称、向心围合的核心原则。

潮汕近代西式住宅一般为有一定经济实力的华侨富商建造，当用地条件较为宽裕时，他们首先追求住宅的平面拓展而非竖向发展，这是从适合宗族共居的角度考虑问题，因此潮汕的近代西式住宅层数多为两层，楼层也常常只用在从厝、后包等非重要的局部，与广府地区适合小家庭使用的平面紧凑而层数较多的碉楼、庐楼有较大差异，这也反映出潮汕文化更为重视传统和强调宗族共荣。

在造型上，潮汕民居对于西方文化的吸收也是以本土文化为基础的整合式的吸纳。例如对于一座从厝式府第建筑而言，家长居住的等级位序最高的中轴线上的多进院落，延续传统坡屋顶形式，从厝、后包等外围的从属性、围护性空间采用平屋顶楼层形式，高大的体量不会对内部核心院落单元产生遮蔽影响，反而更加烘托其重要地位。

3. 建造

潮汕近代住宅在建材、结构的选择上，既有中国传统的木材、石料，又有从异国舶来的瓷砖、水泥、钢筋混凝土、石膏和彩色玻璃，中外材料能各尽其用；既有向西方学习的钢筋混凝土梁柱结构，又有中式的木构梁檩体系；中外多元建筑要素自然地结合起来，创造性地在一栋大宅内和谐共存，却没有丝毫的相互排斥和抵触。中西融合、彼此互补的设计手法体现了具有长期海外生活背景的华侨家族所具有的既根植乡土、又放眼世界的艺术、技术视角。

图 2 三庐书斋的西式柱廊和女儿墙

4. 装饰

在装饰方面，潮汕近代住宅中虽然出现了轮船、大炮、飞机、洋楼等大量新颖的造型题材和元素，但它们仍然遵循本土原有的装饰格局，如在外立面上这些要素仍然运用在凹肚门楼、檐下窗楣等固有部位，只是替换了传统的装饰内容而已。聪慧的潮汕工匠还以传统技法组织进口材料，形成贴近潮汕审美标准的装饰语言。如采用水泥为塑形原料来创新"灰塑"，用"嵌瓷"手法来镶贴进口彩色马赛克。另外一些被引进的西式建材技术，虽然工艺本身没有发生变化，但它们所塑造的内容却是潮汕传统造型，如钢筋混凝土的梁、柱构件，以"仿木"的方式进行精雕细刻的表面处理。再如引入铁艺技术制作隔断、栏杆，再现中国传统建筑特有的曲线美感等。

图 3 善居室中的西式洋楼

5. 代表建筑

1）善居室（图3～图5、图7）

善居室位于广东省汕头市澄海区隆都镇前美村，是旅泰著名华侨实业家陈慈黉及其家族在家乡兴建的近现代典型民居建筑，修建于1930年，历时20年

图 4 贴满洋瓷片的门楼肚

图 5 洋瓷砖拼出的禄字镂空照壁

图6　西园的住宅建筑

建成，占地面积 6800 多 m²，大小厅房 202 间，是陈慈黉故居中建成最晚、风格最独特、保存最完整的府邸。

善居室建筑群在平面上沿用了潮汕地区传统的"驷马拖车"形制，而在建造上体现了西方建筑文化的影响，如其中轴厅房和内侧从厝皆为平房，而外从厝和前后包采用了二层高的楼房，局部使用平屋顶。在建筑材料的选择上，既有中国传统的木料、石料加工制作的横梁立柱，又有从异国舶来的瓷砖、水泥、石膏和彩色玻璃用于各类装修。如用本地麻石雕刻出西方古典柱式，用西洋瓷砖拼砌出中国吉祥文字构成的镂空照壁，创造性地结合了中外多元的建筑元素。

2）西园

潮阳西园，位于潮阳棉城镇西环路东侧，由邑人萧钦创建，萧眉仙设计。该园始建于光绪二十四年（1898 年），历十余载至宣统元年（1909 年）竣工。园区占地面积 1330m²，建筑面积约 900m²。

西园内住宅建筑采用中式平面、西式立面，体现了"中学为体，西学为用"的主张。如前座采用了潮汕地区传统的前为凹肚门楼后为门厅的形制，而造型上采用西洋平顶柱廊式。整体平面采用"五间过"加厢房式，但为了适应西式楼房的外观，其内部天井被交通内廊取代，廊端设楼梯，梯间用天井采光，面向水庭的外廊式用四条多里克叠柱装饰，建筑覆盖四坡洋式屋顶，有组织集中排水。

庭园内设的水楼以桥状基础骑越水上，平顶琉璃瓦小檐，檐口有出挑的垂

花柱，墙面设玲珑通透的彩色玻璃窗扇，间中有西式拱窗楣和宝瓶琉璃栏杆，中西样式融为一体，风格别有品位。

图7　中西合璧的窗户

图8　平顶柱廊式的门房

图9　西园的书斋建筑

成因

潮汕属于沿海地区，早在唐宋时期就已有相当规模的外贸活动。从 1662 年至 1812 年的 150 年间，潮汕人口大增，人地矛盾更加激化，传统农业已经无法承受四百多万人口的巨大压力，对很多潮汕人来说"过番"去暹罗（泰国）等东南亚国家谋生成为转变贫苦生活的唯一道路，从此开始形成大规模的"过番"潮。通过在异国他乡的艰苦打拼和不断积累，一些侨胞事业有成，他们情系家乡，不但寄资支持家乡的建设，不少人在年老时回归故里，建设居所颐养天年，在这个过程中，就将侨胞在海外所接触的西方建筑文化带入到潮汕西式住宅的建设中。

比较／演变

鸦片战争前后，在海外务工的第一代潮汕华侨艰苦谋生，资金积累缓慢，侨汇数额微小，以赡养侨眷用途为主，即便营建新式住宅，也较为朴素，装饰装修简单化，同时对于西方文化的了解和认识有限，西式要素往往只是中式大格局中的装饰化和片段化的陪衬。至清末民国初年，第二代、第三代潮汕华侨已在海外有所发展，经济条件改善，侨汇数额激增，对西方文化的理解和领悟更为深入，在国内营建住宅时才形成了整合中西建筑文化的较为成熟的语汇。直至日本侵华期间，由于社会战乱动荡，侨汇中断，潮汕地区的西式住宅建设因此进入低潮期。

客家民居·杠屋、杠楼（横屋、锁头屋）

杠屋（楼）是客家民居中较为简单的一种类型，因其纵向排列，山墙朝前，故称杠屋（楼）。可以看作把堂横屋的堂屋弱化，突出横屋，以复数形式的横屋组成杠屋，最少有二杠，多者至八杠。杠屋（楼）是对堂横屋、围龙屋样式的补充，丰富了客家人传统民居样式的种类，展示了客家的人文历史。锁头屋其实平面形状似锁头，也是规模小的杠屋，是客家地区常见的一种民居形式，多为山谷地带的居民所建。其形制、布局较为简单，在民居中具有普遍性，是客家民居的基本类型，反映一般小户人家的居住方式，规模较小，或附着在大型围屋周边，布局灵活。

图1 永鑫庐

1. 分布

杠屋（楼）的分布，在粤东的梅县、大埔分布较多，其他地区也有分布，香港地区的杠屋（楼）多有变异，小巧玲珑。

锁头屋作为民居基本类型分布广泛，在客家人聚居地均有分布，包括粤港澳地区、台湾地区、福建、江西等，其中以广东省梅州、韶关、清远等地较为集中。

2. 形制

杠屋（楼）的明显特征是厅堂空间不发达，两列房间和中间的纵向天井形成基本的杠屋（楼）的样式，从称谓上，杠屋（楼）的一排纵列房间称为"横屋"，和堂横屋的附属组成部分相同，这表明它在形制上和营造上都有基本单元的意义。事实上，杠屋（楼）之间的纵向天井与堂横屋中的堂屋和横屋之间的纵长天井在样式上也相当一致，这表明了杠式楼实际上是堂横屋中附属单元的一种组合，在这种组合中，排除了主

要起仪式作用的厅堂空间。两杠屋（楼）的发展可以形成多杠屋（如三杠屋、四杠屋等）。

锁头屋的平面由于像古代锁头形状，故名锁头屋，这是一种独立式横屋，在建筑平面两端布置门厅和厨房组合而成。它面对围墙自成一长方形天井，如天井过长，则可在横屋厅前加敞廊，称之为"过水厅"。此类平面的空间灵活，通风采光条件较好。

3. 建造

杠屋（楼）的建造原则是根据经济条件，首先建造最简单实用的杠屋（楼），留出空间待经济条件许可后再建造祖堂。另一因素是受到风水地理的影响和限制，地理先生根据阴阳五行测算建造屋式。

建筑结构一般为抬梁式和穿斗式结合的木构架，墙体为夯土、土坯或砖砌围护墙体。屋顶形式多为硬山式，在木架构上铺设椽子，椽子上铺瓦，多用灰瓦。天井地面采用石板或鹅卵石铺砌。

锁头屋因其规模较小，一般建筑结构为穿斗式结构木架，檩条搁在墙上，墙基多用石垒或砖砌而成，柱础多用石构，亦有夯土、土坯构成的墙体。屋顶在木架上铺椽子，椽子上铺瓦，不用瓦筒。室内房间多为泥地面，少数用三合土磨光地面。

4. 装饰

与围龙屋、堂横屋一样，由于防御性的需要，杠屋（楼）向外的外观通常较为封闭，一般较少装饰，面貌朴素。室内装饰形式、文化内涵却尤为丰富。装饰手法主要有木刻、石雕、砖雕和灰塑。木刻一般都表现在门窗装饰、梁架的垫木、雀替、挑檐木上。石雕、砖饰一般都表现在山墙或门楼上，装饰内容繁多。

锁头屋形制简单且不成群，装饰主要集中在山墙，房屋其余部分一般较少装饰，面貌朴素。室内装饰风格具有岭南特色，带有比较浓厚的地方文化色彩。柱、枋、门窗涂上红色油漆。房屋整体简朴，装饰简洁规整，用色清新。

5. 代表建筑

1）桥溪世德楼

桥溪世德楼位于广东省梅州市梅县雁洋镇长教村桥溪自然村，建于清代，由朱氏十四世安联之子、孙合作兴建。坐东南向西北，为二堂四合杠一枕屋，悬山顶，俗称"走马楼"；高台基，合瓦屋面，土木石二层结构；总面

图2 镇东楼外观

图3 镇东楼庭院

图4　镇东楼细部

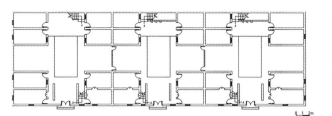

图6　桥溪世德楼平面图

图7　桥溪世德楼

阔 45.22m，总进深 15.83m，占地面积约 1000m²。正门额署"世德楼"，左门额署"上寿椿围"，右门额署"百龄萱室"。各山墙分别饰直棂石窗。后面有枕屋。"桥溪村古民居建筑群"（世德楼是"桥溪村古民居建筑群"之一），2002 年公布为广东省文物保护单位。

2）贡元伍屋

贡元伍屋，俗称锁头屋，位于广东省梅州市梅县西阳镇鲤溪村，建于清光绪三年（1877 年），是伍氏云超公所建。坐西北向东南，总面阔 6.6m，总进深17.8m，占地面积约 180m²；高台基，合瓦屋面，土木石二层结构。正面为凹式门楼，门额署"贡元"，悬山顶。该建筑简单，是研究清代梅县客家民居的新案例。

图8　镇东楼大门

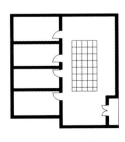

图5　锁头屋平面示意图

图9　燕诒楼

成因

总体延续围龙屋的建造习惯。从中原南迁到山区的客家人由于受到当地人排挤欺辱，因而建造聚居性、防御性和围合性强的住宅，杠屋（楼）从围龙屋、堂横屋演化而来，建造方式仍然得以保留，屋内住户仍按辈分高低及尊卑来分配房间，但由于经济水平或者风水地理的影响，弱化了建筑中心宗祠的功能。

比较／演变

围龙屋兴盛于明清，晚清时期受经济条件或风水地理的影响，建筑形式从早期单一的围龙屋式样，发展为堂横屋、杠式屋、锁头屋等多种建筑形式，使用、组合布局更为灵活。堂横屋中居住功能较弱的堂屋受到削弱，杠屋（楼）因而出现。近年因经济发展，生活方式变化，人们开始不愿意居住在环境封闭、采光通风较差的屋内，新建的房屋已少采用这种杠屋（楼）的形式，现存的杠屋（楼）也较少人居住。

杠屋（楼）与同为客家民居的围龙屋、堂横屋相比，一般规模较小，更注重竖向体量，弱化中心堂屋的功能，主要以居住功能为主；与福建土楼或赣南围屋相比，其层数较少，防御性较弱。

客家民居·堂屋（门楼屋、双堂屋）

堂屋是客家民居的一种重要的基本形式，其建筑形制和风格结合了中原文化、客家文化和南粤文化，适应了南方的气候条件、地理环境，通风隔热，是一种适合南方地理气候和客家宗族思想的住居形式，是岭南居住文化的重要组成内容。

图1 连州黄氏民居

1. 分布

堂屋在广东、湖南、广西均有分布，因其宗族特色明显，尤以客家地区最为丰富。

2. 形制

这类民居由正屋、两厢与入口处的门厅（或倒座）等围合而成，即"四厅相向，中涵一庭"。平面一般是三开间，上座房屋二进二廊带一天井布局，室内布置有上堂、下堂和一天井，东西两侧分别布置卧房和水平联系的厢房。其外形基本上为四方形，四周为高大结实的墙体，建筑物北房是两坡硬山顶，其他三面都是斜向天井的单面坡，四周的墙头却高出屋顶以上有利于防火。墙头的轮廓线可以自由处理，山墙一般作阶梯状跌落的马头墙。

3. 建造

堂屋民居的构架形式主要有两种，一是山墙搁檩，二是抬梁体系。山墙搁檩是南方民居中比较普遍的一种构造做法，这种结构方式的主要特点是以砖墙承重，使用空间较小。抬梁构架体系主要出现在穿堂上，穿堂是主体建筑部分中地位仅次于堂屋的地方，周围没有围护结构，只有高耸的柱子和粗大的梁或枋。

外墙材料及做法一般因地而异，常用的有青砖墙、石墙以及土坯墙。天井地面采用石板或者鹅卵石铺砌，屋顶在木构架上铺椽子，椽子上铺瓦，以小青瓦互扣，不用瓦筒，也不用灰浆固定。

4. 装饰

门窗雕饰是粤北地区民居建筑装饰中最重要的组成部分，门窗木雕主要承袭了明清两代的装饰风格，几乎囊括了各种雕刻技艺，既有明代雕刻的朴拙古雅，也有清代雕刻的精巧缜密。

5. 代表建筑

1）白家城民居

白家城民居位于广东省连州市东陂镇卫民村委会，建筑开三间，通面宽约11.1m，进深约9.9m。砖木结构，"人"字硬山墙，垂脊尾部起翘，翘脚饰灰塑卷草花纹；木门框上有一对木门簪，石门枕上雕麒麟，门上有一门罩，上开矩形窗，檐壁彩绘山水画及诗文。堂屋前

图2 白家城民居

图3 白家城民居脊饰

图4 白家城民居入口

图5　大营村民居窗

图6　大营村民居天井

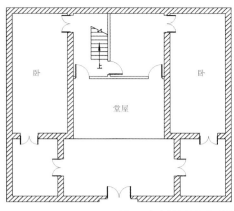

图8　白家城民居平面图

部有一前厅，两层通高，空间更显通透，后部有一木隔断，开左右门，左侧设楼梯上二层，右侧隔成一间房。堂屋上有阁楼，利用高差分为两部分，正对前厅侧并不封闭，利于二楼采光通风。堂屋左右各有两间卧房，门朝堂屋，中间开门相通。

2）大营村民居

　　大营村民居位于广东省连州市瑶安乡。建筑平面两进一天井布局，通面宽约11.3m，进深约20.3m；砖木结构，硬山顶，高两层，大门凹斗门式门面，轩式檐廊，檐壁有精美彩绘，趟栊门，上有两直棂窗，左右两间房朝外开窗，上砌拱形窗罩，大门正前方墙面上灰塑龙凤福字图案，构思巧妙；下厅面宽约4.7m，进深约5.3m，后有木屏风，左右两间房朝厅内开门，厅后设有一廊，左右均有木楼梯上二层阁楼，阁楼用寻杖栏杆围合，但并不贯通，厅上二层用木板和矩形窗隔出一间房。上厅面宽约5.2m，进深约7.8m，山墙承檩，空间很高，厅前有矩形木窗、格扇、门罩装饰，型制美观，镂空门罩雕花鸟图案，栩栩如生；厅后两根圆木柱，置木板，上厅两侧各有卧房两间，朝厅内开前后门。

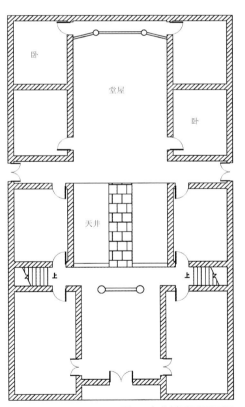

图7　大营村民居平面图

成因

　　民居在建造过程中，主要是受到两个方面的因素制约，一是物质方面的因素，如气候、地理、当地的建筑材料和当时的建筑构造技术等；二是文化精神的因素，一些传统的文化思想和规章制度已经深入到人们的生活中，如长幼尊卑、等级差序、宗族观念、家族信仰等，即使在门楼屋、双堂屋这种较为单一、规模较小的民居中也不例外。

对比/演变

　　古代中原战争频繁，汉民大量南迁，结合南方的气候条件、地理因素、人文历史等各种因素，形成了适应南方气候的四合天井民居，由于人口不断增加，以这种四合天井为基本单元布置，通过组合，结合院落、园林景观、园林小品等，形成大型天井院落民居。

　　北方的四合院是以厅堂和庭院作为建筑的核心，容纳家庭的日常起居、祭祀祖先等活动，既是家庭的礼制中心，更是全部建筑的精神中心。南方的堂屋从平面到结构都互相联成一体，中央围出一个天井，这样既保持了四合院住宅内部环境私密与安静的优点，又节约用地，利于通风，同时还保持了传统的祭祖空间。

客家民居·堂横屋

堂横屋也是客家传统民居的基本组合形式，其建筑形制和风格继承了中原古朴遗风，构图完整，中轴对称，规模较宏大，适应了聚族而居的客家居住模式，展示了客家的住居文化。

图1 梅州继善堂入口

1. 分布

堂横屋是在堂屋的基础上增加两排陪衬建筑——"横屋"。所处地域基本为温带和亚热带气候区平原或丘陵地带，门前一般有禾坪和月池，这种屋式已初步具备客家民居特色。堂横屋分布比较广泛，但是粤东客家地区较为常见。

2. 形制

堂横屋由居中的纵列堂屋和两侧的横屋组合而成。客家堂横屋以中轴对称式布局为主，其基本结构是在中轴线上布置为二堂（厅）或三堂，最多者达五堂，在堂屋的两侧加有横屋。这种传统的堂横屋布局，粤东客家人称之为府第式民居。

堂横屋的造型特征，是以中轴线上的厅堂、敞廊和天井构成三位一体的天井内院式建筑空间，民居保留了中原地区四合院布局的组合特色。从前而后为池塘、禾坪、门厅、天井、厅堂，厅堂天井左右布置有平衡对称的厢房。在中轴厅堂主体建筑的两侧，根据需要建有横屋，横屋一般情况下为对称式布置，如双横屋、四横屋、六横屋等。整座民居的造型前低后高，突出中轴，堂屋高、横屋低。

3. 建造

建筑结构一般为抬梁式和穿斗式结合的木构架，墙体为夯土、土坯或砖砌围护墙体。旧楼若拆除重建，原有墙土可以回收利用，由于建筑结构的屋架通风良好，木构件较少毁朽，也可以再次使用。屋顶在木构架上铺设椽子，椽子上铺瓦。以小青瓦互扣，不用瓦筒，也不用灰浆固定。厅堂多采用三合土磨光地面，房间多为泥地面。天井地面采用石板或鹅卵石铺砌。

4. 装饰

建筑外部装饰主要集中在山墙檐壁部分、彩绘壁画和屋脊灰塑等。建筑内部装饰主要集中在门窗、梁柱枋等结构构件上，建筑装饰主题主要以花草树木、飞禽鸟兽为主题，色彩多样，形态多变。

5. 代表建筑

1）进士第

进士第位于广东省河源市龙川县廻龙镇罗回村石口塘。建于清代。

建筑坐西向东。三进二横，客家方形屋，正屋上三下三布局。总面宽26.5m，总进深26.5m，建筑占地面积702.25m²。

建筑为土木结构，外墙石墙，内墙石墙基土砖墙体，硬山顶，灰瓦屋面，灰沙地面。计有九厅、六天井、二十八房间、一余坪、一照墙、一水塘，总占地面积834m²。大门前檐二圆麻石柱承三步梁。麻石门框、门槛、门礅、木门页、枕门。下正厅后部有屏风，屏匾正书"居其所"，背面阳刻"进凤联飞"，上款："钦命广东承宣布政使司布政使邓为"，下款："光绪十三年癸亥九月吉日例贡国学生吴泌全立"。中正厅前檐二圆木柱承一梁，有侧屏，后部有屏风。

2）大夫第

岭下定大夫第位于广东省河源市龙川县铁场镇桥头村洋贝岭下定。据当地黄

图2 梅州资政第

图3 资政第入口

图 4　进士第

图 5　大夫第入口

图 6　大夫第

氏族谱记载该屋始建明嘉靖年间，后多次修缮，最近一次维修为 2002 ～ 2004 年。

建筑坐西向东。三进二横，正屋上五下五布局。总面宽 34.2m，总进深 26.5m，建筑占地面积 906.3m²。

建筑土木结构，外墙灰沙夯墙，内墙青砖墙体，悬山顶，灰瓦屋面，灰沙地面。原有九厅、六天井、三十四房间。现左横屋后部崩毁。另外，屋前一余坪、一照墙、一水塘，总占地面积 1407m²。大门前檐下一梁，麻石质门框、门槛、木门页，门额石匾"大夫第"，门边墙嵌有石刻对联两幅，阴刻，其一："颖川世德，江夏家声"；其二："继祖功德耕读传家千秋盛，石公典范家廉节孝万代昌"。中正厅后部有屏风，屏额匾"四美堂"。上正厅前檐墙有对联一副："继宗公垂训忠诚慈善昌百世，叨祖德福恩军政学商盛万年"，正壁前有金漆雕刻神龛和黄氏先祖牌位。

图 7　资政第内景

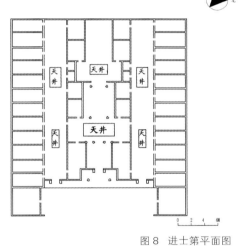

图 8　进士第平面图

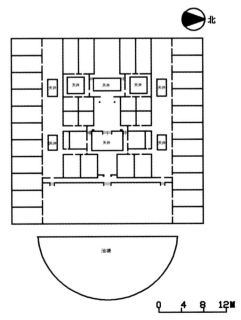

池塘

0　4　8　12M

图 9　大夫第平面图

图 10　进士第木门扇细部

成因

客家人是唐宋以来由中原南迁的汉人。因此继承了中原长幼尊卑、崇文重教的文化。形成了中心位置安放祖宗牌位供后人拜祭、两侧对等数量的横屋供居住的建筑形式，反映了客家人的传统家族伦理思想。

比较 / 演变

客家堂横屋的形式源于中原地区。在继承中原文化与先进建造技术的同时适应当地社会环境的条件下，逐渐形成了这种中轴对称、祠宅结合、家族聚居的民居形式。客家民居的其他形式如围龙屋、枕头屋、四角楼等都是在此基础上发展而来的。

堂横屋与堂屋相比，两侧加有横屋，横屋用于居住，两侧横屋的数量一般相同，横屋越多说明家族人丁兴旺。

客家民居·围龙屋（枕头屋）

围龙屋是客家人传统民居的典型样式之一。其建筑形制和风格结合了中原古朴遗风以及南部山区的文化特色，构图完整，规模宏大，适应了聚族而居的客家居住模式，展示了客家的人文历史，是客家文化的重要象征。

图1 围龙屋

1. 分布

围龙屋（枕头屋）在客家人聚居地均有分布，所处地域多为亚热带气候区丘陵地带，气候温暖湿润，其中以梅州市诸县最为集中。

2. 形制

围龙屋（枕头屋）多依山而建，整座屋宇跨在山坡与平地之间，形成前低后高、两边低中间高的双拱曲线。建筑整体为多个院落组合的平面布局，建筑横纵交错布局，中轴对称，复杂而有秩序，屋宇层层叠叠。屋面多为双坡硬山瓦屋顶，也有堂屋用悬山的作法。

建筑群分为前后两部分，前半部是堂屋与横屋的组合体，后半部的围屋呈半圆形，形成建筑群整体马蹄形的独特形态（枕头屋后部则是连接两侧横屋的长条形的房屋）。

建筑中央的主要功能部分为横向的矩形。正中轴线上为前后两进或三进堂屋，堂屋两侧是前后走向的横屋，横屋与堂屋组合起来，形成两堂两横、两堂四横、三堂四横等不同的规模和组合样式。建筑群后部由围屋围合而成的近似半圆的内部庭院组成，称"化胎"。枕头屋此处则围合成长方形的内院，也是祈求多子多福的神圣场所。

客厅位于堂屋，另每栋横屋又有横屋厅。堂屋中的卧室位于中堂两侧的次间和梢间，叫堂屋间；横屋中的卧室，叫横屋间；围屋中也有卧室。

堂屋的上堂又叫祖堂或正厅，是供奉祖先神牌和其他神祇的地方，是围龙屋（枕头屋）的礼制中心。"化胎"中的"龙厅"是围龙屋的最高点，有崇神的意义。

3. 建造

建筑结构一般为抬梁式和穿斗式结合的木构架，墙体为夯土、土坯或砖砌围护墙体。厅堂多采用三合土磨光地面，房间多为泥地面。天井地面采用石板或鹅卵石铺砌。屋顶在木构架上铺设椽子，椽子上铺瓦。以小青瓦互扣，不用瓦筒，也不用灰浆固定。建造之前先由地理师选择地形地势，同时建筑的主要尺寸也要由地理师结合风水术的要求确定。

4. 装饰

建筑群向外的外观通常较为封闭，一般较少装饰，面貌朴素。室内装饰风格具有岭南地方特色，装饰纹样繁复，风格富丽。柱、梁、枋、门、窗等重要部位常雕绘上山水花鸟、飞禽走兽等精美图案，并涂上金、红等鲜艳颜色的油漆。由华侨兴建的围龙屋在建筑外观上常带有受到西方文化和艺术风格影响的痕迹。

5. 代表建筑

1）梅县德馨堂

德馨堂位于梅县南口镇侨乡村鹿湖山下，由印尼华侨潘立斋建造，清光绪三十一年（1905年）兴建，1917年建成，历时13年。其为典型的围龙屋。

图2 梅州光禄第

图 3　德馨堂鸟瞰

该庐坐西南朝东北，为"两堂四横两围"，夯土墙，灰瓦面，抬梁式构架，正立面为硬山式，侧立面为悬山式。平面布局为纵向椭圆形中轴对称，占地面积 7500m²。

中央堂屋硬山顶式，二进五开间，正立面为凹式木轩门楼。两侧横屋五开间，两层围屋内外相通，其中内围十三开间，外围二十七开间。

2）柏子围

柏子围位于广东省河源市连平县高莞镇二联村。是落居高莞韦姓一世祖景立公于康熙年间创建。其为典型的枕头屋。

该围坐西北向东南，是一座三堂二横一围建筑。总面阔 86.44m，总进深 42m，建筑占地面积 3630.48m²。大门前地坪两侧竖立着 6 对旗杆石，围外右侧 45m 处有一口水井，门前有半月形池塘。

建筑为瓦顶悬山式。大门为凹斗拱形门，墙厚 0.77m，由三合土夯筑。中轴堂屋祖祠称之为"一经堂"。进大门左侧墙上嵌有"嘉庆二十一年（1816年）仲春立"的"韦姓族人禁例"阴文楷书石碑两块。

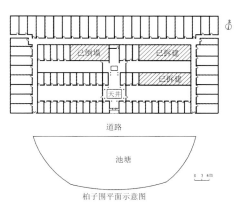

图 4　柏子围平面图

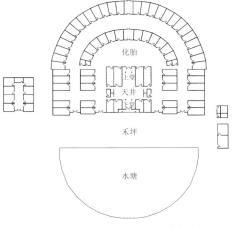

图 5　德馨堂平面图

成因

客家人是唐宋以来由中原南迁的汉人，多居住在偏僻的山区，受当地人的排挤和欺侮，为了团结御侮求生存，他们大多选择聚族而居，并建造具有防御性的住宅，以抵御盗匪和当地人的侵扰。同时，屋内住户按辈分高低及尊卑来分配房间，其建筑中心位置都安放祖宗牌位，供后人拜祭，是客家人传统家族伦理思想的体现。

比较／演变

围龙屋（枕头屋）始见于唐宋，兴盛于明清。当代由于生活条件提高、交通和经济进步等原因，愿意居住在围龙屋（枕头屋）的客家人已经渐渐减少，新建的房屋样式也不再是这种形式。围龙屋作为客家的特色民居，渐渐被开发为旅游资源，以吸引游客。

围龙屋（枕头屋）与同为客家民居的福建土楼或赣南围屋相比，其层数较少，防御性较弱，但生殖崇拜的意识较明显。

图 6　柏子围正立面

客家民居·围楼

围楼是客家民居中居住与防御一体的规模较大的建筑形式，在闽、粤、赣三省的客家地区分布广泛，其形制略有差异。

图 1　永成堂围楼

1. 分布

广东地区的围楼主要分布在粤北韶关的始兴、翁源，清远的英德和粤东梅州的蕉岭、大埔等地。粤东地区围楼的形制与闽西客家地区的土楼相似，而粤北地区的围楼则更多地受到江西赣南地区的影响。

2. 形制

广东地区围楼从平面形式来划分，主要分为方形围楼和圆形围楼。方形围楼是指建筑平面呈方形或矩形，圆形围楼则平面为圆形或者椭圆形。围楼的内部结构通常为内通廊式，即在每层楼上用木结构的檐廊将各户连通起来，檐廊成为各家各户的公共空间。也有少量的圆形围楼采用单元式。粤北始兴地区的围楼规模通常较小，往往仅用于临时避难使用。而粤东地区的围楼规模较大，集居住与防御为一体。

3. 建造

广东地区的围楼建筑意匠与营造技术别具一格。建筑材料通常会选择当地能常见易取的生土、竹木、沙石等。因为建筑的体量庞大，基础多用大块河卵石垒砌，空隙以小鹅卵石填塞，内外均用泥灰勾缝。如果地基较软，则会在最底层垫入松木。

墙体砌筑形式多样，有三合土版筑、土砖或青砖砌筑、卵石加三合土或加青砖混合砌筑，这样的砌筑方式不但可以增加墙体承重，增强建筑的防御功能，部分墙体还能起到防洪的作用。

4. 装饰

客家围楼外形质朴、厚重，表皮裸露夯土或者砖石，朴实无华。围楼内部大多以实用为主，雕饰不多，其建筑的装饰艺术相对而言比较简略，至多会在祖堂或者大门处做些装饰。主要装饰手

图 3　永成堂内廊

法有木雕、石雕、砖雕、彩绘和灰塑等。重要的装饰部位有大门、扶手、檐口和铺地等。而粤北地区的围楼因为只在防御时使用，装饰就更加简洁，多在大门处做一些砖石雕饰。

5. 代表建筑

1）始兴罗坝白围

罗坝白围位于广东省韶关市始兴县白围场村。据村内老人介绍，白围建成于乾隆庚申年（1740 年），原为 6 层，后因地基沉降倒塌，现建筑高四层，其中西面主楼局部高五层，共 44 间房，由门堂、地堂、祖堂和会客厅组成。房间均朝天井开门，每层回廊走马、上下连通。

围楼整体向上略收呈台状，射击孔、瞭望口均布周匝，四层炮台外挑。围楼东侧屋面中部比两侧稍高，西侧屋面则略高出南北两侧，屋顶形态丰富。入口大门有木牌匾高书隶体"兰台首选"，围门用硕大卵石加石灰夯筑、垒砌而成的，厚实稳重。门楣上悬石匾"亘古鸿猷"四字，四周灰塑城郭图案。建筑主墙为夹心墙，河卵石砌。

图 2　围楼屋面

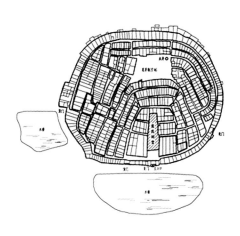

图 4　罗坝白围

图 7　翁源八卦围平面图

2）翁源八卦围

八卦围位于广东省韶关市翁源县葸岭村，是以八卦宇宙图式建设，整体空间格局独特，每一组房屋都与卦象有所对应，从外到内，房屋由高到低，屋形奇特，颇具特色。八卦围周边地势平坦，其东方有流水曰青龙，西方有大路名白虎，南方有水塘曰朱雀，北方有丘陵名玄武。按当地说法，这四样齐备的地方，叫做四神相应之地。围中主要街巷均用鹅卵石铺砌，纵横交错，宽阔之处可容5人并肩而行，狭窄之处只能容成人侧身贴墙方可通过，正是这些多不胜数的小径构成了"迷魂阵"。八卦围外墙高6m，用石灰、沙、石砌成，房屋大都是黄土泥砖。砌筑工艺上的牢固与"八卦"象形的结合正凸显当地村民高度的防御意识，可以说，这是客家传统建造工艺和地方传统建筑文化在地形地貌的影响下相互融合的完美体现。

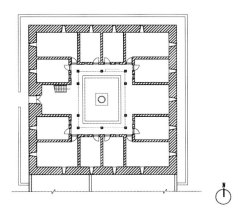

图 5　罗坝白围平面图

成因

围楼作为中国古代民居中独树一帜的防御性建筑，其形成、发展与客家人移民迁徙、择居生息有着千丝万缕的联系。客家人所生存的地区多为山区，作为新迁入的移民与当地土著必定会为了争夺资源而产生斗争，同时明清时期连年战争，匪寇不断，因此这类建筑的出现就理所当然了。

比较／演变

围楼分布广泛，其建筑形式也受到不同地区的影响，粤北因地理上靠近江西赣南，因此两地的建筑形制也十分相似；而粤东地区的围楼则更多地能看到福建土楼的特征。围楼在不同地域的历史演变过程中，体现了地域文化的相互交融。

广东地区的围楼比起江西赣南的"土围子"以及四角楼在防御性上较弱，但较围龙屋防御性更强，在形制上与福建土楼相似。

图 6　翁源罗盘围鸟瞰图

客家民居·四角楼

四角楼是客家民居中居住与防御为一体的建筑形式；建筑的四角加建碉楼，并设防御时走人的过厅，墙上布置枪眼，其防御性较围楼更强。广东地区的四角楼分布广泛，是具有更强防御性的客家居住方式。

图1 河源林寨

1. 分布

广东地区四角楼主要分布在粤北新丰、翁源、始兴以及英德等反迁客家区和粤东和平、兴宁、五华一带。其建筑风格和建造技术受福建、江西赣南等客家地区建筑形式的影响。

2. 形制

粤北部分地区与江西赣南相邻，建筑形制也与之相似，体现出强烈的防御色彩。根据建筑的平面布局，四角楼可分为三种基本类型：口字围、国字围和套围。

口字围是周边只有一圈封闭围屋的方围，四角设落地的方堡，也有的只在对称两角设堡，中间为一天井或内院。这种围屋大多规模较小，等级较低。国字围是在封闭的一圈围屋中设一祖屋，因祖屋多是王字形平面，所以围子的平面宛如一个"国"字。套围是在外围内套建着一至两圈封闭或非封闭的内围，其中心院几乎都建有祖堂。

3. 建造

四角楼的建筑材料以因地制宜、就地取材为特色，同时建造注重节约资源、施工简易的原则，通常会选择当地能常见易取的生土、竹木、沙石等材料。而建筑基础采用大块的红砂岩石条、青石板、河卵石和青砖等材料，采取单一或混合的方式叠砌或垒砌而成。墙体有三合土版筑、土砖或青砖砌筑、卵石加三合土或加青砖混合的砌筑方式。屋面处于较高处，并不会很容易受到侵入，所以大多采用杉木梁架瓦桷，再覆盖以青灰瓦。

4. 装饰

四角楼装饰多位于大门或者祠堂。主要装饰手法有木雕、石雕、砖雕、彩绘和灰塑等。重要的装饰部位有大门、窗扇、梁架、屋脊、山墙、檐口、柱子、照壁和天井等。因受湘赣、闽西等地影响，装饰艺术吸收融合了多方文化特色，在材料、形式、构造及题材上体现出丰富的地域性。

5. 代表建筑

1）满堂围

满堂客家大围位于广东省韶关市始兴县隘子镇。是客家文化的典范，素有"岭南第一大围"、"粤北第一民宅"和"客家土宫殿"之美誉。始建于清朝道光十三年，建成于咸丰十年，由上新围、中心围、下新围组合成一座大围楼，占地面积15000多平方米，房间总数777间。

该围坐西北向东南，道光十三年建。面阔178m、进深83m，二至五层高约8至15米。上新围和下新围两围供族人居住。高4层16米的高大厚实围墙环绕四周，共有11座高3至4层的炮楼分布在整座大围的四周，瞭望射击孔洞密布四围。中心围楣"奠基"，各单元有各自的正门，它既可分亦可合、形成一个整体。河石、青砖墙牢固结实，楼梁瓦梁一根挨一根密密排放，地面用河卵小石铺几何形图案，1996年11月，被国务院公布为"全国重点文物保护单位"。对研究广东古建筑具有重要价值。

2）翁源祝三楼

翁源县官渡镇坪田村祝三楼是典型的四角楼，围屋大门暎山丁向，内部以

图2 林寨颍川旧家门额

图3 满堂围

图 4　林寨四角楼

祠堂为中心，以堂屋和横屋纵横围合而成。围内房屋以一层为主，仅周边外墙处设二层回廊作防御之用。回廊现已部分坍塌，族谱记载，坪田村杨氏祖上在明朝从福建迁来，至今已有约四百多年历史。杨氏八世祖三兄弟联合兴建坪田祝三围（杨氏至今已有 22 世），建筑

外墙主体以卵石加石灰砌筑，卵石用料上小下大，角部则以青砖砌筑，并局部辅以红砂岩石板条，墙体开小窗和葫芦状射击孔，均以红砂岩条石作窗框。建筑整体坚固，厚重而封闭。同时，四角建有防御角楼，以增加防御能力。

成因

客家四角楼具有极强的军事防御色彩，这与客家人所处的生存环境有着密不可分的关系，客家人居住在山区，自然环境险恶，这些地区普遍存在着盗、寇以及民间械斗等现象。因此建造聚居的防御性建筑有着生存的需要。

比较 / 演变

四角楼分布广泛，其建筑形式的变化显示出不同地区的特色。在建筑的演变过程中受到了所在地区的地域文化、地理环境和自然气候的影响。

四角楼与围龙屋以及福建土楼相比，其防御性更加明显，层数更高。广东地区的四角楼与江西赣南的"土围子"在形制上有着许多相似性，但是部分地区的建筑在装饰上融合了广府建筑的特征。

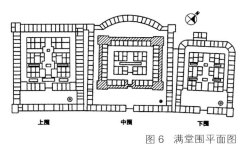

图 6　满堂围平面图

图 5　翁源祝三楼立面

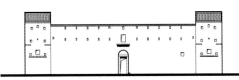

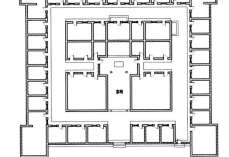

图 7　翁源祝三楼平面、立面、剖面图

313

雷州民居·三间两厢与偏院

三间两厢的民居建筑形式是雷州民居的典型基本特征。其建筑形式和风格集中了福佬与广府民居的典型特征，既有福佬系民居的红砖厢屋，又兼具广府典型的三间两廊布局，同时灵活布置的偏院空间又充分地彰显其自身的特色。三间两厢是雷州文化的物质载体。

图 1　偏院与互厢鸟瞰

1. 分布

雷州三间两厢民居主要分布在雷州半岛及半岛向内陆延伸被雷州话所覆盖区域的传统聚落，这个区域包括了半岛的三雷故地（雷州、遂溪、徐闻）以及内陆湛江市、廉江市部分地区。

2. 形制

雷州半岛的民居建筑布局，基本结构是三面房屋一面墙（照壁）或四面房屋围成一个院落天井。这种以天井院落式组合的民居，处理灵活多样，天井多少、大小不一。正屋一般为三开间，正中一间为厅堂，左右为卧室。横屋两开间，小型的只有一间，正屋与横屋相连接处为走廊。大的民居院落设有多个天井，即在正院一侧或者两侧设窄小的偏院，在走廊两头开门通往偏院，多天井有利于通风、采光，通过天井院墙形成阴影，减少阳光辐射。有的民居平面在

三间两廊三合院外围再加一圈"凹"字形的房子，当地人称为"包簾"，近似四合院的后罩房加左右厢房，大门开在包簾的其中一间，通过小天井再过一道门才入到院内。

雷州半岛民居的大门一般是开偏门，大门外就是巷道。大门方向依据房屋坐向而定，多向东南。宅门为凹斗门形式，起着遮阳避雨的作用，而门第的显示则要看大门的装饰了。大门屋内分为二层，下层为门过道，上层阁楼做储物用，门斗、门头均用砖砌，门头及檐下多用灰塑装饰，内容丰富，繁简不一，也有用木雕来装饰。

3. 建造

整个村落的基址选定后，即使在村落空间处于散居或扩展的阶段，每座住宅的位置选择，仍然受着各种因素的影响。在住宅建造之初，对地点、朝向、

图 3　雷州民居厅堂院落天井

图 4　司马第入口外观

图 2　檐下雕刻

图 5　朝议第外观

图6　睢麟屋顶外观　　　　图9　司马第前院围墙的射击孔

环境等因素都要作慎重的考量。

4. 装饰

　　民居的屋顶为硬山式，具有良好的抗风、防火性能。由于南方多雨，对于屋面结合部的屋脊，防漏要求很高，所以屋脊做得特别粗大。屋脊做有灰塑装饰，图案多样，特别是正脊，装饰繁密，有花鸟虫鱼、瓜果藤蔓、夔纹等图案，屋顶檐口起翘的装饰造型尤为精美，通透玲珑。出于防风的需要，雷州民居的山墙砌得较厚，同时增加泄风的洞孔和空隙（包括屋脊的装饰），以减少风的阻力。大户人家十分讲究山墙装饰，经常几种山墙形式并存，如水式、木式、土式等，甚至一户住宅中表现就有多种山墙形式，如周家村的周家楼，山墙就有水式、土式。各类山墙的造型与装饰十分讲究，以突显其华丽与气势。

5. 代表建筑

1）朝议第

　　宅主陈钟祺的会客厅，建于清光绪年间，建筑面积有700多平方米。建筑耗时三年半，造价约三万五千两白银。建筑规模雄伟，有碉楼两座、高大门楼一座，有大堂、大厅、厢房、包厢、密室、照壁、天井庭、下井间、水井和屏风门（已丢失）等。由于年久失修，建筑上的装饰多已模糊不清，唯有大厅内的彩绘和厅堂上额屏风的"福禄寿"雕刻，在演绎着曾经的繁华。

2）司马第

　　司马第位于东林村中部，始建于清代，坐北向南，面阔33.75m，进深

图7　潮溪村朝议第拜亭

图8　雷州民居中的旁侧偏院

22.1m，面积746m²，房屋6栋，以砖木三合院及四合院为空间单元，经过拼接组合而成。该宅原有的正房、厢屋、包厢现基本保存，只是个别地方的木梁轻度腐烂，屋顶瓦片有小面积损坏。屋檐下的木雕小程度的损坏，屋翅上的灰塑基本损坏。该宅整体布局合理，朴素大方，雕刻工艺精湛，清代建筑风格突出，建筑艺术十分丰富。

成因

　　同时受到福佬系民居的红砖厝屋和广府典型的三间两廊布局的影响，并根据地域的使用功能特征布置了灵活的偏院空间。

比较／演变

　　雷州红砖民居与闽南红砖民居有共同的渊源历史，其使用时期可以追溯到宋代。宋代已经出现烧制的纯正红砖瓦用于公共建筑上，而民间大量使用，大抵是在明代。目前保留较为完好的雷州民居基本为清代所建，而随着时代对居住建筑功能需求的变化，这些传统民居逐渐被荒弃，处在衰败的境地之中。

　　雷州三间两厢与偏院民居具有大面宽、多进深的特有空间格局。其空间组合与尺度较其他民居更为灵活自由，色彩更为丰富。

雷州民居·碉楼与寨堡

碉楼与寨堡是雷州民居的特色。其原因主要是雷州地处南陲，三面沿海，明清之际沿海受海盗倭寇侵扰严重，中华民国时期贼寇亦十分猖獗，因此，村民自行保家护院的行为便催生了碉楼与寨堡建筑的产生。

图1 "双桂里"全景

1．分布

雷州民居中的碉楼与寨堡主要分布在雷州半岛及半岛向内陆延伸被雷州话所覆盖区域的传统聚落，以沿海无遮挡地带为多，这个区域包括半岛的三雷故地（雷州、遂溪、徐闻）以及内陆湛江市、廉江市部分地区。

2．形制

雷州半岛民居较为突出的一点是它严密的防御系统。雷州半岛海岸线长（约1500多公里），历史上倭寇、海盗对沿海地区的骚扰曾较为猖獗。为防御盗匪侵袭，几乎每村都建有带碉楼的建筑。此类建筑分两种，一种是宗族集体建的，多在村头或村尾，建筑规模较大，房间较多，炮楼高3～5层不等，墙上开外窄内宽、平面呈梯形的枪孔，房子沿围墙四周二层楼高处设"走马道"与碉楼连通。

3．建造

碉楼由石和砖合建，多组合院形式，底层为石材，上层为红砖，外墙厚达1.2m，坚固异常。整个碉楼唯有一个出入口，且以厚重石材与铁门防护，内部上下两层，通道畅行。四个方角，各有一个碉楼，防止四方来犯。在古堡的墙上，到处都是枪眼和观察眼，不管敌方或劫匪从什么方向进攻，都无法抵挡从屋中射出的子弹。碉楼内厅房众多，水井、库房等一切生活设施齐全，还有宽阔的戏场和园林。

4．装饰

古堡外观虽以防御为主，简洁利落，但却仍然少不了细节的装饰。外墙的每个排水口都做了不同的灰塑装饰，有青蛙、蟾蜍、鲤鱼、荷叶等。主院一层环廊均以拱券为主题，柱头、柱脚均做欧式线脚，屋顶、屋脊等均用雷州当地的

图3 潮溪村"富德"堡金鱼落水口

图4 庐山村碉楼

图2 庭院拱券内廊

图5 庐山村碉楼外观

图6 昌竹碉楼全景

图9 山墙装饰

图10 "奉政第"远景

图7 东林村民宅荷叶落水口灰塑

图8 内院月亮门及水行山墙

灰塑工艺装饰，这种将西洋构造手法与中国传统建筑艺术结合得如此完美和谐的建筑风格，令当今的建筑师们也啧啧称奇。

5. 代表建筑

1）昌竹园古堡

昌竹园古堡是保存较为完整的清代古碉楼和古民居，面积达7398m²。其中古碉楼建筑规模非常雄伟，是一座东西长南北短的矩形建筑。整座碉楼长67m，宽47m，高约8m，二层结构，有72间房间，建筑总面积6298m²。该碉楼是为防匪贼盗寇骚扰而建，其防御布局合理，建筑工艺精巧，虽饱经沧桑，如今仍巍然屹立在村前。

2）"奉政第"寨堡

自1891年动工至1894年止，历时三年多，平面呈方形，墙高约7m，建筑面积约1800m²，有房36间，合院式布局，院内有天井9个，水井一口。建筑的四角建有二层楼高的碉楼，围墙内周边约5m高处设"走马道"，"走马道"与四个碉楼相通，方便观察楼外情况。院内门洞为圆形，水行、木行山墙装饰，造型优美。大门为凹斗门，高二层，上层与"走马道"相连，并设两个小窗，既可通风，又可窥望楼外。

成因

由于雷州半岛地区海岸线长，历史上敌寇、海盗对沿海地区的骚扰较为猖獗，村落周边生存环境恶劣，加之有众多"富贵村"，因此，抵御匪患侵袭显得格外重要。防御意识影响着村落的聚落形态和空间布局。防御空间暗示了一个安全的、有效的和管理良好的氛围，是一种村落求安的潜在自我保护意愿的空间表达。这样便产生了碉楼和堡寨。

对比 / 演变

碉楼与寨堡类建筑集中出现在明清时期，与当时的社会历史背景密切相关。这类建筑根据宅主人的财力不同建造标准不一，全砖石结构的至今保存完好，有些尚在使用当中；而土砖木构的此类建筑大多在经久不息的风雨冲刷之下坍塌损毁。

雷州民居·茅草屋

茅草屋是雷州民居的一大特色。它展示了雷州人民充分利用本地建材的智慧，同时也彰显了传统建筑形式的生态可持续思想。

图1　东林村四合院茅草屋

1. 分布

雷州民居中的茅草屋主要分布在雷州半岛及半岛向内陆延伸被雷州话所覆盖区域的传统聚落，以沿海无遮挡地带为多，这个区域包括了半岛的三雷故地（雷州、遂溪、徐闻）以及内陆湛江市、廉江市部分地区。多数为经济条件较差的居民居住。

2. 形制

"一明两暗"模式是一种最基本的原型，其扩展演化，也称为"一条龙式"，即通常多为三开间或五开间组合，其中较大的有更多开间。在我国南方地区，"一明两暗"类型主要有两种基型。"一明两暗"模式的进一步衍化而形成的累世"前堂后室"的并列性"一条龙式"，雷州半岛地区茅草屋的平面类型除了原始的传承的"一明两暗"形式外，还存在另外一种类型，"合院式"类型的茅草屋。其是以合院形式组合成群，朝向坐北向南，其布置更为灵活，有"L"形围合的，有三面围合，亦有规矩的四合院。

图3　昌竹园村三种材料分层砌筑墙体的茅草屋

3. 建造

茅草屋在传统民居历史中长期扮演了重要角色，一是材料便于获取，二则施工技术要求相对较低，三是便于维护修整。因此，木骨泥墙的茅草屋成为了一种重要的民居建筑形式。

雷州闽海系地区茅草屋的外部造型简单原始。主要是屋面采用的是"人"字形的坡屋面，称之为"金字屋"。金字屋的墙壁多以竹木为构架，抹以稻草泥，茅草顶。首先，以竹木捆扎的方式，搭成屋的框架。然后，把选好的稻草根放在水里泡三天，等到腐烂以后与有黏度的红土掺和在一起，再把它一块块捞出来，糊在搭好的竹架上；有些是将掺

图4　东林村成组的一条龙式茅草屋

图2　田圮村百年茅草屋前景图

图5　独立的一条龙式茅草屋

图6　东林村茅草屋顶内部绑扎

有稻草的红泥土放在模具里压实晒干，成为一块块的土坯砖，然后再混合泥浆将土坯砖砌筑起来。生土墙毕竟防水性差，在石材充裕的地区，有些茅草屋则选择全部用石材砌墙，然后在其上直接做屋顶，用石墙来承重；有些地方为节约石材，则会选择将墙底部用石材砌筑，上部用红砖或者是土坯砖砌筑，当墙修好后，就开始搭建屋顶。

4．装饰

茅草屋通过简单的地方材料解决基本功能问题，形式简朴，一般没有刻意的装饰。

5．代表建筑

1）田圮村百年茅草屋

田圮村百年茅草屋位于广东省湛江市徐闻县迈陈镇东莞村委会田圮村中，始建于清末。该民居为田圮村025号，为徐闻西区特色的茅草石墙屋，坐东北向西南，为一座三开间石木竹茅结构茅屋，面阔11.6m，进深5m，占地面积371.8m²。屋前墙用玄武石块粗锤细口构砌，两侧为山墙，正厅内承重墙为砖墙，屋面为竹、木、茅结构，屡经修葺，但墙体基本保留清末风格。

2）东林村茅草屋

单列型排屋式茅草屋，一般是三开间，每间面阔3.2m左右，进深4.0m至6.4m左右。有一间堂屋，两间内室。堂屋居中，处于轴线位置，内室分处两侧，有良好的私密性。这种规则的三开间平面，为采用规整统一的梁架提供了便利条件，有利于整体构件的统一。在进深方向，还可以方便地选择不同的架

图7　周家村红土茅草屋三合院

图8　东林村"金字屋"与红砖民居共处

数，采用不同深度，对面积的控制具有较灵活的弹性。

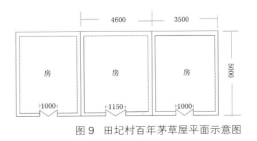

图9　田圮村百年茅草屋平面示意图

成因

茅草屋在传统民居历史中长期扮演着重要角色，一是材料便于获取，二是施工技术要求相对较低，三是便于维护修整。因此，在雷州，无论是海边村落，还是中部名村，都仍然保留着木骨泥墙的茅草屋。"棚屋"、"干栏"是雷州人的原始住宅，它是一种以竹木为架、茅草为盖、底下架空、上部住人的房屋。茅草屋是这种建筑形式发展的产物。

比较／演变

茅草屋又称茅屋，是雷州半岛"俚僚文化"时期流传下来的原始民居形式。最原始的茅屋民居，相传为古老的架空船形屋。随着生产力的提高与中原文化不断进入雷州半岛，船形屋也逐渐起了变化，由高架变为低架，再变为屋盖垂伸到地。遂后，屋盖起了变化，用了"人"字顶，茅屋升高，两檐垂地也高了一些，离地约50cm。有的屋盖更高，前后或檐旁用柱廊。以上就是茅草屋的演变过程。

少数民族民居·瑶族并联排屋

并联排屋是瑶族传统民居建筑中的一种典型式样，其在选址布局、建筑形制和材料使用上都反映出建筑与环境的完美融合，体现了其自身独特的民族性及地域特色。

图1　油岭古排1

1. 分布

粤北瑶族按照居住特性可以分为两种，一种是排瑶，排瑶聚村而居，主要分布在连南县，过去连南有八排二十四冲之称，排即大寨，冲即小村，其建筑以并联排屋为主；另一种是过山瑶，居住在乳源等县，过山瑶居住比较流动而分散，其居住建筑为"茅舍板屋"。

2. 形制

瑶族并联排屋依照山坡走势，由下而上一排排地布置，整齐有序。"瑶排"之名由此而得。瑶族的住房一般三或五开间宽，采用一字形式。数栋住房布置在同一等高线上，每栋房屋根据地形和实际情况而相隔不一。有的相隔数米，有的仅隔一缝。排与排之间的间距大致相同，约4～5m，沿等高线不规则的布置。瑶居的平面布置是厅堂占正中明间，厅内一隅设置神龛。另两边为炉灶，用土砖砌成。厅的两旁为卧室和杂物室，二层多为卧室。厕所布置在房前屋后，独立设置，与住房不联系在一起。

瑶居阳台不宽，主要用于贮藏木料和晒衣，很少在阳台上活动。檐廊较宽，是半室外的活动空间。

瑶族民居的辅助用房有厕所、粮仓、猪牛舍，它与主房分离布置，分散在房前屋后，这种布局方式既能适应地形多变的特点，又能充分利用住屋间的剩余空间，适合山区农牧生产的需要。这些小建筑灵活穿插，因地制宜，使整村行列式的单调布局，得以打破，既统一又有变化。

3. 建造

瑶族建房的墙体材料有石、烧砖、泥砖、木、竹等，根据其经济条件和取材方便来选择。屋顶多为悬山，在外形方面，垒石砌墙所形成的稳固基座，上面支承着简朴的房屋，屋面和披檐、平顶和坡顶相结合，使山区民居外貌显得轻巧和丰富。在构造上，瑶宅屋架桁条要采用单数，同时桁条外露据当地习俗认为有实用功能，如便于搁置木板，便于挂放农具，这种桁条一般不锯断，保

持原有的长度。

4. 装饰

瑶族民居多位于大山深处，因为习俗和经济原因，并不注重装饰，不像客家民居有丰富的砖、石、木雕刻，外立面直接裸露材料的原色或者抹一层白灰，梁架直接为圆木，内部也不会有其他装饰，只有在屋脊、窗户和栏杆做些吉祥装饰，整个建筑显得朴素实用。

5. 代表建筑群

南岗民居

南岗古排位于连南瑶族自治县三排镇南岗村，整个村落坐西南向东北，占地面积约14.39ha，现存各类原有建筑物共计440座（处），包括民房、仓储房、牲畜棚、石棺墓、寨门、石板道、祖庙等。民居基本上是两层砖木结构，全用青砖构筑，硬山顶瓦面，大部分有前廊，部分墙体上绘有反映八排瑶族生产、生活情景的彩绘，以其中的"瑶王屋"为代表。鼎盛时期有民居700多栋，1000多户，7000多人，被称誉为"首领排"。

图2　南岗古排瑶王屋　　　图3　瑶王屋外观

图4　一至三开间居

图7　古排石阶

古寨依山而建，房屋层叠，错落有致；石板道纵横交错，此寨建于宋代，至今已有千余年的历史，现存建筑物属明清时期。据专家考证，南岗是全国乃至全世界规模最大、最古老、最有特色的瑶寨。它对研究八排瑶族村寨的形成和发展、研究八排瑶族的建筑及其历史所反映的民族特色和地方风格，具有重要的实物依据和价值。2008 年 11 月公布为省级文物保护单位。

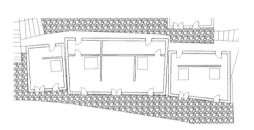

图5　典型瑶族民居

成因

瑶族多居于山地，瑶族人民为了最大限度地利用山地空间，将建筑一字排开，顺应山地形势，称为并联排屋。

比较 / 演变

早在唐代，被贬为连州刺史的著名诗人刘禹锡曾写下许多描写当地瑶族生活的诗篇，说明广东很早就有瑶族居住。瑶族最早的原始农牧生活，房屋十分简单，多采用竹木为屋，平面形式简单。在长期迁移过程中，瑶族不断地与汉族及其他少数民族接触交往，民居形式上也受到影响。

图6　油岭古排 2

少数民族民居·瑶族干栏式民居

干栏式建筑是一种下部架空的住宅构建形式。非常适用于广东、广西、贵州、云南、海南、台湾等气候炎热、潮湿多雨的中国南部亚热带地区，它具有通风、防潮、防盗、防兽等优点，对于平地少、地形复杂的地区，其优越性尤为突出。采用干栏式民居的除了瑶族，还有傣族、壮族、侗族等民族。

图1 瑶寨风貌

1. 分布

据历史记载，"瑶本盘瓠之种，产于湖广溪洞间，即古长沙、黔中、五溪之蛮是也。其后，生息繁衍，南接二广，右引巴蜀，绵亘数千里"。可见瑶族人最初居住在湖南，后来才迁延至广东、广西。瑶族村落一般都在山坡上或者山谷和山坳之中，位于林区的瑶族往往建造干栏式民居，以克服地势陡峭的不便。据调研发现，现有的广东瑶族村落主要分布于乳源、连南和连山等地。

2. 形制

瑶族房屋建筑因地而异，形式多样。一般而言，依深山密林而居的瑶族多就地取材，采用"人"字形棚居建筑式样；居住在坡度比较大的山岭地带的瑶族，多采用"吊楼"式建筑；居平原丘陵地区的瑶族，住房多为土木或泥木结构，与壮、汉族住宅相同；聚居山地的瑶族讲究村寨整体，房屋建筑多为层叠式，幢屋毗连，层次分明。大的村落山寨，房屋从山脚叠到山腰，甚至叠到山顶，民族风格独特。

干栏式的吊脚楼，下围木板，上盖瓦。分上、中、下三层：上一层放杂物，中一层住人，下一层畜牲口、家禽之类。在中一层檐下，设干栏和长板凳，供人乘凉及活动等。吊脚楼又分半边楼和全楼两种。"半边楼"为一半在平地上，另一半依山势坡度用树木支架起来，上面住人，下面放东西，俗称"瑶家吊脚楼"，即干栏式"半边楼"。"全楼"相对"半边楼"而得名，一般建于沿河一带或半山较平坦的一层地基上，规模及附属建筑与"半边楼"相同。

图3 使用泥砖的干栏式建筑

图4 干栏式建筑

3. 建造

瑶族民居以全木结构为主，也有砖石与木架构混合使用的。修建房子的木头以杉木为主，建筑底部用石材堆砌成基座，用来保护上面的木材不受潮、不生虫、减少腐蚀以延长房子的使用寿命。

杉树是我国南方最常见的树种，是杉科常绿乔木，生长快，10年左右就可成材。广东盛产杉树，并且产量高，用途广泛，杉树的木材纹理通直，结构非常均匀，不易翘裂，材质的韧性强，气味芳香，不容易生虫并且耐腐蚀，很容易加工。杉树作为瑶族民居的建筑用材非常适合当地的气候特点。民居的木结构都是以柱子承重，属于框架结构，大木作的连接采用的是榫卯连接，神奇的榫卯结构不用一钉一铁，却能表现出

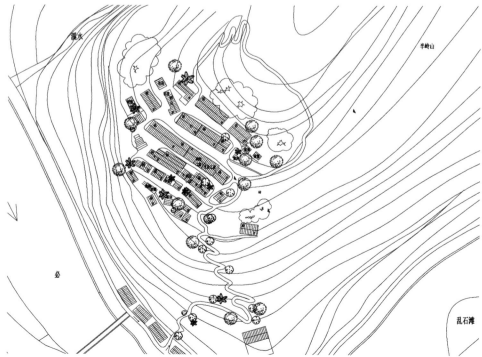

图2 必背瑶寨总平面图

图5 瑶寨干栏民居

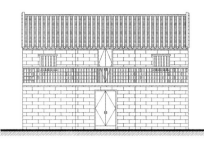
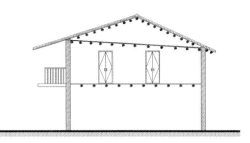

图6 典型瑶族民居立面、剖面图

极强的力量。

4. 装饰

瑶族居住于深山之中，由于民族习俗和族群经济的缘故，其民居非常简单，没有过多的装饰和雕琢，造型大方而注重实用。但在屋脊、窗户、栏杆处，往往会采用富有吉祥意味的装饰图案。

5. 代表建筑

必背瑶寨民居

必背为韶关乳源瑶族自治县瑶族聚居的村镇，它是世界"过山瑶"的发祥地。必背的过山瑶，传统上过着"食尽一山则他徙"的游垦农业生活，现虽已走向定居，但其村落往往采用小规模散布各邻近山头的方式形成共同的防御体系，少的三几户一村，多的也不过十户八户，几十户一村则不多见。瑶寨房间大都依

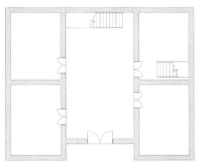

图7 典型瑶族民居平面图

山就势沿等高线呈线性排列，多以杉皮杉木建造，也有的是以土砖青瓦建筑。瑶寨房屋有的为单层，也有的采用"上居下牧"的两层结构，上层住人，下层为牛栏或猪圈。

图9 干栏式建筑2

成因

瑶族干栏式民居的出现减小了地形高差对于居住环境的限制，并且将建筑区分出各个功能区域：底层架空用于圈养牛羊，中层为生活空间，顶层为仓储空间。

比较/演变

过去，采用干栏式民居的大多为过山瑶，其居住流动分散而且规模较小，建筑材料以竹木为主，方便搬迁。后来，过山瑶逐步定居，材料更多使用泥砖或者青砖。

图8 瑶寨风貌

近现代民居·骑楼

骑楼，传统意义上一般多指我国南方地区，无论乡镇乡村，人民大众为满足使用、安全、舒适等要求，于面街出入口部分楼层或屋顶要素"骑"在人行道上，左右绵延成公共敞廊的建筑或建筑群。

图1　广州西关骑楼

1. 分布

"骑楼"不仅是建筑学名词，而且是一个规划学、社会学方面的概念，是我国城市发展史上具有重要意义的地域性建筑。跨出街面的骑楼，既扩大了居住面积，又可防雨遮晒，方便顾客自由选购商品。在广州形成并发展成熟后，迅速地向周边传播出去。在中国云南、广西、海南、福建、浙江等地都有分布。而岭南地区是我国骑楼分布最为普遍的地区，其中又以广州为中心的珠江三角洲为主要代表。

2. 形制

骑楼民居往往是近代城镇道路两侧常用的一种建筑形式，上楼下廊，骑楼式街道。楼下作为商铺，楼上住人。它包含骑楼本体建筑、"骑"廊楼道建筑、连接体建筑、搭配体建筑以及相关外部环境设施。

其中骑楼本体建筑都是由各地传统建筑发展而来。进深小的采用步道或天井连接前店和后屋，进深大的则布置两进或三进天井将整个建筑统一起来。"骑"廊楼道既起到了遮阳避雨的作用，又扩大了居住面积，是适应南方天气特征而建的。

骑楼立面一般分为楼顶、楼身、楼底三部分，即所谓"横三段"。其立面形式有外墙凹入、外墙平砌、挑出阳台等形式。此外，骑楼立面也常常按"纵三段"来划分构图。

3. 建造

骑楼建筑主要材质为木、砖木、砖石、砖混、钢混等，根据本地建筑特征及建造年代不同，其建筑本体的结构形式也不尽相同，建筑连接体则一般是采用简支结构或悬挑结构。

4. 装饰

一般骑楼建筑的整体结构几乎都遵守横三段构图法则，不论是下段的廊道，

图3　广东始兴城南镇周前村原有的传统骑楼商业街

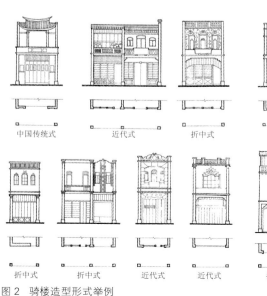

中国传统式　近代式　折中式

折中式　折中式　近代式　近代式

图2　骑楼造型形式举例

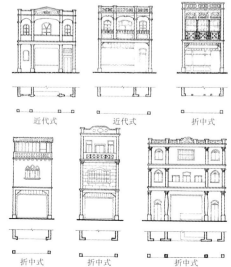

近代式　近代式　折中式

折中式　折中式　折中式

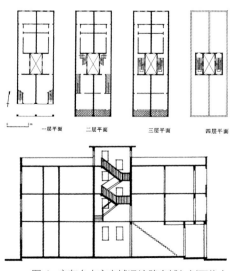

一层平面　二层平面　三层平面　四层平面

图4　广东台山市台城通济路店铺与剖面住宅平面与剖面图

图 5　广东开平水乡市镇

图 6　泰康西路南 70～78 号骑楼

图 7　广东开平市赤坎镇骑楼

中段的墙体还是上段的山花女儿墙,都往往有许多装饰,且其装饰风格受到不同建筑流派的影响而多种多样。

骑楼的山花女儿墙以及主入口往往是重点装饰的部分,表现了建筑蓬勃向上的动感,立柱神龛式山花类、涡卷式圆匾山花类、神龛牌匾混合山花类以及牌坊式等,入口处理与此相适应。此外,窗檐窗台上下各式装饰图案,也有着非常丰富的内涵,名目繁多。

5. 代表建筑

1）台山市端芬镇汀江墟

台山市端芬镇汀江墟华侨建筑群坐落在台山市端芬镇大同河畔,于 1931 年由当地梅姓华侨及其眷属创建,因此也被称作“梅家大院”。整个建筑群占地面积 5.3ha,拥有 108 幢带骑楼的楼房,多数在 2～3 层,骑楼建筑呈长方形排列,围合出中间大约 2.7ha 的市场空地,专供其他商贩摆摊贩售。

2）泰康西路南 70～78 号骑楼

骑楼位于广东省湛江市吴川市梅箓街道红旗社区居委会泰康西路南 70～78 号。始建于清末民初,具体建造时间不详。坐南向北,面宽 19.1m,进深 20m,面积 382m²。由 4 座相联的骑楼屋组成,楼高二层。女儿墙多为简单的栏杆式设计,山花装饰设计独特,具有岭南骑楼特色。对研究吴川骑楼建筑有一定价值。

成因

关于骑楼的来源,目前依然存在两种说法:“干栏起源”说和“欧风东渐”说。即部分学者认为,骑楼为越族先民“干栏建筑”的遗韵,是传统形式的一种回溯发展;同时也有部分学者认为岭南地区在近现代受到西洋、南洋的影响,华侨众多,广府民居吸收了各侨居国骑楼建筑的形式,才成就了中西合璧式的广东骑楼。这两种说法都认为骑楼的产生是外来文化与本土文化的一种互相消化、交融、传承的过程。

比较 / 演变

骑楼在 1912 年作为正式名称出现在《取缔建筑章程和施行细则》的条款中,当时被称作“有脚骑楼”。从 19 世纪末到 20 世纪 20 年代,伴随着新材料结构的使用,广州的部分街道已出现了钢筋混凝土骑楼。发展到中华民国时期,砖木混合结构的骑楼式楼房风靡全城,成为广州街景的主格调。到 20 世纪 90 年代末期,骑楼作为岭南建筑文化特色受到关注,这种建筑形式也重新被纳入新的城市建设,传统骑楼街的保护和开发也取得了一定的进展。

相比于其他城市的骑楼民居,广州骑楼具有体量最大、高度最大、规模最大、形式最多的个性特点,台山骑楼也和它一样,呈现出组合式全面铺开的格局。其布局不依赖于河流走向,整体均呈东西向展开分布。

近现代民居 · 多层联排住宅

多层联排住宅是广东省内近现代民居的一种常见类型，是一种沿街道的住家形式，是由广府的竹筒屋、潮汕的竹竿厝等基本形式在并联排布的条件下衍生而来，立面上吸收了西洋的一些建筑风格，层数也较竹筒屋、竹竿厝等更高，有的高达5层以上。多层联排住宅在用地一定的情况下，建筑面积比传统类型的民居更大，多于近代出现在人多地少的城镇。

图1 多宝路75号民居窗饰

1. 分布

多层联排住宅在广东省内各个人口密集的城镇地区出现较多。现在，各地老城区仍多有保留，如广州荔湾区等。

2. 形制

多层联排住宅为广府的竹筒屋、潮汕的竹竿厝并联排列衍生而成，因此多层联排住宅由多个面宽窄、进深大的开间组成，然而多层联排的各个开间在进深上相比传统的竹筒屋、竹竿厝等较小。

多层联排住宅的平面形式为多个面宽窄的多层开间并联而成，这些单个开间的平面在一层大多为厅和房，靠近于临街面。二层起临街面多为进深1～1.5m的阳台，其后才是使用的房间，也正是因为多层的阳台造就的灰空间，使多层联排住宅在临街立面上与竹筒屋等有根本的不同。多层联排住宅一般平面中仅有一个天井，与厨房、厕所一同位于平面的末端。

多层联排住宅的居住方式有两种形式：一种为垂直方向的一个开间为独立一户，这种多层联排住宅的楼梯为每个多层的开间中独立使用楼梯，由一层联通至顶层，楼梯的布置方式也较为自由，有的临近于一层的入口位置，有的布置于平面的中后部；另一种为垂直方向的一个开间为每层一户，这种多层联排住宅的楼梯多数由相邻的两个开间的两户所共用，为一个在临街面起步的直跑梯由一层通至三层，一层住户的入口直接临街，二层住户的入口位于平面的中部，三层住户的入口位于平面的后部，也是临近末端厨房与厕所的位置。

多层联排住宅的屋顶多数为平坡相结合，有的屋顶可上人，以栏杆形式围合保障使用者的安全，形成便于晾晒衣物的露台。

3. 建造

多层联排住宅早期多采用传统的砖木混合结构，层数一般在2～3层，而在近现代所建造的多层联排住宅则有使用砖混结构。外墙材料主要为青砖和红砖，部分多层联排住宅墙面有粉刷。室内地坪有大阶砖地坪，也有用砖铺砌者。

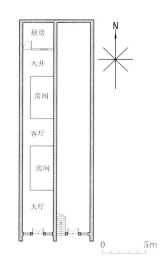

图6 宝源路109、111号民居首层平面示意图

图7 逢源正街22号民居首层平面示意图

图2 宝源路5～23单号民居外观

图4 多宝路201～221单号民居之205、207、209号

图3 宝源路8～34单号民居外观

图5 多宝路201～221单号民居外观

天井地坪多用石板形的麻石。多层联排住宅有的坡屋顶仍由山墙撑起，被称为"山墙搁檩"，木檩条上铺椽子，椽子上铺瓦，近现代所建造的多层联排住宅有的为平坡相结合，有的则为带有装饰的女儿墙的平屋顶。

4. 装饰

多层联排住宅在装饰上较有讲究，无论在立面还是室内，砖石木雕、陶塑灰塑、格扇屏门、铁漏花、琉璃漏花等都应用较多，其中不少近现代所建造的多层联排住宅在装饰上还带有不少从西洋建筑汲取过来的元素。

5. 代表建筑

图8　沿街道路所建造的西关多层民居建筑

图9　三连直街25、25-1、25-2号民居外观

1）宝源路8～34单号民居

宝源路8～34单号民居位于广东省广州市荔湾区多宝街宝源社区宝源路8～34号，坐南朝北，为一连14栋建筑风格相类似、外观整齐的清末民初二层西关民居建筑，14栋楼房总面宽64.98m，总进深12.5m，总占地面积为812.3m2。各楼房以砖木结构为主，外墙多以青砖石墙脚砌筑，部分外墙为石米批荡，水平划线勾缝。大门均设脚门、趟栊、板门，石门夹、石窗夹。楼高二层，带小阳台，平天台，女儿墙装饰精美。内部间隔采用类似"竹筒屋"设计，前厅后房，侧设走廊，开小门，设梯间通向二层。该片房屋立面及建筑形式充分

图10　多宝路75号民居外观

图11　吉祥坊1号民居外观

体现"西学东渐"的趋向，具有一定价值，1999年7月，作为"旧民居建筑"的组成部分，公布为广州市文物保护单位。

2）宝源路109、111号民居

宝源路109、111号民居位于广东省广州市荔湾区逢源街逢源北社区宝源路109、111号，建于中华民国时期，坐北朝南，为一连两栋立面设计风格相仿砖混结构三层楼房，两栋楼房建筑平面呈方形，总面宽8.54m，总进深26.44m，总占地面积225.8m²。两座建筑外墙水刷石米，平行划线装饰，女儿墙及阳台围栏设计精美，大门均设脚门、趟栊、板门，石门夹、石窗框。内部间隔为前厅、后房、侧走廊，111号右开侧门，设楼梯，通向两栋房屋二、三层。两座楼房现为民居。该建筑具中西建筑风格融合特征，具有一定价值。

成因

多层联排住宅的形成主要有两方面原因：一是随着广东近代社会、经济的发展，城镇人口密度增大，传统单层或前低后高的竹筒屋或竹竿厝等居住形式难以满足日益增加的居住建筑需求，多层联排住宅由此而生；二是近代广东受海外建筑工艺、文化影响，使用混凝土等建筑材料令建造多层房屋更为容易，而海外建筑文化的影响则主要体现在多层联排住宅的装饰上。

比较/演变

多层联排住宅与骑楼类似，在广东省内各个城镇的老城区，现代仍有不少在使用，一般多层联排住宅密集的地区也是展示广东近现代在对外开放过程中形成的独特开放文化特色的区域。

多层联排住宅较传统的竹筒屋、竹竿厝能提供更多的建筑面积，但平面形式上依然传承了竹筒屋、竹竿厝平面形制上面宽窄、纵深大的特点。

近现代民居·独院别墅

独院别墅是一种具有岭南特点的民居类型，它既带有明显的西洋风格，其建筑又与中式园林有机地结合在了一起。

图1 西关昌华大街中式风格别墅

1. 分布

独院别墅往往出现在各大城市富商豪绅和社会名流聚居之地。例如，广州的西关一带、东山新河浦路、恤孤院路龟岗，都是这种民居类型较为集中的地区。

2. 形制

独院别墅与西洋别墅较为类似，设计严谨，较多在立面上强调对称感，装饰考究，通常有两三层高，一般不带有天井，有些以院墙围合成与建筑相结合的庭院，庭院内布置多采用中国传统的园林手法，常植有多重类型的树木，配以池水、凉亭以及岭南风格的格石山。

3. 建造

这些别墅初期以砖石、砖木结构为主，发展到成熟阶段后，以加入了钢筋混凝土的砖混结构为主，层数发展到二至四层。

4. 装饰

别墅建筑风格迥异，根据整体风格形成不同的装饰特点。部分别墅建筑保留了中国传统建筑的部分特点，比如沿用坡顶，保留梁、拱、扶栏等构件，改木构为石材或钢筋水泥，这些构件作为装饰的意味比较浓厚。也有一部分别墅建筑吸收了较多西方建筑的特色，呈现出线条平直，装饰简洁的风格，多用拱圈柱式、女儿墙山花、宝瓶栏杆等。

图4 潮汕陈慈簧故居三庐别墅

5. 代表建筑

1）陈廉仲公馆

这座带庭院的独院别墅位于广州市逢源北街84号，以三层的西洋式别墅为居住中心，曾经是中华民国初年英商广州汇丰银行买办陈廉仲的旧居公馆。别墅建筑外部采用仿罗马、希腊的柱式及拱门装饰，整体装饰简洁，主要在一层刻画了比较多的装饰线条。整个建筑不对称，以不同的柱列形式划分立面。整个别墅拥有1100多平方米的庭院，院内种植了大叶榕、黄皮、龙眼、桑树、竹、玉兰、荷花等岭南花木，有一组名为"风云际会"的石山主景。这组景由

图2 西关昌华大街西式风格别墅

图3 风云际会假山

图5 联芳楼入口西洋柱式

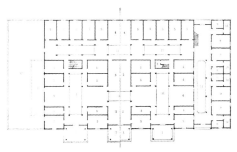

图 6　梅州白宫镇联芳楼平面图

图 8　广东梅州白宫镇联芳楼

峰峦、岩峒、路桥及亭台等组成，沿墙而设，与树、山石浑然一体，起伏有序，体现了风云翻涌的艺术效果。现在，这处独院别墅被作为荔湾区博物馆使用。

2）梅州市白宫镇联芳楼

联芳楼位于广东省内客家地区，是一座典型的侨乡别墅。该楼建于 20 世纪 30 年代，平面具有传统的民居布局和明显的地方特色，外形则吸收了外来的建筑形式和细部处理，因此有着自己的风格。联芳楼的平面沿袭了三堂二横二杠的对称式平面布局，采用楼房平屋顶，充分利用了天台屋面。它的天井、檐廊处理手法与一般客家民居不同，中厅是狭长的内天井，二楼绕天井的是周围檐廊，从廊上可以观察到楼下敞厅里的一切活动。楼上相应的地方同样也是敞厅，同一层对面也是敞厅，上下、内

外空间都互相渗透，空间变化丰富，这些做法大多是吸收了西方古典大厅建筑的处理手法。在立面上也同样吸收了西方建筑的处理手法，既有传统式的花纹，又有西方古典的装饰。

图 9　陈廉仲公馆庭园

图 7　陈廉仲公馆

图 10　陈廉仲公馆庭园凉亭

成因

无论是西关一带还是东山洋楼聚集区，都曾是富人名流聚居的地方。这些居民都有着较为强大的经济实力，且多数看过更广阔的世界，也就有着比较开阔超前的眼界。再加上原有的"西关大屋"等传统广府民居的居住模式被逐渐抛弃，为了彰显身家，为了拥有更加独立舒适的居住空间，独院别墅就应运而生了。

比较 / 演变

20 世纪初，西方教会开始在广州东山传教、购地建房，西式建筑开始在广州出现。这些西式建筑以券廊式建筑形式为主，初期的独院别墅在此基础上出现，洋楼样式基本照搬国外的图样。到 20 世纪 20 年代，大量华侨归国投资，使得独院别墅的建设兴盛起来，这一时期的别墅受到折中主义影响，不仅在风格上融合了海外地区不同的建筑风格，也考虑本地气候等因素，灵活地挖掘中国传统建筑特色。抗日战争爆发之后，独院别墅的建造基本停滞，目前保留下来的独院别墅有相当一部分已经人去楼空，进行修缮后，有的与原貌相去甚远，有的在使用功能上转变为博物馆、休闲咖啡厅，更有用于公益或教育用途的，但大部分仍做居住使用。

近现代民居·庐宅

庐宅是广东近代侨乡民居的代表之一，是经济条件较好的华侨所建造住宅的雅称，是从传统三间两廊派生出来的一种楼房形式民居，庐宅的平面布局比较灵活自由。

图1 开平敏庐

1. 分布

庐宅主要集中于广府地区华侨故乡最多的开平江门一带。

2. 形制

庐宅的平面布局比较灵活自由，但它还是从传统民居形式派生出来的。其平面是以传统的三间两廊为基础，但房间开有窗户。室内通透开敞，通风采光好，甚至连北墙也不受传统观念的限制而增开窗户。至于窗户的形式、平面的布局和组合都有程度不同的变化，如带八角形或凸形窗户的住宅，方形外形中的自由式平面布局住宅，或自由式平面布局住宅等。选址多数在村前后的边缘处，或离村前有一定距离的平坦开阔、环境幽雅的地方。它单独建造，很少以组群的形式出现。

3. 建造

庐宅多数为砖混结构。基础地面多采用块石四合土，成分是水泥、石灰、砂和碎砖，四合土中加入大块石，俗称酿豆腐。这种四合土内，块石占总体积的30%左右。庐宅的外墙砌筑有一种形式被称为"夹心墙"，即两面各用半砖厚的砖砌墙体做前面，中间浇灌12～20cm厚的混凝土作为墙心，这种墙体坚固异常，目的是为了防御。

4. 装饰

这种楼房住宅很像别墅，外观设计和结构都比较自由灵活，立面对称型较多，有中国传统式、西方古典式，也有近代混合或折中式，吸取了西方建筑某些式样或细部来丰富本地庐宅的立面造型（图2）。不管怎样，许多近代庐宅的布局手法和一些细部仍然可以看出地方传统的影响。

5. 代表建筑

1）开平塘口镇立园"泮文"和"泮立"

开平塘口镇北义乡的立园，是旅美华侨谢维立先生于20世纪20年代回来兴建的，以庐、碉楼、园林为一体的大型园林建筑群。立园中以"泮文"和"泮立"两座庐最为富丽堂皇。其柱式采用希腊式圆柱和古罗马式的艺术雕刻支柱，窗户取材欧美式，具有浓厚的西洋风味；而屋顶则是中国宫殿式的风格，绿色的琉璃瓦、壮观的龙脊、飘逸的檐角、栩栩如生的吻兽，中西风格和谐地

图2 开平林庐

糅合在一起。室内的装饰装修也沿用此法，地面和楼梯皆水磨彩色意大利石，墙壁设有取暖用的欧美式壁炉，墙上刻有东洋式精美的雕刻天花，屋内摆放着许多很有价值的酸枝、坤甸、柚木家具和屏风。墙壁上为中国古代人物故事"刘备三顾草庐"为题材的岭南传统灰塑艺术和涂金木雕画"六国大封相"，红木

传统式

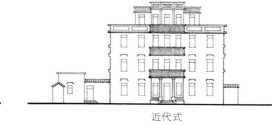

近代式

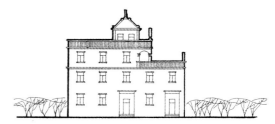

西方古典式

图3 庐宅立面图

图4　开平骏庐

图5　开平昌庐

图7　庐宅室内装饰

雕刻桌椅、吊式西方煤油灯、国外的银器餐具等把整个屋内烘托得高雅精致，古色古香。而每层楼的起居室都配有卫生间，其浴缸、水箱等先进的卫浴设施，有自来水管与楼顶外边的水塔相接，地下水旁有台手动水泵，从而有自制自来水。

2）开平塘口镇立园"毓培别墅"

在立园大花园的西南角，临水而建有庐——"毓培别墅"，"毓培"为园主的乳名，建筑小巧玲珑，别有风情。毓培别墅内有四层，分别采用中国式、

日本寝式、意大利藏式和罗马宫式，可见园主构思的别出心裁。每层地面精心选用图案，巧妙地用四个"红心"连在一起，构成的圆形图案独具爱心，据推测那是园主对四位夫人心心相印的情怀。室内古典家具琳琅满目，一应俱全，保存完好。而别墅的外观造型，如外墙、门、窗、柱等为意大利罗马宫廷式，而楼顶还是用中国重檐式的园林建筑风格，中西合璧，天衣无缝，成为大花园的点睛之作。

图8　开平楚庐

成因

庐宅为经济条件较好的华侨所建，是由传统三间两廊的布局形式与从国外引进的建筑工艺、装饰相结合而派生的民居类型，其坚固程度较传统民居要更高，主要为了应对当时匪患猖獗的时代背景。

比较/演变

庐宅多数建于清末民初。当代由于生活条件提高、经济进步等原因，居住在庐宅中的人已渐渐减少。庐宅作为广府侨乡的特色民居，逐渐被开发为向公众展示侨乡文化的场所。

图6　立园入口

近现代民居·碉楼

碉楼是中国民居建筑的一个特殊类型，是集防卫、居住为一体的多层塔楼式建筑，因形似碉堡，故被称之为碉楼。广府民居中的碉楼以侨乡开平的碉楼最为闻名于世，被誉为"华侨文化的典范之作"、"令人震撼的建筑文艺长廊"。

图1 开平锦江里瑞石楼

1. 分布

碉楼，在粤中及粤西地区有独立分散的分布，最为集中的区域是开平、江门一带。

2. 形制

碉楼主要有三种：众人楼，由村民集资建造，用于危险来临时集体避难；居楼，由富裕的个人自行建造，集居住与防御于一体；更楼，为村民集资所建，主要用于预警防卫。碉楼平面有两种，一种是集居布局方式，中间为通道和楼梯间、两旁为房间，房间比较狭小，因这种碉楼为几户共同出钱建造，故每户每层都可分得一间房间。碉楼另一种平面仍然是传统的三间两廊式，但内部分隔比较灵活。到顶层时，四周向外悬挑，约宽80cm，做成外挑式回廊。回廊的墙面和挑出的楼板都凿有梯形小洞，作枪眼洞用。

侨乡碉楼外观造型一般分为三部分，即楼身、挑台和屋顶。楼身为实体，四周各开小方窗或狭长形窗，可通风采光换气，外形坚实稳固，墙体上均设有枪眼，枪眼大体上都开成长方形或"T"字形的。挑台的形式有做成实体开小窗者，也有做成拱廊或柱廊形式者。挑台四角有凸出的瞭望台，俗称"燕子窝"，形式丰富多样，从"燕子窝"的枪眼居高临下便可以对碉楼的上下左右形成全方位的控制。

3. 建造

碉楼从建筑材料上看，有石楼、三合土楼、青砖楼、钢筋水泥楼等四种。石楼主要是用山石加工成规则的石材砌筑而成，或石块之间填土黏接，建筑一般只有二到三层，外形粗糙简单，却坚固耐用。三合土楼，包括泥砖楼和黄泥夯筑楼两种。泥砖楼是将泥做成一个个泥砖晒干后作为建筑材料，砌筑后在泥砖墙外面抹上一层灰沙或水泥。黄泥夯筑的碉楼是用黄泥、石灰、砂、红糖按比例混合搅拌为原料，然后用两块大木板夯筑成墙，相当坚固。砖楼包括内泥外青砖、内水泥外青砖和青砖砌筑三种，内泥外青砖碉楼，实际上就是泥砖楼，只不过在泥墙外表镶上一层青砖；内水泥外青砖楼是里、外青砖包皮，中间用少量钢筋和水泥，使楼较为坚固，经济且美观；青砖楼则全部用青砖砌成，比较经济、美观、耐用，适应南方雨水多的特点。钢筋水泥楼则是整座碉楼全部用水泥、砂、石子和钢筋建成，建成之后极为坚固耐用，但造价较高。

4. 装饰

碉楼装饰风格既有中国传统形式，也有国外不同时期的建筑形式与建筑风格，如希腊式、罗马式、拜占庭式等，还有中西合璧式、庭院式等。它的最大特点是按照主人自己的意愿选取不同的外国建筑式样和建筑要素糅合在一起，

图2 开平塘口镇方氏灯楼

图3 碉楼群

图4 云幻楼

图5 开平碉楼

图7 开平锦江里村瑞石楼

图9 开平塘口镇自力村碉楼群

使不同风格流派的建筑元素在碉楼中和谐共处，表现出特有的艺术魅力。

5. 代表建筑

1）开平蚬岗镇锦江里村瑞石楼

1923～1925年，锦江里村在香港从商者黄璧秀为保护家乡亲人的生命财产安全，回乡投资兴建了瑞石楼。瑞石楼建筑面积550多平方米，共九层，钢筋混凝土结构，内部布置以岭南传统样式为主，一层大客厅，旁侧有一卧室；二至六层每层都有厅、两间卧室、卫生间和厨房。瑞石楼整体造型和细部处理非常精致，有浓厚的西方折中主义建筑风格。一至五层楼梯每层都有不同的线脚和柱饰，增加了建筑立面效果，各层的窗裙、窗楣、窗山花的造型和构图也各不相同。五层顶部四角采用别致的托柱，托柱之间为仿罗马拱券，形成向上部悬出来的自然过渡。六层则有由爱奥尼克风格的列柱与拱券组成的柱廊。七层平台的四角建有穹隆顶的角亭，南北两面都建有巴洛克风格的山花。八层平台中

立有一座平面八角的西式塔亭，上部收束缩小形成九层罗马穹隆顶的小凉亭。楼主人还在外墙施加了大量岭南灰塑艺术的装饰，图案有中国传统的福、禄、寿等内容。

2）云幻楼

云幻楼位于广东省江门市开平市塘口镇强亚村委会自力村，是旅居马来西亚华侨方文娴于1921年亲自回乡兴建。由碉楼和庭院围墙组成，总占地面积为998.4m²。碉楼坐西北向东南，楼高5层18.88m，首层面阔8.02m，进深8.55m，钢筋混凝土结构。平屋顶，造型简朴，室内设施齐全，顶层门口对联为楼主亲自题写，"云龙风虎际会常怀怎奈壮志莫酬只赢得湖海生涯空山岁月，幻景昙花身艺如梦何妨豪情自放无负此阳春烟景大块文章。"横批为"只谈风月"。云幻楼对研究开平碉楼与村落、华侨文化、建筑艺术具有重要价值。2001年7月列入保护名单。

成因

碉楼的产生是多种原因的合力推动，社会秩序动荡，匪患猖獗和水患灾害为防卫功能显著的碉楼应运而生创造了前提；一批较早掌握西方建筑工艺和建筑构件的工匠以及接受西方文化较深的华人华侨，客观上为碉楼建设提供了技术支持；大量的侨资侨汇是碉楼产生的强大经济后盾。碉楼建成后，在历史上发挥过巨大的作用，如避盗防涝，在保护侨眷及村民生命财产安全方面，起过不小的作用。

比较／演变

碉楼式民居在侨乡其实早在清初就已出现，如开平赤坎区鹰村至今尚有一座三百多年前的三层碉楼——迎龙楼，它不仅保护村庄，还是躲避洪灾之地。大量碉楼建造始于19世纪末、20世纪初，随着华侨文化的发展而鼎盛于20世纪20～30年代，碉楼达三千多座，但是，经过战争年代，碉楼也毁了不少，现经普查登记在册的有1833座，分布在全市十八个镇（办事处）。现在碉楼被作为广府侨乡的特色民居，成为向公众展示侨乡文化的场所。

图6 燕子窝

图8 晚霞中的瑞石楼剪影景色

广西民居

GUANGXI MINJU

1. 汉族民居   2. 壮族民居   3. 瑶族民居   4. 苗族民居

    桂北院落   干栏式民居   干栏式民居   5. 侗族民居

    广府式院落   院落式民居   平地式民居   6. 仫佬族民居

    骑楼民居   7. 毛南族民居

    客家围屋   8. 京族民居

汉族民居·桂北院落

自秦始皇开凿灵渠，灵渠连接漓江和湘江，使长江水系与珠江水系得以沟通，桂北、桂东地区得到了最先开发，中原文化传播较快，经济文化比较发达，使得院落式民居成为广西东北部地区的主要民居形式之一。

图1 灵川县九屋镇江头村民居

1. 分布

桂北院落式民居主要分布在桂林全州、兴安、灌阳、灵川、临桂、永福等市县以及柳州、贺州等市县（图1）。

2. 形制

桂北院落式民居的共同特点是：讲究坐向，多坐北朝南；榫卯结构，以木梁承重，以砖、石、土砌护墙；以堂屋为中心，并以雕梁画栋和装饰屋顶、檐口见长（图2）。天井组合方式为根据天井个数分为一进一天井和一进双（三）天井（图6、图7），平面排列方式为纵横多进式组合和护厝式组合。前者为对其基本单元进行纵向的复制和排列组合，构成多进的平面，后者为厨房、杂物房、牲畜圈、长工房等组成的"横屋"，称之为"护厝"，是纵向组合的连排式长条形房屋。

一般有前院、中院和后院之分。前院式较常见，其平面布置以三开间为主，

建筑平面中间为厅堂，堂屋一般不设阁楼，以提高厅的净空；厅堂前设回廊，回廊围合形成天井；天井两侧是左右厢房，成"三高两矮"空间格局，左右厢房设四间卧室，厢房上设阁楼，主要用于储存粮食。建筑的大门居中并朝南开启，通常另有后门，但后门不在中轴线上。天井是桂北院落民居的一大特色，多铺筑青石板，为建筑提供了采光、通风和排水功能，也为人们提供了一个纳凉的空间（图4、图8）。

3. 建造

桂北院落民居一般采用穿斗式木构架与砖墙体承重相结合的结构。桂北民居的砖石马头墙、屋顶与天井为其突出造型特色。明清以来，墙的防盗防火作用越来越重要，故马头墙越来越高。桂北地属多雨地区，为了防潮排雨，屋面通常出檐深远。屋顶占立面比重一般可达立面高度的一半。因出檐结构一般都

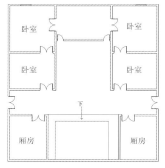

图6 一进一天井平面图

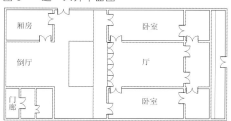

图7 一进双天井平面图

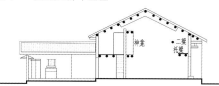

图8 阳朔渔村楼井剖面图

图2 陈家大院梁柱结构

图4 阳朔渔村楼井

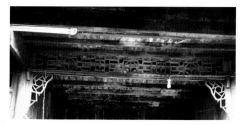

图9 灵川县长岗岭陈家大院檐口装饰

图3 灵川县江头村民居天井

图5 灵川县长岗岭陈家大院

图10 桂林灵川县九屋镇周光胜家

图 11　桂林灵川九屋镇周荣桂家门雕

图 12　灵川县长岗岭陈家大院天井 1

图 13　灵川县长岗岭陈家大院天井 2

图 14　灵川县长岗岭民居巷道

是由联系金柱和檐柱的穿枋出挑，而金柱和檐柱之间往往是厅堂前廊，故在檐口上多做变化装饰，通过细部装饰柔化强硬的立面轮廓。天井周围房间多以漏明门窗对空间进行划分和组合，不仅能够采光、通风，也创造出通透疏朗、层次错叠的空间效果（图 3、图 9）。

图 15　灵川县长岗岭陈家大院柱础 1

建筑屋架及内部主要围护结构通常采用木材作为主要材料。外墙用青砖或土坯砖砌筑。台基部分多由青石或卵石和黄泥砂浆砌筑。屋顶则覆以小青瓦，体现了当地因地制宜、就地取材的建筑特色。

4. 装饰

桂北院落民居注重建筑门楼、照壁、门窗、山花等雕刻，挑檐和山墙的装饰，马头处的起翘多高耸，不同高度穿插搭配，变化万千，成为整个民居中最精彩的装饰部分之一。屋前轩廊、屋架吊顶、天井格扇、木槛、大门和屏门的装饰也精美繁复。门窗棂格图案繁杂，不仅有简单的井字格、柳条格、枕花格、锦纹格，还有许多门窗棂格图案发展为套叠式，如十字海棠式、八方套六方式、套龟背锦式等。在木雕技艺发达地区，有些民居门隔扇心全为透雕的木刻制品，花鸟树石跃于门上，完全成为一组画屏。内檐隔断也是装饰的重点，丰富的内檐隔断创造出似隔非隔、空间穿插的内部空间环境（图 10、图 11）。

5. 代表建筑

桂林市灵川县长岗岭陈氏大院

灵川长岗岭村的古民居建筑大多建于明清时期，皆为坐西北朝东南方向，三开间建筑为主，三至六进不等（图 5）。

陈氏大院坐落在整个村落的西南方，四进房屋，共有四个天井。房屋横梁为龙头木刻，左侧龙头口中含珠，右侧龙头则没有含珠。第一个天井的"过厢"是专供仆人、妇女走的过道，

图 16　灵川县长岗岭陈家大院柱础 2

右边的副房共 12 间，专供奴婢、仆人居住。第三进连通左、右横过道的两侧开有两扇对称的"长寿门"。左右客室的木壁板是红色，正堂中间的木壁是蓝色，有敬重皇帝之意。正堂上端的木板隔间里设有神龛。第四进的右边有花厅，这是主人休闲娱乐和招待客人的场所。建筑设置后天井，主要作采光、通风、防潮之用。房屋的木门采用暗栓，当地人称之为"鬼栓"；梁上悬挂有木雕牌匾"三多九如"（三多：福多、子多、寿多）；窗格镂刻雕花，工艺精湛。屋内都有石质水缸，俗称"太平缸"，用来养鱼及防火；还有石质花钵，花钵下座石块刻有八卦及代表阴阳的图案（图 12～图 16）。

成因

桂北与中原的沟通较早，因此，建筑形制上受中原汉族文化、儒学文化的影响较深，主要体现在天井院落式、中轴对称上，建筑平面规整，体现了均衡、协调的意识。

比较／演变

与中原及岭南民居相同的是，由于受孔儒礼教文化的影响较深，桂北汉族民居建筑空间上同样表现出强烈的等级、尊卑意识。

汉族民居·广府式院落

桂南是中国发展较迟的地区之一，自然环境独特，由广东等大岭南地区移民而来的人口较多，文化结构复杂，地缘文化交融，使得该地区形成了以独特的硬山建筑为代表的广府式院落民居形式。

图 1　玉林高山村李拔先宅

1. 分布

在民族迁徙中，过去的东瓯、闽越等浙闽文化沿海南移至福建、广州（高州、雷州、钦州、廉州）而进入广西东南部。因此，广西的广府式院落民居主要分布在钦州、玉林一带。

2. 形制

桂东南地区气候炎热，风雨常至，民居一般为小天井大进深、布局紧凑的平面形式。广府民居风格在南宋以后逐步建立起来，至清中叶已经相当成熟。主要代表形式是三间两廊式的合院（图1）。所谓三间，即明间的厅堂和两侧次间的居室，两侧厢房为廊，一般右廊开门与街道相通，为门房，左廊则多用作厨房。大户人家、富商巨贾在三间两廊的基础上，通过增加开间和天井数，或者增加横屋来满足需要（图3）。

3. 建造

广府式院落民居的梁架构造非常丰富，主要有叠梁式、穿斗式和雕梁式。广府式民居具有明显的穿斗结构特点。檩条直接承托在矮瓜柱之上，梁作为穿枋连结瓜柱（图4）。风火墙是广府式院落民居的一大造型特色。墙头都高出于屋顶，轮廓作阶梯状，变化丰富，有一阶、二阶、三阶之分。风火墙的砖墙墙面以白灰粉刷，墙头覆以青瓦两坡墙檐，白墙青瓦，明朗而雅素（图5）。

砌墙材料有三合土、卵石、蚝壳、砖等，清代以后多用青砖。内部布局紧凑，间隔灵活。

图 3　玉林高山村牟廷典故居平面图

4. 装饰

广西的广府式院落民居装饰艺术与岭南建筑是一脉相承的，可用雕梁画栋来形容。民居的正脊被装饰成多种形式的脊身，更有点睛的宝顶，同时鱼吻、兽吻等相随相映，硬山墙顶的垂脊也精美绝伦。梁枋造型活泼，图案轻松。檐

图 2　灵山大芦村屋脊装饰

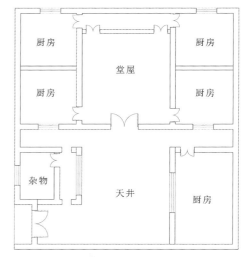

图 4　瓜柱承檩

图 5　风火墙

图6　灵山大芦村民居装饰

图10　灵山大芦村鸟瞰

图7　灵山大芦村民居楹联

图8　灵山大芦村镬耳楼

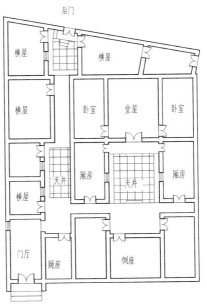

图9　灵山大芦村某宅平面图

廊月梁的图饰也非常精彩。山墙内上部常绘制一些吉祥纹样或图案，山墙的外上部一般为灰雕造型。门窗形式多样，造型各异。挑手构造精巧，有单挑、双挑、三挑等。墩子上雕刻有兽头、花饰，在朴素的梁木间显得玲珑精细。彩绘多以花纹、图案或故事画为主，表达人们对美好生活、家庭兴旺的向往。楹联也是中华民族独有的一种文学形式，广府式民居院落往往运用最言简意赅的楹联文化，反映他们当时对生活的认识、理想和祝福（图2、图6、图7）。

5.代表建筑

1）钦州市灵山县大芦村镬耳楼

镬耳楼是大芦村劳氏家族的发祥地，又名"四美堂"。其建筑布局按国字形建造，由前门楼、主屋、辅屋、斗底屋、廊屋和围墙构成，二五布局，占地面积4460m²。镬耳楼具有浓烈的宗法制度气息，这与其屋主的身份地位不无关系。该楼的始建者劳经，在明朝嘉靖年间（1522～1566年）为县儒学庠生，大芦劳氏第四代世祖劳弦于明朝崇祯年间（1636年）考选拔贡，由国子监毕业后，授内阁中书舍人，不久升用兵部职方司主政（官拜三品），并准请朝廷封赠三代祖先，将祖屋第四进"官厅"和前门楼的封火墙建成镬耳把手形，镬耳楼由此得名（图8、图10）。

2）钦州市灵山县大芦村某民居

该民居在天井前加建前屋，构成四合天井式，同时横向添加了辅助用房，并增设天井解决采光问题。这种做法能满足更多居住和储藏的需求。西侧的辅房与正院之间形成了通贯南北的交通空间，串联起天井、廊道和前后门厅，避免了对核心居住区域的干扰（图9）。

成因

桂东南地区的广府人主要由早期移民与古越族杂处同化而成，因此，其民居文化既有古越遗风，更受中原汉文化哺育，同时还受西方文化的影响，具有多元的层次和构成因素。

比较／演变

广西广府式院落民居文化与岭南民居文化是一脉相承的，具有三大突出的特征：第一，依据自然条件包括地理条件、气候特征等自然条件，体现出的防潮、防晒的特点；第二，基本格局为"三间两廊"，以镬耳风火墙为特色；第三，就是大量吸取西方建筑精髓，体现了兼容并蓄的风格。

汉族民居·骑楼民居

近代以来，广西民居的建筑形式出现了新的建筑类型，即骑楼建筑，多分布在商业贸易频繁的沿江城镇。广西的骑楼民居是珍贵的地方文化遗产，保留和展现了清末至中华民国时期广西的建筑特色和居住民俗。

图1　北海珠海路骑楼街

1. 分布

骑楼民居在广西各地均有分布，建设较早、规模较大的骑楼建筑群主要集中在梧州、北海、南宁、玉林、钦州等地。

2. 形制

骑楼民居自下而上一般分楼顶（山花）、楼身、楼底（柱廊）三部分，多为2～4层。底层净高3～5m，底层前部为骑楼柱廊，宽度约为1.4～3m，形如骑在地上，故称"骑楼"。柱廊是人行通道，临街铺面经营商业，楼上可作写字楼、仓库或住宅，形成下铺上宅、商住合一的格局。外向的繁华街面贸易与内向的封闭市井生活互相协调。部分骑楼的背后是内街，民宅大门一般开向内街内巷。内街成为居民交往的"公共大厅"，充满浓郁的人情味。临街立面处理为西式造型或中西结合，称为"洋式店面"，窄开间，大进深，连排式布局，形成连续的骑楼柱廊和沿街建筑立面，即骑楼街（图1、图3、图4）。

3. 建造

骑楼的建筑材料以砖、木、石为主，其结构形式也多采用砖木混合结构。传统的骑楼街区宽度较小，一般是3～5m，由于骑楼廊柱形式构成的空间模糊性，尺度适宜，不仅减少了压抑感，还让人产生内聚与安定感。

4. 装饰

骑楼建筑立面色彩以贝灰白色和米黄色为主，立面造型多样，建筑之间少有雷同。底层柱廊分为梁柱式和券柱式。梁柱式柱廊具有明显的中西合璧风格，宽40～60cm，有简略的线脚装饰，以雀替来连接柱子和横梁以及楼板。雀替省略了精细的花饰，只保留柔和变化的曲线轮廓。券柱式柱廊由古罗马半圆券和立柱组成，充分体现了西洋敞廊式建筑的风格。

图3　骑楼立面形式1

图4　骑楼立面形式2

图5　梧州骑楼城1

图2　北海珠海路骑楼女儿墙

图6　梧州骑楼城2

图 7　梧州骑楼城立面图

图 8　梧州骑楼城装饰

女儿墙是骑楼立面形态最精彩的部分，按垂直划分可分为全段式和三段式。全段式女儿墙由上下两部分组成，上部分为巴洛克山花，曲线造型，左右对称均衡，山花有精美的浮雕装饰，下部分为牌匾，方形稳重，周边有连续的纹样，中间写有商铺的名称。三段式女儿墙段与段之间用矮柱分割，节奏感强，层次分明，以中段构图为主，侧段为辅，有圆顶、尖顶两种造型，狭长高耸（图 2）（引自莫贤发，蔡强，《北海市珠海路骑楼立面形态特征》）。

5．代表建筑

1）北海市珠海路骑楼

珠海路形成于中华民国时期，位于北海市区的北侧，紧邻廉州湾，全长约1448m，宽 15m。街道呈水平折线式，骑楼建筑沿街道南北分布。北海骑楼是粤派骑楼的一个分支，但与福建、广东骑楼相比，北海骑楼没有过于繁琐的雕饰，而是更加简洁，线条精美，高潮突出，整体和谐。

珠海路骑楼沿街建筑大多为二至三层，主要受英、法、德等国西方券柱式建筑的影响。女儿墙上部分为西洋式山花，下部分为中国传统的牌匾式横额；同时，受南洋建筑风格的影响，女儿墙的上部分开圆形或方形的洞口，称为"天目"，既寓意"天圆地方"，更有减少建筑物的负荷以防台风的作用。临街两边墙面的窗顶多为券拱结构，券拱外沿及窗柱顶端都有雕饰线，线条流畅、工艺精美。临街墙面采用不同式样的装饰和浮雕，形成了南北两组空中雕塑长廊。大门由两部分组成，上部分是亮

子，用铁柱子装饰，起通风作用；下部分为木质移动门。每扇门宽 40～60cm左右，门面的左下侧或右下侧都有一个高度可齐腰的砖砌小平台，大约高80～100cm。

2）梧州市骑楼城

骑楼城位于梧州河东老城区，是梧州百年商贸繁华的历史见证。现存骑楼街道 22 条，总长 7km，最长街道达2530m。骑楼建筑 560 幢，规模之大、数量之多，国内罕见。与广西其他地方的骑楼相比，梧州骑楼民居的特色体现在两个方面。一是高大，多为 3～4 层，楼高 10～24m；二是骑楼二层普遍设有"水门"，楼柱上设有铁环。梧州坐落于浔江、桂江、西江三江水口交汇处，年年水患不绝。因此，每当"水浸街"时，铁环可作系船之用，而水门则成为居民逃生或购买生活必需品的重要出口（图 5～图 9）。

图 9　梧州骑楼城铁环

成因

广西骑楼民居在中华民国以后大量涌现，主要有两个因素。一是商业发展的推动。建有骑楼的城镇多是近代广西商业重镇，而且多集中在桂东、桂东南、桂南沿海、沿江河人口稠密的商业中心地带，商业经济不发达的地区，极少见到骑楼。二是广东对广西的地缘影响。近代以来，随着广东对广西经济辐射力的增强，大量粤商进入桂经商，将骑楼这种建筑风格带进了广西圩镇，而后各省籍商人也纷纷仿效，加之政府的统一规划，便形成了广西街市的广东骑楼风格（引自滕兰花，《近代广西骑楼的地理分布及其原因探析》）。

比较／演变

有学者认为骑楼是早期干栏式建筑的发展和改进，后期把西方建筑与岭南传统建筑结合，演变为这种富有岭南特色的骑楼；也有人认为，骑楼是竹筒式建筑的商业发展演变形式。广西的骑楼受到粤商影响，风格、样式与广州骑楼类似，同时也带有鲜明的本土化特征。桂北的骑楼民居多有"干栏式"倾向；而桂南，特别是沿海地区的骑楼民居风格则更加欧化，表现出明显的"南洋"风。

汉族民居·客家围屋

客家围屋是客家人为适应当地的环境和气候、满足生活需要而建的一种建筑形式，结合了中原古朴遗风及岭南文化特色，具有充分的经济性、良好的坚固性、奇妙的物理性、突出的防御性、独特的艺术性等五大特点，是中国五大民居特色建筑之一。

图 1　贺州江氏祖屋禾坪

1. 分布

明清以来，客家人由粤、闽、赣祖居地陆续进入广西，目前以玉林市博白县、陆川县的客家人为最多，均占当地居民总数的一半以上。只要在客家人聚居之处，都能够见到围屋的踪迹，玉林、贵港、贺州等市的客家围屋比较具有代表性。

2. 形制

广西客家围屋的平面以方形为主，主体结构为"一进三厅两厢一围"。围屋不论大小，大门前必有一块禾坪和一个半月形池塘，禾坪用于晒谷、乘凉和其他活动，池塘具有蓄水、养鱼、防火、防旱等作用。大门之内，分上中下三个大厅；左右分两厢或四厢，俗称横屋，一直向后延伸；在左右横屋的尽头，筑起围墙形的房屋，把正屋包围起来，小的十几间，大的二十几间（图1、图2）。

在总平面布局上围屋的共同特点是以南北子午线为中轴，屋前设池塘，正堂后设"围龙"，内部以厅堂、天井为中心设立几十个或上百个生活单元，适合几十个人、一百多人或数百人同居一屋，有的还设有书房和练武厅。

3. 建造

围屋采用木构架承重和砖墙承重相结合的形式，在石基础上立柱，柱上架梁，再在梁上重叠数层柱和梁，在最上面梁上立脊柱，构成一组木构架。木构架之间通过纵向的枋、檩条联结成整体。这样的梁、枋结构，受力明确，脉络清晰（图3）。

围屋的地基为石砌，受风雨面的墙是三合土夯土墙。三合土用石灰、黄泥和沙以外，还放入适量的糯米、红糖掺在一起搅拌。基础结构相当严实，夯土墙并非一次夯到顶，而是风干一层再夯一层，要建筑一座大屋需要用几年的时间，这种墙体非常坚固，其耐久程度不

亚于混凝土墙（图4）。

4. 装饰

围屋十分注重实用性，但也会因特殊需要而加以装饰，从其材料配色上也不难看出感性色彩，其素壁青檐与青山绿水、蓝天白云相辉映。在围合材料上讲究"外不露木，以资防火"，甚至在围合用的外墙上很少开窗或只开高窗，以防外人向内窥视（图6）。

5. 代表建筑

1）贺州市八步区莲塘镇仁冲村江氏祖屋（大江屋）

江氏祖屋是一座典型的方形结构围屋，始建于1684年，落成于1692年，占地面积5761m²，建筑面积3669m²。分南北两大座，呈掎角之势，南座三横六纵，有厅堂8个、天井18个、厢房94间；北座四横六纵，有厅堂9个、天井18个、厢房132间。南向大屋前

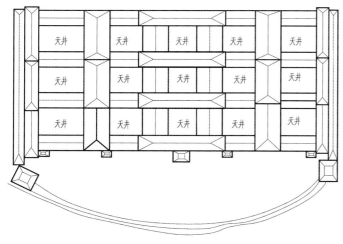

图 2　贺州江氏祖屋总平面图

图 3　贺州老江屋承重木构架

图4　贺州江氏祖屋夯土墙

图6　贺州江氏祖屋装饰效果

图9　贺州江氏祖屋正门

图5　贺州江氏祖屋内天井

图7　贺州老江屋木结构

图10　贺州老江屋石墩护柱

面是晒地，东向有门楼一座，北向屋后也有矮围墙，东西两侧是整座大屋的附属建筑，如厨房、厕所等。

空间布局上呈现严谨的中轴对称关系，沿中轴线由西向东依次布置下厅、中厅、上厅、祠堂。屋宇、厅堂、房井形成一体，厅与廊通，廊与房接，迁回折转，错落有致，上下相通。围屋四周建有围墙，作公共防御之用。主体门堂屋前通过围墙形成半月形禾坪，创造"外闭内敞"空间。下厅、中厅、上厅与祠堂围合成天井，两边生长出南北间（即花厅），与花厅相垂直的为横屋，往外与横屋垂直相连的是落敝，落敝再连着横屋，这些厅、屋通过廊相连，甬道在落敝之间，骑马廊在横屋边朝向外的一侧，伸手廊位于落敝一侧，与骑马廊相交。屋檐、回廊、屏风、梁、柱雕龙画

风，富丽堂皇（图5、图9）。

2）贺州市八步区莲塘镇仁冲村老江屋

老江屋是围龙式三横四纵围屋，依山而建，其结构以中间的正堂为基准，呈方形，占地面积4333m²，建筑面积2760m²。屋顶为"人字形"双坡屋顶，梁木结构覆盖瓦片，檐口平直，出檐大。有厅堂8个、天井18处、厢房94间。四周有高墙与外界相隔，屋宇、厅堂、房井布局合理，形成一体。厅与廊通，廊与房接，迁回折转，错落有致，上下相通。同时，该民宅还具有完善的排水系统，房屋后建有挡土墙。屋檐、回廊、屏风、梁、柱雕龙画风。其内部多采用木结构，大厅可按照实际需要安排空间。头尾通大的木柱子底部用石墩保护（图7、图8、图10）。

成因

客家人选择丘陵地带或斜坡地段建造围屋，大多在偏远山区。他们为防止盗贼的骚扰和当地人的排挤，而建造了营垒式住宅。一间围屋就是一座客家人的巨大堡垒，形成一个自给自足、自得其乐的社会小群体。

比较／演变

客家人采用抬梁式与穿斗式相结合的技艺建造围屋，主体结构为"一进三厅两厢一围"，建造形式有砖瓦结构和土坯结构。但从形式和规模而言，广西的客家围屋以方形为主，规模较小，远不及广东、福建等地区半圆形围屋、圆形围屋、椭圆形围屋、四角楼等丰富和壮观。

图8　贺州老江屋内庭

343

壮族民居·干栏式民居

壮族干栏式民居是广西壮族人民针对当地气候特点，创造性地用竹木架立梁柱建造的民居建筑。楼上住人，楼下敞空，便于通风防潮、防水灾和蛇虫猛兽，十分适合地势不平的地区。

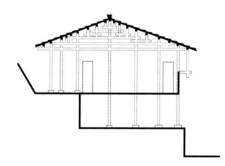

图1 龙胜金竹壮寨干栏式民居

1. 分布

壮族干栏式民居主要集中分布于桂西北与桂西南。由于桂西北与桂西南的自然地理环境、区域文化背景、族群构成的不同，形成了截然不同的干栏民居形态；而桂中西部是次生干栏最为丰富的区域，包含了数量众多的亚态干栏建筑文化，也是壮族干栏民居分布的主要地区。

2. 形制

壮族干栏式民居平面形式比较规整，面宽开间有3～6个不等，最常见的是5开间和5架。每开间宽3～4m，一般堂屋开间为4m左右，厢房开间3～3.3m，通面宽10～2m；每架进深1.7～2.5m，通进深9.6～10.5m。层数多为二层，并在二层上设有阁楼。建筑外立面常有披厦，布局原则是"下畜上人"（图1、图2）。底层一般不住人，层高2m左右，多用于饲养牲畜、堆放农具和化肥、设置卫生间等（图4）；二层为居住层，层高约为2.1～2.2m（图6）；阁楼一般用爬梯上下，作储藏之用。建筑内部主要有四种空间类型：礼仪空间、生活空间、交通空间和辅助空间。

堂屋作为礼仪空间，位于二层正中，是居民与祖先神灵进行沟通的场所。生活空间都以堂屋为中心布置（图3），它连通着火塘间、卧室及门楼。

生活空间主要由火塘间和卧室组成，是生活起居的中心（图5）。很多社交活动都是围绕着火塘进行，火塘还可提供夜间照明。卧室通常位于堂屋的后部或两侧，老人与已婚成员居于堂屋后东西两侧，未婚青年与儿童则居于门口两侧。

交通空间由楼梯、门楼和通廊组成（图7）。楼梯一般位于次间，并设置有入户楼梯门。楼梯上去是门楼，门楼占据整个明间，起到进入室内空间的缓冲作用，也是家庭户外生活的平台。劳作时休息、闲聊、待客都可以在此进行。辅助空间则包括牲畜棚、储物夹层和卫生间。

3. 建造

壮族干栏式民居一般随等高线分布，布局灵活。建造就地取材，采用石材、木材、青砖和灰瓦。其建筑结构形式属于密檩穿斗式结构，竖向的柱子和横向的排枋组成排架，并穿过过堂枋连成一个立体的构架。其檩距比较密，约40～60cm，檩条直接搁置在柱子或

图2 龙胜金竹壮寨廖宅剖面图

图4 龙胜金竹壮寨干栏式民居底层空间

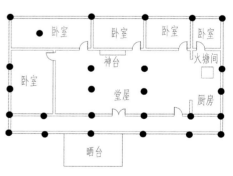

图6 典型干栏式民居二层平面图

图3 龙胜金竹壮寨干栏式民居内堂屋

图5 龙胜平安寨干栏式民居内火塘间

图7 龙胜金竹壮寨干栏式民居楼梯

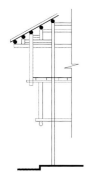

图8 龙胜平安寨干栏式民居剖面图一

图9 龙胜平安寨干栏式民居剖面图二

图10 龙胜平安寨干栏式民居出挑

图11 龙胜龙脊村古壮寨风景楼建筑外观

瓜柱上，瓜柱落在下层穿枋上。底层架空，居住层抬高，在前部挑出0.5～0.6m的垂柱。

屋顶一般采用悬山屋顶，屋面基本是平面，坡度建造时符合"纵一横二"的规律，并在檐柱之外起翘，形成反坡曲线。干栏式民居的出檐都比较远，在垂柱之外挑出两根挑檐檩，叫"出两步水"，宽度约1.1m（图8、图9）。屋脊上一般采用青瓦堆成的流水形式，用青瓦在脊棱上叠立成排，两端微微翘起呈牛角状，中间位置堆叠瓦片构成花瓣、铜钱图案。

4. 装饰

壮族干栏式民居的全木构架朴素、简约，装饰极少。而随着汉文化的传播，一些装饰元素结合当地壮族的喜好融入到民居建筑中来，如屋脊图腾构件、檐下挑手造型、门窗栏杆等，为民居带来了更为丰富的面貌（图10）。

5. 代表建筑

1）桂林市龙胜县龙脊村古壮寨风景楼

龙脊村古壮寨风景楼坐东向西，竖向空间灵活自由，适应了当地复杂的地形。建筑墙面由木板横装而成，为天然原木色。随着时间的推移，建筑色彩由木黄色逐渐变为灰棕色。屋顶为青灰色的歇山式青瓦顶（图11）。

风景楼底层架空做储藏室，二层为餐厅（图12），三层为客厅，顶层为阁楼。建筑采用素土基地，木框架承重（图13），青瓦盖顶，屋檐下饰以木雕吊瓜。

2）桂林市龙胜县龙脊村古壮寨廖家百年老屋

廖家百年老屋坐东向西，南北延伸，采用穿斗式与抬梁式混合结构，青瓦覆盖歇山式屋顶，体现了传统全木建筑特色。建筑依山就势，卧室分布于明间两侧，火塘位于明间偏左位置。底层为储物空间，设置杂物间和碓房，二层为人居住和活动的空间，三层为阁楼，设置谷仓（图13）。

成因

广西气候环境较湿热，山多地少，因此壮族先民在早期就选择了可避水患防虫害、能良好通风透气、适应多变地形的干栏式建筑作为主要民居建筑。在相对封闭的自然、文化环境下，广西壮族先民创造的木构干栏式民居的形制、文化、建造方式等，较少受外来文化的侵蚀，其聚落布局方式、建筑形制、传统工艺等被传承至明清，而在那些大山延绵的桂西北、桂西、桂西南地区更是得到了较好的传承，成为研究百越居住文化的活化石。

比较／演变

由于壮族多居住在靠近平地的丘陵上，其民居形式也逐渐被平地汉族民居形式影响和同化，典型的干栏民居仅存于边远山区，其形制也与山区的瑶族、苗族民居等有所相似。平地的壮族矮脚干栏民居甚至逐渐向地居式转变。

壮族干栏形式丰富，不同地区的干栏形式也不尽相同。就桂北地区而言，由于壮族与瑶族杂居融合，其干栏形式较为相似，全木、全干栏、三段式的功能划分，高大开阔是其主要特征；相比之下，桂西和桂南地区的壮族干栏，由于底座和吊脚主要为砖石结构，其形式和尺度也和瑶族干栏产生了较大变化。

图12 龙胜龙脊村古壮寨风景楼木框架承重结构

图13 龙胜龙脊村古壮寨廖家百年老屋

壮族民居·院落式民居

秦统一中原后，随着中原汉族人大量南迁，汉文化传入桂东北地区。由于受汉族文化的影响，壮族平原地带聚居地出现了带有强烈汉族文化特色的"院落式"民居。民居布局受宗法、儒教礼制等因素的强烈影响，有较明显的总体规划痕迹，呈现规整的向心性组团空间形态（图1、图2）。

图1　金秀龙屯院落式民居院落空间

1. 分布

院落式壮族民居主要在汉文化强势地区，如桂东北、桂东、桂东南等地。

2. 形制

壮族院落式民居有前院、中院和后院之分。前院式较为常见，多为三间一幢。富贵人家在正房前建有门楼。门楼与正房之间是天井，天井两侧有围墙将门楼和正房连为一体。靠围墙的内侧建有厨房、猪栏或厢房。民居开窗少且小，室内光线昏暗。其结构多为泥砖瓦顶、三合土舂墙瓦顶或茅草顶，少数为火砖瓦顶。左右厢房设四间卧室，左厢房后半部是父辈住，前半部是未婚儿女住；右厢房前半部是母辈住，后半部为儿媳住。

院落式壮族民居，入户方式皆为地面直入式，其平面格局多分为"一明一暗"和"三间两廊"两种。"一明一暗"是最基本的地居式民居形态，堂屋居中，两侧为寝卧空间。"三间两廊"由"一明两暗"加天井和两侧的厢房构成。所谓三间，即明间的厅堂和两侧次间的居室，两侧厢房为廊，一般右廊开门与街道相通，为门房，左廊则多用作厨房（图3、图4）。

3. 建造

壮族院落式民居多为悬山或硬山青瓦屋面，砖石结构，即用大量土石代替木材建造墙基及四面墙体。常见的外墙体一般是土墙或青砖墙，室内墙体由原来的木壁板改成土隔墙或夯土隔墙。正屋和前屋的山墙起承重作用，但屋内结构仍采用木构架的梁柱结构。

4. 装饰

壮族素有门雕、窗雕、木雕的习俗。门雕，在民居房门进行雕饰，雕刻技术纯熟、图案独特，颇具审美情趣；窗雕，以简洁的图案进行装饰，体现了壮族民居天人合一的装饰风格；木雕，受明清时期木雕盛行的大环境影响而流行（图5）。

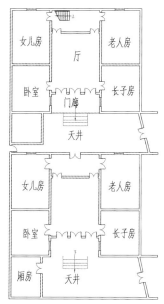

图3　金秀龙屯屯92号宅平面图

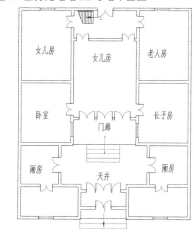

图4　金秀龙屯屯40号宅平面图

图2　金秀龙屯院落式民居

图5　来宾忻城土司院落窗雕

图 6　来宾忻城土司院落装饰　　　图 7　来宾忻城土司院落装饰　　　图 8　来宾忻城土司大院

图 10　西林县那劳乡岑氏故居

外墙一般使用白墙，墙上多绘制彩画。彩画色彩斑斓，题材不限，一般以壮族民间故事、人物为题材，色调以红色、绿色为主，整体画面庄重典雅（图6～图8）。

屋脊是整座建筑中最高最醒目的部位，壮族人民常常在屋脊上放置各种图腾构件来表达特定的愿望。常用于屋顶的图腾有金钱、狗、牛角等，用以寄托招财进宝、生活富裕、家业兴旺的愿望（图8）。

5. 代表建筑

1）百色市西林县那劳乡岑氏故居

岑氏故居是明代上林土司土官岑密的庄园旧址，依山而建，宫保府、南阳书院、增寿亭、岑氏祠堂等古建筑因地形地势和建筑的功能分布在村落山坡的不同位置上，体现了壮族传统民居布局上因地制宜、灵活多变的特点。岑氏故居布局考究，占地面积1350m²，主要为砖木结构，四合院式三进院落，主轴线明确，单体排列规整对称，前进面阔3间，后进5间，叠梁式梁架，硬山顶，

小青瓦。柱、梁枋、檐板均绘人物山水彩画，门额悬雕有九龙的"宫保府"匾额，门前立照壁，左右置石狮，外有围墙。其屋脊"博古"灰塑、封山、墀头、门窗的做法，墙上端壁画、梁枋雕饰等艺术构件做法和内容均属广西乃至岭南壮族富裕华贵宅第式样（图10）。

2）百色市西林县那劳乡宫保府

宫保府，位于那劳大寨南侧，始建于清光绪二年（1876年），落成于光绪五年（1879年）。建筑坐南朝北，外墙为清水墙。建筑层高4.5m，砖木结构。屋盖为木屋架盖灰瓦，屋脊为雕刻龙头纹。该建筑为五开间三进式院落，分为前厅、正厅和上厅（后厅）。前厅即门楼，正厅两侧为连廊，与后厅连通；后厅建筑一字排开，中间为客厅，客厅两侧为卧室。正厅两侧对称布置厨房、卫生间，并设置小天井以避免与主房串气。前厅、正厅和后厅之间有约45cm的高差，自前至后依次增高，有步步升高之喻。建筑入口大门比道路高90cm，砌石台阶两边为花圃，门廊有两根立柱，整个入口气势宏伟（图9）。

成因

元明清时期大量汉族移民涌入桂东北地区，对当地壮族的人文和建筑文化等产生了深远影响，使得壮族聚居地出现了带有强烈汉族文化特色的院落式民居。

比较/演变

院落式的壮族民居在功能上和干栏式基本一致。功能空间有厅堂、卧室、外廊、顶屋的阁楼等，但是院落式将干栏式的功能进行了重新组合，使之优化。首先，院落式建筑将干栏式建筑的架空层和居住层整合在一起，使居住层与地面属一个水平层面，居住方式从楼居式变成了地居式。房屋外独立设置一个畜厩，将原来架空的底层空间功能转移至此，实现人畜分离。顶层的储藏功能保留，也可用于寝卧休息。其次，整合后的功能分为三大区域：1）祭祀起居的厅堂空间；2）供家庭活动的院子；3）歇脚暂停的门厅空间。因此，壮族院落式民居是广西汉族民居的一种同化形式。

图 9　西林县那劳乡宫保府

瑶族民居·干栏式民居

历史上，瑶族迁移频繁，于隋、唐时期迁入广西东北部后逐渐向腹地发展。从桂北到桂南、桂东桂西都有瑶族居住。而这些大山瑶族最主要的居住形式便是干栏民居。建筑风格上瑶族的干栏建筑受侗族和壮族影响较大，呈现"近壮则壮"、"近侗则侗"的特点。

图1 桂林灵川县瑶族干栏式民居1

1．分布

广西山地瑶族干栏民居主要分布在金秀、巴马、都安、大化、富川、恭城等六个瑶族自治县，桂北龙胜、灵川等山区也广为分布。

2．形制

瑶族人们喜欢聚寨而居，村寨多建在山坡上（图1、图3）。形制有明间多进式、单开间狭长式和横排自由式三种。明间多进式的前厅占据建筑的整个前半部，相当宽敞，堂屋仅占中央开间的后半部，只有尊贵之人才能坐席于堂屋中。神位也设于堂屋正中，紧靠神位背面，安排居室。卧室父辈居中，右侧为女儿房，左侧为子媳房。火塘建在堂屋右侧土筑地台上以利防火。单开间狭长式建筑房屋进深在20m以上，建筑之间常用过廊穿越连通。民居善于因地制宜，因而有"半边楼"、"全楼"之分。"半边楼"一般为五柱三间，两头

附建偏厦，或一头偏厦，或一头偏厦前伸建厢房（图4～图7）。

"全楼"一般建于沿河一带或半山较平坦的一层地基上，规模及附属建筑与"半边楼"相同。花瑶、盘瑶多居"全楼"。居住在高山的盘瑶、山子瑶的房屋为曲线长廊式，通常是盘山建房。盘瑶以横排自由式建筑为主，这种建筑形式较古老，木桩将房子分为四部分，中间是大厅，厅后是全家的卧室；卧室分成若干小间，按辈分分居。右侧进住宅便是矩形大厅，大厅前是卧室，卧室前是碓房和澡堂，出左门便是谷仓和猪栏。房屋基本为一进三大间或两进五大间，富裕人家基本为两进五大间。房屋的结构呈曲折的长廊形，背山面坡，地板向山外伸出，上铺竹木，下由若干横木柱支撑。

图3 桂林灵川县瑶族干栏式民居2

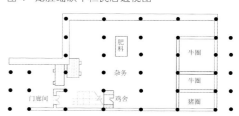

图4 龙胜瑶族干栏民居透视图

3．建造

广西瑶族干栏式民居，住房多为竹、

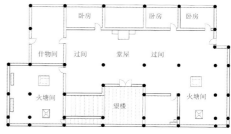

图5 龙胜红瑶大寨某民居底层平面图

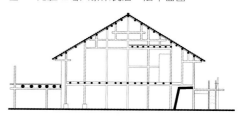

图6 龙胜红瑶大寨某民居二层平面图

图2 桂林灵川县青狮潭镇老寨村某民居

图7 龙胜红瑶大寨民居剖面图

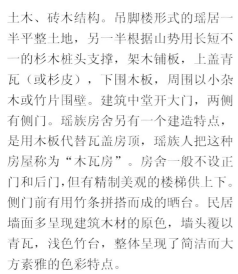

图 8 金秀瑶族自治县就金秀镇六段屯民居

图 9 金秀瑶族民居

图 10 金秀瑶族民居

土木、砖木结构。吊脚楼形式的瑶居一半平整土地，另一半根据山势用长短不一的杉木桩头支撑，架木铺板，上盖青瓦（或杉皮），下围木板，周围以小杂木或竹片围壁。建筑中堂开大门，两侧有侧门。瑶族房舍另有一个建造特点，是用木板代替瓦盖房顶，瑶族人把这种房屋称为"木瓦房"。房舍一般不设正门和后门，但有精制美观的楼梯供上下。侧门前有用竹条拼搭而成的晒台。民居墙面多呈现建筑木材的原色，墙头覆以青瓦，浅色竹台，整体呈现了简洁而大方素雅的色彩特点。

瑶居的竹楼也极具特色，全用竹竿绑扎支撑构成。梁柱常取材楠木，篙竹做楼板，墙壁为水楠竹破开压制的板铺陈，屋面盖破开的楠竹，考究雅致。瑶族建造房舍有原始协作的习惯，凡有盖新房者，邀约全寨人参加，伐木运料分工合作。瑶人建造新房严谨讲究，须择吉日动土，大门座向须按阴阳五行而定。

4. 装饰

瑶族房屋的瓦脊和飞檐都绘有花纹图案，题材丰富，地方特色明显。如果大门或正门前另有人家，还得砌一堵照壁，并绘制龙凤呈祥图案与对照诗文以示吉祥。天井面积约二丈五尺见方，青石条镶边、鹅卵石铺面且大都镶嵌成金

钱图案（图 8）。

5. 代表建筑

1）柳州市金秀县金秀村茶山瑶居

瑶族干栏式民居以金秀县金秀村茶山瑶最为典型。金秀瑶居是典型的单开间狭长式，装饰精细，石阶、门厅、门墩、匾、檐、槛各部件雕龙画凤，正面为雕龙凤的吊楼，栏杆造型考究，适合"爬楼"。堂屋是建筑的中心，神位设在堂屋迎门墙壁的正中，神龛雕刻精致，神秘而庄重；神位背后的房间由家中的长者居住。与壮、侗等少数民族一样，火塘在瑶族人的家庭生活中占有极其重要的地位，是家庭休闲活动的中心。建筑正面设距地面 2m 左右吊楼，吊楼房间为少女的闺阁，也是瑶族青年男女恋爱幽会时的"爬楼"（图 9、图 10）。

2）桂林市灵川县青狮潭镇老寨村某民居

该民居建于山坡之上，为穿斗与抬梁混合式的全木建筑结构。单栋建筑歇山顶铺青瓦，面宽 15m，进深 9m，底层高约 2m，二、三层高约 4～5m。木色墙面完全由木条拼装而成，搭配青灰色屋顶，简洁纯粹。房屋下层多为牲口房与仓库。楼上为厅堂和卧室，设有挑廊（图 2）。

成因

受民族迁徙的影响，瑶族村寨一般远离城镇集市，一般二三十户自成村落，多建于近林靠水的高山地带。木构干栏是山区瑶族常用的居住建筑，木楼排列整齐，多依山而建，自然形成若干小组团。民居建筑以干栏为主，既是对地形地势的应对，也是防潮、防湿、防毒害的需要。

比较／演变

瑶族最原始的住居形式是叉叉房，又称"茅寮"，少量存在于桂西布努瑶居住区等较为偏僻的瑶寨。形制完善的干栏木楼则是瑶族成熟的居住形式，多见于广西北部灵川、龙胜、融水等地的瑶族，瑶寨在组团与单幢干栏建筑外观上与壮、侗、苗等少数民族较为类似。

瑶族干栏主要分布在桂北、桂中和桂西大山地区，其房材料也主要以山区的杉木为主，根据地形分为半干栏和全干栏。由于民族的长期融合，其干栏形式基本与壮族相似，如桂北地区的瑶族和壮族干栏基本为全木干栏，桂西地区的瑶族和壮族干栏却适当地采用了砖石材料，产生了石木结合的干栏形式。

瑶族民居·平地式民居

相对于山区瑶族干栏民居，平地瑶族民居更多地吸取了汉族民居文化的精髓，在与当地自然生态、社会环境协调发展中形成了独具特色的地居文化，是一种富有地方特色的文化遗存。

图1 富川县瑶族平地式故居

1. 分布

广西瑶族平地式民居主要分布于广西的富川、恭城、平乐、钟山、灌阳、全州等地。从地理位置考察，平地瑶居住地一般位于山岭和平原之间，与汉族互为毗邻，来往密切，和睦相处，相互通婚，文化交融。

2. 形制

平地瑶民居建筑平面形制为三间平列，称为三间堂，底层中间为厅堂，两侧两间做卧室，因楼上防潮效果较好，作为仓库使用。另一种建筑平面为三合院形式，屋前设天井，门楼式结构的天井房屋开门通透，进大门见照壁，直通天井，左右厢房形成回廊，达正厅；左右厢房各开侧门连接外部街道，通达性强。形制为两进、三进的建筑，大天井之后附属小天井，大厢房中还分小厢房，大小结合，层次多样。因地形或经济限制，采用两间平列样式，一间作厅堂，厅堂正中设神龛；另一间作卧室和厨房，楼上存放谷物。人口较多的人家，底层设谷库，楼上为青年子女住房，平地瑶族区的民歌中就有"九步楼梯十步上，步步上到姐绣楼"的歌词，显示出建筑与民俗的呼应（图1～图4）。

3. 建造

瑶族平地式民居楼梁为九、十一或十三根，设单不设双。杉木板铺设楼面，住人和仓储皆可。楼上防潮效果佳，用于储藏农户的谷黍瓜豆。屋墙，或粉刷，或石灰沙浆勾缝，清洁和顺，平整美观。前屋檐外挑，石条石墩设凉台供人纳凉，或为挂竹笠蓑衣和农具所用。屋顶砌高两块厚砖，用以固脊压瓦，绘制龙凤呈祥花纹。木制门框，青石阶槛，大门头上设具有特色的两截圆木，木面上阳刻有八卦中"乾坤"图形。

4. 装饰

广西瑶族平地式民居色彩较统一，青砖或红砖筑墙，仅在檐口、山墙轮廓处和门窗套处采用白色粉饰，色彩对比鲜明。采用檐下装饰或"卷栩"的构造，通过考究的细部装饰弱化和细化强硬的立面轮廓。在建筑艺术上，彩画纹饰纤细，颜色淡雅，主题多山水风景、花鸟植物；古民居木雕雕刻精美、数量众多，部分木雕涂绘色漆，并施金粉，富贵艳丽。

5. 代表建筑

1）贺州市富川县富阳镇莲塘村三间堂四合院

广西富川莲塘村属平地瑶族的村落，吸取了唐宋时期中原汉族的村寨布

图2 贺州市富川县瑶族平地式故居

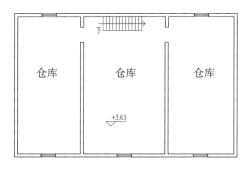

图3 富川三间堂瑶族民居平面图

图4 贺州市富川县瑶族平地式故居

图8 富川县富阳镇莲塘三间堂四合院

局及建筑工艺，并具有本民族的生活特点。莲塘某三间堂四合院，建筑布局为三开二进一天井。其建筑形式为三间堂民居，砖瓦结构，建筑整体方正大气，挑檐起翘马头墙，玉题干栏万字窗，素瓦灰墙斜山顶，龙头凤尾伴太阳。厅堂位于建筑正中央，正厅靠后墙设有天地及祖先神位，两侧各两间房间，对称于中轴，故此名为三间堂。建筑采用古朴的瑶式装修，多为木头阁楼顶，加上石灰墙，十分简单，也十分自然。建筑以石块砌础，墙体用土砖或青砖砌筑木雕门窗阁楼（图5、图8）。

2）贺州市富川县富阳镇虎马岭三间堂四合院

该建筑始建于明代，为一层砖木结构民居，砌体墙承重。总建筑面积300m²，是典型的三间堂式民居。主要建筑材料为青砖、青瓦、木材。屋顶为硬山顶，檐角起翘，并饰以飞禽走兽。

中堂是祭祀祖先的地方，也可作为客厅。左右居室根据进深大小，或为单间或分隔为两个小间。正房正面立大门、后壁设后门，左右居室安小门。中堂和厢房楼梁高度6～8尺（约2m～2.66m），楼上铺以楼板、可铺床或堆放粮食及杂物（图6、图7）。

图5 富川县富阳镇莲塘三间堂四合院

图6 富川县富阳镇虎马岭三间堂四合院

图7 富川县富阳镇虎马岭三间堂四合院

成因

唐中晚期，大批瑶族居民迁徙进入平地丘岗，集中居住在湘桂交界岭南一代生态环境较为优越的地区，并逐步与周边汉族、壮族民族文化融合，形成了平地瑶族自身的居住特征。

比较／演变

相对于择山而居的"高山瑶"，平地瑶文化的产生原因一是定居的农耕生活，二是与各民族杂居，不断进行经济文化的联系。中原汉族移民聚居地之中的平地瑶，在发展的过程中逐步和当地瑶族人民进行着双向的文化交流和渗透。通过与瑶族联姻，当地居民在生活上逐步瑶化，但文化上仍受汉族文化影响，如汉族宗法制度等，从而产生了平地瑶村落兼有汉族和瑶族特色的民居文化。

苗族民居

广西苗族多聚居于深山大岭之中，如百色隆林县德峨乡张家寨。在融水苗族自治县，苗族村寨多建在山脚或平地近水处。再如柳州三江县，这里的苗族与壮侗民族杂居，山区盛产木材，因此很多房屋都是木质结构。新中国成立前，苗族人民生活比较贫困，大多数人住杉木皮房、草房以及竹篾捆扎的"人"字形叉房，新中国成立后，则以竹木干栏民居为主（图1）。

图1　隆林张家寨苗族民居

1. 分布

广西苗族民居主要分布在桂北、桂西北和桂西地区，从桂北的资源、龙胜、三江、融水、罗城、环江至桂西北的南丹、隆林、石林、田林，到桂西的那坡，形成一个大弧型，与湘贵苗族连成一片。

2. 形制

典型苗族干栏为硬山式三开间，有些房屋两边封山各有一个披厦，形成两端下削的五开间。平面形式有"前廊式"、"内廊式"和"侧廊式"，以"前廊式"较为多见。由于地形地势以及住户人口数量等因素，也常见一些苗族民居在住屋的一端向前或向后加建，使整个平面呈"L"形。

苗族干栏也分为三层，底层架空用于饲养牲畜、堆放杂物及农具等。房屋一般设开敞的半室外楼梯上楼，并在二层设有敞开前廊，前廊较宽敞，宽约1m，进深在2m以上。堂屋是迎客间，内设火塘，两侧则隔为卧室或厨房。房间宽敞明亮，门窗左右对称。大多数吊脚楼在二楼地基外架悬空走廊，作为进大门的通道。悬空走廊常布置独特的S形曲栏靠椅，姑娘们常在此纺纱织布、挑花刺绣，一家人劳作后也可在此休闲小憩、纳凉观景（图2、图5、图6）。

图5　隆林张家寨某民居－火塘

3. 建造

苗族的吊脚楼建在斜坡上，把地削成一个"厂"字形的土台，土台下用长木柱支撑，按土台高度取其一段装上穿枋和横梁，与土台平行。吊脚楼低的有7m～8m高，高的可达13m～14m，占地80～90m²。屋顶除少数用杉木皮盖之外，大多盖青瓦，平顺严密，大方整齐。

每栋木楼分上下两层，按木楼的大

图6　隆林张家寨某民居－晒台

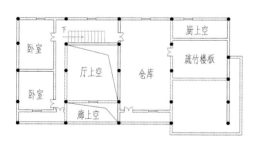

图2　融水潭村宋宅平面图

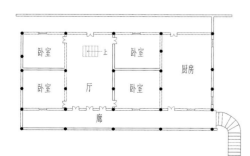

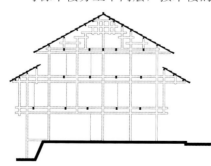

图3　龙胜伟江乡苗族银宅剖面图

图4　苗族民居单体

图7　融水苗族自治县整垛寨苗族民居1

图8　融水苗族自治县整垛寨苗族民居2

图9　三江县富禄乡滚迪住宅建筑外观

图10　三江县富禄乡滚迪住宅木构架

小不同，下层2～6排不等。因房子建在山坡上，地势不同，里层一排为短柱，外面一排为长柱，柱子的上截柱头都凿有"十"字眼，用粗方条连成整体，为了支撑木楼的重量，下层屋多选用粗大的老杉木作柱子。上下两层柱子在结构上截然分开，各成体系，建房时先建底层，再建上层。上层屋柱的柱脚全"坐"在下层柱头向外伸出的横梁尾端上，垂下约有一尺（约0.33m）来长的"吊脚"（图3、图4）。

4. 装饰

苗族干栏大多质朴简单，少有装饰。少许干栏的窗棂子用木条拼成形状不同的图案。只有富裕的人家在大门上刻有龙凤浮雕。大门上方，两头安装有两个门当木雕，门当的另一头成牛角，俗称"打门锤"。

5. 代表建筑

1）融水苗族资质县整垛寨苗族民居

该民宅保留了苗族传统的建造形式，共两层，底层架空用于饲养牲畜、堆放杂物或农具；二层住人，建筑分为三开间，中间内四为堂屋，是家庭活动和宴会宾客的主要场所，左右侧房作为

卧室和客房。该宅的平面形式为"侧廊式"，由于地形地势以及住户人口数量的因素，外围设置走廊，宽敞透气。该建筑层高较低，房屋设开敞的半室外楼梯上楼，这也是苗族传统民居的典型特点，并在二楼设有敞开前廊，前廊较为宽敞，进深在两米以上，摆有竹凳供人休息、闲谈使用。该民居坡檐出挑，屋顶山坪面是一般歇山做法，且歇山顶横腰加建一坡檐，坡檐上也可晾晒谷物和衣服（图7、图8）。

2）柳州市三江县富禄乡滚迪住宅

滚迪住宅共有三层，底层用以搁置农具杂物，圈养家畜和家禽；二层住人，正中间设堂屋，既是家庭活动的主要空间，也是宴会宾客的主要场所，左右侧房作为卧室和客房；三楼多用作仓库，如果人口多，也可隔开部分空间用作卧室；厨房常安置在偏厦里。建筑的整体空间组合，是以祖宗圣灵神龛所在房间为核心，向外延伸辐射。家庭成员在这样的空间组合下生活，无形中被堂屋的空间引力所凝聚，从而增强家庭的亲和力（图9、图10）（引用自三江县建设局提供资料）。

成因

苗族大多居住在高寒山区，山高坡陡，平整、开挖地基极不容易，加上天气阴雨多变，潮湿多雾，砖屋底层地气很重，不宜起居。因此，苗族人、构筑干爽、通风性能好的干栏建筑用于居住。

比较／演变

深山苗族的贫寒人家一般构筑简陋的竹楼或低矮的石板屋、树皮盖顶的茅屋居住。随着社会的发展和建房技术的传播，苗族干栏与壮族、瑶族的干栏民居相似，多是木楼盖瓦，木板作壁，人居楼上，空气流通，凉爽、宽大，楼下关养牲畜、堆放农具杂物。但从民族学考察，苗族干栏比其他民族的更蕴含有深刻文化内涵与空间宇宙观念。

侗族民居

侗族是广西的世居民族，尤以三江最为集中，是侗族传统文化保存最多、最完整和最具有民族特点的核心地带，涵盖了侗族主要的文化遗产，包括优秀的侗族建筑文化（图1）。

图1 侗族民居单体

1. 分布

广西侗族民居主要分布在桂北的三江侗族自治县、融水苗族自治县和龙胜各族自治县，其中以三江县最为集中，少量分散在龙胜、融安、罗城等地，总体呈现出大聚居、小分散的格局。

2. 形制

侗族民居以三层居多，与壮、瑶、苗等少数民族一样按竖向划分功能区：底层架空，部分或全部围合为畜圈、农具肥料库房；二层住人，一般设有走马转角廊、火堂、神龛间、卧室及客房，火堂一般设在厅廊之后，在堂屋中间约一米见方的地方设方形火塘；三层一般为青年子女居所以及存放谷物之处。屋顶以两坡顶为主，在山墙面或正、背面按挡雨需要加出高低、长短不等的披檐，形成侗族民居形态上最鲜明的特色。

平面灵活布置，进深不大，多取三到五开间，也有顺地势转折设七、八开间的，开间尺寸一般为 3～4.2m；部分有明次间之分，明间大，次间稍小。平面形式以大厅堂、小居室为特征，非常实用。由于地形所限，侗居一般不往纵深发展而取横向排列，分别有走廊式、套间式和跃廊式。其中走廊式分别有单面廊、双面廊、三面廊、跑马廊等；套间式以厅堂、敞廊为中心，居室围绕其旁布置，平面紧凑；跃廊式数户横向排列，端部或中部设公共楼梯，以通廊联系各户（图2～图5）。

3. 建造

侗族地区盛产杉木，因此当地居民利用杉木造了大量侗族木楼。木楼大多为穿斗式结构，常见的是"五柱七挂"木结构。其"整体建竖"图式是，用一根横梁将边柱和中柱串联起来，在每根长柱的上中下部分分别凿眼穿，以枋穿连。上眼的穿枋处位于天花板部位，中眼的穿枋处于铺楼板位置，下眼又称"地脚孔"，安上木枋以嵌固板壁。横向每排三根或五根或七根柱串联，中柱最高，前后最矮，高柱与矮柱之间再加上瓜柱，穿连梁架，形成排架。将排架之间在水平方向上用穿枋相连起来，即可穿连成开间的整体构架。为了使构架下部稳定，又在柱脚之间设置了水平联系穿枋构建。这种整体性架构木楼具有良好的抗震性，施工方便，空间布局灵活。屋面形式为悬山式或歇山式，并以挑枋承托出檐。屋面以杉木皮或青瓦覆盖，呈抛物线形，角檐反翘，线条流畅。

侗族的建筑技术很独特，工匠们在设计房子时并不在图纸上画图，而是把

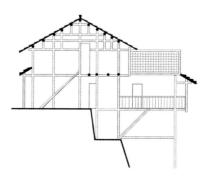

图2 三江侗族民居聚落

图3 三江马胖寨杨宅剖面图

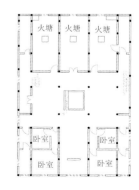

图4 三江马胖寨杨宅底层及二层平面图

图5 套间式侗族民居二层平面图

在脑海里设计的图案通过 26 个特殊的符号和标记的刻度用竹片记录下来，长短不一的竹片便是他们进行设计的主要工具（图6～图8）。

4. 装饰

侗族村寨中最恢宏绚丽的建筑是鼓楼和风雨桥。它们结构严谨，工艺精湛，是侗族建筑艺术的集中体现。鼓楼顶尖部呈葫芦型，凌空而立；顶盖是绚丽多彩的楼顶，多为伞形，呈四角、六角或八角形状；楼檐一般都是六角，亦有简便的四角或复杂的八角；楼内或雕塑，或绘画，鱼虫鸟兽，栩栩如生。风雨桥又称"花桥"，是一种集桥、廊、亭三者为一体的桥梁建筑，以其能避风雨并饰彩绘而得名。而民居的建造简洁，装饰较少。为了与村寨的公共建筑色调上形成统一，干栏民居一般把檐口、披檐刷成白色，仅有的装饰也只有在屋脊上简单呈现。

5. 代表建筑

1）柳州市三江县独峒乡独峒木屋

干栏式木楼一般是三层建筑，底层接触地面，较为潮湿，易受虫蛇侵扰，用来安放舂禾的石碓、堆放农具柴草、圈养家畜等；二层住人，有火塘、卧室、楼梯间、宽廊以及其他辅助空间；三层为阁楼，用来存放粮食，以及一些不常使用的生活用具，具有仓储的功能。这一层有时会临时作为卧室，以备待客时使用。卧室是一家之中私密性较强的空间，外人不得随便进入，只是作为主人的寝室之用。

占用面积最大的既独立又起连通作用的中介空间是二层楼上的宽廊，它是侗族民居内部的交通枢纽和作息平台，往往放置供妇女劳作的纺纱机、织布机之类的工具。宽廊一端与楼梯相连，内侧与同廊道平行的各个小家庭的火塘间、寝室等相通。侗族的一幢大木屋，往往是一个父系大家庭共居的地方。兄弟之间各自结婚组成家庭后，有分家不分房的习俗。几个小家庭共同居住在同一幢木屋内。宽廊就是由几个小家庭组

图6　侗族民居穿斗木构架1

图7　侗族民居穿斗木构架2

图8　侗族民居穿斗木构架3

图10　独峒木屋

图9　三江县程阳八寨大寨某民居

成的父系大家庭的不分彼此的公共空间（图10）。

2）柳州市三江县程阳八寨大寨某民居

该民居是三层建筑，底层接触地面，安放舂禾的石碓、堆放农具柴草、圈养家畜等；二层室内有厅廊、客厅、厨房、储藏室、洗手间等；三层用木板镶，多为卧室。侗族民居的另一特征是"倒金字塔"形状，即第二层在第一层的基础上挑出 60cm 左右，第三层又在第二层的基础上再挑出 60cm 左右，形成上大下小的倒金字塔形木楼。

整座建筑凿榫打眼、穿梁接拱、立柱连枋不用一颗铁钉。全以榫卯连接，结构牢固，接合缜密，有极高的工艺和艺术价值（图9）。

成因

古时侗族地区多以山地和丘陵为主，因此村寨多以"峒"为单位，依山傍水，修建村寨和房屋。由于深受山区地形和潮湿气候的影响，几乎都建干栏木楼，楼下作猪牛圈，楼上作起居室。侗族地区还盛产杉木，因此民居建筑的体积也比瑶、苗等少数民族的大。

比较／演变

民居与附近其他少数民族的相似，建造简洁，装饰较少。不同的是民居聚落的整体表现，其他民族聚落公共建筑较少，而侗族聚落则以鼓楼为中心，民居、鼓楼、风雨桥、戏台、萨堂、寨门、凉亭等构成了一个完整的侗族村寨聚落。

仫佬族民居

图1　罗城三艾屯里江村民居

仫佬族是世居广西、贵州等地的南方少数民族。仫佬族人民喜欢聚族而居，其民居在借鉴汉族民居的基础上，结合自身民族文化、地域特点和生活习俗发展出了具有浓郁民族特色的建筑形式。主要特点表现为独门独院、内隔天井、砖墙瓦房等。

1. 分布

仫佬族民居主要分布在广西河池市罗城仫佬族自治县、宜州市、来宾市忻城县、柳州市柳城县等区域，其中罗城是仫佬族人的主要聚集区。

2. 形制

仫佬族民居多为砖墙瓦房，带阁楼，其布置特点可用"3间4房7门6窗"八个字概括（《广西民族传统建筑实录》），即三开间平面，四间居室，主体建筑七个门（正门、后门、居室门和堂屋与后厅之间的门），六个窗（一层四个，二层两个）。坐北朝南，独门独院，平面布置有前院式、后院式，或前后院皆有（图1、图2）。仫佬族人讲究风水，闸门的朝向通常跟正屋不一致，而是根据风水推算哪年建屋哪个朝向吉利，闸门建成哪个朝向，并盖有瓦面。民居正屋一般分为三个开间，正中的开间一般较两边凹进去60cm（也有部分三开间齐平）。厅分堂屋和背厅，

前厅比后厅大很多，分隔前后厅的泥墙称为"朝阳壁"，正中设有神台，左边开有小门通向后厅。左右两个开间为卧室，分前后两进，房门分别开向前后厅。厅东西两侧各有两个居室，居室的使用者严格按辈分划分，前厅的卧室采光好，较宽敞，给长辈居住，东边为祖辈卧室，西边为父辈卧室；后厅的卧室为子女居住。如果房屋有两层，则在朝阳壁后设有木楼梯上到二层。二层不住人，一般放置谷物和杂物。传统的仫佬族民居还会在前厅大门左边设地灶，但现在大多废弃不用或不复存在。厨房设在前院东侧或西侧（图3、图4）。

3. 建造

由于仫佬族地区青石藏量丰富，仫佬族民居大多以青石做基脚，天井、门槛、台阶也以青石砌筑。仫佬族民居无论是建在平地还是斜坡上，房基都要修成高出地面30～60cm的地台。建筑外墙在一层窗台以下的部分采用火砖，火砖用煤

矸石粉掺和白泥烧制，烧出的砖硬度大、结实耐用；其上采用土坯砖，泥砖原料为黄泥，和有稻草在内，较为耐用。楼板和屋架采用木结构，外窗为木制直棂窗，大小约70cm（宽）×80cm（高），屋面

图3　罗城三艾屯里江村民居闸门

图2　罗城长安乡大勒洞屯

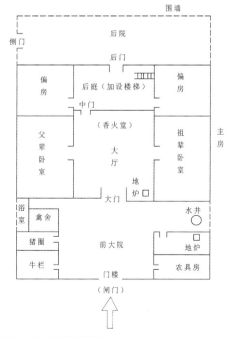

图4　仫佬族民居形制

图 6 罗城里江村三艾屯某宅葫芦挑手

图 5 罗城里江村三艾屯某宅正屋入口

图 7 罗城长安乡大勒洞屯某宅壁画带

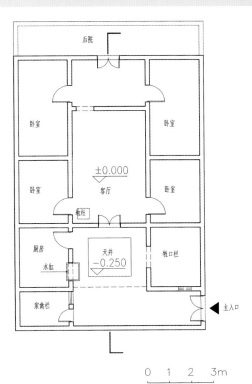

图 12 罗城长安乡大勒洞屯某宅平面图

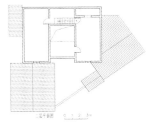

图 8 罗城里江村三艾屯某宅一、二层平面图

图 9 罗城里江村三艾屯某宅剖面图

铺设小青瓦（图5）。

4. 装饰

仫佬族民居的装饰颇具民族色彩。部分民居正立面墙檐口下方和山墙面檩条下方分别有 40cm 宽和 30cm 宽的壁画带，以风云、花卉、龙凤等图案为主。正屋的挑手上雕刻有蝙蝠、葫芦、金钱等图案，造型质朴生动（图6、图7）。

5. 代表建筑

1) 河池市罗城县小长安镇龙腾村大勒洞屯某民居

该民居平面分三个开间，总面积在 80～90m²，正中的开间面宽约 3.54m，两边的开间宽约 2.4m。正屋前有天井，屋背有后院。天井由正屋、厨房、牲口栏、门廊围合，院门朝东。在厨房的窗口下，设有一个矩形小水缸（长×宽×高 =860mm×580mm×620mm），一半在院中，一半在厨房内，方便放水取水，独具特色（图10～图12）。

2) 河池市罗城县里江村三艾屯某民居

该民居平面布置在遵循传统形制的

图 10 罗城长安乡大勒洞屯某宅剖面图

图 11 独具特色的小水缸

基础上，院落和厨房的形成又结合现有村巷道路的走向做了灵活布局。该民宅前后院皆有。前院较宽敞，主要由正屋、牲畜栏、厨房、农具房、院落大门围合而成。后院通往厕所，较狭窄（图8、图9）。

成因

仫佬族聚居区多属喀斯特地貌，山峦叠嶂，奇峰耸立。在群山交错之间，形成水草肥美的峡谷平坝，是仫佬族人民理想的居住之地。也因为地处大石山区，他们的民居建筑中用石材、砖瓦的比重大于很多其他山区的少数民族。

比较 / 演变

仫佬族与汉族、壮族等交往密切，因此他们的生活、居住方式既受到其他民族的影响，也保留着本民族的特点。住房一般是泥墙瓦顶、三间并列的平房，茅屋较少。屋宅建筑形式大都一个格式，一户住宅七个门，大门、中门、后门和四个房门。堂屋中间墙壁置"香火"。左侧门边挖地砌地炉，地炉烧煤，是仫佬族特有的取暖、烧火的生活设施。与其他民族的干栏民居常在底层养牲口不同，仫佬族的牲畜圈栏一般与住房分开，因而室内比较干净整洁。

毛南族民居

毛南族人祖祖辈辈居住在溶岩遍布、青山绵绵的茅南山、九万大山、凤凰山等亚热带气候区。毛南族一般同姓同族聚居，村落依山而建，其民居注重防洪防潮，经济适用（图1）。

图1 环江县下南乡景阳屯民居

1. 分布

毛南族民居主要分布在广西环江县上南、中南、下南等山区，以及川山、思恩、大安等乡镇。

2. 形制

毛南族传统民居属凹形矮脚石木结构干栏，以两层居多，三层较少。二层住人，底层圈养牲畜及堆放农具、柴草，以及防潮湿。民居建筑结构构件主要包含石基、木柱、穿枋、檩条、瓦顶。大门居中，开间对称。其特点可概括为"等开间，深前廊，模数五，木楼梯，四柱屋，梁架房"。其中，"等开间"指每个开间尺寸都一样，无宽窄之分，寓意一家大小人人平等；"深前廊"指前廊较深，既满足前廊作为交通枢纽的要求，又有利于保护木楼梯；"模数五"指开间、进深及柱距尺寸等都能被五整除；"四柱屋，梁架房"指不管进深多大，一律采用四根柱，中间两根是母柱，两边各设一根子柱，柱上置梁架。这种四柱梁架式房屋，在广西民居中也是独有的。

毛南族民居用桁条数量来区分房屋的大小。从屋顶到前后两边屋檐，用檩条排开，有十三、十七、十九、二十一根不等，十七檩较为常见。开间数三、五、七不等，其中以三开间为多。建筑布局多呈长方形，神龛布置在建筑中心位置。二楼平面呈凹形，用木板隔为卧室。堂屋背面为老人房，紧邻老人房是已婚儿房，楼梯两侧为女儿房和客房。火塘设在建筑西北角（图2）。

3. 建造

建房时，先砌石基，再竖木柱枋梁，然后在石墙基上春封山墙、后墙，再安檩条、钉栓皮、盖瓦片。前面镶木板、开窗，其余三面泥墙。木柱、枋梁合成的排架，毛南族语称"排檐"。每排用木柱、子柱各两根，以厚板为枋梁，把母柱、子柱连结起来。每根柱底垫以70～80cm的圆台形石墩，以防木柱受潮腐烂。"排檐"多少，以间数来定，如做三间的要做两个"排檐"，五间的做四个"排檐"，七间的做六个"排檐"，以此类推。间数一般都是单数，因为大门要安在房屋正中，这样两头才均称。每"排檐"竖后，中间横放檩条，钉上栓皮（椽子），盖瓦。屋顶有用瓦片做成的屋脊，一般很少用砖。中间用14块瓦片装潢成金钱图案，屋檐用三根竹篾和栓皮交叉结成檐角，防止瓦片跌落。整个房屋结构严谨、牢固美观。毛南族的住宅，多数是石基、泥墙、瓦顶，少数为砖墙、瓦顶的房子（图3、图6、图7）。

毛南族建房习俗较为风趣。房址选好后，择吉日砌筑基础；架梁立柱都必须在黎明前进行，并务必在天刚刚亮时完成；正大梁在立柱之日才制作，安装时，木匠师傅抬其一端，主人娘家舅舅抬其另一端。立柱盖瓦时，全村寨劳工都自动来帮忙，这种习俗一直沿用至今。

4. 装饰

毛南族民居注重经济、适用，整体装饰朴素，简洁大方。民居正中一间设有大门，门楣宽厚，遇上过年过节或其他喜庆日就会贴上对联，装饰房屋，以表喜庆。一些人家也会在正门上贴上门神，作镇邪之用。在正门中槛之上有门簪，多用两枚，门簪上面雕刻有福寿、吉祥、平安等吉词颂语。

5. 代表建筑

1）河池市环江县下南乡景阳屯某民居

该民居建筑为两层，三个开间，中间的开间向内凹进形成能容纳楼梯的

图2 环江县下南乡景阳屯民居外观及平面、剖面图

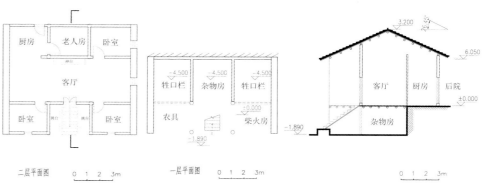

二层平面图　　0 1 2 3m　　　　一层平面图　　0 1 2 3m　　　　0 1 2 3m

图 6　毛南族干栏民居吊脚　图 7　毛南族干栏民居梁架模型

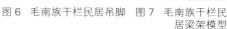

图 8　环江下南乡毛南族某民居

图 3　环江县下南乡景阳屯民居

图 4　环江县下南乡景阳屯民居　　　　图 5　环江县仪凤村某民居

成因

毛南族生活在群山环抱中，为防御外族入侵，毛南族人民喜欢同姓同族聚居，村落依山而建，多为 10 多户人家的小村庄，最大的也不超过百户。住房一般保持干栏建筑的特点，瓦顶泥墙，分上下两层，上层住人，下层关养牲畜和堆放杂物，符合传统山地民居的总体特征。

比较 / 演变

毛南族民居主要经历了三个发展阶段：最初住的是草木结构，上层住人，下层圈养牲口；之后是土木结构，分三开间或五、七开间，皆取单数；第三阶段是石木或砖木结构，俗谓石楼。也正因为毛南族地处大石山区，毛南族民居也表现出与其他民族不一样的材料和形式，如楼柱是石柱，楼内的台阶是石条，房基和山墙也多由石块制成，相关建筑构件也都是由石头垒砌或雕凿而成。

入口空间。楼梯两侧由二层楼板挑出 60cm 宽的挑台。木质楼梯直接上至二层的正厅。正厅由木墙隔成前后两部分。前厅正中设神台，两个卧室分别设在西南角和东南角。后厅西北角设火塘，烹饪饮食皆在此。底层柱子下半截是石柱，由院子进入楼内的台阶或是石条，或是木质楼梯。木楼梯的第一级和第二级用粗料石砌成，防止牛羊碰撞，也利于防潮。干栏石楼的房基为整齐的石块，山墙多为下石上土，其他隔墙基本为木制板墙，开窗较少且小；门槛、晒台、牛栏、猪栏、桌子、凳子、水缸、水盆均是石料垒砌或雕凿。

整体建筑风格朴实，讲求经济适用（图 4、图 8）。

2) 河池市环江县下南乡仪凤村某民居

该民居建筑分五个开间，带前院。该民宅沿用了"干栏石楼"的形式，采用青砖砌筑山墙和背墙，山墙面装饰精美，表现出青砖青瓦清水墙的建筑特色。建筑采用砖木结构，外围为砖墙承重，内部空间采用木柱支撑楼板和屋顶。底层架空，局部以砖墙围合。除西侧梢间为砖墙砌筑外，其余四个开间采用木板作为围护结构。根据现存建筑基础，推测东部原有二层厢房以廊道与主屋相连（图 5）。

京族民居

京族，是中国南方人口最少的少数民族之一，历史上曾被称为"越族"，自称"京族"。广西的京族系 15 世纪末 l6 世纪初从越南涂山迁徙而来，是中国少有的整体以海为生的海洋民族，同时也是跨国民族。京族民居由栅栏屋（图 1）发展而来，现以石条屋为主，主要特点为石条作砖墙、独立成座，屋顶以砖石相压。

图 1 京州三岛栅栏屋民居

1. 分布

京族民居主要分布在广西东兴市江平镇的"京族三岛"——巫头岛、山心岛和万尾岛，一部分分布在恒望、潭吉、红坎、竹山等地区，其余一小部分散布在北部湾陆地上。

2. 形制

石条屋抗风耐湿，联排或独立成座，单座三开间并带有院子。室内分隔成左、中、右三间，正中的一间是堂屋，正壁上安置神龛，称"祖公棚"。堂屋除节日用于祭神外，也是接待客人以及吃饭、饮茶、聊天的地方。左右两间作卧室，每间前面均设很宽的过道，并横贯全屋。厨房大多另建成间，紧靠正屋的外墙，并与屋内的过道相通（引自陶雄军，《论京族民居建筑的演变与文化属性》）。屋顶采用传统的硬山式双坡屋顶。这种别具一格的石条屋民居建筑，构成了京族地区民居建筑的一大特色（图 2）。

3. 建造

京族人就地取材，外墙以"红石"（一种地质断裂层岩）为主要材料。屋顶采用传统的双坡硬山式，材料以琉璃泥瓦为主，瓦片铺贴多为红色或褐色，并在瓦片上连续铺压石块，以抵抗海边风沙。屋脊为连续石条，以木条为檩，屋脊与瓦行间压小石条以抵御海风。石条瓦房的檐部出挑于外墙，以便于排水。石条瓦房的墙体做法较为特殊，墙体全部以淡褐色的石条砌成，每块石条约长 0.75m，宽 0.25m，高 0.20m。其组合形式非常有规律：从地面到檐首之间，所砌的石条都是 23 块；从檐首向上至封山顶之间，所砌的石条又

都是 10 块，因此，房高约 7m。一般石条瓦房只有一层，开间一般为三开间，宽约 11m，也有少数为五开间，进深约 7m（引自苏敏，《京族民居风格研究》）（图 3）。

4. 装饰

以石条瓦房为代表的京族民居纯粹为解决居有定所而建，不追求和讲究建筑造型与外观的美观奢华。其门窗样式较为简单，一般采用小方格或者简单的花窗图案。屋顶、檐部、外墙等建筑元素更是少有装饰，简洁朴素，体现了京族人民的质朴与大方。

5. 代表建筑

1) 防城港市京族三岛石条屋

该建筑为典型的石条屋民居，室内为"一厅两房"结构，以条石或竹片分隔为左右偏房及堂屋共三个单间。开间隔墙均不到前墙，而是留出一条宽约 2m 的宽敞过道横向贯通全屋。各类家

图 2 京州三岛石条屋 1

图 3 京州三岛石条屋 2

图 4 京州三岛石条屋 3

图 5 京州三岛越南法式新民居 1

图 6 京州三岛越南法式新民居 2

图 7 京州三岛越南法式新民居 3

图 8 京州三岛不同时期民居交错而立 1

图 9 京州三岛不同时期民居交错而立 2

具杂物如桌椅、工具等，都放置在过道墙脚边。中央的"正厅"，俗称堂屋、公棚，其正壁上安置着神龛。除了节日用以祭神之外，平时也是接待客人和吃饭、喝茶、聊天的地方，兼作客厅之用。左、右两间是卧室或厨房，如果家庭人口较多（如子女均未结婚成家等），则左、右两间都用作卧室。厨房则另外附建在房外左边或右边的山墙脚边（图 4）（引自苏敏，《京族民居风格研究》）。

2) 防城港市京族三岛越南法式新民居

越南法式新民居是京族民居与法式建筑风格相结合的新别墅式民居。建筑通常高 2 ～ 4 层，独立成栋、不连排，外观多变，色彩丰富，但整体颜色以淡黄、粉红为主（图 5、图 6）。该民居高 3 层，内部空间宽敞明亮，外部由圆形拱顶、精致光滑的廊柱和开放式阳台构成，带有精致窗棂，每层都有漂亮的法式阳台正对着道路。建筑外墙面贴多彩瓷砖，门窗装饰为法式浮雕纹样，窗形为方形（图 7）。也有部分越南法式新民居窗形为圆形、拱形。大户型民居还装饰有罗马柱式，三角形山花等，具有简约巴洛克建筑特点（引自陶雄军，《论京族民居建筑的演变与文化属性》）。

成因

京族民居受制于地理和经济发展水平的影响，先后出现了原始早期的栏栅屋、中期坚固耐用的石条屋和当代宽敞的南洋法式新民居三个阶段。其中以就地取材、形式简洁、防风防雨的石条瓦房最具地域性与民族性。

比较 / 演变

栏栅屋民居带"干栏"式建筑遗风。石条屋民居以石条砌墙，稳固凉爽，可抗台风，其外观特征接近汉民居。近代受殖民文化的影响，许多京族民居开始与法式建筑风格相结合，形成三层或多层新别墅式民居。现在的京族聚居地，三种不同时期、不同材料、不同文化属性的民居建筑相互交错而立（图 8、图 9）。

海南民居
HAINAN MINJU

琼南民居·疍家渔排

"渔排"是海南疍家民居的典型样式之一，是疍家人在延续传统水居船屋、临水吊脚屋（也叫"疍家棚"）功能的基础上，结合新时期生产和生活需要建造的，也是现代疍家人为了适应水上养殖而修建的集养殖、捕鱼和居住为一体的民居样式。

图1 疍家渔排

1. 分布

"渔排"在海南疍家人聚居地的港湾河汊均有分布，所处地域多为热带季风气候区，气候炎热湿润，每年台风较多。现存实例在陵水县新村、三亚市红沙等地的港湾内有分布。

2. 形制

"渔排"一般建在港湾、河汊等适宜养殖的区域，包括养殖和居住部分，两者为一整体浮在水上。渔排由多根格木纵横搭成方格网样式，横向为单根宽方木，纵向为两根并列的窄方木，形同一双筷子，又称"筷木"，"筷木"主要用来固定浮块。每个由格木围成的方格称为龙口，龙口尺寸一般为3.5m×3.5m或4.0m×4.0m，是渔排网箱养鱼和房屋建造的基本单元，每个渔排横向和纵向尺寸约3～5个龙口。

渔排房屋一般占用2～6个龙口的位置，自后向前分别为卧房、堂厅、前廊和工作台，厨房在堂厅一侧，厨房有时用来存放杂物，灶台搬至前庭或工作台使用；厕所在外边龙口上单独布置。堂

厅留有安置祖先神牌和其他神祇的地方，并有电视机位，堂厅内正对大门后墙上一般悬挂装饰件，有福字或玳瑁等，寓祈福或辟邪之意。房屋由木骨架建构，为坡屋顶，室内地坪使用木板，并按卧房、堂厅、前廊分别设有不同标高，厅房内不置床和桌椅等家具，基本上是席地而坐，卧地而睡。

图3 "龙口"的主要形制

3. 建造

渔排的建造先是在浅水区用螺栓将格木搭建成方格网的龙口，备好渔排浮块、建造木屋及网箱的材料，然后用船拖至选好位置的深水区，在龙口"筷木"下绑扎泡沫浮块或塑料圆桶，同时在龙口上搭建房屋，房屋墙体和屋顶均为木构架。墙体在木构架外采用马口铁皮围护，外墙开窗，屋顶在木构架上采用多层构造做法，由下至上依次为：在木构架上铺一层铝塑板，再铺一层木板压紧，铺防水塑料布，隔热泡沫块，马口铁皮外包，铁皮上压钉木条。建造之前要先选好吉日，举行开工仪式，建好后择日举行入屋仪式。

图4 渔排水上通道

图5 渔排外观

图2 疍家渔排近景

图6 渔排工作台

图 7　顶棚

图 8　郭石桂渔排外景

图 9　郭石桂渔排内景

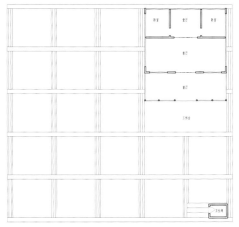

图 10　郭石桂渔排平面图

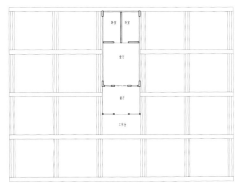

图 11　黎孙喜渔排平面图

图 12　黎孙喜渔排背面外景

图 13　黎孙喜渔排正面内景

4.装饰

渔排为水上生产生活木构架民居，以防风、坚固和适用为主，外观较少装饰。室内因空间较为狭窄，只挂有神龛、壁钟等装饰物。

5.代表建筑

1）郭石桂渔排

郭石桂渔排位于陵水黎族自治县新村镇新村港内，由郭石桂于1985年建造，期间经过多次维护加固。该渔排左右宽5个龙口，前后深4个龙口，渔排屋坐东北朝西南，面宽和进深均为两个龙口尺寸，共占4个龙口。建筑面积约60m²。平面从后向前依次为卧房、堂厅、前庭，卧室左右各一间，中间留出一通道，通道上方为供祖宗牌位架和储物架；堂厅为长方形，长约8m，宽约2.7m，堂厅为活动起居空间，无桌椅等家具，平时席地而坐，右侧墙角上置电视机；前庭主要为日常工作的场所，工作台置放养鱼饲料、渔网等用具；厕所在渔排最外端的龙口上。屋面为硬山坡屋顶形式，前坡长后坡短。

2）黎孙喜渔排

黎孙喜渔排位于郭石桂渔排南侧，建造年代和郭石桂渔排相近，至今约20多年。黎孙喜渔排左右宽5个龙口，前后深4个龙口，渔排屋建在中间1个龙口上，加上工作台前后共占3个龙口位置。自后向前，依次为卧房、堂厅、前庭和工作台，室内地坪依次降低。卧室分左右两间，门均开向堂厅，卧室尺寸较小，可席地而睡；堂厅稍大，长和宽均为1个龙口尺寸约4m×4m，左边墙角安置祖宗牌位，右边放置电视机，无桌椅等家具；前庭和工作台是煮饭、织网等日常家务空间，工作台上有遮雨篷布。厕所在渔排的最外边角。屋面为硬山坡屋顶，主体左右坡，前庭为单前坡。

成因

疍家人是古代中国南方海上捕鱼、居于舟船、漂泊不定的特殊群体。相传为古百越族的后代，明清时期濒海而居的"疍家棚"成了海南疍民居所的主要特征。到了现代，随着水上养殖业的兴起，疍家人在避风的内港湾、河汊上修建渔排水上养殖，渔排屋成了新时期疍家人生产和居住的形式。

渔排屋的建造保留和传承了疍民的传统习俗，在渔排屋居住如在船上一样，坐卧席地无床椅，卧室不设蚊帐，地板打上蜡，经常擦拭得纤尘不染。

比较／演变

渔排源于疍家人水上船屋。明清时期疍家人"脱离舟楫、濒海而居"，在临岸搭建吊脚屋（也叫"疍家棚"），到了近现代，部分疍家人水路两栖，渔排是疍家人建造的集水上养殖、捕鱼和居住为一体的民居样式，在陵水新村、三亚红沙一带也有疍家人建造大型渔排海鲜酒家吸引游客前来消费。

琼南民居·崖州合院

崖州合院民居是琼南沿海地区典型的传统民居形式，其建筑布局在一定程度上受闽南民居和广府民居的影响，结合了琼南地区的常年干热、雨季有暴风雨的气候特点，形成独具琼南特色的接檐式民居。

图1　门楼和横屋

1. 分布

崖州合院民居是琼南沿海地区较为常见的传统民居，主要分布在乐东至三亚等市县沿海汉族村落。这些村落历史上属原崖州管辖，地处滨海平原地带，土地相对贫瘠，气候干热，蒸发量大，降雨较琼东北地区少。

2. 形制

崖州合院民居沿村里巷道两侧呈梳式布局，一般为单进院落，少量有多进合院，单进院落有二合院和三合院。二合院由一正一横两栋房屋组成，三合院由一正两横三栋房屋组成，合院一般都有门楼，门楼位于横屋一端。

合院民居为一层，门楼一层或二层。正屋为一明两暗三开间，明间为堂厅，堂厅两侧为卧房。正屋前有大进深（约2.7~4.5m）前庭，前庭的堂厅部分进深稍大，俗称"庭屋"，其两旁的前庭进深稍小，俗称"鸡翼"；横屋也是一明两暗三开间，明间为客厅，暗间

为生活用房。正屋和横屋转角连接处一般为杂房或书房，有些还设有小天井或转角后院。正屋中门正对院墙位置一般建有照壁。

崖州合院民居正屋和横屋均为坡屋顶，多采用"一剪三坡三檐"的接檐式屋面。正屋前坡多有接檐，形成长坡，接檐部分遮蔽的空间即为前庭（俗称"庭屋"和"鸡翼"）；横屋有时也采用接檐形式。

图3　接檐式屋面

3. 建造

崖州合院民居采用传统穿斗式木构架结构，外围护结构采用红砖灰浆砌筑成清水砖墙，屋顶为坡面，在木构上铺设椽子，椽子上铺板瓦（俗称"瓦母"），板瓦上倒扣筒瓦（俗称"瓦公"），筒瓦用灰浆铺砌，外批一层灰浆，以提高屋面抗风性能；地面多采用砖铺地。

建造时先择好吉日"挖屋场"（也称"操土"），接着浇水浸泡宅地将土"勒"紧，然后择日"开墙脚"，接

图4　前庭（俗称庭屋）内景

图2　崖州合院鸟瞰图

图5　屋脊灰塑及彩绘

图 6　堂厅木构架

图 10　福禄寿（蝠鹿松）木雕

图 11　孟儒定旧宅

图 7　陈运彬祖宅平面图

图 8　陈运彬祖宅鸟瞰

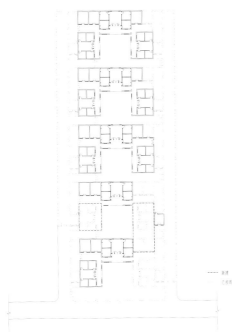

图 9　孟儒定旧宅平面图

着立柱升梁，直至建好入宅，每一环节都按特定习俗进行。

4. 装饰

崖州合院民居装饰主要有灰塑、木雕、彩绘等。灰塑主要在屋脊、墀头、山墙墙头、照壁等部位或构件采用，以卷草、云纹及吉祥图案为主；木雕主要集中在梁架，以卷草及吉祥图案为主；彩绘在外墙窗边、屋脊、墀头、门楼、堂厅内墙等部位。

5. 代表建筑

1）乐东县黄流镇陈运彬祖宅

陈运彬祖宅位于黄流镇黄东村，建于清代末年，至今约 120 年，为陈运彬的曾祖拔贡公陈锡熙所建，坐北朝南，占地面积约 600m²。由一正两横围合成三合院，正屋正对院墙有一照壁，灰浆砖砌，上有"福"字、蝙蝠、花草等灰塑图案；左横屋旁另建有一书房及附院，书房正对附院墙也有一照壁，比正院照壁略小，上有"寿"字、蝙蝠、花草等灰塑图案；门楼位于左横屋前方，正对横屋山墙，砖木结构，坡屋顶，入口处地面和上方设有防盗木柱孔，进入门楼后，通过一段弧形院墙过渡到正院。

正屋一明两暗三开间，两横屋也为三开间，屋顶均为硬山顶，正屋和左横屋屋顶为"一剪三坡三檐"的接檐式坡屋面。正屋结构为传统穿斗式木构，外墙为清水砖墙，横屋为砖木结构。

2）乐东县九所镇孟儒定旧宅

孟儒定旧宅位于九所镇十所村，建于光绪 34 年（1908 年），为清末拔贡孟儒定所建，坐北朝南，为五进三合院落，纵向轴线排列，其中第一进和第四进正屋后墙正中，分别开门连通第二进和第五进院落，除第一进外，每进院落左右均设有小门楼（已毁坏），另在第一进和第二进之间的左右巷道上各设有一个大门楼（已毁坏）。

每进院落均为一正两横三合院，正屋和横屋均为一明两暗三开间，前面均有较大进深的前庭（俗称"庭屋"），横屋后有书房、杂房等附属用房和小后院。屋顶均为硬山式，一般均为前坡长后坡短，有些横屋为接檐式坡屋面。正屋结构为传统穿斗式木构，外墙为清水砖墙，横屋为砖木结构。

成因

琼南汉族居民大多为福建和广东的移民，他们在沿袭闽南和广府地区民居样式的同时，充分结合了琼南地区气候特点有所创新，屋顶前坡长后坡短、"一剪三坡三檐"的接檐式屋面、大进深的前庭等做法是琼南崖州合院民居的明显特征。

比较 / 演变

崖州合院民居与琼北合院民居相比，单进合院居多，多进合院虽然也在纵向轴线上，但正屋穿堂开门的做法较少，而且后来使用过程中随着兄弟分家而将其封闭起来；屋顶形式以及前庭等做法和琼北合院民居也有明显的不同。

琼北民居·火山石民居

海南火山石传统民居多始建于明清时代。现存的火山石民居的中间木结构与瓦结构都经过多次翻新，而火山石墙体一直沿用至今。火山石传统民居院落沿用竹筒屋布局特征，即短面宽，长进深，两户间形成长巷，多排并列形成村。建筑风格受海南琼北传统民居、多风多雨的气候等多种因素影响，从而形成以火山石为主体建材的热带风情建筑。

图1 民居主屋构造（十柱屋）

1. 分布

海南现存完好的火山石传统民居主要分布于海口市西南部羊山地区，定安、澄迈县北部以及儋州市的木棠镇、娥曼镇。该片区是火山喷发后形成的火山熔岩地区，面积约 2000km²。该片区属于亚热带潮湿季风气候，有极大的降雨量且多遇台风。由于火山喷发为周边带来大量的火山石从而形成以火山石为主要建材的火山石传统民居。火山石民居是可生长民居，根据家族男丁的发展而逐步发展院落，当生长到五进后又从旁边再起一个院子或在后面设路后起院子。往往一个村落都由一个家族发展起来。

2. 形制

火山石民居主要院落形式有两种。一种独院式，由 2～5 进正房和 2～5 个独立的院子构成，院子与院子不衔接，只有通过正房或大门进入，该院落形式为火山石传统民居的早期主要形式。另一种院落形式是街院式，出现在近现代，由 2～5 进正房与东面厢房构成，每个院子由内巷道贯通，不必通过正房进入其他院子，干扰很少。

火山石民居兴建时先修主屋与客屋，主屋祭祀供奉用。客屋位于主屋前负责接待。

3. 建造

火山石民居结构为四面火山石墙，中间木结构墙，加上硬山木结构屋顶构成。火山石由于其坚固、耐久、取材方便被广泛用于建设，包括地面、围墙、外墙、生活构件等地方。墙体构造主要有火山石无浆垒砌和石灰砂浆砌筑两种形式，无浆垒砌对石材加工要求很高。主屋木结构构造采用"十柱屋"，必须由 10 根柱子构成，采用抬梁穿斗结合，房间开间宽度根据瓦路数确定，主屋有 13 瓦路、15 瓦路、17 瓦路三种。采用 17 瓦路可以彰显家族财力地位。两边卧室都是 13 瓦路。瓦屋顶沟瓦宽扁、盖瓦窄圆，采用双层沟瓦起隔热、防雨、通风等功效。

图4 其他正屋构造（可不用中柱）

图5 瓦屋顶构造

4. 装饰

火山石传统民居装饰主要有大小木作（大木作装饰主要有侏儒柱和梁的装饰、小木作主要有神龛及门窗装饰），屋脊照壁灰塑，瓷瓦石装饰件（包括蓄水缸以及生活用的石磨洗衣槽等）；外部装饰有石柱、山墙楔头以及圆形山墙窗洞。由于火山口片区由火山喷发产生的土壤不具有保水性，而用水却是民居的关键问题，因而产生形形色色的缸釜

图6 小木作（神龛）

图2 火山石民居外观

图3 火山石墙体构造

图7 侯家大院两通间的巷道

图 8 屋顶与照壁灰塑

图 9 火山石民居缸釜小品

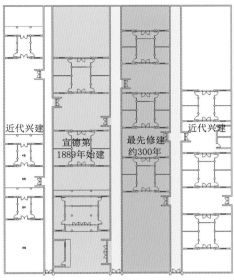

图 10 侯家大院建设发展平面图

文化（当地嫁娶都看对方缸多少），屋顶灰塑工艺与民居主人地位有关，只有官员屋顶才能出现雕塑，普通民居只能起翘。

5．代表建筑

1）海口市旧州镇包道村侯家大院

侯家大院被列为海南民居的不可移动文物，占地面积达 1200 多平方米，完整地记录着火山石传统民居的发展与演变过程。整个大院演进至今共 4 通，每通三进四院，右两通最先修建，估计有 300 余年历史。清末侯氏家族步入仕途，于是修建了左两通，用 17 瓦路，在周边影响很大。同时本阶段房屋屋顶开始出现龙凤灰塑，体现出侯氏家族地位尊贵。由于家族人口发展迅速，左一右一通也在新中国成立前先后修筑起来，形成整个侯家大院。

侯家大院室内的大小木作相当精细丰富而且保存完好，包括：双喜窗花、吉祥托梁、神龛及神台、座椅家具，都很具有历史价值。建筑外墙的墙体彩绘距今 120 多年有余却依然栩栩如生，院子内的照壁灰塑造型优美，大门装饰丰富。

2）海口市遵潭镇湧潭村蔡泽东宅

蔡泽东宅是符合现代生活习惯的火山石民居典型代表。其形制是标准的二进三院民居庭院，建筑面积 180 多平方米，庭院面积 430m²。前面正屋为客屋，中间为主屋，后院设厢房。其功能结构完全符合现代的起居模式，主屋加设配套卫生间、统一的给水系统、完善的排水排污体系，同时后院厢房有农具储存、作物加工间、现代厨房。

蔡泽东宅东南朝向，呈中轴对称，前庭院中轴围墙是照壁，刻"福"字及鱼石雕，前院的铺地是统一的火山石铺地，连接客屋的道路呈橄文铺贴突出地面。院大门位于前院东边，有丰富的木作雕花。主客屋的石作属于无浆砌筑，石材加工精细，木作也相当精美（图3、图4），距今有近 70 余年，色泽依然鲜艳。中庭院是汇水庭院，象征着聚财，布置着许多水缸小品。后庭院是生活庭院，包括卫生间、厨房、加工房，单独设有生活进出院门。

成因

火山石传统民居是由琼北民居和火山石文化融合演变而成的一种民居形式，形成原因有三点：1）是由于独特的火山口文化，丰富的火山石材以及热带茂密的树林为民居发展在材料方面提供了很大的空间。2）外来移民文化引入，海南人多是由福建、广东片区迁移而来，带来许多建筑工艺、建筑文化与本地相融合。3）海南特有的热带季风气候使火山石民居以硬山风墙、灰塑屋脊、窄深巷道构成，保证防风、防雨、通风、排水各种功能顺畅。

比较／演变

火山石传统民居与其他海南民居的根本区别在于建材和蓄水缸釜上，外观以火山石、青砖、灰塑为主，简单朴素，简单的硬山立面，室内木色鲜艳。

火山石民居发展至今拥有 800 年的历史，考究最古老的涌潭村的进士古民居，与其他的近现代火山石民居基本上没有变化，只是加入了窗与檐柱。可以说，火山石传统民居是旧时居民生活的再现。

琼北民居·多进合院

海南的历史十分特别，虽地理上独立但始终受到来自大陆的影响。海南的文化也正因为这样而呈现出与大陆一脉相承的文化特征。海南民居与其他汉族地区传统民居有着同样的文化背景，因而两者都展现了合院式布局、主体建筑对称布置等共性特征。大陆民居在被引进海南后，受当地气候、环境、资源、技术、文化等方面的影响而逐渐呈现出与输出地不同的形式。海南民居在琼北地区发展衍化的过程已经证明，琼北民居脱胎于大陆传统的合院式民居，并与海南当地气候、文化等相融合后逐渐形成为一种独立运行的体系，且这种独立体系在琼北地区应用广泛并得以不断传承。琼北民居已经成为海南民居中的民居典型。

图1 韩家宅南面

1. 分布

琼北地区海口、文昌、琼海、定安、澄迈等市县境内村庄均有分布，存量较多。其中以文昌、琼海、海口地区的自然村最为集中。

2. 形制

琼北民居并没有脱离大陆传统民居的基本格局，仍然延续了大陆传统民居中常见的合院式空间布局。由于地域、气候、材质、文化等方面存在的差异影响，琼北民居在长期的衍变过程中逐渐形成了自身的特征。多进合院式传统琼北民居的基型是由正屋、横屋、路门、院墙等几个基本要素组成的。正屋以多进平行叠加建设，横屋附属于正屋，以垂直于正屋的朝向，一行或多行建设。路门可以与正屋同向平行布局，也可与横屋并排布局，正屋、横屋和路门由院墙围合成院落，琼北传统民居都是这些要素、基本型的重复、衍变，由此形成了琼北民居独有的传统形式。

3. 建造

琼北民居的传统墙体材料主要是青砖，应用相当普遍。因此，琼北民居的结构形式基本为砖木结构。此外，因为琼北地区曾为火山覆盖，所以，不少地区火山石遍地，这也成为人们建屋常应用的墙体材料，其结构形式为石木结构。早期民居木板做内隔墙也比较常见。海南独特的海岛气候因常年台风肆虐，造成其民居屋顶趋于简单化，抗风性是考虑的首要因素，因此在琼北民居中我们见的最多的屋顶形式是硬山。此外，海南多雨的气候，对屋顶的防雨排水要求也很高，海南气候炎热，屋顶的遮阳效果也更重要。琼北民居的地面及楼面常见的有灰格地面、水泥（混凝土）楼地面、地砖楼地面、木地板楼地面、青砖地面等。其中，灰格地面和青砖地面为早期传统地面，其他形式则是近代才出现的。琼北民居内外均为砖墙承檩式结构。琼北民居坡屋顶的梁架与大陆类似，仍然是木梁架体系，只是名称、规格和组合方

图2 陈家宅正屋

图3 陈家宅正屋室内细部

式略有不同。

4. 装饰

琼北民居在两侧风墙的上部沿坡屋顶"人"字形边缘设置了硬山屋顶的垂脊装饰，当地称为"规带"及"鸟踏"，是用灰塑塑造的。规带略高于屋顶瓦面，常比坡屋面坡度略陡，形成脊顶处较高的三角形尖顶，这样的垂脊侧面常常会装饰一些云形花；鸟踏是垂脊与风墙的衔接线，一般都会沿屋顶坡度而设，装饰带宽度 20～50cm，以彩绘灰塑装饰，该装饰带呈"八"字的形象，当地称为"外八字带"。风墙上的八字带会延续到镜面墙的顶部，并一直延续到室内，在褂厅两侧墙（屋心墙）顶端依然形成八字带装饰，称为"内八字带"。内八字带和飘下的彩画带多用书卷状装饰，仿佛是一轴绘画长卷，也希望体现一种书香门第的气息。

5. 代表建筑

1) 文昌市富宅村韩家宅

韩家宅位于文昌市宝芳办事处天伦管委会富宅村，整个宅院占地面积 1650m²，建筑面积 1100m²，坐北朝南而建；由旅泰华侨富商韩钦准于 1938 年回乡建成。

韩家宅为四进正屋单横屋式院落，四面高院墙围护，南面为照壁，左侧为路门，路门建有硬山顶门楼，与正屋同向。院内四进硬山顶正屋，四进正屋之间形成三个天庭，后三进正屋形成的两个天庭东侧凹廊建有混凝土结构的二层

纳凉门楼。一排横屋位于西侧，共九间。

正屋及横屋的两侧山墙均开有圆形高窗，用于通风，圆窗外套配以灰塑装饰。琼北民居正常的装饰部位灰塑彩绘十分精美，饰有象征着吉祥如意、福寿安康的中国传统装饰图案，也绘有描述主人在南洋的产业及生活场景。

2) 文昌市会文镇陈家宅

陈家宅位于文昌市会文镇沙港村委会义门三村，由陈氏两兄弟于 1919 年建成。陈家宅为两进正屋单横屋式院落，正屋坐西北向东南，横屋位于东北面，路门向西南。两进正屋之间设有过庭廊连接，第一进正屋使用了民居中较为罕见的插梁式构架，次间与明间之间用木梁柱加木板分隔，中间镶嵌六扇对开木门，两边为两组对开高木门，木门上半部分均为木格栅，显得通透、美观。第二进正屋为祖屋，内设有供奉祖宗牌位的神龛。陈家宅的前院颇具特色，除路门为两层门楼外，门楼两侧还各有两小间，可以作为冲凉房。正屋正对面设置了一座罕见的大型照壁，其上有两幅大型红双喜带蝙蝠装饰的漏窗。照壁前还设置一处小花园。

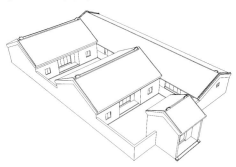

图 4　基本型（模型图）

图 5　村落鸟瞰图

成因

海南人口主要来源于闽粤桂地区，这从海南目前的语言组成与分布就能有所体现，因为语言是一个民族演化变迁留下的最好最直接的证据。琼北与闽南的关联性最大，琼北民居传统形式也与闽南民居有着紧密的联系，延续了闽南民居中的基本布局，如护厝（横屋）、榉头（厢房）、三间张（三开间）、前厅设塌寿、左为尊贵、门前水塘等，同时结合琼北地区的气候、地理、材料、工艺等诸多因素的影响形成了其独特的形式。

比较 / 演变

琼北民居的传统形式一直受到中原传统民居空间格局的影响，延续着中国传统的合院式民居的空间特征，注重院落的围合感，强调轴线，主次分明，内外有别。同时受传统的风水观念控制，在确定宅院的选址、大门和正屋的朝向、建筑及院落排水方向等方面，风水是决定性因素。此外，中轴对称，明间设正堂，供奉祖先牌位，两旁为正房，供屋主居住等，这些特征都是与内地传统民居共有或近似的。因与闽南的关联性，琼北民居传统形式也与闽南民居有着紧密的联系。直到现在，这样的建筑传统还在琼北地区大量存在，尽管名称已经改变，其建筑文化的根是不变的。

同闽南民居比较，琼北民居简化了正脊的形式，脊吻采用体现民间文化的草尾、广曲、云团等图案，屋顶多为硬山顶、人字山墙，外八字带装饰也较简洁，增加了内八字带和镜面墙装饰。

琼北民居·南洋风格民居

旅居南洋的侨民经过多年海外漂泊，形式上已经接受了南洋建筑文化，但是骨子里却还保留着中国传统文化的基因。在"家园文明"的感召下，回乡建屋，必然会将南洋文化和中国传统文化两者进行融合，因此琼北传统民居呈现出带有南洋文化印记的"南洋风格"的建筑形式。这种风格民居的基本型都是建立在传统琼北民居基本型的基础之上，只是外观装饰、某些空间布置、构件、规模等方面产生了一些变化，形成具有琼北特色的南洋风格传统民居新形式。

图1 松树大屋拱券细部

1. 分布

琼北地区海口、文昌、琼海、定安等市县境内部分村庄有分布，存量较少。现保存完好的建筑大多是集中在20世纪初至20世纪30年代前这段时间建设的。

2. 形制

"南洋风格"的引进对琼北传统民居产生了影响，但并没有改变这些要素和基本型的存在，而是根据每个屋主的南洋背景、学识、身份、地位等方面的不同作出不同的介入和表达。在建房时也会互相借鉴，在融入琼北本地建筑形式的过程中，南洋各地的各种风格也会互相交流，形成多元影响因素：（1）增加了中轴线上连接前后正屋的过庭廊和柱廊；（2）正面院墙增设二层跑马廊，正屋前后出现带檐柱或拱券的檐廊；

（3）民居外围墙体更加封闭，少数还布置了小型堡垒、带枪眼的二层门楼，防御性大大增强，路门还常常会结合休闲的亭廊设置；（4）内部功能设置出现了现代化的厨房、卫生间、阳台等，楼梯的设计也更加舒适、合理、牢固。

3. 建造

南洋风格传统民居从材料和技术上不仅延续了传统砖木材料和结构的应用，更是引进了西方先进的钢材、水泥和钢筋混凝土技术；从空间和造型上增加了跑马廊、过庭廊、山花、柱式、碉楼、门楼等，特别是出现了适合炎热地区的柱廊、二层凉亭、二层楼房、两层通高的挂厅等形式；在装饰部件上还增加了大量的预制构件，中西文化技术高度混合。

4. 装饰

装饰是南洋风格传统民居的主要特点，民居的室内外装饰中，除了沿用传统民居中的一些装饰手法，如内外八字带、脊带、公阁木雕装饰、门饰、窗带等外，我们还能够看到很多新颖别致的异域装饰元素，如各种拱券、券顶石、柱廊、柱式、山花、百叶、线脚等。同时，一些工业化产品也在民居装饰中得到较广泛地应用，如经过车床统一处理过的门窗装饰木格栅、楼梯木栏杆等，还有阳台预制镂空花式栏板、预制琉璃宝瓶、彩色印花玻璃窗、印花地砖等。

5. 代表建筑

1）文昌市文成镇松树村松树大屋

松树大屋位于海南省文昌市文成镇头苑办事处玉山村委会松树村。松树大

图3 松树大屋鸟瞰示意图（模型图）

图4 二层门楼局部

图2 二层局部

图 5　林家宅鸟瞰图

屋由新加坡华侨商人符永质、符永潮和符永秩三位同胞兄弟共同出资于 1915 年开始建造，历时三年建成。建筑坐东南向西北，占地面积 1737.6m²。松树大屋为三进单横屋式院落，三进正屋均为两层，正屋前廊建有楼梯通往二楼阳台。单行横屋共有九间，正屋之间由两层过庭廊连接，两侧为天庭。正屋二楼正面建有伊斯兰风格窗户、装饰拱券，横屋木门窗雕刻精致美观。正屋、天庭、横屋之间采用"飞扶壁"与"骨架券"结构，在不同跨度上做出矢高相同的券，依靠半圆形的拱券来承受屋顶的重量，其建造技术在当年是少见的。木雕、石雕以及灰塑等传统工艺在松树大屋中也有大量的应用。

2) 文昌市会文镇欧村林家宅

林家宅位于海南省文昌市会文镇冠南办事处欧村，由林尤番在香港经商的儿子出资兴建，于 1939 年建成，总占地面积 975m²。林家宅为两进正屋双排横屋两层南洋风格门楼院落，平面布局为中轴对称，坐北朝南。正屋之间设过庭廊，横屋设跑马廊飘檐。两进正屋硬山搁檩造，檩条木材均采用正宗的坤甸木。横屋内部隔墙采用了钢筋水泥材料的三角形梁作为支撑。正屋与横屋之间的跑马廊亦为钢筋混凝土的框架结构，两层门楼为钢筋混凝土框架结构，门楼造型及装饰类似南洋骑楼式小洋楼。

成因

"南洋风格"建筑被海南侨民引入琼北地区后，由于中国传统文化、海南地理、气候等因素，还有侨民自身的原因，发生了很多变化。侨民带着资金和粗浅不一的文化认识回乡建设大宅。然而，囿于学识、文化层次、专业素养等，还基于受到的中国传统意识的影响，都会自觉或不自觉地在潜意识里保留传统民居格局等内容，从而形成了现在见到的南洋风格传统民居的样式。

比较 / 演变

海南岛隶属于大南洋文化圈，海岛特性与相同文化圈的因素造成海南长久以来一直保持着与海外，特别是东南亚地区的联系，这种情况在近代表现得尤为突出。海南在与南洋文化圈内的国家和地区频繁交流的过程中，主动吸收并广泛接纳来自南洋的近代西方文化，这种文化被认为是当时的先进文化，因此很容易就在海南生根、开花、结果。这样的文化交融为平静的海南掀起了一次在历史上最为短暂而壮阔的波澜——琼北民居中出现了大批带有南洋西方古典建筑符号的建筑。

同基本型琼北传统民居比较，南洋风格民居在建筑层数、外观装饰、空间布置、构件、规模和新材料应用等方面产生了一些变化，实用性的厨房、卫生间等用房的建造更加符合当代生活方式。

图 6　松树大屋鸟瞰图

琼北民居·南洋风格骑楼

图 1 骑楼局部 1

骑楼是一种商住建筑。所谓骑楼，描述的是其沿街部分二层以上出挑至街道处，用立柱支撑，形成内部的人行道。立面形态上建筑骑跨人行道，因而取名骑楼。从骑楼文化的传播路径和动态过程来看，骑楼西洋样式是在印度地区骑楼初步形成以后，由殖民者以马来半岛为节点传入南洋地区，再向太平洋沿岸地区传播的；中国东南沿海骑楼的中西合璧样式则多是由华侨引进的，琼北南洋风格骑楼也不例外。

1. 分布

现存较完好的骑楼建筑较少，主要分布在琼北地区海口、文昌、琼海等市县境内市区和墟镇。目前存量较多和保留较好的是海口骑楼老街区，包括水巷口、中山路、博爱路、新华路、解放路等，文昌市铺前镇胜利街也保存较好。

2. 形制

1）骑楼商业街的平面布局特征

（1）双面弧街，多数骑楼商业街采用双面弧街。（2）"三统一"，所有骑楼都自觉遵循保证街道统一宽度、保持骑楼临街面整齐划一的原则。（3）因港成街，港口是琼北骑楼商业街的自发起点，骑楼商业街一般由平行港口的横街和垂直港口的纵街组成。（4）前规整后自由，骑楼建筑的特征基本都体现在临街面的骑楼部分，骑楼背后的街区空间就十分

图 3 骑楼局部 2

自由而随意。（5）骑楼面宽相对自由，骑楼面宽没有太多限制，相对自由，常常根据自己的经济实力选择面宽。

2）骑楼建筑单体布局

（1）骑楼建筑单体一般为 2 ～ 3 层，少数 3 层以上；单间店铺面阔一般为 4 ～ 6m，进深 10 ～ 20m。首层高度为 4.5 ～ 5.5m，与骑楼廊道层高一致；二层或三层脊檩到楼板的高度为 3.3 ～ 3.9m。（2）平面空间布局分布为：街道（外部空间）—骑楼（灰空间）—商铺（室内空间）—天井（室外空间）—住宅（若干进院落）。

图 4 顶带细部 1

3. 建造

琼北南洋风格骑楼建筑的主体结构还是建立在传统民居结构的基础上，只是在骑楼和楼层部分、券廊部分与南洋特色的建筑结构联系紧密。中国传统建

图 5 顶带细部 2

图 2 博爱街街景

图 6 雀替细部

筑的结构主要是木结构，有抬梁和穿斗两种常见做法，后期也出现了大量的砖木混合结构，这样的特征在琼北民居中也有体现，特别是骑楼建筑，砖木混合结构十分普遍。随着从南洋传进来西方先进的技术、材料等，如钢筋混凝土技术、水泥、钢筋等建筑材料，这些建筑技术和材料对于南洋风格骑楼民居建筑有着相当大的影响，改变了传统的思维模式和建筑形式，建筑结构也产生了改变，在结构上逐渐大量应用钢筋混凝土技术。

4. 装饰

南洋风格骑楼的主要装饰部位在建筑立面上，立面装饰基本为三段式模式，下部骑楼柱廊装饰简洁统一，中部楼层部分多以各式窗形、阳台柱式、彩绘灰塑等展现，顶部施以彩绘灰塑、预制山花装饰，顶部装饰非常丰富精美，是骑楼建筑装饰的核心部位。

5. 代表建筑

1）海口博爱骑楼街骑楼

海口市博爱街，为城内交通要道，旧称城内大街。1924 年，为纪念孙中山倡导的"博爱"精神，将城内大街改为博爱路。博爱路是海口老城区南北走向最长的街道，宽 9m，长 1300m，是海口市老城区最繁华的商贸街。

2）文昌铺前胜利街骑楼

铺前镇南洋风格老街因铺前港鼎盛的历史而盛名在外。老街始建于 1895 年，于 1903 年重新规划，形成东西和南北走向的"十"字街，店铺建筑跨人行道而建，在马路边相互衔接成自由步行的长廊，形成典型的南洋骑楼建筑风格。当年胜利街的商人主要是来自现今的演丰塔市，主要经营布料、木材、大米、青麻、水产等。其中，店铺中最大、最有名的三家店铺为"南发行"、"金泰行"、"南泰行"。"东奔西走，不如到铺前和海口"，胜利街 100 多年的建造历史以及留存下来的道路肌理和环境氛围，亲证了铺前曾经辉煌的侨乡文化。

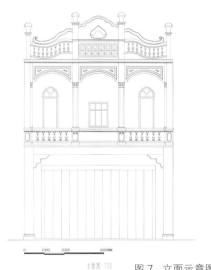

图 7　立面示意图

图 8　胜利街街景

成因

为适应热带季风气候条件，临街建筑在底层采用骑楼、上层采用敞廊等形式，沿街一长串骑楼连在一起，既挡烈日又避雨，是商家做生意、行人逛街购物的好街区。街道和建筑平面布局承载中国古代城市型制，即里坊式和前店后宅、下店上宅形式。在琼北地区的气候、地理、材料、工艺等诸多因素的影响下形成了其独特的形式。

比较 / 演变

琼北地区近代与南洋的联系比较紧密，建筑或多或少都受到了南洋文化因素的影响，在南洋风格的影响下产生了显著的变化。除琼北传统民居的广为建造外，琼北地区还陆续形成了大量的商业街市，在"南洋风格"建筑风靡琼北大地的同时，也给商业服务建筑带来了新的气象，在当时各个市集、墟镇都能见到商住骑楼建筑。

琼北骑楼与新加坡牛车水街区的骑楼形式比较，也不尽相同。华侨在新加坡、马来西亚、菲律宾、印度尼西亚、泰国等地均有分布，在引进骑楼建筑到海南的过程中，每个人的方式、程度等均有不同，这就造成海南的骑楼风格呈现多样的特征。相比新加坡的骑楼，琼北骑楼的装饰元素及图案会更加丰富，图案风格的融合更加纯粹，中国传统吉祥图案、西方宗教文化元素等都能包容在一起，从而形成其更独特的风格。

琼西南民居·儋州客家围屋

海南岛自古以来就是一个隔绝外世纷扰的净土，命运多舛但却拥有开拓进取精神的客家人来到海南岛并居住于此，形成了当地的客家文化，而儋州客家围屋则是这些文化在物质空间上的生动体现。

图1　儋州客家围屋天井

1．分布

儋州客家围屋主要分布于儋州东南部地区，以和庆镇、南丰镇范围为主。该地区主要为丘陵地貌，地势略有起伏，气候较为温润，植被繁茂，水源充足，为客家人提供了良好的生活、居住条件。

2．形制

儋州客家围屋选址偏好平坡地，平面布局呈现双堂多横屋形式，以上下敞堂为轴线对称布局房屋及院落天井。轴线末端为晒场，内部建筑布局较为灵活。朝向通常坐西北向东南，西北方向为上敞堂。儋州客家围屋通常选址在通风良好的地区，若无良好自然地形条件，则会人为创造出良好的风水环境，说明其对居住环境具有较高要求。

儋州客家围屋以上下敞堂为中轴线布置建筑，轴线首部地势较高，体现了礼制思想中的尊卑意识。上敞堂用作供奉、祭祀先祖，左右耳房用作卧房，下敞堂及左右房间用作会客，横屋及其余房间为卧房或附属功能用房，轴线尾部则为晒场。围屋内一般有水井，也有储存粮食的库房，一旦围屋受到外部威胁，只要关闭大门，围屋内的人可以足不出户生活一两个月而不受影响。

3．建造

儋州客家围屋建筑结构主要为砖木结构，硬山搁檩造。墙体使用砖或石砌，也有用三合土垒筑而成，先用黏土、沙子掺入红糖、糯米浆、草筋等发酵后与石灰拌合。这样建造出来的围屋墙体能够适应南方风雨的侵蚀，坚韧耐久，能抵御炮击。儋州客家围屋大门尺寸均不大，且设置有防盗设施，对外墙体较少开窗，若关闭堂屋和横屋的大门则外人无法进入，防御性极强。庭院设计为天井形式，用以采光和排水，采用砖石铺

图3　儋州客家围屋路门

图2　儋州客家围屋下敞堂

图4　林氏民居围屋内部装饰

图5 钟鹰扬围屋

砌内部地面，天井处或设置照壁。

4. 装饰

　　儋州客家民居外观较为朴素低调，仅在门口处贴设对联用作装饰。从下敞堂进入围屋内，空间极其丰富多变。檐下及窗洞周边一般绘有寓意吉祥的灰塑彩绘，墙体抹灰并勾勒纹路。门窗隔扇精致大方，墙体还会设置漏窗，增加视觉通透性的同时带来美的享受。天井处或设置照壁，表面绘以精美的吉祥图案，并在照壁下方种植花草。民宅内交通廊道通常设置成优雅的拱券形式，增加空间的趣味性。内部门窗及重要通道贴设有对联、门神，木质构件雕刻精美或施以彩绘，体现了客家人对美的追求。

5. 代表建筑

1）儋州南丰钟鹰扬围屋

　　钟鹰扬围屋位于儋州市南丰镇南丰村委会叶屋村内，约于清朝光绪年间由四品昭武都尉钟鹰扬所建。该民宅坐西北向东南，为双堂双横屋形式，泥砖墙抹灰，青瓦面，砖木结构，硬山搁檩造，双堂双横单门楼形制。民宅以上敞堂为中轴线，轴线上布置晾晒谷物的晒场、用作起居接待的下敞堂、采光的天井及进行祭祀祖宗、举办重要活动的上敞堂。天井结合建筑设置，围绕天井主要分布卧房及附属功能用房。该民宅占地约5940m²。

　　晒场东南布置有泥砖墙砌筑的影壁，主体建筑采用泥砖墙抹灰形式，外表抹灰，门口处贴设对联，木质承重结构外露，面向晒场的山墙采用大幅水式山墙形式，开窗较少。建筑内部檐下及窗洞处均采用灰塑彩绘进行装饰，天井内部使用彩色构件进行装饰。地面铺砖，以不同的铺砌方式区别不同的使用空间。主要梁柱雕花。入口屏风采用镂空处理，灰塑造型以吉祥图案为主。房屋内部木雕精致。公屋不大过民房，整体民居呈现龙楼风脚形态。

2）儋州南丰海雅林氏民居围屋

　　林氏民居围屋位于南丰镇武教村委会海雅村内，于清代咸丰十年兴建。该民居坐西北向东南，双堂双横屋形制。民宅以敞堂为中轴线，轴线上分别布置供奉先祖的上敞堂、天井及晒场，左右则布置卧房、客房、仓库等附属功能用房。该民居占地约1600m²。

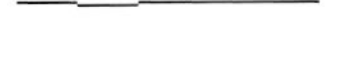

图7 林氏民居围屋平面图

成因

　　儋州地区的客家人祖先主要来自于福建等地。他们拥有强烈的宗族意识，通常以同姓氏的家族聚居在一起。客家人历史上受自然与社会环境所迫，导致其民居建筑呈现极强的防御性。迁徙至海南的客家人的民居建造也保留了这种特性，从而演变成为今天的儋州客家围屋。

比较／演变

　　儋州客家围屋沿承了客家人宗教礼制思想以及抵御外部侵扰的防御性极强的民宅建造方式，但海南岛内环境优美、民风淳朴，除早期的儋州客家围屋呈现较强的防御性外，往后的民宅建筑已开始结合当地自然条件，慢慢演变出更适宜于居住的具有海南地方特色的、更为开放的儋州客家围屋形式。

0 1 2   5m

图6 林氏民居围屋立面图

琼西南民居·军屯民居

军屯民居是儋州市西北部地区独有的民居形式，其院落布局呈现出典型的中原四合院布局形式，经过时代演变，民居的建造也开始与儋州西北部地区的环境相结合，而合院的平面形制则延续传承，体现了礼制、中庸思想的影响。

图1 陈玉金宅檐部灰浆彩绘

1．分布

军屯民居是军屯文化特征明显的民居类型，主要分布于儋州西北部地区。该地区主要为平原，地势较为平缓，常年干旱少雨，并且存在土地沙化现象，故军屯民居聚落通常选址在近水源的地方。

2．形制

军屯民居选址因地制宜，平面布局以四合院为主，住宅空间向内，院落多以外墙为界，内外分明。军屯民居的合院一般由庭院、正房、横屋、路门几个部分组合布局而成，多规整宽大，朝向通常坐南朝北，正南为主屋。

主屋坐南朝北，为一明两暗三开间的方形建筑，以此延伸出南北向中轴线布置房屋，一个或多个主屋布置在中轴线上，东西方向布置横屋，剩余空间一般布置附属功能用房。南部主屋厅堂主要用作祭祀先祖，日常作为生活起居，左右耳房为卧房。其余主屋厅堂做日常生活起居，耳房作卧房。横屋功能有起居、卧房及炊事、杂物等。附属功能用房多用于放置杂物、卫生间及饲养牲畜。

3．建造

军屯民居建筑结构主要为穿斗式木内构，庭院立柱或采用石柱支撑，木质梁架结构置于室内避免受潮。墙体主要为青砖实墙，主屋或使用火山岩凿制打磨的石块做围护墙体。路门内凹，装饰较精美，并设置有防盗设施。庭院多采用砖石铺砌或设置照壁。室内地面为砖铺，内部空间采用木板分隔，并设置较高的门槛。建筑屋面为单层青瓦屋面。

4．装饰

路门一般装饰有象征家族起源的文字牌匾，入口处或施以木雕、石雕，或表面抹彩色灰浆，门口贴设对联、门神等。主体建筑主梁施以木雕及彩绘，以红、金两色为主。厅堂设置雕刻精致的木质神龛，窗及门通常以木雕装饰，各门均贴对联。窗洞及檐部或施以象征吉祥寓意的灰浆彩绘。庭院地面铺砖，部分檐廊处或采用石质柱料。庭院内或设置精美的照壁。庭院内通常种植小型乔木或盆栽，充满生机的绿色体现了军屯人对自然的向往。

5．代表建筑

1）儋州王五陈玉金宅

陈玉金宅位于儋州市王五镇王五村子安巷，于清末民国初兴建。该民宅坐南朝北，为四进三横屋合院形式，青砖实墙，青灰瓦屋面，穿斗式木内构。平面布局以主屋为中轴线展开布局，每进院落均呈现规整的合院形态，该民宅占地约600m²。

图2 军屯民居路门

图3 军屯民居立面

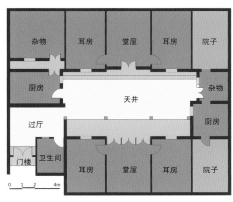

图 4　谢帮约宅平面图

图 5　陈玉金宅内部空间

民宅庭院内有一口水井，并栽植一棵小乔木。整座民居尺度较小，空间宜人，对开的各房间大门促进了民居内部微气候的改善，非常适宜当地干燥炎热的气候条件。此民宅先祖曾任清朝官员。

2）儋州王五谢帮约宅

谢帮约宅位于儋州市王五镇王五村，于清朝晚期兴建。该民居坐南朝北，为典型的四合院形式组合院落民宅，两进两横屋形式，青砖实墙抹灰，穿斗式木内构。民宅平面布局呈现规则、典型的四合院形式，路门进入为影壁，通过一个转折空间进入内部主要庭院，该民宅占地约 300m²。

民宅路门入口上装饰有象征家族起源的牌匾"宝树家风"，牌匾两侧为寓意吉祥的彩绘。门口饰以对联，入门小院落内布置有一口水井。通往内部院落通过地面铺砖方式变化及设置一个门洞，强调功能空间的变化及庭院的围合感。该民宅建筑尺度均较小，布局上紧

凑集约，私密性极强。而较小的空间尺度也避免了过多的阳光直晒，有效地改善了民宅内的微气候，使得住宅适宜当地居住。

图 6　谢帮约宅入口照壁

成因

军屯民居类型的村落居民主要为古代来自中原地区的军人在当地屯扎、繁衍生息的后代，具有较强的封建礼制、中庸思想。方言为军话，同时饮食文化具有较强的中原特征。而体现在建筑上，则是通过建筑围合庭院而呈现的合院形式，通常为四合院或组合院落。民居的主屋坐南朝北则是军屯人心念中原故乡的体现。

比较／演变

军屯民居在建筑布局、院落分布及建筑开间进深、屋顶瓦当铺设等建筑细节上都体现着中原民居的地域文化特征，特别是合院布局的形式。而军屯民居又通过细部如建筑尺度等的改变适应了海南的气候，最终形成了具有当地特色的军屯民居类型，这是中原文化与当地环境相互影响并结合的结果。

图 7　军屯民居街巷空间

琼中南黎族民居·船形屋

船形屋，是富有黎族特色的传统住宅，也是黎族最古老的居屋。船形屋又可称船形茅屋，因状似倒扣船只而得名。黎族人称其为"布隆亭竿"或者"布隆篝峦"，意为"竹架棚房子"。

图1 白查村鸟瞰图

1. 分布

黎族是我国岭南民族之一，主要聚居在海南省中南部的琼中县、白沙县、昌江县、东方市、乐东县、陵水县、保亭县、五指山市、三亚市等七县二市之内，其余散居在海南省的万宁、屯昌、琼海、澄迈、儋州、定安等市县。

黎族可分为润黎、杞黎、美孚黎、哈黎、赛黎五大支系。润方言黎族主要聚居在白沙县。杞方言黎族主要分布在保亭县、琼中县和五指山市，乐东、东方、昌江、万宁、三亚、陵水的部分地区也有分布。美孚方言黎族分布于东方、昌江两县，村落多在昌化江中、下游地区。哈方言黎族主要分布在乐东、东方、陵水、三亚、昌江等市县，白沙、保亭、琼中、儋州等市县有少量分布。赛方言黎族主要分布在保亭、陵水两县交界处。

2. 形制

船形屋以山面为入口，作纵深方向布置。通常由前廊、居室和后部的杂用房三部分组成。居室是一大广间，凡是煮食、寝息、待客等都在这里进行。煮食设三石灶，放在与架空地板平的小土台上或敷有泥巴的方形木板上，后部杂用房多作养鸡及堆放农具柴草杂物。这种船形屋长十几米，其面积往往近 20m²。较古老的船形屋，前廊及后部杂用房平面均做成近似半圆形，以竹木树枝编墙，顶盖加盖成半边穹隆顶，面积大者达到 100m² 以上。圆的围屋部分，称"化胎"。

3. 分类

1）高脚船形屋

高脚船形屋，即"高栏"，黎语称"隆咩"，曾见于黎族中心地区南渡江上游南溪峒等地的本地黎村里。"高栏"的底层一般在离地面 1.6～2m 左右，上面住人，下面养牲畜；一般建在有一定坡度的坡地，垂直等高线布置。底层形成横形空间，四周以木、竹栏围，平面布局已趋定型，由庭（晒台）、厅堂、卧房、杂用房等几部分组成，从山墙左侧入口，庭在最前面，有简易木梯上下。

2）矮脚船形屋

矮脚船形屋，即"低栏"，黎语称"隆旁"。这种房屋见于昌化江上游的毛栈等地的杞黎村庄。"低栏"的底层一般在离地面 0.3～0.5m 左右处，铺一层厚竹片地板，基本建在平地上，底层不再圈养禽畜，由前庭、居室和后部杂用房三部分组成，从前面山墙左侧入口，作纵深方向布置。

3）地居式船形屋

地居式船形屋也就是船形屋中的铺地型，直接在平地上建造。清末民初黎胞在长期定居的环境里，为节省材料，吸取汉族造床而睡的居住方式，以避免地面湿气，逐渐将干栏式船形屋的栏脚去掉，直接在地面上建屋。这种地居式船形屋，也出现了船篷顶盖与金字顶盖并存现象，其顶盖两侧都是一直弯贴到地，顶盖与檐墙是合而为一的。其平面亦为纵长方形，一般由前廊和居室两部分组成，炉灶仍放在居室内。

4. 建造

船形屋，就地取材，砍树劈竹，采藤割茅；以竹木扎架构成半圆形轮廓，以藤条捆牢，沿屋檐向屋顶盖以一层层编成片的茅草，传统的船形屋不设檐墙，屋顶与檐墙合为一，屋檐一直垂向地面，前高后低状如船篷，用藤条或竹

图2 黎族高脚船形屋

图3 黎族矮脚船形屋

图4 黎族地居式船形屋

图 5 俄查村黎族船形屋　　　　　　　　　　图 6 黎族船形屋谷仓　　　　　　　　图 7 黎族地居式船形屋

片编成离开地面的地板。

5. 装饰

在满足环境和功能要求的前提下，黎族民居充分发挥材料、结构、技术的地方特点，以最简洁、最经济的手段去创造富于民族个性的建筑艺术形象，其造型构图、尺度比例、建筑装饰、材质色泽等方面无不表现出一种朴素美、天然美、本色美的特质。

6. 代表建筑

1) 东方市白查村船形屋

白查村，是海南船形屋保存最完整的自然村落之一：船形茅草屋、美孚黎民歌、酿酒、织锦，见证黎村千年历史。白查村茅草屋为落地船形屋，长而阔，茅檐低矮，这样的风格有利于防风防雨。屋内为泥地——村民从外面挖回黏土，把地面铺平，浇上水后双脚踩平，晒干或晾干地面，使之平坦坚硬。

2) 东方市俄查村船形屋

俄查村的船形屋两边成圆拱造型，有利于抵抗台风的侵袭，架空的结构则起到了防湿、防雨的作用。船形屋由前廊和居室两部分组成，屋内不隔间，屋子的中间立有 3 根高大的柱子，黎语称为"戈额"，象征男人；屋子的两边立有 6 根矮柱子，黎语叫"戈定"，象征女人。这代表一个家是由男人和女人共同组成的。

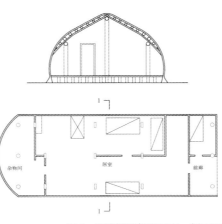

图 8 黎族矮脚船形屋平、剖面图

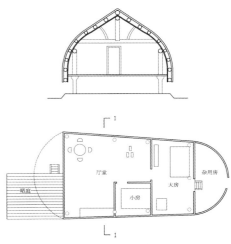

图 9 黎族高脚船形屋平、剖面图

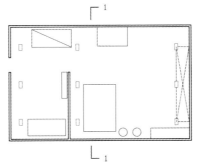

图 10 黎族地居式船形屋平、剖面图

成因

海南岛上，古老的黎族人民以捕鱼为生。上岸后建房子，直接将船扣在屋子上面作屋顶，这样既方便又能遮风避雨，久而久之就形成了这种风格的建筑，船形屋就是由这种倒扣的船演变过来的。

比较 / 演变

黎族船形屋与雷州茅屋相比，黎族船形屋的平面由前廊和居室两部分组成，而雷州茅屋的平面形式主要为"一明两暗"型。黎族船形屋的屋顶形如船只，以竹木构架，藤条捆扎，茅草盖顶，接到地面，一般不设窗户，所以整个房间阴暗，通风采光较差。

琼中南黎族民居·金字屋

随着黎族人民与汉族人民接触的增多，逐渐吸收了汉人的房屋建造技术，村寨中古老的"干栏"式住宅建筑越来越少，而代之以结构、材料都与过去有较大不同的仿汉式金字顶房屋。

图1 金字屋外观

1. 分布

金字屋在海南的黎族自治县、乡均有分布，在白沙县的润方言区和保亭县及陵水县的赛方言区较为集中。主要流行于五指山中心地区以外的黎族地区和黎汉杂居区，所处地域大部分是山区丘陵地带。

2. 形制

金字屋平面呈横长方形，在屋顶方面用金字顶代替圆拱形的船形顶，同时房子除了山墙面外，前后的檐墙已经升得更高了，有利于门窗的开启。正门改从前面檐墙进出，檐墙上设置窗户也改善了建筑内部的采光。

金字屋的平面构成可做以下分类：

1）单开间平面

这种平面一般由居室与门廊组成。按门廊的形式可分为矩形与"L"形两种，居室面积的大小依据家庭成员的多少及经济条件而定，像卧床、煮炊、贮存杂物及农具等，所有的日常生活都容纳在居室内。居住功能无细划，显得室内紧迫、窄小。有的单开间平面，将炊煮部分移出室外，在房子的边上另搭一小厨房。

2）双开间平面

这种平面一般由一厅一房与门廊组成。厅作为全家日常生活活动的场所，包括炊煮在内。房作为卧室，其面积要比厅小。家里较贵重的物品都放在卧室里。有的双开间平面，将炊煮部分移出室外，在房子的边上搭一小厨房。

3）三开间及四开间平面

这种平面一般由一厅二、三开间与门廊组成。炊煮与厅房隔离，有的在门廊的一端建厨房，有的在三开间的一旁另建一厨房。

4）院子式平面

这种院子式平面是从平直条的横向式住宅发展而来的。由于经济收入的增长和人口的增加，以及儿子成家在原有住房旁边另立门户，在两幢房之间构成"曲尺"形，再在其余两边用竹子或树枝编织篱笆围成一个院子。院子作为种菜、晒谷、堆放农具、副业生产、儿童游玩以及乘凉聊天的场所。

3. 建造

屋顶仍呈船篷状，但已不再设架空地板，也有了矮小的檐墙。屋内以木金字架支撑屋顶。金字架的构设和檩条安放，一般仍采用绑扎的方法，有的地方渐而采用结构较为复杂的抬梁式卯榫。木桩粗大，屋顶呈流线形，或覆以破渔网以数个粗木条做成的人字夹压住茅草屋顶，增强其抗风性。

图2 金字屋村落

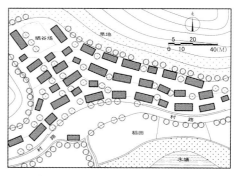

图3 金字屋村落布局

图4 金字屋结构骨架

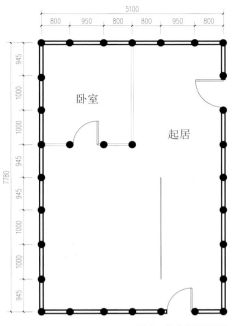

图 5 金字屋平面图

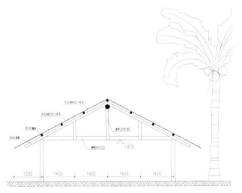

图 6 金字屋剖面图

图 7 初保村金字屋

4. 装饰

　　金字屋主要以竹、茅草搭建，在其窗洞装有垂直的小木棍子或砌有直条、十字等形状的简单窗花，立面装饰比较简单。建筑外形显得粗犷朴实，更加与其自然环境融为一体。

5. 代表建筑

1）洪水村金字屋

　　昌江县王下乡洪水村的金字形茅草屋既保留古代黎族住宅的营造技艺，又融合了汉族传统的建筑艺术，是迄今海南保存最完整的金字形茅草屋部落，堪称黎族文化的活化石。在洪水村，展示的其实就是一部活着的历史书。

2）初保村金字屋

　　初保村地处五指山西麓的毛阳镇牙合村委会，是中国唯一保存古老原貌特色的黎族村落，也成为黎族生活、文化变迁的一个缩影。初保村依山而建，村前有潺潺流水和层层梯田。金字屋沿山坡等高线错落分布。

成因

　　随着黎族文化与汉族文化的不断交流、融合，黎族文化受到汉族文化的冲击是不可避免的。由于汉族金字形住房在采光、通风、建筑技术等方面有显著的优点，为其所吸收。

比较/演变

　　金字屋由于结构和采光的优势逐渐取代船型屋，新中国成立之后出现不少仿汉式金字屋为主的黎族新村。但随着改革开放和经济的快速发展，传统的茅草屋已经不能满足黎族百姓生活、生产的需求，越来越多的黎家已经住进了砖瓦或钢筋水泥结构、宽敞明亮的新式住宅。

　　黎族金字屋在材料和工艺上保留了人类最原始民居的建造方式，是中国民居的活标本。相对汉族住房不同之处是房屋都不太高，墙壁仍较少开窗。金字屋保留了船形屋火灶设于居室内的习惯，不过除沿用火塘和三脚架外，灶台改变为马蹄灶和台灶。

图 8 洪水村金字屋

重庆民居

CHONGQING MINJU

主城区民居·近代折中式民居

传统建筑文化对重庆民居建筑的影响深远，但随着重庆开埠，所带来的西方建筑体系给近代重庆增加了新的建筑类型。西方建筑型制在与地方建筑文化的结合后，中西合璧式民居建筑在近代重庆开始蔓延。

图 1　北碚区陈举人楼

1. 分布

折中式民居首先出现于重庆渝中半岛，其后逐渐向沙坪坝、南岸、江北和北碚等区发展。

2. 形制

1）建筑平面特色

折中式民居在当地传统民居的基础上，结合西方建筑文化，并在平面布局在很大程度地延续了传统民居的平面布局方式并有所发展演化。其在平面功能安排中保留了厅堂，并围绕厅堂来布置其他日常生活用房，传承了传统民居的空间秩序。

2）立面形态特色

重庆折中式民居主体立面通过模仿与学习，探索外来建筑做法和传统的建筑技艺的结合。建筑立面呈现丰富多样的特征，立面使用多种装饰方法，如青砖、砖墙外饰水刷石、水泥抹灰等；立面融合西式构图形式，分为屋顶、屋身、基脚三大部分，在竖直方向上根据楼层将屋身划分成二或三段，饰以各种水平线脚。在水平方向上从左自右也使用三段式，多用两端对称的凸出角楼。

3. 建造

折中式住宅的结构体系主要表现为新型的砖木混合式结构，其结构承重方式吸收了西方外来建筑结构的成分，竖向承重结构为砖墙、砖柱；水平承重结构为木梁架铺楼板组成。围护结构常为砌筑精美的清水砖墙。屋顶常为两坡或四坡，铺传统青瓦或机制瓦。这种结构体系使得建筑的平面也有了很大的可变性，凹凸有致，甚至出现异形平面。

4. 装饰

在折中式的民居中，装饰装修大胆灵活地使用了"西洋"建筑装饰元素，比如外墙装饰上拱券、线脚、西方柱式的结合使立面突破了传统的型制。西式门窗的式样与比例更为和谐，线脚的使用广泛而样式繁多，融入了异国情调。青砖墙面，红砂石阶梯、廊柱、窗套、墙角隅石，做工精致的栏杆及楼梯扶手，彩色玻璃等使宅第建筑立面的质感、色彩、造型更加丰富。

5. 代表建筑

1）北碚区陈家大院——举人楼

举人楼，又名陈举人大院，位于重庆市北碚区蔡家岗镇。举人大院的平面采用的是传统合院的布局方式，建筑群体呈"一"字形布局在庭院正中间而靠后，建筑立面与装饰多体现西方建筑特色。主楼为典型中西合璧风格建筑，砖木结构、歇山顶，青砖外墙勾白色砖缝。大门也是中西结合的一处牌坊式建筑，朝外是"八"字形的有着精美砖砌艺术的西式脸门。

陈举人大院采用了传统木结构和砖木混合结构。采用了当时较先进的一些技术，如新结构、排水管、水洗石、鹅卵石镶嵌墙面等，中西文化符号的装饰让建筑具有了细腻、精致的面貌，形成了浓郁的折中式风格。（图1～图5）

2）沙坪坝区凤凰镇陈氏洋楼

陈氏洋房建于中华民国初期，大胆吸收了西式建筑符号，与中式元素兼收并蓄，将中西合璧风格做到了极致。

陈氏洋房高4层，正房3层、阁楼1层。楼房面宽8.41m，进深10.91m，

图 4　北碚区陈举人楼壁炉

图 3　北碚区陈举人楼立面装饰

图 5　北碚区陈举人楼天井

图 2　北碚区陈举人楼"八"字形大朝门

图9 沙坪坝区陈氏洋房白菜雕塑

图10 沙坪坝区陈氏洋房背面

图6 沙坪坝区陈氏洋楼屋顶

通高15.54m，三面有宽1.5m的内廊，围合天井，房屋朝内廊开拱形大门和拱形窗。洋房墙体青砖勾白缝，三个面分布着14根柱距1.7m的砖砌罗马柱，砖柱顶部塑有14颗大白菜浮雕，浮雕造型硕大，雕工精美，形象逼真，体现了中式雕塑装饰与西式砖柱的完美结合。

洋房屋顶也较好地体现了中西合璧的特点，屋顶层次丰富，第一层次为双面瓦屋顶，山墙面做云朵山花，两边各开一圆窗；第二层次是两座老虎窗，两座烟囱，西式风格，表面饰以浅浮雕；第三层次为四坡面瓦屋顶。造型别致的洋屋顶形成独特的空间视觉效果，在蓝天下分外醒目亮丽。

沙坪坝陈氏洋楼对于建筑防御功能周密的考虑是其一大特色。陈氏洋楼设置了多层次、多方位、多角度的防御设施，具有很强的抵抗防护功能。其结构坚固，易守难攻，设有观察窗、射击孔，视野开阔等特征使得陈氏洋楼成为一座居住和防御功能兼备的特殊建筑。（图6～图11）

图11 沙坪坝陈氏洋房围墙射击孔

成因

折中式民居形成因素有：1）中西文化的碰撞与交流；2）中式"民族性"的传承；3）西式"科学性"的融入。

比较／演变

西方势力的入侵给近代重庆带来了西方的建筑文化，在重庆近代民居建筑中出现的这种中西交汇，主要表现为两种类型：一类是本土传统的旧体系建筑的"洋化"，另一类是外来的新体系建筑的"本土化"。

重庆主城区折中式传统民居主要是由主城传统天井式民居与西方建造结构、立面装饰以及新式材料等相结合。

图7 沙坪坝区陈氏洋楼底层石拱门彩塑云纹图案1

图8 沙坪坝区陈氏洋楼底层石拱门彩塑云纹图案2

主城区民居·传统合院

主城区的传统合院民居在本地域建筑文化的基础上，融合移民文化特质而成。同时，由于受用地紧张、地价昂贵等因素制约，形成布局紧凑、空间形态精巧的独有风格。

图 1　渝中区谢家大院鸟瞰

1. 分布

传统合院分布于主城的各个行政区，目前以渝中区、沙坪坝区、九龙坡区、南岸区、北碚区保存相对较多。

2. 形制

合院是重庆传统民居的基本组织形式，主要有三合院、四合院两种，也有为数不多的形成两进合院。

传统院落民居力求中轴对称的理想布局，以居中为尊；通过轴线层次序列，以别尊卑、上下、主次、内外，达到由序达敬的目的；又通过不同特点的庭院天井的空间组合，达到以和至亲的目的；以此形成一个序中有和，和中有序，和序统一的整体。空间组织在功能上来看依次是：公共性空间—半公半私密的空间—私密性空间，体现在建筑单体上则依次是：院门—前厅—过厅—正厅（正房）。

3. 建造

建筑结构一般采用穿斗式结合的木构架，屋顶为小青瓦，墙体以木板、竹筋夹壁墙为主，也有与夯土、土坯墙混合使用的情况。在砌筑墙体时有的还要在泥浆层中加入草筋，以提高墙体的强度。

4. 装饰

建筑在装修纹饰上继承了重庆本土地域的特点，繁简程度视主人情况而定。

窗户是反映建筑装饰艺术的重点部位之一，其样式细致精美且种类繁多，常见的如冰裂纹、方格、古钱纹、云纹、回纹、拐枝龙等。除此之外，朝门、构架、屋脊、柱础、檐廊等部位也是装饰重点所在。

装饰构件通常体现木质本色，也有讲究的会对其饰以金漆，或者彩绘。

图 3　九龙坡孙家大院廊道

图 2　九龙坡区孙家大院山墙

图 4　九龙坡区孙家大院山墙

图 5　九龙坡区孙家大院山墙装饰

5. 代表建筑

1）九龙坡区走马镇孙家大院

　　孙家大院始建于清道光四年，位于九龙坡区走马镇椒园村孙家湾。孙家大院坐北朝南，复合型四合院布局。大院面宽46.3m，进深51m，占地面积2360m²，房屋建筑面积1650m²，沿中轴线依次为前厅、戏楼、大天井、中厅、小天井、后厅，东西两侧为厢房和耳房。

　　大院后厅前，有一宽2.6m的廊道，廊道立柱和横梁上的斜撑、雀替、穿枋均有精雕细刻的木雕。雕刻形式多样，有透雕、浮雕、圆雕，表面镏金，内容以戏曲故事、吉祥杂宝、云纹图案为主。

　　孙家大院在山门和部分立柱最有特色，采用了一些西式变体做法，最为显目的是牌坊式大山门。大山门呈"八"字形，面宽约12m，高约8m，宽阔高大，气派十足（图2～图5）。

2）渝中区望龙门街道谢家大院

　　谢家大院又名"谢锡三堂"，建于清后期。建成后的谢家大院庭院深深，布局紧凑，错落有致，雕花图案五彩斑斓，雕刻工艺细腻流畅，堪称奢华富贵的大家豪宅（图1）。

　　谢家大院正前面呈斜坡状，大院面阔28.5m，进深34m，高两层，通高约

图6　渝中区谢家大院二道朝门

10m，建筑占地约1000m²，建筑面积约1259m²。

　　大院为二进式穿堂布局，穿斗抬梁结构，典型合院建筑特色。从头道朝门进入，从前至后分别是门厅、二道朝门、一重天井、正堂、二重天井、后堂。

　　谢家大院两道朝门同样极富特色。头道超门内之上建门楼，檐口挑出1.8m，筒瓦作顶，檐下施以卷棚，4根垂花柱雕刻精美。二道朝门，歇山式门罩，屋顶、翘脊、檐口等处做彩绘和瓷

图8　工艺精湛的雕花

图9　渝中区谢家大院中堂挂落图案

片装饰。

　　谢家大院最为出彩的是琳琅满目的雕花镏金木雕，进入谢家大院，似乎进入一座巴渝传统民居雕刻博览馆，雕刻采用深浮雕、浅浮雕、圆雕、透雕等手法，雕刻内容有戏曲故事、花卉雀鸟、祭祀供品、吉祥兽物等（图6～图9）。

图7　渝中区谢家大院天井与雕花装饰

成因

　　合院民居是为了满足居民对居住空间规模及空间尊卑次序等要求出现的，是经济社会发展到一定阶段的产物。

比较/演变

　　比较重庆主城区合院与其他区域的合院，前者更加注重节约用地而趋于精细化设计建造。

渝西民居·洋房子

洋房子建筑雍容华贵，典雅别致，在通风、采光、工艺、雕塑和外部造型等方面吸纳了西方建筑的优点，打破了传统建筑的封闭内向，体现了以表现空间为主的审美观点，反映了20世纪初期中国建筑的创新和开放。

图1 江津马家洋房

1. 分布

渝西洋房子主要分布于渝西的江津区白沙镇，同时在其他地区也有部分洋房建筑。

2. 形制

洋房子在形制上打破了传统建筑的封闭内向，而更趋开放。其立面形态开始使用西式构图的手法，突破了传统的矩形构图。设计者将宽大外廊、几何单体附加于建筑之上，丰富了平面空间形态。在平面上表现为或圆形或多边形体量的嵌入、穿插，进一步丰富了立面造型。不论平面还是立面都更多地借鉴了西方建筑的建设工艺，洋房不同形式的开窗或西方柱式的运用都为建筑增添了活泼意趣（图1）。

3. 建造

洋房子系砖木结构，一般为砖柱、照壁、木楼板，也有砖墙砖柱的。不少房屋还有围墙围住，形成高楼深院。沿街的"洋房子"依然采用前店后宅或下店上宅的格局；背街的"洋房子"则纯粹是住宅（图2）。

4. 装饰

抗日战争时期因物资紧缺，施工周期短，洋房子门窗、室内外装饰渐趋于简化。立面以青灰色砖墙或土黄色涂料墙为主，对门窗装饰时细节变化较少；柱和拱券既具有承重的功能，又能够呈现多样的造型、丰富建筑立面层次、打破过于平面化的立面造型（图3）。

5. 代表建筑

1）江津区支坪镇马家洋房

马家洋房位于江津区支坪镇，前临綦江河，背靠龙门槽山脉，距支坪镇约4公里。洋房高4层（不含阁楼），青瓦坡屋顶，面阔28m，进深15m，基地高出地面约3m。正面12根砖柱，侧面7根砖柱，砖柱有石作腰线，两柱之间做砖拱，各层有四面连通的廊道。洋楼每层有7间房，门、窗及木栏杆作西式雕花，室内天花作灰塑装饰图案。

洋楼后有一座绣楼，依附于主楼修建，绣楼有独立楼梯上下，过去是马家女工、读书、聊天、观赏花园景色的地方。洋楼有一座后院和后花园，后院房屋为一楼一底砖木结构，共7间，后花园呈长方形，面宽23m，进深9.7m。后花园有一座长方形观赏水池和几座鹅卵石砌面的花池，过去鲜花姹紫嫣红，香飘庭院。

2）南川区水江镇蒿芝湾洋房

蒿芝湾洋房（图4）位于南川区水江镇东北面约1公里处，小地名叫蒿芝湾，因此被称之为蒿芝湾洋房。房

图2 江津马家洋楼造型

图3 江津马家洋楼立面装饰

图 4　南川蒿芝湾洋房

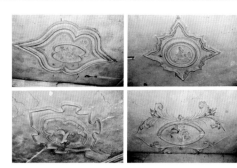

图 9　南川蒿芝湾各式天花图案

图 5　南川蒿芝湾灰塑浮雕装饰

图 6　南川蒿芝湾单曲线券拱

图 7　南川蒿芝湾三曲线券拱

图 8　南川蒿芝湾大白菜浮雕装饰

屋面宽 29.5m，进深 15.5m，建筑占地 457.25m²，房屋总高约 17m，建筑面积合计约 1700m²，共有 27 间房屋。洋房为砖木结构、歇山顶。

洋楼室内天花做有规整的线条装饰，均为工匠在现场用灰浆手工制作，所有线条做工细腻、平顺光滑、一丝不苟。天花板浮雕线条如行云流水、天衣无缝，历经百年，除少量受到人为损坏外，整体还基本保持原样（图 9）。

蒿芝湾洋房每层楼房之间用青砖做各种装饰造型，阁楼檐下的封檐板用灰塑线条装饰，建筑立面整体显得干净利落、典雅大方。装饰浮雕风格迥异优美，细部做工考究（图 5）。

洋房正面有 10 根仿罗马柱式的砖柱，从底层通向三层，三层共有 9 个拱券，其设计灵巧多变，使建筑立面妙笔生花、多姿多彩，避免了雷同单一，显露出设计师的良苦用心和艺术功底（图 6～图 8）。

成因

洋房子的出现主要是跟重庆开埠息息相关，外国文化的传入对重庆当地的建筑产生了一定影响，对西洋建筑的技术借鉴和建筑风格的模仿是其主要形成原因。

比较 / 演变

重庆开埠后，受英、法、日等国外文化的影响，城市中西洋建筑开始出现，除了教堂、使馆、兵营、银行外，也有西洋民居、别墅。后来，市民把西洋建筑的技术借鉴过来加以改造，结果就有了"洋房子"。20 世纪二三十年代以后，重庆地区的"洋房子"大量出现，主要街道两旁和达官贵人的住宅几乎全是"洋房子"。

较之折中主义建筑，洋房子打破了中国传统建筑规制，纯粹运用西方建造工艺；折中主义建筑则是在平面布局中仍保持中国传统，立面造型上体现出中西合璧思想。

渝西民居·庄园

重庆的庄园民居是重庆特色文化民居的体现，由于多选址于用地开阔的地方如城镇边缘，建筑聚落宏大宽敞、单体体量较大，因而区别于一般的合院式民居。在功能布局上，庄园民居除了基本的居住外，更增添了具有公共服务、娱乐功能的公共建筑。

图 1　江津会龙庄庄园

1. 分布

渝西庄园民居主要分布于江津和涪陵等地。

2. 形制

重庆的庄园民居极为讲究风水选址，山水环抱的空间布局，暗合了聚财纳气的风水理论也符合避风朝阳的现代建筑原则。

重庆庄园一般形制上是合院式布局，采用中轴对称手法，纵向沿中轴延伸，横向沿两侧伸展，层层递进，门庭深幽。院落空间相对自由，更重视生活实用性；房屋围合和建筑组合衔接方式均具有显著的地域性特色；院落布局紧凑，不苛求于严格的形制（图 1、图 2）。

3. 建造

重庆庄园民居多因其用地开阔而规模宏大，平面形制中多为中轴对称，公共建筑往往占据重要位置。为适应当地多雨的气候以坡屋顶为多；而在材料的使用上多就地取材。在建筑结构上多采用适应性强的穿斗木构架，其结构特点可以巧妙地利用台、挑、吊、叠、跌、爬等特有的山地营建手法，使民居院落能更好的适应环境。竹、土、石、草、苇也作为常用的辅助材料应用在民居院落中（图 3）。

4. 装饰

重庆庄园民居体现了中国古代封建等级制度，其中大门的型制和规模是建筑重要的等级表征，是房屋主人的阶级名分、社会地位的标志。甚至运用影壁来壮大门面气势；运用石狮兽、华表来强化门的威仪；运用门匾、门联及各种门饰来丰富门面的文化内涵和吉祥语义；运用照壁、牌坊、朝房、金水河、石孔桥等在大门前围构出不同规模的前庭，渲染门前氛围。

5. 代表建筑

1）陈万宝庄园

陈万宝庄园位于涪陵区青羊镇，庄园天井重重，庭廊相连，房屋多达 120 余间。陈万宝庄园地势前低后高，正前方是大片水田，两侧和背面为平缓坡地，环境开阔舒展。庄园为复合四合院布局，纵向两进院落，横向三重天井，属乡土民居中的高规格建筑。庄园四周还残存约 300m 的围墙，墙高 4～6m，沿地形起伏变化，下面用条石，上面是青砖，顶部用青瓦作盖，檐口饰以彩绘。陈万宝庄园戏楼布局严谨，气势庄重，做工讲究，结构牢固，连同戏楼前宽大的院坝，成为整个庄园的视觉中心和主要公共活动场所（图 4）。

陈万宝庄园建筑结构主要为木结构，外墙为砖石、砖木围合。砖墙与木

图 2　涪陵陈万宝庄园

图 3　江津会龙庄木构架

图 4　涪陵陈万宝庄园戏楼与厢房围合的天井院坝

柱之间采用"拉铁"作法，即用铁条将砖墙与木结构联系在一起，以增强房屋整体结构受力效果。丰富多彩、寓意深厚的木雕、石雕是陈万宝庄园主要特色之一。陈万宝庄园4座天井花园极具特色，花园石缸及石雕工艺细致入微，寓意丰富，成为庄园画龙点睛之笔（图8、图9）。

2）会龙庄

会龙庄又名王家大院，位于江津区四面山镇和中山镇之间，距江津城区约85公里。在重庆民间现存庄园大院中，会龙庄堪称保存最完好、规模最宏伟、建造也极有特色的一座典型清代地主庄园。

会龙庄布局为复式四合院，采取中轴线对称手法，纵向三重堂沿中轴线贯穿，横向三重天井向西侧延伸10座院落、50多间房屋，内院层层递进、门庭深幽。庄园内有座大戏台，戏台前的中庭天井为会龙庄最大的一处，其下有两处长方形小天井，与大天井呈"品"字形，暗喻"官品之意"。庄园中堂为会龙庄保留最完好的建筑，庄园内有呈正方形分布的抱厅、建于拱桥上的方形鸳鸯亭和具有防御功能的四座碉楼（图5～图7）。

图 5　江津会龙庄大戏台

图 6　江津会龙庄鸳鸯厅

图 7　江津会龙庄驼峰木雕

图 8　陈万宝庄园驼峰木雕

图 9　陈万宝庄园石雕

成因

由于经济条件的富裕，人们追求更舒适的生活，故出现了规模宏大、使用功能丰富的庄园民居。

比较／演变

渝西庄园较之合院式建筑，在体量上更为宏大，功能布局上更为丰富，增添了提供公共服务和休闲娱乐功能的公共建筑。

庄园民居是从院落式民居演变过来的，随着经济条件的富裕，在满足物质需求的情况下，在院落式民居的以居住为主要功能的基础上增添了公共活动的功能，建筑多规模宏大。

渝西民居·土碉楼

渝西尤其是涪陵由于山高林密，曾经土匪众多，为图安全自保，必对住居加强防卫，因此修建具有防御功能的碉楼成为普遍现象。有的地方为防范土匪，除了据险可守的山寨外，还建造了成千上万的碉楼，几乎达到凡建房屋必建碉楼的地步。

图 1　江津吴家河嘴碉楼

1. 分布

渝西的巴南区、合川区、涪陵区、江津区等地现存的碉楼以夯土碉楼为主，多依附于各类民居存在。

2. 形制

按照其碉楼与住宅的平面空间组合关系，大体有附着型、嵌入型和围合型三种主要形式。

重庆碉楼建筑受其功能的影响，平面多为方正矩形、一开间。故在结构稳定上，平面更易坚守，防御性强。一层一般为粮食储存或厨房，二层至四层大部分为储物、休息、居住空间。墙体上均有射击孔，顶层多为木构架开敞空间，有瞭望防御作用，部分在四个角落挑出挑廊以防止防御死角，并设有排便孔（图1、图2）。

3. 建造

重庆地区传统碉楼的砌筑用材多以本土材料为主，按其主要使用的砌筑材料分为石砌碉楼、夯土碉楼。夯土碉楼在重庆最为广泛，依附于各类民居；这类碉楼先以石条砌筑坚固的基础，再由夯土砌筑墙身，屋顶形式根据使用者的审美情趣、功能的需求灵活多变、具有重庆传统民居的特征。重庆汉族地区的碉楼大部分是与宅院相连，建在宅院围墙的转角处，是宅院的防卫性建筑，楼高三层或五层（更有的达七层，如巴县木洞镇蔡家碉楼）。墙体多为夯土，楼层采用木梁木板，楼顶为悬山式或歇山式的坡顶，覆小青瓦，有多重腰檐，悬挑比较夸张的重檐四角高翘，使威严坚实的碉楼增添了几分轻盈活泼（图3）。

4. 装饰

由于建筑具有防御的特性，在墙体内侧，用坚实的门板或铁皮做成平推式的窗扇，同时在墙中装有铁杆，多为竖向的，加强窗户的防卫效果。射击孔是碉楼建筑最明显的特征，射击孔从内往外收成一条细缝的特征，类似于漏斗，这样的造型满足防御的同时还具有一定的采光作用。碉楼采用彩绘撑拱很有特色，为碉楼外观增色不少。

5. 代表建筑

1）江津区蔡家镇吴家河嘴碉楼

吴家河嘴碉楼属于江津区蔡家镇石佛村五舍，位于规模浩大的吴家庄园内部。吴家河嘴碉楼坐北向南，夯土架构，条石基础，四楼一底，四坡面屋顶，青瓦屋面。

碉楼内部结构完整，为增强防御功能，碉楼楼幅设置密实，碉楼每层设置活动盖板，延长抵抗时间，二、三层别出心裁地设置了双扇石板窗，有效抵挡外来射击。碉楼顶层内部净空高达5m，梁架完整。

吴家河嘴碉楼外墙重檐和彩绘撑拱很有特色，为碉楼外观增色不少。碉楼

图 2　江津吴家河嘴碉楼远观

图 3　江津吴家河嘴碉楼近观

图 4　涪陵玉灵堂碉楼全景

图 7　涪陵玉灵堂碉楼细部

顶层南北两面每扇窗口下方都有一座圆形雕花柱，柱面作窗户的挑台面板，这种装饰手法在重庆其他碉楼中还很少见（图 5、图 6）。

2）涪陵玉灵堂碉楼

　　涪陵玉灵堂碉楼位于涪陵区大顺乡林和村，由四合院和碉楼组成。正厅面阔七间，进深二间，左右厢房面阔三间，进深二间。回廊立有 9 柱，柱础为圆鼓形，下部为六棱形。碉楼有二层楼土墙，位于厢房后侧，并与正厅相结合，穿斗式构架，第二层楼前有木质回廊，开有大门。地坝均用青砂条石平砌。整个建筑为一宅一碉式住宅，兼具居住和防护作用。建筑属于单进院落，正厅面阔七

图 5　吴家河嘴碉楼彩绘撑拱

间，进深二间，左右厢房面阔三间，进深二间。回廊立有 9 柱，柱础为圆鼓形，下部为六棱形。托架柱体，均有雕花窗。门上刻有花、鸟纹饰（图 4、图 7）。

成因

　　土碉楼主要是为了防御土匪侵扰而建立，其防御功能对建筑布局也产生了一定影响。

比较 / 演变

　　重庆土碉楼是明清两代，大量移民入川，"五方杂处"，加之土匪横行，各地乡村又兴建造寨堡、碉楼之风。特别是到了清嘉庆年间（1796～1820 年）至清末民初，由于社会动荡，百姓生命财产不能保障安全，民众修筑碉楼以求自保。渝西土壤肥沃，故采用土雕楼形式，而渝东北石材资源丰富，故多采用石雕楼形式。

　　土碉楼较之石碉楼：在规模上，土碉楼较为厚重；在用材上，取材广泛简便、易于建造，具有地域建造特色；在防御性能上，抵抗力不如石碉楼。

图 6　吴家河嘴碉楼内部木构架

渝西民居·客家围楼

重庆客家土楼是移民的产物，渝西客家民居继承原乡民居中的防御性，民居具有厚墙、封闭的外形、筑小型围楼等特征。由于地理环境、经济环境的变化，渝西客家民居中的围楼向小型化发展。

图1 涪陵客家围楼

1. 分布

重庆客家围楼仅见于涪陵南部崇山峻林中。

2. 形制

渝西客家围楼主要是方形、长方形平面，体量小于原乡围楼，其周围多附加木构瓦作合院，多层设防，防御功能极强。

围楼是客家民居把将内聚与防御相结合的建房观念，形成聚族向心，内向聚合的空间形态；由于防御的要求，外围极其封闭，除布满了形状各异的枪眼和瞭望口，以及进出的大门外，没有任何的门窗洞口，但内部极为开敞，一般中间为天井，并有回廊相连。内部功能布局除卧室外，还有马厩、粮仓、水井等防御设置。四角有碉楼，各个碉楼之间以及与周边的房间也有走廊相连接。

图2 涪陵龙潭围楼

3. 建造

围楼以天井为中心，外墙用土墙承重，内部和屋顶采用木结构承重。建筑外墙采用夯土墙，石作基础，夯筑时常埋以松树棒以加强墙体强度。内部采用木构架共同承受建筑的竖向荷载，水平方向的荷载则用木结构或竹木结构承受荷载，其具体做法是，待土墙筑到一定高度时，在墙体上先挖好放置木梁或檩子的小槽，再由木工竖内部的木柱，架

图3 瞿九酬宅天井

图4 依附于围楼背面建造的条石墙房屋

图 5　瞿九酬宅鸟瞰图　　　　　　　　　　　　　　　图 6　瞿九酬围楼碉楼

木梁。大梁架好后，再放次梁和铺设楼板，然后继续重复前面的工序，墙体夯筑完后，即可封顶。

4. 装饰

　　客家围楼一般小青瓦覆盖、四脊齐平，整体造型端庄稳重。围楼装饰简朴，建筑外墙夯土裸露，较少粉饰。通常在天井内做门窗隔扇装饰，特别是围楼中心的宗祠处装饰较多。

5. 代表建筑

涪陵区大顺乡瞿九酬客家围楼（双石坝碉楼）

　　瞿九酬客家围楼位于涪陵区大顺乡，建于清末民初，因瞿家祖上为客家移民，是带有客家碉楼风格的围楼。平面近似正方形，外墙坚固牢实，四角建有和围楼相连的碉楼。正面宽 20.5m，进深 19m，墙厚 0.5m，围楼四角四座碉楼与围楼墙体融为一体，碉楼两个面各向外突出 2.4m，与围楼大致呈"器"字形为增加墙体强度和房屋之间的连接性，土墙夯筑时埋入不少松树棒，最粗的直径达 16cm。

　　碉楼为四角攒尖顶，内空边长2.6m，朝土楼内部方向开小门，每层设方形设计孔，用木质小窗开关。

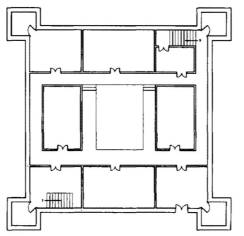

图 7　重庆常见小型围楼形制

图 8　涪陵其他围楼与土碉楼

　　土楼三层，台基高为 0.65m，底层架空 0.82m，底层层高较大约为 2.6m，二层层高约为 2.3m，三层脊檩高约为 4.67m，檐口高为 1.87m，建筑总高约为 11.04m，檐口距地面高约为 8.24m，但现在为二层，一、二层连通为一层了。土楼木楼梯现置于天井边上。

　　依附围楼背面有一座条石作墙的房屋，石房内部进深 4.6m，宽约 16m，石墙高 4m，墙上开 5 个设计孔，过去为瞿家灶房。

成因

　　明清时期的"湖广填四川"大规模人口迁徙，外来移民以湖广、江西、福建客家人为主。由于涪陵一带土匪众多，客家人继承其原来内聚性的房屋空间形态，并结合防御性的需求，形成渝西地区客家围楼。

比较/演变

　　首先重庆客家围楼相对其他地方的围屋小型化；其次，重庆的客家围楼多为正方形或长方形二种空间形态，不如原乡土楼空间形态丰富。

397

渝西民居·吊脚楼

渝西吊脚楼是处于渝西特定的地形地貌与自然气候环境中，是利用陡坎、缓坡等不可用地或难用地过程中创造出来的。

图1 中山古镇吊脚楼图

1. 分布

渝西吊脚楼民居多分布于江津、潼南、合川等地。

2. 形制

渝西吊脚楼多依山而建，为适应山地平面布局不规则，无固定模式，不遵循正统的官式建筑概念，不讲究"堂屋"、"厢房"等，随坡就坎，随曲就折。

吊脚楼属于民宅，在平面基本形式上也是以四合院及三合院为主，并在此基础上简单化或复杂化。三合型或四合型住宅多是地主阶级和较大的工商业者的住宅，有独立的院落，体现了封闭性。

在空间形式上，根据与崖体坡度结合的方式，渝西汉族吊脚楼有下跌、上爬、分台三种主要形式。下跌式是街巷一侧为陡坡，住宅临街一至三层，但往坡下可跌落数层，从坡下往上看，吊脚楼可高达五至六层。

上爬式是指街巷一侧为陡坡，临街房屋沿坡靠崖壁往上建造，层层爬高，随之面积增加，也可能逐层内收，在外设置檐廊。分台式也为一种爬坡的形式，不过需要增加地形上的改造，多在30°左右的坡地上建房，分若干阶梯状台地，大多二台或三台。房屋布置可顺等高线，也可垂直于等高线，使扇面向前，常是前为楼层，后为平房。

3. 建造

渝西吊脚楼自古有之，长长的"吊脚"是其主要特征。这种"吊脚"是一种接地方式，属于干栏式建筑体系。吊脚端立在极陡的坡地上，上端支撑楼房的底层，这样一层一层往上支撑，能在峭壁上建造起一栋三四层的民居，远远望去，吊脚楼就像长在悬崖上一样。

渝西吊脚楼民居是木结构，以当地产的木材、竹子为建筑材料，建筑墙体材料多采用竹笆夹泥，中间是竹子，外边敷上泥巴，很少使用砖石墙体，屋顶多使用小青瓦，这样可以减轻建筑重量，减少吊脚承受的压力。有趣的是，由于越往上坡面越往后退，所以越到上层，吊脚楼的建筑空间越大，这与一般建筑恰恰相反。

4. 装饰

渝西吊脚楼建筑的立面及各细部构件均无装饰性的造型处理，其所呈现出来的建筑造型特征实际上是其建筑结构形态的直接体现。

建筑多面向江面开小窗，在具体方位的选取上无过多讲究。

5. 代表建筑

中山古镇吊脚楼群

中山古镇背山临水而建，场镇建

图2 中山古镇吊脚楼

图3 中山古镇吊脚楼

图 4　中山古镇吊脚楼群风貌

筑自南向北，沿笋溪河延伸 1586m，现保存完好的传统建筑商铺 307 间、青石板铺的老街面 1132m。其中最有特色的就是极具重庆地方特色的传统民居建筑——吊脚楼，现尚存有数百座。老街西侧临笋溪河面的民居，大多采用这种形式，依靠河岸用树木桩、木柱、砖石柱支撑在岩体上，将建筑架空，形成

1～3 层错落有致的吊脚楼建筑群。建筑多为两层"吊脚楼"，下层为铺面，楼上可住人，铺面开间做得较大，且易组合；整座古镇全系青色瓦片盖顶，红漆木板竹篾夹墙，圆柱承重，古朴凝重中透出原汁原味的巴渝人家风韵（图 1～图 5）。

成因

渝西吊脚楼受古代巴国干栏式建筑的影响，与渝西气候条件、地势地貌相结合，是独特的干栏式建筑，并且是对干栏式建筑的继承与发展。

比较/演变

渝西吊脚楼文化是一个历史的范畴，它的形成经过了一个长期的过程。在 2000 年前的汉代就有史籍记载。据晋常璩《华阳国志·巴志》："郡治江州，地势刚险，重屋累居"。江州即重庆。而《华阳国志·南蛮传》："南平僚为距智州，户四千余，多瘴厉，山有毒草、沙虱、蝮蛇，人楼居，梯而上，名曰干阑。"南平即今重庆市南川、綦江一带。渝西吊脚楼是对干栏式建筑的继承与发展，起初是采用纯木捆绑形式，后发展为砖柱捆绑，使建筑更加坚固耐用。

图 5　中山古镇吊脚楼

渝东北民居·石碉楼

石碉楼是渝东北传统民居的主要形式之一，其平面布局和建筑风格结合渝东北本土文化与移民文化形成，防御特点更为突出。

图1 万州谭家楼子远景

1. 分布

渝东北石碉楼民居主要分布在万州区、云阳县、开县等地。

2. 形制

渝东北石碉楼建筑受其功能的影响，平面为方正矩形的较多，且大多为一个开间。有利于结构稳定，更易坚守。一层一般为储存粮食或为厨房，二层至四层大部分为储物、休息、居住的空间。有些石碉楼墙体部分为风火山墙，造型精致，更彰显其防御特色。墙体上均有射击孔，顶层多为木构架开敞空间，系瞭望防御作用，部分在四个角落挑出挑廊防止防御死角并设有排便孔，在后期逐渐演变为休闲的亭台楼阁。

3. 建造

渝东北碉楼式民居的主要特色在于碉楼形象和它与住宅的组合关系上。碉楼的功能本来是很单一明确的，就是为了防卫，高耸而封闭，但到后来就慢慢演变，弱化了防卫意义，而增强了景观观赏功能。由于地域文化特征，渝东北地区传统碉楼的砌筑用材多以本土材料为主，主要使用的砌筑材料为石头。石碉楼的墙身全部由石砌而成，多以独立单碉的形式出现，其防御的特点更为突出。

碉楼大部分是与宅院相连，建在宅院围墙的转角处，是宅院的防卫性建筑，楼高三层或五层。楼顶为悬山式或歇山式的坡顶，覆小青瓦，有多重腰檐，悬挑比较夸张的重檐四角高翘，使威严坚实的碉楼增添了几分轻盈活泼。

图3 万州谭家楼子外立面

图4 狭窄的甬道

4. 装饰

石碉楼墙体主要使用石头作为主要材料。为了体现碉楼的防御特性，门是较为狭小厚实的石板门，门洞宽度一般在 800 ~ 1100mm 之间，高度比较低，

图5 平浪箭楼内部

图2 气势壮观的谭家楼子

图6 山墙脊顶鳌尖石雕造型

图 7　山顶上的平浪箭楼

一般不超过 1800mm。在顶层设计中，大多会在四角的地方挑一圈回廊或者一圈阳台或者挑斗，防止出现射击死角，必要时也可作为卫生间使用。

5. 代表建筑

1）谭家楼子

谭家楼子位于万州区分水镇龚家山顶，坐西北朝东南，东对山脊小道，西面为绝壁，北面为老井沟，南为尖山嘴。四周是大片茂林的松林，仅一条小路可以到达碉楼。谭家楼子是龚姓家族为防白莲教骚扰侵犯而修建的城堡式碉楼，碉楼为当地石料砌筑，这种石材标号极高，非常坚硬。碉楼高 12.8m、长 15m、宽 14m，碉楼墙体厚 0.48m。占地面积 560m^2，建筑面积 380m^2，原为三楼一底（图 1～图 4）。

2）平浪箭楼

平浪箭楼位于开县渠口镇剑阁楼村（原名平浪村）五社，建于清咸丰四年（1854 年）。箭楼位于山丘顶部，后依白岩山，前临澎溪河。箭楼坐西向东，前面有一块长条形院坝，院坝

图 8　平浪箭楼内部

长约 26m，宽 6m，四周有条石围墙，围墙之下是陡峭的山崖。平浪箭楼占地面积约 380m^2，面阔三间 14m，进深 6.1m，通高 13.3m，4 层楼，建筑面积 210m^2。箭楼内部为木结构，硬山顶，小青瓦盖顶。箭楼两壁风火山墙为三重檐五滴水形式，墙脊顶两端檐口起翘，正中用石头雕塑一座宝瓶，两侧用图纹装饰，三重飞檐端部石雕是头朝下，尾朝天，动态十足的鱼。平浪箭楼将祠堂、碉楼、山寨 3 种功能聚集一体，它既是一处宗族祠堂，又是一座坚固的碉楼，同时也是一处易守难攻的山寨（图 5～图 9）。

图 9　开县平浪箭楼外立面

成因

渝东北石碉楼主要是受明清时期移民影响及当时土匪横行所致，居民不得不修建碉楼自保。

比较 / 演变

明末清初以来，大量移民入渝，"五方杂处"，加之土匪横行，各地乡村又兴建造寨堡、碉楼之风。据《三省边防备览》卷十二载记载，"（嘉庆）五年以前自寨堡之议行，凭险踞守，贼至，无人可裹，无粮可掠"；"州县之间，堡卡林立"。清末民初，由于社会动荡，百姓修筑碉楼自保。

渝东北石碉楼相较于其他地区的碉楼在整体型制上较大，居住与防御功能更加合二为一。材料上区别于土碉楼，石材更加坚固，提升石碉楼的防御功能。

渝东北民居·封火桶子

渝东北封火桶子民居是渝东北合院式民居类型之一，其建筑风格受到可见围屋与移民文化的影响。因其注重防御功能，封闭内向的布局以及周围山墙全部采用风火山墙形式而得名。

图 1 群山中的邓家老屋

1. 分布

渝东北封火桶子主要分布于云阳、万州、忠县等地。

2. 形制

渝东北地区的封火桶子平面布局上采用渝东北传统四合院模式，属于合院式民居类型之一。然而封火桶子又不同于一般的合院式民居，受到客家围屋与移民的影响，周围山墙全采用风火山墙形式，注重建筑本身的防御功能。

3. 建造

渝东北封火桶子建筑材料采用土、木、石结合处理，建筑结构采用穿斗式木构架与抬梁构架结合形式，山墙承重。外墙体石质基础，多用青砖砌成。建筑外部坝子多采用条石铺砌，房间内部地面多用夯土或青石砖铺砌，天井的地面多采用石板铺砌，廊道地面采用条石或砖铺砌。屋顶多为双坡硬山屋顶或双坡悬山屋顶，铺青瓦。

4. 装饰

渝东北封火桶子山墙应用了石雕、砖雕、浮雕、彩绘等民间技艺，做工严谨，造型精美。室内装饰主要集中在门厅、檐廊一带，门、窗、柱础等部位常雕刻或彩绘具有当地民间特色精美图案。门楼周围采用重檐山墙，山墙采用彩绘、灰塑等形式，装饰精美，烘托出建筑得威严气势。

5. 代表建筑

云阳县桑坪镇邓家老屋

邓家老屋位于云阳县桑坪镇长坪村一组。邓家老屋海拔高 900m，背靠丑未山，正面是一块平缓的坡地。

邓家老屋占地面积 1498m²，建筑面积 753m²，呈合院式布局，内部格局为纵向一进院落，横向三进院落，三个天井一大两小，由前厅、天井、后厅、厢房和横向两座天井院落组成。前厅面阔七间，进深 5.6m，明间楼上是一座戏楼，戏楼屏风有一副彩色的古代人物壁画。

大院天井宽 9.5m，进深 10m，天井地面有一块八卦图案。从天井上 7 步石阶到后厅，后厅有 2m 宽廊道。后厅面阔七间，明间堂屋面阔 5.9m，进深 8.5m，内空 7.3m，有 8 扇花格门扇，正中两扇雕刻门神，其他门扇雕刻人物故事和花纹图案。堂屋内左右开门与次间相同，门框上方格有一副灰塑山水人物画，用瓷片框边。

邓家老屋最具特色和震撼力的是老屋门楼与山墙。门楼面阔 5.5m，通高约 8.5m，由两根间距为 2.7m 的木柱支撑，内外都呈八字形，门框高 2.8m。

图 2 云阳县邓家老屋风火山墙

图 3 圆雕彩釉青狮墀头

图4　雄伟气势、张力十足的门楼和山墙

图8　邓家老屋精致美观的门楼

图5　邓家老屋彩绘、浮雕装饰

图6　邓家老屋彩绘、浮雕装饰

成因

风火桶子民居是受重庆本土文化、客家围屋及移民影响而产生的，是渝东北独特的合院式民居类型之一。

比较 / 演变

渝东北合院式民居始于先秦，发展于元末民初，兴盛于明清。由北方抬梁式结构转变为以木构穿斗结构为主，院落空间的平面布局也日趋完善。多天井的院落往往以天井院坝为枢纽中心，轴线纵横交织，内外有序，主次分明。明清时期的民居院落风貌显现出更明显的南方建筑的特征，穿斗木构架也成为民间建筑的主要结构体系。

门楼上有一层挑楼，作有雕花栏板，顶部为山面坡屋顶，之上是挺拔庄重的重檐山墙。山墙满是彩绘、灰塑，表面用青釉瓷片装饰，既定做工考究，鳌尖飞檐西部精美。

门楼两侧青砖围墙长达30多米，即作老屋的围墙，又是前厅的外壁。墙体檐下作斗栱、彩绘、浮雕及青花瓷片装饰，高度约1m。门楼左右两侧山墙弧线根部各有一只彩釉青狮。围墙上开有几处花窗，花窗格扇分别用石料打"福、禄、寿、喜"四个字。围墙两端用重檐烽火山墙收头，山花为彩绘浮雕，脊饰多姿多彩、隽永耐看（图1～图8）。

图7　邓家老屋彩绘、浮雕装饰

渝东北风火桶子不同于一般的合院式民居，其造型上四周采用风火山墙，注重建筑的防御功能。

渝东北民居·祠堂民居

渝东北祠堂民居是宗教文化的产物，而对宗教文化发扬光大的更多来自于各地移民。渝东北祠堂民居是受移民文化的影响而产生，并且多注重防御功能。渝东北祠堂民居的布局形式可分为院落式、寨堡式和宅祠结合式。

图1 云阳彭氏宗祠鸟瞰

1.分布

渝东北祠堂民居主要分布在云阳、万州等地。

2.形制

宅祠混合式指宗祠作为住宅中的一部分存在，不具有独立性。

相比于渝西祠堂，渝东北的祠堂还比较注重防御功能，多有角楼、箭楼、碉楼等防御建筑。

3.建造

渝东北祠堂民居的梁枋构架形式有两种：穿斗式和抬梁式。穿斗式多用于建筑的山墙面或用于分隔空间的板壁中，而抬梁式能制造出宽敞的大空间，多用于正殿、寝殿以及戏台的明间和次间。

4.装饰

祠堂民居在装饰装修方面，既体现了民间文化亲切生活化的特点，又反映出儒家的思想。从装饰题材上，渝东北宗族祠堂的装饰装修具有以下几个特点：在祠堂建筑中，通常可以看见木雕、石雕或彩绘的反映"忠孝节义"的思想故事；大量运用寓意吉祥的动植物在正殿柱础、戏台栏板上以及檩上，体现人们对美好生活的向往和祝福；将文字作为装饰，通过对联、匾额等体现教育思想、家族历史和哲学追求。渝东北的宗族祠堂建筑与民居建筑在色彩上类似，灰、白、红、黑是常见的颜色，显得朴素。建筑屋顶多覆小青瓦，屋脊多为灰塑或用瓦片堆砌，虽造型多样，但颜色较为单一。封火山墙大体呈灰色，在墙头常绘有红色装饰彩带，成为大片灰色中的一点点缀。建筑木构架施红漆或黑漆，少数讲究的家族祠堂在柱顶或檩上施彩画，在木构件上局部贴金以增添美感，更显华丽。但大多数祠堂都不施彩画装饰。祠堂的墙壁上刷白灰，与红色的柱子形成对比，朴实淡雅。

5.代表建筑

1）云阳县凤鸣镇彭氏宗祠

彭氏宗祠又称彭家楼子、彭家箭楼，位于云阳县凤鸣镇黎明村一组，距云阳县城约20公里。宗祠坐西向东，雄踞于群山之间。彭氏宗祠始建于道光二十五年（1845年），至清同治三年（1864年）竣工。宗祠设置内外两道高墙、四座炮楼、一座箭楼，墙体布满射击孔，整座宗祠墙高城坚，易守难攻，固若金汤。

彭氏宗祠占地面积约3500m²，建筑面积2651m²，复合四合院布局。祠堂内部呈四方形，从前至后分别为戏楼、箭楼、厢房、后堂。彭氏宗祠建造独特，人文底蕴厚重，是研究清代重庆建筑风格、建筑技术、民间艺术和"湖广填四川"移民历史的重要建筑实体（图1～图4、图6、图7）。

2）万州区长岭镇良公祠

良公祠位于万州区长岭镇凉水村二

图2 云阳彭氏宗祠远景

图3 云阳彭氏宗祠内部

图4　云阳彭氏宗祠立面

图7　云阳彭氏宗祠四合头院子

图8　万州良公祠内院

图5　万州良公祠牌楼和山墙

图9　良公祠装饰

图6　云阳彭氏宗祠石栏板雕刻

祖，距离万州城区约20公里。良公祠坐落于一处巨大的岩体缓坡，坐南朝北。于清嘉庆元年（1796年）动工兴建，嘉庆七年（1802年）竣工告成，历时七年。

良公祠为回廊式四合院，正中前后两殿，两侧为厢房，现有5个天井，3座院落，大小房屋40余间，占地约2800m²，建筑面积约2000m²。由于历史上的改建与破坏，良公祠平面布局不完全对称，正院为一四进院，东面有两处小院，西边院落已消失。良公祠由民间收藏家出资修复后，现已成为一座富有特色的民间博物馆（图5、图8、图9）。

成因

祠堂民居主要是受"湖广填重庆"大移民的影响而产生。

比较／演变

渝东北宗族祠堂多为清代"湖广填重庆"大移民时期的产物。

起初移民与本地居民风俗不同，也基本保持着各自的方言，这使移民与原住民之间存在文化隔阂。这些隔阂与矛盾，使得移民希望从地缘、血缘上寻求支撑，这就使对会馆与祠堂建筑的重视成为了必然。

渝东北祠堂民居与渝西祠堂的不同在于渝东北祠堂比较注重防御功能，多有角楼、箭楼、碉楼等防御建筑。

渝东南民居·土家族吊脚楼

土家族吊脚楼是渝东南最具特色的传统民居之一。它作为一种适应山地地貌的特殊民居形式，具有较高的保护和利用价值。它不仅体现出浓郁的地域文化特征和独特个性，更对土家人的生活产生了重要影响。

图1 土家族吊脚楼

1. 分布

渝东南土家族吊脚楼主要分布在黔江、石柱、彭水、酉阳、秀山五个少数民族区、县。由于特定的历史、社会原因和自然条件，土家族吊脚楼布局呈现出依山而建、择险而居的建筑特点（图1）。

2. 形制

吊脚楼是土家住宅在结合坡地、利用空间上最富于民族地域特色的建筑形式，尤其是吊脚楼形式组合，与其他民族如苗族、侗族和汉族的有很大差异。土家族的吊脚楼主要是厢楼，下为吊脚，中设挑廊，上为歇山翼角顶，为其典型的民居形象。

1）平面形制

土家族吊脚楼的平面定位可以分为三种基本类型："一"字形、"L"形和"U"形。在此基础上还可以延伸出"口字"形、"山"字形、四合院和随山就势而修建的多种平面类型。

2）空间形制

土家族吊脚楼的建筑形制多种多样，但起决定作用的还是按地形而设。由于土家族地聚居武陵山区，不同的自然环境和社会环境也创造了不同地区不同风格的吊脚楼形制（图2）。大致可分为以下四类：

① 平地起吊式

这种形制的吊脚楼是在"L"形和"U"形的基础上发展起来的。

② 沿河起吊式

这种形制的吊脚楼多位于陡峭的河岸上，其平面类型可依据地形地势而定。

③ 山地起吊式

这种形制的吊脚楼是在"一"字形基础上发展的，多是为了适应山多平地少，地形地势复杂，建于斜度较大的山坡上的吊脚楼。

④ 峡谷起吊式

这种形制的吊脚楼主要分布在高山峡谷之间，为生存的需要，土家族人民创造了与峡谷地区的地理环境相结合的吊脚楼形制。它的主要特征是底层悬空加"吞口"的楼居建筑。

3. 建造

土家族世代相传的掌墨师们从来不用建房图纸，都是根据各种地形和主人的需要制定相应的建房方案。基本形式为"五柱四瓜"，从这构架的基本形式可产生若干变化，如"五柱六瓜"、"三柱四瓜"、"七柱六瓜"，最大可做到"七柱八瓜"，其中以"五柱四瓜"最普遍。其造型独特，类型多样，但无论怎么的变化，至今依旧保持"一明两暗三开间"的模式，三开间的三间上屋必有一间作堂屋。这一布局也反映了中国古代"法天祭祖"的宗教礼仪，这是土家人对中国传统文化中民风民俗的延续（图3）。

4. 装饰

栏杆是土家族吊脚楼装饰的重要构件，竖木为栏，横木为杆，为防护而设，多用于临水建筑、楼阁、走廊等处，装于两柱之间或窗下。根据栏杆的形态可将其分为不带花装饰栏杆和带花装饰栏杆。不带花装饰的栏杆安装于室内楼梯和回廊，而带花装饰的栏杆多安装于"L"形厢房的走廊之上。栏杆上多雕有"回"字、"万"字、"喜"字格、"亚"字格和"D"字格等象征吉祥如意的文字图案。

挑柱是吊脚楼为了拓展走廊和屋檐，由穿枋向外挑出而挑柱下端不落地组成的悬空柱头部分，把这部分雕刻成各种瓜类，寓意五谷丰登（图4）。

图2 建筑与地形结合

图3 山面构架类型

图4 土家吊脚楼装饰

图 5　河湾村村落实景

图 6　土家族吊脚楼

图 10　黄泥磅大院

5．信仰习俗

1）"天人一体"的宇宙观

土家族端公在择定屋基时，参照"宅以形势为骨体，以泉水为血脉，以土地为皮肉，以草木为毛发，以屋舍为衣服，以门户为衬带，若得如斯是俨雅，乃为上吉"的原则，测定方位则以"左青龙，右白虎，前朱雀，后玄武"为标准，充分体现了土家人"天人合一"的哲学思想。按照这种观念建造起来的吊脚楼不仅是造型独特，高低错落有致，体现了一种形体之美，而且它们与天协调、与地协调、与自然协调，也体现了一种和谐之美。

2）"伦理观"

土家人居住在吊脚楼里，往往是几代人同堂而居，这就将家庭伦理关系融入到吊脚楼建筑中来。土家族以"左"为尊，因此在家庭内部，左间房的居住情况是土家人父慈子孝观念、长幼有序的家庭伦理观的体现。

6．代表建筑

1）酉阳河湾山寨民居

酉阳县后溪镇长潭村河湾山寨，位于酉水河畔，全寨总人口 600 余人，于明洪武三年建寨（1570 年），距今 600 多年。土家山寨的选址主要体现了近水而居，依山就势两点，河湾山寨背靠高山，面向田坝，依山顺势而建。

土家吊脚楼层层叠叠，高低错落的是其主要特色，每栋吊脚楼前后都有院坝，左右有巷道分开，整个建筑群落远观错落有致，但具体到建筑单体，又比较的独立，每户基本都能形成自己相对独立的空间（图 5～图 8）。

图 7　土家族吊脚楼装饰

图 8　土家族吊脚楼装饰

图 9　黄泥磅大院细部

2）黄泥磅大院

黄泥磅大院位于重庆黔江区小南海镇桥梁村，修建于 20 世纪 50 年代，总占地面积 160m²，建筑面积 320m²，建筑层数为两层。依山就势而建，呈虎坐形，以"左青龙，右白虎"中间为堂屋，左右两边称为饶间，作居住、做饭之用（图 9、图 10）。

成因

渝东南土家族吊脚楼的兴起，与该地区独特的山地地貌和传统文化的长期融合演化是分不开的。

比较 / 演变

土家族吊脚楼形式的住屋其原型是干栏式建筑。《魏书·僚传》曰：依树积木，以居其上，名曰干栏。从型制上可以简单归纳为"高脚干栏"和"矮脚干栏"两类。土家族传统民居是两种干栏的结合：高脚的厢房与矮脚的主屋。在土家族历史上经历过"床榻合一"的阶段，称为"火床"，由于居于山地，山寒水冷，每家设火塘，中置火炉以炊爨，日则男女环坐，夜则杂卧其间。改土归流以后，床的功能被取消，但卧室的架空建造方式仍延续了下来。火床形式与中国古代席居制度息息相关。秦汉以前，席居制度长期占领着中原的大雅之堂，塑造了古代中国的生活方式，并衍生出礼仪、衣履、尺度等体系。

渝东南土家族吊脚楼民居装饰相较于汉族吊脚楼，门、窗、栏杆装饰纹样更具民族特色，造型精美。

渝东南民居·土家族合院

土家族源可追溯到殷周时期的巴人"廪君"部落，后从清江流域扩展至五陵山区，再西迁进入渝东南地区。三合院，四合院是土家族主要的居住形式之一，结合移民文化，形成了别具一格的渝东南土家特色民居。

图1 土家合院草圭堂

1. 分布

重庆土家族民居主要分布渝东南的石柱、酉阳、秀山、黔江、彭水等五个自治县，与整个武陵山区及贵州的土家族连成一片。土家族村寨广泛分布于山区，以大分散小集中的组团式聚族而居，常是一姓一寨，一山一寨。

2. 形制

土家族房屋的平面布局和使用要求，尤其是以堂屋为中心来组织房间的功能安排，与汉族农宅较为相似。

土家合院有和三合院、四合院。三合院即座子屋加两厢。两厢可长可短，间数也可不相等，布局相当灵活。厢房与正房搭接直接，不像汉族民居三合院抹角房那样有各种复杂的交接方式。土家四合院的平面形式和立面形象大体上与汉族民居相似，有的也叫"一颗印"，所不同的是土家院落木构架排列较为规整，纵横错位少，特别是四角的转角处柱网交错少，因而空间组合较单纯，施工也较便捷。

3. 建造

土家族合院主要以木穿斗小青瓦屋为主，也有土墙砖木混合结构的房屋和茅草房。屋顶形式多样，有悬山、硬山等。砖木混合结构的房屋较多采用硬山出五花风火墙小瓦脊压顶，也颇具地方乡土风味。土木混合结构的房屋，大多仍采用木穿斗构架，维护结构用夯土墙，有的木构土楼甚至可达二至三层。

4. 装饰

土家四合院建筑装饰不论吊楼、挑廊、门窗雕饰及檐口、屋脊、翼角等重点部位，都极其简洁大方。装饰重点部位在于柱础、屋檐、门窗、山花、风火山墙、门框等。汇集各种石板雕刻以及木雕，精美灵动。

5. 代表建筑

1）黔江四合院——草圭堂

草圭堂为重庆市黔江区保存得较为完好的古民居建筑群之一，平面形制为多进院落，是长达50m长的一排房屋。房屋深9柱，阔15间。

草圭堂为砖木混合、穿斗梁架结构，单檐悬山式屋顶，房屋基础、地坝和围墙用当地石灰岩建造。大院由横向三座四合院组成，总宽78m，进深40m，占地约3900m²，建筑面积1533m²，有大小房间41间。出于风水考虑，李家大院平面布局略呈内"八"字形，前后两排房屋分为3段，中间用风火山墙隔离，这种三段式"八"字形布局在重庆民居中甚为鲜见。

大院建在一处斜坡上，房屋顺应地势，自下而上分为5个台阶。

其室内装饰朴素，仅正方明间设有六合门一套，门上有简单的雕花，雕有花鸟虫鱼和"福寿"等体现吉祥如意的字。

在建筑结构与材料上，地面做法为素土和石，木框架承重，木板围护墙体，屋面为覆瓦（图1、图2、图4、图5）。

2）石柱土家族自治县河嘴乡谭家大院

谭家院子位于石柱土家族自治县河嘴乡富民村庙湾组，始建于乾隆年间。山峦环抱的谭家院子青瓦屋顶层层叠叠，房屋错落有致，风火山墙醒目亮丽，气势蔚为壮观。谭家大院建筑群坐西北向东南，平面呈矩形，通长73m，进深36m，沿中轴线对称布局，纵向两进四院落，横向三重院落，共有6个天井，建筑总占地面积约2700m²，房屋面积约4800m²。房屋为砖木结构，穿斗式

图2 草圭堂风火山墙隔离三座四合院

图7　谭家院子造型优美的风火山墙

图3　石柱土家自治县谭家大院

图4　草圭堂石门框彩色雕刻与浅浮雕

图5　草圭堂装饰

图8　谭家院子素色山花

梁架，悬山式屋顶，一楼一底。

　　谭家大院雕花柱础数量众多，形态丰富。木窗为彩绘雕花窗和斜格窗，木栏杆有直楞、万字格、葫芦等形状。院子阶梯和护壁立面石栏板上的雕刻刀工细腻，形态生动，保存完好。

　　谭家大院风火山墙是整个建筑群的视觉中心，风火墙原为4壁，因失火毁掉1壁，现存3壁。正面两壁为两重檐，后两壁为三重檐，脊饰灰塑飞檐翘角、遒劲生动，山墙面绘有花草动物纹饰，这种风火山墙造型属江西一带移民建筑风格（图3、图6～图9）。

图6　谭家院子雕花柱础

图9　谭家院子后堂石板雕刻

成因

　　土家合院以天井式民居为原型，结合渝东南地域特色与土家民族特色而成。

比较／演变

　　渝东南地区土家合院民居融合本地建筑特色与中原合院形式，同时适应山地适应山地特征。较中原合院更加灵活不拘于定式，是具有自己独特风格的合院空间形态。

渝东南民居·苗族吊脚楼

苗族住房十分考究，别具一格。苗族大多居住在高寒山区，这里山高坡陡，平整、开挖地基极不容易，加之天气阴雨多变，潮湿多雾，砖屋层地气很重，不宜起居。因此苗族同胞历来依靠山势，构筑一种通风性能好的干爽的木楼，以为居室，名曰吊脚楼。

图 1　罗家坨苗族吊脚楼

1．分布

在重庆地区，苗族聚居区主要位于渝东南的彭水苗族土家族自治县、酉阳土家族苗族自治县、秀山土家族苗族自治县等地。

2．形制

1）类型特征

苗族吊脚楼所谓"半边楼"，就是将房屋的一部分架空，另一部分搁置于坡崖上，有的部分也可以以石头垫起，高差一到二步。苗族吊脚楼多是"半楼半地"的平面组合，前部为楼居，后部为地居，多为三开间"一"字形平面，内部空间划分灵活细致。

2）建筑外观

苗族吊脚楼外形简单规整，底层局部架空，正面设美人靠；屋顶多用歇山式或悬山式的屋顶，坡屋不大，但出檐较深，屋面屋脊有举折、生起向心、落腰等做法，曲线十分流畅，而且彼此相互呼应，使屋顶成为建筑造型最富有表现力的部分。尤其是苗居的歇山式屋顶，具有浓烈的当地特色，形式多样。

3．建造

1）结构与材料

苗族传统干栏式民居均为穿斗木构架体系，构架独立性很强，穿斗式有较多密集的榫卯拉结和柱枋穿插的做法，立柱也比较多。这种构造特点是以柱和短柱（当地称之为"瓜"）承檩，檩上承椽，柱子直接落地，瓜则承于双步穿上。各层穿枋即有拉结的作用，又有承重作用。每排的构架在纵向由檩和拉枋连接，柱脚以纵横方向的地脚枋联

系，上下左右联为整体，组成房屋的骨架。

在建筑材料上，苗族吊脚楼善于利用地方材料，就地取材，因材施用。筑台多用石砌，建筑材质主要为杉、松等木材。竹子应用较广，特别是在大面积整体编织的竹编墙上，坚韧耐用，造价低廉，施工简易，地方特点鲜明。

图 2　石泉苗族吊脚楼远景

2）建造流程与特点

苗族吊脚楼起屋盖房，一般是采取房主与匠师相结合，自建众助的形式。在集中兴建时，施工人员较多，因为要"众人齐脚上，才抬得动房架"。当骨架立好后，只留少数人施工。若经济条件、材料准备不充分，只须铺装好主要部分先解决住的问题，以后再分期完成。

图 3　石泉苗族吊脚楼前廊

4．装饰

苗族吊脚楼的建筑装饰纹样远不如他们的服装修饰那么丰富多样。苗居的装饰大多朴素简洁，纹样亦纹几何图样，装饰重点大多在入口、退堂、门窗、栏板、吊柱、檐口及屋脊等处。入口是住宅的门户，苗居的入口一般有简单的雕刻。退堂是全宅装饰的重点，除了美人靠是退堂的重点以外，挡板和角撑雕镂简单的几何装饰，制作也比较精细。门窗大多刻有简单的漏花，窗户后大多糊贴白纸，这样使花格十分醒目。外挑吊柱下雕垂瓜也是苗居装饰的重点，样式丰富多样。屋脊多以小青瓦垒砌，屋脊在中花及两侧饰以灰塑雀鸟，十分生动逼真。

图 4　石泉苗族吊脚楼外观

5．信仰习俗

苗族居住的山区山高地寒，云雾弥

图 5　罗家坨民居风貌图

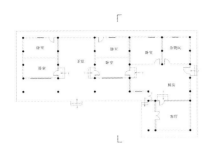

图8 罗家坨苗族吊脚楼

图6 石泉石氏苗族民居平面、立面、剖面图及外观

图9 罗家坨苗族吊脚楼

漫，雨水丰富，空气相对湿度甚大，苗族故有终年围火塘"向火"的习惯。吊脚楼中的火塘间具有"家"的象征性意义，在苗族家居中具有重要的地位。

6. 代表建筑

1）罗家坨苗族吊脚楼民居

罗家坨，又名鞍子，距离彭水县城52公里，村寨里有近100间土瓦屋，居住着60多户、近300名苗族村民，因村民全都姓罗而得名罗家坨，已有500多年的历史，是目前重庆最大且保存较为完好的苗族民居村寨。

寨内有罗家祠堂遗址、石门、罗氏祖墓、干栏式古建筑、各类生产工具、各类生活用具、刺绣和挑花实物、草编和棕编实物、乐器、家谱、族谱、金刚卷等文化遗产，有神话传说故事、谜语、谚语、民歌、吹打乐、舞蹈、人生礼仪、祭祀礼仪、天文知识、农业生产知识、畜牧业知识、采集与狩猎知识、医学知识、吊脚楼木房的营造技术、石雕技艺、刺绣与挑花技艺、草编和棕编技艺、食物的储藏与加工技术等非物质文化遗产。

2）石泉苗族吊脚楼民居

酉阳土家族苗族自治县地处渝东南边陲的武陵山区，石泉位于苍岭镇大河口村南部，小地名火烧溪，分上中下三寨，寨上有70多栋木质民居。

图7 罗家坨苗族吊脚楼

依山而寨，择险而居。村寨依山而建，顺应山势盘踞而上。经历史考证，石泉民居选址因民族歧视，逃荒避难的需求，择险而居。选址十分考究，充分体现了"天地人合一"的理论，山环水抱，山清水秀，藏风聚气，符合"玄武垂头、朱雀翔舞、青龙蜿蜒，白虎驯俯"的理想风水模式，寨址可谓"四神地"或"四灵地"。石泉民居历史上以居住功能为主，苗民维持着自给自足的小农经济生活，日出而作，日落而息，未形成两侧拥有连续界面的街巷空间，传统街道皆以一人行或二人行小尺度步道为主，铺装石材为主，古朴美观，富有历史沧桑感。

图10 石泉苗族石氏民居局部图

成因

渝东南苗族民居位于山野之中，潮湿、多雨，地形复杂，吊脚楼构筑一种巧妙利用山地特征，通风性能好的干爽的民居形式。

比较／演变

渝东南地区各民族在同一地域聚居，文化相融，建筑风格也有融合，与土家族、苗族建筑风格相融、趋同。与本地的汉族吊脚楼相比，苗族吊脚楼建筑细部装饰纹样更为精美，颇具民族特色。

渝东南民居·仡佬族民居

仡佬族源于古"僚人"的一支。仡佬族支系很多，住地极其分散，受地理环境和其他民族的影响，各地仡佬族民居差异很大。仡佬族大多住在山区，民谚说："高山苗，水仲家（布依族旧称），仡佬住在岩旮旯。"仡佬族同胞因地制宜，以石建房，用石奠基，但内部大多是木结构吊脚楼。

图1 武隆仡佬族民居

1. 分布

仡佬族96.43%人口聚集在贵州省，以杂居为主，少数散居于渝东南、云南和广西。

距离渝东南武隆县浩口乡3公里的田家寨，四面绿山环绕，蕴含民族气息的吊脚楼掩映在茂林修竹中，呈台阶形分布。这是一个仡佬族少数民族村落，75户，226人（图2）。

2. 形制

武隆仡佬族民居一般为一户一栋的干栏式建筑，很能适应不规则的零碎地形，基地可以充分得到利用。一般来说，仡佬族民居不管其规模大小，也不管是独院还是组合式多进院落，都背靠青山，选缓坡地，筑坝而居，以坝为院，临水者佳。宅前留有宽敞院坝，宅后一般所留空地较少，无后院。仡佬族民居平面布局，比较典型的是一正一厢"L"形院落，由一个长三间的正房和两间厢房构成。厢房二楼带挑廊，挑廊转向厢

房山墙面。厢房与正房的屋顶交接如图2中屋顶平面所示。还有一些其他形式的一正一厢院落，其变化主要是厢房的形式以及与正房屋顶交接关系的不同（图1）。有的正房有"吞口（或称'马口'）"。所谓"吞口"，一般的指四列三间住房，在东西次间檐柱上安装大壁、明间在金柱上安装大壁，平面上形成"凹"字形结构。

3. 建造

渝东南仡佬族民居屋架主体结构是西南地区普遍使用的穿斗式构架（图4）。穿斗屋架是一种用料节省的结构方式。大多数穿斗构架的柱、梁都可以做到比较细的程度，比如有四五个开间约七米高的房子，柱可细到200mm，而又十分牢固。它穿插较为简单，但受力性能好，穿斗屋架整体抗震性也很不错，尤其是它用穿枋穿过檐柱出挑来承挑檐檩的做法，比起官式复杂的斗栱来说，要简单实用得多。

4. 装饰

仡佬族民居的装修有一定特色，一般采用把立柱、额枋、穿枋漆成黑色以显庄重（图5），裙板、走马板漆成红色以显喜庆，从而形成黑红相间的色彩对比。仡佬族民居整个装饰风格和建筑风格体现出的是一种拙朴活泼的山野风格。仡佬族民居的装饰艺术主要体现在以下几个方面：瓦作的屋脊装饰（图7）、木作的雕刻（图6）、石作的雕刻（图8）、彩画。

5. 信仰习俗

仡佬族崇拜祖先，奉祀蛮王老祖，认为万物有灵，故信奉多种神灵。堂屋中间设供奉祖先的牌位，相当于汉族的神龛；堂屋中间顶部横跨中柱这间设一木梁，意为辟邪，中间正脊采用青瓦堆叠，叠的厚度越高，象征主人的地位越高；正脊中间用青瓦拼国铜钱型宝顶，意为招财进宝。屋顶正脊两端山面的博风板下垂于正脊设葫芦形悬鱼，葫芦与福禄谐音，意为给住户带来福禄之意；大门坎足有60cm高，这种风俗是防孕妇、小孩及家禽从大门进入堂屋或坐大门坎，对祖宗神灵不敬。整个正房构成曲直生动，均衡对称，聚气中堂，包容万象，有人丁兴旺的美好愿望。

6. 代表建筑

武隆县浩口乡仡佬族民居

（1）类型特征

房屋依山而建，坐南朝北或坐东向西，向两侧延伸。干栏式"翘角楼"，歇山青瓦顶、木结构建筑，四壁竖装木板壁。多为二层建筑。房屋通常为长三

图2 武隆县浩口乡仡佬族聚落鸟瞰

图3 仡佬族"L"形院落实例

图5 黑漆装饰艺术示意

图9 仡佬族"L"形院落实例

图4 穿斗式构架示意

图6 木作雕刻艺术示意

图10 仡佬族三合院落实例

图7 屋脊装饰艺术示意

图8 石作雕刻艺术示意

间五柱落脚结构,为一列三间平房。中为堂屋,两侧为厢房,每间厢房又各隔为前后两小间,用前一小间作厨房外,全用作卧室。堂屋与厢房之间均有门互通。堂屋供祖先牌位及待客,无天花板及楼板,屋前为平地,俗称"院坝"。院坝两侧各为牛、猪圈和堆放柴草的简易房屋一间,与住房构成三合院。屋顶设飞檐翘角,对增加室内采光和室外使用空间有重要作用。

（2）平面形制

①一正一厢的"L"形院落

在"一"字形院落的基础上,沿正房稍间垂直正房的方向再延伸出一栋两坡水的建筑,称厢房（图3、图9）。厢房无堂屋不做吞口处理,直接面向院坝开门窗。正房台基在稍间处被厢房山墙所挡,之间形成巷道,有的做法将巷道两头封墙,墙上再开门,将巷道纳入室内空间。

②一正两厢的三合院落

一正两厢的"三合院",也是仡佬族聚落比较常见的一种院落,在一正一厢的基础上,多一个厢房,院落围合

感较强。两边厢房的吊脚一般用来做辅助用房养牲口或者堆放杂物等,厢房二层常常设有外挑廊,围厢房一圈。这种三合院的做法在仡佬族聚落是比较常见的。（图10）

成因

渝东南仡佬族民居是受当地地理环境及其他民族的影响发展而成,是独具民族风貌特色的渝东南传统民居类型之一。

比较/演变

仡佬族民居由简单的二柱一梁结构向复杂结构转变,最初为二立一间,房体下方为方形,上方为三角形,离地两米左右,横木捆绑地板,铺草为铺,屋面盖茅草或杉树皮,四周用木或草、杉树皮、竹篾席来围栏,房下喂猪羊。另在正房左右,搭建斜面小屋作厨房。明清以后,从二立一间向三立二间、四立三间的瓦房、砖石房、吊脚楼、四合天井等形式发展。一般四立三间都采用"凹"字形吞口。中间为堂屋,不住人,用作设香龛,拜祖先,纳四方贵客。

四川民居

SICHUAN MINJU

汉族民居·府第宅院

院落式民居因环境的不同有所差异。乡村院落大多布局灵活，建筑院落宽大。城镇院落布局相对严整紧凑，建筑装饰丰富。贵族、官僚或富家大户的府第、宅院一般散布于城镇的街巷中，避集市、占地广，基本是规整的多进四合院式布局。

图 1 四川院落式民居

1. 分布

院落式民居是四川汉族地区普遍采用的布局形式。基本形式有"曲尺形"、"三合院"、"四合院"。普通宅院四川各地均有分布，但院落大小、布局形式、尺度风格在川内各地又有所不同。贵族、官僚或富商大户的府第、宅院多分布于城镇街巷中。

2. 形制

"曲尺形"由一正房与侧面相连的厢房半围合形成院坝，周围以竹笆栅栏围成院落，是独户式的山区农宅布局形式。

三合院又称为"三合头"、"撮箕口"，为一正两厢的形制，山区农村较常见。正、厢通常分处在不等高的台地上，大型的三合院常沿纵向扩展成台院或加横屋横向扩展。

四合院又叫"四合头"，由正房（上房）、左右厢房和倒座（下房）围合而成，俗称"明三方院"。大型宅院则在

此基础上横向跨院扩展，或沿纵向轴线递进成多进院落，或双向扩展等。大多庭院尺度较小呈天井院，也有结合地形分处不同标高形成多重台院。

达官贵人的府第规模相对宏大，布局较为严整，临街设显赫的"龙门"或"朝门"，有些还有二门或屏门。主体呈规整的厅、堂递进的多重合院，其他房屋向轴线两侧以天井、廊相互联系、扩展。有些还有花厅、家学、粮仓、草堂、观过楼等建筑。

富商、地主的宅院，主体布局与府第相仿，但相对府第而言，房屋功能较单纯，有敞厅、堂屋、居室、客房、杂用厨房等，以天井院扩展，还有在天井院中建戏台、小亭的，布置、扩展较为自由。

3. 建造

建筑主要采用穿斗式木架与抬担式混合式结构，小青瓦悬山、硬山顶，构造简洁。以竹编夹泥墙或木板墙分隔房间，

图 3 院落式民居主庭院

图 4 宫保府天井院

图 2 府第宅院入口

图 5 宫保府内院一角

图6 陈家桅杆前院

图7 宫保府入口

图8 陈家桅杆平面示意图

图9 陈家桅杆门墙装饰

部分外墙使用砖墙，风火山墙造型灵活多样。

4. 装饰

主要装饰部位为梁枋、撑弓、挂落、门窗等木构件；题材为传统礼教、趋吉祈福等图案内容；柱础、脊饰、照壁等采用砖石雕刻、灰塑、叠瓦等装饰手法。

5. 代表建筑

1）崇州宫保府

宫保府是清道光年间陕甘总督杨遇春的府第，是四川保存最为完整的清代官员府第之一。据传，其建筑布局系按陕甘总督府式样建造。1999年，崇州市将其从上南街迁建到现址东大街。宫保府现存三进院落，建筑面积2700m²，院内有6个天井、50多个房间。院落正门是中西合璧的风格，院内建筑则为木结构、砖砌墙体、硬山瓦屋顶。

2）温江陈家桅杆

陈家桅杆位于成都市温江区寿安镇，系清代咸丰年间翰林陈宗典及其子武举陈登俊营建，始建于清同治三年（1864年）。整个建筑占地7282m²，建筑面积2736m²，穿斗木结构，大小12院，集住宅、祠堂、园林于一体。因门前竖有双斗桅杆，故俗称为"陈家桅杆"。

院内建筑分为三组，第一组居中，由前厅、二厅、正宅组成三重院，是主人生活起居之所。第二组西侧小花厅，前有"翠柏山房"，是主人读书、授业之所；后有忠孝祠，祀祖之所。第三组

东侧大花厅，院内正面有照壁，两端石砌牌坊大门，中有戏台，四周走马转阁楼。院西筑有亭阁水榭、鱼池石山，池中石山配置青城山全景。照壁、门墙砖石雕刻工艺精湛，木件上人物、花鸟浮雕彩绘，繁复精美。

成因

院落式布局其主次分明、尊卑有序的形式受到传统儒家农耕文化的影响。四川自秦汉以来，随着历代不同地区移民的入川，带来的异地特征不断渗入本土文化，使得当地建筑形式与营建技术得以兼收并蓄。布局较北方院落自由，结构以南方穿斗结构为主。

比较／演变

根据家庭人口和经济情况、主人社会地位以及自然环境的不同，民居布局组织形式、规模大小有所差异。府第较多地受到封建宗法制度影响，规模相对宏大，功能繁复，有明确的主轴线，布局较为严整。普通宅院则布局相对自由。民居以天井式院子居多，中庭或天井院的大小介于南北方之间，有些为南北向狭长的条形天井。

城镇内的院落大多面阔方向受限，主要沿纵深方向发展。乡村院落则围绕主庭院扩展，主庭院宽大，沿面阔方向横向发展较多。

汉族民居·庄园

地主庄园较普通院落式民居的功能更复杂、规模更大、占地更广。宅院对外封闭，自成一体，防御体系完善。因其经营性质不同，所处环境不同，呈现出不同的规模与形态。

图1 川南庄园式民居

1．分布

庄园大多建于场镇附近或乡间。现存庄园数量较少，川西平原、川南、川东北地区都有遗存。相对而言川南地区数量较多、规模较大。

2．形制

庄园式民居一般都是独立的大型四合院组群。较普通民居而言，功能上除居住生活外，还包括社会交往活动、生产管理、生产作坊等，如各类客厅、私塾、戏楼、佛堂、作坊、雇工院、佣人房、家丁卫队等。通常不同功能分处于不同院落组群中，主人居住生活部分沿纵向多进院落布局，位于主轴线上。依此向两侧横向扩展，一侧院落布置待客、读书、娱乐部分，另一侧院落布置生产用房和佣人房等。通常还会利用自然环境设置各类花园。由于规模庞大，大多因地制宜、布局自由，形成自成一体的防御型多重院落，并附建碉楼。

3．建造

大多为四川传统穿斗式木架建筑，主要厅堂采用抬担式或混合形式。现存建筑大多建于晚清至民初，建筑山墙及对外墙体多为砖砌筑，院内采用传统木制门窗。

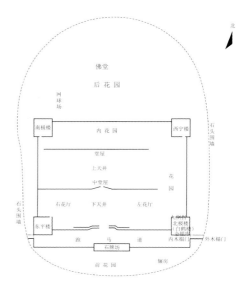

图3 屈氏庄园大门局部

4．装饰

主要为木构件梁枋、撑弓、挂落、门窗等雕刻及棂格图案。庄园式民居注重建筑装饰，特别是砖雕、木雕、石雕、泥塑、绘画和石刻题记。

5．代表建筑

1）泸县屈氏庄园

屈氏庄园位于泸县方洞镇。始建于清代道光年间，完善于1916年。庄园建筑为土木混合的穿斗式木结构。

庄园占地逾2hm²，由8m高的两重围墙围合而成，四角原建有高22m的碉楼，现仅存北极楼、东平楼两座碉楼。原有大小花厅、天井48个，房屋180多间，现存房屋87间，建筑规模大，

图4 屈氏庄园原平面示意图

图2 屈氏庄园院墙

图5 黄氏庄园内院

图6　庄园侧院

图8　黄氏庄园前厅

布局严谨、开合有序。主体部分的敞厅、下天井、中堂屋、上天井、堂屋依次排列在一条中轴线上。中轴线的左侧，厢房、账房、敞厅、寝舍、天井、戏台花园、左花厅、内佛堂等建筑错落有致地分布其间。中轴线右侧原有书房、寝舍、敞厅、右花厅、走廊、杂工室、仓库等。此外还有花园、钓鱼台、网球场、跑马道、金银库等。整个庄园的生活区、娱乐区、接待区、下人区、花园截然分明。庄园内的木刻、石刻造型生动、雕刻细腻、形态自然。庄园后侧原有内花园、后花园、外花园三重，外佛堂、看守室置于后花园内。

2）江安县黄氏庄园

黄氏庄园位于江安县江安镇夕佳山。始建于明，扩建于清至中华民国时期。庄园占地 7hm²，宅院占地 1hm²。整个布局形如一展翅欲飞的仙鹤停于一个古瓶上，意为平（瓶）安鹤祥（翔）。建筑分布在四个台地上，布局因山就势横向展开，分为三个部分。中部是宅院

的主体，前后两进院落分置不同高度台地上，是主人居所，以正门、前厅、堂屋为中轴向两翼展开，设有东、西花园及后花园。左侧沿横轴延伸是日常生活娱乐、读书待客之处。右侧是晚辈和佣人居住及生产性活动区。院角筑有碉楼。均采用穿斗式木构架小青瓦顶，屋脊以瓷片嵌花纹装饰。建筑驼峰、撑弓、门窗等木构件均以隐喻吉祥，历史传说故事图案雕饰彩绘，丰富精美。

成因

地主庄园是我国封建土地私有制发展到一定阶段的产物，是集土地占有方式、生产经营方式与生活方式相结合的建筑形态，形成了自然景观与人文景观相结合的营造方式。

比较／演变

四川现存地主庄园布局、规模差异较大，基本布局仍为院落式。总体较其他类型院落规模大，宅院功能较多、复杂，布局不拘一格。对外封闭，院落、围墙、碉楼结合，自成一体的防御特征鲜明。

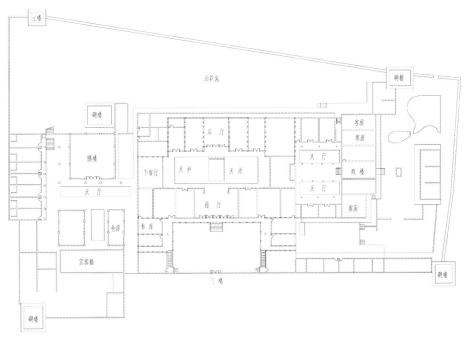

图7　黄氏庄园平面示意图

汉族民居·城镇店宅

随着场镇经济的发展，人口剧增，许多居民沿道路两侧建房，户户紧密相连，依照街巷格局，于街道间再纵深发展。为适应居住生活和商业经营的需要，除纯居住的住宅外，沿街住户大多兼商业经营，成为两用的店居型的住宅。宅与店铺都直接对街巷开门，形成面宽窄、进深大、密度高的联排式布局。

图 1　四川场镇街道

1. 分布

广泛分布于四川境内的城镇与乡场中。城镇主街两侧民居大多商居两用，形成店宅。

2. 形制

每户沿街开间少，临街方向小者仅有一间，大者可为三开间铺面，平面布局向纵深方向和竖向发展，楼层向外出挑。门前还会再利用出挑的宽大前檐扩大经营。场镇街道组织出现别具一格的联排式沿街民居，街道空间有的是"挑厢式"，也有"廊坊式"或"骑楼式"，街景风貌丰富多样。

店宅根据住宅功能组织的不同，可分为前店后宅、下店上宅、前店后坊上宅几种形式。

前店后宅式：沿街房间作为铺面，后半部分居住使用。堂屋居中，两侧及后部依次为卧室、厨房等。有些大户人家沿街修一至二层的铺面出租，铺面之后为自家宅院，仅在街面留一间作为入口。宅院一般为多进天井院式紧凑

布局，较为规整。

下店上宅式：有些商户将临街的下房作为商铺，把后面几进改用店铺或为库房、杂用，卧室居住部分便向上发展，移至二层，形成下店上宅的布局。

前店后坊上宅式：以自产自销模式经营的商户，宅院沿街开设店铺，后部是客厅、库房、杂储，后院作为手工作坊。环绕天井的楼上一层才是店主的居处，形成前店后坊上层居住的住宅格局。

3. 建造

房屋多为穿斗式木架，过厅或正堂明间为抬担式结构。若单层建筑多设阁楼，小青瓦顶。因建筑密集，间或突出封火山墙。店宅沿街通常有大出檐，或设柱廊，或利用穿枋出挑。

图 4　店宅挑檐装饰

4. 装饰

建筑装饰主要施于大门及木构件，做法具有地方特色，如挑檐下吊瓜柱、撑弓及梁架间驼墩等木构件雕刻，栏杆造型、窗格图案，以及风火山墙造型，

图 5　李家大院厅堂

图 2　四川场镇街道　　　　图 3　李家大院内院

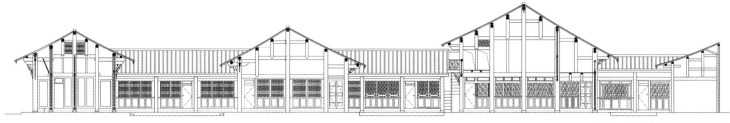

图 6　李家大院剖面示意图

屋脊叠瓦、灰塑等脊饰。

5. 代表建筑

1）阆中李家大院

李家大院位于阆中市武庙街，经营"同心堂"药房，历五百余年，为前店后宅民居。建筑坐北朝南，沿街五开间，明间为门厅，左右两侧为店铺。沿中轴线布局三进四合院，分别由大门、敞厅、正房和两侧厢房组成。建筑木构件均施以花草、瑞兽或人物故事雕刻，装饰精美。

2）元通镇罗宅

罗宅位于崇州市元通镇麒麟街，底层为对外经营和内部起居及家务空间，楼层主要为居住空间，是下店上宅型院落式店宅。临街门面三开间，明间稍高。进深五进四院对称布局，二层木构楼房，四周以空斗风火墙围合。

前部狭长的庭院由砖石结构的牌坊

底层平面图

二层平面图

图 7　罗宅平面示意图

式二门分为两个天井院，门顶塑楼台亭阁，并且带有透视处理，别具一格。第二进院落楼上为走马转角廊，周圈相通，临天井设栏杆。主轴线上厅、堂建筑逐渐增高。建筑垂柱、门窗等雕刻精美，尤其堂屋驼峰雕刻的蜀州八景，极富地方特色。

成因

城镇住宅由于用地紧张，多以街道组织布局，或一街贯穿，或形成纵横网络。受用地的限制，街道两侧的建筑并排相联错落有致。地势缓和平坦的地区，则形成多进紧凑的天井院格局。店宅民居既满足居住功能又与商贸活动结合，在有限的空间内既保证居住生活的私密性，又是对外经营、加工的开放性场所。

比较／演变

城镇街道两侧的店宅较单纯居住生活的宅院面阔窄、进深大，院落狭长。沿街房屋外通常采取大挑檐，或挑楼，或设柱廊的方式扩大外部空间。

图 8　罗宅内院

图 9　罗宅前院二门

汉族民居·客家堂屋

由于历史原因，四川经历了多次移民浪潮，也成为闽粤赣客家人向内陆移居的主要聚集地。四川客家民居也由原乡特征转化为适应于本土文化的新形式。堂屋式民居便是这一转化的产物。

图1　巫氏大夫第正门

1. 分布

源于"门堂之制"的"堂屋式"客家民居，主要分布于成都东山地区，以及简阳、隆昌、仪陇、巴中、西昌、会理部分地区。其中东山地区，及隆昌县是现最主要的客家聚居区。

2. 形制

客家堂屋民居多为单层，有一堂屋、二堂屋、二堂二横、多堂多横等，布局常常中轴对称，严谨，等级关系明确。按照家族公共活动空间、不同辈分的居住空间、生活配套用房的等级关系，从中心向周边扩展，家族公共活动用房中祖堂地位最高，居于中轴线尽端，一般来说开间、进深尺寸最大。

建筑正立面与平面相呼应，中轴对称，端庄严谨。外墙厚而封闭，不设窗或窗少且小，有较明显的防御特征。

四川客家"堂屋式"民居以"硬八间"、"假六间"为常见，也分别称为"二堂屋"、"一堂屋"。占地为长、宽各10余米的方形，外形几乎一样，只是平面形式不同。多堂多横式民居的空间格局是以"硬八间"、"假六间"空间格局为基本单元，横向或纵向扩展。

3. 建造

建筑材料为土、木、竹、麦秆等。普遍采用土坯砖砌或夯土墙，少数城镇富裕人家使用木板墙或火砖墙。建筑多为土墙与檩相结合的承重体系，穿斗式、抬梁式构架一般仅局部使用。

4. 装饰

民居装饰重点在屋顶及木作部位。装饰手法有灰塑、木雕、石雕、彩绘、瓦垒、草扎等。木作常以熟桐油罩之，也有刷黑色或红色的。墙面常饰以白灰，重点

图5　巫氏大夫第卷棚

图6　钟家大瓦房祖堂

图2　"硬八间"平面示意图

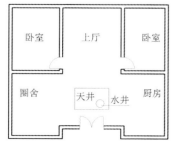

图3　"假六间"平面示意图

图4　巫氏大夫第内景

图7　巫氏大夫第正堂

图 8　钟家大瓦房鸟瞰

部位绘装饰图案。装饰题材多以平安吉祥，福寿如意为主题。

5. 代表建筑

1) 龙泉钟家大瓦房

钟家大瓦房位于成都市东山地区的龙泉驿区柏合镇旁，至今已有 200 余年的历史。建筑总面宽达 105m，最大进深达 49m，总建筑面积约 3400m²。建筑坐北朝南，位于一凹形地势中，建筑前有进深约 30m、与建筑面宽同宽的大敞坝及月形荷塘。整幢建筑共有七道大门，20 个大小不同的天井。建筑的中轴线十分突出，主从分明，处于中轴线上的上、中、下厅的开间为最宽，祖堂（即上厅）进深近 6.6m，为整幢建筑之最。

剖面由外至内递次上升，祖堂净空高达 6m。在东西两端各建有一排向南伸出的长屋，用作畜圈、作坊。建筑墙体采用土坯砖墙。立面严格对称，开设少量极小的外窗。整栋建筑生活供给设施齐备。

2）巫氏大夫第

位于龙泉洛带镇下街街道之南侧，主体布局坐西北朝东南，背部临街。据族谱推算，约始建于 1760 年左右，距今 250 余年。

主体分为前后两部分，北侧临街部分为店铺，后部为祭祀、迎宾、居家之用，主体之东面为作坊。现仅存主体一部分。大夫第布局中轴对称，主体院落有下堂、正堂，正堂供奉历代祖先牌位，两侧设花厅，称为"二堂式"，现仅存一部分，原有的祠堂、花园已不存。主体院落前方有院坝，建筑外围为土坯砖墙，内部则为穿斗式全木结构，大量使用花格门窗，木雕精美，尤其第一进两侧花厅设计精巧，有木作卷棚及精美的木雕隔扇。

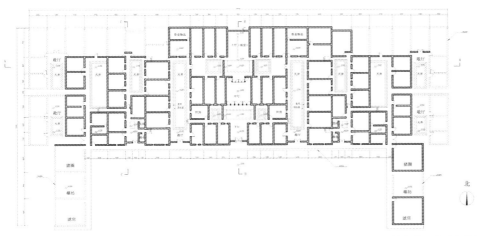

图 9　钟家大瓦房实测图

成因

客家人在清代"湖广填四川"运动中进入四川。由于客家人顽强的族群文化意识，以及原聚居的粤、闽、赣地区民居已经形成了较为成熟的建筑形制的原因，在进入四川的早期及中期，其民居在很大程度上保持了其原籍建筑的基本特征。

比较／演变

在清前期及中期，客家堂屋式民居继承了闽粤赣客家民居的核心空间、建筑形制，特别强调祖堂中心地位，强调"明堂暗屋"。

随后，受川渝地区"人大分家"、"别财异居"的传统风俗，及各省籍移民文化相互交融的影响，聚居的规模向小型化发展。由家族聚居逐渐转向以家庭为单位的分居模式，平面布局中以祖堂为中心，其余用房环绕布置。

图 10　钟家大瓦房立面图

汉族民居·客家合院

客家人在清代"湖广填四川"运动中进入四川地区。客家合院式民居的主要特征是外围高大封闭，具有较强的防御性，内部形成合院式布局。

图1 宜宾屏山龙氏山庄平面示意图

1. 分布

四川客家合院式民居主要分布在四川隆昌、川东南宜宾、泸州等地区。

2. 形制

布局主要有两种形式：一种是四周建有高大围墙（廊）围合成院，内部生活功能用房围绕天井组织，与当地院落式布局较类似，院墙角部建有防御性的（或同时用于储藏）碉楼。另一类是沿周边建对外封闭的房屋围合成院，院内依纵横轴线组织天井院，周边房屋高大（多夹层，或二层），角部增高成碉楼，内部建筑单层水平分布，类似江西围屋。

在用地允许的情况下，布局仍然尽可能形成对称格局。

3. 建造

使用的材料一般为土、木、砖，多采用夯土、木穿斗抬梁相结合的结构形式，外围常采用夯土墙。石材用量较少，多用于墙体的下部、天井内铺地、檐坎砌边、门框、墙的转角处等部位。

4. 装饰

装饰重点大多在屋顶以及木作部位，富有人家的木雕、石雕等装饰较为精美。装饰手法有灰塑、木雕、石雕、彩绘、瓦垒等。

5. 代表建筑

1）宜宾屏山龙氏山庄

约建于清代，建筑面积约3000m²，总占地面积近1hm²，平面布局接近长方形，外围为条石围墙，围墙上置碉楼一座，入口处内侧贴围墙为两层门楼，底层为门厅，楼上为戏楼。距门楼约20m为四进合院，门楼、合院均大致中轴对称。建筑外围局部采用青砖风火山墙，内部为穿斗、抬梁混合式，歇山青瓦顶。

2）泸州纳溪绍坝乡刘氏庄园

约建于中华民国时期，平面形式基本为正方形，总体布局分为内外两个层次。

图2 宜宾屏山龙氏山庄鸟瞰

图3 宜宾屏山龙氏山庄内景

图4 宜宾屏山龙氏山庄走廊

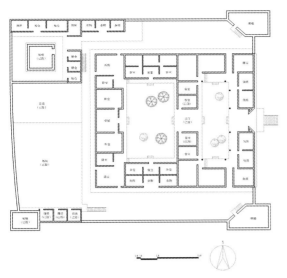

图 5 宜宾邓宅（玩伯山居）平面示意图

图 6 宜宾邓宅（玩伯山居）外观

图 7 刘氏庄园外观

外层为围合的两层建筑，主要布置生活配套用房，四角设置碉楼（地上四层，地下二层），外围墙体底部采用条石砌筑，上部采用夯土墙，其中一座碉楼高于其余三座，采用歇山式屋顶，外围建筑设置众多枪眼。

脱离于外圈建筑的内部建筑布置于围合空间内的西侧，为单层公共用房及居住用房，采用木穿斗结构。围合空间内东侧为敞坝。

3）四川宜宾市宜宾县邓宅（玩伯山居）

平面为三进院落式围屋布局，外加一重围墙，四角各置一碉楼，围墙为夯土，墙高而厚，多有枪眼。内部三进合院由前至后第次升高。大门为八字门，左右耳房，一进正房及左右厢房组成一进四合院，主要为佣房及客室，私密性较小；一进正房、二进正房和左右厢房

组成二进四合院，此院为主要的生活起居空间，其后为后花园。外围围墙周边为佣房粮仓等其他辅助功能空间。

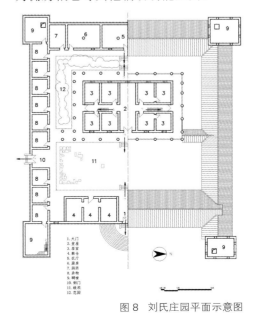

1. 大门
2. 堂屋
3. 居室
4. 粮仓
5. 花片
6. 花房
7. 游廊
8. 杂物
9. 碉楼
10. 侧门
11. 戏乐
12. 花园

图 8 刘氏庄园平面示意图

成因

由于客家人顽强的族群文化意识，以及原聚居的粤、闽、赣地区民居已经形成了较为成熟的建筑形制的原因，四川客家合院民居在很大程度上保持了其原籍建筑的防御特征。

比较 / 演变

四川客家合院民居对客家原乡围屋民居有较多继承，受川渝地区自古以来"人大分家"、"别财异居"的风俗，以及各省籍移民文化相互交融的影响，规模有所减小，防御特征有所减弱，但相比堂屋式民居，防御特征表现得更为明显。

汉族民居 · 川西近代公馆

近代时期，中西文化碰撞交流，社会上层如官员、军阀、富绅、社会名流等修建私人宅邸时，通常在中国传统营造技术的基础上融合外来建筑文化，出现了一些新的布局及风格形式。建筑构图、装饰中西合璧，独栋式及花园式住宅纷纷出现，人们把这些不同于传统宅院的新住宅称为"公馆"。

图1　川西近代公馆1

1. 分布

分布于城市及繁华的乡镇中，特别是富庶的川西平原地区。川西地区军人公馆居多，数量众多的军人公馆建筑质量比较高，风格独具特色。成都市及大邑安仁现存较多，最为典型。

2. 形制

川西地区的公馆建筑，依据布局与形式风格，可分为三种类型。

一类是传统延续型，如安仁的多数公馆。平面采用中国传统的庭院组织形式，主体建筑位于主轴上，各进院落与厅、堂交错递进对称式布局。单体建筑以木构架结构为主，形体构图、风格与传统建筑无异。建筑材料大量使用砖石，建筑装饰中融入新元素，凸显个性的是中西合璧风格的大门建筑。

第二类是中西混合式。以砖构为主体，主体建筑平面布局呈集中独栋式的形式，体量增大。院落周边或者仅局部布置少量生活辅助用房，主体建筑前院落开敞简洁。建筑外观形式仍采用传统三段式构图，运用中国传统大屋顶形式。

第三类是外来式。独栋式建筑，以过厅、起居室为核心布置，楼梯间联系上下空间。起居室设置壁炉，厨房、厕所等均设于室内。建筑整体构图，门窗拱券、壁柱柱头、墙面线角，楼梯扶手、栏杆花式等常采用西洋古典或简洁的近代风格。

图3　川西近代公馆2

3. 建造

传统延续型的公馆仍以木构穿斗架为主，硬山建筑较多，入口大门拱券式样、细部上有西洋古典或简洁的近现代风格。

新形式的公馆主体建筑空间高大，大多采用青砖或红砖清水墙，砖石砌筑较多。砖木混合结构，木屋架。屋面仍采用本地小青瓦。

图4　川西近代公馆3

4. 装饰

建筑装饰主要施于大门、窗洞造型线脚以及隔扇图案。传统延续型的木

图2　刘文辉公馆牌坊式大门

图5　刘文辉公馆内院

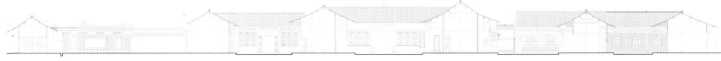

图 6　刘元瑄公馆剖面示意图

作构件雕刻传统文化趋吉祈福寓意的图饰。混合型公馆建筑装饰则主要在于柱头花饰造型，砖砌勾缝的几何图案；外来形式则在洞口、栏杆造型上有别于中国形式。

5. 代表建筑

1）刘文辉公馆

刘文辉公馆位于安仁镇民安村，俗称"新公馆"，始建于 1938 年，落成于 1942 年。占地面积 2.4882hm²，建筑面积 8406m²，房屋 162 间。公馆坐西朝东，由南北两组规模和布局相似的三进院落并联而成，南北院两个大门都体现了中西合璧的风格。大门与二门之间以大花园过渡，中间布置网球场。而内部则仍然采用了传统的中式院落组织形式，轴线上为厅堂，

两侧为住房和客房。院落建筑多为木结构，硬山顶小青瓦屋面，设有风火山墙。

2）刘元瑄公馆

刘元瑄公馆位于安仁镇树人街，建于 20 世纪 30 年代。占地面积 5342m²，建筑面积 2224m²，房屋约 70 间。公馆坐西朝东临街而建，其余三面由高大墙垣包绕形成封闭式院落布局。中轴线上依次布置厅、堂，两侧住房及客房围合，后院为辅助用房。以木构穿斗结构为主，小青瓦硬山顶，厅堂明间抬担与穿斗混合，使用天穿罩、落地罩等隔断形式。风火墙富有川西地方特色，木作和灰塑饰以传统文化意韵图案，内容丰富。整个建筑风格上继承了传统的营造作法和工艺，具有中国传统府邸的遗风。宅院入口甬道及牌坊门呈中西混合式表达。

图 9　刘元瑄公馆牌坊门

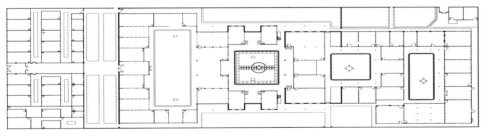

图 7　刘元瑄公馆平面示意图

图 8　刘元瑄公馆内院一角

成因

中华民国时期，社会生活发生变化。随着文化的交流，新建筑材料、建筑结构技术运用，带来了居住建筑布局与形式的变化。新的社会风尚，促使住宅建筑出现多种风格混合的新形式。

比较 / 演变

早期主要是建筑布局与建筑装饰的变化。平面院落逐渐减小，建筑由水平扩展的分散式布局逐渐转向集中式布局，建筑形体竖向发展。砖构增多，洞券、柱头、线脚等构图及处理混合西式风格。

藏族民居·邛笼式石碉房

四川嘉绒藏区是藏羌石砌建筑的发源地之一。现存的上百座碉楼，更是中国两千多年以来至今尚存的"邛笼"的实物见证。该地区的民居也是由古代先民"垒石为室而居"演变而来的墙承重式石砌碉房。

1．分布

邛笼式碉房主要分布于岷江上游河谷以西到大渡河上游一带的嘉绒藏族地区，包括甘孜州丹巴县、康定鱼通地区，阿坝州金川县、小金县、马尔康县、理县、黑水县的部分藏区。最典型的是丹巴石碉房。

2．形制

碉房有两种类型：一类是纯居住功能的碉房。另一类是住居建筑与高碉楼结合的碉房，也称之为"宅碉"。以三至五层石砌平顶居多，高者有达七、九层的。

碉房整体封闭坚实。厚厚的石墙上只有少量小窗洞，三层以上面向屋顶晒坝的房间和出挑的木墙上才开设稍宽大的木窗。层层退台和木墙、廊架的交错出挑，形成虚实、轻重的对比，建筑形体丰富。

碉房平面为方整的矩形平面，占地百余平方米。石墙划分空间，上下层分间基本一致，竖向重叠平面逐层减少，形成退台式。功能布局大致为底层牲畜圈；中间层有主室锅庄，作为客厅、厨房、卧室、各类储藏室；上层为经堂、客房，有些还有喇嘛念经的住房。最顶层为宽大的屋顶晒坝，沿墙边建有"一"字或"L"、"凹"形平面的半开敞房间，敞间为临时储存、放农具之用。敞间大多为木架平顶，马尔康草坡一带则为木构架坡顶。

土司官寨功能较普通民居复杂，规模大，从形体到建筑装饰都与普通民居有所区别。

3．建造

墙承重体系的密梁平顶式，以房间为单位内外墙承重。平顶敞间为墙柱混合承重结构，坡顶敞间则是支梯形木架支撑梁、檩，并铺石板瓦。墙体以不规则石块加黏土砌筑，从下至上逐渐收分。梁水平搁置在墙上，梁上密铺一层檩木，之上放置劈柴、细枝条，倒入混有碎石

图 1　平顶邛笼式碉房

图 3　坡顶邛笼式碉房

图 4　巴底官寨

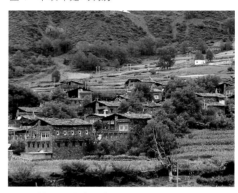

图 2　丹巴藏寨碉楼

图 5　高达七层的碉房民居

图6　卓克基官寨

图8　格鲁甲戈宅经堂壁柜

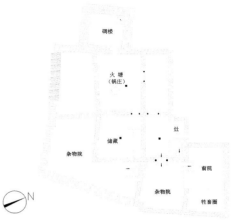

图9　格鲁甲戈宅平面示意图

的黄泥铺平拍实。楼面在此之上铺置木板，屋顶则在基层上分层铺筑略干的黄泥，用木棒夯打密实。外墙檐部一般平铺一层薄石板，伸出墙外形成挑檐。

4. 装饰

建筑的装饰主要是门楣，窗格的木雕图案以及极富感染力的色彩。墙面、窗套刷饰白色、黑色图案，檐口为红、白、黑色带，屋顶插五彩经幡。经堂室内有壁画、设佛龛，摆放"敬水碗"和酥油灯、经书、法器。

图7　远眺格鲁甲戈宅

5. 代表建筑

丹巴县格鲁甲戈宅

格鲁甲戈宅位于梭坡乡莫洛村，是丹巴地区保存最完整的古民居之一。房屋厚墙小窗，封闭紧凑的石砌房屋和高耸的石碉楼紧密结合，呈现出早期碉房注重防御的特色。

碉房位于进村道路的交叉口，占地128m²，5层，高14m。与房相连的四角碉楼高35m。

底层为牲畜圈。从碉门进入二层，以石墙划分成田字形平面，分别为主室锅庄、灶房、客房（后改作储藏室）。从锅庄可以进入碉楼，碉楼以密铺的木梁分层，每层留一小口，靠独木梯联系上下。

三层为卧室、粮仓。丹巴地区特有的传统是以木材搭制成井干壁体的木屋——粮仓，内部用木板分隔小间存放各类粮食和肉、油等食物。

第四层的经堂是柏木井干式壁体。经堂里仅存有家传的佛龛柜，上面的雕刻和绘画精美、生动，经堂天花上太阳、月亮、法轮等装饰图案还依稀可见。经堂外的挑廊是晒架，廊道端部是丹巴特有的开敞式高厕所。

第五层为宽大的屋顶晒坝和收藏加工用的敞间屋。

成因

该地区是中国历史上的"藏彝走廊"地带，自古就是西北古氐、羌人南下的主要通道。形成"六夷、七羌、九氐"的杂居局面。由于地理环境、气候条件及历史上不断的民族纷争，厚墙、封闭、下圈上居的带有明显防御特色的碉房民居成为该地区共同的外显特征。

比较/演变

临近嘉绒藏区的阿坝州理县、茂县、汶川的羌族地区民居也有邛笼式石碉房形式。藏族碉房建筑形体变化丰富，外墙、檐口、门窗的色彩、木雕装饰多样。羌族碉房规模相对较小，形体简洁、朴素、少装饰，室内无经堂。

藏族民居 · 康巴 "崩空" 式藏房

"崩空"藏语意为木头架起来的房子，也有称为"崩科"、"崩康"、"棚空"的。早期这种井干式结构的箱型木屋多为单层，在林区较多。因其较好的整体性，后来普遍建于地震区，并加以改造，常与木框架结构结合。也有的置于邛笼碉房上层局部使用。

图1　道孚民居

1. 分布

主要分布在林区，甘孜州道孚、炉霍、甘孜、新龙、德格、白玉等县。20世纪后期道孚、炉霍经历几次强烈地震后人们对传统的"崩空"建筑在结构、布局上都进行了改进，与框架式木墙结构的"类崩空"结合的做法逐渐增多。道孚民居成为四川藏区"崩空"式民居建筑的典型代表。

2. 形制

"崩空"式藏房有两种类型，一类是井干式结构的箱型木墙，即当地称呼的"崩空"房。另一类为梁柱框架式结构，柱间以圆木垒叠成墙，外观类似井干式的木墙，称为"灯笼框架"式。一般民居底层及后部用黏土夯筑外墙，二层以上是木质"崩空"藏房。大多为二三层平顶藏房，平面功能大致相同，底层为

牲畜圈房，二层为生活用房，顶层作晒坝储藏。各地结构、风格略有不同。

道孚以北甘孜、炉霍地区大都建造框架式结构，即"灯笼框架"式的利于空间扩展又有较好抗震性的"类崩空"藏房。道孚"崩空"为近几十年来建造的改进型，设有天井，厕所、厨房单独设置。二层为客厅、卧室、经堂、客房、储藏室、厨房。二层客厅外为屋顶平台，正面一角设有煨桑炉。

德格基本保持着早期"崩空"式藏房的传统。室内井干式与框架结构穿插布置，底层之上叠放一或二层"崩空"，木墙刷饰红褐色。客厅或主人卧室居中，厅室外部窗框与门框均采用镂刻工艺制作。新龙"崩空"藏房的"崩空"建在三层，规模较大。客厅与厨房连在一起，室内空间较高。拉日马一带的坡顶石板藏房比较独特。

图3　木框架结构"类崩空"房

图4　德格藏房

图5　新龙藏房

图2　康巴"崩空"藏房

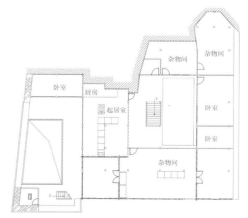

图6　益巴卡民居二层平面示意图

图 7　益巴卡民居立面图

图 9　益巴卡民居二层室内

3. 建造

"崩空"式藏房与汉族地区井干式木架做法相同,通常将圆木或半圆木(平整的一面作为室内)端头开挖槽口榫卯相接,层层垒叠,形成整体墙面,在墙面开挖门窗洞口。新发展出的框架混合式,则先立圆木柱、架梁形成矩形框架,在框架柱上挖槽,再将圆木水平垒叠,嵌入柱中形成墙体,开挖门窗。

4. 装饰

"崩空"式藏房底层、后部夯筑外墙刷白色。木墙原木涂以红褐色。木件上的藏式传统图案彩绘精美,檐椽、窗楣层层出挑,层次丰富。屋顶设煨桑炉,挂经幡、插风马旗。

5. 代表建筑

益巴卡民居

老宅位于甘孜县城老街益巴卡原商贸繁华之处,据主人说有 600 年历史。底层为牲畜圈和库房,梁柱框架式结构,四周土筑围墙。从底层居中的木梯登上二层,四面房屋围合呈"回"字布局,中间的小天井平台安放煨桑炉。家庭生活用房全在二层。由井干式"崩空"与"灯笼框架"式结构交替组合,原木垒叠的墙体和木板墙分隔出大小不等的房间,分别作为起居生活的客厅、卧室、经堂、厨房等。梁、柱、替木等木构件及门、窗彩绘丰富艳丽。

成因

特殊的自然环境和文化背景,孕育出独具地域特色的建筑文化。"崩空"这种以半圆木叠架而成的木结构箱形建筑体,保暖性能好,同时具有较好的抗震性,外观也独具特色。靠近森林地区的民居和地震区的民居,均采用这种建筑结构。

比较／演变

"崩空"式藏房早期多为单层井干式木屋,规模较小。因其整体性好,也常与其他结构类型的碉房结合,置于碉房上层一侧或室内局部使用。井干式结构的空间变化受制于材料,所以很快演化出外观相近的新的"类崩空"结构形式,先立木柱形成方形框架,再在柱间水平垒叠半圆木作为墙体,形成框架式木墙,空间大小可随柱列数量增建自如,厚厚的壁体保温隔热。后期大多民居都是将"崩空"与"框架式木墙"两种结构混合穿插使用。与其他地区井干式民居相比,康巴"崩空"式藏房后部夯筑土墙。木件上刷饰五彩、镂刻吉祥图案,装饰华丽精美。新民居柱子直径普遍粗大,上下层使用通柱,梁柱形成框架以增强抗震能力,注重装饰。

图 8　益巴卡民居二层天井煨桑炉

431

藏族民居·康巴框架式藏房

康巴民居自称为"碉房"、"藏房"。不仅建筑结构多样化，而且平面及空间布局富有变化，层次感十分强烈，呈现多样性的特点。梁柱框架式结构的民居是分布最为广泛的一种类型。在部分地区还会与"崩空"式房结合，或置于邛笼式碉房的顶层。

图1 康定"内框架"石碉房

1. 分布

梁柱框架式民居是分布最广的一种藏房类型。该类型又可分为两种，一类是完全柱梁承重的框架式，建筑室内墙边立柱，墙体仅为围护结构，主要分布于甘孜州北线，从甘孜到德格及巴塘、乡城、稻城、得荣、阿坝县等地。另一类为内框架式，室内梁柱框架，但边跨梁一端位于柱头，另一端搭于外墙，墙柱混合承重式碉房主要分布于南线经康定至雅江、泸定、九龙、理塘县、色达县，凉山木里县等地。

从建筑外墙材料看，土筑藏房主要分布于河谷冲积平原和高原牧区，如甘孜、炉霍、巴塘、新龙、乡城、壤塘、阿坝县等地。其他则为石砌碉房，康定折多山以西、雅江、理塘、稻城等地最具特色。

2. 形制

梁柱框架式民居平面为规整的矩形，多为二至三层、石木或土木结构的平顶碉房，室内以立柱多少称呼房屋大小，柱列间以木板墙分隔空间。建筑形体略有收分，上层开设小窗洞，外观封闭坚实。

主体多为独栋集中式。通常底层喂养牲畜，二层为人的住处，顶层是神的居所。底层均为畜圈。第二层最大房间为主室，兼具厨房、客厅等多种功能，其他用木板将室内分隔成若干间作为卧室、储藏间。第三层宽大的屋顶平台为打晒场，退至墙边的"一"字形或"L"形或"凹"字形房屋布置经堂、喇嘛念经住房、敞间屋。

图4 色尔坝石藏房

3. 建造

室内竖向排列木柱，柱头设置替木承大梁，梁、替木与柱头交接处开设榫卯连接。梁之上水平平行密铺木檩，再铺枝条、柴棒，覆土打实（楼层铺设木地板）形成屋面。梁柱承重的框架结构藏房则在边柱外围砌筑不承重的土、石围护墙体。另一类无边柱，室内梁柱与边跨外墙体共同承重，呈内框架式碉房。

4. 装饰

室内陈设、装饰保持藏族特色。室外门楣、窗套施以雕刻、彩绘，外墙刷饰色彩形成各地不同的风貌。室内设经堂，屋顶插风马旗，设煨桑炉。

图5 巴塘"红藏房"

5. 代表建筑

1）巴塘孔打上巷某民居

此宅位于夏邛镇孔打上巷，天井院

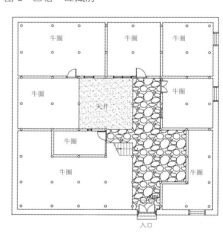

图6 巴塘民居一层平面示意图

图2 巴塘土藏房民居

图3 巴塘民居二层楼梯井

图7 乡城"白藏房"

图8 稻城"黑藏房"

图10 稻城民居二层主室一角

布局。巴塘民居大多是独栋式，这种布局很少，过去只有大户人家才建有天井院。室内柱列规整，四周为夯土围护墙，房屋先立柱后打土墙，为梁柱框架结构。底层为牲畜圈、草料房。二层是生活之处，木板墙分隔出厨房、卧室、经堂、储藏间，围绕中心天井三面为一柱距宽的通廊。三层屋顶晒坝，后部建有存放农具、谷草的敞间。

2）稻城罗绒宅

老宅由平顶石碉房主楼与坡顶石碉房的经堂组成曲尺形布局。稻城民居大多为三层内框架墙柱混合承重式平顶石碉房，规模、用材较其他地区大。普通人家主房为独栋矩形平面，有地位、特别的人家才能建独立的经堂，成曲尺形平面。

底层为库房，宽大的楼梯设于室内中央。二层柱间木板墙分隔各房间，楼梯左侧最大的房间为待客、厨房的多功能主室，灶台在室内最显著的位置，前壁的灶神壁塑精美传神。右侧围绕小天井的分别是卧室、客房、储藏间、经堂。第三层为晒坝和敞间。其独立经堂的二、三层分别为不同的教派，是唯一一例。

成因

当地的特殊气候条件需要建筑注重蓄热、保温、防风性能，促成了平面方整紧凑、墙体厚实、对外封闭的建筑形式。这类民居地处地震多发区，主体结构大多采用框架式密梁平顶形式。沿河峡谷地区利用自然资源的山岩片石砌筑墙体，河谷冲积地带及草原，普遍采用夯土筑墙作为围护体。

这里自古以来就是一个多部落、部族杂居，民族、文化融合和发展的地区，受多元文化的长期影响，形成了民居建筑结构的多样化和建筑形式的多样性。

比较／演变

四川藏族民居较其他藏区民居建筑形式、装饰丰富多样，地域化的差异鲜明。

与羌族地区的梁柱框架式碉房相比，羌族碉房体量规模相对较小，形体变化少，室内空间与布局不同，无经堂，装饰简朴。

图9 稻城民居二层小天井

藏族民居·木架坡顶板屋

木架坡顶板屋吸收了汉族木构架的穿斗营造技术，形成汉藏混合形式。主要分布于藏、汉等多民族混居地及海拔相对较低、气候温和、植被丰富的林区。

图1 松潘县藏族木架土墙板屋

1. 分布

藏族木架坡顶板屋民居主要分布于四川阿坝州北部海拔相对较低、气候温和湿润、木材丰盛的林区，也是藏、汉等多民族杂居的地区，如若尔盖、九寨沟、松潘县及平武县的藏族乡等地。不同民族文化、宗教信仰相互交流，构筑方式及建筑形式出现文化融合的混合形式，以松潘县夏尔洼民居最为典型。

2. 形制

民居多由大门、主房、平台、耳房组成小院落。主房建筑独栋式，以木架结构为主，木板墙。松潘地区大多在板墙外砌筑土石围护墙。房屋大小依室内柱头的多少而定，小则9柱，大到40多柱。一般不用平顶，采用杉板瓦坡屋顶。建筑外挂经幡、转经筒，以藏传佛教宗教图案装饰。

藏族木架板屋一般三层。从一楼经木梯到二层宽阔的晾晒平台，平台周围栏杆围护，角部建有一个敬神煨桑的香炉。从过道进入主房，两边是独立的卧室，里面最大的房间是起居主室，中间有火塘，兼有厨房、饭厅、客厅的多种功能，炉灶上空方井升高开高窗。

三层是经堂和储藏室。松潘地区牟尼沟和热务沟的经堂在三楼，漳腊川主寺一带经堂在二层火塘屋旁。三层（阁楼）是储藏家庭日常用品或储藏兵器的储藏室。

图3 平武县李岳珠老宅

3. 建造

楼层木架为藏式做法，屋基立柱，柱头水平搁置横梁，梁上密铺檩木及木板作为楼面。木架部分为粗糙的榫卯连接，原木随形，一些次梁头直接搁置在主梁上。顶层类似汉族穿斗式结构，屋架空间做阁楼储物。传统的坡顶屋为多层薄杉板重复叠加之后用木条与石块压

图4 松潘县索培宅二层平台

图5 松潘县索培宅主室

图2 四川藏族木架板屋

图6 若尔盖县藏族木架板屋

图 7　松潘县索培宅经堂一角

住，现大多改为铺设小青瓦或机制瓦、铁皮瓦。

建筑底层畜圈石砌，上层后部的木板墙之外砌筑夯土围护墙。土夯墙每30cm夹木板增加墙体整体性。

4. 装饰

室内装饰简单，主要在经堂横梁上贴经文彩旗、哈达。建筑装饰雕花木格，吉祥八宝等图案，色彩鲜艳夺目。房顶上插五颜六色的经幡和十轮金刚咒画。

起居室（主室）有火塘和神龛、供桌，是家庭生活中心，也是精神中心，表达对祖先的崇拜。

经堂正面中央供佛像，四周挂着各种唐卡，主佛前面供奉着曼荼罗、净瓶、水碗、酥油灯、香炉及供品。

5. 代表建筑

1）松潘县索培宅

索培宅位于四川省松潘县水晶乡安备村，始建于清代。建筑为带有院落的单栋住宅，占地面积86m²，建筑面积220m²，共三层。

底层架空圈养牛羊等牲畜。从楼梯直达二层晒台即屋顶平台，角部设有烧柏枝的香炉。从大门进入二层门厅，左右两侧各有一间卧室，经走道到达厨房、

经堂和储藏间。厨房面积较大，兼餐厅和起居之用。经堂陈设以藏传佛教的礼器、神像为主并有序放置。三层为阁楼。

主体结构类似穿斗式木框架，但下部楼层仍为藏式传统做法，柱顶架梁之后密铺檩木、木板。墙基下部石砌，主体夯土筑成，墙上绘有藏族传统的纹样与花卉图案。屋檐等处挂有藏文经幡，彩画饰有宗教图案。

2）平武县李岳珠老宅

李岳珠老宅位于平武县白马藏族乡厄哩村。建筑位于坡地，为吊脚楼形式，

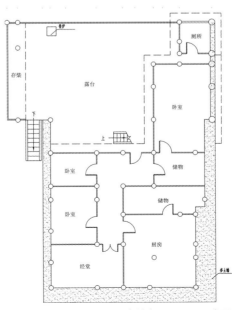

图 8　索培宅二层平面示意图

山墙面为主立面。建筑入口位于东西两侧，一层布置生活空间，起居室及厨房位于北侧，起居室的火塘是家庭生活中心。卧室位于南侧；阁楼用作储藏；部分底层架空用作储藏和牲口棚。

李岳珠老宅平面大致为矩形，主要为木框架承重，坡屋顶，覆瓦；北面土夯墙和木板围合，有保暖作用；南面室外有外廊，增加日照与通风；建筑外观朴实，轻盈，有简单木刻装饰。大出檐，适应夏季多雨气候。

成因

气候相对温和，木材丰盛的自然环境为木架建筑的建造提供了物质基础。多民族的聚居带来的文化、技术交流使得建筑营建、形式出现多元融合。

比较/演变

营造方式、构造节点与汉族传统穿斗木架建筑不完全相同。下层为藏式梁柱搭接方法，顶层类似于穿斗架，是汉藏结合型。与邻近羌族木架板屋相比，室内陈设、建筑装饰具有藏族特色，室内设有经堂。

藏族民居·牧民帐篷

青藏高原独特的地理气候条件造就了藏族的游牧文化，它深深根植于藏族文化传承之中，即使在农耕地区，也会将高山、峡谷之中较高的、不适于农耕的土地开辟为牧场。川青甘交界地区盛产虫草、贝母等药材，每年入夏，当地藏民离家数周进山采药。四川北部、西部过着游牧或半农半牧生活的藏民在游牧和采药时使用帐篷作为居所。帐篷大小不一，功能不同，可用于居住、储藏、聚会等。

图1 藏族牧民帐篷

1. 分布

四川北部、西部高原地区的阿坝县、若尔盖、红原、壤塘、松潘、色达、石渠、理塘等地的藏民大多过着游牧或半农半牧的生活。从春至秋，牧民们逐水草而居，居住在移动的帐篷之中。除了牧区和半农半牧区，农区许多藏族家庭也备有帐篷，在节庆时节带上帐篷到郊外聚会野餐；在野生药材收获季节，带上帐篷上山采药。

2. 形制

帐篷根据功能不同，大小亦不相同。普通家庭用帐篷边长约4～7m，内部高度2m左右。在家庭帐篷旁会设立小一些的单人帐篷以供家庭子女使用。公共活动使用的大型帐篷内部立柱数十根，面积可达上百平方米。

居住用的帐篷是牧民流动的住房，为了便于拆建和移动，它的大小和功能以满足藏族牧民最基本的生活需求为基准，可以容纳家庭成员日常生活聚会、宗教活动、睡眠、采暖、饮食、储藏等功能。帐篷内部空间呈矩形，边长约4～7m，入口布置在矩形短边，进入帐篷后，一侧堆放着作为燃料的牛粪，另一侧堆放生活必需品。室内空间以火塘（或炉子）为中心，周围放置坐垫，吃饭时家庭成员按照位序围坐火塘边。夜间围绕火塘铺设垫子席地而眠。火塘上方帐篷开口以利排烟。矩形另一端短边上较少被打扰的位置摆放酥油灯、净水碗，悬挂唐卡，供奉佛像。帐篷中火塘是家庭世俗生活的中心，供奉佛像之处是精神生活的中心。从内部功能和空间结构看，帐篷是藏族民居的原型。

3. 建造

帐篷用动物皮、牦牛毛、布和绸缎等制作，虎皮、豹皮帐篷为贵族和高级僧侣所用，牦牛毛帐篷最为常见，相较于布制帐篷耐久性好。牦牛毛帐篷先将拔下的牛毛捻成线，再编成帐体和绳子。

帐篷沿中轴用近3m高的细木杆作为立柱，支撑横梁，有的地区会使用牦牛喉骨作为柱梁连接件，现在也有使用金属三通连接梁柱。外侧用数道牛毛绳拉结到木桩上，以悬挂帐篷。

牛毛绳分上下两组，上面一组连接横梁和远处木桩；中间用细木杆支撑绳索，使帐篷顶部向上凸起，形成篷顶；下面一组拉结至近处木桩，支撑帐篷垂直墙体。

结构部分完成后缝合帐体，再用牦

图2 四川阿坝县上阿坝牧区帐篷

图5　帐篷内部空间

图3　帐篷内部空间

牛绳将帐体拉结起来。拉结绳索技术性较强,由村寨中懂得该技术的专门人员完成。

4. 装饰

使用牦牛毛的帐篷多为黑色,帐体不做装饰。室外悬挂经幡。帐篷也有白色的,帐布以八瑞图、摩尼宝、花卉、鹏或雪狮等宗教图案为装饰。

5. 信仰习俗

藏传佛教各个教派和苯教在四川藏区藏民中均有人信奉,在建筑的外墙颜色和内部空间走向、转经筒位置均有体现。但在帐篷形制上体现较少。

6. 代表建筑

阿坝县各莫乡牧区帐篷

帐篷位于阿曲河边牧场之上,属于高原山峦地形。周围山坡草场上放养着牦牛。

帐篷为黑色牦牛毛帐篷,帐外用12根立柱和绳索张拉篷体,平面呈矩形,断面呈六边形。篷内内部净高不足3m,帐顶留出缝隙以便排烟。帐篷覆盖的地面清理平整,不用帐布覆盖,直接裸露地面。居中布置火炉,旁边铺设地垫用于睡眠。入口处堆放用作燃料的牛粪,沿边摆放生活必需品和粮食。帐篷尽端摆设净水碗、酥油灯,供奉佛像和活佛的照片(图3、图4)。

成因

隶属于青藏高原的川西北高原海拔高,气压和气温低,日温差大,降水量较少,天灾较多,河湖众多,草场丰茂,造就了以游牧为主的生活方式。帐篷搭建移动的便利性使其成为游牧民族的移动住房。适应当地环境的野生牦牛被藏族先民驯化后成为藏民的重要伙伴,牦牛毛收集的便利和较好的保温性使其成为帐篷的主要材料。

比较 / 演变

藏族帐篷的起源与演变很难考证,其起源可能是由树枝搭建的简单掩蔽物。随着捕猎技术的发展和驯养牲畜,藏族先民获得大量兽皮使得皮帐篷的出现成为可能,牦牛的驯化和编织技术的发展产生了牦牛毛帐篷。

图4　各莫乡牧区帐篷

藏族民居·牧民冬居

藏族的游牧生产方式可以分为两种类型，一种是没有固定定居点，在面积广阔的草场上逐水草游牧的方式，这类生产方式现在已经较为少见。第二种是在有限的牧场上，将草场划分为不同季节使用，一年中在各草场迁徙。相对于其他季节，冬季气候条件恶劣，所以冬居地相较于其他季节的营地更为复杂，牧民会搭建简易的固定房屋和牲畜围栏（图1）。

图1　阿坝甲尔多乡冬居

1. 分布

由于气候、地理等原因，四川北部、西部高原地区的阿坝县、若尔盖、红原、壤塘、松潘、色达、石渠、理塘等地的藏民大多过着游牧或半农半牧的生活。霜降之后，牧民们驱赶着牲畜选择避风向阳的河谷附近的冬季草场度过寒冷的冬季，建造冬居，因此冬居多分布在阿坝县、若尔盖县、理塘县等地的冬季牧场。

冬季草场在其他季节之中严禁放牧，保证牲畜冬季草料供应。冬居地一般选择在背风向阳邻水日照充足的坡地、山坳之中，以减轻冬季恶劣天气的影响。倾斜的坡地有利于污水牛尿的排除。

2. 形制

冬居由居住房屋和牲畜围栏构成，相较于定居宅院较为简陋。

冬居内部功能与帐篷类似，有的地区功能更为简单，在阿坝县等地冬居仅住一两人，看护牲畜，其余家人住在村寨的固定住宅中，因此规模较小。冬居内部空间多为矩形，用木骨泥墙或木板、枝条作的简易隔墙划分出入口空间、储藏空间、火塘睡眠空间和礼佛空间。有的地区在屋顶对应火塘位置设置天窗以排烟。外墙窗户较小，以利保温。

根据叶启燊先生记载，20世纪50年代在甘孜州东俄洛、理塘县等地定居的牧民冬居较上述冬居规模更大，空间

图3　阿坝甲尔多乡冬居

图2　四川阿坝县上阿坝藏族冬居

438

图4 甘孜州冬居

图5 阿坝县各莫乡冬居

图6 阿坝县各莫乡冬居

更为复杂，内部空间按照功能划分出房间。他在《四川藏族建筑》一书中提到，冬居是牧民冬季居所，"是帐篷的进一步发展"。

冬居是简化版的住宅，它的空间结构与当地住宅呈现同构关系。

3. 建造

房屋建造就地取材，选择本地冬季牧场易于找到的材料建造，多石地区用石头搭建墙身，无石头的地方夯土而成，平屋顶亦用夯土，林区用简单加工后的木板、枝条围护，也有直接用圆木砌筑，屋顶用木板做成坡顶（图2）。

4. 装饰

某些地区的冬居会将外墙刷成其所信奉的教派的常用色，室内墙壁上绘制相应标记。有的冬居会在屋顶插上彩色经幡（图3）。

5. 信仰习俗

礼佛空间通常布置在房间后方，以减少人员穿行和日常生活的干扰。

6. 代表建筑

1）阿坝县各莫乡冬居

村寨周边是农田，外围是牧区。冬季牧场在向阳的山坳中，离阿曲河不远。冬居地由若干户宅院共同构成，宅院由简易住宅和围墙构成。住宅平顶一层，夯土而成，墙厚约 400～500mm。房间由木骨泥墙分成三间，入口空间堆放作为燃料的牛粪，里间堆放杂物，旁边一间为火塘间。

窗户开在火塘间一侧，洞口较小，仅 600mm 见方。火塘上空开设天窗，以便排烟。

2）阿坝州刷经寺牧民冬居

叶启燊在《四川藏族民居》中提到：牧民冬居略呈正方形，居中布置火塘，入口布置屏风墙以挡寒风。房间两侧布置货架和床铺，背后布置礼佛空间。墙身以木材为框架，枝条编织，外糊泥或牛粪。

图7 阿坝县各莫乡冬居

成因

牧业生产对于草场的需求导致了游牧的生产方式，牧区冬季气候的严酷使得冬居草场固定下来，并因地制宜建设简易的冬居以度过严寒的冬季。

比较／演变

冬居的功能和空间组织是帐篷的进一步发展，在半农半牧区的冬居是当地宅院的缩减版本。随着经济水平的提高，放牧点的固定化，其冬居功能变得更为复杂，空间变得更为丰富，建筑体量也在加大。

羌族民居·邛笼式石碉房

石碉房是羌族民居里最为人熟知的一种类型，几乎成为大众观念中的羌族民居定式。其形制、材料、建造、结构都充分体现了羌族居民对自然环境的适应、利用和共生。

图1 曲谷乡杨宅石碉房

1. 分布

四川的羌族主要分布于阿坝州的汶川、理县、茂县、松潘、黑水以及绵阳市的北川和平武。羌族多沿水而居，大致界限为：南起汶川绵篪镇，北达松潘南部的镇江关，东至绵阳市平武县的平南乡，西至理县蒲溪沟，西北以黑水县色尔古乡为界，面积约8600km²。

其中，石碉房主要分布在岷江西侧的杂谷脑河流域、黑水河流域以及茂县境内的岷江东岸地区。

2. 形制

羌族分布于青藏高原与四川盆地过渡的高山峡谷地带，其传统聚落多位于可耕种的高半山台地以及河坝平地。为保护良田，羌族民居多选址于田地附近的石坡、崖壁。地形复杂多变，各家各户要求各异，使得建筑形态灵活非常，并无定式。

石碉房体型厚重雄浑，外墙收分，平屋面可上人，个性鲜明。

一般来说，石碉房平面近似矩形，多为三到四层，高约10～20m。底层是牲畜圈；二层是堂屋、灶房、主室；三层是卧室；四层是储藏室；房顶是"罩楼"。有三层的民居，一般将卧室分散设于二层主室和三层储藏室的空间里。上下层之间以独木梯或活动木梯相连。

进入二层内第一个空间是堂屋，是联系二层其他房间和上下层空间的过厅。主室类似现代住宅的客厅或起居室。火塘、中心柱和神位构成主室的核心空间，同时兼有餐厅的功能。有一种说法认为中心柱是羌人千年前游牧时所居帐幕中柱的遗构。

图3 老木卡寨内部

3. 建造

石碉房厚墙收分，气势雄浑，结构坚固，抗震性能良好。

传统羌族社会，几乎人人会石作技

图2 蒲溪沟石碉房聚落

图4 雅都乡石碉房

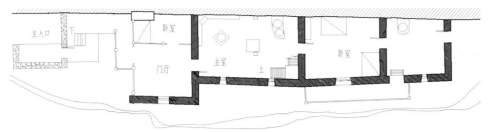

图5　杨道发宅主入口平面示意图

图8　杨道发宅面向河谷的立面

图6　老木卡寨（插红旗处为杨道发宅）

术，因此石碉房一般是家庭自建。建筑过程原始，没有绘图、放线、吊线等步骤，全凭经验掌握外墙收分。

石碉房以石材为墙体材料，泥土为砌筑材料，就地取材，成本低廉。墙中砌入木条增加横向拉结。在结构上，一种是石墙承重，木梁端头插入墙体，梁上架木楼板或屋顶。另外一种是木框架承重，石墙仅起外围护作用，室内空间更为灵活。

4. 装饰

传统羌族社会较为封闭和拮据，建筑装饰朴实。石碉房无涂刷，木棂窗，窗户外小内大，女儿墙角置白石表示白石神崇拜。主室的神位供奉"天地君亲师"牌位及本民族自然神。靠近藏区的石碉房，会在窗框部分简单模仿藏式彩绘。

5. 代表建筑

1）理县老木卡寨杨道发宅

寨中最古老的住宅，建于明末清初。依山就势，有壁立千仞之威，俯瞰杂谷脑河谷，仿佛小布达拉宫。根据所在地形，在不同标高有多个入口，主室在第二层。

2）茂县曲谷乡杨宅

图7　黑虎乡石碉房大门

位于杨泰昌土司官寨后山，是典型的防御性碉楼民居，石墙与木框架共同承重。家碉为八边形，厚重坚固，有储藏和防御双重功能。碉楼旁的二层碉房是日常生活空间，当家庭壮大时，逐渐加建，达到现今的规模。

成因

羌族地区生存条件并不优渥，冬季严寒、地震多发、耕地有限、高海拔不利于作物生长，加之新中国成立前部落间械斗激烈，决定了羌族民居必须是一种造价不高、抗震、防寒、防御性良好的建筑，石碉房由此产生。这一地区作为民族迁徙的大走廊，长久以来，各个族群都不约而同地选择了石碉房民居。

比较/演变

《后汉书·南蛮西南夷列传》中描述冉駹夷人建筑为"皆依山居止，累石为室，高者至十余丈，为邛笼"。宋代《太平寰宇记》中则记载："其巢高至十余丈，下至五六丈，状似浮屠，其下级开小门，从内上通，夜必关闭。"

现存石碉房与此描述颇为相似，可见其传承的稳定性。

羌族民居·木框架式土碉房

土碉房是羌族民居的一种类型，外墙由生土夯筑，形态上与石碉房类似，室内梁柱呈框架式，但结构在抗震方面不及石碉房，因此分布区域很小。

图1 萝卜寨民居入口立面

1．分布

四川的羌族人口主要分布于阿坝州的汶川、理县、茂县、松潘、黑水以及绵阳市的北川和平武。总共面积约8600km²。这一区域的城镇中还生活着汉族、藏族、回族等其他民族。

其中，土碉房主要分布在汶川县城附近的布瓦寨、萝卜寨一带，是分布范围最小的一类羌族民居，应与其抗震方面的弱势有关。

2．形制

羌族分布地区正是青藏高原与四川盆地过渡的高山峡谷地带，其传统聚落多数位于可耕种的高半山台地以及河坝平地。为节约耕地，羌族土碉房多选址于田地附近的石坡、崖壁，有一定的形制。

土碉房体型厚重雄浑，外墙收分，平屋面可上人，与基地融为一体。

一般来说，土碉房平面为矩形，多

为二层，高约7～10m。一层是堂屋、主室、灶房，可能有卧室；二层是卧室和贮藏；屋顶有罩楼。上下层之间以独木梯或活动木梯相连。在"主楼"外侧有一层牲畜棚。进入一层内第一个空间是堂屋，是联系二层其他房间和上下层空间的过厅，墙上有神位。主室在堂屋后方，类似现代住宅的客厅或起居室、火塘构成这个核心空间，同时兼有餐厅的功能。屋顶可供休息、家务、粮食作物加工。

3．建造

一般是家庭自建。建筑过程原始，没有绘图、放线、吊线等步骤，全凭经验掌握外墙收分。就地取土，加入竹筋夯筑，外墙收分比石碉房略小，高度也普遍小于石碉房。

在结构上，一种是土墙和内框架共同承重，木梁一端直接插入墙体，另一端支撑在内框架柱上，容易获得较大空

图3 布瓦寨土碉楼

图2 萝卜寨

图4 布瓦寨土碉房

图5　张家院住宅入口

图9　布瓦寨杨朝志宅

图6　张家院堂屋神位

图7　张家院主室火笼

图8　土墙夯筑

间，梁上架木楼板或屋顶。布瓦寨属此类；另外一种是木框架承重的，土墙仅起外围护作用，萝卜寨属此类。

生土墙抗震性不足，汶川地震中，这两个寨子都遭遇重创。

4. 装饰

传统羌族社会较为封闭和拮据，建筑装饰朴实。土碉房无涂刷，木棂窗、木板门，窗户较小，女儿墙角置白石。主室的神位供奉"天地君亲师"牌位及本民族自然神。

5. 代表建筑

1）汶川萝卜寨 20 号张家院

阿坝州汶川县雁门乡萝卜寨，是一处土碉房院落，两层，旁有一层牲畜棚。进门是堂屋，正上方设神位。穿过堂屋是主室。卧室围绕堂屋和主室布置。内部木框架承重，土墙不承重。

2）汶川布瓦寨杨朝志宅

阿坝州汶川县雁门乡布瓦寨，2008年地震后重建，面向杂谷脑河谷，体量浑厚，典型的土碉房，外围土墙与内部木框架共同承重。两层，一层为主室、厨房、卧室，二层为储藏。

成因

羌族地区生存条件并不优渥，冬季严寒、地震多发、耕地有限、新中国成立前部落间械斗激烈，所以羌族民居必须是一种造价不高、抗震、防寒、防御性良好的建筑，石碉房由此产生。而土碉房是生土对石材的简单替换，简化了施工，节约工期和人力，但在抗震、防御方面并不完善，因此分布很少。

比较／演变

南宋王象之在《舆地纪胜》中描述茂州羌族民居时提到："其村皆累石为巢以居，如浮图数重，下级开门内以梯上下，货藏于上，人居其中，畜圈于下。高二、三丈者谓之笼鸡，后汉书谓之邛笼。十余丈者谓之碉。亦有板屋、土屋者。自汶川以东皆有屋宇，不立碉巢。豹岭以西皆织毛毯盖屋如穹庐。"

现存土碉房与此描述颇为相似，可见其稳定性。

羌族民居·木架坡顶板屋

　　四川羌族的木架坡顶板屋是羌族民居的一种类型，是羌族建筑文化受汉族、藏族影响的结果。其形态、材料、建造都充分体现了羌族居民对自然环境的适应、利用和共生以及多民族文化的交流。

图1　松潘白花楼

1．分布

　　四川的羌族人口主要分布于阿坝州的汶川、理县、茂县、松潘、黑水以及绵阳市的北川和平武。这一地带山高谷狭，岷江、涪江的各级干支流深深切割了地形。羌族人口沿水而居，聚居区面积约8600km²。这一区域的城镇中还生活着汉族、藏族、回族等其他民族。

　　其中，木架坡顶板屋民居主要分布在汶川南部、松潘南部、北川、平武一带，范围仅次于石碉房。

2．形制

　　羌族分布地区正是青藏高原与四川盆地过渡的高山峡谷地带，其传统聚落多数位于可耕种的高半山台地以及河坝平地。为节约耕地，羌族板屋多选址于田地附近的石坡、崖壁，有一定的形制，沿等高线展开。

　　木架坡顶板屋体型轻盈，外廊式，平面比较规律，有歇山顶和悬山顶。羌族板屋受近邻汉、藏建筑影响较大。邻近汉族地区的板屋多吊脚和呈"L"形平面，木板外墙，与四川汉族山区民居相似；邻近藏区的板屋多呈"一"型平面，外墙往往土、木结合，有挑台厕所，底层多石墙。

　　一般来说，汶川南部羌族板屋为两坡顶、木屋架，二至三层，石砌墙体。

　　松潘南部羌族板屋平面为矩形，多为二至三层，高约8～15m。底层是牲畜圈；二层是火塘、灶房等组成的主室；三层是卧室；利用坡顶空间的阁楼是储藏室。只有二层的民居，一般将卧室分散设于二层主室两侧。上下层之间固定木扶梯相连。二层的主室墙上有神位，火塘构成这个空间的主题，同时兼有餐厅的功能。

　　北川、平武的羌族板屋多为一楼一底。底层根据地形做吊脚，形成的底层空间养牲畜。一层是生活区，有主室和卧室。

图4　松潘大尔边板屋

3．建造

　　木架坡顶板屋为穿斗结构，先做地基，再立木架，之后填墙铺木地板。主室火塘部分单独处理为石板地。少数遗存板屋是木板瓦屋顶，其他都是小青瓦铺就。

4．装饰

　　木材易于加工，板屋的装饰是羌族民居中最为丰富的。局部有富丽的几何形彩绘，外廊有垂花柱和挂落。主室的

图5　松潘朱尔边板屋

图2　北川青片乡板屋

图3　平武徐塘乡板屋

图6　松潘朱尔边板屋聚落

图 7　松潘大尔边板屋聚落

图 11　松潘大尔边邓宅

神位供奉"天地君亲师"牌位及本民族自然神。

5. 代表建筑

1）松潘朱尔边科珠妹宅

位于松潘县南部小姓沟大尔边，属于藏羌两族的边界地带。建筑呈带状展开，木架承重，一层架空，二层生活。

2）松潘大尔边邓宅

位于松潘县南部小姓沟大尔边，明丽的色彩受藏式建筑影响。

图 8　大尔边科珠妹宅神位

图 9　大尔边科珠妹宅主入口

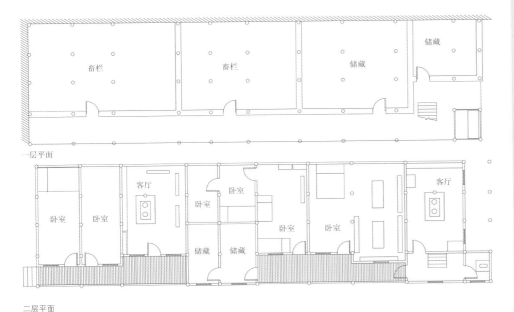

图 10　科珠妹宅平面示意图

成因

羌族是一个夹于汉族、藏族之间的民族，相比于邻居，其文明发展程度是比较低的，因此羌族愿意汲取先进文化的果实。体现在物质上，最突出的就是邻近汉地、藏区的羌族建筑模仿邻居的形制，对本民族碉房做变化，出现了羌族板屋。

比较／演变

南宋王象之在《舆地纪胜》中描述茂州羌族民居时提到："其村皆累石为巢以居，如浮图数重，下级开门内以梯上下……亦有板屋、土屋者。自汶川以东皆有屋宇，不立碉巢。豹岭以西皆织毛毯盖屋如穹庐。"

可见羌族的板屋是早已存在的，而后在邻近民族的影响下发生演化和模仿，并与羌族核心区的传统民居有了明显区别。

445

彝族民居·瓦板房

凉山彝族自治州的高海拔彝族聚居区，大部分地区住房为矩形独栋式，以竹篱、柴篱围成方形院落，建筑室内穿斗木架，土筑外墙。屋门矮而宽，屋檐为彝族穿枋牛角装饰，屋顶上面覆盖长约六尺，宽七、八寸的云杉木板，加横木压石固定，俗称"瓦板房"。

图1 彝族瓦板房挑檐

1. 分布

彝族是农牧兼营的民族。彝族的村寨多坐落在海拔2000～3000m的山区、半山区，聚族而居，一般选择向阳山麓，顺山修建，以山腰、山梁处居多，山脚、河谷地带较少。杂姓村落和平坝、河畔村落是近代开始出现的。

凉山彝族传统住宅有"聚族而居"、"据险而居"、"靠山而居"三大特点。瓦板房是大小凉山彝族区的传统居住形式，以美姑县、甘洛县的黑彝民居最为典型。

2. 形制

彝族习俗结婚后独立门户，均为小家庭的宅院。传统住宅布局是以土墙、竹篱、柴篱园围成方形院落，院内修建坡顶一字形住房，屋门矮而宽，门两侧各留50cm见方小窗，有的不设窗孔。住房一般为长9～15m，宽5～6m的矩形，高约5m，屋檐距地3.5m左右。住宅四壁或土或木，悬山顶，屋顶上面盖杉木板，俗称"瓦板"。院落角部常筑有碉楼。

住宅内分左中右三部分。入门正中为中堂，中堂设火塘，是待客和家事活动的中心。火塘左边，用木板或竹篱隔成内屋卧室，右侧为畜圈或为杂物、储藏。屋内上层空间设阁楼，阁楼左侧储粮，中部堆放柴草，右部为客房或未婚女子居住。

3. 建造

室内为榫卯穿斗拱架。一般三或四柱落地，上层穿斗，从柱子向两侧层层出挑。外墙用混合石块和竹筋木杆的生土夯筑。屋顶盖长约六尺，宽七、八寸的云杉木板二层，下层铺满，上层于两

图3 彝族瓦板房室内

图2 瓦板房民居

图4 凉山州美姑县彝族村寨

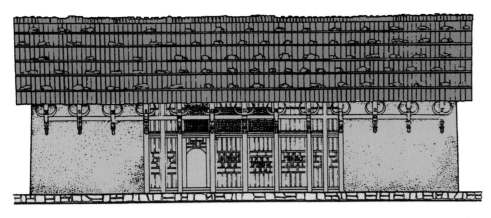

图 5　水普什惹宅立面示意图

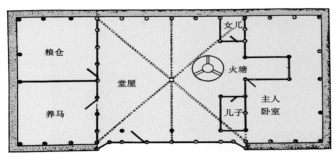

图 6　水普什惹宅平面示意图

图 7　彝族瓦板房屋顶

板相接处置一板，加横木压石固定。木板用刀剖砍，便于雨水顺木板纹路而下。

4. 装饰

彝族瓦板房民居面向院内的檐下出挑拱架，门楣刻画日月、花鸟图案，或加以黑、红、黄色彩绘。彝族尚黑色。室内木架挑头及瓜柱雕刻花饰、牛头或吊爪。屋脊中部叠瓦花饰。山面做悬鱼。

5. 代表建筑

1）凉山州斯普乡黑彝住宅

黑彝多为奴隶主，建筑材料、技术都较好。

甘洛县斯普乡黑彝宅，以围墙围合方形大院，院内靠后部布置一长方形住屋，分为起居、卧室、杂贮三部分。中部三开间退后成凹廊，为起居部分，靠内设主卧及锅庄、贮粮间。右侧为卧室，左侧为杂物间。宅门在外廊两边各开设一个。大院门设于屋后。院坝两侧分别设晒晾棚和畜圈。对角线各设一碉楼。

2）凉山州斯普乡水普什惹宅

陆元鼎在《中国民居建筑》中提到：

水普什惹宅为单栋建筑，长 21.3m，宽 11m，高 7.65m。房屋正中为堂屋，内设火塘置郭庄；左边养马、储存粮食；右边是主人和子女的卧室。

房屋采用木构架，包括穿斗式构架和悬挑拱架两种类型，外檐多层出挑，前沿出挑 2.2m，后檐出挑 1.2m。

房屋外围护墙体主要为夯土墙，正立面为木板墙，挑梁垂柱雕刻精美。屋顶为悬山瓦板顶。

成因

彝族民居建筑受汉族建筑的一定影响。正房"一明两暗"的内部格局和"一"字形、曲尺形、三合院、四合院的平面格局，以及房屋造型都与汉族民居相似。建筑中的图案装饰，内容形式带有汉文化特征。在建筑技术方面，彝族民居的"重檐式"、"穿斗式"和"悬山式"的木构架，屋脊曲起以及斗栱、端鼻起翘、山墙柱收分、屋面凹曲等，都和汉族建筑有渊源关系。

比较／演变

与同样使用土墙瓦房的云南哀牢山地区相比，凉山地区的土墙瓦房屋面坡度更小，屋顶用石块压住木瓦板，不像哀牢山区通常靠捆绑固定。

彝族民居·土墙瓦房

彝族土墙瓦房是四川南部金沙江沿岸彝族聚居地区的住屋形式。建筑多为三开间二层楼房，石砌基础、木构架、土坯墙体、瓦屋顶，一层有宽大的前廊。建筑多围合形成三合院或四合院，正房堂屋中供奉天地及祖先牌位，屋外设小土主神位。房屋形态朴素，装饰主要集中在门窗、柱础、屋面等部位上。

图 1　彝族村寨巷道

1. 分布

土墙瓦房是居住在平坝以及山麓地区的彝族普遍使用的建筑类型，分布在攀枝花市，以及凉山州会理、会东等金沙江沿岸地区。

2. 形制

彝族土墙瓦房多为三开间二层楼，也有平房，房屋一层有宽大的前廊，称为"厦子"，用于日常起居和设宴。房屋多为双坡悬山瓦屋顶，屋脊、檐口均呈中间低、两侧高的柔和曲线。墙体有的为裸露土坯，有的刷成白色，有的刷成朱红色。

经济条件有限的人家仅建造一栋房屋，更常见的则是以院落形式居住。院落的基本形式有一正两厢的三合院，以及一正两厢加面房的四合院。其中，正房一般坐北向南，居于院落中最高的位置。正房一层明间为堂屋，供奉祖先牌位，左次间为主卧室，右次间为次卧室，分别供祖父母、父母居住，二层用于储藏粮食。两侧厢房，根据实际需求，可用于关养牲畜、储存草料、晚辈卧室、厨房等功能使用。面房主要用于会客使用。

图 2　彝族土墙瓦房村寨

3. 建造

彝族土墙瓦房一般为石砌基础，土坯外墙（部分刷白或刷红），木板内隔

图 3　正房堂屋神位

图 4 攀枝花市迤沙拉村民居

墙，抬梁、穿斗式混合木结构，双坡悬山瓦屋顶。

建造房屋时，先请风水先生选方位，然后放线开挖、砌筑基础，接着木匠加工木料、拼装构架、竖屋上梁，再接着砌筑墙体、铺设屋顶，最后完成内部隔墙、门窗。

4. 装饰

彝族土墙瓦房大多形态朴素，装饰主要在柱础雕刻、门窗格扇、屋脊与檐口瓦当等部位。

5. 信仰习俗

家中正房堂屋靠后墙设有天地及祖先神位，立神龛，供"天地君亲师"，右为历代祖考妣，左为灶王府君玉夫人，设置香烛、酒、糖、果品等贡品，每逢节日祭拜。神龛下供有土地菩萨。堂屋的左角与右角分别供坛神"苍龙"、"锅龙"。后墙或山墙顶上墙角处插有一根云南松枝条，上挂红线，供奉土地神灵"小土主"。

6. 代表建筑

1) 攀枝花市迤沙拉村杨宅

迤沙拉村位于攀枝花市仁和区平地镇东南端，始建于清朝康熙年间。

杨宅为一正两厢形式的三合院，正房为三开间二层楼房，厢房均为二层二开间楼房。院落二层，正房、两侧厢房与入口门房以走廊相连通。

2) 迤沙拉村尤宅

尤宅建于中华民国时期，建筑面积约 625m²。

尤宅为四合院，正房为三开间二层楼房，一层为堂屋和两侧卧室，二层用于储藏；厢房为二层二开间楼房，一侧用于关养牲畜和储藏草料，另一侧为厨房和子女卧室。面房用于会客。

成因

传统的彝族村寨多坐落在高海拔地区。近代开始，有些村落选址在山脚河谷地带，出现与汉人混居的平坝、河畔村落。这里的彝族民居建筑受汉族建筑的影响，建筑结构、材料、形式与汉族民居较为接近，木构穿斗架、瓦坡顶。

比较 / 演变

四川彝族土墙瓦房民居与相邻的云南省宁蒗县等地的彝族、汉族民居较为相似，但汉族民居外墙一般不刷朱红色。

图 5 攀枝花市迤沙拉村尤宅

撰文
图片

调查与编写组

总撰文和图片组织：住房和城乡建设部村镇建设司

发 起 与 策 划：赵　晖

秘 书 长：林岚岚　　　　　**协　调**：王旭东

专 家 顾 问：陆元鼎　冯骥才　崔　愷　孙大章　朱光亚　罗德启　陈震东　黄汉民
　　　　　　　黄　浩　朱良文　陆　琦　张玉坤　李晓峰　戴志坚　王　军　陈同滨
　　　　　　　何培斌　王维仁　沈元勤

中 心 工 作 组：罗德胤　穆　钧　李　严　李春青　薛林平　王新征　徐怡芳　赵海翔
　　　　　　　吴　艳　郭华瞻　潘　曦　杨绪波　周铁钢　解　丹　朱　玮　王　鑫
　　　　　　　李君洁　李　唐　方　明　顾宇新　陈　伟　鞠宇平　褚苗苗

各地区编写成员：

福建民居

柴板厝　撰文：关瑞明、陈颖；图片：关瑞明。**火墙包**　撰文：陈力、陈圣疆；图片：陈圣疆、陈艳艳、吴麟。**院落式大厝**　撰文：关瑞明、王炜；图片：关瑞明、北北等《城市的守望——走过三坊七巷》。**闽东排屋、三合院楼居、四合院楼居、闽东大厝**　撰文：李华珍；闽东排屋图片、三合院楼居图片、四合院楼居图片、闽东大厝图片：李华珍、戴志坚。**合院**　撰文：张鹰、柏苏玲；图片：张鹰、赵雯雯。**三进九栋**　撰文：张鹰、陈晓娟；图片：张鹰、李建军、连小琴。**吊脚楼**　撰文：张鹰、王茜；图片：张鹰、陈映燕。**四目房**　撰文：关瑞明、方维；图片：杨章期、关瑞明、程烩。**五间张**　撰文：关瑞明、魏少锋；图片：关瑞明、陈力。**华侨大厝**　撰文：陈力、欧庭菘；图片：关瑞明。**五凤楼**　撰文与图片：黄汉民。**九厅十八井、客家堂横屋**　撰文：黄汉民、刘永乐；九厅十八井与客家堂横屋图片：黄汉民、戴志坚。**围龙屋**　撰文：黄汉民、潘剑平；图片：黄汉民、李秋香《培田村》、张兵。**三合院、四合院、多院落、竹竿厝**　撰文：戴志坚；三合院图片、四合院图片、多院落图片、竹竿厝图片：戴志坚。**官式大厝**　撰文：关瑞明、吴钦豪；图片：关瑞明、曹春平。**手巾寮**　撰文：陈力、关牧野；图片：关瑞明。**排屋**　撰文：张鹰、陈晓娟；图片：张鹰、苏闽曙。**闽中堂横屋**　撰文：张鹰、王茜；图片：张鹰。**大厝**　撰文：张鹰、柏苏玲；图片：张鹰。**客家土楼、闽南土楼**　撰文与图片：黄汉民。**闽中土堡**　撰文：戴志坚；图片：戴志坚、黄汉民。**福州寨庐**　撰文：陈力、王炜；图片：陈力、关瑞明。**近代骑楼、洋楼**　撰文：

陈志宏；近代骑楼图片：陈志宏、李希铭，洋楼图片：陈志宏、谢鸿权。**平潭石厝、惠安石厝**　撰文：黄汉民、陈晓向；平潭石厝图片：黄汉民，惠安石厝图片：黄汉民、陈晓向。**福建民居隔页图：**黄汉民。

江西民居

天井民居、坡地民居、宜丰民居、高安民居　撰文：许飞进；天井民居图片：许飞进、周惇庸《增补理气图说》，坡地民居图片：江西师大城市规划设计研究院《贵溪市耳口曾家历史文化名村保护规划》，宜丰民居图片：许飞进、江西省文物局，高安民居图片：许飞进、江西省住房和城乡建设厅村镇建设处。**滨水民居**　撰文：黄红珍、许飞进；图片：许飞进、黄浩《江西民居》、江西省住房和城乡建设厅村镇建设处。**国字形围屋、口字形围屋、不规则形围屋、炮楼民居、大屋民居**　撰文：万幼楠；国字形围屋图片：万幼楠、许飞进、黄浩《江西民居》、江西省住房和城乡建设厅村镇建设处，口字形围屋图片：黄浩《江西民居》、万幼楠，不规则形围屋图片：万幼楠，炮楼民居图片：万幼楠、寻乌县纪念馆，大屋民居图片：许飞进、万幼楠、铜鼓县纪念馆。**景德镇明代民居、天井院民居**　撰文：黄浩；景德镇明代民居图片：黄浩、黄浩《江西民居》，天井院民居图片：黄浩《江西民居》。**半天井民居、船形民居**　撰文：肖发标；半天井民居图片：吴泉辉、江西省文物局，船型民居图片：江西省住房和城乡建设厅与江西省文物局。**婺源徽式民居**　撰文：张建荣；图片：张建荣、黄浩《江西民居》、汪竟华、黄浩。**高位采光民居**　撰文：姚糖；图片：姚糖、黄浩《江西民居》、蔡晴。**江西民居隔页图：**铜鼓县纪念馆。

山东民居

官道合院　撰文与图片：姜波、杨思已。**平顶石头房、泰安圆石头房、周村商居、山区石头房、明代卫所民居、避难山寨民居、地主庄园**　撰文与图片：姜波、衣军利。**博山窑场民居**　撰文与图片：姜波、卢珊。**石头房**　撰文与图片：姜波、闻志伟、褚鹏。**临清运河合院**　撰文与图片：姜波、徐延春。**黄河滩区土坯房、土坯麦草房、土坯房**　撰文与图片：姜波、袁世君。**蓬黄掖滨海民居**　撰文与图片：姜波、徐延春。**近海岛屿民居**　撰文与图片：姜波、王慧文。**莱州海草房、荣成海草房**　撰文与图片：姜波、张润武。**济南府城民居、博山山城民居、老潍县民居**　撰文与图片：姜波、徐慧民。**烟台近代民居、青岛近代民居、威海近代民居、济南近代商埠民居、近代工矿民居**　撰文与图片：姜波、单强。**山东民居隔页图：**姜波。

河南民居

石砖瓦院　撰文与图片：刘乃嘉。**砖瓦多进合院**　撰文与图片：金韬。**地面式院落**　撰文与图片：程婧媛、孙康轩。**石头房**　撰文与图片：史学民。**土房**　撰文与图片：张大伟。**靠崖窑院**　撰文与图片：李盼婷、张成燊。**锢窑**　撰文与图片：张义忠。**地坑院**　撰文与图片：张献萍。**平顶山砖瓦合院**　撰文：刘晨；图片：河南省建筑设计研究院有限公司。**信阳砖瓦合院**　撰文：臧清艳；图片：河南省建筑设计研究院有限公司。**石板房**　撰文：魏龙亚；图片：河南省建筑设计研究院有限公司。**木构合院**　撰文：刘彧颖、周星宇；图片：河南省建筑设计研究院有限公司。**砖木合院**　撰文：刘彧颖、李福宇；图片：河南省建筑设计研究院有限公司。**土石合院**　撰文：刘利轩、穆亚楠；图片：田晓亮、郭亮村委、薛姣。**窑房混合院**　撰文：田晓亮、娄芳；图片：张亮亮、卢佳。**砖木多进四合院**　撰文：许继清、田晓亮；图片：田晓亮、李培、焦作市建设局。**砖瓦合院**　撰文：曹坤梓、卢佳；图片：申国运、穆艳楠、薛姣。**庄园**　撰文：黄家源、张亮亮；图片：谢海彬、李豪杰、宋绪兴。**河南民居隔页图：**李良斌。

湖北民居

各类型由祝笋、王炎松撰文。各类型图片由祝笋提供。**湖北民居隔页图：**祝建华。

湖南民居

天井院落式、独栋正堂式、丰字形大宅、"四方印"式大宅、王字形大宅、城镇商铺住宅、瑶族合院式、瑶族吊脚楼式　撰文：伍国正；天井院落式图片：伍国正、陆元鼎《中国民居建筑》、杨慎初《湖南传统建筑》，独栋正堂式图片：伍国正、陆元鼎《中国民居建筑》、杨慎初《湖南传统建筑》，丰字形大宅图片：伍国正、王新征、陆元鼎《中国民居建筑》，"四方印"式大宅图片：伍国正、魏欣韵《湘南民居——传统聚落研究及其保护与开发》，王字形大宅图片：伍国正，城镇商铺住宅图片：伍国正、罗维《湖南望城靖港古镇研究》，瑶族合院式图片：伍国正、吴艳、成长，瑶族吊脚楼式图片：伍国正、刘占清。**苗族石板屋、苗族土砖屋** 撰文：余翰武、吴凯；苗族石板屋图片：李思宏、申彗、李哲，苗族土砖屋图片：李哲、柳肃。**土家族主屋式** 撰文：余翰武、张俊；图片：柳肃、张俊。**土家族吊脚楼、窨子屋** 撰文：余翰武、熊琪；土家族吊脚楼图片：肖湘东、熊琪，窨子屋图片：余翰武、熊琪。**土家族冲天楼** 撰文：余翰武、何奇；图片：何奇。**北侗火铺屋** 撰文：余翰武、马灿；图片：颜谱划、余翰武、马灿。**湖南民居隔页图**：伍国正。

广东民居

排屋、竹筒屋、明字屋、三间两廊、广府大屋、广府围院（楼）大屋、庭园民居 撰文：陆琦；排屋图片：陆琦、高海峰，竹筒屋图片：陆琦、华南理工大学民居建筑研究所、周燕霞、常勇，明字屋图片：华南理工大学民居建筑研究所、胥雪松，三间两廊图片：陆琦、华南理工大学民居建筑研究所，广府大屋图片：陆琦、华南理工大学民居建筑研究所、周燕霞，广府围院（楼）大屋图片：陆琦、刘浪，庭园民居图片：陆琦、华南理工大学民居建筑研究所。**竹竿厝、单佩剑、双佩剑、下山虎、四点金、多间过、多座落、多壁连、从厝式府第、特大型民居** 撰文：潘莹、卓晓岚；竹竿厝、单佩剑、双佩剑图片：华南理工大学民居建筑研究所、叶昕，下山虎图片：卓晓岚、苏史煜、陈传荣、蔡海松、陆琦，四点金图片：华南理工大学民居建筑研究所、叶昕、卓晓岚、陈永辉，多间过图片：华南理工大学民居建筑研究所、陈永辉、蔡海松、卓晓岚、林文娟、张创杰，多座落图片：华南理工大学民居建筑研究所、陆琦、林文娟、陈永辉、陈传荣、苏史煜，多壁连图片：华南理工大学民居建筑研究所、卓晓岚、林文娟、陈传荣、张创杰、谢文杰、张婉秋、陈烨、揭阳市住房与城乡建设局，从厝式府第图片：华南理工大学民居建筑研究所、蔡海松、黄婵玉、余更生、吴淡杏、杨玲，特大型民居图片：华南理工大学民居建筑研究所、林乐胜、黄凡、曾明辉、陆琦、张创杰。**潮汕围楼、围寨、书斋庭园、近代住宅**　撰文：潘莹、邹齐；潮汕围楼图片：华南理工大学民居建筑研究所、黄婵玉、陆琦，围寨图片：华南理工大学民居建筑研究所、马洪渠、卓晓岚、潮州市住房与城乡建设局、陆琦，书斋庭园图片：华南理工大学民居建筑研究所、潮州市住房与城乡建设局、潘莹、陆琦，近代住宅图片：华南理工大学民居建筑研究所、吴淡杏、卓晓岚、潘莹、陆琦。**杠屋、杠楼（横屋、锁头屋）、堂横屋、围龙屋（枕头屋）**　撰文：朱雪梅、林垚广；杠屋、杠楼（横屋、锁头屋）图片：朱雪梅、林垚广、广东省文物局、陆元鼎，堂横屋图片：朱雪梅、林垚广、王百为、刘智敏，围龙屋（枕头屋）图片：朱雪梅、覃劼、朱迪光、欧阳坤、李沛年。**堂屋（门楼屋、双堂屋）**　撰文：王国光、杜与德；图片：王国光、杜与德、王熙阳。**客家围楼**　撰文：朱雪梅、王平；图片：朱雪梅、王平、赖文光。**四角楼**　撰文：王国光、叶建平；图片：王国光、叶建平、王平、王熙阳、朱雪梅。**三间两厉与偏院、碉楼与寨堡、茅草屋**　撰文：梁林；三间两厉与偏院图片：蔡建、梁林、王伦三、陆琦，碉楼与寨堡图片：梁林、彭柏森、陈鸣鸿，茅草屋图片：梁林、谭逢谦、邢斌。**瑶族并联排屋**　撰文：朱雪梅、王国光；图片：王国光、清远市住房与城乡建设局、廖志坚。**瑶族干栏式民居**　撰文：朱雪梅、易晓列；图片：朱雪梅、王平、易晓列、王国光、叶建平。**骑楼**　撰文：陆琦；图片：陆琦、黎湛、华南理工大学民居建筑研究所。**多层联排住宅**　撰文：陆琦、高海峰；图片：陆琦、周燕霞、罗伟斌、梁霭雯。**独院别墅、庐宅、碉楼**　撰文：陆琦；独院别墅图片：陆琦、华南理工大学民居建筑研究所、谢文杰，庐宅图片：陆琦、华南理工大学民居建筑研究所，碉楼图片：陆琦。**广东民居隔页图：**陆琦。

广西民居

汉族桂北院落　撰文：何晓丽；图片：熊伟《广西传统乡土建筑文化研究》、雷翔《广西民居》、灵川县九屋镇政府、桂林市灵川县住房和城乡建设局。**汉族广府式院落**　撰文：全峰梅；图片：熊伟《广西传统乡土建筑文化研究》、钦州市灵山县住房和城乡建设局、金秀县住房和城乡建设局、玉林市住房和城乡建设局。**汉族骑楼民居**　撰文：杨斌；图片：

谢常喜、雷翔《广西民居》、北海市住房和城乡建设局。**汉族客家围屋** 撰文：廖造壮；图片：贺州市住房和城乡建设局、廖宇航等《广西贺州江氏客家围屋特色浅析》。**壮族干栏式民居** 撰文：陆如兰；图片：龙胜各族自治县住房和城乡建设局、雷翔《广西民居》、《广西民族传统建筑实录》。**壮族院落式民居** 撰文：全峰梅；图片：《广西民族传统建筑实录》、百色市西林县住房和城乡建设局、来宾市住房和城乡建设局。**瑶族干栏式民居** 撰文：孙永萍；图片：《广西民族传统建筑实录》、桂林市灵川县住房和城乡建设局、柳州市金秀县住房和城乡建设局、雷翔《广西民居》。**瑶族平地式民居** 撰文：蔡响；图片：贺州市住房和城乡建设局、《广西民族传统建筑实录》。**苗族民居** 撰文：尚秋铭；图片：雷翔《广西民居》、百色市隆林县住房和城乡规划建设局、张金夺、《广西民族传统建筑实录》。**侗族民居** 撰文：孙永萍；图片：徐洪涛、《广西民族传统建筑实录》、柳州市三江县住房和城乡建设局。**仫佬族民居** 撰文：何晓丽；图片：何晓丽、苏毅、章立明等《仫佬族——广西罗城县石门村调查》。**毛南族民居** 撰文：谢常喜；图片：谢常喜、何晓丽、全峰梅。**京族民居** 撰文：刘莎；图片：东兴市住房和城乡建设局。**广西民居隔页图：**蒋庆利。

海南民居

疍家渔排 撰文：陈运山；图片：陈运山、王志智。**崖州合院** 撰文：陈运山、陈鸿汉；图片：陈运山、陈泽富。**火山石民居** 撰文：袁红、胡林；图片：葛铁。**多进合院、南洋风格民居、南洋风格骑楼** 撰文：韩盛、林铭；多进合院、南洋风格民居、南洋风格骑楼图片：林铭。**儋州客家围屋、军屯民居** 撰文：吴小平、何慧慧；儋州客家围屋图片：何慧慧、覃小丽、黄海兰，军屯民居图片：何慧慧、覃小丽。**船形屋** 撰文：李敏泉、陈德雄；图片：李敏泉、邵纳川、张榕珍、黎良辉。**金字屋** 撰文：李敏泉、黎良辉；图片：李敏泉、林敏江、黎良辉。**海南民居隔页图片：**林铭。

重庆民居

各类型由龙彬撰文。主城区近代折中式民居、主城区传统合院、渝西洋房子、渝西庄园、渝东北石雕楼、渝东北封火桶子、渝东北祠堂民居图片：何智亚。渝西土碉楼、渝西吊脚楼、渝东南土家族合院图片：何智亚、龙彬。渝西客家围楼图片：何智亚、龙彬、李静。渝东南土家族吊脚楼、渝东南苗族吊脚楼图片：龙彬、重庆仁浩源德建筑保护工程设计有限公司。渝东南仡佬族民居图片：龙彬。**重庆民居隔页图：**何智亚。

四川民居

府第宅院、庄园、藏族邛笼式石碉房、康巴"崩空"式藏房、康巴框架式藏房、藏族木架坡顶板屋、瓦板房 撰文：陈颖；府第宅院图片：四川省文物局、潘曦，庄园图片：四川省文物局、西南交通大学、李俣岑、何龙，藏族邛笼式石碉房图片：陈颖、毛良河、田凯、王及宏、西南交通大学，康巴"崩空"式藏房图片：陈颖、西南交通大学、四川省文物局，康巴框架式藏房图片：四川省文物局、西南交通大学、乡城县建设局、陈颖、王及宏，藏族木架坡顶板屋图片：西南交通大学、田凯、郭桂澜、李路，瓦板房图片：潘曦、许利平、陆元鼎《中国民居建筑》。**城镇店宅、川西近代公馆、土墙瓦房** 撰文：陈颖、潘曦；城镇店宅图片：四川省文物局、陈颖、潘曦、四川省建设委员会《四川民居》，川西近代公馆图片：陈颖、潘曦、西南交通大学，土墙瓦房图片：四川省建设厅、赖娣红、吴文鹏、潘曦。**客家堂屋** 撰文：周密、潘曦；图片：潘曦、周密、赵琦、熊傲雪、西南交通大学。**客家合院** 撰文：周密；图片：李俣岑、李凤旻(据陆元鼎《中国民居建筑》改绘)、王爽(据陆元鼎《中国民居建筑》改绘)、何龙、四川省建设委员会《四川民居》。**牧民帐篷、牧民冬居** 撰文：郦大方；牧民帐篷图片：潘曦、郦大方，牧民冬居图片：郦大方、张妍。**羌族邛笼式石碉房、木框架式土碉房、羌族木架坡顶板屋** 撰文与图片：李路。**四川民居隔页图：**陈颖。

注：本书有个别图片取自互联网，在此对作者表示感谢。如有疑问，请与我们联系。